Das Institut Gatersleben und seine Geschichte

Klaus Müntz · Ulrich Wobus

Das Institut Gatersleben und seine Geschichte

Genetik und Kulturpflanzenforschung in drei politischen Systemen

Klaus Müntz
IPK
Corrensstraße 3
06466 Gatersleben
Germany
muentz@ipk-gatersleben.de

Ulrich Wobus
IPK
Corrensstraße 3
06466 Gatersleben
Germany
wobusu@ipk-gatersleben.de

ISBN 978-3-642-28647-6 ISBN 978-3-642-28648-3 (eBook)
DOI 10.1007/978-3-642-28648-3
Springer Heidelberg Dordrecht London New York

Die Deutsche Nationalbibliothek verzeichnet diese Publikation in der Deutschen Nationalbibliografie; detaillierte bibliografische Daten sind im Internet über http://dnb.d-nb.de abrufbar.

Springer Spektrum

Einbandentwurf: WMXDesign GmbH
Titelbild: IPK, Gatersleben
Copy-Editing: Dr. Bärbel Häcker, Leonberg

Gedruckt auf säurefreiem und chlorfrei gebleichtem Papier

Springer Spektrum ist eine Marke von Springer DE. Springer DE ist Teil der Fachverlagsgruppe Springer Science+Business Media
www.springer-spektrum.de

Unseren Frauen Irma Müntz und
Anna Magdalene Wobus gewidmet

Einführung

Allein durch den Stoffwechsel autotropher Organismen (bestimmte Bakterien, niedere und höhere Pflanzen) können auf der Erde aus ausschließlich anorganischen Stoffen organische Verbindungen gebildet werden. Von dieser Fähigkeit hängt das Leben aller heterotrophen Lebewesen (Mikroorganismen, Tiere) ab, auch das des Menschen. Für ihn sind auf dem Land wachsende grüne, photoautotrophe Pflanzen die primäre Nahrungsquelle. Deshalb haben sich Fortschritte bei der Produktion von Nahrungspflanzen entscheidend auf die Geschichte der Menschheit ausgewirkt. Von besonderer Bedeutung erwiesen sich drei Dinge: erstens der Übergang vom Sammeln von Pflanzennahrung zur systematischen Erzeugung von Nahrungspflanzen durch Ackerbau und die Entwicklung von wichtigen Kulturpflanzen, wie der Getreide, im Neolithikum; zweitens die Einführung der künstlichen Düngung in den Ackerbau im 19. Jahrhundert und drittens der Beginn der wissenschaftlich fundierten Pflanzenzüchtung am Anfang des 20. Jahrhunderts. Mit den beiden zuletzt genannten Entwicklungen wurde wissenschaftliche Forschung eine der wichtigsten Grundlagen für die Produktivitätssteigerung bei der Erzeugung von Pflanzennahrung für Menschen und Futter für Nutzvieh. In diesen Zusammenhang gehört auch die 1943 durch die Kaiser-Wilhelm-Gesellschaft erfolgte Gründung des Institutes für Kulturpflanzenforschung, deren Jahrestag sich 2013 zum 70. Male jährt und dessen Entwicklung hier vorgestellt wird.

Primär stellte sich das Institut die Aufgabe, die erbliche Vielfalt der Kulturpflanzen, genetische Grundlagen für die Pflanzenzüchtung sowie grundlegende physiologische und biochemische Prozesse der pflanzlichen Stoffproduktion zu erforschen. Damit sollten nicht nur neue biologische Erkenntnisse gewonnen, sondern zugleich neue Wege für die züchterische Verbesserung der Ertragsfähigkeit von Kulturpflanzensorten und der Qualität der daraus herstellbaren Produkte für die Ernährung des Menschen eröffnet werden. Der Lösung dieser Aufgaben, ergänzt durch Forschungen auch an nicht-pflanzlichen Organismen, hat sich das Institut während der nahezu 70 Jahre seines Bestehens mit Beständigkeit unter heftig wechselnden gesellschaftlichen Bedingungen in Deutschland gewidmet. Im gleichen Zeitraum revolutionierten zudem wissenschaftliche Fortschritte die Biologie. Auch diese haben die Institutsentwicklung tief beeinflusst. Die Gründungsvorgeschichte beginnt zwar bereits während der Weimarer Republik, fällt aber vor allem in die Zeit der faschistischen Herrschaft von 1933 bis 1945: Kurz vor Ende des Dritten Reiches wurde die Gründung des Institutes von der Kaiser-Wilhelm-Gesellschaft tatsächlich vollzogen. Nach einer Übergangszeit während der Nachkriegswirren im sowjetisch besetzten Teil Deutschlands fand das Institut in der Deutschen Akademie der Wissenschaften zu Berlin, später Akademie der Wissenschaften der DDR, ab 1948 für gut 40 Jahre eine Heimat. In der sozialistischen DDR vollzogen sich unter schwierigen Bedingungen seine eigentlichen baulichen und personellen Entwicklungen sowie seine damit verbundene erfolgreiche Etablierung als großes biowissenschaftliches Forschungsinstitut. Dieses bestand nach dem Mauerfall von 1989 in der Nachwendezeit erfolgreich die mit dem gesellschaftlichen Umbruch verbundenen Prüfungen. Im wiedervereinigten demokratischen Deutschland begann 1992 eine Zeit des neuen, freien wissenschaftlichen Aufschwungs. Im Buch wird dargestellt, wie dem Institut trotz derart wechselvoller, zeitweilig widriger gesellschaftlicher und ökonomischer Bedingungen sein Aufstieg und seine weiteren Entwicklungen gelangen.

Die Idee für dieses Buch geht auf das Jahr 2008 zurück. Klaus Müntz gewann im Juni dieses Jahres Ulrich Wobus, der sich mit Gedanken zu einem ähnlichen Vorhaben trug, zum Mitautor und schuf das Konzept für das Buchprojekt, das beide nachfolgend in den Jahren 2009 bis 2011 mit etwa gleichen Anteilen verwirklichten.[1] Beide Autoren waren etwa 40 Jahre als Wissenschaftler im Institut tätig und haben dabei über lange Zeiten maßgebliche Leitungsaufgaben erfüllt. Sie sind Zeitzeugen der Institutsentwicklung nach 1965. Trotz des Bemühens, möglichst viele institutsgeschichtliche Fakten darzustellen und durch Quellenzitate zu belegen, kann ihr Buch nicht frei sein von der Widerspiegelung des Erlebens und der subjektiven Sichtweisen von Beteiligten. Gerade diese Möglichkeit, Authentizität zu erreichen, hatte den Entschluss bestimmt, die gesamte bisherige Geschichte des Institutes im Vorfeld des 70. Jahrestages der Institutsgründung zu beschreiben. Für die Zeit von 1943 bis 1968 konnten sie sich zusätzlich auf jenes andersartige detaillierte Buch stützen, das der Institutsgründer und erste Direktor, Hans Stubbe, über die ersten 25 Jahre der Geschichte des Instituts bereits 1982 veröffentlich hatte. Das vorliegende Buch über die Institutsgeschichte bietet eine beschreibende, stark auf die wissenschaftliche Entwicklung orientierte Darstellung und ersetzt keine wissenschaftshistorischen und wissenschaftspolitischen Analysen. Die Verfasser hoffen jedoch, dass ihr Buch auch einer eventuellen kritischen Prüfung durch externe Historiker standhalten wird.

Die Erfolge der Forschungen eines Institutes sind Ausdruck insbesondere des Leistungswillens und der Kreativität seiner Wissenschaftler[2], aber auch der vielen anderen Beschäftigten, die durch ihre Arbeit in Laboratorien, Werkstätten, Büros, Verwaltungen, Gewächshäusern und auf Versuchsfeldern unverzichtbare Voraussetzungen für den wissenschaftlichen Erfolg schaffen. Kreative Leistungen spiegeln dieses Zusammenwirken, die personellen Anreize und die soziale Atmosphäre in einer Einrichtung wider. Die Darstellung der Institutsentwicklung kann also nicht

[1] K. M. bearbeitete die Abschnitte 2.2, 2.3, 3.1, 3.2, 3.4, 4.1, 4.2, dazu 3.3.12, U. W. die Abschnitte 1, 2.1, 2.4, 3.3, 3.5, 4.3, 4.4, 5, dazu 3.4.5

[2] Alle Amts- und Funktionsbezeichnungen gelten in gleicher Weise für weibliche und männliche Personen

auf wissenschaftliche Projekte, ihre Bearbeitung und Resultate reduziert werden. Deshalb wird die von allen jeweiligen Mitarbeitern getragene und erlebte Geschichte zunächst in den Kap. 1 und 2 mit der Darstellung von allgemeinen Entwicklungen, Strukturen und Personen begonnen, wobei im fortlaufenden Text keine akademischen Titel genannt werden. Sie können dem Personenverzeichnis im Anhang entnommen werden. In Kap. 3, das nach wissenschaftlichen Sachgebieten und nicht nach Institutsstrukturen gegliedert ist, werden dann die inhaltlichen Hauptlinien und Ergebnisse von grundlegender und auf Anwendung orientierter Forschung behandelt. Hier war es nicht möglich, die Namen aller einst im Institut tätigen Wissenschaftler mit ihren jeweiligen Anteilen an den betreffenden Arbeiten zu erwähnen. Sie sind jedoch fast alle in den zitierten Publikationen, vor allem den Sammelreferaten, als Autoren zu finden. Abgesehen von frühen Berichten in der Schriftenreihe „Die Kulturpflanze" (Bd. 1/1953–21/1968 sowie 26/1978–38/1990) sind Forschungsvorhaben der jüngeren Vergangenheit in den seit 1990 vorliegenden ausführlichen Forschungsberichten sehr gut dokumentiert und können in wichtigen Teilen auch im Internet (www.ipk-gatersleben.de) nachgelesen werden. Das nachfolgende 4. Kapitel widmet sich über fast den gesamten 70-jährigen Zeitraum der Veröffentlichung von wissenschaftlichen Ergebnissen in Schriftform und auf Tagungen sowie den vielfältigen kulturellen und wissenschafts-ethischen Aktivitäten des Instituts. Abschließend wird in Kap. 5 die Entwicklung des Institutsstandortes zu einem Biotechnologiecampus, beginnend Ende der 1990er-Jahre, kurz dargestellt.

Die beschriebenen historischen und wissenschaftlichen Fakten beruhen auf der Auswertung zahlreicher Akten und allgemein zugänglicher Publikationen. Alle Quellen sind in Form von Fußnoten zitiert, die für jedes Kapitel getrennt durchnummeriert wurden. Bei wiederholtem Zitieren derselben Quelle wird auf das Erstzitat verwiesen.

Die Autoren sind vor allem dem Direktorium des IPK, vertreten durch den geschäftsführenden Direktor, Prof. Dr. Andreas Graner, und die administrativen Leiter, Herr Bernd Eise (bis Ende 2009) bzw. Frau Sybille-Andrea Lorenz (2010 bis 2012), dafür dankbar, dass es von 2009 bis 2012 während der mehr als dreijährigen Arbeit am Manuskript das Projekt ideell, personell und materiell nach Kräften gefördert hat. Ohne diese Unterstützung wäre das Vorhaben nicht zu verwirklichen gewesen. Darüber hinaus gab es zahlreiche weitere Helferinnen und Helfer, die durch Zuarbeiten oder ihre persönlichen Erinnerungen wertvolle Informationen für das Zustandekommen des Buches geliefert, technische Unterstützung gewährt oder nach kritischem Lesen der entstehenden Kapitel oder Abschnitte wertvolle Hinweise gegeben haben. Ihnen allen, die am Begin des Buches namentlich genannt werden, gilt der Dank der Autoren. Neben dem IPK hat dankenswerterweise auch die Gemeinschaft zur Förderung der Kulturpflanzenforschung Gatersleben e. V. unter ihren Vorsitzenden Dr. Wilhelm Graf von der Schulenburg und Dr. Reinhard von Brook das Buchprojekt ideell und finanziell unterstützt.

Gatersleben
im Dezember 2011

Klaus Müntz
Ulrich Wobus

Danksagungen

Während der Arbeit an dem vorliegenden Buch haben uns viele Kolleginnen und Kollegen, vor allem ehemalige und derzeitige Mitarbeiterinnen und Mitarbeiter des Gaterslebener Instituts, durch mündliche Informationen, schriftliche Ausarbeitungen, Materialgaben, vielerlei Hinweise und technischen Service, insbesondere für Computer- und Kommunikationstechnik, sehr geholfen. Besondere Beiträge sind im Text durch Fußnoten-Anmerkungen hervorgehoben. Speziell die Darstellung der Hauptforschungslinien des Instituts seit seinem Bestehen hat durch Zuarbeiten, Änderungs- und Ergänzungsvorschläge sowie kritisches Lesen der betreffenden Abschnitte durch fachkompetente Kollegen sehr gewonnen. Bei der Wahl des Buchtitels hat uns Dr. Reinhard Panitz besonders geholfen, bei der Verlagsfindung Prof. Dr. Detlef Ganten. Den Zugang zu zahlreichen Dokumenten aus der Institutsgeschichte bis 1991, welche bereits ins Landeshauptarchiv Sachsen-Anhalts überführt worden waren, haben vor allem die dortigen Archivinspektorinnen, Frau Heidemarie Palis und Frau Andrea Buse, durch unbürokratische Kooperation sehr erleichtert. Von besonderem Wert war die vielfältige Hilfe durch Frau Karin Lipfert und Frau Ursula Tiemann bei der Vorbereitung der Abbildungen. Die Unterstützung des Buchprojektes durch Direktorium und Geschäftsführung des IPK sowie die Gemeinschaft zur Förderung der Kulturpflanzenforschung Gatersleben e. V. ist bereits am Ende der Einführung dankend hervorgehoben worden.

Unser Dank gilt: Prof. Dr. Günter Adam, Dr. Klaus Adler, Prof. Dr. Thomas Altmann, Dr. Helmut Bäumlein, Prof. Dr. Hermann Bauwe, Juliane Becker, Herwig Bierstedt, Dr. Frank Blattner, Vera Bodensiek, Dr. Andreas Börner, Dr. Udo Conrad, Dr. Klaus J. Dehmer, Ursula Deppner, Bernd Eise, Klaus Engelmann, Anja Ewerhardy, Anke Förster, Barbara Fritsch, Dr. Reinhard Fritsch, Hellmuth Fromme, Rosemarie Gillandt, Dr. Mario Gils, Franziska Gläser, Prof. Dr. Andreas Graner, Prof. Dr. Bernhard Grimm, Prof. Dr. Rudolf Hagemann, Dr. Mohammad-Reza Hajiresaei, Prof. Dr. Karl Hammer, Dr. Peter Hanelt, Prof. Dr. Rüdiger Hell, Barbara Hildebrandt, Dr. Jürgen Hofemeister, Carmen Höpfner, Doreen Hosang, Dr. Catrin Kaydamov, Wilma Klaasen-van Husen, Dr. Helmut Knüpffer, Steffen König, Dr. Gottfried Künzel, Dr. Jochen Kumlehn, Prof. Dr. Gotthard Kunze, Gisela Liepelt, Karin Lipfert, Sibylle-Andrea Lorenz, Martina Luther, Prof. Dr. Otto Machold, Dr. Armin Meister, Katrin Menzel, Dr. Hans-Peter Mock, Dr. Gudrun Mönke, Waltraud Mühlenberg,

Heidemarie Palis, Dr. Reinhard Panitz, Prof. Dr. Benno Parthier, Dr. Martin Peisker, Prof. Dr. Rigomar Rieger, Dr. Marion Röder, Beate Scheer, Prof. Dr. Jörg Schöneich, Marlene Scholz, Prof. Dr. Ingo Schubert, Dr. Martin Stein, Dr. Nils Stein, Dr. Peter Stephan, Dr. Udo W. Stephan, Ursula Tiemann, Nicole Wahle, Evelin Willner, Simone Winter und Prof. Dr. Anna M. Wobus.

Inhalt

Abkürzungsverzeichnis

ABA *Abscisic acid*/Abscisinsäure (Phytohormon)
AdL Akademie der Landwirtschaftswissenschaften (der DDR)
ADP Adenosindiphosphat
AdW Akademie der Wissenschaften (der DDR)
AFLP *Amplified fragment length polymorphism*
AG Arbeitsgruppe
AK Antikörper
ALA *Aminolevulinic acid/Aminolävulinsäure*
ATP Adenosintriphosphat
BAC *Bacterial artificial chromosome*
BAZ Bundesanstalt für Züchtungsforschung
BBA Biologische Bundesanstalt für Land- und Forstwirtschaft
BBS Betriebsberufsschule
BfR Bundesamt für Risikobewertung
BfN Bundesamt für Naturschutz
BIC-GH *Bioinformatic Center*/Bioinformatik-Zentrum Gatersleben/Halle
BLK Bund-Länder-Kommission
BLV Blattlängenverhältnis
BMBF Bundesministerium für Bildung und Forschung
BMELF Bundesministerium für Ernährung, Landwirtschaft und Forsten
BMFT Bundesministerium für Forschung und Technologie
BMVEL Bundesministerium für Verbraucherschutz, Ernährung und Landwirtschaft
BNA Brasilnussalbumin
BRD Bundesrepublik Deutschland
BOD *biological oxygen demand*
BVL Bundesamt für Verbraucherschutz und Lebensmittelsicherheit
CD Circulardichroismus
CF *coupling factor*
Chl Chlorophyll
COST *European Cooperation in Science and Technology* (Programm zur Förderung wissenschaftlicher Kooperationen in Europa)
CPO Coproporphyrinogen-Oxidase
ČSR *Československá Republika*/Tschechoslowakische Republik

ČSSR	*Československá Socialistická Republika*/Tschechoslowakische Sozialistische Republik
CYP	Cytochrom P
Cys	Cystein
Cyt	Cytochrom
cDNA	*Complementary deoxyribonucleic acid*
DNA/DNS	*Deoxyribonucleic acid*/Desoxyribonukleinsäure
DAL	Deutsche Akademie der Landwirtschaftswissenschaften (zu Berlin)
DAW	Deutsche Akademie der Wissenschaften (zu Berlin)
DB	Dienstbesprechung
DDR	Deutsche Demokratische Republik
DFG	Deutsche Forschungsgemeinschaft
DESY	Deutsches Elektronensynchrotron
DM	Deutsche Mark
DSE	Deutsche Stiftung für Internationale Entwicklung
EB	*Embryoid body*
EC	Embryonales Karzinom
EBDB	*European Barley Database*
ECPRG	*European Cooperative Programme for Plant Genetic Resources*
EDV	elektronische Datenverarbeitung
ELP	*Elastin-like peptides*
EMBO	*European Molecular Biology Organization*
EOS	Erweitere Oberschule (gymnasialer Schultyp der DDR)
EPDB	*European Poa Database*
ER	endoplasmatisches Reticulum
ESC	*Embryonal stem cells*/embryonale Stammzellen
EU	Europäische Union
EURISCO	Europäischer Zentraler PGR-Suchkatalog
FAD	Flavin-Adenin-Dinukleotid
FAL	Forschungsanstalt für Landwirtschaft
FAO	*Food and Agriculture Organization* (der UNO)
FBP	Fructose-1,6-bisphosphat
FDGB	Freier Deutscher Gewerkschaftsbund (Gewerkschaft in der DDR)
FDJ	Freie Deutsche Jugend (Jugendorganisation in der DDR)
FG	Forschungsgruppe (=Arbeitsgruppe)
FuE	Forschung und Entwicklung
FZMM	Forschungszentrum für Molekularbiologie und Medizin (mit Sitz in Berlin-Buch)
GA	*Gibberellic acid*/Gibberellinsäure (Phytohormon)
GABI	Genom-Analyse im biologische System „Pflanze“
GBIF/D	Genbankinformation/Deutschland
GBIS	Genbankinformationssystem
GBIS/B	Genbankinformationssystem/Bonitur
GBIS/I	Genbankinformationssystem/Internet
GBIS/M	Genbankinformationssystem/Management

GBV	Gemeinsamer Bibliotheksverband
GDC	Glycin-Decarboxylase
GFP	Gesellschaft zur Förderung der privaten deutschen Pflanzenzüchtung e. V.
GIF	*German Israel Foundation*
GSAT	Glutamat-1-semialdehyd-Aminotransferase
gv	gentechnisch verändert
HFR	Hauptforschungsrichtung (im Programm MOGEVUS der DDR)
H5N1	Influenzavirus, Erreger der Vogelgrippe
HIV	*Human immuno deficiency virus* (AIDS-Virus)
HPLC	*High pressure liquid chromatography*
HSG	*Heat shock granule*
HvSUT1	*Hordeum vulgare* Saccharosetransporter 1
IBP	Institut für Biochemie der Pflanzen (der AdW der DDR bis 1991)
IBPGR	*International Board of Plant Genetic Resources*
IBSC	*International Barley Sequencing Consortium*
IFK	Institut für Kartoffelforschung (der AdL der DDR in Groß Lüsewitz)
IGK	Institut für Genetik und Kulturpflanzenforschung (Institutsname 1990–1991)
IGL	Institutsgewerkschaftsleitung
IM	informeller Mitarbeiter (des Staatssicherheitsdienstes der DDR)
IPB	Institut für Pflanzenbiochemie (Nachfolger des IBP ab 1992)
IPK	Institut für Pflanzengenetik und Kulturpflanzenforschung (Institutsname ab 1992)
ITP	*Iron transport protein*
ITS	*Internal transcribed sequences*
IZN	Interdisziplinäres Zentrum für Nutzpflanzenforschung (an der MLU)
JA	*Jasmonic acid*/Jasmonsäure (Phytohormon)
JKI	Julius-Kühn-Institut
KA	Kapitalistisches Ausland (Länderklassifizierung in der DDR)
KAI AdW	Koordinierungs- und Abwicklungsstelle für die AdW der DDR (1990–1992)
kDa	Kilo-Dalton
KFZ	Kraftfahrzeug
KLR	Kosten-Leistungs-Rechnung
KPS	Kombinat Pflanzenzüchtung und Saatgutwirtschaft (Wirtschaftsunternehmen in der DDR)
KWG	Kaiser-Wilhelm-Gesellschaft
KWI	Kaiser-Wilhelm-Institut
LBS	Leitbündelscheide
LD	*Linkage disequilibrium*/Kopplungsungleichgewicht
LHASA	Landeshauptarchiv des Landes Sachsen-Anhalt
LHC	*Light harvesting complex*
LOX	Lipoxygenase
mAK	monoklonaler Antikörper

MD	Magdeburg
MfS	Ministerium für Staatssicherheit (der DDR)
MGG	*Molecular and General Genetics* (Fachzeitschrift)
MLU	Martin-Luther-Universität Halle-Wittenberg
MOGEVUS	Molekulare Grundlagen der Entwicklungs-, Vererbungs- und Steuerungsprozesse (Forschungskoordinierungssystem in der DDR)
MPG	Max-Planck-Gesellschaft
MPI	Max-Planck-Institut
mRNA/mRNS	*Messenger ribonucleic acid*/Messenger-Ribonukleinsäure
MTL	Mutagenitätstest-Laboratorium (des ZIGuK)
MV	Mecklenburg-Vorpommern
MZB	(Abteilung) Molekulare Zellbiologie (des IPK)
NA	Nicotianamin (=NF)
NADP	Nicotinamiddinucleotidphosphat
NF	normalisierender Faktor (=NA)
NMR	Nuklearmagnetische Resonanz
NR	Nitratreduktase
NSDAP	Nationalsozialistische Deutsche Arbeiterpartei
NSL	nichtsozialistische Länder
OAS	*O*-Acetylserin
ÖTV	Ökonomie, technische Dienste und wissenschaftliche Versorgung (Verwaltungsbereich im ZIGuK)
ORD	Optische Rotationsdispersion
PCR	*Polymerase chain reaction*
PGRC	*Plant Genome Research Center*
PEPC	Phosphoenolpyruvat-Carboxylase
PFGE	*Pulse field gel electrophoresis*
PFP	Pyrophosphat:Fructose-6-phosphat-1-Phosphotransferase
PGA	Phosphoglycerinaldehyd
PHA	Polyhydroxyalcanoat
PHB	Polyhydroxybutyrat
PHV	Polyhydroxyvalerat
PGR	Pflanzengenetische Ressourcen
PS	Photosystem
PSV	Proteinspeichervakuole
QB	Querschnittsbereich (im ZIGuK)
QTL	*Quantitative Trait Locus*
RAPD	*Randomly amplified polymorphic DNA*
REM	Rasterelektronenmikroskop
rER	raues endoplasmatisches Reticulum
RFLP	*Restriction fragment length polymorphism*
RGW	Rat für Gegenseitige Wirtschaftshilfe (=COMECON)
RNA/RNS	*Ribonucleic acid*/Ribonukleinsäure
ROS	*Reactive oxygen species*

Rubisco	Ribulose-5-phosphat-Carboxylase-Oxygenase
SAT	Serin-Acetyltransferase
SBZ	Sowjetische Besatzungszone
SCE	*Sister chromatid exchange*/Schwesterchromtidenaustausch
scFv	*single chain variable fragment* (künstlich hergestellte Einzelketten-Antikörper-Fragmente)
SED	Sozialistische Einheitspartei Deutschlands (in der DDR)
SFB	Sonderforschungsbereich (der DFG)
sHSP	*Small heat shock protein*
SKL	Samenkühllagerhaus
SL	sozialistische Länder
SMAD	Sowjetische Militäradministration
SMTA	*Standard Material Transfer Agreement*
SPR	*Surface plasmon resonance*
SPS	Saccharosephosphat-Synthase
SU	Sowjetunion
TILLING	*Targeted induced lesions in genomes*
TL	Thiolyase
TOP	Tagesordnungspunkt
TU	Technische Universität
TVM	tausend Valutamark
UDPG	Uridindiphospho-Glucose
UdSSR	Union der Sozialistischen Sowjetrepubliken
UNDP	*United Nations Developmental Programme*
UPOV	*L'Union internationale pour la protection des obtentions végétales* (Internationaler Verband zum Schutz von Pflanzenzüchtungen)
UROD	Uroporphyrinogen-III-Decarboxylase
USA	*United States of America*/Vereinigte Staaten von Amerika
UV	Ultraviolett
VBE	Vollbeschäftigteneinheiten (personalstatistischer Begriff in der DDR)
VEB	Volkseigner Betrieb (in der DDR)
VEG	Volkseigenes Gut (in der DDR)
VfAAP1	*Vicia faba amino acid permease* 1
ViFaBio	Virtueller Fachkatalog Biologie
VIR	All-Unions-Institut für Pflanzenbau (in Leningrad bzw. St. Petersburg)
VR	Volksrepublik
VuG	Versuchsfeld und Gärtnerei (im ZIGuK)
VVB	Vereinigung Volkseigener Betriebe (in der DDR)
VZD	Verwaltung Zentrale Dienste (im IPK)
WB	wissenschaftlicher Bereich (im ZIGuK)
WBL	Wissenschaftsgemeinschaft „Blaue Liste“
WGL	Wissenschaftsgemeinschaft „Gottfried Wilhelm Leibniz“
WIR	Wissenschaftlicher Institutsrat (im IGK bzw. IPK 1989–1995)
WPA	wissenschaftlich-praktische Arbeit (Teil des gymnasialen Schulunterrichts in der DDR)

WR	wissenschaftlicher Rat (im ZIGuK)
WS	wissenschaftliches Sekretariat (im ZIGuK)
WTZ	wissenschaftlich-technische Zusammenarbeit
ZIB	Zentrum für Informationstechnik
ZIGuK	Zentralinstitut für Genetik und Kulturpflanzenforschung
ZK	Zentralkomitee
ZKBS	Zentrale Kommission für Biologische Sicherheit

Wie alles begann 1

1.1 Vorgeschichte und Institutsgründung

Nordöstlich des Harzes dehnt sich eine waldarme, flach-gewellte, fruchtbare Ebene aus, die Magdeburger Börde. An ihrem westlichen Rand, unweit der Stadt Quedlinburg, liegt am Ufer der Selke der Ort Gatersleben mit dem Leibniz-Institut für Pflanzengenetik und Kulturpflanzenforschung (IPK).

Die formelle Geschichte dieser Einrichtung begann am 1 April 1943 in Wien, doch die Ursachen der Institutsgründung reichen viel weiter in die Vergangenheit zurück, indirekt bis zu den gesellschaftlichen und wissenschaftlichen Entwicklungen der zweiten Hälfte des 19. Jahrhunderts und direkt in die ersten drei Jahrzehnte des 20. Jahrhunderts.

Die zweite Hälfte des 19. Jahrhunderts war eine Periode großer gesellschaftlicher Umwälzungen. In Deutschland hatte sich die Industrie rasant entwickelt. Neue wissenschaftlich-technische Erkenntnisse bildeten eine entscheidende Grundlage des enormen wirtschaftlichen Aufschwungs, der auch die Landwirtschaft erfasst hatte. Erhebliche Ertragssteigerungen waren durch technologische Fortschritte in der Bodenbearbeitung und Düngung einerseits und ebenso große Fortschritte in der Pflanzenzüchtung andererseits möglich geworden. Letztere beruhten jedoch weitgehend auf empirischen Methoden. Erst durch die stürmische Entwicklung der Biologie und insbesondere der Genetik vornehmlich im 20. Jahrhundert wurde die Pflanzenzüchtung auf eine wissenschaftliche Grundlage gestellt.

Für die Entwicklung der biologischen Wissenschaften erwiesen sich zwei Ereignisse als besonders herausragend. 1859 hatte Charles Darwin sein epochales Werk „*The Origin of Species*" (Die Entstehung der Arten) veröffentlicht und damit der Vorstellung von der Evolution aller Lebewesen eine überzeugende wissenschaftliche Erklärung gegeben. Sieben Jahre später, 1866, publizierte Gregor Mendel seine bahnbrechenden Kreuzungsexperimente mit Erbsen, die die Genetik als Wissenschaft begründeten. Während Darwins Buch schon bald nach seinem Erscheinen heftige Debatten auslöste und die Art zu Denken in großem Maße beeinflusste, blieb Mendels Arbeit bis zu ihrer Wiederentdeckung im Jahre 1900 unbeachtet.

K. Müntz, U. Wobus, *Das Institut Gatersleben und seine Geschichte*,
DOI 10.1007/978-3-642-28648-3_1, © Springer-Verlag Berlin Heidelberg 2013

Erst mit dieser Wiederentdeckung der Mendel'schen Befunde, dann „Mendel'sche Regeln" genannt, begann die rasche Entwicklung eines neuen Fachgebietes, der Genetik. Einer der Wiederentdecker der Mendel'schen Regeln war Carl Correns, der 1921 gemeinsam mit Richard Goldschmidt und Erwin Baur die „Deutsche Gesellschaft für Vererbungswissenschaft" gründete.[1] Mit Erwin Baur[2] und einem Schüler von Carl Correns, Fritz von Wettstein, rücken zwei Namen ins Blickfeld, die bei der Gründung und fachlichen Ausrichtung des „Kaiser-Wilhelm-Instituts für Kulturpflanzenforschung", dem Ausgangspunkt des Gaterslebener Instituts, in vielfacher Weise „Geburtshilfe" geleistet haben.

Erwin Baur galt als führender Genetiker seiner Zeit.[3] Seine „Bedeutung resultierte aus einer Melange von exzellentem Fachwissen, forscherischem Können, der Fähigkeit zu konzeptionellem und strategischem Denken sowie einer faszinierenden persönlichen Ausstrahlung".[4] Baur hatte 1909 nachgewiesen, dass Plastiden genetische Information enthalten, im Jahr davor die weltweit erste genetische Zeitschrift, die „Zeitschrift für induktive Abstammungs- und Vererbungslehre", ins Leben gerufen, auf die die heutige Zeitschrift *Molecular Genetics and Genomics* (MGG; s. Abschn. 4.1) zurückgeht, und das erste Genetik-Lehrbuch („Einführung in die experimentelle Vererbungslehre", erschienen 1911) verfasst. Als Direktor des Instituts für Vererbungsforschung an der Landwirtschaftlichen Hochschule Berlin setzte er im Rahmen der 1911 gegründeten Kaiser-Wilhelm-Gesellschaft zur Förderung von Wissenschaft und Forschung (KWG) den Bau des Kaiser-Wilhelm-Instituts (KWI) für Biologie durch, dessen Neubau in Berlin-Dahlem 1922/23 voll arbeitsfähig war. Allerdings bot das Institut schon bald nicht mehr ausreichend Möglichkeiten für Baurs umfangreiche genetisch-experimentelle und züchterische Arbeiten. 1927 erwarb die KWG 170 ha Land bei Müncheberg, östlich von Berlin, und bereits 1928 konnte das neue KWI für Züchtungsforschung unter Baurs Leitung eröffnet werden. „Baur fing seine Arbeit in Müncheberg mit einem Stamm von jungen Kräften an, die er zum Teil in den letzten Jahren in Dahlem erprobt hatte, ..."[5] Dazu gehörte auch Hans Stubbe, der spätere Direktor des KWI für Kulturpflanzenforschung, des heutigen Leibniz-Instituts für Pflanzengenetik und Kulturpflanzenforschung (IPK). Die Persönlichkeit Erwin Baur hat Hans Stubbe (Abb. 1.1, Box 1.1) in vielfacher Weise geprägt, u. a. auch in der Ausformung einer Kulturpflanzenforschung, die bei aller Betonung einer exzellenten Grundlagenforschung immer auch die Erfordernisse einer zukunftsweisenden Landwirtschaft im Auge hatte.

---

[1] Siehe Hagemann R (2006) Die erste Gesellschaft für Genetik: „Deutsche Gesellschaft für Vererbungswissenschaft" 1921–1938/1945. BIOspektrum 12: 798–800.

[2] Eine umfassende Darstellung vom Leben und Werk Erwin Baurs gibt Hagemann R (2000) Erwin Baur 1875–1933. Pionier der Genetik und Züchtungsforschung. Roman Kovar, Eichenau.

[3] Die wissenschafts- und gesellschaftspolitische Rolle von Baur beleuchten Kröner H-P, Toellner R, Weisemann K (1994) Erwin Baur. Naturwissenschaft und Politik. Max-Planck-Gesellschaft, München.

[4] Diesener G (2002) Kulturpflanzenforschung und Pflanzengenetik in Gatersleben von der Mitte der vierziger bis zum Ende der sechziger Jahre – Entwicklungen, Konstellationen, Probleme. In: Burrichter C & Diesener G (Hrsg) Auf dem Wege zur „Produktivkraft Wissenschaft". Akad Verlagsanstalt, Leipzig 2002, S 165–211, hier S 169.

[5] Hagemann (2000) s. Fußnote Kap. 1/2, hier S 38.

Box 1.1 Prof. Dr. Drs. h. c. Hans Stubbe (1902–1989).

Abb. 1.1. Hans Stubbe (undatiert, um 1960, Foto und Bildrechte: H. Kraßmann)

Institutsdirektor von 1943–1969[6]

1902	Geboren am 7. März in Berlin
1918	Verfrühtes Verlassen des Helmholtz-Realgymnasiums (Notreifeprüfung); Einberufung als Soldat (März 1918–Herbst 1919)
1919–1921	Landwirtschaftslehrling in Schönhausen/Elbe
1921	Zwei Semester Studium an der Landwirtschaftlichen Hochschule Berlin
1923–1925	landwirtschaftlicher Beamter zunächst in Protzen, Kreis Ruppin, dann in Höhbeck bei Lenzen/Elbe
1925–1927	Fortsetzung des Landwirtschaftsstudiums in Göttingen (Vorexamen) und Berlin (Diplom)
1927	Sommerliche Erntehilfe auf dem Gut Brigittenhof von Erwin Baur, Teilnahme am V. Internationalen Genetik-Kongress in Berlin. Im Herbst wird Stubbe Volontärassistent von Erwin Baur am Institut für Vererbungslehre in Berlin-Dahlem
1928	Übersiedlung mit Erwin Baur in das neue KWI für Züchtungsforschung in Müncheberg
1929–1936	Leiter der Abteilung „Experimentelle Mutationsauslösung" am KWI Müncheberg
1930/31	(Wintersemester) Gasthörer bei Fritz von Wettstein in Göttingen
1936	Entlassung aus politischen Gründen, wird Mitarbeiter von Fritz von Wettstein am KWI für Biologie in Berlin-Dahlem

[6] Eine ausführliche biographische Würdigung von Leben und Werk Hans Stubbes hat Edda Käding verfasst (s. Fußnote Kap. 1/7).

▶

1943	Berufung zum Direktor des KWI für Kulturpflanzenforschung in Wien
1945	Im Frühjahr Übersiedlung nach Stecklenberg/Harz. Im Herbst Überschreibung der preußischen Staatsdomäne Gatersleben an das Institut, Aufbau des Instituts für Kulturpflanzenforschung in Gatersleben
1946–1967	Neben seiner Funktion als Direktor in Gatersleben Direktor des Instituts für Genetik der Universität Halle/Wittenberg
1951–1968	Präsident der von ihm mitbegründeten Deutschen Akademie der Landwirtschaftswissenschaften (DAL)
1963–1968	Mitglied des Landwirtschaftsrates beim Ministerrat der DDR
1963–1986	Mitglied der Volkskammer der DDR (Fraktion Kulturbund)
1967–1987	Mitglied des Beirates der Obersten Jagdbehörde der DDR, der Pugwash-Gruppe der DDR und Vorsitzender des Nationalkomitees des Internationalen Biologischen Programms
1989	Verstorben am 15. Mai in Zingst

Er war ordentliches Mitglied der Deutschen Akademie der Wissenschaften zu Berlin, der Deutschen Akademie der Naturforscher Leopoldina und der Sächsischen Akademie der Wissenschaften zu Leipzig, Korrespondierendes Mitglied der Lenin-Akademie der Landwirtschaftswissenschaften in Moskau und der Rumänischen Akademie der Wissenschaften, Ausländisches Mitglied der Bulgarischen und der Polnischen Akademie der Wissenschaften, Ehrenmitglied der Ungarischen Akademie der Wissenschaften, des Schwedischen Saatzuchtvereins Svalöf, der Allunions-Botanischen Gesellschaft der UdSSR und der Deutschen Agrarwissenschaftlichen Gesellschaft. Stubbe war Träger zahlreicher Auszeichnungen u. a. der Darwin-Plakette der Leopoldina (1959), des Nationalpreises I. Klasse (1960) und der Erwin-Baur-Medaille (1963); Ehrendoktor der Universitäten Jena 1954, Krakow 1964, Brno 1965, Berlin 1978 und Halle-Wittenberg 1982.

Arbeitsgebiete Allgemeine Genetik, Mutationsforschung, experimentelle Evolution der Kulturpflanzen, Untersuchungen zur Widerlegung der Thesen Lyssenkos (s. Abschn. 2.1.2.2), Jagd- und Wildforschung.

Publikationen fünf Bücher, dazu Herausgeber mehrerer Bücher und von vier wissenschaftlichen Zeitschriften, Autor und Co-Autor von über 200 Publikationen.

Bereits 1927 verbrachte Hans Stubbe, Student an der Landwirtschaftlichen Hochschule Berlin, gemeinsam mit Rudolf Schick, Hermann Kuckuck und Konrad von Rauch mehrere Wochen auf den Feldern des Gutes Brigittenhof von Erwin Baur, wo dieser einen Teil seiner wissenschaftlichen Versuche durchführte. Später schrieb Stubbe: „Baur verstand es, in diesen Erntewochen uns die Probleme der Genetik so klar und mit großer Überzeugungskraft darzustellen, dass wir begeistert waren, …“[7]

[7] Käding E (1999) Engagement und Verantwortung. Hans Stubbe, Genetiker und Züchtungsforscher. Eine Biographie. ZALF-Bericht Nr 36, Müncheberg, hier S 13.

Der im selben Jahr in Berlin ausgerichtete und von Erwin Baur geleitete V. Internationale Genetik-Kongress bestärkte diese Begeisterung und das Wissen um die Probleme, die die noch junge Vererbungswissenschaft zu dieser Zeit bewegten. Stubbe bewarb sich um eine Promotionsstelle bei Baur. Dieser akzeptierte und betraute ihn mit Arbeiten zur Mutationsauslösung an seiner klassischen Versuchspflanze, dem Löwenmäulchen, *Antirrhinum*. Die Versuche begannen noch in Dahlem, wurden aber bald in das neue Institut nach Müncheberg verlegt, das – wie oben dargelegt – unter Baurs Leitung gerade neu eröffnet worden war.

In Müncheberg verwirklichte Baur ein integriertes Konzept von Züchtungsforschung, das in die angewandt-genetischen Arbeiten auch Methoden und Erkenntnisse der Physiologie, Biochemie, Cytologie und Phytopathologie einbezog. Baur und seine Mitarbeiter waren sich auch der Tatsache bewusst, dass moderne Zuchtsorten bodenständige Landrassen aus dem Anbau verdrängten, diese Landrassen aber ein wichtiges und erhaltungsbedürftiges Forschungs- und Züchtungsmaterial darstellten. Das Dilemma bestand darin, dass die moderne Pflanzenzüchtung durch ihre Erfolge, nämlich die Bereitstellung neuer, leistungsstärkerer Sorten, ihre genetische Basis, die bereits vorhandenen, weniger leistungsfähigen Kulturformen, gefährdete. Darauf hatten bereits Emanuel Ritter von Proskowetz und Franz Schindler auf dem land- und forstwirtschaftlichen Kongress 1890 in Wien aufmerksam gemacht. Dort waren in erstaunlicher Weitsicht nicht nur die Probleme erkannt, sondern auch die notwendigen Gegenmaßnahmen, wie das Anlegen großer Sammlungen und die umfängliche Charakterisierung des Materials, konzipiert worden.[8]

In der Folge setzte eine rege Sammeltätigkeit ein. Besonders der russische Genetiker und Kulturpflanzenforscher Nikolai I. Vavilov[9] (1887–1943) bereiste unterschiedlichste Teile des Globus und legte die Basis für die vielleicht größte Kulturpflanzensammlung (heute sprechen wir von einer Genbank) der Welt, mit dem zentralen Standort in Leningrad, dem heutigen St. Petersburg. 1935 umfasste die Sammlung des Leningrader All-Unions-Instituts für Pflanzenbau (VIR) bereits über 100,000 Sorten- und Artenproben.[10] Eine sorgfältige Analyse der gesammelten Kulturpflanzenvielfalt regte Vavilov in den 1920er-Jahren zur Formulierung seiner „Genzentrentheorie" an, nach welcher in den Ursprungsgebieten bestimmter Kulturpflanzen auch die größte genetische Manigfaltigkeitsbreite zu finden ist. Diese Theorie der Genzentren der Kulturpflanzen hatte Vavilov auch auf dem Genetik-Kongress 1927 in Berlin vorgetragen. Sie übte eine nachhaltige Wirkung auf die Kulturpflanzenforschung aus, induzierte jedoch später auch vielfache Kritik. Aber „allen berechtigten Kritiken an der Genzentrentheorie kann zumindest eines entgegengehalten werden: Sie war nicht so falsch, dass sie verhinderte, das Richtige

[8] Lehmann CO (1990) Hundert Jahre Sammlung und Nutzung von Landsorten – zur Erinnerung an Emanuel Ritter von Proskowetz und Franz Schindler. In: Dambroth M & Lehmann CO (Hrsg) Gemeinsames Kolloquium. Sicherung und Nutzbarmachung pflanzengenetischer Ressourcen. Braunschweig Gatersleben 1990, S 10–22.

[9] In der deutschsprachigen Literatur auch Wawilow oder Vaviloff.

[10] Brežnev DD (1970) Die Kulturpflanzen-Kollektion des Unionsinstituts für Pflanzenbau „N. I. Vavilov" und ihr pflanzenzüchterisches Potential. Kulturpflanze, Beiheft 6: 127–140.

zu tun".[11] Auch das 1932 erschienene Buch „Entstehung der Kulturpflanzen" von Elisabeth Schiemann – ein Name, der uns noch einmal begegnen wird – trug zur schnellen Entwicklung der noch jungen, genetisch geprägten Kulturpflanzenforschung bei.

Um die weitere Entwicklung besser zu verstehen, müssen wir uns noch einmal Erwin Baur und dem Müncheberger Institut zuwenden. Baur und seine Mitarbeiter waren mit großem Enthusiasmus an die Verwirklichung der langjährigen Pläne herangegangen. Stubbe führte umfangreiche Mutationsexperimente durch, doch die zunehmenden Probleme bei der Finanzierung der laufenden Arbeiten belasteten immer stärker deren Weiterführung. Hinzu kamen politische Probleme und der unerwartete Tod von Erwin Baur am 2. Dezember 1933. „Danach ändert sich das politische Klima am KWI für Züchtungsforschung sehr schnell. Das bekommt auch das lebensfrohe Junggesellenterzett Hans Stubbe, Hermann Kuckuck und Rudolf Schick zu spüren, die bisher ihre Worte nicht auf die Goldwaage gelegt haben. Unbekümmert machen sich die jungen Leute anfangs über die Nazis lustig".[12] Die folgenden politischen Auseinandersetzungen um die Baur-Nachfolge als Direktor des KWI sind symptomatisch für die Zeit und lohnen das detaillierte Nachlesen.[2,13] Zunächst wurde Bernhard Husfeld zum kommissarischen Leiter ernannt, während der Präsident der KWG, Max Planck, telefonisch bereits Hans Stubbe diese Aufgabe übertragen hatte, seine Entscheidung aber schnell zurückziehen musste. Im April 1936 wurde, wiederum gegen den Vorschlag der KWG-Berufungskommission, die Hans Stubbe favorisierte, der Nationalsozialist Wilhelm Rudorf als Direktor berufen. Noch im Februar aber kam es zwischen Stubbe, Kuckuck, Schick einerseits und Husfeld andererseits zum Streit; vordergründig ging es um das Schicksal des Baur'schen *Antirrhinum*-Wildarten-Sortiments. In dessen Folge wurden die drei wegen „fortgesetzter Störung des Betriebsfriedens und Verhetzung der Gefolgschaft"[14] beurlaubt und mit dem Verbot belegt, das Institut zu betreten. Ein nachfolgend durch einen „Treuhänder für Arbeit" angestrengtes Ehrengerichtsverfahren endete moderat, doch entschied anschließend Rudorf, auch wohl unter äußerem Druck, die Arbeitsverhältnisse zu beenden. Dieser äußere Druck war politischer Natur, denn der eigentliche Grund des Rauswurfs – von Käding (1999) ausführlich belegt – lag darin begründet, dass Stubbe, Kuckuck und Schick „jede Spur einer nationalen oder gar nationalsozialistischen Regung verabscheuten".[15] Die frei gewordene Stelle Stubbes in Müncheberg wurde von Edgar Knapp, einem Parteimitglied und überzeugten Nationalsozialisten, besetzt. Knapp kam aus der Abteilung „v. Wettstein" des KWI in Dahlem, und sein Weggang erlaubte es interessanterweise Fritz von Wettstein im Sommer 1936, Hans Stubbe an das KWI für Biologie zu

[11] Hammer K, Gäde H (1993) 50 Jahre Genbank Gatersleben. BiuZ 23: 356–362, hier S 357.

[12] Käding (1999) s. Fußnote Kap. 1/7, hier S 36.

[13] Kröner *et al* (1994) s. Fußnote Kap. 1/3.

[14] Hagemann (2000) s. Fußnote Kap. 1/2, hier S 200.

[15] Straub J (1986) Aus der Geschichte des Kaiser-Wilhelm-/Max-Planck-Instituts für Züchtungsforschung. Max-Planck-Gesellschaft Berichte und Mitteilungen 2/86, S 21.

holen.[16] Dort war das Klima „wohltuend liberal, denn ganz im Gegensatz zum KWI für Züchtungsforschung bleibt das Kaiser-Wilhelm-Institut für Biologie weitgehend frei vom direkten Einfluß der NSDAP".[17]

Fritz von Wettstein war eine der führenden Persönlichkeiten der Kaiser-Wilhelm-Gesellschaft. Er hatte als Botaniker in Göttingen mit dem Zoologen Alfred Kühn zusammengearbeitet und war 1934 als Direktor an das KWI für Biologie nach Berlin-Dahlem berufen worden, das er zusammen mit Alfred Kühn und Max Hartmann leitete. Wie Baur setzte er sich für eine auf den modernsten Erkenntnissen der Genetik und Evolutionslehre aufbauende Züchtungsforschung ein, die neben der Erarbeitung grundlegend neuer Erkenntnisse stets auch die Lösung praktischer Aufgaben verfolgen sollte.

Schon in den letzten Jahren vor Ausbruch des Zweiten Weltkrieges führte Fritz von Wettstein, Senator der Kaiser-Wilhelm-Gesellschaft, mit dem Präsidenten und der Generalverwaltung der KWG Verhandlungen über die Gründung eines Instituts für Kulturpflanzenforschung.[18]

> Dabei wurden die ...neuen Entwicklungslinien der Kulturpflanzenforschung, die Sammlung und Erhaltung von Weltsortimenten der Kulturpflanzen und ihre Bearbeitung in den großen botanischen Disziplinen Systematik, Ökologie, Genetik, Biochemie, Biophysik und Physiologie, in den Mittelpunkt der Begründung für die Errichtung des Forschungsinstituts gestellt, das sich unabhängig von den Erfordernissen eines Hochschulinstituts hauptamtlich allen Teilgebieten der Kulturpflanzenforschung im weitesten Sinne widmen sollte. Von diesem neuen Zentrum der Biowissenschaften sollte eine enge Zusammenarbeit mit anderen Instituten, vornehmlich der theoretischen und angewandten Botanik, der Pflanzenzüchtung, des Pflanzenbaus und der Phytopathologie durch Bereitstellung botanisch und züchterisch wertvollen Ausgangsmaterials erfolgen. Damit wurde die planmäßige Durchführung von Sammelreisen ein Schwerpunkt des neu zu gründenden Instituts, um die bereits vorhandenen Sammlungen zu erweitern. In Ergänzung hierzu war eine Zentrale des Samenaustauschs geplant, die in enger Verbindung mit allen zuständigen Einrichtungen der Welt dem Institut den Charakter einer auf internationaler Basis arbeitenden Forschungsstätte der Kaiser-Wilhelm-Gesellschaft geben sollte.[19]

Aus der bisherigen Darstellung wird deutlich, dass das neue Institut als Ergänzung des Baur'schen Instituts für Züchtungsforschung gedacht war, mit einem entsprechend unterschiedlichen Aufgabenbereich. Dass Hans Stubbe ein geeigneter Leiter sein würde, war offensichtlich, doch die mit der Müncheberger Episode zusammenhängende politische Eingruppierung als – in seiner mildesten Form – dem Nationalsozialismus nicht gewogen, beeinflusste in mancherlei Weise die weitere Karriere Stubbes und auch die Gründung des geplanten Instituts. Der Reichsgeschäftsführer

---

[16] Briefl Mitteilung von R Hagemann.

[17] Käding (1999) s. Fußnote Kap. 1/7, hier S 48.

[18] Über den politischen Kontext der Entstehung des Instituts hat u.a. Wieland [Wieland T (2004) „Wir beherrschen den pflanzlichen Organismus besser,...". Wissenschaftliche Pflanzenzüchtung in Deutschland 1889–1945. Deutsches Museum. Abh u Ber, NF, Bd. 20] publiziert.

[19] Stubbe H (1982) Geschichte des Instituts für Kulturpflanzenforschung Gatersleben der Deutschen Akademie der Wissenschaften zu Berlin 1943–1968. Akademie-Verlag, Berlin, S 19.

des SS-Ahnenerbes hatte es als „ein Verbrechen“ betrachtet, „einen politisch unzuverlässigen Menschen wie Stubbe zum Professor und damit zum Erzieher der studentischen Jugend zu machen“.[20] Hinzu kam, dass auch die SS Kulturpflanzenforschung betrieb und ein vergleichbares Institut errichten wollte.[21] Deshalb „sollten mehrere Jahre vergehen, bis hier in einer Gemengelage aus Mäzenatentum und auch glücklichen Umständen, möglicherweise ebenso begünstigt durch das kriegsbedingte Kompetenz-Wirrwarr,...“[22] der bereits seit Mai 1939 bestehende Beschluss der KWG zur Gründung des Kaiser-Wilhelm-Instituts für Kulturpflanzenforschung[23] realisiert und mit dem 1. April 1943 Hans Stubbe als dessen Direktor eingesetzt wurde. „Der 1.4.1943 kann damit als Gründungstag des Instituts für Kulturpflanzenforschung angesehen werden.“ Als Standort war zunächst Graz, dann aber doch Wien gewählt worden, und zwar „nach einem Vorschlag Fritz von Wettsteins“,...„wegen der günstigen klimatischen Bedingungen“.[24] Ob politische Vorgaben eine Rolle spielten – das Institut firmierte auch als „Forschungsinstitut der K.W.G. für die Ostmark“[25] – ist nicht völlig geklärt, doch legen dies Angaben von Mothes,[26] Stein[27] und Skiebe[28] nahe. Stein und Skiebe stützen sich auf mündliche Äußerungen von Gustav Becker und Kurt Unger.[29] Danach hatte v. Wettstein ursprünglich andere Pläne. Er pflegte gute Verbindungen zur Dippe AG in Quedlinburg, die in den 1930er-Jahren eine eigene Forschungsabteilung eröffnet hatte, mit deren Leitung der Wettstein-Schüler Gustav Becker, ein enger Freund von Hans Stubbe, betraut worden war. Für das von v. Wettstein lange geplante „Institut für das Kulturpflanzenweltsortiment“ schien der Raum Quedlinburg als ein Zentrum der Pflanzenzüchtung besonders geeignet, auch um eine enge Verbindung zur pri-

[20] Geißler E (1998) Biologische Waffen – nicht in Hitlers Arsenalen. LIT-Verlag, Münster, S 624.

[21] Die „Lehr- und Forschungsstätte für Pflanzengenetik“ wurde im November 1943 im Schlossgut Lannach bei Graz errichtet und war der Lehr- und Forschungsgemeinschaft „Das Ahnenerbe“ der SS unterstellt (Geißler (1998) s. Fußnote Kap. 1/20, hier S 623).

[22] Diesener (2002) s. Fußnote Kap. 1/4, hier S 175.

[23] Im Archiv der MPG findet sich der Hinweis: KWI für Kulturpflanzenforschung – 1939 als „Centralstelle für Wildformen und Primitivformen der Kulturpflanzen“ gegründet (Archiv der MPG, I. Abt, Rep 26).

[24] Beide Zitate nach Stubbe (1982) s. Fußnote Kap. 1/19, hier S 20.

[25] Käding (1999) s. Fußnote Kap. 1/7, hier S 64.

[26] Parthier B (2001) Kurt Mothes (1900–1983) Gelehrter, Präsident, Persönlichkeit. Gedenkrede am Vorabend seines 100. Geburtstages sowie anmerkenswerte Details zu seinem Leben und Wirken. Acta Historica Leopoldina 37, hier S 48, zitiert aus einer längeren handschriftlichen Erklärung, die Kurt Mothes 1957 über die Zeit Ende der 1930er-Jahre abgegeben hatte: „In dieser Zeit wurde vom Reichsostminister Rosenberg ein Gesetz durchgebracht, [...] in dem stand, daß neue Forschungsinstitutionen in den neuen Ostgebieten gegründet werden sollten. So erhielt Herr Stubbe die Auflage, nach Wien zu gehen...“.

[27] Stein M (2007) Leben und Wirken von Gustav Becker (1905–1970). Vortr Pflanzenzüchtg 73: 97–105.

[28] Skiebe K (1998) Züchtungsforschung in Sachsen-Anhalt – eine realisierte Vision von Fritz von Wettstein (1895–1945). Vortr Pflanzenzüchtg 40: 25–31, hier S 30.

[29] M Stein mdl. und schriftl. an U Wobus.

vaten Pflanzenzüchtung zu fördern. So wollte denn auch die Dippe AG der KWG die notwendigen Flächen für das neue Institut zur Verfügung stellen. Aufgrund der durch den Krieg veränderten Gesamtsituation musste sich die KWG mit Fritz von Wettstein jedoch „der Entscheidung der Behörden beugen [...], die aus politischen Gründen Wien als Standort bestimmt hatten", so Skiebe.[30] Schriftliche Belege für diese These sind allerdings nicht bekannt.

Stubbe hatte sich seit 1939 mit den Strukturen und wissenschaftlichen Inhalten eines solchen Instituts für Kulturpflanzenforschung beschäftigt und sich darüber auch mit Kuckuck und Schick ausgetauscht. Im Februar 1942 schrieb er an Schick: „In diesem Institut soll von deutscher Seite das in verbesserter Form weitergeführt werden, was Vaviloff begonnen hat...".[31] In einem Arbeitsplan vom März 1943 beschrieb Stubbe eine Institutsstruktur mit sechs Abteilungen: eine genetische, eine cytologische, eine systematische, eine physiologische, eine Gartenbauabteilung und eine Abteilung „Geschichte der Kulturpflanzen". Er sah die Schwerpunkte in den Sammlungen (Erfassung bereits vorhandenen Materials und Erweiterung durch Sammelreisen) und der Bearbeitung bzw. Nutzung der Sammlungen in der Grundlagen- und angewandten Forschung.[32] Was ganz generell im deutschen Sprachraum unter dem wenig gebrauchten Begriff „Kulturpflanzenforschung" zu verstehen sei, hat Stubbe später in einer speziellen Abhandlung dargelegt. Dabei betonte er u. a., dass es nicht allein darauf ankomme, „zu erforschen, wie alte und bekannte Kulturpflanzen einmal entstanden sind und sich auf der Erde verbreitet haben, sondern in gleicher Weise zu überlegen, wie neue geschaffen werden können. Dies ist der eigentliche Sinn moderner Kulturpflanzenforschung...".[33] Aber Stubbe dachte nicht nur an Pflanzenforschung. In einem Interview der 1970er-Jahre führte er über seine bereits in der Kriegszeit entwickelten Pläne aus, dass in einem Institut seiner Vorstellung „auf breiter Basis umfangreiche Arbeiten zur Grundlagenforschung an niederen und höheren Pflanzen und auch an zoologischen Objekten durchgeführt werden" sollten.[34] Diese weitreichende Konzeption öffnet ein Verständnis für die stets auch nichtpflanzliche Objekte nutzende, breit angelegte Forschung, die er später in Gatersleben initiierte und in einer großen Gemeinschaftsarbeit aufbaute.

1.2 Von Wien nach Gatersleben (1943–1945)

In Wien begann Hans Stubbe unter größten Schwierigkeiten mit Tatkraft und großer Zielstrebigkeit den Aufbau „seines" Instituts. Die Probleme reichten vom Grundstückserwerb bis zur Freistellung vom Wehrdienst und den Wohn- und Arbeitsbe-

[30] Skiebe K (1998) s. Fußnote Kap. 1/28, hier S 30.

[31] Käding (1999) s. Fußnote Kap. 1/7, hier S 65.

[32] Diesener (2002) s. Fußnote Kap. 1/4, hier S 179.

[33] Stubbe H (1957) Sinn und Bedeutung der Kulturpflanzenforschung. Deutsche Akademie der Wissenschaften zu Berlin. Vorträge und Schriften, Heft 62, hier S 6.

[34] Lange G, Mörke J (1979) Wissenschaft im Interview. Urania, Leipzig Jena Berlin, S 243.

dingungen der Mitarbeiter. Im Korneuburger Tuttenhof und in einem Provisorium im Wiener Prater wurde dennoch bald auch mit den wissenschaftlichen Arbeiten begonnen, neben Selektionsarbeiten große experimentelle Mutationsversuche und wichtige Aufträge für das Oberkommando der Wehrmacht. Deren Wichtigkeit hat Erhard Geißler in seiner gründlichen Analyse zu biologischen Waffen in Hitlers Arsenalen stark relativiert. Stubbe hatte selbst die Mutationsforschung an Kulturpflanzen für kriegswichtig erklärt, weil die Möglichkeit bestand, dass neue, züchterisch der Ausgangsform überlegene Typen auftreten könnten, die von hohem ernährungswirtschaftlichen Wert wären. Geißler (1998) schlussfolgert: „Natürlich war die Betonung einer solchen Kriegswichtigkeit vor allem angesichts der zunehmenden Verschlechterung der Kriegslage von entscheidender Bedeutung für die Überlebenschancen von Instituten, Forschungsprogrammen und den daran beteiligten Mitarbeitern".[35]

1944 zerstörten Bombenangriffe die Versuche, und auch Gebäude wurden teilweise in Mitleidenschaft gezogen. Im Oktober des gleichen Jahres musste Hans Stubbe die Verlagerung des Instituts ins Auge fassen. Fritz von Wettstein mahnte, vornehmlich das kostbare Material in Sicherheit zu bringen, denn inzwischen war durch Sammelreisen, durch Übernahme von Sammlungen oder Sammlungsduplikaten und durch Austausch die Grundlage für eine umfangreiche Kulturpflanzensammlung gelegt worden. Wettstein hatte auch bereits gemeinsam mit Gustav Becker, seit 1935 Leiter der genetischen Forschungsabteilung der Firma Gebrüder Dippe AG in Quedlinburg am Ostrand des Harzes, Ausweichmöglichkeiten für das Institut reservieren lassen (s. o.). Doch Stubbe wollte „die Position in Wien so lange wie möglich halten".[36] So wurde vorerst nur die Systematische Abteilung mit Samenproben, Büchern und einigen Apparaten in Begleitung von Otto Schwarz und Werner Rothmaler nach Quedlinburg geschickt. Trotz der immer prekärer werdenden Lage in Wien zögerte Stubbe bis Anfang April 1945. Erst dann wurden weiteres Material und Mitarbeiter nach Stecklenberg nahe Quedlinburg verlagert, wo man in einem Gasthof eine vorübergehende Bleibe bezog. Rückschauend blieb Wien trotz aller Mühen „letztendlich nur eine Episode ohne nachhaltige Ergebnisse".[37,38]

Mitte April 1945 war die Harzregion von amerikanischen Truppen besetzt worden, gefolgt von britischen Verbänden und schließlich – ab 1. Juli – von Einheiten der Roten Armee. Später vermerkte Stubbe, dass „das wertvolle Material des Instituts und seine Einrichtungen ... von allen Besatzungsmächten... respektiert"

[35] Geißler (1998) s. Fußnote Kap. 1/20, hier S 629. Zu dieser Thematik s. auch Wobus U, Schubert I, Heim S (2000) People must be judged in the context of their time. Nature 404: 330.

[36] Käding (1999) s. Fußnote Kap. 1/7, hier S 76.

[37] Diesener (2002) s. Fußnote Kap. 1/4, hier S 177.

[38] Erheiternd schrieb Anton Lang in einer brieflichen Laudatio Hans Stubbe zum 65. Geburtstag: „Das Wiener Institut blieb infolge des Krieges ein Provisorium (aber es dürfte doch einen Weltrekord halten, nämlich die unpassendste Adresse für ein seriöses Forschungsunternehmen: Prater – Hauptallee – Vivarium)"; nach Lang A (1967) Geburtstagsbrief. Biol Zbl 86, Suppl, hier S 10.

wurden,[39] doch das Schicksal des Instituts selbst blieb zunächst ungewiss. Bemühungen zur Rückführung nach Wien scheiterten ebenso wie eine erwogene Verlagerung nach Berlin-Dahlem.[40] Andererseits widersetzte sich Stubbe einem Plan zur Vereinigung aller in der sowjetischen Besatzungszone gelegenen Kaiser-Wilhelm-Institute in Berlin-Buch, dem Standort des KWI für Hirnforschung. „Allen Versprechungen und Zusagen der sowjetischen Administration zum Trotz würde er [Stubbe] es begrüßen, wenn das Institut seinen Hauptsitz in einem Bezirk der Westmächte (vor allem England) hätte. Der Hauptgrund hierfür liegt in dem Unsicherheitsfaktor auf russischem Gebiet und in der Unberechenbarkeit der russischen Maßnahmen".[41]

Dennoch knüpfte Stubbe bald Kontakte zu sowjetischen Wissenschaftlern, die in der Roten Armee dienten. Er selbst berichtete von einem Oberstleutnant in der Kreiskommandantur Quedlinburg, der ihn einbestellte und eröffnete, dass er zu den 1929 von ihm auf seiner Reise in die Sowjetunion Beschenkten gehöre, beschenkt mit Textilien aus zwei nach Leningrad mitgenommenen Koffern.[42]

Letztendlich entschied die Bodenreform „über das weitere Schicksal des Instituts. Der mitteldeutsche Raum als Zentrum der deutschen Saatzuchtbetriebe schien für seine künftige Lage besonders geeignet. Dank der eindeutigen Unterstützung durch die sowjetische Administration in Halle,..., wurde dem Institut Ende 1945[43] die über 500 ha große Domäne Gatersleben ... als neue Arbeitsstätte übergeben".[44] Die Gartenbauabteilung legte bereits im Oktober 1945 Zuchtgärten an, im Januar 1946 kamen die übrigen Mitarbeiter nach Gatersleben. Unterkunft fand man auf dem „Oberhof" im Herrenhaus der Domäne (Abb. 1.2). Wieder begann die schwere Aufbauarbeit. Stubbe schrieb an seinen alten Freund Schick: „...ich bin von morgens bis abends unterwegs, um das Institut in Gang zu bringen... Aber alles geht sehr schrittweise vor sich und muss mit ungeheurer Energie erzwungen werden".[45]

Organisatorisch wurde das Institut noch Anfang 1946 Teil der Universität in Halle als „Kaiser-Wilhelm-Institut für Kulturpflanzenforschung, angegliedert der Martin-Luther-Universität Halle/Wittenberg". Hans Stubbe wurde zum ordentlichen Professor und Ordinarius für Genetik an die Naturwissenschaftliche Fakultät berufen. 1947 initiierte er die Gründung einer Landwirtschaftlichen Fakultät, deren Institut für Genetik er fortan leitete.

[39] Stubbe (1982) s. Fußnote Kap. 1/19, hier S 21.

[40] Käding (1999) s. Fußnote Kap. 1/7, hier S 84.

[41] Geißler (1998) s. Fußnote Kap. 1/20, hier S 634.

[42] Käding (1999) s. Fußnote Kap. 1/7, hier S 79.

[43] Laut Akte 328 des LHA Magdeburg, S 143 ff, erfolgte die Übereignung der Domäne im Herbst des Jahres.

[44] Stubbe (1982) s. Fußnote Kap. 1/19, hier S 22.

[45] Käding (1999) s. Fußnote Kap. 1/7, hier S 82.

Abb. 1.2. „Altes Institut“ (ehemaliges Gutshaus) auf dem Oberhof in Gatersleben (undatiert, um 1950, Foto und Bildrechte: W. Frankenfeld)

1.3 Vom Universitäts- zum Akademieinstitut (1945–1948)

Hans Stubbe hatte für sein Institut erst einmal die nahe liegende Universität in Halle als Dach gesucht, denn die Zentrale der Kaiser-Wilhelm-Gesellschaft war nach Göttingen in die britische Besatzungszone verlegt worden, und demzufolge war mit finanziellen Zuwendungen kaum zu rechnen. Der Eingliederung mit eigenem Haushaltstitel waren Verhandlungen mit der Universität und der Provinzregierung Sachsen[46] vorausgegangen. Letzterer hatte Stubbe eine Ausarbeitung über „Aufgaben, Ziele und künftige Entwicklung des Kaiser-Wilhelm-Institutes für Kulturpflanzenforschung“ vorgelegt, in der vier zentrale Aufgaben und eine Institutsgliederung in sechs Abteilungen skizziert wurden.[47] An erster Stelle der Aufgaben stand:

- „…das Weltsortiment der Wild- und Primitivformen unserer landwirtschaftlichen und gärtnerischen Kulturpflanzen zu sammeln, zu erhalten und zu bearbeiten und zum Vergleich auch das Sortiment alter und neuer Zuchtsorten“ anzubauen. Die Bearbeitung solle mit „genetischen, systematischen, physiologi-

[46] Halle und Gatersleben gehörten zunächst zur (ehem. preußischen) Regierungsprovinz Sachsen, die nach den Landtagswahlen am 20.10.1946 in Land Sachsen-Anhalt umbenannt wurde und im Januar 1947 eine eigene Verfassung bekam.

[47] Zusammengefasst nach Diesener (2002) s. Fußnote Kap. 1/4, hier S 178–179.

schen, ökologischen, cytologischen und phytopathologischen Methoden" erfolgen. Entsprechend waren jeweils eine genetische, systematische, physiologische, ökologische, cytologische und phytopathologische Abteilung vorgesehen, für die – mit Ausnahme der letzten – auch bereits Leiter benannt waren.[48]

- Dieses Weltsortiment sei „in künftigen Expeditionen in die Mannigfaltigkeitszentren der Kulturpflanzen auf der ganzen Erde" wesentlich zu vergrößern.
- Die experimentelle Mutationsforschung an Kulturpflanzen, Stubbes engeres Arbeitsgebiet, sei fortzusetzen.
- Und schließlich müssten neue Kulturpflanzen bearbeitet und eingeführt werden.

1946 existierten zunächst nur die Genetische Abteilung, von Hans Stubbe selbst geführt, und die Systematische Abteilung unter der Leitung von Werner Rothmaler, Nachfolger von Otto Schwarz, der Anfang 1946 an das Herbarium Haußknecht nach Weimar (jetzt in Jena) gewechselt war. Erst 1948 wurden die Physikalisch-Physiologische Abteilung von Paul Metzner und im Oktober 1949 die Chemisch-Physiologische Abteilung von Kurt Mothes übernommen und aufgebaut (s Abschn. 2.1.3).

Für Stubbe häuften sich die Aufgaben; sie gingen weit über den Institutsaufbau hinaus. Er bemühte sich bei der sowjetischen Militäradministration (SMAD) in Berlin-Karlshorst um die Wiederzulassung wissenschaftlicher Zeitschriften, die SMAD ihrerseits bezog ihn vorübergehend in die Leitung der verstaatlichten Saatzuchtbetriebe in Quedlinburg ein. Er rettete Teile der berühmten Dahlemer botanischen Sammlungen, die zerstreut in den Harz ausgelagert worden waren, und begann im Sommer 1946 mit seinen Lehrverpflichtungen an der Halle'schen Universität. Dort fungierte Stubbe von Mai 1947 bis Mai 1948 als Dekan der neugegründeten landwirtschaftlichen Fakultät.[49] In seiner Eröffnungsrede betonte er die Bedeutung der Landwirtschaftsforschung, hob am Beispiel der experimentellen Mutationsauslösung die Bedeutung reiner Grundlagenforschung für die Lösung angewandter Probleme hervor, betonte die Notwendigkeit des Zusammenschlusses von Sachkennern einzelner Gebiete zu Gemeinschaftsleistungen und unterstrich ein Problem, das die Wissenschaft auch heute noch – wenn auch in modifizierter Form – plagt, nämlich dass der Wissenschaftler zwei Welten verpflichtet sei, der wissenschaftlichen Arbeit, die nur in der Stille und geistigen Konzentration wachse, und der Mühsal unproduktiver organisatorischer Kleinarbeit. In dieser „Zerrissenheit seines

[48] Interessanterweise hatte das Konzept für Wien vom März 1943 noch die wissenschaftliche Abteilung „Geschichte der Kulturpflanzen", geleitet von Elisabeth Schiemann, vorgesehen, aber keine ökologische und phytopathologische Abteilung (nach Diesener (2002) s. Fußnote Kap. 1/4, hier S 179). Eine phytopathologische Abteilung wurde nie verwirklicht.

[49] Später, 1950, wurde er vom Senat der Universität sogar einstimmig zum Rektor gewählt. Dieser Wahl kann sich Stubbe nur durch die Einflussnahme des zuständigen Ministers in Berlin, Paul Wandel (seit 1945 für Volksbildung – und damit auch für das Gaterslebener Institut – zuständig), entziehen, der „mit Rücksicht auf seine starke Inanspruchnahme in Gatersleben, in Berlin und die in Aussicht genommenen weiteren Pläne" (nämlich die Übernahme der Funktion des Präsidenten der zu gründenden Deutschen Akademie der Landwirtschaftswissenschaften) der Berufung nicht zustimmt. Universitätsarchiv Halle Rep. 7, Nr. 808, Senatsprotokolle 1950–1951 (den Hinweis gab dankenswerterweise Frau Sybille Gerstengarbe, Leopoldina/Halle).

Lebens“ liege eine große Gefahr.[50] Hans Stubbe wirkte bis zu seiner Emeritierung 1967 an der Universität[51] und führte „Hunderte von Studenten der Landwirtschaft und Biologie in die Grundlagen und die Problemstellungen der modernen wissenschaftlichen Genetik ein“.[52]

Im Jahre 1948 wurde die Kaiser-Wilhelm-Gesellschaft in der sowjetischen Besatzungszone aufgelöst; die entsprechenden Institute wurden der am 1. Juli 1946 als Nachfolgerin der Preußischen Akademie der Wissenschaften gegründeten „Deutschen Akademie der Wissenschaften zu Berlin“ (DAW) zugeordnet. Diese hatte nach sowjetischem Vorbild als wichtigste Aufgabe Forschungsinstitute für bestimmte Forschungsaufgaben zu gründen und zu erhalten. Am 1. April 1948 ging das Institut für Kulturpflanzenforschung an die DAW über. Bereits im August besuchte eine hochrangige Regierungsdelegation einschließlich eines Vertreters der SMAD das Institut, denn Stubbe wollte „die Herren … mit der Lebenswichtigkeit dieser Grundlagen- und Zweckforschung an Ort und Stelle bekannt“ machen.[53]

[50] Stubbe H (1948) Probleme deutscher Wirtschaft und Wissenschaft. Kühn-Archiv 61: 1–13, hier S 12.

[51] Näheres hierzu s. Hagemann R (2007) Die Entwicklung der Genetik an der Universität Halle-Wittenberg von den Anfängen bis zum Ende des 20. Jahrhunderts. Teil II: Von 1946 bis in die neunziger Jahre des 20. Jahrhunderts. Acta Historica Leopoldina 48: 339–376.

[52] Hagemann R (2007) s. Fußnote Kap. 1/51, hier S 356/357.

[53] Käding (1999) s. Fußnote Kap. 1/7, hier S 85.

2 Aufbau und Entwicklung des Instituts in Gatersleben

Aufbau und Weiterentwicklung des Instituts in Gatersleben bis in die gegenwärtige Zeit lassen sich leicht in drei große Perioden mit einem wichtigen Intermezzo einteilen: die Stubbe-Ära 1948–1968 unter der Leitung von Hans Stubbe (Box 1.1), die Nach-Stubbe-Ära unter den Direktoren Helmut Böhme (1969–1983; Box 2.1) und Dieter Mettin (1983–1989; Box 2.2), das Intermezzo 1990–1991 unter Klaus Müntz (Box 2.3) und die Erneuerungs- und Konsolidierungsphase unter den Direktoren Ulrich Wobus (1992–2007; Box 2.4) und Andreas Graner (seit 2007; Box 2.5). Jede dieser Phasen ist gekennzeichnet durch die besonderen politisch-gesellschaftlichen Rahmenbedingungen, aber auch durch Auswirkungen der weltweiten wissenschaftlichen Entwicklungen auf die Arbeit des Instituts. Gleichzeitig aber hatten Prägungen aus der ersten Aufbauphase etwas geschaffen, was gern als „Gaterslebener Geist" bezeichnet wird und ein Kontinuum begründet, das weiter fortwirkt. Gerald Diesener[1] sieht in der selbstbewussten, kritischen, gelegentlich widerspenstigen, aber auch konstruktiven Mentalität der dort tätigen Wissenschaftler gegenüber Politikern und ihren Entscheidungen, exemplifiziert an „Episoden" der Fünfziger- und Sechzigerjahre, einen „Schlüssel zum so oft apostrophierten ‚Gaterslebener Geist'." Ein Aspekt wäre hinzuzufügen, den Helmut Böhme wie folgt formuliert hat: „Forschung und Kultur verbinden und sich auf die geschichtliche Kontinuität besinnen".[2]

2.1 Das Institut für Kulturpflanzenforschung (1948–1968)

1953 erschien die erste Ausgabe der weiterhin jährlich mit einem Band herausgegebenen Schriftenreihe „Die Kulturpflanze – Berichte und Mitteilungen aus dem Institut für Kulturpflanzenforschung der Deutschen Akademie der Wissenschaften zu

[1] Diesener (2002) s. Fußnote Kap. 1/4, hier S. 205.

[2] Böhme H (2002) Gedanken zum 100. Geburtstag von Hans Stubbe. IPK-Journal (2002) 11 (Sonderheft April): 7–14, hier S. 13.

K. Müntz, U. Wobus, *Das Institut Gatersleben und seine Geschichte*,
DOI 10.1007/978-3-642-28648-3_2,

Berlin in Gatersleben Krs. Aschersleben“ (vgl. Abschn. 4.1) mit einer ersten, ausführlichen Darstellung der Institutsentwicklung. Nach einer Beschreibung der naturräumlichen Einbettung von Gatersleben und der Regionalgeschichte ist zu lesen:

> Das ist in großen Zügen die Geschichte des Bodens, in den das Institut für Kulturpflanzenforschung seine Wurzeln gesenkt hat. Es scheint, dass auch unter geschichtlicher Schau das Institut den Ort seiner Wirksamkeit gut gewählt hat. Denn seine Forschungsstätten, seine Äcker, Zuchtgärten und Koppeln setzen eine 1½ tausendjährige Kulturarbeit fort. Fast unberührt vom großen Strom des geschichtlichen Lebens und allen Rückschlägen zum Trotz, ist hier ein großes Werk vollbracht worden: die Umwandlung einer Wildnis in hochwertiges Kulturland. Nicht kriegerische Taten und glänzende Namen, sondern die zähe, stille und erfolgreiche Arbeit ungezählter Generationen bilden den Ruhm Gaterslebens. So war es, und so soll es bleiben.[3]

Diese Worte spiegeln eindrücklich den Zeitgeist wie das Bewusstsein der Gründerväter des Instituts wider, die auch als Herausgeber von Band I der Kulturpflanze fungierten: Rudolf Mansfeld, Paul Metzner, Kurt Mothes und Hans Stubbe.

Edda Käding schreibt in ihrer Stubbe-Biographie:

> Bis in die sechziger Jahre hinein – fast während der gesamten Gaterslebener Amtszeit – hat Stubbe für die Verwirklichung seiner Idee von einem wissenschaftlichen Forschungsinstitut, das gleichzeitig kulturell auf das Dorf und die Umgebung ausstrahlt, zu kämpfen. Allerdings tragen seine Vorstellungen auch sehr weit, – zu weit, wenn man die materiellen Möglichkeiten jener Zeit in Rechnung stellt,... Doch gemeinsam mit seinen Mitarbeitern setzt Stubbe seine Vorstellungen allmählich durch. Schritt für Schritt entstehen Sportanlagen und Reitsparte, wird eine Gewerkschaftsbibliothek mit öffentlicher Ausleihe (eröffnet), werden Ferienheime im Harz (1955) und in Zingst (1961) erworben. Die Blaskapelle des Instituts sorgt für Stimmung bei den Erntefesten, das Dorf erhält vom Institut Bäume und Sträucher für Straßen und Wege, und das Institut wird Mäzen mehrerer bildender Künstler, deren Werke noch heute die Räume und die Außenanlagen zieren. Mitarbeiter des Instituts haben Sitz und Stimme in der Gemeindevertretung, die anfänglichen Reserven der Dorfbevölkerung sind vergessen.[4]

Dieser Kurzdarstellung der Umsetzung einer großen Idee wäre viel, auch Anekdotisches, hinzuzufügen. Wir wollen uns in den folgenden Darstellungen zunächst dem wissenschaftlichen Aufbau des Instituts, seiner Eingebundenheit in die politisch-gesellschaftlichen Entwicklungen, dann den inneren Struktureinheiten, ihren Aufgaben und leitenden Köpfen zuwenden, bevor der Aufbau des Instituts mit seiner Vielzahl von Gebäuden und seinen weiträumigen Außenanlagen und Versuchsfeldern geschildert wird.

---

[3] Ohne Autor (1953) Das Institut für Kulturpflanzenforschung 1943–1952. Kulturpflanze 1: 7–52, hier S. 21. Ein nahezu identischer Text wurde in einer 1961 vom Akademie-Verlag Berlin gedruckten 55-seitigen Broschüre über das Institut veröffentlicht: Ohne Autor (1961) Das Institut für Kulturpflanzenforschung der Deutschen Akademie der Wissenschaften zu Berlin in Gatersleben Krs. Aschersleben. Akademie-Verlag Berlin, hier S. 21.

[4] Käding (1999) s. Fußnote Kap. 1/7, hier S. 140/141.

2.1.1 Die Umsetzung des Institutskonzepts

Wie bereits dargelegt, hatte Hans Stubbe bereits für die 1943 erfolgte Gründung des Instituts ein konkretes Konzept erarbeitet (s. Abschn. 1.1, S. 9), in dessen Zentrum eine interdisziplinäre Kulturpflanzenforschung stand, die sich vornehmlich auf das große, auszubauende Sortiment, die spätere Genbank, stützen sollte. Dieses Konzept lag, leicht abgewandelt, auch dem Aufbau des Gaterslebener Instituts „auf der grünen Wiese" zugrunde (s. Abschn. 1.3). Dessen Realisierung erforderte relativ eigenständige Abteilungen, die einerseits der Entwicklung ihrer eigenen Disziplinen verpflichtet waren, andererseits aber in möglichst enger Zusammenarbeit richtungsweisende Beiträge zur übergeordneten Thematik der Kulturpflanzenforschung zu leisten hatten, möglichst unter Nutzung der gesammelten und bewahrten Formenvielfalt des Sortiments. Dieses hochgesteckte Ziel der direkten Nutzung des Genbankmaterials zur Lösung grundsätzlich-biologischer Fragen konnte über Jahrzehnte nur in begrenztem Maße verwirklicht werden. Erst die jüngste Entwicklung von *Genomics*-Technologien hat eine gemeinsame methodische Basis geschaffen, die die Kulturpflanzenforschung diesem visionärem Ziel ein gutes Stück näher gebracht hat.

Seine Vision von der wahren Aufgabe des Instituts hat Hans Stubbe in einem Brief an die Mitarbeiter anlässlich seines 50. Geburtstages 1952 wie folgt skizziert:

> Es wird also die künftige Entwicklung des Instituts dahingehen, dass etwa 8 große wissenschaftliche Einrichtungen bestehen werden, die in ihrer Arbeit durch die technischen Abteilungen, Gartenbau und Landwirtschaft, und durch die Abteilung Verwaltung wirksam unterstützt werden. Aber es ist nicht damit getan,… ein Institut zu entwickeln, in dem eine Anzahl großer Abteilungen unabhängig voneinander nebeneinander arbeiten, sondern der wirkliche Sinn unseres Institutes, der ihm einen einmaligen Ruf in der Welt geben kann, wird darin liegen, dass die Abteilungen alle eng miteinander arbeiten, dass sich Arbeitsgemeinschaften auf vielen Grenzgebieten entwickeln und dass sich alle Mitarbeiter zu einer verschworenen Gemeinschaft verbinden, in der jeder das Ganze sieht und nicht durch den Horizont seiner eigenen Aufgaben begrenzt wird. Erst wenn wir diesen Sinn unseres Institutes erkennen und ständig bemüht sind, an seiner Verwirklichung zu arbeiten, wird das zur Tat werden, was uns als letzte und größte Aufgabe unserer Arbeit erscheint.[5]

Sechzehn Jahre später, anlässlich des 25. Jahrestages der Institutsgründung, fasste der scheidende Institutsdirektor die Grundidee des Instituts in die Worte: „Vereinigung der großen botanischen Disziplinen zur Durchführung von Erkundungsforschung, zielgerichteter Grundlagenforschung und angewandter Forschung, vornehmlich im Bereich der Kulturpflanzen, Einleitung großer intra- und interinstitutioneller Gemeinschaftsarbeiten und enge Kooperation mit den Instituten für Züchtungsforschung".[6]

Die thematische Ausgestaltung des Gründungskonzeptes musste dynamisch der internationalen Wissenschaftsentwicklung angepasst werden, aber auch die speziellen gesellschaftlich-politischen Gegebenheiten im Osten Deutschlands, in der DDR, berücksichtigen. Zudem spielten die speziellen Vorstellungen der Abteilungsleiter

[5] Zitiert nach Diesener (2002) s. Fußnote Kap. 1/4, hier S. 201.

[6] Stubbe H (1970) Das Institut für Kulturpflanzenforschung Gatersleben (Aufgaben, Ergebnisse, Probleme) 1943–1968. Kulturpflanze, Beiheft 6, S. 29–52, hier S. 33.

eine wichtige Rolle. Bezüglich seiner Personalpolitik war Hans Stubbe wohl durch das Harnack-Prinzip der Kaiser-Wilhelm-Gesellschaft und durch seinen Lehrer Erwin Baur geprägt. Er beurteilte zuvorderst die Persönlichkeit und ihre potenzielle Leistungskraft und gewährte dieser dann in der Wahl der speziellen Thematik breiten Raum. Seine Biographin, Edda Käding, vermerkt: „Immer vertritt Stubbe den Standpunkt, dass der wissenschaftliche Nachwuchs viel Freiraum erhalten müsse".[7]

2.1.2 Wissenschaftspolitische Entwicklungen

Wissenschaftshistoriker haben die Zeit in Ostdeutschland, in der Hans Stubbe das Gaterslebener Institut leitete, in zwei Phasen eingeteilt, die Phase der „Rekonstruktion", die bis 1951/1952 reichte, und die anschließende Phase der „Neuorientierung", die bis zur Akademiereform 1968/1969 reichte.[8] „Um den Wissenschaftsbetrieb nach dem Krieg wieder aufzunehmen und ihn zudem zur Linderung der schlimmsten Kriegsfolgen schnell nutzbar zu machen, blieb [für die Politik] allein aufgrund der begrenzten Ressourcen zunächst keine wirkliche Alternative als an Bekanntes und Bewährtes anzuknüpfen."[9] Die Wissenschaft wurde lediglich als Bestandteil der Bildungs- und Kulturpolitik betrachtet. Ihre Träger waren bürgerlich geprägt.[10] Mit dem Eintritt in die Fünfzigerjahre dagegen wurde „ein bis dahin reichender, traditioneller Umgang mit Wissenschaft und den sie betreibenden Personen und Einrichtungen… zusehends zugunsten eines neuen, systemadäquaten Wissenschaftsverständnisses zurückgedrängt."[11] Der Marxismus-Leninismus wurde nachdrücklich als Basis erfolgreicher Wissenschaft und als einzige wissenschaftlich begründete Weltanschauung dargestellt und eingefordert. Gleichzeitig wurde die Wissenschaft als Ressource, als „Produktivkraft Wissenschaft", in den Mittelpunkt der Wissenschaftspolitik gestellt, was mit einer entsprechend stärkeren Förderung der wirtschaftsrelevanten Wissenschaft, aber auch ihrer führenden Köpfe,[12] einherging. Es begann die Zeit der „Fünfjahrpläne", und entsprechend wurden

[7] Käding (1999) s. Fußnote Kap. 1/7, hier S. 117.

[8] Burrichter C (2002) Auf dem Wege zur „Produktivkraft Wissenschaft". In: Burrichter C, Diesener G (Hrsg) Auf dem Wege zur „Produktivkraft Wissenschaft". Akad Verlagsanstalt, Leipzig, S. 15–38, hier S. 16/17.

[9] Burrichter C (2002) Einleitung. In: Burrichter C, Diesener G (Hrsg) Auf dem Wege zur „Produktivkraft Wissenschaft". Akad Verlagsanstalt, Leipzig, S. 7–14, hier S. 10.

[10] Malycha A (2002) „Produktivkraft Wissenschaft" – eine dokumentierte Geschichte des Verhältnisses von Wissenschaft und Politik in der SBZ/DDR 1945–1990. In: Burrichter C, Diesener, G (Hrsg) Auf dem Wege zur „Produktivkraft Wissenschaft". Akad Verlagsanstalt, Leipzig, S. 39–105.

[11] Burrichter (2002) s. Fußnote Kap. 2/9, hier S. 9/10.

[12] 1949 beschließt die „Deutsche Wirtschaftskommission" (DWK) die „Verordnung über die Erhaltung und die Entwicklung der deutschen Wissenschaft und Kultur, und weitere Verbesserung der Lage der Intelligenz und Steigerung ihrer Rolle in der Produktion und im öffentlichen Leben" (vgl. Malycha (2002) s. Fußnote Kap. 2/10, hier S. 103). Die Privilegierung der Intelligenz war ein Versuch, sie im Lande zu halten.

Forschungspläne aufgestellt. Diese hatten sich den volkswirtschaftlichen Herausforderungen zu stellen. Damit entwickelte sich auch ein ausgedehntes formales Planungs- und Berichtswesen. Die Deutsche Akademie der Wissenschaften zu Berlin erfuhr eine langsame, durch vielfache Konflikte geprägte Umgestaltung von einer Gelehrtenakademie zu einer „sozialistischen Forschungsakademie", die allerdings erst im Rahmen der „endgültigen Akademiereform"[13] ihre bis zur Auflösung im Jahre 1990 bestehende Form fand.

Ein Ausdruck der Anfang der Fünfzigerjahre beginnenden „Neuorientierung" ist die Gründung der Deutschen Akademie der Landwirtschaftswissenschaften (DAL) am 17. Oktober 1951 mit Hans Stubbe als Präsident,[14] aber auch die Auseinandersetzung um den Lyssenkoismus. Beide Vorgänge waren für das Institut von großer Relevanz und werden deshalb im Folgenden etwas näher beleuchtet. Insgesamt ist zu konstatieren, dass trotz Politisierung und zunehmendem Dirigismus einflussreichen Persönlichkeiten wie Hans Stubbe und Instituten, die prinzipiell auf wirtschaftlich relevanten Gebieten tätig waren, wie das Gaterslebener Institut, ausreichend Spielraum zu weitgehend selbstbestimmter Forschung im Detail blieb.

2.1.2.1 Das Problem der Institutsanbindung an die Deutsche Akademie der Wissenschaften oder die Deutsche Akademie der Landwirtschaftswissenschaften

Es darf nicht verwundern, dass nach der Gründung der DAL, die nicht zuletzt auf Betreiben von Gustav Becker, Rudolf Schick und Hans Stubbe erfolgte und zu derem ersten Präsidenten Hans Stubbe bestimmt worden war, seitens der Politik der Wunsch laut wurde, Stubbes eigenes Institut „seiner" Akademie, der DAL, anzugliedern.[15] Diese Problematik war von einschneidender strategischer Bedeutung, sah doch das Stubbe'sche Institutskonzept zuvorderst Erkundungs- und Grundlagenforschung vor, wenn auch vorrangig solcher Probleme, „die den Vorlauf für praktisch wirksame oder gesellschaftlich notwendige Anwendungen erkennen lassen…".[16] Ein solches Konzept war nur in der Deutschen Akademie der Wissenschaften zu Berlin (DAW), nicht aber in der DAL zu verwirklichen, in der Anwendungs- und

[13] Nötzoldt P (2002) Die Deutsche Akademie der Wissenschaften zu Berlin – Innovation oder Mogelpackung? In: Burrichter C, Diesener G (Hrsg) Auf dem Wege zur „Produktivkraft Wissenschaft". Akad Verlagsanstalt, Leipzig, S. 141–163. Umfangreiche Darstellungen zur Geschichte der DAW finden sich in: Kocka J (Hrsg) (2002) Die Berliner Akademien der Wissenschaften im geteilten Deutschland 1945–1990. Akademie-Verlag, Berlin.

[14] Harald Wessel schrieb 2001: „In der Rückschau erweist sich Stubbes Berufung als eine geschichtlich bedeutsame Weichenstellung für Landwirtschaft und Biowissenschaften in der DDR." (Wessel, H (2001) Wie Walter Ulbricht einmal sogar Stalin hereinlegte. FAZ Nr. 207, 6. September 2001, S. 44).

[15] Solches geschah mit den Instituten von G. Becker und R. Schick in Quedlinburg und Groß Lüsewitz im Jahre 1952.

[16] Stubbe H 1968, zitiert nach Böhme H, Diesener G (2005) Kulturpflanzenforschung und Genetik in Gatersleben in den Jahren der Akademiereform. In: Burrichter C, Diesener G (Hrsg) Reformzeiten und Wissenschaft. Beitr DDR-Wissenschaftsgeschichte Reihe B, Bd. 2: 43–69, hier S. 51.

Auftragsforschung höchste Priorität hatten. Im Januar 1951 hatte Kurt Mothes als Stubbes Stellvertreter gegenüber dem DAW-Direktor Josef Naas argumentiert, dass eine Übernahme in die Landwirtschaftsakademie für Gatersleben „eine solche Beengung der Problemstellung mit sich bringen (würde), dass damit ein jäher Abbruch der bisherigen Entwicklung verbunden sein muß“. Die Antwort aus Berlin war unmissverständlich: „...Jetzt stehe ich auf dem Standpunkt, dass diese Institute [die ehemaligen KWG-Institute], einschließlich des Gaterslebener Instituts in dieser neuen Landwirtschaftsakademie zusammengehören“.[17] Und das war nach Gründung der DAL 1952 kurzzeitig der Fall,[18] doch konnte Stubbe diese Eingliederung rückgängig machen, indem er darauf verwies, dass er als DAL-Präsident nur unparteiisch agieren könne, wenn sein Institut **nicht** der DAL angehöre. Allerdings wurde das Problem etwa 15 Jahre später, 1966, erneut akut. Der politische Druck in Richtung Anwendungsforschung war weiter gewachsen, und mehr denn je wollte man die Exzellenz der Forschung in Gatersleben für die Lösung dringend anstehender Probleme in der Landwirtschaft nutzen. Das glaubten der Landwirtschaftsrat der DDR und die Abteilung „Landwirtschaft“ des ZK der SED am besten durch die Herauslösung des Instituts aus der DAW und Eingliederung in die DAL zu erreichen. Doch wieder war der Einfluss von Hans Stubbe, unterstützt durch den DAW-Präsidenten Hermann Klare, stark genug, das Unheil abzuwehren.[19] Im Vorgriff auf die Nach-Stubbe-Ära (Abschn. 2.2.1.1) sei angefügt, dass nur weitere sechs Jahre später, 1972, die DAW mit ihrem Präsidenten Hermann Klare und Helmut Böhme als Institutsdirektor einen erneuten „Angriff“ abzuwehren hatten. In einem Papier des Landwirtschaftsministeriums „Grundsätze für die Vervollkommnung der agrarwissenschaftlichen Forschung“ wurde die Unterstellung des Zentralinstituts für Genetik und Kulturpflanzenforschung der DAW unter die DAL mit Wirkung 1. Januar 1972 festgeschrieben, denn das Institut sei „der entscheidende Partner bei der Erarbeitung der wissenschaftlichen Grundlagen für die Pflanzenzüchtung“.[20] Doch Klare lehnte ab, da „keine vom Inhalt der Forschungsaufgaben und der Zielstellung abgeleitete und auf eine Erhöhung der Effektivität der wissenschaftlichen Arbeit gerichtete Begründung für einen Wechsel im Unterstellungsverhältnis des Zentralinstituts für Genetik und Kulturpflanzenforschung der DAW, Gatersleben, vorliegt“.[21] Das Institut verblieb in der DAW.

Knapp zwei Jahrzehnte später gab es noch einmal eine, nicht die Gesamtzuordnung, sondern die Integrität des Instituts gefährdende Situation, als 1990/1991 Bestrebungen laut wurden, das damalige Kulturpflanzenweltsortiment (die Genbank) aus dem Institut herauszulösen und der in Gründung befindlichen Bundesanstalt

[17] Diesener (2002) s. Fußnote Kap. 1/4, hier S. 187.

[18] Käding (1999) s. Fußnote Kap. 1/7, hier S. 137.

[19] Vgl. z. B. Käding (1999) s. Fußnote Kap. 1/7, hier S. 147.

[20] LHASA, MD, M 66, Nr. 82/2 ZIGuK Direktion, S. 224.

[21] Brief Klares an Landwirtschaftsminister Ewald; LHASA, MD, M 66, Nr. 82/2 ZIGuK Direktion, S. 231/232.

für Züchtungsforschung an Kulturpflanzen, einer Einrichtung der Ressortforschung des Bundeslandwirtschaftsministeriums, anzugliedern.[22]

2.1.2.2 Die Auseinandersetzung mit dem Lyssenkoismus

Besonders in den Fünfzigerjahren drohte dem Institut Unheil noch aus ganz anderer Richtung. Die politische Führung der DDR hatte sich auf den Marxismus-Leninismus eingeschworen und folgte – freiwillig und teilweise wohl auch unfreiwillig – den Entwicklungen und Vorgaben der Sowjetunion. Dort hatte bereits in den 1930er Jahren ein Pflanzenzüchter, Trofim D. Lyssenko, von sich Reden gemacht. Er hatte nach der Kollektivierung der sowjetischen Landwirtschaft und der Hungerkatastrophe von 1932/1933 höhere Erträge in der Landwirtschaft durch neue Züchtungsverfahren versprochen, die „formale Genetik", den „Mendelismus-Morganismus", für die Misere in der sowjetischen Landwirtschaft verantwortlich gemacht und war so zu einem „genetischen Rasputin an Stalins Hof"[23] avanciert. Prominentes Opfer war Nikolai I. Vavilov (s. Abschn. 1.1), der zunächst zum Tode verurteilt und dann, zu 20 Jahren Haft begnadigt, 1943 im Gefängnis starb. Noch nach dem Kriege, 1948, während der berühmt-berüchtigten Augustsitzung der Lenin-Akademie der Landwirtschaftswissenschaften der UdSSR, waren Lyssenkos Vorstellungen praktisch zur Staatsdoktrin erhoben worden. Helmut Böhme hat die Lyssenko'schen Thesen wie folgt zusammengefasst[24]:

1. Die Vererbung ist eine Eigenschaft des gesamten Organismus. Es existieren keine diskreten Erbanlagen oder Gene.
2. Durch veränderte Umwelt- und Lebensbedingungen können erbliche Veränderungen induziert werden. Der Charakter der Veränderungen ist dem Charakter der induzierenden Bedingungen adäquat.
3. In der Auseinandersetzung mit den Umweltbedingungen erworbene Eigenschaften werden vererbt.
4. Bei Pflanzen können gezielte Veränderungen durch Pfropfung im Prozess der vegetativen Hybridisierung induziert werden; es existiert kein prinzipieller Unterschied zur sexuellen Hybridisation.
5. Durch Aufzucht von Winterformen ohne Kälteschock können bei Getreide erbliche Sommerformen erzielt werden.

Schließlich wurde sogar die Umwandlung einer Kulturpflanzenart in eine andere Art oder Gattung behauptet, z. B. von Weizen in Roggen oder von Kultur-Gräsern in Unkräuter.

Der proklamierten fortschrittlichen Lyssenko'schen Agrobiologie, auch fortschrittliche Mitschurin'sche oder proletarische Biologie genannt, wurde die Genetik als „formale Genetik", als „reaktionärer Weissmannismus-Morganismus" oder

[22] Gäde H (1998) Die Kulturpflanzenbank Gatersleben – Geschichte und Entwicklung. Ruth Gerig, Quedlinburg, S. 40.

[23] Wessel (2001) s. Fußnote Kap. 2/14.

[24] Böhme H (1999) Einige Bemerkungen zu wissenschaftspolitischen Aspekten genetischer Forschungen der fünfziger Jahre in der DDR im Zusammenhang mit der LYSSENKO-Problematik. Sitzungsber Leibniz-Sozietät 29: 55–79, hier S. 58.

auch „Mendelismus-Morganismus“ gegenübergestellt und verdammt. Diese wissenschaftsfeindliche Lyssenko-Doktrin hatte weitreichende Folgen in der Sowjetunion. „Neben dem Verlust der einstmalig mitbestimmenden Rolle der sowjetischen Genetik im internationalen Wissenschaftsbetrieb (personifiziert durch den 1943 im Gefängnis erbärmlich verstorbenen Vavilov) haben sich auch tausendfach menschliche Tragödien unter den betroffenen Wissenschaftlern abgespielt. Interdisziplinäre Spätfolgen reichen bis in die heutigen Tage.“[25] Aber die Monopolisierung der „proletarischen Biologie“ in der Sowjetunion konnte auch nicht ohne Folgen für die Mitgliedsstaaten des von ihr beherrschten Ostblocks einschließlich der DDR sein, denn die sowjetische Führung unternahm alles, die „nach ihrer Meinung mit dem dialektischen Materialismus übereinstimmenden Auffassungen der sog. Mitschurin'schen Biologie durchzusetzen.“[26] Diese Ereignisse fielen in die frühe Aufbauphase des Instituts, das in seiner Grundausrichtung der auf Mendel gründenden Genetik verpflichtet war. Bereits im Frühjahr 1949 wurden größere Versuchsserien auf den Versuchsfeldern des Instituts begonnen, um die Thesen der Lyssenko'schen Agrobiologie zu überprüfen und gegenüber den einsetzenden politischen Herausforderungen gewappnet zu sein. Schwerpunkte der Untersuchungen waren die angebliche Umwandlung von Wintergetreide in Sommergetreide durch Jarowisation (=Vernalisation: natürliche Induktion des Schossens und Blühens bei Pflanzen durch eine längere Kälteperiode) und die behauptete vegetative Bastardierung von Tomaten durch Pfropfung. Im Januar 1951 nahm Hans Stubbe an einer Studienreise in die Sowjetunion teil und traf dabei auch Trofim Lyssenko. Er fragte nach experimentellen Belegen, die nicht beigebracht werden konnten, berichtete darüber später auf einer Konferenz des Zentralkomitees der SED und stellte dort heraus, dass „noch sehr viel gearbeitet werden [muss], ehe wir völlig klar sehen“.[27] Scharf kritisierte er diejenigen im eigenen Land, die „fortgesetzt über Gebiete reden, auf denen sie nachweislich nie selbst gearbeitet haben…“ und konstatierte, dass er „die Umwandlung von Weizen in Roggen, Hafer oder Gerste für nicht möglich…“ halte.[28]

Bis 1956 wurden die mit enormem Geld-, Material- und Zeitaufwand durchgeführten Untersuchungen weitergeführt. Allein Helmut Böhme, Schüler von Hans Stubbe und später dessen Nachfolger im Amt des Direktors, führte in den Jahren 1951 bis 1954 mehrere Tausend Pfropfungen bei Tomaten durch und unterzog über 150.000 Pflanzen einer Nachkommenschaftsanalyse.[29] Er publizierte 1954 und 1957 seine Ergebnisse in der Zeitschrift für Pflanzenzüchtung und fasste abschließend zusammen: „Bei der Untersuchung von Pfropfungen von Kultursorten der Tomate auf andere Kultursorten, die Wildformen *L. peruvianum* und *L. hirsutum* und die Tabakarten *N. tabacum* und *N. rustica* konnte weder im Pfropfjahr noch in den folgenden Generationen eine erbliche Übertragung von Merkmalen der Unterlage

[25] Diesener (1999) s. Fußnote Kap. 1/4, hier S. 954.

[26] Böhme (1999) s. Fußnote Kap. 2/24, hier S. 60.

[27] Nach Unterlagen im Archiv der BBAW zitiert von Käding (1999) s. Fußnote Kap. 1/7, hier S. 106.

[28] Käding (1999) s. Fußnote Kap. 1/7, hier S. 108.

[29] Böhme H (1991) Genetik und Gesellschaft. Biol Zentrbl 110: 249–262.

auf das Reis (vegetative Hybridisierung) festgestellt werden.“[30] Ähnlich umfangreiche Untersuchungen führten Hans Stubbe, ebenfalls mit Tomaten-Mutanten,[31] und Martin Zacharias, mit *Antirrhinum,* durch.[32] Weitere Experimente erfolgten an verschiedenen Paprikasorten, Tabak, Kartoffeln und dem Löwenmaul. Im Tätigkeitsbericht des Instituts 1956 ist zu lesen: Die „mit großem Aufwand erzielten experimentellen Ergebnisse, die mehrere Mitarbeiter der genetischen Abteilung einige Jahre stark in Anspruch genommen haben, sollten endlich ausreichen, um die in den Schullehrbüchern und populärwissenschaftlichen Darstellungen immer wieder als besonders wichtig erörterten Probleme endgültig abzusetzen.“[33]

Die Veröffentlichung der umfangreichen Experimente in mehreren wissenschaftlichen Publikationen[34] mit durchweg negativem Ergebnis stellte die Lyssenko’sche Agrobiologie als Pseudogenetik und schlechthin unwahr dar und stärkte eine wachsende Opposition in der Sowjetunion und dem gesamten Ostblock.[35] In der DDR hatten neben Hans Stubbe auch andere maßgebende Genetiker und Biologen wie z. B. Gustav Becker/Quedlinburg und Kurt Mothes/Gatersleben und Halle dem politischen Druck nicht nachgegeben und die „formale“ Genetik verteidigt[36,37] und selbst die politische Führung mit Walter Ulbricht an der Spitze bewahrte sich einen Rest von für die Gesamtsituation hilfreichem Zweifel,[38] nicht zuletzt, weil die propagierten Erfolge in der Landwirtschaft der Sowjetunion ausblieben.

Im Gaterslebener Institut konnte die „proletarische Biologie“ des Trofim Denissowitsch Lyssenko Dank Hans Stubbe nie Fuß fassen. Stubbe „erwies sich bei der Verteidigung seiner glaubensfreien Grundsätze naturwissenschaftlichen Arbeitens als streitbarer Doyen der Wissenschaft in der Politik.“[39] So wurde das Institut für Kulturpflanzenforschung durch striktes Festhalten an den anerkannten Prinzipien wissenschaftlicher Forschung „über die in seinem Namen liegenden Aufgaben hinaus das große, freie Institut für Genetik in diesem Teil Mitteleuropas“, so

[30] Böhme H (1957) Weitere Untersuchungen zum Problem der genetischen Bedeutung von Pfropfungen zwischen genotypisch verschiedenen Pflanzen. Z Pflanzenzüchtung 38: 37–50, hier S. 50.

[31] Stubbe H (1954) Über die vegetative Hybridisierung von Pflanzen. Versuche an Tomatenmutanten. Kulturpflanze 2: 185–236.

[32] Zacharias M (1956) Ein Versuch zur Beeinflussung der F_2-Spaltungen von Bastarden aus der Gattung *Antirrhinum* durch Pfropfung der F_1-Bastarde auf ihre Ausgangseltern. Kulturpflanze 4: 277–295.

[33] Käding (1999) s. Fußnote Kap. 1/7, hier S. 110/111.

[34] Aufgelistet in Böhme (1999) s. Fußnote Kap. 2/24.

[35] Hagemann R (2002) How did East German Genetics avoid Lysenkoism? Trends in Genetics 18: 320–324.

[36] Hagemann (2002) s. Fußnote Kap. 2/35.

[37] Höxtermann E (2000) „Klassenbiologen“ und „Formalgenetiker“ – Zur Rezeption Lyssenkos unter den Biologen in der DDR. Acta Historica Leopoldina 36: 273–300.

[38] Laitko H (2010) Hans Stubbe und das politische System der DDR. In: Jahn I, Wessel A (Hrsg) Für eine Philosophie der Biologie. For a Philosophy of Biology. Festschrift 75th Birthday Rolf Löther. Kleine, München, S. 127–168, hier S. 132–144; s. auch Käding (1999; Fußnote Kap. 1/7) und Wessel (2001; Fußnote Kap. 2/14).

[39] Höxtermann (2000) s. Fußnote Kap. 2/37, hier S. 292.

Georg Melchers.[40] Dennoch waren in großem Maße wertvolle Ressourcen für den Gegenbeweis verbraucht worden, hatte die genetische Forschung sich an pseudowissenschaftlichen Doktrinen abarbeiten müssen, während in der westlichen Welt das molekulare Zeitalter begonnen hatte: 1953 publizierten Watson und Crick das Doppelhelix-Modell des Erbträgers DNA.

2.1.3 Struktureinheiten, ihre Leiter und Arbeitsschwerpunkte

2.1.3.1 Wissenschaftliche Abteilungen

Zur Zeit der Übernahme des Instituts in die Deutsche Akademie der Wissenschaften 1948 war der Aufbau der geplanten Abteilungen in vollem Gange. Otto Schwarz[41] als erster Leiter der Systematischen Abteilung war allerdings bereits 1946 an das Herbarium Haussknecht, damals in Weimar, gegangen. Sein Nachfolger wurde Werner Rothmaler,[42] der wiederum 1948 einen Ruf an die Universität Halle annahm. Ab Januar 1949 stand Rudolf Mansfeld der Abteilung Systematik vor, zu der das „Weltsortiment", die Kulturpflanzensammlung, gehörte. Er war bereits im Juli 1946 als Mitarbeiter in das Institut eingetreten. Im Oktober 1949 übernahm Kurt Mothes, aus sowjetischer Kriegsgefangenschaft kommend, die Leitung der Chemisch-physiologischen Abteilung. Mothes hatte vor dem Krieg den Lehrstuhl für Botanik an der Universität Königsberg inne.[43,44] Paul Metzner[45] als Leiter der Physikalisch-Physiologischen Abteilung kam von der Universität Greifswald im September 1948 ins Institut und konnte 1950 sein neues Abteilungsgebäude, die „Physik", beziehen. Und natürlich bestand von Anbeginn an die Abteilung „Genetik und Cytologie" unter der Leitung des Direktors Hans Stubbe.

In einer ersten historischen Übersicht zur Institutsentwicklung[46] wurden für 1953 die Struktureinheiten und ihre Mitarbeiter nach deren Tätigkeiten (Wissenschaftler bis Reinigungsfrau und Hauswart) genau aufgeschlüsselt. Die folgende Übersicht fasst diese Aufstellung nebst Angaben zur Zahl der Wissenschaftler/technischen Assistentinnen/Sonstige (eingeschlossen Diplomanden, Lehrlinge, Handwerker, Sekretärinnen, Hausmeister und Reinigungskräfte) zusammen.

Abteilung „Genetik und Cytologie": Leiter Hans Stubbe (6/16/21)

---

[40] Melchers G (1972) Hans Stubbe zum 70. Geburtstag. Theoret Appl Genetics 42: 1–2, hier S. 2.

[41] Zu Leben und Werk s. u. a. Manitz H (2008) Otto Schwarz – 1900–1983. Feddes Repertorium 119: 118–120.

[42] Zu Leben und Werk s. u. a. Natho G (2008) Werner Rothmaler – Stationen seines Lebens. Feddes Repertorium 119: 105–111.

[43] Zu Leben und Werk s. Parthier B (1983) Kurt Mothes (1900–1983) – Leben und Werk. Biochem Physiol Pflanzen 178: 695–743.

[44] Parthier B (2001) Kurt Mothes (1900–1983) Gelehrter, Präsident, Persönlichkeit. Gedenkrede am Vorabend seines 100. Geburtstages sowie anmerkenswerte Details zu seinem Leben und Wirken. Acta Historica Leopoldina 37: 1–150.

[45] Zu Leben und Werk s. Ruge U, Sagromsky H (1969) Ansprachen anlässlich der Gedenkfeier für Prof. Dr. Paul Metzner. Kulturpflanze 17: 9–24.

[46] Ohne Autor (1955) s. Fußnote Kap. 2/3.

Abteilung „Systematik und Sortiment“: Leiter Rudolf Mansfeld (4/6/13)
Abteilung „Physikalische Physiologie“: Leiter Paul Metzner (6/5/16)
Abteilung „Chemische Physiologie“: Leiter Kurt Mothes (12/5/28)
Abteilung „Forstpflanzenforschung“: Leiter kommissarisch Hans Stubbe (2/2/9)
Abteilung „Versuchsfeld und Zuchtgärten“: Leiter Garteninspektor Helmut Vogt (insgesamt 165 Personen, darunter 23 Gärtner und 99 Gartenarbeiter)
Abteilung „Verwaltung“: Leiter Erich von der Planitz (insgesamt 13 Mitarbeiter)
Allgemeines Institut mit Bibliothek, Sanitätsstelle: (insgesamt 40 Mitarbeiter)
Abteilung „Bau“: Leiter Architekt Eberhard Zscharnack (ca. 40 Mitarbeiter, meist aus Investitionsmitteln finanziert)
Abteilung „Landwirtschaft“: Leiter Inspektor Ulrich Kühne (insgesamt 133 ständige Mitarbeiter, ergänzt durch 15–20 Saisonkräfte).

Insgesamt werden für 1953 unter Ausschluss der Abteilung „Landwirtschaft“ 444 Personen genannt, davon 33 Wissenschaftler. Diese Zahlen erfahren über die nachfolgenden Jahre in der Summe eine weitere Steigerung und liegen 1968, am Ende des Direktorats von Hans Stubbe, bei 64 Wissenschaftlern, 56 technischen Assistenten (TA) und 444 sonstigen Mitarbeiterinnen und Mitarbeitern.[47]

Gegenüber der Wiener Institutsstruktur (s. S. 9) wurde die Abteilung „Geschichte der Kulturpflanzen“ nicht nach Gatersleben übernommen, da ihre Leiterin, Elisabeth Schiemann,[48] nach Berlin-Dahlem zurückgekehrt war und dort bis zu ihrer Pensionierung 1956 ihre Arbeiten im Rahmen einer gleichnamigen, von ihr geleiteten Forschungsstelle der Max-Planck-Gesellschaft fortsetzte. Eine von der Ahrensfelder Chaussee in Berlin abzweigende Straße trägt ihren Namen.

Neu war die Abteilung „Forstpflanzenforschung“ (s. u.). In der Institutsdarstellung 1953 wird ferner auf den geplanten Aufbau von Abteilungen für Cytologie, Phytopathologie und Mikrobiologie hingewiesen. Eine mikrobiologische Struktureinheit, das mikrobiologisch-genetische Labor der Abteilung „Genetik und Cytologie“ (später Forschungs- bzw. Arbeitsgruppe „Bakteriengenetik“), wird 1959 erstmals erwähnt und bestand als Arbeitsgruppe Bakteriengenetik bis 2003. Phytopathologische Arbeiten sind nie in einer eigenen Struktureinheit zusammengeführt worden (s. auch S. 44).

Innerhalb der Abteilungen gab es keine offiziellen, etwa in einem Organigramm niedergelegten Unterstrukturen. Nur das „Sortiment“ wird in der Abteilung „Systematik und Sortiment“ als Unterabteilung geführt.[49] Im praktischen Arbeitsablauf aber gab es natürlich Substrukturen. Einzelne Themen wurden häufig in „Laboren“ bearbeitet, oft von einem Wissenschaftler mit technischer Assistenz. Diese „Labore“ fanden auch in den Jahresberichten Erwähnung.

---

[47] Stubbe (1982) s. Fußnote Kap. 1/19, hier S. 78.

[48] Zu Leben und Werk s. u. a. Hertwig P (1956) Elisabeth Schiemann zum 75. Geburtstag. Z Pflzüchtung 36: 129–132; Stubbe H (1972) Nachruf für Elisabeth Schiemann. Mitt Max-Planck-Ges 1972, Heft 1: 3–8; Kuckuck H (1980) Elisabeth Schiemann 1881 bis 1972. Ber Dtsch Bot Ges 93: 517–537.

[49] Ohne Autor (1953) s. Fußnote Kap. 2/3, hier S. 29.

Im Folgenden werden die oben aufgelisteten Struktureinheiten kurz vorgestellt: ihre Entwicklung, ihre Leiter und ihre Forschungsthemen bzw. Tätigkeitsbereiche bis zum Jahresende 1968. Eine vertiefte Darstellung der zentralen Forschungsanliegen erfolgt später (Kap. 3).

Abteilung „Genetik und Cytologie"

Die Abteilung wurde bis zum Ende des Jahres 1965 von Hans Stubbe geleitet und mit dem Jahre 1966 an Helmut Böhme übergeben, der ein Jahr später Stellvertreter des Institutsdirektors und ab 21. Januar 1969 Nachfolger im Amte des Direktors wurde. Zu ihren Aufgaben schrieb Stubbe[50] anlässlich des 25. Jahrestages der Institutsgründung im Jahre 1968:

> Es gehört zum Prinzip unserer Arbeiten allgemein und der Entwicklung der Abteilung Genetik und Cytologie im besonderen, bei der Lösung bestimmter uns gestellter Aufgaben und Probleme zunächst durch Arbeiten auf der Ebene der Erkundungsforschung die allgemeinen Gesetzmäßigkeiten zu erkennen und diese dann in anderen Arbeitsgruppen auf ihre Anwendung konkret vorzubereiten. So wurde die Problematik der Mutationsforschung, aufbauend auf den Ergebnissen früherer Arbeiten zur experimentellen Mutationsauslösung bei *Antirrhinum majus*, nach Kriegsende in den Mittelpunkt der wissenschaftlichen Aufgaben dieser Abteilung gestellt. Ziel der Arbeit war die Schaffung von Modellen für die Verwendung der künstlichen Mutationsauslösung zur Erhöhung der natürlichen Variabilität auf der Grundlage der Aufklärung wesentlicher Schritte von Mutageneseprozessen, die Schaffung der Grundlagen für deren Einsatz als Züchtungsmethode und die damit mögliche Erkenntnis und Wiederholung von Evolutionsschritten.

Trotz der relativ kleinen Zahl wissenschaftlicher Mitarbeiter (1952 sind es sechs) wurde eine relativ breite Palette von Themen, breiter als in obigem Zitat erörtert, bearbeitet. Bereits 1952 waren es neben der vom Direktor selbst mithilfe sehr engagierter technischer Assistentinnen durchgeführten Mutationsforschung bei *Antirrhinum* und der Untersuchung evolutionsgenetischer Fragen folgende Themen: Mutationsgenetik an Gerste (Friedrich Scholz), entwicklungsphysiologisch-genetische und cytologische Probleme (Friedrich Mechelke, Rudolf Hagemann), Probleme der vegetativen Hybridisation und der vegetativen Annäherung im Zuge der Auseinandersetzungen um die „proletarische Biologie" Lyssenkos (Helmut Böhme, Martin Zacharias; s. Abschn. 2.1.2.2) sowie Forschungen an Mais und Kürbisgewächsen (Cucurbitaceen; Igor Grebenščikov). Diese Vielfalt war einerseits durchaus zeitgemäß, andererseits auch der Neigung Stubbes geschuldet, einmal ausgewählten Mitarbeitern großen Entscheidungsspielraum bei der Wahl ihrer Themen zu lassen. In den darauf folgenden Jahren bis 1968 stieg zwar die Zahl der wissenschaftlichen Mitarbeiter (vgl. Abb. 2.1) auf 19, aber auch die Themenvielfalt und die Zahl der untersuchten Arten hatte sich nochmals erweitert, bemerkenswerterweise auch auf nichtbotanische Objekte. Helmut Böhme hatte 1957 begonnen, ein Labor für Bakteriengenetik aufzubauen, Friedrich Mechelke[51] nutzte bereits Anfang der 1950er-Jahre für seine Untersuchungen die larvalen Speicheldrüsen-Riesenchromosomen

[50] Stubbe, H. (1970) s. Fußnote Kap. 2/6, hier S. 35.

[51] Mechelke verließ die DDR kurz vor dem Mauerbau 1961 und war bis zu seiner Emeritierung Professor für Genetik an der Universität Stuttgart-Hohenheim.

Abb. 2.1 Hans Stubbe und Mitarbeiter in der Abteilung „Genetik und Cytologie" Ende der 1950er-Jahre: von l. nach r.: Reinhard Panitz, Helmut Böhme, Friedrich Mechelke (vorn), Joachim Endlich, Dieter Mettin, Hans Stubbe, Walter Baudisch, Igor Grebenšcikov, Rigomar Rieger, Kurt Gröber (vorn), Arnd Michaelis, Martin Zacharias. (Undatiert, um 1960, Foto und Bildrechte: Hermann Kraßmann)

der Chironomide (Insekt) *Acricotopus*, bevor er sich dann auch pflanzlichen Chromosomen widmete, und Jörg Schöneich begann noch als Doktorand 1960 mit dem Aufbau einer Mausgenetik. Rückschauend auf seine Amtszeit[52] listet Hans Stubbe neun Themenkomplexe auf (zu Details s. Abschn. 3.3):

1. Theoretische Mutationsforschung bei *Antirrhinum, Lycopersicon, Hordeum, Arabidopsis* und Genetik der Mutanten
2. Genetische und cytologische Untersuchungen bei *Antirrhinum, Hordeum, Lycopersicon, Vicia*
3. Entwicklungsphysiologisch-genetische Probleme bei höheren Pflanzen
4. Evolutionsgenetische Probleme
5. Mais- und Cucurbitaceenforschung
6. Mutationsforschung an Kulturpflanzen (*Hordeum, Lycopersicon, Glycine*)
7. Probleme der vegetativen Hybridisation und vegetativen Annäherung (bis 1954/1955)
8. Mikrobiologisch-genetische Probleme an Bakterien (Molekulargenetik) ab 1957
9. Genetische und cytogenetisch-biochemische Untersuchungen an zoologischen Objekten.

[52] Stubbe (1982) s. Fußnote Kap. 1/19, hier S. 80–81.

In den Problemkreisen 8 und 9 spiegeln sich bereits die Auswirkungen der internationalen Entwicklung der Molekulargenetik auf das Forschungsprofil der Abteilung. Ungeachtet der namentlichen Fixierung des Instituts auf Kulturpflanzen wurden im Sinne einer genetischen Grundlagenforschung auch Arbeiten an anderen Experimentalobjekten aufgenommen, wenn sie zur Lösung zentraler Probleme besser geeignet erschienen. Damit ergaben sich auch wichtige Voraussetzungen für den ab 1. Januar 1970 im Rahmen der Akademiereform erhaltenen Status als **Zentral**institut für **Genetik und** Kulturpflanzenforschung (s. Abschn. 2.2).

Die strahlen- und chemikalieninduzierte Mutagenese an Gerste, Sojabohnen, Tomate und Obst diente „der Einführung der experimentellen Mutationsauslösung als Züchtungsmethode".[53] Am Ende seiner Zeit als Institutsleiter 1968 sah Stubbe die Erarbeitung der methodischen Voraussetzungen für die Nutzung der Mutationsauslösung in der Züchtung als abgeschlossen an, nicht aber die weitere konkrete Umsetzung. Er wies ferner auf den Befund von allgemein biologischer Bedeutung hin, „daß der Prozeß der Evolution von Kulturpflanzen, ausgehend von den zugehörigen Wildformen, durch eine Serie von Mutationsinduktionen in Verbindung mit Selektion auf Kulturmerkmale stufenweise experimentell nachzuahmen ist"[54] (s. auch Abschn. 3.3.1.1).

Abteilung „Chemische Physiologie"

Im Wiener Institut hatte Karl Pirschle mit dem Aufbau der Abteilung „Physiologie" begonnen, doch war er noch im April 1945 ein Opfer des Krieges geworden.[55] Deshalb bemühte sich Stubbe um die vorzeitige Entlassung des Botanikers, Pflanzenphysiologen und Biochemikers Kurt Mothes[56] aus sowjetischer Kriegsgefangenschaft. Mothes (Abb. 3.33) kam im Oktober 1949 nach Gatersleben. Die Arbeiten seiner „Abteilung Mothes" konnten aber in großem Umfang erst nach dem Bezug der neuen Laboratorien ab Frühjahr 1952 aufgenommen, intensiviert und verbreitert werden. Zu dieser Zeit arbeiteten unter der Leitung von Kurt Mothes 12 Wissenschaftler, doppelt so viele, wie. in der „Abteilung Stubbe". Im Mittelpunkt der Forschungen standen Fragen des Stickstoff-Stoffwechsels (Abschn. 3.4.3.1 und 3.4.3.2). „Es interessierte die Zusammensetzung von Blutungssäften der Bäume und Sträucher; über die Wege der Ammoniakentgiftung in Pflanzen wurde ebenso gearbeitet wie über Alkaloide in Mutterkorn und Tabak, Tollkirsche und Leguminosen; die Wurzel als „chemische Fabrik" rückte in den Mittelpunkt, und Studien über das Altern der Pflanzen erwuchsen aus den Stickstoffanalysen der Blätter und deren Bestandteile."[57] Aber auch Polyphenole, Phytohormone, Mineralstoffhaushalt, Gaswechselprozesse und selbst der Stoffwechsel autotropher Mikroorganismen

---

[53] Stubbe (1970) s. Fußnote Kap. 2/6, hier S. 37.

[54] Stubbe (1970) s. Fußnote Kap. 2/6, hier S. 38.

[55] Stubbe (1970) s. Fußnote Kap. 2/6, hier S. 31.

[56] Siehe Parthier (1983; Fußnote Kap. 2/43) und Parthier (2001; Fußnote Kap. 2/44).

[57] Parthier (1983) s. Fußnote Kap. 2/43, hier S. 705.

(Nitratreduktion und Atmung) wurden nicht ausgeklammert.[58] Die Alkaloidarbeiten lagen vornehmlich in den Händen von Anneliese Romeike und Detlef Gröger (s. auch Abschn. 3.4.3.3).

Mothes wurde bald auch Stellvertreter des Direktors, doch leider entwickelte sich das Verhältnis zwischen ihm und Stubbe ab 1953 in ein dauerhaftes, tiefes Zerwürfnis. „Aus äußerlich kongenialen Kollegen und gleichgesinnten Jagdgenossen wurden innerhalb von Monaten erbitterte Gegner, die ihre Differenzen in Wort und Schrift in unvorstellbarer Schärfe gegeneinander stellten und einen emotionalen Streit entfachten, der immer größere Kreise zog".[59] Er erfasste das gesamte Institut, die Deutsche Akademie der Wissenschaften, weitere Institutionen und wirkte selbst in die Politik hinein. Über die wirklichen Ursachen ist viel gerätselt worden. „War die Gaterslebener Plattform zu klein für zwei selbstbewußte Wissenschaftler und starke Persönlichkeiten?"[60] „Auf eine allgemeine Kurzformel gebracht: Es ging in erster Linie um die gegenseitige Nichtachtung von Ehre und Moral zweier selbstbewusster, von Führungsansprüchen überzeugter Wissenschaftler; aber es war zugleich auch ein Konflikt zwischen dem Einzelnen und der Institution".[61] Ende 1955, nach einer heftigen Auseinandersetzung, informierte Mothes Stubbe schriftlich, dass er sich um eine andere Position bemühe. Ende 1957 verließ Mothes endgültig Gatersleben.[62] Die DAW hatte ihm ein eigenes Institut in Halle zugesichert, dessen Bau im Frühjahr 1958 begann.[63] Alle oben geschilderten Arbeiten wurden, die meisten Bearbeiter eingeschlossen, zum Jahreswechsel 1957/1958 nach Halle verlagert. Aus der zunächst „Arbeitsstelle für Biochemie der Pflanzen der Deutschen Akademie der Wissenschaften" genannten Neugründung wurde 1960 das Institut für Biochemie der Pflanzen.

Nach dem Weggang von Kurt Mothes leitete zunächst der Algologe Alfred Rieth (Abb. 3.11) die Abteilung eineinhalb Jahre kommissarisch, bis der aus Jena kommende Pflanzenphysiologe Gerhard Michael im Juli 1959 neuer Leiter der Abteilung „Chemische Physiologie" und „Direktor am Institut" wurde, seine Lehrverpflichtungen in Jena aber beibehielt. Doch die zunehmende politische Einflussnahme des Staates auf Lehre und Forschung veranlassten ihn bereits im Sommer 1960 die DDR zu verlassen. Michael blieb bis zu seiner Emeritierung Inhaber des Lehrstuhls für Pflanzenernährung und Bodenbiologie an der Landwirtschaftlichen Hochschule (seit 1967 Universität) Hohenheim.[64]

---

[58] Stubbe (1982) s. Fußnote Kap. 1/19, hier S. 122–142.

[59] Parthier (2001) s. Fußnote Kap. 2/44, hier S. 23.

[60] Parthier (1983) s. Fußnote Kap. 2/43, hier S. 705.

[61] Parthier (2001) s. Fußnote Kap. 2/44, hier S. 115.

[62] Parthier (2001, s. Fußnote Kap. 2/44) hat diesen unseligen Streit, dem Halle jedoch sein Institut für Biochemie der Pflanzen verdankt, in einigen zentralen Punkten dokumentiert.

[63] Zur Geschichte und Arbeit dieses Instituts s. Pieplow S (2008) Vom IBP zum IPB. 50 Jahre Pflanzenbiochemie in Halle. Leibniz-Institut für Pflanzenbiochemie (Hrsg).

[64] Parthier B (1992) Herrn Prof. Dr. h. c. Gerhard Michael zum 80. Geburtstag. Leopoldina Jahrbuch 1991, Reihe 3, 44–46 und Wikipedia: Gerhard Michael.

Nochmals folgte eine Zeit des Übergangs unter der kommissarischen Leitung von Alfred Rieth, bis die Abteilung unter der Leitung von Klaus Schreiber wieder eine zentrale, längerfristige Zielstellung erhielt, die Naturstoffchemie. Der studierte Chemiker hatte in Rostock promoviert, in Jena habilitiert und war seit 1958 Abteilungsleiter der Forschungsstelle Mühlhausen der Akademie der Landwirtschaftswissenschaften gewesen. Seinen Dienst in Gatersleben trat er am 1. Dezember 1961 an, wurde 1965 zum Professor für Naturstoffchemie und Biochemie an der DAW berufen und 1966 Mitglied der Leopoldina. Während Michaels Forschungen schwerpunktmäßig auf die mineralische Pflanzenernährung ausgerichtet waren, orientierte Schreiber die Abteilung auf eine weitgehend chemische Methoden nutzende Naturstoffchemie (vgl. Abschn. 3.4.4). Er knüpfte dabei teilweise an Themen an, die unter Kurt Mothes hier bearbeitet worden waren.[65] Neben Steroiden und Triterpenoiden, denen sich insbesondere Helmut Rippberger und Günter Adam widmeten, rückten die Gibberelline, bearbeitet unter der Leitung von Günther Sembdner, in den Mittelpunkt, vornehmlich ihre Isolierung, Synthese und Strukturaufklärung. Daneben lief ein phytochemisches Screening-Programm auf Pflanzeninhaltsstoffe gemeinsam mit der Abteilung „Systematik und Sortiment“ und der Kubanischen Akademie der Wissenschaften.[66] Eine kleine Arbeitsgruppe mit Horst Schmidt, Ulrich Wallwitz und Wolfgang Gosda arbeitete an Fragen der Nukleinsäurechemie und am Aufbau eines nukleinsäureabhängigen *in vitro*-Proteinsynthesesystems, und Günter Scholz ging in Zusammenarbeit mit Helmut Böhme aus der Abteilung „Genetik und Cytologie“ der Natur und Wirkung des „Normalisierungsfaktors“ der Tomatenmutante *chloronerva* nach (s. Abschn. 3.4.1.1). Alfred Rieth, ab 1961 Stellvertreter des Direktors, forschte unabhängig im Kryptogamenlabor an Problemen der Verbreitung, Systematik, Entwicklungsgeschichte, Entwicklungsphysiologie und Ökologie von Algen. Insbesondere Otto Machold führte zwecks Studiums der Pflanzenernährung Isotopenmethoden ein und leitete den Bau des Isotopenlaboratoriums (s. auch Abschn. 3.4.1).

Abteilung „Physikalische Physiologie“

Die am 1. September 1948 unter der Leitung von Paul Metzner (Abb. 2.2) gegründete Abteilung war zunächst nur provisorisch in einem Gewächshausverbinder untergebracht, konnte aber im Sommer 1950 in das neu errichtete Gebäude „Physik“ mit 30 Arbeitsräumen und Kellergeschoss umziehen. Zum Haus gehörten zwei je 150 qm große Gewächshäuser nebst glasüberdecktem Verbinder, zwei Versuchshäuser von je 54 qm und, ab Ende 1951, der für Bestrahlungsexperimente gesondert erbaute Anbauflügel. Für 1952 werden nur vier wissenschaftliche Mitarbeiter genannt,[67] darunter Konrad Ramshorn, ab 1960 Direktor des Instituts für Allgemeine Botanik an der Humboldt-Universität Berlin, und Erich Leick von der „Außenstelle

[65] Auch deshalb wurde Klaus Schreiber 1968, nach dem altersbedingten Ausscheiden von Kurt Mothes, als dessen Nachfolger nach Halle berufen.

[66] Stubbe (1982) s. Fußnote Kap. 1/19, hier S. 158.

[67] Ohne Autor (1953) s. Fußnote Kap. 2/3, hier S. 31.

Abb. 2.2 Paul Metzner in seinem Dienstzimmer. (Oktober 1959, Foto und Bildrechte: Helga Stoll)

Hiddensee".[68] 1968 ist die Zahl der Wissenschaftler auf sieben angewachsen, unter ihnen Herta Sagromsky, seit 1953 zunächst bei Kurt Mothes am Institut und ab 1. Januar 1961 Nachfolgerin des aus Altersgründen Ende 1960 von der Funktion des Abteilungsleiters zurückgetretenen Paul Metzner.

Die Arbeiten konzentrierten sich zunächst auf:

> 1. die Untersuchung der Wirkung natürlicher und künstlicher physikalischer Umweltfaktoren auf das physiologische Verhalten und die Entwicklung der Pflanzen mit dem Ziel, durch geeignete Behandlung eine Verbesserung des Ertrages und der Qualität der Kulturpflanzen zu erzielen, und 2. die Entwicklung und Anwendung physikalischer Methoden zur physiologischen und mikromorphologischen Untersuchung pflanzlicher Objekte, insbesondere für Zwecke der Systematik (zur schnellen Feststellung physiologischer Sortenmerkmale bzw. Unterschiede).[69]

Die Experimente schlossen häufig die Konstruktion neuer Apparate mit ein. Bei allen Versuchen bestand „die Hoffnung, Methoden zur Ertrags- und Wertsteigerung von Kulturpflanzen zu finden".[70] Auch sollten Einsichten in den Ablauf der Prozesse der indirekten Strahlenwirkung im Zusammenhang mit Mutageneseprozessen gewonnen werden. Die gefundenen „entwicklungsbeschleunigenden und ertragssteigernden Wirkung(en) vor allem von Kurz- und Ultrakurzwellen auf Samen und Jungpflanzen" reichten jedoch „für eine Entwicklung praktisch wirksamer Verfahren" nicht aus.[71] Neben Gemüsen sowie Löwenmäulchen- und Tomatenmutanten wurden auch Mikroorganismen in die Untersuchungen einbezogen.[72] Herta Sagromsky studierte die Rhythmik der Konidienbildung bei Pilzen in Abhängigkeit

[68] Erich Leick hatte 1930 die „Biologische Forschungsstation **Hiddensee**" der Universität Greifswald gegründet. Diese wurde zeitweise dem Institut zugeordnet. Dementsprechend war Leick von 1950 bis zum 31.1.1954 dessen Mitarbeiter.

[69] Ohne Autor (1953) s. Fußnote Kap. 2/3, hier S. 31.

[70] Stubbe (1982) s. Fußnote Kap. 1/19, hier S. 163.

[71] Stubbe (1970) s. Fußnote Kap. 2/6, hier S. 44.

[72] Zuständiger Wissenschaftler war Hans-Jürgen Rehm, der im Sommer 1955 als Abteilungsleiter an das Institut für Mikrobiologie der Humboldt-Universität nach Berlin ging.

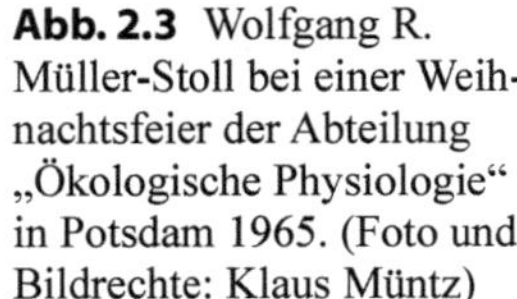

Abb. 2.3 Wolfgang R. Müller-Stoll bei einer Weihnachtsfeier der Abteilung „Ökologische Physiologie" in Potsdam 1965. (Foto und Bildrechte: Klaus Müntz)

vom Licht-Dunkel-Wechsel. Im Rahmen der Forschungen zum Einfluss von Röntgenstrahlen galt der Rolle freier Radikale besondere Aufmerksamkeit.

In den 1960er-Jahren konzentrierten sich die Forschungen stärker auf den Zusammenhang zwischen photobiologischen Prozessen und pflanzlicher Stoffproduktion (Abschn. 3.4.2.1). Untersucht wurden Chlorophyllgehalte und -verteilungen u. a. in Mutantensortimenten durch Ermittlung der Derivativspektren *in vivo* (Armin Meister), Sortenspezifität und Erbgang von Photosyntheseraten sowie Photosyntheseleistung einzelner Pflanzenorgane und ihr Beitrag zum Gesamtertrag (Peter Apel).

Abteilung „Ökologische Physiologie"

Diese Abteilung bestand im Institut vom 1. September 1962 bis zum 31. Dezember 1970. Mit ihrer Bildung bot die DAW ihrem Mitglied Wolfgang R. Müller-Stoll[73] (Abb. 2.3) im Gaterslebener Institut neue Arbeitsmöglichkeiten, nachdem er infolge seiner Proteste gegen den im August 1961 erfolgten Mauerbau vom damaligen Ministerium für Volksbildung der DDR seines Amtes als Direktor des Botanischen Institutes und Botanischen Gartens der Pädagogischen Hochschule Potsdam ent-

[73] Zu Leben und Werk s. Müntz K (1995) Wolfgang R. Müller-Stoll (1909–1994): Ein Botanikerleben in der Zeit zweier deutscher Diktaturen. Bot Acta 108: A11–A13.

hoben und mit Lehrverbot belegt worden war.[74,75] Die Abteilung wurde aber erst arbeitsfähig, nachdem am 1. März 1964 aus dem Botanischen Institut auch sechs wissenschaftliche und sieben technische Mitarbeiter übernommen werden konnten. Ab diesem Zeitpunkt bildete die Abteilung eine Außenstelle des Institutes für Kulturpflanzenforschung Gatersleben, für die Räume im Dachgeschoss eines Gebäudes des Potsdamer Institutes und ein ökologisches Feldlaboratorium angemietet worden waren. Die Absicht, die Abteilung später im Physik-Gebäude des Institutes in Gatersleben anzusiedeln, wurde nicht verwirklicht.

Drei wissenschaftliche Mitarbeiter aus der Abteilung „Ökologische Physiologie“ (Harry Bergmann, Gerhard Lerch, Klaus Müntz) waren zusammen mit zwei Wissenschaftlern aus der Abteilung „Chemische Physiologie“ (Otto Aurich, Christian Horstmann) vom Herbst 1967 an für wenigstens zwei Jahre in Kuba tätig, um dort im Institut für Biologie der Akademie der Wissenschaften der Republik Kuba eine Abteilung „Pflanzenphysiologie“ aufzubauen, junge Wissenschaftler auszubilden, für Kuba interessante Forschungen mit Kaffeestrauch (*Coffea arabica*), Straucherbse (*Cajanus cajan*) und Reis durchzuführen sowie in der Flora Kubas nach Pflanzen mit wertvollen Naturstoffen zu suchen. Ein weiterer Wissenschaftler aus der Potsdamer Außenstelle (Herbert Süß) war zur gleichen Zeit für ein Jahr im Departamento Botanico der Kubanischen AdW tätig, um dort die technischen und wissenschaftlichen Grundlagen für holzanatomische Forschungen an rezenten kubanischen Gewächsen zu schaffen.[76] Die Ergebnisse sind sowohl in Kuba in spanischer Sprache als auch deutschsprachig in der Schriftenreihe „Die Kulturpflanze“ des Institutes veröffentlicht worden.[77] Alle Geräte, sonstigen Laborausrüstungen und Reagenzien stellte die DAW als Entwicklungshilfe für Kuba zur Verfügung. Sie wurden 1967 vom Gaterslebener Institut in etwa 80 Seekisten mit Schiffsfracht zeitlich so nach Kuba expediert, dass sie beim Eintreffen der Wissenschaftler dort verfügbar waren.

Mit den Arbeitsaufenthalten der Wissenschaftler aus dem Gaterslebener Institut begann eine langjährige Kooperation mit dem geschaffenen Departamento de Fisiología Vegetál der AdW Kubas und anderen wissenschaftlichen Institutionen dieses Landes, in deren Rahmen u. a. zwischen 1970 und 1976 zwei kubanische Doktoranden zur Promotion an der Universität Halle geführt werden konnten. Nachdem nur einer der Mitarbeiter der Potsdamer Außenstelle nach seiner Tätigkeit in Kuba auch an diese zurückgekehrt war und Wolfgang Müller-Stoll zum Jahresende 1970 in den

---

[74] Mehrere Beiträge in: Kössler F, Höxtermann E (Hrsg) (1999) Zur Geschichte der Botanik in Berlin und Potsdam. Wandel und Neubeginn nach 1945. Michael Engel, Berlin.

[75] W R Müller-Stoll wurde 30 Jahre nach seiner Maßregelung von der heutigen Universität Potsdam in einer Feierstunde mit wissenschaftlichen Vorträgen seiner Schüler am 3. Juli 1991 rehabilitiert.

[76] Stubbe (1982) s. Fußnote Kap. 1/19, hier S. 184–185.

[77] Z. B. Academia de Sciencias de Cuba, Instituto de Biología, Ser Biologica 1969, 1970, Nr. 3, 17 bzw. 24, 25, und Die Kulturpflanze 1970, 1972, Bd. 18 und 19.

Ruhestrand trat, schloss das Gaterslebener Institut seine Abteilung „Ökologische Physiologie" in Potsdam.[78]

Mit seinem breit angelegten, ökologisch fokussierten Arbeitsgebiet griff W. R. Müller-Stoll damals der späteren allgemeinen Blüte derartiger Forschungen zeitlich voraus. Der Verlust an Arbeitsmöglichkeiten und Mitarbeitern, welcher mit seiner Amtsenthebung naturgemäß erzwungen wurde, bewirkte eine Verringerung der Vielfalt seiner Forschungen, als er in das Gaterslebener Institut eintrat. Dennoch reichten die Themen immer noch von der Widerspiegelung klimatischer Bedingungen während des Wachstums in der Anatomie rezenter und fossiler Hölzer über den Einfluss von Umweltfaktoren (Licht, Wasser, Temperatur) und Phytohormonen auf den Beginn des embryonalen Wachstums bei der Keimung von Getreidekaryopsen, die Beziehungen zwischen Wasserhaushalt, Photosynthese und Stoffproduktion ganzer Pflanzen (Hafer, Tabak, Bohnen) bis zu Effekten von Umweltfaktoren auf biochemische Prozesse im Grundstoffwechsel, z. B. bei Eiweißen in Wurzelkulturen und Nukleotiden in Wurzeln und Getreidekoleoptilen.[79] Auf der von Kurt Mothes 1955 in Gatersleben organisierten internationalen Tagung über „Probleme der Biochemie der Kulturpflanzen"[80] hatte ein Vortrag von Otto Kandler aus München Müller-Stoll dazu angeregt, einzellige Grünalgen als Modelle der grünen Pflanzenzelle für Untersuchungen zum Einfluss von Umweltfaktoren, vor allem von niedrigen Temperaturen, auf den Stickstoff- und Kohlenstoffmetabolismus einzusetzen. Diese Arbeiten, die selbst Fragen der wirtschaftlichen Nutzung von Algenmassenkulturen berührten, wurden in der Abteilung „Ökologische Physiologie" bis zum Weggang des Bearbeiters (Klaus Müntz) nach Kuba 1967 fortgesetzt.

Abteilung „Systematik und Sortiment"

Wie einleitend auf Seite 24 bereits kurz erwähnt, wurde die Abteilung in Wien und im ersten Gaterslebener Jahr von Otto Schwarz, daraufhin bis 1948 von Werner Rothmaler und von 1949 bis zu seinem Tode 1960 von Rudolf Mansfeld[81] (Abb. 3.6) geleitet. Letzterer hat in besonderem Maße Standards gesetzt sowohl für die Kulturpflanzensystematik als auch für den Aufbau und die Erhaltung der Sammlungen. Die Sammlungen konnten ab 1951 zunächst in zwei, ab 1962 in sechs Sälen untergebracht werden, die heute, nach der zwischen 2002 und 2005 erfolgten Grundsanierung, modernsten Anforderungen genügen (vgl. S. 179). Nach dem Tod

[78] Dienstbesprechung des Direktors vom 26.6.1970, TOP 5/8. LHASA, MD, M66, Nr. Direktion 130, S. 329.

[79] Stubbe (1982) s. Fußnote Kap. 1/19, hier S. 174–184.

[80] Die Kulturpflanze, Beiheft 1, 1956.

[81] Zu Leben und Werk s. Hanelt P (2008) Rudolf Mansfeld 1901–1960. Feddes Repertorium 119: 115–117 und Die Kulturpflanze, Beiheft 3. Das von Mansfeld begründete, 1959 erstmals als Beiheft 2 der „Kulturpflanze" erschienene „Vorläufige(s) Verzeichnis landwirtschaftlich oder gärtnerisch kultivierter Pflanzenarten" ist ein einzigartiges Referenzwerk (vgl. Abschn. 4.1). Auch erinnert der von der Gemeinschaft zur Förderung der Kulturpflanzenforschung Gatersleben e. V. seit 1995 in zweijährigem Abstand vergebene Rudolf-Mansfeld-Preis an diese große Persönlichkeit.

von Rudolf Mansfeld am 30. November 1960 leitete Siegfried Danert[82] (Abb. 3.10) zunächst kommissarisch und ab 1. März 1962 hauptamtlich die Abteilung bis zu den 1969 eingeleiteten Umstrukturierungen (s. Abschn. 2.2.1.3).

Für die Sortimente verantwortlich war bis zu seinem altersbedingten Ausscheiden aus dem Institut 1991 Christian Lehmann, der in Halle Landwirtschaft studiert hatte und seit 1950/1951 im Institut arbeitete.[83] Seine mit Rudolf Mansfeld gemeinsam verfasste Arbeit „Zur Technik der Sortimentserhaltung" ist noch heute weitgehend Handlungsgrundlage.[84]

Ihrem Namen entsprechend hatte die Abteilung zwei zentrale Aufgaben: 1. „die Klärung der Grundlagen und Methoden der systematischen Darstellung der Kulturpflanzen und die Erfassung und Ordnung der Sortenmannigfaltigkeit"[85] und 2. Aufbau und Pflege eines großen „Kulturpflanzenweltsortiments", in dem die Mannigfaltigkeit der Kulturpflanzen zu dokumentieren, zu bewahren und für weiterführende Untersuchungen zur Verfügung zu stellen war, Aufgaben, die auch heute noch zu erfüllen sind. Beide Problemfelder hängen eng zusammen, denn „die erbreine Erhaltung und die Nutzung der in den Sortimenten enthaltenen Sippen setzt eine eindeutige Determination und hierfür die Erarbeitung von Klassifizierungsprinzipien voraus. … So wurde bei allen wichtigen Getreiden, vielen Leguminosen und Cucurbitaceen, einer Reihe von Gemüsearten und bei verschiedenen technisch genutzten Pflanzen die infraspezifische Mannigfaltigkeit ermittelt, geordnet und auf der Grundlage von erarbeiteten Systemen wurden Bestimmungsschlüssel entwickelt."[86]

Schwerpunkte systematischer Arbeiten (Näheres hierzu in Abschn. 3.2) waren die Getreidegattungen *Hordeum* und *Triticum* (Rudolf Mansfeld), *Papaver* und verschiedene Nachtschattengewächse (*Solanaceae*; Siegfried Danert) sowie die Gattungen *Brassica* (Johannes Helm), *Lupinus* und insbesondere *Vicia* (Peter Hanelt). Spezielle Aufmerksamkeit genossen auch prähistorische Kulturpflanzenreste aus dem mitteldeutschen Raum, die nicht nur Rückschlüsse auf die Evolution der Kulturpflanzen, sondern auch wichtige Hinweise zur Entwicklung des Ackerbaus erlaubten (Jürgen Schultze-Motel). Auch die Bearbeitung des während mehrerer Sammelreisen gewonnenen Materials und die Erarbeitung des Referenzwerkes „Vorläufiges Verzeichnis landwirtschaftlich oder gärtnerisch kultivierter Pflanzenarten" (s. Abschn. 3.2.3 und 4.1) gehörten zu den Aufgaben der Abteilung.

---

[82] Zu Leben und Werk s. Hanelt P (1974) Die wissenschaftlichen Arbeiten Siegfried Danerts. Kulturpflanze 22: 13–21; Böhme H (1975) Ansprache anlässlich der Trauerfeier am 20. November 1973 in Quedlinburg. Kulturpflanze 22: 7–11; Benedix EH (1974) Siegfried Danert zum Gedächtnis. Feddes Repertorium 85: 321–323.

[83] Zu Leben und Werk s. Hammer K, Hanelt P (1992) Christian O. Lehmann (1926–1992). Genetic Resources Crop Evolution 39: 61–69 und Hanelt P (2002) Zum Gedenken an Christian Lehmann (1926–1992). IPK-Journal 11(2): 10–12.

[84] Lehmann CO, Mansfeld R (1957) Zur Technik der Sortimentserhaltung. Kulturpflanze 5: 108–138.

[85] Stubbe (1982) s. Fußnote Kap. 1/19, hier S. 185.

[86] Stubbe (1970) s. Fußnote Kap. 2/6, hier S. 38.

Von zentraler Bedeutung waren und sind Screening-Programme zur Erfassung spezieller Merkmale (Inhaltsstoffe, Krankheits- und Kälteresistenzen, physiologische Eigenschaften etc.) in den Sortimenten, die gemeinsam mit anderen Abteilungen des Instituts, aber auch mit Partnerinstitutionen durchgeführt wurden. Darauf wird noch mehrfach eingegangen werden (s. Abschn. 3.1.6, 3.4.3.10, 3.4.4.1 und 3.4.5.1).

Abteilung „Forstpflanzenforschung"

Welche speziellen Überlegungen zur Gründung der Abteilung[87] „Forstpflanzenforschung" führten, ist im Einzelnen nicht aufgezeichnet worden. Stubbe nennt 1970 die Rettung von wertvollem Genmaterial für die zukünftige Waldwirtschaft.[88] Zusätzlich dürfte wohl die Jagdleidenschaft des Direktors zusammen mit seinem großen Engagement auch für Forschungen im Natur- und Landschaftsschutz[89] den Aufbau der kleinen Abteilung begünstigt haben. Sie nahm 1952 ihre Arbeit auf und wurde bis zum Frühjahr 1956 von Stubbe selbst kommissarisch, ab April 1956 bis zur Auflösung am 31. August 1968 von Oberforstmeister Kurt Wuttky[90] geleitet. Ihre Arbeitsräume befanden sich im alten Gutshaus auf dem Oberhof. Die wichtigsten forstwissenschaftlichen und wildbiologischen Arbeiten erfolgten in dem unweit von Gatersleben gelegenen Hakel, einem etwa 1300 ha großen, auf einem Muschelkalksattel gelegenen Reliktwaldgebiet, das 1956 zum staatlichen Wildforschungsgebiet ernannt worden war.[91] Unter den Forstpflanzen wurden besonders Wildapfel und -birne, Bergahorn, Weißbuche und Elsbeere bearbeitet, aber auch Nadelbäume im Blankenburger Forst/Harz. Insgesamt wurde die Erfassung von Elitebäumen vom Oberharz, über die mittleren Lagen und Vorberge bis tief ins Flachland (Elbe-, Saale- und Luppe-Auen) hinein ausgedehnt. In speziellen Plantagen wurden Klon- und Nachkommenschaftsprüfungen durchgeführt, Pfropfungen vorgenommen und die phänotypischen mit bodenkundlichen und physiologischen Untersuchungen gekoppelt. Teile einer solchen Nachkommenschaftsprüfanlage für Wildkirschen stehen noch heute innerhalb des Institutsgeländes. Das sehr breit angelegte Forschungsprogramm und ein Teil der erzielten Ergebnisse hat Stubbe in seiner Institutsgeschichte näher dargelegt.[92] Dieses Programm schloss in den frühen 1960er-Jahren selbst Studien zu ausländischen Bäumen, wie dem chinesischen Mammutbaum, *Metasequia glyptostroboides* (ein prächtiger Baum wächst vor dem

[87] In Stubbe (1982, s. Fußnote Kap. 1/19) nur als Arbeitsgruppe ausgewiesen.

[88] Stubbe (1970) s. Fußnote Kap. 2/6, hier S. 47.

[89] Stubbe gründete z. B. das Institut für Landesforschung und Naturschutz/Halle.

[90] Zu Leben und Werk s. Stubbe M (2004) Kurt Wuttky (1902–1991) als Muffelwild-, Biber- und Greifvogelforscher. Beitr Jagd- u Wildforschung 29: 217–234; Wuttky B (2002) Würdigung anlässlich des 100. Geburtstages von Oberforstmeister Kurt Wuttky. Naturwiss Beitr Museum Dessau 14: 115–117.

[91] Eine ausführliche Darstellung des Hakel publizierte Stubbe M (1971) Wald-, Wild- und Jagdgeschichte des Hakel. Archiv Forstwesen 20: 115–204.

[92] Stubbe (1982) s. Fußnote Kap. 1/19, hier S. 213–224.

Direktoriumstrakt des Gebäudes Genetik), und der Koreakiefer, *Pinus koraiensis* (heute in den südlich an die „Genetik“ angrenzenden Anlagen zu finden), ein und betraf auch Waldstauden sowie vegetationskundliche Untersuchungen. Trotz der umfangreichen Aufgabenstellung blieb diese Abteilung klein und letztlich an die Person Hans Stubbe gekoppelt. Sie wurde, wie oben vermerkt, Ende August 1968 aufgelöst bzw. an das Institut für Forstwissenschaften Eberswalde überführt.

2.1.3.2 Die Abteilungen „Versuchsfeld“ und „Landwirtschaft“

Abteilung „Versuchsfeld und Zuchtgärten“

Die für die praktische Institutsarbeit so wichtige Abteilung „Versuchsfeld und Zuchtgärten“ wurde seit 1943 von Garteninspektor Helmut Vogt geleitet. Ihm standen 1952 165 Personen, darunter 23 Gärtner und 99 Gartenarbeiter zur Verfügung.[93] Als Aufgaben werden genannt: Anzucht der Versuchspflanzen, gärtnerische Betreuung der Freilandversuche auf den Versuchsflächen, Betreuung der Zieranlage (Staudengarten) „und nicht zuletzt die Durchführung der erforderlichen Transporte von Kohlen, [sowie] Sendungen von und zur Bahn“.[94] Besonders schwierig war der Neuanfang 1945. Laut Vogt[95] standen nur wenige, aus Stecklenberg (s. S. 10) mitgebrachte Geräte zur Verfügung: vier Spaten, drei Harken, vier Hacken und eine Gießkanne! Das Wasser musste mit Jauchewagen herangeschafft werden. In den folgenden Jahren wurden mehrere, von Obergärtnern geleitete Arbeitsgruppen gebildet. Immerhin mussten 1952 76,16 ha Versuchsfeld und 3700 qm unter Glas bewirtschaftet werden. Im Jahresbericht des Instituts für 1960 wird darauf hingewiesen, dass „für den Anbau von Gemüsen, Obst und Blumen für die Betriebsküche und die Versorgung der Mitarbeiter … 6,13 ha“ bearbeitet wurden.[96] Immer wieder wird in Jahresberichten und Institutsdarstellungen betont, dass „die Tätigkeit der Abteilung … durch den von Jahr zu Jahr zunehmenden Arbeitskräftemangel [erschwert wurde], dem nur durch eine ständige Verbesserung der Mechanisierung aller Arbeiten begegnet werden konnte.“[97] Ab 1. Januar 1957 leitete Garteninspektor Felix Gasser die Abteilung.

Mit der Abteilung „Gartenbau“ eng verbunden war die Lehr- und Versuchsimkerei.[98] Ihr Aufbau erfolgte bereits zu Beginn des Jahres 1947 unter der Leitung des Imkermeisters Hermann Lietzmann zum Zwecke der „Sicherung der Blütenbestäubung auf den Versuchsfeldern und zur Entwicklung einfacher Bienenbeuten und zweckmäßiger Aufstellungsarten“. 80 Völker in von den Betriebswerkstätten gebauten Beuten und einem Wanderwagen lieferten z. B. im Jahre 1950 600 kg Honig. „Die über das Ablieferungssoll verbleibende Honigmenge wurde zum verbilligten Preis an die Belegschaft des Betriebes abgegeben.“ Die Imkerei hatte neben Bestäubungssicherung und Honigproduktion eine Vielzahl weiterer Aufgaben zu

[93] Ohne Autor (1953) s. Fußnote Kap. 2/3, hier S. 22.

[94] Ohne Autor (1953) s. Fußnote Kap. 2/3, hier S. 20.

[95] Nach Stubbe (1982) s. Fußnote Kap. 1/19, hier S. 227.

[96] Kulturpflanze (1960) 9: 25.

[97] Stubbe (1982) s. Fußnote Kap. 1/19, hier S. 228.

[98] Angaben und Zitate aus Stubbe (1982) s. Fußnote Kap. 1/19, hier S. 252–256.

erfüllen, von „Versuchsreihen zur Duftlenkung“ über Lehrlingsausbildung und Betreuung einer Arbeitsgemeinschaft „Junge Imker“ an der Schule in Gatersleben bis zur „Ermittlung der Legeleistung der Königinnen bei Anwendung verschiedener Reizfütterungsarten“. Letztere Untersuchungen wurden im Auftrage der Arbeitsgemeinschaft für angewandte Bienenforschung der DDR durchgeführt. Aus nicht genannten Gründen wurde diese Imkerei Ende 1959 aufgelöst, doch wurden noch vorhandene Völker von der Abteilung „Systematik und Sortiment“ vornehmlich zur Bestäubung von Fremdbefruchtern in Isolierkästen weiter genutzt. Die Betreuung dieser Arbeiten unterlag bis 1963 Peter Kube, nachfolgend bis Sommer 1974 Ute Sörgel (Michaelis).[99]

Abteilung „Landwirtschaft"

Die Abteilung „Landwirtschaft“ war der Übernahme der ehemaligen Domäne Gatersleben geschuldet, deren ausgedehnte Flächen außerhalb des Versuchsfeldes (430 ha, Abb. 2.4) landwirtschaftlich bearbeitet werden mussten. Sie wurde bis Ende 1955 von Inspektor Ulrich Kühne, danach von August-Ernst Werthmann (bis 1958), Gerhard Jacobi (bis 1963) und Hans Joachim Kühn (bis zur Ausgliederung 1972, danach Leiter des gebildeten Volkseigenen Gutes [VEG]) geleitet und hatte mehr praktische Aufgaben zu erfüllen, obgleich auch größere Sortenleistungsversuche durch diese Abteilung durchzuführen waren. Außerdem diente sie dem Institut als Basis für die Versorgung mit Stalldünger für die Versuchsflächen und zur Verbesserung der Versorgung der Belegschaft mit Lebensmitteln sowie zur Versorgung der sechs Pferde des Institutes mit Futtermitteln. Stubbe beschreibt in seiner Geschichte des Instituts[100] relativ ausführlich die jährlichen Erfolge und welche Probleme Witterung, Schädlingsbefall, zunehmender Arbeitskräftemangel und verschiedene staatliche Auflagen verursachten.

Die Abteilung wurde wie ein landwirtschaftlicher Produktionsbetrieb geführt, und entsprechend findet sich in alten Unterlagen oft der Name Akademiegut oder Versuchsgut Gatersleben. „Wurde nach dem Kriege aus ernährungswirtschaftlichen Gründen das Hauptaugenmerk auf eine Steigerung des Gemüsebaues und des Gemüsesamenbaues gelegt, so zwang der Mangel an Arbeitskräften sehr bald dazu, möglichst handarbeitssparende Früchte zu bauen.“ So waren 1953 43 % der Fläche mit Getreide, 26 % mit Zuckerrüben, 13,5 % mit Hülsen- und Ölfrüchten und 12,5 % mit Feldfutter bestellt. Neben dem Pflanzenbau wurde in erheblichem Maße Viehhaltung betrieben. Der Milchkuhbestand lag bereits 1952 bei 80 Tieren, die fast

---

99 Imkerei-Arbeiten werden bis zum Jahre 2005 weitergeführt, u. z. nach Ute Sörgel bis 1988 von Marianne Warzecha. In dieser Zeit wurde begonnen, Solitärbienen (*Osmia rufa*) zur Bestäubung einzusetzen. Von 1989 bis 1991 waren Martina Egler und danach bis 2005 Wolf Dietger Zweiling für die Anzucht der Mauerbienen zuständig. Ab 2006 werden diese käuflich erworben (nach Angaben von Andreas Börner/IPK).

100 Stubbe (1982) s. Fußnote Kap. 1/19.

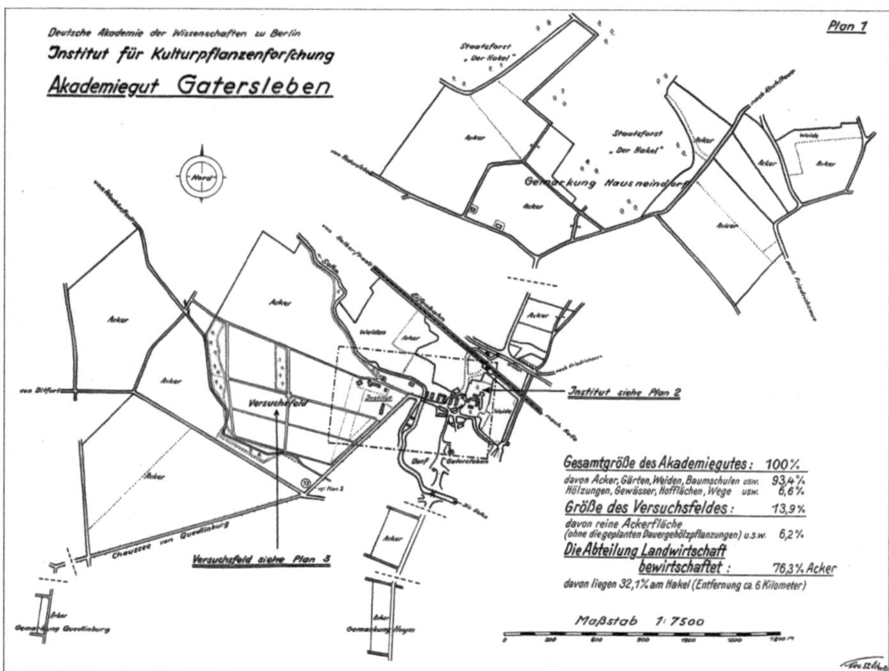

Abb. 2.4 Plan der dem Institut übereigneten Flächen des sog. Akademiegutes. (1953, s. Fußnote Kap. 2/3)

ausschließlich aus eigener Zucht stammten.[101] Im gleichen Jahr betreute die Abteilung 385 Schweine (Zucht- und Masttiere), 310 Schafe und „zur annähernden Erfüllung der Sollverpflichtung in Eiern" auch in beschränktem Umfang Geflügel.[102]

Am 31.12.1972 wurde die Abteilung „Landwirtschaft" aus dem Institut ausgegliedert und als selbstständiges Volkseigenes Gut Gatersleben weitergeführt (vgl. Abschn. 2.2.1.3).

2.1.3.3 Institutsverwaltung und technische Abteilungen

In den ersten Nachkriegsjahren wurden noch „alle Arbeiten zur Verwaltung des Instituts vom Direktor ... und seinen engsten Mitarbeitern allein durchgeführt",[103] doch forderte die Akademie ab dem 1. Januar 1949 die Schaffung einer zentralen Verwaltung. Erster Leiter der Abteilung „Verwaltung" wurde Erich von der Planitz. Ihm

---

[101] Auf einer „Landwirtschaftlichen Leistungsschau Ostharz" im Juli 1950 schnitt das Institut von allen teilnehmenden Landwirtschaftsbetrieben am besten ab. Von 22 ausgestellten Tieren gewannen 18 Preise,u. a. der „Beste Bulle" der Schau (nach Käding, 1999, s. Fußnote Kap. 1/7, hier S. 87).

[102] Alle Angaben und Zitate aus Stubbe (1982) s. Fußnote Kap. 1/19, hier S. 238/239.

[103] Stubbe (1982) s. Fußnote Kap. 1/19, hier S. 67.

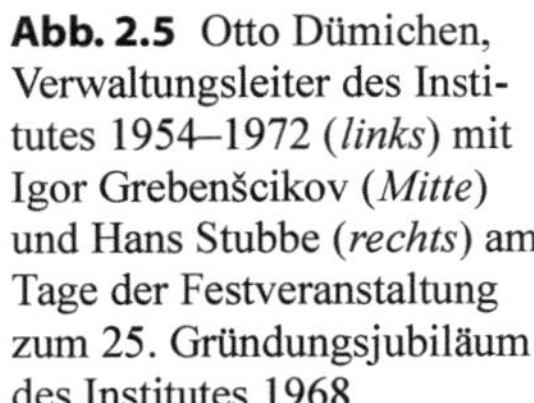

Abb. 2.5 Otto Dümichen, Verwaltungsleiter des Institutes 1954–1972 (*links*) mit Igor Grebenšcikov (*Mitte*) und Hans Stubbe (*rechts*) am Tage der Festveranstaltung zum 25. Gründungsjubiläum des Institutes 1968

standen 1952 13 Mitarbeiter zur Seite. Während Anfang der 1950er-Jahre neben der Abteilung Verwaltung noch die Abteilung Bau, sowie „Allgemeines Institut mit Bibliothek, Sanitätsstelle" separat geführt wurden, gehörten diese Einheiten ab 1953 direkt zur „Verwaltung". Ihr ebenfalls unterstellt wurden die Abteilungen „Gartenbau" und „Landwirtschaft", die hier jedoch separat dargestellt sind. Ab dem 1. April 1954 leitete Otto Dümichen (Abb. 2.5), ein erfolgreicher Landwirt mit vielseitigen Erfahrungen in der Verwaltung großer Betriebe, die Abteilung bis Ende 1972. Die Mitarbeiter der Abteilung hatten ein sehr breites Aufgabenfeld zu bearbeiten, das von Investitionen, Werterhaltung, Finanzen, Versorgung, Personalverwaltung und Planung bis zur Bewirtschaftung der Ferienheime und der Ausrichtung von Kinderferienlagern sowie der Organisation der Betriebsfeuerwehr, des Betriebsschutzes und der Katastrophenschutzgruppen reichte.

Für die Finanzökonomie sowie Planung und Statistik stand dem Verwaltungsleiter seit 1951 Walter Kienast als Hauptbuchhalter und später Leiter der Abteilung „Finanzökonomie" (s. S. 85) zur Seite. Kienast „war gleichzeitig der Inspirator, Dirigent und erste Trompeter der Blasmusikkapelle des Instituts, ... Seine Trompete war gewissermaßen das Symbol, mit der er sowohl zum Vorwärtsstürmen beim Aufbau des Institutes wie zum Sammeln beim Überdenken des bisher planmäßig Erreichten blies."[104]

Personalfragen, in der Terminologie der DDR Fragen der Kaderentwicklung und Kaderwerbung, waren zunächst Sache des Direktors und der wissenschaftlichen Abteilungsleiter, doch wurde im Sommer 1953 ein „Kaderleiter" eingestellt. Die Funktion des Kaderleiters war stets an die Parteizugehörigkeit[105] gebunden. Sie wurde ab Dezember 1955 von Walter Berger bis zu dessen Eintritt in den Ruhestand

[104] Stubbe (1982) s. Fußnote Kap. 1/19, hier S. 69.

[105] „Partei" ohne Zusatz bezeichnete stets die Sozialistische Einheitspartei Deutschlands (SED).

1983 ausgefüllt. Dem Kaderleiter oblag in der Regel auch die Funktion des Parteisekretärs.

Die **Bauabteilung** leitete der Architekt Eberhard Zscharnack, der den Gebäudekomplex „Genetik“, die Verwaltung, die Bibliothek und den Hörsaal projektierte und somit sehr zu Aufbau und Aussehen des Instituts beitrug, ab Juni 1952 jedoch bei der DAW in Berlin für das Institut tätig war (s. auch Fußnote Kap. 2/119).

Da in der DDR permanenter Mangel an vielen Gütern herrschte, waren die **Materialverwaltung** mit Zentrallager und die **Betriebswerkstätten** für den Institutsaufbau und den normalen Betriebsablauf von herausragender Bedeutung. Die Qualität der damals geleisteten Handwerksarbeit ist heute noch beispielhaft in Form von Wandschränken und Möbeln im Direktorenzimmer des Hauses „Genetik“ zu bewundern. Nach Fertigstellung des Werkstatthofes 1960 wurden die Werkstätten dort zusammengefasst, nur Feinmechanikerwerkstätten, die auch für den Neubau von Geräten verantwortlich waren, verblieben in den Gebäuden der Abteilungen „Genetik und Cytologie“ (im Trakt E), „Chemische Physiologie“ (Trakt B) – wo auch die zentrale Glasbläserei untergebracht war – und „Physik“. Diese Spezialwerkstätten unterstanden auch weiterhin den wissenschaftlichen Abteilungsleitern.

Dem Aufbau der **Bibliothek** galt stets die besondere Aufmerksamkeit. Er begann in Gatersleben 1945 mit 1343 aus Wien mitgebrachten Bänden. Ende 1968 waren rund 35.000 Einheiten katalogisiert, darunter etwa 500 Zeitschriften und Periodika. Die zunächst im Gutshaus auf dem Oberhof untergebrachten Bestände konnten 1958 in das neu errichtete Bibliotheksgebäude, das heutige Casino, übersiedeln. Der Aufbau der Bibliothek profitierte besonders von der Herausgabe der Hauszeitschrift „Die Kulturpflanze“, die gegen eine Vielzahl nationaler und internationaler Zeitschriften getauscht wurde, sowie von der Herausgabe weiterer Zeitschriften durch Hans Stubbe (Abschn. 4.1). Über diesen Austausch gelangten viele Bücher aus den weltweit wichtigsten Wissenschaftsverlagen als Besprechungsexemplare in das Institut. Die Bücher blieben zwar in der Regel im Privatbesitz der Rezensenten, wurden aber erfasst und somit allen Interessenten im Institut zugänglich. Neben Büchern und Zeitschriften wurden auch Lesefilme, Mikrofiches und Fotokopien gesammelt. Dazu kamen übereignete Bücher- und Sonderdrucksammlungen, z. B. die von Rudolf Mansfeld und Paul Metzner. Wichtig für die laufende Information der wissenschaftlichen Mitarbeiter war der Umlauf gerade erschienener Zeitschriften in festen Mappen, die von Schreibtisch zu Schreibtisch durch das Institut liefen und später auch Austauschzeitschriften aus anderen Instituten[106] enthielten, deren Erscheinen dann aber nicht selten sechs bis 12 Monate zurücklag.

Bereits seit 1955 besteht eine aus Wissenschaftlern der einzelnen Abteilungen zusammengesetzte Bibliothekskommission, die die Ankaufspolitik wesentlich bestimmt. Als leitende Bibliothekare waren bis März 1953 Friedrich Winter, vom September 1953 bis zum September 1959 Karl Gofferje[107] und danach Werner Julius tätig.

[106] Aus Kostengründen wurden viele Fachzeitschriften nur einmal innerhalb der DAW/AdW bezogen und dann im Umlauf anderen Akademieinstituten zur Verfügung gestellt.

[107] Karl Gofferje (1893–1966) war ein bekannter Musikwissenschaftler. Die Bibliothekarsstellung diente wohl nur dem notwendigen Broterwerb.

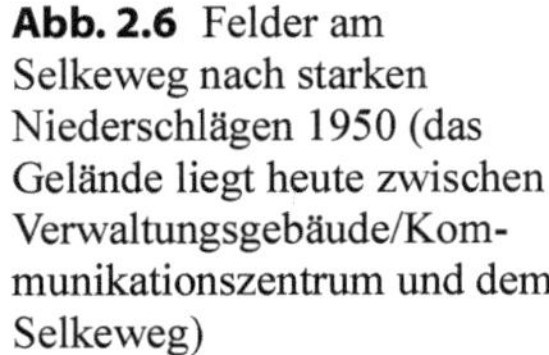
Abb. 2.6 Felder am Selkeweg nach starken Niederschlägen 1950 (das Gelände liegt heute zwischen Verwaltungsgebäude/Kommunikationszentrum und dem Selkeweg)

Neben der wissenschaftlichen Bibliothek wurde „für die allseitige literarische Weiterbildung der Institutsangehörigen … eine Leihbibliothek (Gewerkschaftsbibliothek) … eingerichtet, die 1968 1975 Bände umfasste.“[108]

2.1.4 Bauliche und landschaftlich-gärtnerische Gestaltung

Mit der Eingliederung des Instituts in die Deutsche Akademie der Wissenschaften konnte Hans Stubbe einen kompletten Neuaufbau eines multidisziplinären Forschungsinstituts ins Auge fassen. Als Fläche für Versuchsfelder und Institutsgebäude bot sich ein weites Ackergelände links des Flüsschens Selke (Abb. 2.6) und westlich des Dorfes an, wo nur „in Baumreihen an der Selke und in einer unweit gelegenen Fasanerie … das Auge Befriedigung in der sonst reizlosen Landschaft“ fand.[109] Vor 1948 waren dort nur drei größere Holzschuppen am sogenannten Stern, einer Wegekreuzung, errichtet worden.

2.1.4.1 Die baulichen Anlagen des Instituts

Der Bau von Institutsgebäuden auf dem ausgewiesenen Ackergelände begann 1948. Gemessen an den Zeitumständen entstanden in rascher Folge erste Wirtschafts- und Laborgebäude, aber auch Wohnhäuser für Mitarbeiter. Nach einer 1953 veröffentlichten Beschreibung der Gesamtanlage der Institutsbauten nebst beigefügtem, im September 1951 gezeichnetem und im November 1952 ergänztem Institutsplan[110] ergab sich zu dieser Zeit folgendes Bild. 1949/1950 war als erstes Laborgebäude der von Toni Miller, Hochschule für Baukunst und bildende Künste Weimar (ab 1954 Hochschule für Architektur und Bauwesen), geplante Bau der Physikalisch-Physiologischen Abteilung (langjährige Kurzbezeichnung „Physik“; heute Biblio-

[108] Stubbe (1982) s. Fußnote Kap. 1/19, hier S. 372.

[109] Ohne Autor (1953) s. Fußnote Kap. 2/3, hier S. 24.

[110] In: Ohne Autor (1953) s. Fußnote Kap. 2/3.

Abb. 2.7 Erster Bauabschnitt des Gebäudes der Physikalisch-physiologischen Abteilung („Physik") von Südwesten gesehen, 1950. (Foto und Bildrechte: Helga Stoll)

thek) mit einer Holzverblendung entstanden (Abb. 2.7). 1952 wurde ein einstöckiger, durch Schwerspatfüllung isolierter Anbau für Bestrahlungsversuche angefügt. Das zweiflügelige, eingeschossige Laborgebäude der Chemisch-Physiologischen Abteilung (langjährige Kurzbezeichnung „Chemie"; Abb. 2.8) war 1951 nach Entwürfen von Emil Schmidt, ebenfalls Weimar, parallel zum Weg, der damals nach Wedderstedt führte und heute die Hauptachse des Instituts bildet, errichtet worden. „Das weit überragende Dach von geringer Neigung … passt das Gebäude in die flache Landschaft gut ein." „Im Inneren überrascht eine geräumige, festliche Halle (Abb. 2.9b), von der aus die einzelnen Trakte zu erreichen sind. Sie dient wissenschaftlichen Vorträgen…."[111] Beide Abteilungen wurden durch einen massiven Verbindungsgang mit anliegenden Gewächshäusern verbunden (Abb. 2.8a). Der hierdurch gebildete Innenhof war und ist heute ein Musterbeispiel gärtnerisch-architektonischer Gestaltung (Abb. 2.9a, c). Das Wasserbecken im Mittelpunkt war eigentlich zu Feuerlöschzwecken angelegt worden, „dessen ebenso notwendige wie unromantische Bestimmung jedoch aufgelockert wurde durch Seerosen, Trauerweiden und einen am Beckenrande knieenden, wasserschöpfenden Jüngling aus hellem Stein (Abb. 2.9c)".[112] Emil Schmidt/Weimar zeichnete auch für das dritte Abteilungsgebäude, die 1950 errichtete Systematische Abteilung, kurz „Systematik" genannt, verantwortlich. Allerdings bestand der Komplex zu dieser Zeit nur aus einem

[111] Ohne Autor (1953) s. Fußnote Kap. 2/3, hier S. 25.

[112] Parthier (1983) s. Fußnote Kap. 2/43, hier S. 704; gemeint ist der „Sinnende Jüngling" von Wilhelm Landgraf.

Abb. 2.8 Gebäude der Chemisch-Physiologischen Abteilung („Chemie“, **a**) nebst Pforte Nord (**b**), im Hintergrund Abteilungsleiterhäuser (**c**), Gebäude „Physik“ (**d**), Wohnkomplex (**e**), Wirtschaftsgebäude (**f**). (Undatiert, 1950er-Jahre, Foto und Bildrechte: Hermann Kraßmann)

kreuzförmigen Bau (dem heutigen Ostteil des Vavilov-Hauses) mit angesetztem, jetzt nicht mehr vorhandenem Gewächshaus (Abb. 2.10). Ein für die zukünftige Abteilung „Phytopathologie“ im Anschluss nach Westen geplantes separates Gebäude ist nicht realisiert worden, wahrscheinlich, weil diese Aufgabe im Rahmen einer Arbeitsteilung dem nur knapp 20 km entfernten „Institut für Phytopathologie Aschersleben der Biologischen Zentralanstalt der Deutschen Akademie der Landwirtschaftswissenschaften zu Berlin“ unter der Leitung von Maximilian Klinkowski zukam. Die bereits seit 1921 bestehende Vorgängereinrichtung war 1951 der unter der Präsidentschaft von Hans Stubbe gegründeten Akademie der Landwirtschaftswissenschaften (DAL) zugeordnet und zu einem eigenständigen Institut mit fünf Abteilungen ausgebaut worden.[113]

Links und rechts der Correnstraße waren um 1950 auch erste institutseigene Wohnhäuser gebaut worden, da das Dorf kaum Wohnraum bot und die adäquate Unterbringung der Mitarbeiter eine vorrangige Aufgabe war. Am Leibnizweg gruppierten sich sechs Häuser für Wissenschaftler im Landhausstil, die Abteilungsleiterhäuser (Abb. 2.11), erbaut wiederum nach Entwürfen von Emil Schmidt/Weimar, und am Liebigweg waren fünf Häuser (später kamen vier weitere im gleichen Stil

[113] Klinkowski M (1961) 40 Jahre Institut für Phytopathologie Aschersleben: Vorträge anläßlich der Feier am 23. und 24. Juni 1960 in Aschersleben. – Berlin: Dtsch Akad Landwirtschaftswiss 1961 (Tagungsber 33).

Abb. 2.9 Innenhof, Innenhofplastik und Eingangshalle des Gebäudes der Chemisch-physiologischen Abteilung (undatierte Aufnahmen, 1950er-Jahre). **a** Gebäudekomplex aus Osten mit Innenhof, *links* der Gewächshaus-Verbinder zum Gebäude „Physik"; *rechts* hinten der Gebäudekomplex „Genetik". **b** Eingangshalle im Nordwestteil des Gebäudes. **c** Der „Sinnende Jüngling" von Wilhelm Landgraf im Innenhof (vgl. Abb. 2.9a)

hinzu) für technische Mitarbeiter, die Facharbeiterhäuser, nach Entwürfen des Planungsbüros Halberstadt errichtet worden. In beiden Wohnkomplexen sorgte eine einheitliche Gartengestaltung für ein freundliches Aussehen. Direkt gegenüber dem heutigen Haupteingang, der Pforte Nord, die 1951 noch nicht existierte, war ein ansehnliches, die Siedlungshäuser am Liebigweg überragendes Holzhaus (das „Blockhaus") erstellt worden, ein früher Fertighausbau und Wohnsitz der Familie Mothes (Abb. 2.12).

Von zentraler Bedeutung für die Institutsarbeit zu dieser Zeit waren die Arbeiten auf dem Versuchsfeld. Deshalb stand mit am Anfang der Aufbauarbeiten 1948 die Errichtung eines großzügigen vierteiligen, zweigeschossigen Wirtschaftsgebäudes

Abb. 2.10 Erster Bauabschnitt des Gebäudes der Abteilung „Systematik und Sortiment" („Systematik"), *rechts* Teil des Gebäudes der „Chemie" (undatiert, 1950er-Jahre). Im Bereich der gezeigten Frühbeetanlage entstand später das Isotopenhaus (Abb. 2.19)

Abb. 2.11 Institutswohnhäuser am Leibnizweg (*vorn:* drei der sechs Abteilungsleiterhäuser), Darwinweg (vier Mitarbeiterhäuser) und Schwabeplan (*rechts* hinten) 1962. (Foto und Bildrechte: Werner Frankenfeld)

Abb. 2.12 Institutseingang Corrensstraße 1952 aus Westen. Von l. n. r.: Mitarbeiterhäuser am Liebigweg, das Holzhaus der Familie Mothes, drei Silos und ein Teil des Gebäudes „Chemie" (damals Hausmeisterwohnung)

(Abb. 2.13)[114] mit Selektions- und Sammlungsräumen, Arbeitsräumen und einem Speiseraum (Abb. 2.14) für die gesamte Belegschaft südlich des Gebäudekomplexes der Physikalisch- und Chemisch-Physiologischen Abteilungen. Diesem Gebäude der Abteilung „Versuchsfeld" war ein Komplex von Gewächshäusern und Frühbeetkästen angegliedert.[115] Auch das kleine Gewächshaus des heutigen Staudengartens nebst einer Anzahl Frühbeete existierte bereits. Dagegen bestanden 1951 für alle Gebäude nördlich des Wedderstedter Weges, der Hauptinstitutsstraße, nur Planungen. Es ist bemerkenswert, dass Hans Stubbe sein dort zu errichtendes eigenes Haus, die Genetisch-Cytologische Abteilung (Kurzbezeichnung „Genetik"), an die letzte Stelle in der zeitlichen Abfolge der Abteilungsbauten gestellt hatte. Der Bau benötigte aufgrund von Finanz- und Materialengpässen erheblich mehr Zeit als 1950 geplant (s. u.).

„In den regelmäßig wiederkehrenden Auseinandersetzungen um die Mittel- und Materialzuweisungen und im besonderen bei ihren nicht selten nachträglichen Kürzungen",[116] auf die wir noch zurückkommen werden, setzte Stubbe auch das Druckmittel seines Wechsels zur Max-Planck-Gesellschaft ein, denn er hatte vom Präsidenten der MPG Otto Hahn 1952 einen Ruf als Direktor am MPI für Forstpflanzenforschung und im Februar 1953 als Direktor des neugegründeten Max-Planck-Ins-

[114] 1999 dem Biotech-Gründerzentrum übereignet.

[115] Die Südostecke des Geländes ist heute Standort der Firma SunGene.

[116] Diesener (2002) s. Fußnote Kap. 1/4, hier S. 199.

Abb. 2.13 Versuchsfeld aus Südwesten mit Wirtschaftsgebäude (*rechts*), weiteren Nebengebäuden, Heizhausschornstein und dem turmartigen Trafohaus (*Mitte*) (undatiert, um 1950)

Abb. 2.14 Speiseraum im Wirtschaftsgebäude. (Undatiert, um 1950, Foto und Bildrechte: Hermann Kraßmann)

tituts für Genetik erhalten.[117] Dass sein Bleiben in Gatersleben an die Bewilligung der notwendigen Investitionsmittel gebunden war, konnte er in einem persönlichen Gespräch dem damaligen SED-Parteichef und eigentlichen Staatslenker Walter Ulbricht, sowie dem ZK-Sekretär für Kultur und Erziehung, Paul Wandel, klar ma-

[117] Käding (1999) s. Fußnote Kap. 1/7, hier S. 142.

Abb. 2.15 Bau des Gebäudes „Genetik" mit angeschlossenem Heizhaus. **a** Blick aus Norden auf den Heizhaus- und Schornsteinbau; das wertvolle Ackerland wird noch zum Getreideanbau genutzt (undatiert, um 1956), **b** Gesamtansicht des Gebäudekomplexes der Genetisch-Cytologischen Abteilung („Genetik") aus Südosten mit dem markanten Heizhausschornstein (undatiert, um 1958)

chen. Der Einspruch hatte Erfolg, denn Stubbe versicherte der Akademieleitung in einem Brief vom 18. Juli 1953, die Herren hätten den Standpunkt vertreten, dass „die Erhöhung der Investitionsmittel für die schnelle Vollendung des Institutes und die Beschaffung der erforderlichen Apparaturen kein großes Problem sei und durchaus möglich wäre".[118]

Der Gebäudekomplex der Genetisch-Cytologischen Abteilung, entworfen vom Architekten Eberhard Zscharnack[119] und bestehend aus fünf Trakten mit einem zweigeschossigen Mitteltrakt, wurde aufgrund der genannten Schwierigkeiten erst 1956 fertiggestellt (Abb. 2.15a, b). Den nördlichen Innenhof ziert/e ein ummauerter Teich (Abb. 2.16a), während der gepflasterte Teil des Innenhofs östlich der Eingangshalle Genetik nach Fertigstellung des Hörsaals durch ein Wasserbecken mit

[118] Diesener (2002) s. Fußnote Kap. 1/4, hier S. 200.

[119] Bis 1952 Leiter der institutseigenen Bauabteilung, danach Leiter der Außenstelle Gatersleben des Entwurfsbüros der Akademie der Wissenschaften zu Berlin. Zscharnack projektierte auch die ehem. Bibliothek, den Hörsaal und das Verwaltungsgebäude.

Abb. 2.16 Innenhöfe des Gebäudekomplexes „Genetik“. **a** Nördlicher Innenhof der „Genetik“ (undatiert; um 1960), **b** Innenhof zwischen „Genetik“ und Hörsaal mit dem in den 1990er-Jahren entfernten Springbrunnen

fünf kleinen Fontänen aufgelockert wurde (Abb. 2.16b).[120] 1959 folgte die Bibliothek (Abb. 2.17a, b), jetzt als Casino Teil des Kommunikationszentrums, 1962 die Verwaltung und erst 1964 das Hörsaalgebäude. 1961/1962 entstand am Selkeweg in Richtung Hausneindorf ein zweiteiliges „Ledigenwohnheim“ (Abb. 2.18; nach 1995 Gästehaus I), das unverheirateten Mitarbeiterinnen und Mitarbeitern ansprechende Wohnungen unterschiedlicher Größe bot und auch eine Reihe Gästezimmer enthielt.

Für moderne experimentelle Arbeiten besonders bedeutsam ist ein von 1958–1961 wahrscheinlich aus Strahlenschutzgründen als separates Haus errichtetes Isotopenlaboratorium (Abb. 2.19) mit eigenem Gewächshaus und einer kellerartigen Abklinganlage für radioaktive Abfälle. Dieses Haus wurde erst im Rahmen der Gesamtsanierung und Rekonstruktion aller Gebäude und Anlagen 2004–2005 durch

[120] Das Becken wurde bei der Sanierung 2004 aus Kostengründen entfernt. Olaf Wegewitz errichtete an gleicher Stelle die Plastik „Gaterslebener Begegnungen“.

Abb. 2.17 Institutsbibliothek. **a** Bibliotheksgebäude, heute Casino, **b** Lesesaal der Bibliothek, heute Casino. (1974, Fotos und Bildrechte: Gitta Terpe)

einen Verbinder Teil des seit 1980 Friedrich-Miescher-Haus genannten Gebäudeensembles „Chemie". 1959–1961 wurde der Kreuzbau der „Systematik" (Abb. 2.10) nach Westen hin durch einen zweistöckigen Zentralbau mit einer repräsentativen Eingangshalle und flachen Gebäudeteilen in Form einer Kammstruktur zur Aufnahme der stark angewachsenen Sammlungen und des umfangreichen Herbariums erheblich erweitert (Abb. 2.20).

Neben den erwähnten Abteilungsgebäuden, die alle wie eigene Institute mit Direktorenzimmer, Sekretariat, Konferenzraum, Werkstatt, und – im Falle von „Chemie" und „Genetik" – eigenen Hausmeisterwohnungen und Heizungsanlagen ausgestattet waren, wurde eine Vielzahl kleinerer Gebäude und Anlagen errichtet: verschiedene Gewächshaus- und Frühbeetanlagen, die „Wache" (Pförtnerhaus) Süd (1953), das Pförtnerhaus Nord mit Telefonzentrale (1954), Wirtschaftsanlagen (Werkstatthof – Abb. 2.30– mit Betriebswerkstätten, Lagerräume, Garagen, Tankanlage; 1959–1960), Trafostationen, Lagergebäude für feuergefährliche Flüssigkeiten und flüssige Brennstoffe und verschiedene Nebengebäude für den Gartenbau. Zu erwähnen ist auch eine im zentralen Wirtschaftsgebäude nahe der Quedlinburger Chaussee bereits 1953 eingerichtete Betriebssanitätsstelle, die regelmäßig von Ärzten des Quedlinburger Kreiskrankenhauses betreut wurde. Das Institut besaß zudem

Abb. 2.18 Das früher „Ledigenwohnheim“ genannte Gästehaus am Selkeweg (Postkarte, 1965/1966)

Abb. 2.19 Isotopenlaboratorium, das in den Jahren 2004–2005 mit dem in Abb. 2.10 gezeigten Flügel des Gebäudes „Chemie“ zu einer einheitlichen, in Nord-Süd-Richtung verlaufenden Längsachse verbunden wurde. (Undatiert, 1960er-Jahre, Foto und Bildrechte: Hermann Kraßmann)

Abb. 2.20 Blick von der Pergola zwischen Hörsaal und dem Gebäude Genetik auf den die Eingangshalle beherbergenden Mitteltrakt des Gebäudes „Systematik" (seit 1976 Vavilov-Haus) und den rechts anschließenden Sammlungstrakt. Der in Abb. 2.10 gezeigte, bereits um 1960 errichtete „Kreuzbau" schließt sich links an die Eingangshalle an. (Undatiert, späte 1960er-Jahre, Foto und Bildrechte: Karl Berger)

seit 1953 eine Betriebsverkaufsstelle, die zunächst ebenfalls im Wirtschaftsgebäude, dann in einem Facharbeiterhaus im Liebigweg 2 und ab 1964 in einem eigenen kleinen Gebäude am Schwabe(n)plan (s. u.) untergebracht war. Für das Fahrzeug der institutseigenen Feuerwehr stand der Verlängerungsbau der Pforte Süd zur Verfügung; das Gebäude ist heute ungenutzt.

Die Innenraumgestaltung der Abteilungsgebäude hatte sich selbstverständlich an den Erfordernissen der wissenschaftlichen Arbeiten zu orientieren. Dagegen boten die Eingangsbereiche und Treppenhäuser den Architekten Möglichkeiten für eine ansprechend-repräsentative Gestaltung. Mit Ausnahme der besonders großzügigen Eingangshalle des Genetik-Gebäudes mit dem abzweigenden Direktoriumstrakt, einst aufgrund des Schiefer-Bodenbelages „Schwarze Halle" genannt, sind alle diese weiträumigen Eingangsbereiche im Laufe der Jahrzehnte entweder zu Funktionsräumen umgewandelt (West- und Mitteltrakthallen der „Genetik") und durch Einbauten erheblich eingeengt worden (Miescher- und Vavilov-Haus) oder durch Funktionswandel des Gebäudes völlig verschwunden („Physik", jetzt Bibliothek). Lohnend ist auch ein Blick in die damaligen, wohnzimmerartig möblierten Dienstzimmer der Direktoren (Abb. 2.21a–d).

Einen guten Überblick über die Bauabfolge bis 1962 vermittelt ein Plan aus dem Institutsarchiv (Abb. 2.22).

Abb. 2.21 Blick in die Dienstzimmer von Hans Stubbe (**a, b**) und Kurt Mothes (**c, d**) in den 1950er-Jahren: **a** Südostbereich des Direktorenzimmers, **b** Südwestbereich, jetzt abgetrennt als Büro der Geschäftsstelle; **c, d** im Südostbereich des Gebäudes „Chemie" gelegen, um 2004 zu Laboratorien umgebaut. (Foto und Bildrechte: **c** und **d** Werner Frankenfeld)

Insgesamt ist angesichts der allgemeinen Rahmenbedingungen in dieser ersten Aufbauphase Enormes geleistet worden. Die „Geschichte des Instituts für Kulturpflanzenforschung Gatersleben" von Hans Stubbe listet für die Jahre 1953–1968 insgesamt 163 Baumaßnahmen auf. Die Gesamtsumme der dem Institut bereitgestellten Finanzmittel für die 1947 bis 1968 errichteten Bauten, baulichen Anlagen, für apparative Ausrüstung und Gewächshausanlagen belief sich auf 25.520.900 Mark.[121]

[121] Stubbe (1982) s. Fußnote Kap. 1/19, hier S. 57.

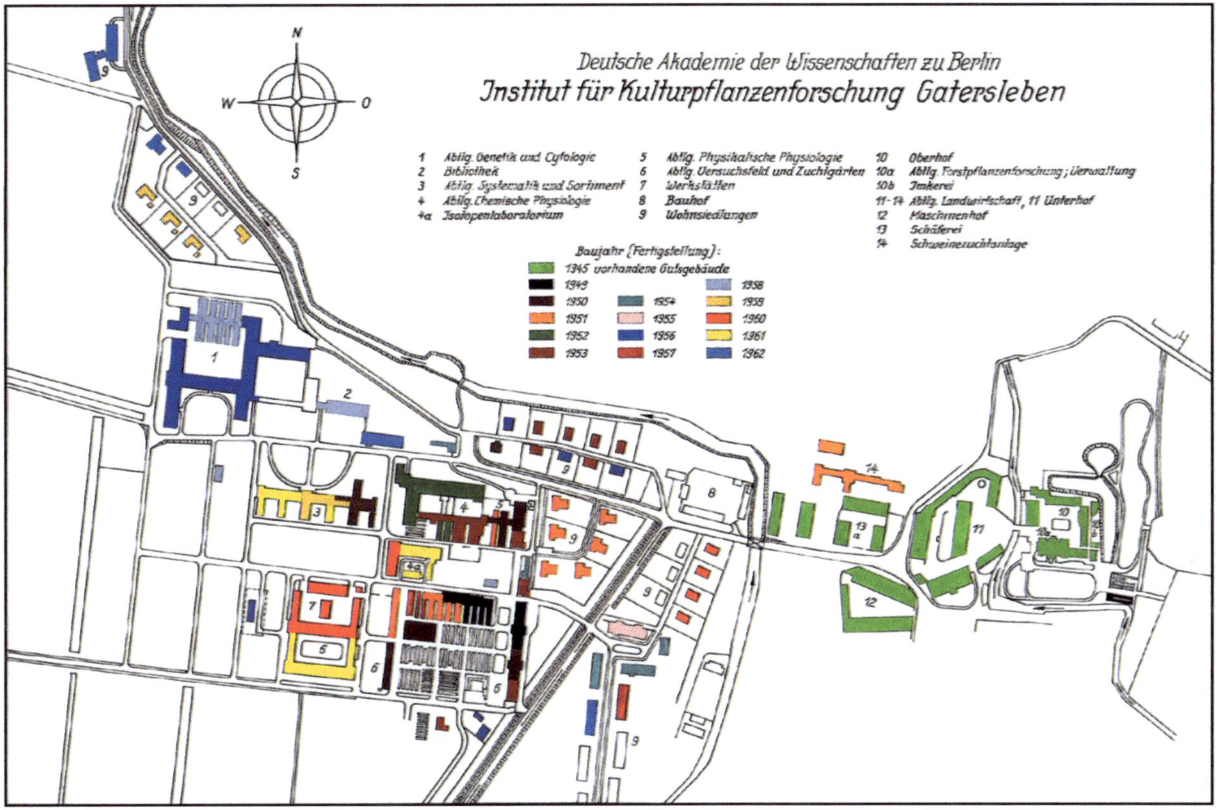

Abb. 2.22 Aufriss der Institutsgebäude und ihre Bauzeit; Plan von 1962/1963 (IPK-Archiv)

2.1.4.2 Jenseits der Institutsgrenzen

Aber die Planungen und Visionen Stubbes und seiner leitenden Mitarbeiter gingen weit über das Institut hinaus. 1953 lesen wir: „Die Entwicklung des Institutes wird es erforderlich machen, den gesamten Dorfplan zu überarbeiten. Die Schaffung eines neuen Dorfzentrums mit Behördenhaus, Kulturhaus, Läden, Kindertagesheim, Ambulatorium sowie einer Zentralschule wird derzeit beraten".[122] Hinzu kamen Planungen für einen „Volkspark Gatersleben", für Kinderspielplätze, einen Sportplatz, ein Schwimmbad und einen Reitplatz mit Reitweg.[123] Wenn auch Vieles aufgrund der stets schwieriger werdenden wirtschaftlichen Situation nie verwirklicht werden konnte, bleibt gerade auch das jenseits der Institutsgrenzen Geleistete außerordentlich. So entstanden, meist in gemeinsamer Verantwortung mit der Gemeinde und/oder regionalen staatlichen Stellen, eine Sportanlage[124] an der Quedlinburger Chaussee, eine Betriebsverkaufsstelle am Schwabeplan (ehem. Ernst-Thälmann-Str., heute Hans-Stubbe.-Str.)[125] und ein Kindergarten.[126] Das Institut besaß ferner zwei Betriebsferienheime, die 1955 übernommene „Windenhütte" bei Altenbrak im Harz und das 1961 in Zingst unweit des Ostseestrandes erworbene Haus „Dornröschen" (s. Abschn. 2.1.5.3).

Von großer Bedeutung war, wie bereits erwähnt, die Bereitstellung von Wohnraum, der in der DDR zu den besonders knappen Gütern zählte und durchaus einen Anreiz bot, „in die von manchem gefürchtete Einöde der dörflichen Landschaft zu kommen".[127] Neben den bereits erwähnten institutseigenen Häusern in Leibniz- und Liebigweg entstanden weitere Einzelhausanlagen am Selkeweg und in der Darwinstraße, sowie Häuserkomplexe am Erwin-Baur-Platz und der Ernst-Thälmann-Straße (vgl. Abb. 2.11).[128] Das Ausmaß dieses Aufgabenbereiches wird dadurch deutlich, dass dem Institut in den 1960er-Jahren 28 Einfamilienhäuser mit 30 Wohnungen, drei Hausmeisterwohnungen im Institut und knapp 60 Wohnungen im Dorf zugeordnet waren.[129]

[122] Ohne Autor (1953) s. Fußnote Kap. 2/3, hier S. 26.

[123] Siehe Wobus U, Menzel K (2008) Das Leibniz-Institut Gatersleben – ein Ort der Wissenschaft als Landschaftsgarten und Kunstraum. Gatersleben 2008.

[124] Das Heinz-Steyer-Stadion, eingeweiht 1967. Steyer (geb. 1909) war Arbeitersportler, Kommunist und Antifaschist, der 1944 hingerichtet wurde. Die größte nach ihm benannte Arena war das Heinz-Steyer-Stadion im Dresdner Ostragehege.

[125] Eröffnet 1964, abgerissen 2004.

[126] 1995 nach wesentlicher Modernisierung und Erweiterung neu eröffnet.

[127] Böhme (2002) s. Fußnote Kap. 2/2, hier S. 10.

[128] Eine gute Dokumentation des Baugeschehens im Institut (ab 1953) und im Dorf enthält eine 1989 herausgegebene Ortschronik: Teichfischer, E (1989) Chronik 964–1989 [von Gatersleben]. Herausgegeben vom Rat der Gemeinde Gatersleben, Diagrammdruck Quedlinburg.

[129] Mit dem Bau der 5-etagigen Wohnblöcke in der Thälmannstraße kommen in den 1970er-Jahren noch einmal 111 Wohnungen hinzu.

2.1.4.3 Versuchsfelder und Außenanlagen

Neben dem weitläufigen, dem Charakter des Harzvorlandes angepassten Architekturensemble wird das Gaterslebener Institut durch seine landschaftsgärtnerische Gestaltung unter Einbeziehung der Versuchsfelder besonders geprägt. Diesem Aspekt ist eine eigene Publikation gewidmet.[130]

Wie bereits angemerkt, galt den Versuchsfeldern verständlicherweise beim Aufbau des Instituts ganz besondere Aufmerksamkeit, auch, weil die Experimente in den Laboratorien noch nicht die Bedeutung hatten, die sie später mit der Entwicklung von Molekularbiologie und Molekulargenetik ab den 1960er-Jahren einnehmen sollten. Bereits im Oktober 1945 siedelte die kleine Gartenbauabteilung mit Garteninspektor Vogt von Stecklenberg nach Gatersleben über und legte die ersten Zuchtgärten an. An die Ostseite des zunächst zum Institut umfunktionierten Herrenhauses auf dem Oberhof wurde ein Gewächshaus gelehnt, das bis 1993 bestand (Abb. 1.2). Unweit davon, an der Außenseite der alten Burggemäuer, wurde zur Sicherung der Blütenbestäubung auf den Versuchsfeldern 1947 eine „Lehr- und Versuchsimkerei" (s. S. 37) mit einem Bienengarten eingerichtet. Später erfolgte deren Verlegung in die neuen Versuchsfelder am Wedderstedter Weg, wo drei kleine Holzhäuser bis 2005 als Imkerei genutzt wurden.

Eine Karte des Versuchsfeldes vom November 1952 (Abb. 2.23) zeigt großzügige, regelmäßig durch Gebüschstreifen gegliederte Feldparzellen mit einem Wegekreuz zwischen der Straße nach Quedlinburg im Osten, dem Sülzegraben mit Fasanerie im Westen, einem Waldstreifen im Süden und dem Wedderstedter Weg im Norden, der Fortsetzung der Institutshauptachse. Auch der heutige Staudengarten war als „Kulturpflanzen- und Stauden-Garten" bereits angelegt. Erst 1955 wurde die „Selkenbreite", also die Fläche nördlich des Wedderstedter Weges, in das Versuchsfeld einbezogen. 1957 umfassten die Versuchsparzellen, Ausgleichsflächen und Schaugärten rund 60 ha. Dazu kamen fünf Kilometer Schutzstreifen und zahlreiche Grün- und Wegeflächen sowie fast 8000 qm Anbauflächen unter Glas. 1960 waren es 9506,5 qm, davon 5339,5 qm heizbare Hochglasfläche.[131]

Neben dem Versuchsfeld galt den Außenanlagen von den Wegebepflanzungen im Versuchsfeld über die Gartengestaltung in den institutseigenen Wohnsiedlungen bis zu den Zierteichen in den Abteilungs-Innenhöfen stets besondere Aufmerksamkeit. Dieser nie erloschene Gestaltungswille hat das Institutsgelände in einen Landschaftspark von großer Ausstrahlung verwandelt. Zwar wurde ein Plan aus den frühen Fünfzigerjahren, ein DDR-zentrales Arboretum in Gatersleben einzurichten, nicht verwirklicht. Dennoch beherbergt das knapp 100 ha große, eingezäunte Gelände heute über 2600 Gehölze aus 170 verschiedenen Gattungen, die sorgfältig kartiert und bestimmt wurden.[132]

---

130 Wobus, Menzel (2008) s. Fußnote Kap. 2/123.

131 Stubbe (1982) s. Fußnote Kap. 1/19, hier S. 230/231.

132 Wobus, Menzel (2008) s. Fußnote Kap. 2/123.

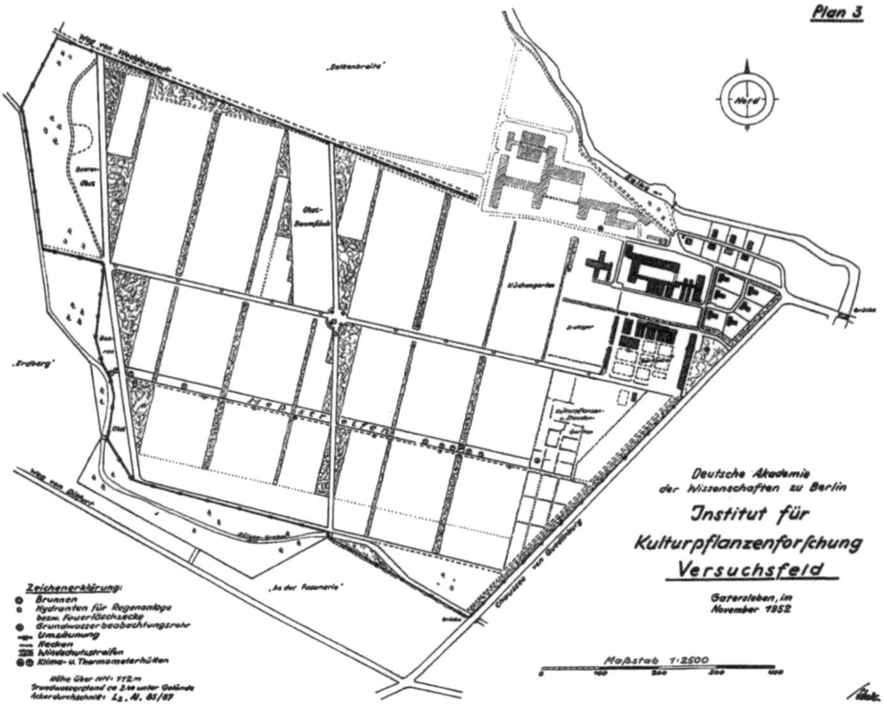

Abb. 2.23 Plan des Institutsversuchsfelds aus dem Jahre 1952. (Aus ohne Autor 1953 Fußnote Kap. 2/3)

2.1.5 Wissenschaftliches, gesellschaftliches und geselliges Leben

2.1.5.1 Fachvorträge, Gäste und Reisen

Produktive Wissenschaft benötigt ein stimulierendes Umfeld. Ständiger Austausch mit Kollegen in Nah und Fern gehört ebenso dazu wie Geselliges, Wissenschaftliches und Privates – Bereiche, die sich häufig überlappen. Die erste, zusammenfassende Darstellung der Institutsgeschichte[133] enthält auch ein „Verzeichnis der im öffentlichen Kolloquium des Instituts behandelten Themen". Ein auffallendes Merkmal dieser Liste ist das gleichberechtigte Nebeneinander von spezifischen **Fachvorträgen** (z. B. „Über das Plastidenproblem"), Literaturreferaten (z. B. „Referat über die Arbeiten von F. v. Wettstein…"), mehr technischen Vorträgen (z. B. „Druckverfahren zur Herstellung von Pflanzenabbildungen") und allgemein-biologischen Themen (z. B. „Aus der Fortpflanzungsbiologie der Vögel") mit kulturhistorischen Beiträgen (z. B. über Hildegard von Bingen) sowie Kongress- und immer wieder Reiseberichten (England, Schweiz, Griechenland etc.). Diese Tradition ist

[133] Ohne Autor (1953) s. Fußnote Kap. 2/3.

nie abgerissen, auch wenn in den 1960er-Jahren für die unterschiedlichen Themen unterschiedliche Veranstaltungsreihen eingeführt wurden (s. Abschn. 2.2.1.8).

Nach Fertigstellung der Abteilungsgebäude und des Gästehauses wurden wissenschaftliche Themen zunehmend von in- und ausländischen Gästen vorgetragen. Aber auch zumeist kurzfristige Forschungsaufenthalte von Gästen im Institut wurden möglich. In der von Stubbe (1982)[134] veröffentlichten Übersicht sind für den Zeitraum 1954–1968 54 Aufenthalte von Wissenschaftlern aus den Ostblockstaaten einschließlich der Sowjetunion, drei Besuche bzw. Kurzaufenthalte von Gästen aus der Bundesrepublik und sechs aus anderen nicht-sozialistischen Ländern (UK, Indien, Ägypten) angegeben. Umgekehrt reisten Institutsangehörige zu Studienzwecken und Tagungsbesuchen zunehmend ins Ausland. Betrachten wir zunächst den Zeitraum von 1948 bis zum Bau der Mauer 1961. Während in den Anfangsjahren fast nur der Direktor reiste, konnten ab 1953 auch andere Institutsangehörige öfter Kollegen außerhalb der DDR besuchen. Von 1953 und 1954 mit jeweils fünf Wissenschaftlern erreichte die Zahl im Jahre 1960 ein Maximum mit 28 Reisenden; 1961, dem Jahr des Mauerbaus, waren es nur noch 13. Bevorzugte Reiseziele waren zunächst die Bundesrepublik Deutschland und westliche Länder, ob politisch neutral wie Schweden und Österreich oder der NATO angehörig wie Italien, Großbritannien oder (selten) Kanada und die USA. Die Reisen in das sozialistische Ausland begannen, von Delegations-Studienreisen des Direktors 1951, 1955 und 1957 abgesehen, erst 1956 mit **Studienreisen**[135] von Mitarbeitern nach Ungarn und in die Tschechoslowakei (ČSR bzw. ČSSR[136]) zur „wissenschaftlichen Fortbildung an befreundeten Instituten“ und bald auch in die Sowjetunion (UdSSR). Auch in diesem Bereich wird mit zehn besuchten Institutionen in den sozialistischen Ländern 1960 ein Höhepunkt erreicht. Der Höhepunkt der „Westreisen“ lag ein Jahr früher, 1959, mit 13 besuchten Institutionen.

Der Mauerbau 1961 bedeutete einen großen Einschnitt und einen neuen Höhepunkt des Kalten Krieges. Der DDR-Sicherheitsapparat konnte jetzt die „Westreisen“ beliebig einschränken. 1962 und 1963 reiste nur der Direktor jeweils einmal nach Österreich und Schweden. 1964 sind vier Besuche in Instituten westlich des Eisernen Vorhangs verzeichnet, während in den Jahren 1965/1966 nochmals eine sehr rege Reisetätigkeit auffällt. Wissenschaftler des Instituts reisen 20-mal (1965) bzw. 14-mal (1966) in die Bundesrepublik[137] und fünfmal bzw. neunmal in andere kapitalistische Länder sowie 16-mal bzw. 27-mal in sozialistische Länder, darunter mehrfach nach Kuba. Während die Reisewelle in die sozialistischen Länder 1967 noch anhält (35 Reisen, davon 10 in die UdSSR), 1968 aber auch auf 13 Reisen

[134] Alle weiteren Angaben beruhen auf den in Stubbe (1982; s. Fußnote Kap. 1/19) publizierten Listen.

[135] Sammelreisen werden in Abschn. 3.1 behandelt.

[136] Československá republika (ČSR) bis 1960, dann Československá socialistická republika (ČSSR).

[137] DDR-offiziell stets als BRD abgekürzt.

sinkt, werden die Westreisen 1967 drastisch eingeschränkt[138]: einmal BRD und je einmal Schweiz, Frankreich und Großbritannien. An dieser Situation ändert sich 1968 wenig.

Die genannten Zahlen sollen einerseits verdeutlichen, dass der wissenschaftliche Austausch mit nicht-sozialistischen Ländern aus politischen Gründen durchaus eingeschränkt und zum Teil erheblichen Schwankungen unterworfen, andererseits aber keineswegs völlig unterbrochen war. Auch waren viele Wissenschaftler noch Mitglied in gesamtdeutschen Wissenschaftsorganisationen, beispielsweise in der Gesellschaft Deutscher Naturforscher und Ärzte (1968 12 Mitglieder aus dem Institut) und in der Deutschen Botanischen Gesellschaft (1968 20 Mitglieder), aber auch in internationalen Organisationen wie der International Association for Plant Taxonomy (1968 vier Mitglieder). Jedoch wurde insbesondere die Mitgliedschaft in gesamtdeutschen Gesellschaften bald zwangsweise beendet (s. auch Abschn. 2.2.1.7).

Ein wichtiger Aspekt wissenschaftlichen Lebens ist die Verfügbarkeit von Fachliteratur. Diese war stets hinreichend gegeben, auch wenn häufig die Zeitschriftenhefte mit erheblicher Verspätung eingingen (S. 41).

Vorträge zu allgemeinen Themen im Institut wurden bereits erwähnt und waren stets ein Teil des gesellschaftlich-kulturellen Lebens. Während über kulturelle Veranstaltungen, wie Lesungen, Ausstellungen, Konzerte, Filmabende und die Arbeit in Laienzirkeln später berichtet wird (s. Kap. 4), soll hier das gesellige Leben noch kurz gewürdigt werden, da es schon aufgrund der isolierten Lage von Gatersleben fernab einer Großstadt stets eine besondere Rolle spielte.

2.1.5.2 Feste und Feiern

„Tages Arbeit, abends Gäste! Saure Wochen, frohe Feste!“ war ein Motto, welchem das Institut durchaus huldigte. Es wurde nicht nur hart gearbeitet, sondern auch gern und viel gefeiert.

Da waren zunächst die jährlichen im Spätsommer stattfindenden Erntefeste, „bei denen zunächst im Saal der Kneipe ‚Goldener Löwe‘[139] und später in den Höfen der Abteilung „Versuchsfeld und Zuchtgärten“ und im Fuhrpark ein buntes Treiben mit eigener Blaskapelle unter Leitung von Hauptbuchhalter Walter Kienast und mit anderen Belustigungen herrschte“.[140] Aus den frühen 1950er-Jahren berichtet Benno Parthier: „Dem Erntefest des ganzen Instituts, bei dem sowohl STUBBE als auch MOTHES mit den ausdauerndsten Trinkern erfolgreich wetteiferten, schloß sich normalerweise eine 8–12stündige Sau- oder Hirschjagd im Harzrevier an, offen für alle Interessenten.“[141]

[138] Das geht mit der Einführung der Staatsbürgerschaft der DDR und einer Verschärfung des Umgangs mit Künstlern (u. a. Wolf Biermann, Stefan Heym) und Wissenschaftlern (u. a. Robert Havemann) einher.

[139] Haus Lange Straße/Ecke Schulstraße, heute u. a. Schlecker-Markt.

[140] Böhme (2002) s. Fußnote Kap. 2/2, hier S. 13.

[141] Parthier (1983) s. Fußnote Kap. 2/43, hier S. 705.

Abb. 2.24 Institutsfest in den 1950er-Jahren. **a** Erntefest 1957: die Akteure nach der Aufführung des Singspiels „Der betrogene Kadi" nach Chr. W. Gluck; von l. n. r.: Horst Reinbothe, Inge Reuer, Anni Seiler, Emil Storch, Dorothea Fessel (Hanelt), Jürgen Schultze-Motel. **b** Faschingsfest der Chemisch-physiologischen Abteilung in den 1950er-Jahren; Kurt Mothes als Neptun

Das Erntefest (Abb. 2.24a) in den Wirtschaftshöfen fand alle zwei Jahre statt.[142] Tagelang vorher verwandelten die Gärtner den Hof und die Gebäude in ein herbstliches Ambiente mit vielen Blumen und Früchten. Ein Festzelt zum Tanzen, ein Ausschank und auch einmal ein Ochse am Spieß sorgten für Amüsement. Zudem war jeweils eine Abteilung angehalten, ein Unterhaltungsprogramm zu ersinnen und umzusetzen. Bei einer großen Tombola gab es sehr nützliche Hauptpreise, wie ein Fahrrad oder ein Ferkel, aber auch einen Gutschein für die Renovierung eines Zimmers durch die institutseigenen Handwerker. Am Nachmittag vor dem abendlichen Fest wurden die Kinder der Institutsmitarbeiter mit einer bunten Veranstaltung erfreut.[143]

Ebenfalls den Kindern war eine alljährliche Weihnachtsfeier im Hörsaal gewidmet mit vielerlei Geschenken für die Kleinen, meist von den Eltern bereitgestellt, in frühen Jahren aber auch manchmal von den Institutshandwerkern gefertigt. Auch die Rentner trafen sich auf einer vorweihnachtlichen Feier, und die Mitarbeiter kamen in ihren Arbeitsgruppen zusammen, wie das auch heute noch der Fall ist.

[142] Die Erntefeste wurden auch in der „Nach-Stubbe-Ära" weiter durchgeführt (s. S. 107).

[143] Berichtet von Hellmuth Fromme.

Jährliche Höhepunkte waren auch die Faschingsfeste, begonnen in der Abteilung „Mothes“ (Abb. 2.24b), in der sie „exotisch ausgestaltet, wochenlang vorbereitet wurden, so dass in den Laboratorien nur noch wenig an Wissenschaft erinnerte“.[144] Eine gewisse lokale Berühmtheit erlangten aber auch die Faschingsfeste im Klubraum der „Genetik“, für deren Vorbereitung viel Phantasie und Zeit aufgewandt wurde und von denen Teilnehmer noch heute schwärmen.

Auch regelmäßige Betriebsausflüge gehörten zum „Freizeitprogramm“ des Instituts. Bereits für 1949 wird über einen Ausflug von 387 Mitarbeitern samt Angehörigen mit eigenen Treckern und Anhängern in den Harz berichtet.[145]

2.1.5.3 Urlaub in „Windenhütte" und „Dornröschen"

Die besonderen Verhältnisse in der DDR mit ihren sehr eingeschränkten Reisemöglichkeiten und nahezu vollständig fehlenden privaten Ferienhotels brachten viele Betriebe und Institutionen dazu, betriebseigene Häuser in landschaftlich schöner Lage zu erwerben und für den Ferienbetrieb auszubauen, da nur vergleichsweise wenige Mitarbeiter und deren Familien einen der jährlich durch eine Ferienkommission vergebenen Platz in einem Ferienheim des „Freien Deutschen Gewerkschaftsbundes“ (FDGB) erhielten. Das Gaterslebener Institut besaß zwei eigene Ferienheime.

Im Jahre 1955 wurde das Haus „Windenhütte“[146] vom Staatlichen Forstwirtschaftsbetrieb übernommen und als Ferienheim für die Institutsmitarbeiter genutzt (Abb. 2.25a). Das einstige Jagdhaus der Braunschweiger Herzöge, heute als Waldhotel „Jagdschloss Windenhütte“ genutzt, liegt einsam und romantisch inmitten der Harzwälder bei Altenbrak. An das in den Jahren 1906 bis 1908 erbaute, trotz seines ursprünglichen Namens „Herzogliches Jagdschloss Windenhütte“ relativ bescheidene Haus mit anfänglich nur drei Fremdenzimmern wurde 1978 ein größerer Seitenflügel mit einem Speisesaal im Erdgeschoss und einfach möblierten Zimmern im Dachgeschoss angefügt, der dann etwa 25 Gästen Unterkunft bot und im Sommer die Ausrichtung von Kinderferienlagern gestattete. Das Haus wurde jeweils von einem im Institut angestellten Ehepaar ganzjährig bewirtschaftet, wobei das Ehepaar Stockmann in den Jahren 1962–1976 eine ganz besondere Gastlichkeit vermittelte. Besondere Attraktion war eine Fütterungsstelle für Hirsche auf der dem Haus vorgelagerten Wiese. Besonders im Winter konnten hier die stolzen Tiere in aller Bequemlichkeit fast allabendlich beobachtet werden.

Das zweite Ferienheim, das ganz nahe am Ostseestrand in Zingst auf der Halbinsel Darß gelegene Haus „Dornröschen“ (Abb. 2.25b), war 1961 erworben und später durch einen Ausbau erweitert und gleichzeitig modernisiert worden. Es bot 25–30 Personen Unterkunft und beherbergte ebenfalls im Sommer Ferienlager (jedes Schulkind konnte dort insgesamt zweimal an einem solchen Lager teilnehmen). Die Urlaubsplätze, besonders in der Ferienzeit, waren so begehrt, dass sie nur nach

---

[144] Parthier (1983) s. Fußnote Kap. 2/43, hier S. 705.

[145] Käding (1999) s. Fußnote Kap. 1/7, hier S. 87.

[146] Benannt nach dem entsprechenden Flurstück „Zu den Winden“; historische Daten aus Wikipedia.

Abb. 2.25 Ferienheime des Instituts vor 1990. **a** „Windenhütte" im Harz, links die herzogliche Jagdhütte, rechts der Anbau (Postkarte, undatiert, 1970er-Jahre, Foto und Bildrechte Karl Berger). **b** Ferienheim „Dornröschen" im Ostseebad Zingst (Juni 1974, Postkarte von 1975)

einem besonderen Schlüssel von der „Feriendienstkommission" des Instituts vergeben werden konnten.[147] Beide Ferienheime mussten nach der Wende 1990 verkauft werden.

2.1.6 Der Übergang in eine neue Ära

Am 7. März 1967 feierte Hans Stubbe seinen 65. Geburtstag; nach den Regeln der DAW hätte er emeritiert und von allen amtlichen Pflichten entbunden werden müssen. „Doch Stubbe möchte noch nicht weichen, zumal er aufgrund eines ZK-Beschlusses bis zur Neuwahl im Oktober 1968 Präsident der Deutschen Akademie der Landwirtschaftswissenschaften bleiben" sollte. Zwar stand der Nachfolger als Institutsdirektor, Helmut Böhme, bereits fest, doch müsse dieser, so argumentierte Stubbe, eigene Forschungsarbeiten erst abschließen, um sich dann voll der Leitungstätigkeit widmen zu können. Auch die Abteilungsleiter seien der Meinung,

[147] Wir danken Hellmuth Fromme für ausführliche Zuarbeit.

dass ein unmittelbarer Direktorenwechsel dem Institut schade und Aufgabenerfüllung sowie internationales Ansehen von Gatersleben gefährde. Stubbe erhielt kräftige Unterstützung von Herrmann Klare, dem Vorsitzenden der DAW-Forschungsgemeinschaft. Da auch hohe politische Stellen nicht auf einen sofortigen Rücktritt drängten, vertagte die DAW die Emeritierung, und Hans Stubbe konnte fast zwei weitere Jahre im Amt bleiben.[148] Erst am 31. Januar 1969 schied er nach 25-jähriger Tätigkeit als Institutsdirektor endgültig aus dem Amt. Seine Schlussansprache ist in der Geschichte des Instituts für Kulturpflanzenforschung Gatersleben[149] abgedruckt, und der Appell an die Nachkommenden ist heute so aktuell wie vor vierzig Jahren. Er atmet Zeitgeist und ist doch zeitlos:

> Schwerpunktprobleme zu sehen, die großen Entwicklungslinien im Bereich biologischer Forschung zu ahnen oder zu erkennen, Teilaufgaben in planmäßiger Arbeit zu lösen und sie als Bausteine dem großen Gebäude unserer Wissenschaft einzufügen, das wird immer eine Hauptaufgabe von allen sein, die das Glück haben, Diener der Wissenschaft zu sein. Dem Erkennen der Probleme, für das wissenschaftliche Streitgespräche und Dialoge von allergrößter Bedeutung sind, hat der Versuch ihrer Lösung zu folgen. Das geht nicht im ruhigen Gleichmaß eines normalisierten 8-Stunden-Tages mit arbeitsfreiem Wochenende. Wer nicht zu den wissenschaftlichen Gewerbetreibenden gehören will, muß das Odium und das Privileg der Besessenheit auf sich nehmen unter Verzicht auf viele Einrichtungen eines normalen bürgerlichen Lebens. Wehe dem, der nicht den Mut hat, das Risiko des Vorstoßes in unbekanntes Neuland zu unternehmen, und wehe der Wissenschaftsorganisation, die den Mut zum Risiko durch allzu bürokratische Forderungen unterbindet. Spitzenleistungen können nur auf einem Boden wachsen, der bestimmte Freiheitsgrade der Entscheidung zuläßt. Sie sind nur durch rastloses Bemühen und durch ungestörtes, konzentriertes Nachdenken zu erreichen.[150]

Hans Stubbe hatte Außerordentliches erreicht. Er gehörte nach Hubert Laitko zu den großen, „nicht parteigebundenen Gelehrten mit einem weiten kulturellen Horizont, der sich mit unterschiedlichen Regimes zu arrangieren vermag, ohne die eigene Identität aufzugeben“. Es war ihm gelungen, „dass Gatersleben in den 1950er und 1960er Jahren – also auf dem Höhepunkt des Kalten Krieges – immer eine Art gesamtdeutsches Institut geblieben ist. Das war in der DDR zu jener Zeit auch für Akademieinstitute nicht selbstverständlich, sondern eine seltene Ausnahme“.[151] Ekkehard Höxtermann hat die nachhaltige Wirkung von Stubbes Handeln wie folgt beschrieben:

> Stubbe hätte, wie auch andere Biologen seiner Generation und Fasson, leicht grenzüberschreitend ausweichen können. Die eigentlichen Gewinner seines Festhaltens an wissenschaftlichen Positionen und Prinzipien waren daher die jüngeren Biologen der DDR, die auch fürderhin den exakten, internationalen Standards ihrer Fachgebiete genügten und bei aller politischen Loyalität zwischen Ideologie und Methodologie zu differenzieren wussten.[152]

[148] Fakten und Zitate aus Käding (1999) s. Fußnote Kap. 1/7, hier S. 148.

[149] Stubbe (1982) s. Fußnote Kap. 1/19, hier S. 376–379.

[150] Stubbe (1982) s. Fußnote Kap. 1/19, hier S. 377.

[151] Laitko (2010) s. Fußnote Kap. 2/38, hier S. 131 und 148.

[152] Höxtermann (2000) s. Fußnote Kap. 2/37, hier S. 294.

Der Übergang von der Ära Stubbe in die Nach-Stubbe-Ära unter Helmut Böhme war durchaus fließend, denn Böhme hatte bereits unter Hans Stubbe zunehmend wissenschaftsorganisatorische und wissenschaftspolitische Aufgaben übernommen und gemeinsam mit Kollegen die großen Umstrukturierungen vorbereitet, die im Institut bald nach Amtsantritt zu leisten waren (s. Abschn. 2.2.1.1).

2.2 Das Zentralinstitut für Genetik und Kulturpflanzenforschung – ZIGuK (1969–1990)

2.2.1 Das Institut unter der Direktion von Helmut Böhme (1969–1983)

Am 21. Januar 1969 wurde Helmut Böhme (Abb. 2.1, Box 2.1) in Gatersleben als Nachfolger von Hans Stubbe vom damaligen Präsidenten der DAW, Hermann Klare, in das Amt als Direktor des Instituts für Kulturpflanzenforschung eingeführt. Die von Helmut Böhme eingeleiteten Veränderungen in Aufgabenstellung und Struktur schlossen zum 1. Januar 1970 die Umwandlung des Institutes für Kulturpflanzenforschung in das Zentralinstitut für Genetik und Kulturpflanzenforschung (ZIGuK), Gatersleben, ein.[153] Damit erweiterten sich die Aufgaben des Institutes über das Gebiet der Kulturpflanzenforschung hinaus auf die Funktion als ein disziplinäres Zentrum für genetische Forschung in der DDR.

2.2.1.1 Wissenschaftlicher Fortschritt und wissenschaftsorganisatorische Reformen als Grundlagen für den Wandel im Institut

Die Reformen im Institut vollzogen sich vor dem Hintergrund eines Wandels in der biologischen Wissenschaft einerseits und von Veränderungen in der Wissenschaftspolitik der DDR-Regierung andererseits. Beide Faktoren hingen miteinander zusammen. Die verheißungsvolle Entwicklung der Molekularbiologie beruhte auf einer Reihe von Durchbrüchen in der Forschung. Mithilfe molekularbiologischer Methoden ließen sich nun Aufgaben in Angriff nehmen, für die bisher keine Lösungen möglich zu sein schienen. Die dafür entwickelten Technologien wurden weitaus kostspieliger als in der bisherigen biologischen Forschung. Ihr Einsatz und die Bearbeitung der neuen Aufgaben erforderten wohldurchdachte Kooperation von verschiedenartig spezialisierten Wissenschaftlern in größeren Gruppen und die Koordinierung über Gruppengrenzen hinweg. Es entwickelte sich die Vorstellung von „Großforschungsvorhaben", wie sie bereits in der Physik betrieben wurden. Als Grundlage für eine angemessene Reaktion auf diese Entwicklung ließ die „Gruppe

[153] Anweisung des DAW-Präsidenten vom 12.12.1969 über die Gründung des Zentralinstitutes für Genetik und Kulturpflanzenforschung mit Wirkung zum 1.1.1970. Sie erfolgte auf der Grundlage eines Gründungskonzeptes des ZIGuK vom Juni 1969. LHASA, MD, M 66, Nr. Wissenschaftliches Sekretariat 327, S. 23–36.

Box 2.1 Prof. Dr. Helmut Böhme[154]

Abb. 2.26 Helmut Böhme

Institutsdirektor von 1969–1983.

1929	Geboren in Halle an der Saale
1947	Abitur in Halle an der Saale
1948	Abschluss einer Ausbildung zum Landwirtschaftsgehilfen
1951	Studienabschluss als Diplom-Landwirt an der Martin-Luther-Universität (MLU) Halle-Wittenberg
1951	Aspirantur am Institut für Kulturpflanzenforschung, Gatersleben, der DAW zu Berlin
1954	Promotion zum Dr. agr. an der Landwirtschaftlichen Fakultät der MLU mit einer von Hans Stubbe betreuten Dissertation
1960	Habilitation mit einer mikrobengenetischen Arbeit an der Landwirtschaftlichen Fakultät der MLU
1960–1967	Vorlesungen an den Universitäten Halle und Leipzig
1967	Ernennung zum apl. Professor für Genetik an der MLU, Halle-Wittenberg
1967	Ernennung zum Professor für Genetik an der DAW zu Berlin
1969	Wahl zum Mitglied der DAW zu Berlin
1969	Wahl zum Mitglied der Deutschen Akademie der Naturforscher Leopoldina
1969	Berufung zum ordentlichen Mitglied des Forschungsrates der DDR, Gruppe Biologie
1972	Wahl zum Mitglied der Akademie der Landwirtschaftswissenschaften der DDR
1965–1996	Herausgeber des Biologischen Zentralblatts, gemeinsam mit Rigomar Rieger

[154] Müntz K (2009) Zum 80. Geburtstag von Helmut Böhme. IPK-Journal 18 (3): 1–3.

1968–1980	Herausgeber der Zeitschrift Molecular and General Genetics
1973–1984	Vorsitzender der Klasse Biowissenschaften der AdW der DDR
1977–1980	Präsident der European Environmental Mutagen Society
1966	Abteilungsleiter am Institut für Kulturpflanzenforschung der DAW zu Berlin
1967	Stellvertretender Institutsdirektor des Institutes für Kulturpflanzenforschung
1969	Direktor des Institutes für Kulturpflanzenforschung
1973	Nationalpreis II. Klasse der DDR

Wissenschaftliche Arbeitsgebiete: Pfropfungs- und Mutationsgenetik bei höheren Pflanzen, ab 1957 Mikrobengenetik von Mutationen und Reparaturprozessen, nach 1983 vor allem Beiträge zur Wissenschaftsethik und -geschichte.[155]

Publikationen: 91.

[155] Über seine wissenschaftlichen und wissenschaftsorganisatorischen Leistungen hinaus hat Helmut Böhme vor allem durch die Organisation von Schriftstellerlesungen zum kulturellen Leben im Institut beigetragen, was in Abschn. 4.4.1.1 gewürdigt wird.

Biologie" des Forschungsrates, welcher die DDR-Regierung auf dem Gebiet der Wissenschaftspolitik beriet, 1968 die „Prognose zur Entwicklung der Biologischen Forschung in der DDR für den Zeitraum 1970 bis 1980", kurz Biologie-Prognose[156] genannt, ausarbeiten. An der Ausarbeitung war Helmut Böhme maßgeblich beteiligt, welcher der Gruppe Biologie des Forschungsrates zunächst seit 1966 als außerordentliches und ab 1969 als ordentliches Mitglied angehörte. Er bezog in die Ausarbeitung der Prognose Wissenschaftler des Gaterslebener Institutes ein, wie Peter Hanelt, Christian Lehmann, Arnd Michaelis, Rigomar Rieger, Alfred Rieth und Jörg Schöneich (in alphabetischer Folge). Dadurch hielt das Gedankengut der Prognose bereits in die Köpfe initiativreicher Wissenschaftler aus der Generation der Stubbe-Schüler Einzug, ehe es offiziell Grundlage der Wissenschaftspolitik wurde. Schon im Vorfeld des Direktorenwechsels reiften deshalb Konzepte und Pläne für die zukünftige Gestaltung der Forschungsinhalte und der dafür erforderlichen Institutsstrukturen unter Leitung von Helmut Böhme. Dies spiegelt sich in der Sicht zur Weiterentwicklung seines Institutes wider, die Hans Stubbe im Jahre

[156] Teilprogramm der Forschungsgemeinschaft der DAW zur Entwicklung der biologischen Forschung für den Zeitraum 1970–1980. IPK-Archiv Nr. 491.

1968 auf der Festveranstaltung zum 25. Jahrestag der Institutsgründung in seiner Ansprache vortrug[157]:

> Unsere intensiven Überlegungen und Diskussionen, denen der Versuch einer prognostischen Einschätzung der Entwicklung der biologischen Forschung in den kommenden 15–20 Jahren zugrunde liegt, haben uns zu der Auffassung geführt, dass sich die Forschungsarbeit dieses Institutes auf zwei Schwerpunktgebiete konzentrieren wird. Die intensive Weiterentwicklung der molekulargenetischen Forschung, insbesondere die Anwendung molekulargenetischer Konzeptionen bei der Erforschung der Mutations- und genetischen Austauschprozesse, wird eines der Hauptanliegen unserer zukünftigen Forschungstätigkeit sein. Leistungsfähige und aussagekräftige genetische und biochemische Methoden, der Einsatz der Zell- und Gewebekulturtechnik und die konzentrierte Arbeit größerer Forschungsgruppen an wenigen ausgewählten Teilaufgaben werden die Durchführung dieser Forschungsaufgaben bestimmen, die einen wichtigen Beitrag zur biologischen Erkundungsforschung in der DDR leisten wird.
>
> Ziel der Arbeiten, die im zweiten Forschungsschwerpunkt des Institutes durchgeführt werden, ist die Erarbeitung wissenschaftlicher Grundlagen für die Erhöhung der Produktivität volkswirtschaftlich wichtiger Kulturpflanzen. Die komplexe Erforschung genetischer und biochemisch-physiologischer Grundlagen der pflanzlichen Stoffproduktion wird der Beitrag dieses Institutes zur ständig notwendigen Erhöhung der ökonomischen Leistungsfähigkeit unserer Volkswirtschaft und zur Lösung der vor uns allen stehenden Aufgabe des weltweiten Kampfes gegen den Hunger sein.

Zur gleichen Zeit führten die zuständigen Regierungsstellen der DDR die „auftragsgebundene Planung und aufgabenbezogene Finanzierung der Forschung“[158, 159] ein. Im Rahmen großer vorgegebener Forschungsfelder, die im Zuge der Kräftebündelung in der DDR bearbeitet werden sollten, planten die Institute mit den vorgesehenen Bearbeitern nunmehr für jeweils fünf Jahre (Fünfjahrplan) bzw. in Untersetzung davon für ein Jahr (Jahresplan) ihre Aufgaben. Diese Planungen mussten in zuständigen „Räten“ (s. u.) zunächst fachlich begutachtet und danach durch die Regierungsstellen finanziell bilanziert und bestätigt werden. Beratung und Bilanzierung bildeten Korrekturglieder im Verfahren, mit denen fachliche Durchführbarkeit und materielle Realisierung gesichert werden sollten. Danach ging das Ergebnis als Planauflage an die Institute und bildete die Arbeits- und Finanzierungsbasis. Die Planerfüllung unterlag jährlicher Berichterstattung. Das System, das in den nachfolgenden Jahren eine Reihe von Korrekturen und Modifizierungen erfuhr, zielte außerdem darauf ab, Betriebe der Wirtschaft, das Gesundheitswesen u. a. in die Forschungsfinanzierung einzubeziehen, wo Nutzbarkeit von Forschungsergebnissen angestrebt werden konnte. Dies setzte die Institute der Forderung aus, Vorlauf- und Überführungsforschung zu planen, um Finanzierung aus der Wirtschaft zu erlangen, und war dazu angetan, die Position der Grundlagenforschung zu schwächen.

[157] Stubbe H (1970) s. Fußnote Kap. 2/6, hier S. 50–51.

[158] Böhme H, Diesener G (2005) Kulturpflanzenforschung und Genetik in Gatersleben in den Jahren der Akademiereform. In: Burrichter C, Diesener G (Hrsg) Beiträge zur DDR-Wissenschaftsgeschichte Reihe B/Bd. 2, Akad Verlagsgesellschaft, Leipzig, S. 43–69.

[159] Scheler W (2000) Von der Deutschen Akademie der Wissenschaften zu Berlin zur Akademie der Wissenschaften der DDR. Karl Dietz, Berlin, S. 61.

Zugleich verlockte es Betriebe, sich Forschungskapazitäten in den universitären und außeruniversitären Instituten „einzukaufen".

Für die biologische Forschung konzipierte man 1969/1970 auf der Grundlage der Biologie-Prognose das Großforschungsvorhaben „Molekulare Grundlagen der Entwicklungs-, Vererbungs- und Steuerungsprozesse"[160, 161], kurz MOGEVUS genannt. Helmut Böhme war maßgeblich an der Konzipierung von MOGEVUS beteiligt, das zunächst sieben Hauptforschungsrichtungen (HFR) umfasste. Davon waren zwei, „Genetik und mikrobielle Stoffproduktion" sowie „Bioregulation pflanzlicher Systeme", für die Koordinierung großer Teile der Gaterslebener Forschung passend. In den Räten der Hauptforschungsrichtungen geschah die fachliche Begutachtung und Institutionen übergreifende Koordinierung der Pläne. Selbst wenn der Begriff „Molekularbiologie" gehörig gedehnt wurde, blieben die Überbewertung der Molekularbiologie und gleichzeitige Ausgrenzung klassischer Biologiedisziplinen, wie Ökologie oder Taxonomie, ein wesentlicher Mangel des Vorhabens, der später 1973 mit einer Erweiterung auf 14 Hauptforschungsrichtungen korrigiert worden ist.[162] Die Hauptauftragnehmerschaft für MOGEVUS wurde 1970 der DAW übertragen. Sie gründete zur praktischen Verwirklichung der Aufgaben von MOGEVUS das „Forschungszentrum für Molekularbiologie und Medizin (FZMM)" in Berlin-Buch,[163] wofür Helmut Böhme die Vorarbeiten leitete. Neben den in Buch angesiedelten Instituten umfasste das Forschungszentrum sogenannte „periphere Institute", darunter ab 1971 auch das Gaterslebener Institut. Verknüpft waren die weitreichenden Maßnahmen für eine neuartige Planung und Leitung der Forschung mit der 1968 eingeleiteten 3. Hochschulreform und der von 1969 bis 1972 vorgenommenen Reform der DAW zu Berlin, wobei Letztere am 7.10.1972 auch in die Akademie der Wissenschaften (AdW) der DDR umgewandelt worden ist und damit den Status einer „nationalen Akademie des Staates DDR" übernahm.[164]

[160] Böhme H, Diesener G (2005), wie Fußnote Kap. 2/158, hier S. 56–59.

[161] Scheler W (2000), wie Fußnote Kap. 2/159, hier S. 128.

[162] Die Konzeption des Forschungszentrums für Molekularbiologie und Medizin zur Entwicklung und Aufgabenstellung von wissenschaftlichen Beratungsgremien für das Gebiet der Biowissenschaften vom Dezember 1973 listet für MOGEVUS bereits 14 HFR auf. Die Wissenschaftlichen Räte sollten Planung, Koordinierung und Bewertung der Forschung leisten sowie Verantwortung für die Entwicklung biologischer Wissenschaftsdisziplinen tragen. Das ZIGuK übernahm eine Leitfunktion für Genetik. Für das Gaterslebener Institut waren die HFRen 4 (Molekular- und Zellgenetik), 5 (Mikrobiologie), 6 (Pflanzenbiochemie und Physiologie) und 7 (Genetik und Züchtung) von Bedeutung. LHASA, MD, M 66, Nr. Direktion 54/1, S. 27–33.

[163] Böhme H, Diesener G (2005) s. Fußnote Kap. 2/158, hier S. 56–60, und Anweisung des Präsidenten vom 25. Juli 1972, LHASA, MD, M 66, Nr. Wissenschaftliches Sekretariat 328, S. 118–123.

[164] Scheler W (2000), wie Fußnote Kap. 2/159, hier S. 19.

2.2.1.2 Weiterentwicklung des wissenschaftlichen Institutskonzepts

Grundlage für die Gestaltung der wissenschaftlichen Aufgaben bildete die Konzeption des Zentralinstitutes, die Ende 1969/Anfang 1970 ausgearbeitet worden war. Darin heißt es[165]:

> Die Zielstellung der wissenschaftlichen Arbeiten des Institutes besteht darin, Beiträge zu leisten zum Auffinden, der Aufklärung und der Nutzbarmachung der den Vererbungserscheinungen und der pflanzlichen Individualentwicklung zugrunde liegenden Prozesse sowie an der Analyse und Charakterisierung der volkswirtschaftlich bedeutenden biologischen Formenmannigfaltigkeit mitzuwirken.

Davon leiteten sich vier Aufgabenkomplexe her:

- Aufklärung der Beziehungen zwischen DNS-Molekularschäden, Reparaturprozessen und mutativen Veränderungen der genetischen Informationsbestände von Proto- und Eukaryoten sowie Aufbau eines komplexen Mutagenitätstestsystems zur Erfassung mutagener Noxen in der Umwelt des Menschen;
- Entwicklung der somatischen Zellgenetik mit dem Ziel, die experimentellen Voraussetzungen für gezielte Eingriffe in genetische Informationsbestände und deren Realisierung zu schaffen;
- Analyse leistungs- und qualitätsbestimmender Prozesse der pflanzlichen Individualentwicklung durch physiologische und biochemische Untersuchungen der Grundlagen von Eiweißbiosynthese und pflanzlicher Stoffproduktion;
- Erarbeitung genetischer und taxonomischer Grundlagen für die Züchtung wichtiger Kulturpflanzen auf hohe Produktivität und Qualität sowie Charakterisierung und Bereitstellung von Ausgangsmaterial durch das Kulturpflanzenweltsortiment.

In diesen Aufgaben blieben die Prinzipien erhalten, welche der Gründung des Institutes und seiner Arbeit in den vorhergehenden 25 Jahren unter Leitung von Hans Stubbe zugrunde gelegen hatten. Sie stimmten mit den Erwartungen der Biologie-Prognose überein und gestatteten es, etwa 70 % der Forschungskapazität, gemessen in Wissenschaftlern, an MOGEVUS zu binden, was Finanzierung aus dem Staatshaushalt hieß, und 30 % an die Finanzierung durch die Vereinigung Volkseigener Betriebe (VVB) Saat- und Pflanzgut, Quedlinburg. Die dargestellten Aufgabenstellungen und Finanzierungsverhältnisse bestimmten die Arbeit des Institutes für 20 Jahre, bis zum Sommer 1990.

2.2.1.3 Neue Struktur und Leitung

An die Stelle der bisherigen wissenschaftlichen Abteilungen traten 1969 zunächst zwei wissenschaftliche Bereiche (WB) und drei Querschnittsbereiche (QB). Die Bibliothek wurde zum Querschnittsbereich „Information und Dokumentation" erweitert. Ein Bereich „Ökonomie, technische Versorgung und wissenschaftliche Dienste (ÖTV)", der in Abteilungen und Referate untergliedert war, übernahm die bisherigen Aufgaben der Verwaltung und technischen Abteilungen. Die wissenschaftlichen Bereiche untergliederten sich in Forschungsgruppen (FG) (Abb. 2.27[166]). Sie

[165] Böhme H, Diesener G (2005), wie Fußnote Kap. 2/158, hier S. 60.

[166] Böhme H, Diesener G (2005), wie Fußnote Kap. 2/158, hier S. 62–63.

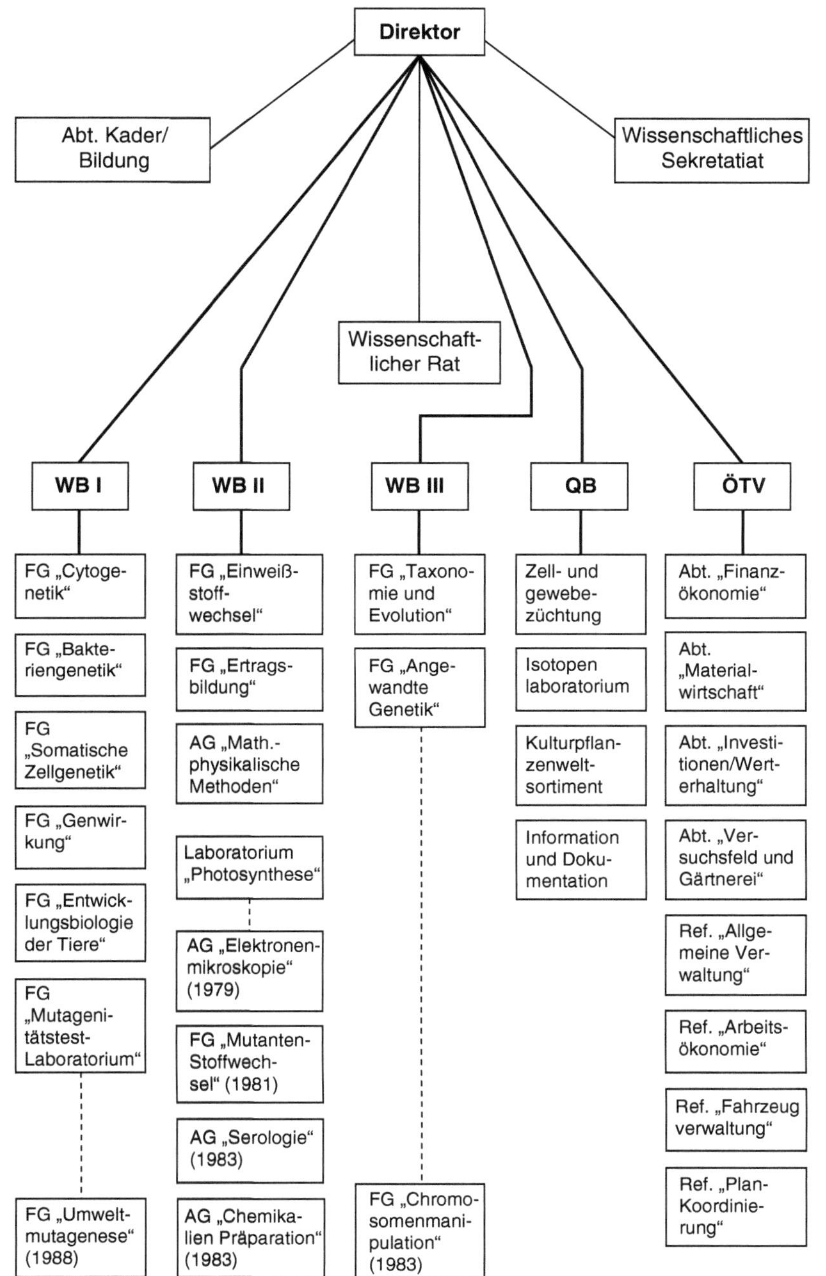

Abb. 2.27 Organigramm des Zentralinstitutes für Genetik und Kulturpflanzenforschung (ZIGuK) von 1973 mit Veränderungen in den Jahren bis 1989

umfassten Wissenschaftler und technische Mitarbeiter, deren Arbeit sich jeweils auf eine gemeinsame wissenschaftliche Aufgabenstellung konzentrierte. Die Querschnittsbereiche entsprachen im wesentlichen Forschungsgruppen, die sich nicht einfach in die Bereiche einordnen ließen. Neben einem eigenen Forschungsfeld besaßen sie insofern Querschnittsfunktionen, als sie spezielles methodisches Wissen und Können, wie Isotopentechnik oder Zell- und Gewebekultur, oder Untersuchungsmaterial, wie das Kulturpflanzenweltsortiment, für andere Forschungsgruppen entwickeln und zur Verfügung stellen sollten. Der WB I „Molekulargenetik" stand unter Leitung des Genetikers Rigomar Rieger, der zugleich stellvertretender Institutsdirektor war. Den WB II „Grundlagen der pflanzlichen Stoffproduktion" leitete kommissarisch der Algologe und zweite Stellvertreter des Institutsdirektors Alfred Rieth. Während der WB I recht einheitlich der biologischen Disziplin Genetik zugeordnet werden konnte, entsprachen dem weitaus heterogeneren WB II Physiologie, Biochemie, Taxonomie und angewandte Genetik. Größe und disziplinäre Vielfalt machten bereits 1972 eine Teilung dieses Bereiches erforderlich. Daraus entstanden die WB II „Molekularbiologische Grundlagen der pflanzlichen Stoffproduktion" und WB III „Genetische und taxonomische Grundlagen der pflanzlichen Stoffproduktion", zu deren Leitern der Biochemiker Klaus Müntz bzw. der Taxonom Siegfried Danert berufen wurden.[167] Nachdem Siegfried Danert im November 1973 aus dem Leben geschieden war, übernahm der Genetiker Friedrich Scholz kommissarisch die Leitung des WB III, dessen offizieller Leiter er ab 1.1.1980 wurde. Das Organigramm (Abb. 2.27) bildet die seit 1973 bestehende Institutsstruktur ab, welche bis 1990 nur in den Forschungsgruppen, die ab 1983 Abteilungen hießen, einige Veränderungen erfahren hat (Abschn. 2.2.2.1 bis 2.2.2.3).

Die aus der ehemaligen Domäne Gatersleben hervorgegangene **Abteilung „Landwirtschaft"** (Abschn. 2.1.3.2) bestand unter Leitung von Hans Joachim Kühn noch bis 1972 im Institut weiter. Nach ihrer Ausgliederung bildete sie in den im Dorf gelegenen Gebäudekomplexen Unterhof, Hühnerhof und Schafstall als reiner Landwirtschaftsbetrieb das Volkseigene Gut (VEG), Gatersleben. Dabei gingen aus dem ZIGuK insgesamt 70 Arbeitskräfte (60 Stellen) in das VEG über.[168]

Der Führung des Institutes lag die Einzelleitung durch den Direktor zugrunde, der sich kollektiv beraten ließ (Abb. 2.27). Zur Beratung über die operativen Leitungsaufgaben kamen die Leiter aller vier Bereiche mit dem Direktor wenigstens einmal, meist aber mehrmals monatlich zu Dienstbesprechungen zusammen, an denen außerdem der Leiter des Wissenschaftlichen Sekretariates (WS), der Sekretär der Grundorganisation der SED (Parteisekretär) und der Vorsitzende der Institutsgewerkschaftsleitung (IGL) teilnahmen. Die Teilnahme des Parteisekretärs an den Dienstbesprechungen des Direktors diente nach akademieweit geltender Regelung

[167] Beschlüsse der Leitung des ZIGuK vom 1. bzw. 15.4.1972 über die Bildung der WB II bzw. III. LHASA, MD, M 66, Nr. Wissenschaftliches Sekretariat 327, S. 18–20 bzw. 15–17.

[168] Vereinbarung der DAW mit dem Rat für Land- und Nahrungsgüterwirtschaft des Bezirkes Halle über die Gründung des volkseigenen Gutes (VEG) Gatersleben. LHASA, MD, M 66, Nr. Direktion 82/1, S. 23–28, und Anweisung der Bezirksdirektion Halle der VEG vom 7.8.1972 über die Gründung des VEG Gatersleben. LHASA, MD, M 66, Nr. Direktion 82/1, S. 17.

der Wahrnehmung der führenden Rolle der SED (Abschn. 2.2.1.8). Das WS war gebildet worden, um den Direktor bei der wissenschafts-organisatorischen Arbeit zu entlasten.[169, 170] Diese wuchs nicht nur infolge der zunehmenden Mitarbeiterzahl (Abschn. 2.2.1.6 und Tab. 2.2), sondern vor allem infolge der Pflichten, die mit der aufgabenbezogenen Planung und Finanzierung der Forschung und dem dazu gehörigen Berichtswesen stark zugenommen hatten. Außerdem erhöhte sich der Aufwand für die Gestaltung der internationalen Beziehungen, die einer strengen staatlichen Kontrolle unterlagen (Abschn. 2.2.1.7). Die Leitung des WS hatte Helmut Böhme dem Genetiker Martin Zacharias[171, 172] übertragen. Er wurde zweiter stellvertretender Direktor, nachdem Alfred Rieth am 22.11.1976 altersbedingt aus dieser Funktion ausgeschieden war. Damit besetzten mit Helmut Böhme, seinem Stellvertreter Rigomar Rieger und dem Leiter des WS Martin Zacharias drei Genetiker und Schüler von Hans Stubbe die Spitzenpositionen im Institut. Alle drei hatten an der Universität Halle studiert, danach in der ersten Hälfte der Fünfzigerjahre nahezu zeitgleich ihre wissenschaftliche Karriere am Gaterslebener Institut begonnen und maßgeblich bei der Vorbereitung der Umgestaltung des Institutes im Vorfeld des Wechsels der Direktion von Hans Stubbe zu Helmut Böhme zusammengewirkt. Das oben erwähnte breit gefächerte Engagement Helmut Böhmes für zentrale Aufgaben in der Akademie und seine damit verbundene häufige Abwesenheit vom Institut erforderten, dass Rigomar Rieger und Martin Zacharias ihre Kräfte vor allem auf die Lösung der wissenschaftlichen und wissenschaftsorganisatorischen Aufgaben vor Ort konzentrieren mussten.

Die Ergebnisse der Dienstbesprechungen beim Direktor wurden zeitnah über die entsprechenden Besprechungen der FG-Leiter in den WB bzw. der Referats- und Abteilungsleiter im Bereich ÖTV weitergegeben und nachfolgend auf Zusammenkünften in den unteren Struktureinheiten behandelt. Dort wurden die dienstlichen Angelegenheiten vielfach in Bündelung mit den pflichtgemäßen monatlichen Arbeitsschutzbelehrungen, die der FG-Leiter persönlich vorzunehmen hatte, und mit

---

[169] Konzeption für den Aufbau eines Wissenschaftlichen Sekretariates im Zentralinstitut für Genetik und Kulturpflanzenforschung, Gatersleben, der DAW, ohne Datum. Aus der Gleichzeitigkeit analoger Entwürfe für andere Zentralinstitute der DAW ist abzuleiten, dass die Konzeption des ZIGuK ebenfalls vom Juni 1968 stammt. Für die personelle Besetzung wurden drei hauptamtliche wissenschaftliche Mitarbeiter mit Universitätsdiplom, davon einer promoviert als Leiter des WS, sowie eine Sekretärin und zwei nebenamtliche Mitarbeiter vorgesehen. LHASA, MD, M 66, Nr. Direktion 121, S. 75–80.

[170] In der Konzeption für den Aufbau des Zentralinstitutes für Genetik und Kulturpflanzenforschung, Gatersleben, der DAW vom Juni 1969, S. 12, sind die Aufgaben des WS aufgelistet. LHASA, MD, M 66, Nr. Wissenschaftliches Sekretariat 327, S. 23–36.

[171] Die zahlreichen Beiträge, die Martin Zacharias durch die Organisation von Kunstausstellungen zum kulturellen Leben im Institut geleistet hat, werden in Abschn. 4.4.1.2 gewürdigt.

[172] Im Zeitraum von 1971 bis 1990 war der frühere Oberschullehrer Peter Stephan aus Aschersleben wichtiger Mitarbeiter im WS. Herrn Stephan gelang es daneben, eigene wissenschaftliche Arbeiten auf dem Gebiet der Bevölkerungsbiologie zu entwickeln, mit deren Ergebnissen er schließlich 1983 zum Dr. promoviert wurde. Die AdW zeichnete Peter Stephan für seine wissenschaftlichen Leistungen 1983 mit der Leibniz-Medaille aus. Auf seine Beiträge zum kulturellen Leben am Institut wird in Abschn. 4.4.4 eingegangen.

Gewerkschaftsversammlungen besprochen, denn die Institutsmitarbeiter waren beinahe ausnahmslos Mitglieder der Einheitsgewerkschaft FDGB (Abschn. 2.2.1.8). Die QB unterstanden direkt dem Direktor, aber ihre Leiter nahmen nicht an seinen Dienstbesprechungen teil. Deshalb hatte er sie zur Sicherung des Informationsflusses den Besprechungen bei den Leitern der wissenschaftlich verwandten WB zugeteilt: QB „Zell- und Gewebezüchtung“ zum WB I, QB „Isotopenlabor“ zum WB II und QB „Kulturpflanzenweltsortiment“ zum WB III.

Für die Beratung über wesentliche Fragen der Entwicklung der wissenschaftlichen Aufgaben stand dem Direktor der Wissenschaftliche Rat (WR) zur Seite (Abb. 2.27). Dieser wurde vom Direktor geleitet, und ihm gehörten *ex officio* die WB-, QB- und FG-Leiter an. Außerdem konnte der Direktor ausgewählte, besonders kreative andere Wissenschaftler zu Mitgliedern dieses Rates berufen. Der Leiter des WS organisierte als Sekretär die Arbeit des WR. Der Direktor berief den WR ein, um über umfangreichere Planungen, Berichte über Ergebnisse aus besonders wichtigen wissenschaftlichen Forschungsgebieten oder Konzepte für neue wissenschaftliche Projekte zu beraten. Auswärtige Experten aus anderen wissenschaftlichen Einrichtungen der DDR wurden zu den Beratungen eingeladen, wenn es um die zuletzt genannten Themen ging. Der WR ermöglichte es einem größeren Kreis von wissenschaftlichen Mitarbeitern, an der Gestaltung der wissenschaftlichen Entwicklung des Institutes mitzuwirken. Er trat erstmals am 16.2.1970 zusammen.[173] Dieser WR ist jedoch nicht mit der 1989 demokratisch gewählten gleichnamigen Wissenschaftlervertretung (Abschn. 2.2.2.4) oder einem externen Beirat von unabhängigen Beratern zu verwechseln, wie er seit 1992 dem Institut zur Seite steht (Abschn. 2.4.3.1).

2.2.1.4 Struktureinheiten, ihre Leiter und Arbeitsschwerpunkte

Mit den FG und QB entstand jene Ebene von wissenschaftlichen Struktureinheiten, in denen die Bearbeitung der Aufgaben geschehen sollte, die im Abschn. 2.2.1.2 als Komplexe genannt worden sind. In einer Reihe von Fällen spiegelt sich dies bereits in den Gruppennamen wider (vgl. Abb. 2.27). Nur für die Leitung des QB „Zell- und Gewebezüchtung“ wurde mit Helmut Koblitz ein auswärtiger Wissenschaftler gewonnen (Abschn. 2.2.1.6). Alle anderen FG- und QB-Leiter waren bereits vor der Übernahme der Direktion durch Helmut Böhme im Institut tätig. Allerdings gab es für einige von ihnen erhebliche Änderungen in den Aufgabenstellungen, worauf bei der Behandlung der einzelnen Gruppen weiter unten eingegangen werden wird.

Die sechs FG des WB I und die FG „Angewandte Genetik“ des WB III arbeiteten im Genetik-Gebäude (Abb. 2.15). Sein früheres Heizhaus wurde in Räume für die FG „Mutagenitätstest-Laboratorium“, die FG „Entwicklungsbiologie“ und den Tierstall umgebaut (Abschn. 2.2.1.5), nachdem das zentrale Heizwerk außerhalb des Institutsgeländes (1970/1971) errichtet worden war. Im Taxonomie-Gebäude (Abb. 2.10 und 2.20), das im Zusammenhang mit der Erweiterung um das Samenkühllagerhaus 1976 in Vavilov-Haus umbenannt wurde, brachte man neben dem QB

[173] Protokoll DB Direktor des ZIGuK vom 16.2.1970. LHASA, MD, M 66, Nr. Direktion 130, S. 407–409.

Abb. 2.28 Das „Physik-Gebäude" nach 1972. Die rechte Hälfte mit Holzverkleidung in beiden Stockwerken entspricht dem in Abb. 2.7 gezeigten ersten Bauabschnitt von 1950. Die untere Etage der linken Hälfte (ohne Holzverkleidung) ist das später angebaute zunächst einstöckige Bestrahlungshaus, welches 1971/1972 mit Räumen für die FG „Ertragsbildung" aufgestockt wurde (mit Holzverkleidung). In der Mitte erkennt man das dabei eingefügte Treppenhaus

„Kulturpflanzenweltsortiment" die FG „Taxonomie" des WB III mit ihren Sammlungen unter. Nur das Labor für Algologie der FG „Taxonomie", das unter Leitung von Alfred Rieth stand (Abschn. 3.1.2.6), blieb traditionell im Chemie-Gebäude, das 1980 den Namen Friedrich-Miescher-Haus erhielt. Der QB „Isotopenlabor" etablierte sich im gleichnamigen Gebäude. Weniger einfach gestaltete sich die Unterbringung der Gruppen des WB II und des QB „Zell- und Gewebezüchtung", die in den Gebäuden „Physik" und „Chemie" angesiedelt werden sollten. Einerseits war das Gebäude „Chemie" noch weitgehend von den Mitarbeitern des früheren Abteilungsleiters „Chemische Physiologie", Klaus Schreiber, besetzt, deren Umzug in das Institut für Biochemie der Pflanzen, Halle, der DAW nur langsam geschah und sich über drei Jahre (1969–1971) hinzog. Andererseits fehlte es im Gebäude „Physik" an Räumen, die den Anforderungen für biochemisch-physiologische Arbeiten entsprachen. Erst mit dem Erweiterungsbau am Gebäude „Chemie" (1969) für die AG „Analysenlabor" der FG „Eiweißstoffwechsel" und der Aufstockung des Bestrahlungshauses der Physik (1971/1972, Abb. 2.28) konnten die räumlichen Voraussetzungen für den WB II endgültig fertiggestellt werden. Ab 1972 hatten der QB „Zell- und Gewebezüchtung" und die FG „Eiweißstoffwechsel" endgültig ihre Räume im Gebäude „Chemie" (Abb. 2.8, 2.9) und die FG „Ertragsbildung", das „Labor für Photosynthese" und die im selben Jahr gegründete AG „Mathematisch-physikalische Methoden" ihre Räume im Gebäude „Physik" (Abb. 2.28) bezogen.

Eine vollständige Übersicht über die Struktureinheiten und deren Leiter bietet das Organigramm in Abb. 2.27. Kapitel 3 behandelt die wichtigsten Forschungsergebnisse der Gruppen in größeren fachlichen Zusammenhängen, worauf jeweils am Ende der nachfolgenden Kurzfassungen der Aufgabenstellungen jeder Gruppe verwiesen wird. Besondere Publikationsleistungen oder Tagungsaktivitäten aus dem Institut werden in den Abschn. 4.1 und 4.2 dargestellt, können jedoch in begründeten Einzelfällen auch bereits hier erwähnt werden. Bis zum Jahre 1968 enthalten die Bände 1 bis 17 aus der jährlich vom Institut herausgegebenen Schriftenreihe „Die Kulturpflanze“ (Abschn. 4.1) auch Berichte über die Aufgaben und Arbeiten der wissenschaftlichen Abteilungen. Diese Berichte durften aufgrund zentraler Anweisungen der Akademie zur Wahrung von Dienstgeheimnissen von 1969 bis 1976 nicht veröffentlicht werden.[174] Erst im Bd. 26 (1978) erschien für 1977 erstmals wieder ein derartiger Jahresbericht, ohne dass darin die geltende Institutsstruktur offenbart werden durfte.[175]

Wissenschaftlicher Bereich I „Molekulargenetik“ und seine Forschungsgruppen

Der WB I und der assoziierte QB „Zell- und Gewebezüchtung“ bearbeiteten die ersten beiden der vier Aufgabenkomplexe, die im Abschn. 2.2.1.2 genannt worden sind. Der Leiter des WB I leitete zugleich die FG „Cytogenetik“.

FG „Cytogenetik“: Bereits früher eingeleitete cytogenetische Arbeiten von Rigomar Rieger und Arnd Michaelis über Entstehung und Auswirkungen experimentell herbeigeführter Chromosomenumbauten sollten fortgesetzt werden. Eine Reihe von Karyotypen von *Vicia faba*, die durch Chromosomenumbauten geschaffen worden waren und nicht nur die Unterscheidung aller Chromosomen, sondern auch die Zuordnung von Chromosomensegmenten erlaubten, bildete die experimentelle Grundlage. Damit ließen sich Besonderheiten in der Chromsomenstruktur und der Einfluss verschiedener Faktoren auf Chromosomenumbauten einschließlich der Bedeutung, die Reparaturvorgänge dabei haben, untersuchen (Abschn. 3.3.1.3).

FG „Bakteriengenetik“: Helmut Böhme leitete diese FG bis 1976 und setzte darin seine bakteriengenetischen Forschungen fort. Ab 1977 übertrug er die Leitung seinem Schüler Jürgen Hofemeister. Im Mittelpunkt standen Probleme der chemikalien- und strahleninduzierten Mutagenese bei *Proteus mirabilis* und ihrer Beziehung zu DNA-Replikation, -Reparatur und -Rekombination. Fragen nach den Ursachen des Fehlens der UV-induzierten Mutationsreparatur bei *P. mirabilis* im Vergleich zu *Escherichia coli* sollten mithilfe von reparatur- bzw. mutagenesedefekten Mutanten dieser Spezies sowie bestimmten Plasmiden mit Mutagenesefunktion analysiert werden. Mit biotechnologischer Zielstellung wurden Arbeiten in Angriff genommen, um die Bildung von Exoenzymen bei *Bacillus amyloliquefaciens* zu

---

[174] Protokoll der DB des Direktors vom 8.12.1969 TOP 4. LHASA, MD, M 66, Nr. Direktion 130, S. 448.

[175] Die Kulturpflanze (1982) 32: 333–350 enthält eine Zusammenstellung der im Institut bearbeiteten Aufgaben mit ihren verantwortlichen Bearbeitern ohne Zuordnung zur Institutsstruktur. Die Sonderdrucke dieser Publikation ersetzten die bis 1967 gedruckten Institutsführer, für deren Herausgabe von der Akademieleitung aus den genannten Gründen ebenfalls keine Genehmigung mehr erteilt worden war.

optimieren und verbesserte Einsatzmöglichkeiten in der Gärungs- und Backwarenindustrie zu schaffen (Abschn. 3.3.1.5 und 3.3.11.1).

FG „Somatische Zellgenetik“: Ihr Leiter Andreas Müller hatte bis zur Umgestaltung des Institutes mit großer internationaler Resonanz unter Nutzung entsprechender Mutanten auf dem Gebiet der *Arabidopsis*-Genetik gearbeitet (Abschn. 3.3.1.2). Seine Erfahrungen zur Mutationsauslösung und mit Mutanten höherer Pflanzen setzte er nunmehr für die Etablierung von Nitrat-Reduktase-Mutanten *in vitro* kultivierter Tabak-Zelllinien ein, aus denen entsprechende Pflanzen regeneriert werden konnten. Die Arbeiten sollten einen erfolgreichen Einstieg in die Molekulargenetik dieses Enzyms und die Etablierung von Gentransfertechniken ermöglichen (Abschn. 3.3.1.4).

FG „Genwirkung“: Frühere, vornehmlich cytogenetische Untersuchungen zur gewebespezifischen Genexpression an Riesenchromosomen der Speicheldrüsen von Zuckmückenlarven (vornehmlich *Chironomus thummi*) wurden unter Leitung von Reinhard Panitz unter Hinzuziehung biochemischer und molekularer Methoden fortgesetzt und 1974 mit dem Leibniz-Preis der AdW der DDR ausgezeichnet. Nachfolgend gelangen durch die Einführung rekombinanter DNA-Techniken Teilsequenzierungen von Genen und die Aufklärung von Beziehungen zwischen chromosomal definierten Genorten, deren DNA-Struktur, mRNA und Translationsprodukten an diesem Objekt (Abschn. 3.3.7.1). Ab 1980 vollzog die FG allmählich einen Objektwechsel hin zu höheren Pflanzen und widmete sich später unter Leitung von Ulrich Wobus (ab 1.1.1987) der Analyse von Genen und der Genexpression während der Samenentwicklung (Abschn. 3.3.7.2, 3.3.7.4 und 3.4.3.10).

FG „Mutagenitätstestlaboratorium (MTL)“: Die langjährige Expertise des Institutes auf dem Gebiet der Mutationsforschung fand unter Leitung von Jörg Schöneich in der Entwicklung und Erprobung eines komplexen Systems von Mutagenitätstests ihre praktische Anwendung. Damit war beabsichtigt, die Wirkung von Umweltnoxen auf das menschliche Erbgut systematisch zu erfassen und einen wichtigen Beitrag zum Umweltschutz zu leisten. Das hierarchische System von Tests sollte vor allem zur Untersuchung von Chemikalien aus der chemischen und pharmazeutischen Industrie möglichst vor Produktionsaufnahme eingesetzt werden. Dazu war beabsichtigt, die Prüfungen nur anfänglich in Gatersleben auszuführen. Schrittweise sollte die betreffende Industrie die Tests übernehmen und ihre Produkte in Eigenregie weiter prüfen (Abschn. 3.3.2).

FG „Entwicklungsbiologie der Tiere“ Diese von Jörg Schöneich in Personalunion mit dem Mutagenitätstest-Laboratorium geleitete FG beabsichtigte, mithilfe von mikromanipulatorischen, biochemischen, immunologischen und zellbiologischen Methoden in die präimplantative Embryonalentwicklung einzugreifen und dadurch Entwicklungs- und Differenzierungsprozesse bei Säugern zu erforschen. Damit sollten Grundlagen für die Anwendung von *in vitro*-Befruchtung und gentechnischen Verfahren beim Säuger geschaffen und zugleich Möglichkeiten zur

Erfassung damit verbundener Risiken erschlossen werden. Die Gruppe war anfänglich als Keimzelle für die Entwicklung eines entsprechenden wissenschaftlichen Bereiches gedacht, der aber aus Kosten- und Kapazitätsgründen später nie eingerichtet worden ist (Abschn. 3.3.9).

Wissenschaftlicher Bereich II „Molekularbiologische Grundlagen der pflanzlichen Stoffproduktion" und seine Forschungs- und Arbeitsgruppen

Die Arbeiten des WB II und des assoziierten QB „Isotopenlabor" konzentrierten sich auf den dritten der vier Aufgabenkomplexe, die für das Institut im Abschn. 2.2.1.2 aufgelistet worden sind. Der WB-Leiter leitete zugleich die FG „Eiweißstoffwechsel".

FG „Eiweißstoffwechsel": Helmut Böhme beauftragte Klaus Müntz, der bisher zu der in Potsdam ansässigen Abteilung „Ökologische Pflanzenphysiologie" gehört hatte (Abschn. 2.1.3.1, Unterpunkt 4), mit der Gründung und Leitung dieser Gruppe. Von 1976 bis 1981 übertrug Klaus Müntz die Leitung der FG auf Günter Scholz.[176] – Anstoß zur Bildung der FG war das Vorhaben, Getreide- und Körnerleguminosenbestände aus dem Kulturpflanzenweltsortiment systematisch auf ihre Gehalte an Eiweiß und limitierenden essentiellen Aminosäuren durchmustern zu lassen. Auf diese Weise sollten neue aussichtsreiche Ausgangsformen für die Züchtung eiweißreicher und ernährungsphysiologisch verbesserter Sorten gefunden werden. Dieses „Eiweiß-Screening" konnte nur für begrenzte Zeit eine routinemäßige Analysenaufgabe bilden, die in Kooperation mit anderen Struktureinheiten des Institutes bearbeitet werden musste. Daher nahm die Gruppe als langfristige Aufgabe der Grundlagenforschung die Aufklärung von Struktur, Mechanismen der entwicklungsabhängigen Bildung und zellulären Grundlagen der Speicherung der Reserveeiweiße von Körnerleguminosen in Angriff (Abschn. 3.4.3.4 bis 3.4.3.9). Angesichts ihrer vergleichsweise großen Anzahl von Wissenschaftlern war die FG in Arbeitsgruppen gegliedert: AG „Analysenlabor", Armin Rudolph (1970–1981); AG „Proteinstruktur", Günter Scholz (1970–1981); AG „Hülsenfunktion", Klaus Müntz (1970–1979). Diese Substrukturierung wurde in späteren Jahren neuen Erfordernissen in der FG angepasst.

FG „Ertragsbildung": Zunächst war für die Leitung Gerhard Lerch vorgesehen worden, der zuvor in Potsdam in der Abteilung „Ökologische Pflanzenphysiologie" gearbeitet hatte und zu jener Gruppe von Wissenschaftlern des Gaterslebener Institutes gehörte, die von 1967 bis 1969 in Kuba tätig war (Abschn. 2.1.3.1, Unterpunkt 4). Er verlängerte jedoch sein Engagement in Kuba mehrmals, weshalb schließlich an seiner Stelle Peter Apel ab 1972 zum FG-Leiter berufen wurde. Dieser hatte vor der Gründung der FG sein Arbeitsgebiet unter der Leitung von Herta Sagromsky in der früheren Abteilung „Physikalische Physiologie" (Abschn. 2.1.3.1) entwickelt.

[176] Die vielen Beiträge von Günter Scholz zum kulturellen Leben des Institutes werden in Abschn. 4.4.1.3 gewürdigt.

Abb. 2.29 Blick durch die geöffnete Tür in eine der begehbaren Pflanzenwachstumskammern (Phytotrone) der Firma VEB NEMA Netzschkau aus der DDR, worin die Gartenmeisterin Annemarie Silhengst mit Ackerbohnen (*Vicia faba*) arbeitet (1980er-Jahre)

Ziel der Arbeiten in der FG wurde die Aufklärung regulativer Beziehungen zwischen photosynthetischer Kohlendioxidassimilation, Atmung und Wachstum als Faktoren der Ertragsbildung bei Getreide. Dazu gehörte als wichtiger Teil die Modellierung von Gaswechsel- und Stoffbildungsprozessen, die vor allem von Martin Peisker vorgenommen wurde. Ein anwendungsorientiertes Vorhaben bestand in dem Versuch, genotypisch bedingte Unterschiede in der Effizienz der photosynthetischen CO_2-Assimilation von Sommergerste als Selektionsmerkmal für die Getreidezüchtung zu erschließen (Abschn. 3.4.2.9). – Eine Querschnittsaufgabe der FG bestand in der Umgestaltung des großen Gewächshauses 3 am Verbinder zwischen den Chemie- und Physik-Gebäuden in ein Haus für transportable nicht begehbare und begehbare Pflanzenwachstumskammern. In einer Erprobungsphase wurden drei Kammern aus der Bundesrepublik Deutschland, England bzw. Kanada importiert. Nachdem der VEB NEMA Netzschkau in der DDR die Kammerproduktion aufgenommen hatte, kamen diese zum Einsatz (Abb. 2.29), der für das gesamte Institut durch Peter Apel koordiniert wurde.

Laboratorium „Photosynthese": Mit der zunächst erfolgten Bildung einer FG „Photosynthese" sollte das Schwerpunktgebiet „Photosyntheseforschung" der früheren Abteilung „Physikalische Physiologie" (Abschn. 2.1.3.1, Unterpunkt 3) unter Leitung von Hertha Sagromsky weitergeführt werden. Im Zuge der Neugestaltung von Aufgaben und Strukturen gliederte sich das Thema jedoch während der Jahre 1969–1971 auf. Tragende Mitarbeiter der Gruppe wechselten in andere FG und QB oder übernahmen die Leitung eigener Gruppen, wie Peter Apel und Armin Meister. Bis zu ihrem absehbaren Eintritt in den altersbedingten Ruhestand (1974) bot das bleibende „Laboratorium für Photosynthese" Frau Sagromsky die Grundlage, einige ihrer bisherigen Arbeiten über die physiologische Rolle von Photosynthesepigmenten fortzusetzen (Abschn. 3.4.2.1).

AG „Mathematisch-physikalische Methoden": Der Physiker Armin Meister, früher Mitarbeiter von Hertha Sagromsky, wurde 1972 mit dem Aufbau dieser Gruppe beauftragt. Ihre vorrangige Aufgabe bestand in der Etablierung und im Einsatz von mathematisch-rechentechnischen Methoden zur Bewältigung verschiedener Aufgaben im Institut. Für die Nutzung der elektronischen Datenverarbeitung (EDV) wurde ein zentraler Rechner installiert und der erste Personalcomputer importiert. Sie bildeten die Basis für den wachsenden EDV-Einsatz im gesamten Gaterslebener Institut (Abschn. 3.5.1 und 3.5.2).[177] In Kooperation mit dem QB „Isotopenlaboratorium" (s. unten) führte Armin Meister eigene Untersuchungen über die Funktion der Chlorophylle und Chlorophyllvorstufen bei der Photosynthese mithilfe der *in vivo*-Spektroskopie weiter, wofür die Gruppe über entsprechende unikale Geräte verfügte (Abschn. 3.4.2.2).

Im Organigramm von 1973 (Abb. 2.27) sind die erst in späteren Jahren im WB II gebildeten und nachfolgend beschriebenen AG „Elektronenmikroskopie", FG „Mutantenstoffwechsel" und AG „Serologie" gesondert ausgewiesen.

AG „Elektronenmikroskopie": Als empfindlicher Mangel stellte sich bei den zellbiologischen Arbeiten im WB II und QB „Isotopenlabor" das Fehlen von angemessenen Voraussetzungen für die Ultrastrukturforschung heraus. Die FG „Eiweißstoffwechsel" hatte diesen Mangel zunächst durch Kooperation mit dem Institut für Biochemie der Pflanzen, Halle, der AdW der DDR (Dieter Neumann) ausgeglichen, mit dessen Kapazitäten allerdings nicht alle Anforderungen aus Gatersleben abgedeckt werden konnten. Dieser Engpass konnte 1979 nach Anschaffung eines Transmissionselektronenmikroskops der Firma TESLA aus der damaligen ČSSR und Gründung einer entsprechenden AG behoben werden. Mit ihrer Leitung wurde Klaus Adler beauftragt, der bis 1972 in der ehemaligen FG „Photosynthese" unter Hertha Sagromsky arbeitete und zwischenzeitlich im QB „Isotopenlabor" tätig war. Die AG bearbeitete Ultrastrukturuntersuchungen in Kooperation mit anderen Struktureinheiten des Institutes, wofür die erforderlichen Methoden etabliert oder entwickelt werden mussten.

FG „Mutantenstoffwechsel": Bei der Übernahme des Institutes durch Helmut Böhme war entschieden worden, die früheren Arbeiten mit der Tomatenmutante *„chloronerva"* gegebenenfalls erst weiterzuführen, nachdem die chemische Struktur des mithilfe der Mutante isolierten normalisierenden Faktors (NF) aufgeklärt worden ist. Die Strukturaufklärung hatte die ehemalige Abteilung „Chemische Physiologie" (Abschn. 2.1.3.1) unter Leitung von Klaus Schreiber noch in Gatersleben in Angriff genommen. Nach dem Wechsel von Klaus Schreiber und Mitarbeitern

---

[177] Meister A (2009) Die Entwicklung der zentralen Rechentechnik im Gaterslebener Institut bis zum Ende der DDR. IPK-Journal 18 (2): 6–8.

an das Institut für Biochemie der Pflanzen, Halle, der AdW der DDR, wurde dort weiter daran gearbeitet. Die Strukturaufklärung gelang im Jahre 1980, wobei sich der NF als das bereits aus Tabak bekannte Nicotianamin erwies, dem nun eine wichtige Funktion im Fe-Transport der Pflanze zugewiesen werden konnte. Das Gaterslebener Institut entschied sich dafür, eine FG zu bilden, in welcher die Funktion des Nicotianamins im Mineralstoffwechsel der Pflanzen erforscht werden sollte (Kap. 3.4.1.1). Zum Leiter dieser FG wurde Günter Scholz berufen, der sich 1970 mit einer Arbeit über den NF habilitiert und danach von 1970 bis 1981 in der FG „Eiweißstoffwechsel" gearbeitet hatte. In der neuen FG übernahm Armin Rudolph bis 1987 die Nicotianamin-Analytik, der von 1969 bis 1981 als Leiter der AG „Analysenlabor" der FG „Eiweißstoffwechsel" eine zentrale Analytikaufgabe beim 1981 beendeten Eiweiß-Screening gelöst hatte.

AG „Serologie": Serologische Techniken waren zur Identifizierung, Quantifizierung und histologischen Lokalisierung von Eiweißen seit 1973 in der FG „Eiweißstoffwechsel" durch Renate Manteuffel erfolgreich eingesetzt worden. Der vielseitige Einsatz derartiger Methoden für andere Gruppen führte zu zahlreichen Kooperationen im Institut. Angesichts der sich herausbildenden Querschnittsfunktion wurde 1982 im WB II die AG „Serologie", die bisher zur FG „Eiweißstoffwechsel" gehört hatte, unter Leitung von Renate Manteuffel selbständig. Die AG blieb aber thematisch teilweise an die Aufgaben der FG „Eiweißstoffwechsel" gebunden, (Abschn. 3.4.3.5 und 3.4.3.6) bis sie 1990 in die Abteilung „Molekulargenetik" überging (Abb. 2.37).

Wissenschaftlicher Bereich III „Genetische und taxonomische Grundlagen der pflanzlichen Stoffproduktion" und seine Forschungsgruppen

Der WB III und der damit assoziierte QB „Kulturpflanzenweltsortiment" bearbeiteten den vierten Aufgabenkomplex aus der in Abschn. 2.2.1.2 aufgeführten Liste. Der WB-Leiter stand bis zu seinem Tode Ende 1973 zugleich der FG „Taxonomie und Evolution" vor.[178] Sein Nachfolger war ab 1975 der Leiter der FG „Angewandte Genetik".

FG „Angewandte Genetik": Die Arbeiten dieser Gruppe knüpften unter Leitung von Friedrich Scholz an dessen umfangreiche frühere Untersuchungen zur Charakterisierung und Nutzung induzierter Mutanten von Gerste an. Bei diesem Getreide sollten Grundlagen für die züchterische Verwertung von Hybrideffekten geschaffen werden, während bei Futtergräsern die Fixierung von Heterosiseffekten durch apomiktische Samenbildung angestrebt wurde. Mit der Etablierung eines Sortimentes von über 600 Chromosomenstruktur-Mutanten (Translokationen) der Gerste konnten Experimentalsysteme der Hybridsaatguterzeugung mithilfe von rezessiven Genen für männliche Sterilität entwickelt werden. Zugleich schufen die Translokationslinien von Gerste und das Material von Futtergräsern Voraussetzungen für

[178] Würdigungen von Leben und Werk Siegfried Danert s. Fußnote Kap. 2/82.

umfangreiche genomanalytische, embryologische und befruchtungsbiologische Untersuchungen an Gramineen (Abschn. 3.3.1.2 und 3.3.6)

FG „Taxonomie und Evolution“: In diese FG gingen unter Leitung von Siegfried Danert vor allem die taxonomischen Kapazitäten der früheren Abteilung „Systematik und Sortiment“ mit ihren unentbehrlichen Sammlungen von Herbarien und anderen Referenzmaterialien zur taxonomischen Identifizierung der Muster aus dem Kulturpflanzenweltsortiment über. Nach dem Tode von Siegfried Danert übernahm Peter Hanelt ab 1974 kommissarisch bzw. ab 1979 hauptamtlich die Leitung der FG, zu der er bereits früher gehört hatte. Neben der Zusammenarbeit mit dem Kulturpflanzenweltsortiment bei der Kontrolle und Bestimmung der Identität vorhandener bzw. neu zugegangener Muster hatte die FG die Aufgabe, die Abstammungsgeschichte von Kulturpflanzen zu erforschen und Grundlagen für die Klassifizierung ihrer Mannigfaltigkeit zu schaffen, wobei ausgewählte Kulturpflanzenarten taxonomisch bearbeitet werden mussten. Außerdem sollte eine erweiterte Ausgabe des 1959 von Rudolf Mansfeld im Beiheft 2 der „Kulturpflanze“ erstmals veröffentlichten „Vorläufigen Verzeichnisses landwirtschaftlich oder gärtnerisch kultivierter Kulturpflanzenarten“ (Abb. 4.2) vorbereitet werden[179] (Abschn. 3.2 und 4.1).

Querschnittsbereiche

QB „Zell- und Gewebezüchtung“: Für Aufbau und Leitung dieser neu gebildeten Gruppe war Helmut Koblitz, früher Institut für Faserstoff-Forschung, Teltow-Seehof, der DAW gewonnen worden. Aufgabe war die Entwicklung und Optimierung von Methoden zur *in vitro*-Kultur pflanzlicher Zellen, Gewebe oder Organe zum Zwecke der Sprossregeneration und somatischen Hybridisierung über Protoplastenfusion. Diese Bemühungen konzentrierten sich vor allem auf Kulturpflanzen, wie Kartoffel, Tomate, verschiedene Getreide und Ackerbohnen. Die etablierten Techniken sollten in Zusammenarbeit mit anderen Gruppen (vor allem FG „Somatische Zellgenetik“) eingesetzt oder an diese Gruppen übergeben werden und den notwendigen Vorlauf für den Gentransfer bei Kulturpflanzen bilden (Abschn. 3.3.7.3).

QB „Isotopenlaboratorium“: Das spezielle Gebäude für die Anwendung von radioaktiven Isotopen (Abb. 2.19) durch alle betreffenden Gruppen des Institutes war unter Leitung von Otto Machold aufgebaut worden. Die Sicherung dieser Arbeitsvoraussetzungen bildete auch weiterhin die Querschnittsaufgabe der Gruppe, die unter seiner Leitung in diesem Gebäude etabliert wurde. Daneben war die Erforschung von Membranprotein-Komplexen des Photosyntheseapparates in den Chloroplasten vor allem der Ackerbohne (*Vicia faba*) und der Gerste (*Hordeum vulgare*) die eigene Grundlagenforschungsaufgabe des QB, die in enger Zusam-

[179] Schultze-Motel J (Hrsg) (1986) Rudolf Mansfelds Verzeichnis landwirtschaftlich oder gärtnerisch kultivierter Kulturpflanzenarten (ohne Zierpflanzen). 2. Aufl. 4 Bd. Akademie Verlag, Berlin und Springer, Berlin, Heidelberg, New York.

menarbeit mit der AG „Mathematisch-physikalische Methoden“ (s. oben) bearbeitet wurde (Abschn. 3.4.2.3).

QB „Kulturpflanzenweltsortiment“: Diese selbständige Gruppe ging unter Leitung von Christian Lehmann aus dem Kulturpflanzensortiment der ehemaligen Abteilung „Systematik und Sortiment“ hervor, wobei die notwendige enge Verbindung zur Systematik durch Kooperation mit der FG „Taxonomie und Evolution“ erhalten blieb (s. oben). Die Querschnittsfunktion bestand vor allem in der Bereitstellung von Kulturpflanzen für die spezielle Forschung aller Struktureinheiten des Instituts. Hauptaufgaben des QB waren jedoch a) die ständige Erhaltung vitalen Sortimentsmaterials durch Feldvermehrung und entsprechende Konservierung, wofür 1976 ein Samenkühllagerhaus (Abb. 2.34) in Betrieb genommen wurde; b) die Erweiterung des Sortimentes durch Sammelreisen, Austausch mit anderen Sammlungen und gegebenenfalls Übernahme von Kollektionen, um dem Verlust natürlicher Variabilität infolge von Generosion entgegenzuwirken; c) die Evaluierung von Sortimentsmaterial, oft in Kooperation mit anderen Gruppen inner- und außerhalb des Instituts, zur Erfassung züchterisch wichtiger Merkmale, sowie d) die Abgabe von Sortimentsmaterial für die züchterische Nutzung sowie an botanische Gärten und andere Interessenten (Abschn. 3.1). Der Bestand der Sammlungen musste in regelmäßigen Abständen im „*Index Seminum*“ veröffentlicht werden[180] (Abb. 3.5).

QB „Information und Dokumentation“: Die Leitung des QB oblag als Nachfolger von Werner Julius ab 1971 Wolfgang Eichholz. Informations- und Dokumentationsaufgaben ergaben sich vorrangig aus der Erfassung und Erschließung des Bibliothekbestandes, der Beschaffung von Literatur, die nicht in der institutseigenen Bibliothek verfügbar war, in der Ergänzung des Buchbestandes durch Kopien in Gestalt von Mikrofilmen und Mikrofiches und in der Erfassung sowie Archivierung von wenigstens jeweils einem Exemplar aller Publikationen, die von Institutsmitarbeitern herausgebracht wurden. Für die Entscheidung über Anträge zum Neukauf von Literatur stand dem Bibliotheksleiter weiterhin eine Bibliothekskommission aus Vertretern aller WB zur Seite, die gewöhnlich von einem der WB-Leiter geführt wurde. Die neu gebildete Kommission für Information und Dokumentation wurde von Günter Scholz geleitet. Themenbezogene Literaturdokumentation sollte dezentral, aber möglichst gruppenübergreifend in einigen wenigen Dokumentationsstellen von WB bzw. FG betrieben werden.[181] In der ersten davon arbeiteten die FG „Ertragsbildung und Photosynthese“ sowie die AG „Mathematisch-physikalische

---

[180] Index Seminum hrsg. vom Institut für Kulturpflanzenforschung, Gatersleben, der DAW 1948–1968, hrsg. vom ZIGuK, Gatersleben, der AdW der DDR 1969–1991, bzw. vom IPK, Gatersleben, bis 1993 im Akademie Verlag, Berlin; danach im Eigenverlag bis 2000. Erscheinen im Druck 2000 eingestellt, entspr. Informationen aus elektronischer Datei im Internet zugänglich.

[181] Protokolle DB Direktor ZIGuK vom 27.4.1970 TOP 2 und der WR-Sitzung vom 13.4.1970. LHASA, MD, M 66, Nr. Direktion 130, S. 354 bzw. 361–362.

Methoden“ zusammen. Nach ihrem Muster wurden in der FG „Eiweißstoffwechsel“ und im WB I Dokumentationsstellen gebildet.

Bereich „Ökonomie, technische Versorgung und wissenschaftliche Dienste (ÖTV)“, seine Abteilungen und Referate

Nachdem Helmut Böhme die Leitung des Institutes übernommen hatte, stand für kurze Zeit noch der bisherige Verwaltungsleiter Otto Dümichen dem Bereich ÖTV vor und bestimmte bereits in wesentlichen Zügen dessen nachfolgend beschriebene Struktur. Er musste jedoch bald krankheitshalber in den vorzeitigen Ruhestand treten. Danach leitete Wolfgang Ullmann ab 1. Januar 1973 den Bereich bis zum 28. Februar 1990. Als er die Aufgabe übernahm, war er durch seine frühere Beteiligung an den jährlichen Finanzrevisionen mit dem Institut bereits vertraut. Die Liste der Abteilungen und Referate im Organigramm (Abb. 2.27) gibt Auskunft über die verschiedenen Aufgabenfelder, die im Bereich ÖTV zusammengefasst waren.

Die Abteilung „**Finanzökonomie**“ stand von 1969 bis zu seinem altersbedingten Übergang in den Ruhestand im Jahre 1978 unter Leitung von Walter Kienast[182] (Abb. 3.11), der bereits vorher als Hauptbuchhalter die Finanzgeschäfte des Instituts betreut hatte. Seine Aufgabe übernahm danach bis 1990 Frau Juliane Becker. In Tab. 2.1 sind für ausgewählte Jahre die finanziellen Mittel zusammengestellt, die dem Institut zur Verfügung standen. Da die Mark der DDR eine nicht konvertierbare Inlandswährung war, konnten damit keine Waren aus dem Ausland bezahlt oder Kosten für Auslandsreisen bestritten werden. Deshalb bewilligte die zentrale Akademieverwaltung in Berlin jährlich Devisenbudgets für den Bücherimport der Bibliothek, für die Beschaffung von Bio-, Labor- und Feinchemikalien sowie Geräten aus dem Ausland und für Auslandsreisen zu Tagungen und Arbeitsaufenthalten.[183] Der angemeldete Bedarf des Instituts konnte jedoch durch die zugeteilten Mittel nicht gedeckt werden. Durch Verminderungen der Devisenbudgets,[184] die sich infolge der wirtschaftlichen Entwicklung in der DDR einstellten, und Preisstei-

[182] Walter Kienast gehörte nicht nur wegen seiner buchhalterischen Kompetenz zu den herausragenden Mitarbeitern des Institutes, sondern auch als Leiter der Blaskapelle des Institutes und *spiritus rector* für die Vorbereitung der Erntefeste, die zunächst jährlich und später, wegen der gewachsenen Mitarbeiterzahl, als Betriebsfeste in Zweijahresabständen veranstaltet wurden. Nachdem er in den Ruhestand getreten war, engagierte sich Walter Kienast vorbildlich in der Rentnerbetreuung und beriet nach 1990 vor allem Mitarbeiter bei der Rentenbeantragung.

[183] Plan für Valutamittelzuweisungen 1973–1975: 1973–110 TVM (Tausend Valutamark), 1974–130 TVM, 1975–165 TVM. Protokoll der Dienstbesprechung des Direktors des ZIGuK vom 12.4.1971. LHASA, MD, M 66, Nr. Direktion 130, S. 327.

[184] Angabe über die Kürzung der Mittel für Geräteimport im Jahre 1970 von 355,8 TVM auf 260 TVM und Reduktion der Mittel für den Buchimport auf den Wert von 1968. Protokoll der Dienstbesprechung des Direktors des ZIGuK vom 22.6.1970, TOP 2 und 5a, LHASA, MD, M 66, Nr. Direktion 130, S. 329.

Tab. 2.1 Beispiele für die finanzielle Ausstattung des Instituts: 5-Jahrplanung 1975–1980 in Mio. Mark[a] ohne Investitionen[b], gerundete Zahlen[c]; für 1989 sah der Plan Finanzmittel in Höhe von rund 18,1 Mio. Mark vor[d]

Jahr	Finanzmittel[a]	Investitionen Gesamt[b]	Invest. Bau	Invest. Ausrüstungen	Lohnfonds
1975	7,340	1,340	0,266	1,074	4,416
1976	7,233	3,400	1,612	1,753	4.752
1977	7,826	1,600	0,100	1,484	4,894
1978	8,391	1,100	0,100	0,988	5,045
1979	9,225	3,900	2,300	1,560	5,350
1980	10,316	6,100	3,700	2,341	5,728

[a] Ohne Investitionen
[b] Gerundete Zahlen
[c] Aus der Finanzplanung für die betreffenden Jahre. LHASA, MD, M 66, Nr. Direktion 64/1, S. 17
[d] Fünfjahrplan 1986–1990. LHASA, MD, M 66, Nr. Direktion 126, S. 242

gerungen bei den Waren vergrößerte sich mit den Jahren die Diskrepanz zwischen Bedarf und der Möglichkeit zur Bedarfsdeckung immer mehr.[185]

Der Abteilung „**Materialökonomie**“, die zunächst von Otto Pfützenreuter geleitet wurde (später nacheinander von Gerd Katzorke, Bernd Kleemann bzw. Wolfgang Schmidt), kam unter den Bedingungen der „Mangelwirtschaft“ in der DDR besondere Bedeutung zu. Planwirtschaftliche Engpässe in Produktion und Belieferung bildeten einen wesentlichen Grund dafür, dass eine umfangreiche Vorratswirtschaft betrieben werden musste, um die Unregelmäßigkeiten in der Versorgung soweit wie möglich abzupuffern. Das Institut unterhielt einen umfangreichen Fuhrpark (s. Referat „Fahrzeugverwaltung“), um die ungenügende Transportinfrastruktur in der DDR zu kompensieren und die Anlieferung von Gütern in erheblichem Umfang selbst zu bewältigen.

Zu den Versorgungsengpässen trugen auch die im vorigen Abschnitt geschilderten Währungsverhältnisse in der DDR bei. Vielfach ging der Warenexport gegen Devisen zu Lasten des Warenangebotes auf dem Inlandsmarkt. Das galt z. B. für wichtige hochwertige optische und feinmechanische wissenschaftliche Geräte, die im Ausland begehrt waren und deshalb nur in begrenztem Maße auf den Inlandsmarkt gelangten.[186] Hinzu kamen Verpflichtungen im Warenaustausch durch die Vernetzung der DDR mit den Wirtschaften anderer sozialistischer Staaten über den Rat für Gegenseitige Wirtschaftshilfe (RGW). Sie limitierten zusätzlich die Verfügbarkeit

[185] Im Zusammenhang mit der Berichterstattung über Beschaffungsprobleme heißt es im Protokoll der DB des Direktors vom 25.6.1984 zu TOP 1: „Es wird zunehmend schwieriger, den Forschungsbetrieb mit dem benötigten Material zu versorgen“. LHASA, MD, M 66, Nr. Direktion 136/1, S. 136.

[186] Scheler W (2000) wie Fußnote Kap. 2/159, hier S. 267 ff. Dort belegt W Scheler auf S. 268, dass 1969 für die AdW vom Bedarf für „bewegliche Investitionsgüter und Forschungstechnik“ nur 15 % durch die Staatliche Plankommission (SPK) „bilanziert“ wurden und von den 118 „bilanzierten“ Geräten dann 18 tatsächlich realisiert werden konnten.

von hoch entwickelten wissenschaftlichen Geräten und anderem Laborbedarf aus der DDR-Produktion. Dem standen zumeist keine äquivalenten Importmöglichkeiten aus anderen RGW-Ländern gegenüber. Alle diese Faktoren trugen dazu bei, dass die Warendecke meist nicht reichte, um den Bedarf des Institutes zu decken. Mangel und zeitlicher Verzug in der Lieferung von Gütern bildeten gravierende Gründe dafür, dass vor allem neue Forschungsprogramme und -techniken zu schleppend in Angriff genommen bzw. eingeführt werden konnten, um auf Dauer international konkurrenzfähig zu bleiben. Einfallsreichtum bei der Warenbeschaffung und Gestaltung der Vorratswirtschaft waren Faktoren, mit denen die Abteilung „Materialökonomie" des Bereiches ÖTV maßgeblich zum Erfolg der Arbeiten in den wissenschaftlichen Bereichen beitrug. Der Bau des sogenannten „Weißen Hauses" (1977) diente dazu, im Institut angemessene Kapazität für die Materiallagerung zu schaffen (Abschn. 2.2.1.5). Sie war nicht nur für die wissenschaftlichen Arbeiten erforderlich, sondern auch für die Werterhaltung an Gebäuden und technischen Ausrüstungen.

Investitionen und Werterhaltung: Diese oblagen der gleichnamigen Abteilung unter Leitung von Karl-Heinz Heyroth. Sie hatte während der Zeit der Direktion von Helmut Böhme vor allem Investitionen für die im Abschn. 2.2.1.5 beschriebenen Bauten sowie für die Erweiterung des Ferienheims „Windenhütte"[187] zu bewältigen. Der große Bestand an Gebäuden, die dem Institut gehörten oder von ihm verwaltet wurden (Abschn. 2.1.4), erforderte umfangreiche Werterhaltungsmaßnahmen, für die Materialbevorratung bzw. -beschaffung und Handwerkereinsatz notwendig waren. Es gab keine ausreichende Zahl von privaten, genossenschaftlichen oder staatlichen Handwerksbetrieben des Baugewerbes, welche Werterhaltungsaufträge übernehmen und ausführen konnten. Deshalb beschäftigte das Institut in der Abteilung „Investitionen und Werterhaltung" zahlreiche „Betriebshandwerker" verschiedener Gewerke, um einen großen Teil der Werterhaltungsmaßnahmen selbst bewältigen zu können. Die Betriebshandwerker waren in entsprechenden Werkstätten auf dem Werkstatthof tätig (Abb. 2.30). Helmut Böhme hatte als Direktor auch veranlasst, dass die Laborwerkstätten der wissenschaftlichen Struktureinheiten in dieser Abteilung des Bereiches ÖTV verwaltungsmäßig zusammengefasst wurden. Mit der Zentralisierung sollte eine effektivere Nutzung kostspieliger Maschinen, eine verstärkte Spezialisierung einzelner Handwerker und ihr effektiverer Einsatz erreicht werden. Die Werkstatträume selbst blieben in den Gebäuden „Genetik" und „Chemie", wobei eine dritte Werkstatt im Gebäude „Physik" noch bis 1972 bestand und erst in der Folge der Bildung des WB II mit der Werkstatt „Chemie" im Chemiegebäude vereinigt wurde. Die Mitarbeiter der wissenschaftlichen Werkstätten (Abb. 2.31a) führten die sofortigen Reparaturen und Hilfsmaßnahmen in den zugeordneten Laboratorien und Arbeitsräumen aus, bauten gegebenenfalls Geräte um oder fertigten spezielle Geräte an und betrieben die routinemäßige Werterhaltung an Geräten und Ausrüstungen in den Gebäuden der WB und QB.[188] Bei Anpassung

[187] Wiedereröffnung vorgesehen für 1.7.1975. LHASA, MD, M66, Nr. Direktion 38/1, S. 89–90.

[188] Die große Bedeutung der eigenen Serviceleistungen wird im Protokoll der DB des Direktors vom 14.3.1983, TOP 2, sichtbar, wo es u. a. heißt: „...negative Entwicklung der Altersstruktur der

Abb. 2.30 Die Wirtschaftshöfe des Institutes zur Zeit des ZIGuK. Dahinter das Samenkühllagerhaus und im Hintergrund das Gebäude der Genbank und der Abteilung „Taxonomie" (Ausschnitt aus der Luftaufnahme Abb. 2.51a). Vorn rechts das „Weiße Haus", ein Materiallager. **a** Wirtschaftshof des Gartenbaus mit Garagen für Traktoren (*1*), Remisen für Wagen und Geräte (*2*) sowie Pferdestall (*3*). **b** Wirtschaftshof für die Kraftfahrzeuge und Betriebshandwerker: (*1*) Autogaragen, (*2*) Tankstelle, (*3*) Kfz-Waschgarage und Werkstatt, (*4*) Handwerkerwerkstätten, (*5*) ab 1978 Werkstätten für Gerätebau, und in der Mitte (*6*) Sozialgebäude

und Bau von Geräten spielte der Glasbläser Hartmut Bischoff eine wichtige Rolle, der seine Werkstatt im Chemie-Gebäude hatte (Abb. 2.31b).

Gerätebauwerkstatt: Den Versorgungsmängeln bei Laborgeräten sollte, ähnlich wie später bei der Chemikalienproduktion (Abschn. 2.2.2.3), mit verstärkter Eigenproduktion entgegengewirkt werden. Die AdW der DDR richtete in dafür geeigneten Instituten spezielle Werkstätten für Laborgerätebau ein.[189] Die Produktpaletten der verschiedenen Institute sollten sich ergänzen und zur wechselseitigen Mitversorgung anderer Institute führen. Im Jahre 1978 kam es deshalb im ZIGuK innerhalb der Abteilung „Investitionen und Werterhaltung" zur Gründung einer speziellen Werkstatt für Gerätebau unter Leitung von Uwe Schlüter, dessen Nachfolger Hans-Otto Hallermann am 1.6.1982 wurde. In ihrer Spitzenzeit beschäftigte diese Werkstatt 18 Mitarbeiter. Sie bestand bis 1991 und fertigte vor allem Geräte aller Art für die gelelektrophoretische Analyse von Proteinen und Nukleinsäuren, für die

zu betreuenden Geräte und Anlagen, komplizierte Ersatzteilprobleme, stärkere Belastung durch umfangreicheren Einsatz von Eigenkapazitäten zur Erbringung von Serviceleistungen für NSL-Geräte und die Verlängerung von Wartezeiten bei erforderlichem Fremdservice." LHASA, MD, M 66, Nr. Direktion 136/2, S. 189.

[189] Scheler W (2000), wie Fußnote Kap. 2/161, hier Tab. 5.29 auf S. 26, aus welcher hervorgeht, dass sich der Anteil des wissenschaftlichen Gerätebaus der AdW an den Bedarfsdeckungsquellen für wissenschaftliche Geräte bereits früher von 15,1 % im Jahre 1975 auf 30,0 % im Jahre 1982 erhöht hatte.

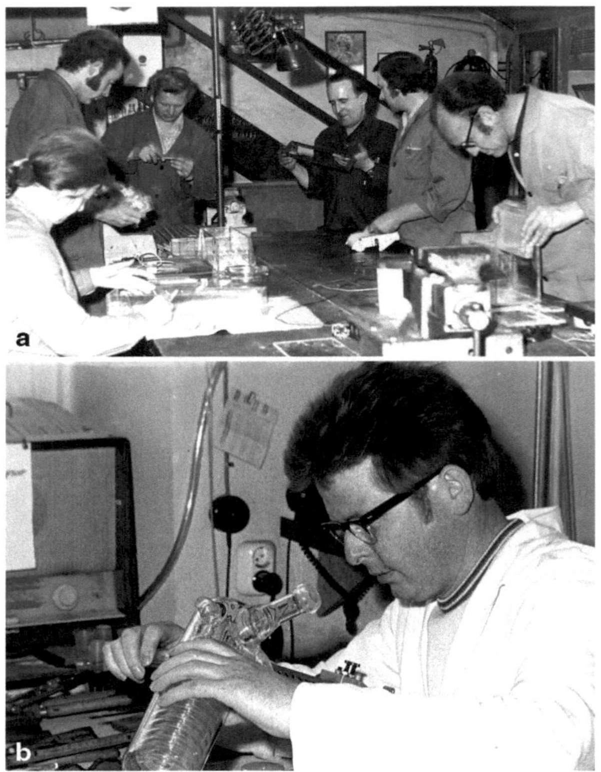

Abb. 2.31 Laborwerkstätten des Wissenschaftlichen Bereiches II. **a** Die Werkstattmitarbeiter (*von links nach rechts*) u. a. Martin Stieglitz (stehend), Helmut Zappe, Hans Mahnecke, Otto Stieglitz (ganz rechts) in einem der Werkstatträume des Chemie-Gebäudes, **b** der Glasbläser Hartmut Bischoff bei seiner Arbeit

DNA-Sequenzierung sowie Lyophilisationszentrifugen an.[190] Dabei gelangen Entwicklungen, z. B. der berührungslose Zentrifugenantrieb, die für eine industrielle Fertigung attraktiv waren, jedoch von der Zentrifugenindustrie der DDR nie aufgegriffen wurden.

Unter dem Dach der Abteilung „**Versuchsfeld und Gärtnerei**" (ab 1971 lag die Leitung bei Hubert Hahn) arbeiteten ab 1969 a) die Gärtnergruppen für den WB I, für den WB II sowie Teile des WB III in den Gewächshauskomplexen und Freilandquartieren des Genetik- bzw. des Chemie-Gebäudes, die gemeinsam von Hellmuth Fromme[191] geleitet wurden, und b) die unter Leitung von Martin Rädlich stehenden Gärtner und Arbeiter für Teile des WB III und den QB „Kulturpflanzenweltsortiment" im Vavilov-Haus. Der Gärtnergruppe des WB II oblag auch die Versuchspflanzenbetreuung in der wachsenden Zahl von Klimakammern, die in einem umgebauten Gewächshaus des WB II untergebracht waren (vgl. FG „Ertragsbil-

---

[190] Die Planung für 1987 weist für die Gerätebauwerkstatt zehn Positionen aus, von denen einige mehrfach herzustellen waren. LHASA, MD, M 66, Nr. Direktion 126, S. 249.

[191] Die vielseitigen gartengestalterischen und kulturellen Aktivitäten von Helmuth Fromme werden in Abschn. 4.4 gewürdigt.

dung" im Abschn. 2.2.1.4). Zusätzlich pflegten die Gärtner die ausgedehnten Rasenquartiere, Zierpflanzenbeete und Baumbestände um die Institutsgebäude herum. Die in Abschn. 2.1.3.2 bereits beschriebene Imkerei bestand in der Abteilung „Versuchsfeld und Gärtnerei" weiter. Der umfangreiche Maschinen- und Gerätepark für Feld- und Gewächshauswirtschaft war ganz überwiegend in dem geräumigen Wirtschaftshof der Abteilung (Abb. 2.30a) untergebracht. Für Wartung und Reparaturen gab es eine eigene Abteilungswerkstatt, die sich benachbart zur Kfz-Werkstatt des Referates „Fahrzeugverwaltung" (s. unten) im Handwerkerwirtschaftshof befand.

Referat „**Allgemeine Verwaltung**": Unter Leitung von Elisabeth Becherer bewältigte dieses Referat ein breites Spektrum von Aufgaben bei der Verwaltung der betriebseigenen Wohnungen, der Gästezimmer im Wohnheim sowie Wirtschaftsgebäude, der Garagen für Mitarbeiter und der beiden Ferienheime. Angesichts des permanenten Wohnungsmangels (vgl. Abschn. 2.1.4.2 und 2.2.1.6) stellten Wohnungsvergabe und -tausch besondere Anforderungen an dieses Referat, durch das auch die Mieten eingezogen werden mussten. Seit Inbetriebnahme des zentralen Heizwerkes in der Heizperiode 1970/1971 verwaltete das Referat sowohl die Wärmeversorgung der betrieblichen Einrichtungen und Wohnungen als auch der örtlichen außerbetrieblichen Wärmeenergieabnehmer. Zum Verantwortungsbereich gehörten außerdem die Mitarbeiterversorgung in der Betriebskantine, der Einsatz der Hausmeister und Reinigungskräfte, die Verwaltung des Telefonsystems in Institut und Institutswohnungen, der institutseigene Pförtner- und Wachdienst sowie die Durchführung der Institutsfeste.

Referat „**Arbeitsökonomie**": Im Verantwortungsbereich dieses von Wolfgang Kühlewind geleiteten Referates erfolgten die Arbeitskräfteplanung und die Aufstellung bzw. Führung des Stellenplans für das Institut. Krankschreibungen und Unfälle wurden registriert bzw. Krankenstand und Unfallgeschehen analysiert, die Rentnerbetreuung organisiert sowie Lohnerhöhungen und Leistungszulagen verwaltet. Das Referat verwaltete außerdem das Kulturgut im Institut und betreute die Durchführung von Kulturveranstaltungen und Exkursionen sowie die Institutssportgemeinschaft „Wissenschaft" (Abschn. 4.4).[192] All diese Aktivitäten waren vor allem im sozialen Bereich angesiedelt und beruhten u. a. auf der Institutsvereinbarung, die alljährlich zwischen dem Institutsdirektor und der Institutsgewerkschaftsleitung abgeschlossen wurde.[193]

[192] Der Kultur- und Sozialfonds stand in fester Relation zum Lohnfonds des ZIGuK und betrug z. B. 1983 205,5 TM. Protokoll DB Direktor vom 9.1.1984, TOP 7, Unterpunkt 1. LHASA, MD, M 66, Nr. Direktion 136/1, S. 184.

[193] Als Beispiel soll hier die Betriebliche Vereinbarung 1975 dienen. Darin sind geplante Maßnahmen für die Planerfüllung, die Verwirklichung des Leistungsprinzips bei Entlohnung und Prämiierung, zur Entwicklung der materiellen Arbeitsbedingungen, für die Verbesserung der sozialen Betreuung der Werktätigen sowie Arbeitszeit- und Urlaubsregelungen enthalten. Als Anlagen gehören dazu: Frauenförderungsplan, Jugendförderungsplan, Plan zur Verwendung von Fonds für Prämien und zur Förderung von Kultur und Sport, Plan für den Einsatz von Zuschlägen für betriebsbedingte Arbeitserschwernisse und die Urlaubsvereinbarung. LHASA, MD, M 66, Nr. Direktion 54/2, S. 551–597.

Referat „**Fahrzeugverwaltung**" (Leitung Philipp Krafczyk, 1983–1989 Helmut Barwich): Dem Fuhrpark oblagen innerbetrieblicher Transport mit kleineren Lastfahrzeugen (Multicar, Elektrokarren), außerbetrieblicher Materialtransport mit IFA W50-Lastwagen (Abb. 2.32c) und Anhänger (vgl. Abteilung „Materialwirtschaft") sowie Personentransport mit Pkw, Robur-Omnibus für 20 Personen sowie Barkas-Kleinbus für sieben Personen (Abb. 2.32a, b). Soweit erforderlich, wurden auch Traktoren und Anhänger aus der Abteilung „Versuchsfeld und Gärtnerei" für den regionalen Materialtransport eingesetzt. Im Referat waren sechs Kraftfahrer beschäftigt. Für die Treibstoffversorgung gab es eine eigene Tankstelle. Reparatur und Wartung der Fahrzeuge geschahen durch einen Kfz-Mechaniker (Herbert Immroth) in einer Kfz-Werkstatt auf dem Werkstatthof, wozu auch eine beheizbare Kfz-Waschgarage gehörte. Den Mitarbeitern der FG der WB, QB, Abteilungen und Referate stand der Robur-Bus einmal jährlich kostenlos für einen Betriebsausflug zur Verfügung. Mit ihm fanden auch regelmäßige Fahrten zu Theateraufführungen, zum Hallenbad in Quedlinburg und zu den Ferienheimen statt. Mit den Pkw fuhren Mitarbeiter, vor allem im Zusammenhang mit Leitungsaufgaben, zu Beratungen in den Kreis- und Bezirksstädten bzw. zur Akademiezentrale in Berlin und wurden Mitarbeiter und Institutsgäste von Bahnhöfen bzw. Flughäfen abgeholt oder dorthin transportiert. Die großzügige Bereitstellung von Fahrzeugen bildete darüber hinaus eine wichtige Stütze für das rege Sport- und Kulturleben im Institut (Abschn. 4.4.5). Zur Bewältigung der umfangreichen Transportaufgaben, die für den reibungslosen Betrieb des Institutes erforderlich waren, gab es keine äquivalenten kommerziellen Kapazitäten, von denen entsprechende Dienstleistungen hätten angemietet werden können.

Referat „**Plankoordinierung**": Es bestand nur aus einem Mitarbeiter, Fritz Baier, der vor allem die jährlichen innerbetrieblichen wissenschaftlichen, personellen und materiellen Planungen koordinieren und aufeinander abstimmen musste, ehe sie zur weiteren „Bilanzierung" an die übergeordneten institutionellen und regionalen Instanzen abgegeben werden konnten.

2.2.1.5 Ergänzende Bauten und Fortentwicklung der landschaftlich-gärtnerischen Gestaltung

Drei etwa gleichzeitig laufende Bauvorhaben hatten 1969 bis 1972 zum Ziel, einen Teil der Voraussetzungen für die Verwirklichung der Institutskonzeption von 1969 zu schaffen: a) Der Bau des Heizwerkes 1969–1971, womit Heizungsräume einiger Institutsgebäude für den späteren Umbau in Labor- und Arbeitsräume frei wurden, b) 1969 die Verlängerung von Trakt A des Chemie-Gebäudes in westlicher Richtung, um Laborräume für das Analysenlabor der FG „Eiweißstoffwechsel" zu schaffen, und c) die Aufstockung des Bestrahlungshauses der Physik von 1970–1972, um angemessene Laborräume für die FG „Ertragsbildung" zu erhalten. In den nachfolgenden Jahren erfolgten in Verwirklichung des Institutskonzeptes d) 1972–1973 der Umbau der ehemaligen Heizungsräume des Genetik-Gebäudes für die FG „Mutagenitätstestlaboratorium" und FG „Entwicklungsbiologie der Tiere" des WB I sowie e) 1975–1976 der Bau des Samenkühllagerhauses für den QB „Kulturpflanzenweltsortiment". Schließlich musste f) 1977 ein zusätzliches Lagergebäude errichtet werden.

Abb. 2.32 Kraftfahrzeuge, die in den 1960er-Jahren im Referat Fahrzeugverwaltung im Einsatz waren. **a** Pkw Typ Wartburg 311 mit dem Fahrer Karl Seibt am Lenkrad, **b** Robur-Omnibus mit 20 Sitzplätzen am Steuer Herbert Hermann (1961), **c** Lastkraftwagen IFA W 50 mit seinem langjährigen Fahrer Ottomar Brandt

Die Planungen für das **Heizwerk** (Abb. 2.33) waren 1968 in Angriff genommen worden. Es wurde unter Beteiligung des damaligen VEB Baumaschinen Gatersleben unmittelbar am Bahnkörper der Strecke Gatersleben–Hedersleben, westlich des Gaterslebener Bahnhofs außerhalb des Ortes errichtet. Zunächst war dafür Ölfeuerung geplant. Die Energiesituation in der DDR erzwang jedoch noch in der Bauphase eine Umstellung auf die Verfeuerung der einheimischen Braunkohle. Öl wäre vorwiegend nur aus Importen gegen konvertierbare Währung verfügbar gewesen. Das Heizwerk nahm die Fernwärmeversorgung während der Heizperiode im Winter 1970/1971 auf. Es versorgte nicht nur das Institut, sondern darüber hinaus ortsansässige Be-

Abb. 2.33 Ansicht des 1970/1971 in Betrieb genommenen und bis 1994 betriebenen Heizwerkes an den Bahngleisen der Strecke von Gatersleben über Hedersleben in Richtung Halberstadt

triebe, wie den VEB Baumaschinen (heute JCB Vibromax GmbH), Einzelhäuser des Instituts und Wohnblöcke am Schwabeplan im Ort, die 1984/1985 neu erbaute Schule sowie Kinderkrippe und Kindergarten. Letztere waren, idyllisch gelegen, durch Umbau von Unterkünften entstanden, die für Arbeiter am Heizhausbau in der Nähe von Hühnerbrücke und Flüsschen Selke errichtet worden waren. Das Heizhaus musste aus Umweltschutzgründen nach der Heizperiode 1995/1996 stillgelegt werden und wurde samt dem 60 Meter hohen Schornstein 2003 vollständig abgerissen.

Mit der Erweiterung des Traktes A am Chemie-Gebäude entstanden neben dem Arbeitsraum für den AG-Leiter und zwei kleineren Räumen für Wagen und Messgeräte zwei geräumige Laboratorien, von denen eines von der **AG „Analysenlaboratorium“** für den Betrieb der Analysenautomaten (Abb. 3.36) und das andere für die chemische Probenaufbereitung genutzt wurde.

Auf einer Grundfläche, die durch die Größe des darunter liegenden Bestrahlungshauses am Gebäude „Physik“ vorgegeben war, konnten mit dessen **Aufstockung für die FG „Ertragsbildung“** drei Arbeitsräume für Wissenschaftler, vier geräumige Laboratorien, drei Räume für die Aufstellung von Zentrifugen bzw. Waagen und Messgeräten und ein großzügiges modernes Treppenhaus für das gesamte Gebäude geschaffen werden. Damit entstand das durchgängig zweistöckige äußere Erscheinungsbild (Abb. 2.28), das auch bei der heutigen Nutzung des Hauses als Bibliothek erhalten blieb.

Abb. 2.34 Samenkühllagerhaus in seinem 1976 fertiggestellten ursprünglichen Bauzustand, worin sich vier Kühlkammern sowie Räume für die Saatgutprüfung befanden. (1993, Foto und Bildrechte: Heike Ernst)

Der **Umbau der ehemaligen Heizungsanlage des Genetik-Gebäudes** im Trakt F schuf Laboratorien, Geräte- und Arbeitsräume für Wissenschaftler des Mutagenitätstest-Laboratoriums und der FG „Entwicklungsbiologie". Für den Stall zur Haltung von Kleinsäugern (Mäuse) als Versuchstiere verlängerte man den ehemaligen Heizungstrakt. Im „Mäusestall" sind später, vor allem unter der Regie der AG „Serologie" des WB II, auch die meisten Antikörper für immunologische Arbeitstechniken im gesamten Institut erzeugt worden.

Mit der Errichtung des **Samenkühllagerhauses (SKL) für das Kulturpflanzenweltsortiment** sollte eine Langzeitlagerung der als Samen gespeicherten Sortimentsmuster eingeführt und der Umfang des unumgänglichen jährlichen Reproduktionsanbaus auf dem Versuchsfeld begrenzt werden. Abweichend von der bisherigen Gestaltung der Institutsgebäude wurde ein weitgehend fensterloser großer grauer Betonklotz errichtet (Abb. 2.34), dessen dicke Wände auch bei Ausfall der Stromversorgung für die Kühlmaschinen eine gefahrlose Samenlagerung bis zu drei Wochen sichern sollten. Neben Arbeitsräumen für die Saatgutprüfung entstanden vier große Kühlkammern, von denen zwei bei plus 2–4 °C und die beiden anderen bei minus 10–15 °C gehalten wurden (vgl. Abb. 3.3). In einem einstöckigen Verbindungstrakt zwischen SKL und Taxonomie-Gebäude entstanden zusätzliche Arbeitsräume. Das Samenkühllagerhaus hat später eine Vergrößerung erfahren

(Abschn. 2.4.6.1), wobei durch Verwendung von Holz bei der Fassadengestaltung am neuen Teil der „Fremdkörpereindruck“ des ganzen Gebäudes gemildert wurde.

Ein weiterer architektonischer Fremdkörper im Institutsensemble entstand 1977 unweit des Staudengartens mit der **Materiallagerhalle**, für die einfach ein Typenbau für die Unterbringung bzw. Reparatur von Landmaschinen gewählt wurde. Sie war im Rahmen der notwendigen Vorratswirtschaft (Abschn. 2.2.1.4, Abteilung „Materialwirtschaft“) von großer Bedeutung. Hier wurde vieles gelagert, was im dringenden Bedarfsfall in aller Regel nicht sofort erhältlich war. Das reichte von Elektrokabeln bis zu Toilettenbecken. Obwohl die Ursachen für die Errichtung dieser, wegen ihres Anstrichs stets als „Weißes Haus“ bezeichneten Halle nach 1990 nicht mehr gegeben waren, leistete das Gebäude dennoch weiter vielfach gute Dienste, nicht zuletzt als Ausweichquartier während der Totalrekonstruktion des Institutes nach 1998 (Abschn. 2.4.6.1).

Die gärtnerische Gestaltung des Institutsgeländes war mit der Verwirklichung des Generalbebauungsplanes bis 1968 vollendet worden (Abschn. 2.1.4.3). Abgesehen von „Reparaturen“ daran, die infolge der baulichen Erweiterungen erforderlich waren, gab es, wenn man von Änderungen in der Einzelbepflanzung absieht, im Zeitraum 1969 bis 1991 keine nennenswerten Umgestaltungen.

2.2.1.6 Personalentwicklung und Weiterbildung der Mitarbeiter

Bei der Interpretation von Personalbestand und -bewegungen sind instituts- und DDR-spezifische Faktoren zu berücksichtigen. Im Jahr 1969, als Helmut Böhme die Direktion übernahm, waren 26 % der 226 in den WB und QB Beschäftigten (in VBE) Wissenschaftler. Bezogen auf die Gesamtzahl der VBE einschließlich der Beschäftigten in der Abteilung „Landwirtschaft“ machten die Wissenschaftler zehn Prozent aus, ohne die Abteilung „Landwirtschaft“ 12 %. Nach Ausgliederung der Abteilung „Landwirtschaft“ betrug 1973 der Anteil der Wissenschaftler an der Gesamtzahl der VBE 16 %, hatte sich dabei aber gegenüber 1969 auch um 22 VBE (42 %) erhöht. Bezieht man in diese Analyse die Zahlen aus Tab. 2.2 ein, dann werden die institutsspezifischen Merkmale sichtbar. Der Anteil der Hochschulkader, von denen maximal fünf nicht auf die WB entfielen, überstieg bis 1990 nie 20 %, zeigt aber von 1965 bis 1983 und darüber hinaus einen allmählichen Anstieg, der sowohl auf Veränderungen in der Zahl der beschäftigten Wissenschaftler von 62 auf 110 als auch Veränderungen in der Zahl der Nicht-Wissenschaftler beruht. Er ist das Ergebnis einer andauernden zielstrebigen Personalpolitik der Institutsleitung, deren Planungen jedoch nie vollständig realisiert werden konnten.[194] Allerdings ist der vergleichsweise geringe Anteil der Wissenschaftler sowohl von instituts- als auch DDR-spezifischen Faktoren bestimmt worden. Die sachgemäße Reproduktion der stark wachsenden Zahl von Mustern im Kulturpflanzenweltsortiment und der hohe Anteil an Feldversuchen aus den WB und QB erforderten zahlreiche Mitarbeiter im Gartenbau. In Struktureinheiten mit biochemischen und molekularbiologischen

[194] Der Plan für die Entwicklung des ZIGuK bis 1980 weist für 1975 bereits 96 und für 1980 116 VBE Hochschulkader aus. Diese Zahl wurde auch 1990 nicht erreicht (Tab. 2.2). LHASA, MD, M 66, Nr. Direktion 57/1, S. 167.

Tab. 2.2 Entwicklung des Personalbestandes im Institut 1945–1991[a]

Jahr	Anzahl der VBE	Anzahl der Hochschulkader	%-Anteil der Hochschulkader
1945	51	11	21,6
1955	456	31	6,8
1965	465	62	13,3
1975	507	91	17,9
1980	594	109	18,4
1990	574	110	19,2
1991	317	81	25,6

VBE Vollbeschäftigteneinheiten, eine in der DDR übliche personalstatistische Kennzahl

Quellen: [a]Stubbe H (1982) wie Fußnote Kap. 1/19, hier S 71–79; Böhme H, Diesener G (2005) wie Fußnote 158, hier S 62; Kienast W, Statistik der Entwicklung des Personalbestandes 1969–1972

Forschungen kam am Labortisch etwa eine Laborantin bzw. technische Assistentin auf einen Wissenschaftler. Im QB „Kulturpflanzenweltsortiment" waren es dagegen aus arbeitsspezifischen Gründen wenigstens drei technische Mitarbeiter pro Wissenschaftler. In der Aufgabenbeschreibung für den Bereich ÖTV (Abschn. 2.2.1.4, Unterpunkt 5) sind die DDR-spezifischen Ursachen für den großen Personalaufwand für Betriebs- und Laborhandwerker, Heizhauspersonal, Transportwesen, Wachdienste, Gebäudereinigung, Ferienheime, Sportstätten usw. genannt worden.

Arbeitsrechtliche und wohnungswirtschaftliche Gründe lagen der geringen Personalfluktuation zugrunde. Ausgenommen wissenschaftliche Aspiranten, die als Stipendiaten galten, und ab 1973 auch andere Doktoranden besaßen alle anderen Beschäftigten, also auch die Wissenschaftler, Daueranstellungen. Mit einem Wechsel an andere Institute waren lange, in größeren Städten teilweise fünf Jahre währende Wartezeiten für eine angemessene Wohnung verbunden. Beide Faktoren wirkten einem derartigen Wechsel entgegen. Außerdem gab es keine Forschung fördernden Institutionen, bei denen man Projektmittel einwerben konnte, um damit zeitlich begrenzt Personal einzustellen. Personalzuwachs beruhte auf Stellenzuführungen im Rahmen des planwirtschaftlich bilanzierten Arbeitsmarktes. Der stärkste Stellenzuwachs geschah in der Folge der Verwirklichung der Institutskonzeption zwischen 1968 und 1980 von rund 64 auf 109 Wissenschaftler. Die mangelnde Flexibilität auf dem Arbeitsmarkt hemmte die Bearbeitung und Neuaufnahme wissenschaftlicher Projekte beträchtlich. Nur in ganz wenigen Fällen sind Wissenschaftler Berufungen an andere Institute gefolgt oder von auswärts auf leitende Stellungen im Gaterslebener Institut gewechselt (Abschn. 2.2.1.4 und 2.2.2.1 bis 2.2.2.3). Neben den oben genannten allgemeinen gesellschaftlichen Gründen kam für Genetiker erschwerend hinzu, dass es für sie außerhalb des ZIGuK bis in die 1960er-Jahre hinein infolge der in Abschn. 2.1.2.2 geschilderten Ära des „Lyssenkoismus" kaum annehmbare Stellen gab. Zwischen 1950 und 1990 hat es auf leitende Stellen in den stark genetisch orientierten wissenschaftlichen Bereichen I und III (1969–1990) bzw. deren Vorgängerabteilungen (1950–1968) nur „Hausberufungen" gegeben. Dagegen gab es im WB II bzw. dessen Vorgängerabteilung „Chemische Physiologie" Besetzungswechsel. Sie hingen nicht zuletzt damit zusammen, dass nach 1958 in Halle das Institut für Biochemie der Pflanzen der DAW entstanden war. Sein Fachgebiet überlappte mit dem dieser Abteilung bzw. des WB II in Gatersleben, deren Leiter nach Halle wechselten, und die durch Berufungen von außerhalb ersetzt wurden.

Angesichts der geringen Mobilität von Arbeitskräften in der DDR, des stark landwirtschaftlich geprägten Gebietes um das Institut und des ungünstigen Zahlenverhältnisses zwischen rund 600 Beschäftigten im Institut und im Maximum nur etwa 3000 Einwohnern im Ort war es schwierig, Laboranten und technische Assistenten für die Forschung zu rekrutieren. Das ZIGuK setzte deshalb in Zusammenarbeit mit den Instituten für Phytopathologie, Aschersleben, und für Züchtungsforschung, Quedlinburg, der AdL verstärkt die Ausbildung von Laborantenlehrlingen fort.[195] Kurt Gröber aus der FG „Angewandte Genetik" übernahm im ZIGuK die Leitung der Lehrlingsausbildung.[196] In den fachfernen theoretischen Fächern wurden die Lehrlinge aus allen drei Instituten an einem Tag pro Woche gemeinsam in der Betriebsberufsschule (BBS) des VEG Aschersleben unterrichtet, während der fachtheoretische Unterricht an einem zweiten Tag ebenfalls für die Lehrlinge aller drei Institute von Wissenschaftlern des ZIGuK im Gaterslebener Hörsaal erteilt wurde. Die fachpraktische Ausbildung erfolgte in den drei Instituten getrennt. Dabei durchliefen die Lehrlinge im ZIGuK jeweils zehnmonatige Ausbildungen in wechselnden Struktureinheiten von jedem der drei WB und QB. Die Auszubildenden waren fast ausschließlich Frauen. Viele der Laborantinnen fanden vor allem im ZIGuK, aber auch in den Instituten in Aschersleben und Quedlinburg nach erfolgreich beendeter Facharbeiterausbildung langfristige Beschäftigung. Ausgewählte leistungsstarke Absolventinnen der Laborantenausbildung konnten mithilfe des Instituts einen Studienplatz an einschlägigen Ingenieurschulen in benachbarten Städten erhalten und sich dort zu technischen Assistenten bzw. Ingenieuren für Forschung weiterbilden, um schließlich vor allem in den genannten Instituten Anstellungen zu finden. Das Ausbildungssystem für Laboranten änderte sich ab 1980, indem der gesamte theoretische Unterricht an die Betriebsberufsschule des VEG in Aschersleben und die berufspraktische Ausbildung in ein zentrales Lehrlabor des ZIGuK verlagert wurden, welches das Institut im alten Herrenhaus der ehemaligen Domäne auf dem Oberhof in Gatersleben eingerichtet hatte.[197] Die Ausbildungsleitung ging damit auf den hauptamtlich dafür beschäftigten Biologen Peter Silhengst über. In die Ausbildung wurden schließlich auch Lehrlinge anderer Institute des FZMM der AdW der DDR einbezogen, womit das Gaterslebener Institut eine zentrale Stellung in der

[195] Stubbe H (1982), wie Fußnote Kap. 1/19, wo auf den S. 367–371 über „die berufliche Qualifizierung der Mitarbeiter im Institut" bis 1968 berichtet wird.

[196] Ein Bericht von Kurt Gröber über das Ausbildungskonzept von 1972 und der entspr. Plan für dasselbe Jahr weisen neun Lehrlinge vom ZIGuK, fünf aus dem Quedlinburger und zwei aus dem Ascherslebener AdL-Institut aus. LHASA, MD, M 66, Nr. Direktion 82/1, S. 132–133 und 136.

[197] Bericht des Kaderleiters des ZIGuK vom 29.5.1979 über eine Beratung mit den Leitern der WB über die Lehrlingsausbildung und die Notwendigkeit der Einrichtung eines Lehrlabors. LHASA, MD, M 66, Nr. Direktion 37/1, S. 17.

Ausbildung von Laboranten für experimentelle Biologie in der DDR einnahm.[198] Regelmäßig bildete das ZIGuK auch Lehrlinge als Gärtner, Handwerker, Schreibkräfte, Wirtschaftskaufleute und gelegentlich auch als wissenschaftliche Zeichnerinnen und Fotolaboranten aus.[199] Mehrfach führte man Sonderlehrgänge für solche Hilfslaboranten durch, die mehr als zehn Jahre in Instituten gearbeitet hatten, und führte sie auf dem Wege der Erwachsenenqualifizierung zum Berufsabschluss als geprüfte Biologielaboranten.[200]

Gewinnung und Qualifizierung des wissenschaftlichen Nachwuchses gehörten zu den Schwerpunkten der Weiterbildungsarbeit im Institut. Etwa acht bis zehn Schüler der Erweiterten Oberschule (EOS) aus der Kreisstadt Aschersleben absolvierten jährlich ein zweiwöchiges Praktikum in den wissenschaftlichen Gruppen des ZIGuK.[201] Diese lehrplanmäßige „wissenschaftlich-praktische Arbeit (WPA)" bot dem Institut Gelegenheit, Gymnasiasten Einblick in die Forschungsarbeit zu gewähren und sie gegebenenfalls für den Wissenschaftlerberuf zu interessieren. Aus verschiedenen Universitäten, vor allem aus der Martin-Luther-Universität Halle-Wittenberg, kamen regelmäßig etwa zehn Studenten (z. B. von den Fachrichtungen Genetik oder Biochemie) zu Praktika an das Gaterslebener Institut,[202] was die Auswahl einzelner Studierender für eine weitere Qualifizierung oder Tätigkeit im ZIGuK ermöglichte. Gelegentlich fertigten Studenten, die vor allem von der Martin-Luther-Universität kamen, Diplomarbeiten im ZIGuK an. Für Universitätsabsolventen, welche ihre Laufbahn mit einer Anstellung am ZIGuK begannen, galt die strikte Erwartung, dass sie nach etwa vier Jahren ihre Dissertation an der entsprechenden Fakultät einer Universität einreichten und dort zum Doktor promoviert wurden.[203] Gefördert von den günstigen Arbeitsbedingungen erreichten auch beinahe alle Doktoranden dieses Ziel. In den Zeiträumen von 1969–1983 und 1984–1990 wurden 31 bzw. 11 Wissenschaftler des Institutes zum Dr. promoviert.[204] Den weiteren Weg zur Habilitation beschritten nur wenige der promovierten Wissenschaftler. Die Aufstiegsmöglichkeiten im Institut waren nicht an eine Habilitation gekoppelt,

198 Die Analyse der Jahre 1986–1989 zeigt, dass 20 bis 30 Lehrlinge pro Lehrjahr ausgebildet wurden. 1989 kamen die 31 Lehrlinge aus 14 verschiedenen Institutionen. LHASA, MD, M 66, Nr. Verwaltung 10, S. 39

199 Fünfjahrplan 1976–1980, LHASA, MD, M 66, Nr. Direktion 64, S. 106.

200 Bericht des Kaderleiters des ZIGuK vom 21.8.1973 über eine entsprechende Beratung mit den AdL-Instituten in Ascherleben und Quedlinburg. LHASA, MD, M 66, Nr. Direktion 37/2, S. 50–52.

201 Brief des Institutsdirektors an den betreffenden Schuldirektor über den Einsatz von WPA-Schülern im ZIGuK vom 4.–23.6.1973. LHASA, MD, M 66, Nr. Direktion 37/1, S. 51.

202 Protokolle DB des Direktors vom 8.8.1984, TOP 6, und vom 9.5.1983, TOP 3. LHASA, MD, M 66, Nr. Direktion 136/1, S. 123, bzw. 136/2, S. 76.

203 Protokoll DB Direktor vom 23.1.1984, TOP 7, Unterpunkt 1: „Sämtliche in der Wissenschaft tätigen jüngeren Hochschulkader haben die Pflicht zu promovieren". LHASA, MD, M 66, Nr. Direktion 136/1, S. 184.

204 Alle Zahlenangaben nach Veröffentlichungslisten in der Zeitschrift „Die Kulturpflanze" Bände 18–38 (1970–1990) und nach Promotionsstatistiken des ZIGuK über die Jahre 1973–1988. LHASA, MD, M 66, Nr. Verwaltung 7, S. 9, bzw. 41, S. 24 und 29.

und der Wunsch bzw. die Aussicht, an eine Universität oder Hochschule berufen zu werden, war angesichts der oben geschilderten Bedingungen gering. Nach traditionellem Graduierungsrecht geschahen die letzten vier Habilitationen von Gaterslebener Wissenschaftlern alle im Jahr 1970. Im Statut von 1963 hatte die DAW das grundsätzliche Recht zur Verleihung akademischer Grade erhalten, woraus ab 1964 das Promotionsrecht und ab 1969 das Recht zur Habilitation abgeleitet wurden.[205] Im Gaterslebener Institut ist von diesen Rechten zunächst praktisch kein Gebrauch gemacht worden. Die Institutsleitung wollte die Ausübung dieser Rechte an den Universitäten nicht schwächen und die akademischen Graduierungen weiter als Feld der Kooperation mit den Universitäten nutzen. Bis 1980 fanden noch 17 Promotionen an Universitäten statt. 1979 promovierte erstmals ein Gaterslebener Wissenschaftler an der AdW der DDR, wo dann 1981 bereits alle drei Promotionen dieses Jahres für Institutswissenschaftler vorgenommen wurden. Es dauerte von 1970 bis 1980, ehe wieder der Habilitation entsprechende Graduierungen, nunmehr aber zum Dr. sc. (s. unten), für Wissenschaftler aus dem ZIGuK erfolgten. In der Ausbildungsstatistik der Akademieleitung blieb die Gaterslebener Lücke auf dem Gebiet akademieinterner Promotionen und Habilitationen nicht unbemerkt. Gegen Ende der 70er-Jahre wurde das ZIGuK von der Akademieleitung mit Nachdruck gehalten, stärker von den Rechten der Akademie für akademische Graduierungen Gebrauch zu machen.[206] Inzwischen hatten sich infolge der 3. Hochschulreform von 1968/1969 die akademischen Grade verändert. Die Promotion zum Doktor eines Wissenschaftszweiges (Promotion A) entsprach noch weitgehend der früheren Promotion, wenn auch die Prüfung in einem Rigorosum entfiel. Die Habilitation war durch die Promotion B zum Doktor der Wissenschaften (Dr. sc.) ersetzt und von der Verleihung der *venia legendi* entkoppelt worden. In der Akademie verband sich außerdem nunmehr mit dem Erwerb des Dr. sc. eine Gehaltserhöhung, die es vorher für eine Habilitation nicht zwangsläufig gegeben hatte. Damit begann im ZIGuK Anfang der 1980er-Jahre, die Zahl der Promotionen A an der Akademie und die Zahl der Promotionen B überhaupt gegenüber entsprechenden Graduierungen an Universitäten immer mehr zu überwiegen (s. oben). Die Promotionen B, welche von 1980–1983 und von 1984–1990 für vier bzw. neun Wissenschaftler aus dem ZIGuK durchgeführt wurden, erfolgten alle an der AdW. Die Universitäten waren insofern an den Akademiegraduierungen beteiligt, als wenigstens einer der Gutachter für die Dissertationen A oder B von einer Universität stammen musste. Die Akademie besaß auch das Recht zur Professorenernennung. Auf Vorschlag der Institutsleitung sind von 1969 bis 1990 am ZIGuK insgesamt fünf leitende Wissenschaftler zu Professoren für bestimmte biologische Fachdisziplinen ernannt worden.

In großem Umfang machten die wissenschaftlichen Mitarbeiter, aber auch einige technische Assistent(inn)en, von der Möglichkeit Gebrauch, sich in speziellen

[205] Scheler W (2000) wie Fußnote Kap. 2/159, hier Abschn. 9.3.3 „Promotion, Habilitation, Professur“ S. 388–390.

[206] In einer Anweisung des AdW-Präsidenten vom 19.1.1979 an die Institutsdirektoren wurden genaue Verfahrenshinweise für die Durchsetzung der Ordnung für Promotionen A übermittelt. LHASA, MD, M 66, Nr. Direktion 37/2, S. 122–134.

Ausbildungskursen, wie sie von Firmen, von der Akademie und Universitäten angeboten wurden, in experimentellen Methoden weiterzubilden, was z. B. für die Anwendung radioaktiver Isotope obligatorisch war. Ebenso nutzten viele wissenschaftliche Mitarbeiter Lehrgänge zur sprachlichen Weiterbildung, was vor allem für Russisch gefördert wurde; dazu konnten teilweise Kurse in der Sowjetunion besucht werden. Leitende Mitarbeiter besuchten funktionsgebundene Weiterbildungen auf dem Gebiet des Arbeitsschutzes, dem ein hoher Stellenwert eingeräumt wurde, oder Kurse für Wissenschaftsorganisation und Leitungstätigkeit, welche die AdW selbst durchführte. Verschiedene FG des ZIGuK veranstalteten methodische Fortbildungskurse für auswärtige Wissenschaftler, an denen aber auch Mitarbeiter aus anderen Struktureinheiten des eigenen Institutes teilnahmen.[207]

2.2.1.7 Internationale Beziehungen

Aus DDR-typischen politischen Gründen bestand für das Institut die Aufgabe, internationale Beziehungen zu zwei verschiedenen „Auslandslagern" zu unterhalten: die sozialistischen (SL) und die nichtsozialistischen Länder (NSL). Staat und Akademie förderten den Ausbau der Kooperation mit den SL nach Kräften. An erster Stelle stand der Ausbau von Beziehungen zu wissenschaftlichen Einrichtungen der damaligen Sowjetunion (SU), gefolgt von solchen zu Instituten in anderen Ländern des Rates für Gegenseitige Wirtschaftshilfe (RGW). Beziehungen zu NSL waren weitgehend unerwünscht,[208] erwiesen sich allerdings immer wieder als unumgänglich, wenn man an der Entwicklung des internationalen Erkenntnis- und Methodenstandes teilhaben wollte.

Im Rahmen des RGW gab es ein Koordinierungssystem für zahlreiche Forschungsthemen, woran auch das Institut bei zutreffenden Themen beteiligt war. Dies ermöglichte den betreffenden Wissenschaftlern die Teilnahme an den etwa jährlich in wechselnden RGW-Ländern abgehaltenen Koordinierungsberatungen und damit verbundenen wissenschaftlichen Tagungen zum jeweiligen Thema, wobei der Teilnehmerkreis ausschließlich aus RGW-Ländern kam. Häufig war die Konferenzsprache Russisch. Auf der Basis von Abkommen zwischen den Akademien der Sowjetunion und anderer RGW-Länder entwickelten sich bilaterale und multilate-

[207] Programme zweier Ausbildungskurse über Methoden zur Fraktionierung von Pflanzenproteinen bzw. Mikromethoden zur Nukleinsäure- und Proteinanalyse, die von den FG „Eiweißstoffwechsel" bzw. „Genwirkung" 1972 durchgeführt und z. T in späteren Jahren wiederholt wurden, findet man als Beispiele in LHASA, MD, M66, Nr. Direktion 82/3, S. 48–52 bzw. 44 ff. Ein weiteres Beispiel ist der vom 16.–27.11.1987 von der Abteilung „Genwirkung" abgehaltene Kurs über gentechnische Methoden. Protokoll der DB des Direktors vom 22.6.1987, TOP 7, Unterpunkt 1, LHASA, MD, M 66, Nr. Direktion 137/2, S. 284.

[208] Scheler W (2000), wie Fußnote Kap. 2/159. Dort wird auf S. 129 aus einer vertraulichen Dienstsache von 1971 zitiert, worin zu Problemen mit der erfolgten Einführung der auftragsgebundenen Forschung und der nachfolgenden Akademiereform Stellung genommen wurde. „Das engere Zusammenwirken mit der Industrie ist ein wesentlicher Fortschritt der Akademiereform. Dazu gehört auch der Verzicht auf Kontakt zu den nichtsozialistischen Ländern." Aus dem Sinnzusammenhang ist zu entnehmen, dass dieser Zustand von der AdW jedoch als nachteilig für ein hohes Niveau der Grundlagenforschung beurteilt wurde.

rale Kooperationen,[209] die Studienreisen und Arbeitsaufenthalte nach sich zogen. Sie wurden vorwiegend im Rahmen des generellen Wissenschaftleraustausches zwischen den akademischen Einrichtungen abgewickelt. Wesentliche Beiträge aus derartigen Kooperationen werden in den entsprechenden Abschnitten von Kap. 3 erwähnt. Schließlich gab es Reisen zu Tagungen und Kongressen, die entweder über den Einladungsweg vom Veranstalter oder aus Mitteln der AdW der DDR finanziert wurden. Selbst in den Beziehungen zu den SL ließen sich nicht alle Wunschträume verwirklichen, wofür es neben ökonomischen vor allem reisepolitische Gründe gab. So war es bei der Vorbereitung internationaler Tagungen im Gaterslebener Institut, z. B. bei den vier von 1977 bis 1990 durchgeführten Samenproteinsymposien (Abschn. 4.2) angebracht, etwa die gleiche Anzahl von Gästen aus dem SL wie dem NSL einzuladen, ein Proporz, welcher erwünscht war und die Genehmigungserteilung erleichterte. Bei der tatsächlichen Teilnehmerliste zeigte sich jedoch, dass von den Eingeladenen aus den SL nur ein geringer Teil anreiste, während die Gästeliste aus den NSL nahezu komplett war.[210] Dahinter standen weniger ökonomische Gründe sondern, vor allem in der SU, politische Ängste davor, dass die Teilnehmer auf der Tagung in Kontakt zu Wissenschaftlern aus dem NSL kommen würden. So bildeten die Beziehungen zu wissenschaftlichen Einrichtungen in den NSL nicht nur an sich, sondern auch in ihren Auswirkungen auf die Beziehungen zu den SL ein Problem für die internationalen Kontakte des Institutes.

Die Beziehungen zu NSL wurden durch einen ganzen Komplex von Faktoren erschwert. Generell begrenzte das verfügbare geringe Devisenbudget Zahl und Umfang derartiger Reisen stark.[211] Diese ökonomischen Grenzen wurden durch eine entgegenkommende Einladungspolitik der ausländischen Partnerinstitutionen erweitert, von denen die Kosten teilweise oder ganz getragen wurden. Hinzu kamen Quoten für den Wissenschaftleraustausch, wie sie in Regierungs- oder Akademieabkommen mit verschiedenen NSL vereinbart waren.[212] Die Verfügbarkeit von Finanzmitteln sicherte keinesfalls, dass der betreffende Wissenschaftler tatsächlich fahren konnte. Personen und Reiseaktivitäten unterlagen im Zusammenhang mit NSL unübersichtlichen Überprüfungs- und Genehmigungsverfahren, in welche

[209] Scheler W (2000) wie Fußnote Kap. 2/159. Dort wird auf den S. 362–373 die Beteiligung der AdW der DDR am System der bi- und multilateralen Kooperationen zwischen Akademien der SL einschließlich bilateraler Beziehungen zu Akademien in NSL beschrieben. Im Protokoll der DB des Direktors des ZIGuK vom 12.8.1985 wird unter TOP 6 über folgende Zahlen von Arbeitsplänen berichtet, die vom ZIGuK mit Instituten aus dem SL für 1985 abgeschlossen wurden: UdSSR 6, ČSSR 7, Volkrepublik (VR) Polen 3, VR Bulgarien 3, Ungarische VR 3, Koreanische Volksdemokratische Republik 1, Mongolische VR 1. LHASA, MD, M 66, Nr. Direktion 137/3, S. 62.

[210] Im Bericht über das 3. Samenproteinsymposium (Protokoll der DB des Direktors vom 5.9.1983, TOP 2) wurden 22 Teilnehmer aus dem NSL und fünf aus dem SL genannt. LHASA, MD, M 66, Nr. Direktion 136/2, S. 9.

[211] Laut Protokoll der DB des Direktors vom 17.6.1985 waren im ZIGuK z. B. für Reisen 1986 ins SL 140 TM und ins NSL 7 TVM geplant worden, welche auf 88 TM bzw. 3,3 TVM gekürzt wurden. LHASA, MD, M 66, Nr. Direktion 137/3, S. 81.

[212] Scheler W (2000) wie Fußnote Kap. 2/159, hier S. 368–370 und 373–375: Grundlagen für Kooperationen der AdW der DDR mit wissenschaftlichen Einrichtungen in NSL.

vor allem auch die lokalen und AdW-internen Dienststellen des Ministeriums für Staatssicherheit (Stasi) einbezogen waren.[213] Seine Vertreter bemühten sich im Falle von genehmigten Reisen nach Kräften darum, die betreffenden Wissenschaftler als informelle Mitarbeiter (IM) zur Überwachungstätigkeit im Institut und Wohnumfeld sowie für Ausspähungen im Ausland zu gewinnen. Da dies im Ausland nicht verborgen blieb, entwickelte sich eine Art Generalverdacht gegenüber dienstlich in NSL reisenden Wissenschaftlern, der dort Zurückhaltung gegenüber Kontakten zu Wissenschaftlern aus der DDR bewirkte. Schließlich waren DDR-Wissenschaftler infolge der weitgehend getrennten und unterschiedlichen Entwicklung der Wissenschaftlergemeinschaften in SL und NSL von vornherein ungenügend in die bestehenden engen Kontakte innerhalb der NSL eingebunden, und das erschwerte es, in diese Gemeinschaften Eingang zu finden.[214] Die staatlichen Kontrollmaßnahmen gipfelten in der Einführung des „Reisekaderstatus".[215] Im Ergebnis einer in regelmäßigen Abständen unter Beteiligung der Stasi wiederholten „Unbedenklichkeitsprüfung" stufte man die Wissenschaftler des Institutes in solche mit und ohne Reiseerlaubnis für NSL ein. Maximal 25 % der wissenschaftlichen Mitarbeiter gehörten zu den Reisekadern, während rund 75 % nicht dazu gehörten.[216] Ein Kernbestand an Reisekadern blieb stabil, aber bei regelmäßigen Überprüfungen gab es Zugänge von neuen „geeigneten" und Ausgliederung von nicht mehr geeigneten, bei denen politische Unzuverlässigkeit, unzulässige berufliche oder private West-Kontakte bzw. familiäre Probleme den Verdacht nahelegten, dass eine Reise ins NSL zum Verlassen der DDR oder anderen, die DDR schädigenden Handlungen genutzt werden könnte. In seltenen Ausnahmefällen konnte auch einmal eine Reise in NSL für Wissenschaftler genehmigt werden, die nicht Reisekader waren. Neben der Kategorie der Reisekader gab es auch die der Auslandskader, denen zwar keine Reisen ins NSL jedoch in SL, insbesondere die SU, unter erleichterten Bedingungen ermöglich wurden. Unter Helmut Böhme bemühte sich die Leitung des Institutes nach Kräften, die gegebenen Möglichkeiten zur internationalen Zusammenarbeit mit Instituten in den NSL zu erhalten, auszubauen und zu nutzen. Trotz aller geschilderten Restriktionen

[213] In zwei Diplomarbeiten, die von den Staatssicherheitsmitarbeitern Werner Staat und Hubert Schotte in den Jahren 1981 bzw. 1988 für die Juristische Hochschule Potsdam bzw. die Hochschule des MfS Golm angefertigt wurden, ist dokumentiert, auf welche Weise, vor allem mithilfe von IM, die internationalen Beziehungen des ZIGuK mit dem NSL überwacht und beeinflusst werden sollten bzw. wurden.

[214] Die geringen Kontaktchancen verdeutlicht auch das Beispiel der im Oktober 1980 in Heidelberg abgehaltenen Tagung „*Molecular Biologists Look at Green Plants*", mit der sich die EMBO erstmals erkennbar der Molekularbiologie bei Pflanzen zuwandte. Unter den etwa 200 Tagungsteilnehmern gab es drei aus den SL, davon einen aus der DDR.

[215] Diese Einführung geschah im Zusammenhang mit der Akademiereform von 1969–1972. Ab 1973 sind zentrale Reisekaderschulungen in der AdW der DDR aktenkundig. LHASA, MD, M 66, Nr. Direktion 37/1, S. 324.

[216] Selbst in den Dienstbesprechungen des Direktors führten diese Zahlen regelmäßig zu kontroversen Diskussionen, wenn jährlich über den Bestand an „Reisekadern" berichtet wurde. Einerseits wurde der 25-Prozentanteil von NSL-Reisekadern offiziell als vergleichsweise hoch bewertet, andererseits wiesen einzelne wissenschaftliche Bereichsleiter offen darauf hin, dass dies immerhin 75 % „Diskriminierte" bedeute.

Tab. 2.3 Auslandsreisetätigkeit von Wissenschaftlern des ZIGuK 1976–1989[a]

Zeitraum	Reisen gesamt	Reisetage	Davon Reisen in SL	Davon Reisetage in SL	% Reisen in SL	% Reisetage in SL
1976–1980	64	885	46	615	72	69
1981–1985	74	1269	53	676	72	53
1986–1989	77	1239	52	663	67	53

SL Sozialistische Länder, *NSL* Nichtsozialistische Länder
[a] Berichte des WS über Auslandsreisetätigkeit. LHASA, MD, M 66, Nr. Wissenschaftliches Sekretariat 229/1, S. 6–20 und 88–119

Tab. 2.4 Auslandsaufenthalte von Wissenschaftlern des ZIGuK (1976–1989) von mehr als 28 Tagen[a]

Zeitraum	Anzahl der Reisenden in SL	Anzahl der Reisenden in NSL	Aufenthalt, Tage im SL	Aufenthalt, Tage im NSL	%-Anteil der Tage im SL
1981–1985	3	7	262	449	37
1986–1989	2,25	5,25	276	418	36,5

SL Sozialistische Länder, *NSL* Nichtsozialistische Länder
[a] Berichte des WS über Auslandsreisetätigkeit. LHASA, MD, M 66, Nr. Wissenschaftliches Sekretariat 229/1, S. 6–20 und 88–119

haben Tagungs- und Studienreisen in NSL sowie Arbeitsaufenthalte in Instituten der NSL deutlich zu Forschungserfolgen und der Einführung neuer, vor allem molekularbiologischer Methoden beigetragen (Kap. 3). Allerdings war die Einwerbung von Projektmitteln von Forschung fördernden Institutionen im NSL bis zum Abschluss des WTZ-Abkommens zwischen der DDR und der BRD (Abschn. 2.2.2.4 und zugehörige Fußnoten) nicht gestattet.

Die Auswertung der Tab. 2.3 bis 2.5 zeigt drei wichtige Merkmale der Auslandsreisetätigkeit: a) Zwar machte im fraglichen Zeitraum die Zahl der Reisen in SL etwas mehr als zwei Drittel aller Reisen aus, aber der Prozentsatz der Reisetage in SL war deutlich kleiner und lag zwischen 1981 und 1989 nur bei knapp über 50 %. b) Den Grund dafür bildeten vor allem die langfristigen Auslandsaufenthalte. Ihre Anzahl in NSL und die Anzahl der dort verbrachten Aufenthaltstage war von 1981 bis 1989 mehr als bzw. annähernd doppelt so groß wie in SL. c) Umgekehrte Verhältnisse spiegelt die Anzahl der Besucher aus dem Ausland im ZIGuK wider. Die Zahl der Besucher aus den SL betrug im fraglichen Zeitraum etwas mehr als 60 %, aber die Zahl der darauf entfallenden Besuchstage lag über 80 %.

Die Regelung von Reiseangelegenheiten oblag dem WS und ließ sich nicht ohne dessen Kontakte zu den örtlichen Dienstellen der Stasi vorstellen. Im WS mussten auf der Grundlage von Anträgen der Wissenschaftler die jährlichen Pläne

Tab. 2.5 Besucher des ZIGuK (1976–1989) aus dem Ausland[a]

Zeitraum	Zahl der Staaten	Zahl der Gäste	Besuchstage gesamt	Zahl der Gäste aus SL	Besuchstage von Gästen aus SL	% Gäste aus SL	% Besuchstage aus SL
1976–1980	27	218	1205	43	979	48	81
1981–1985	28	124	1321	77	1226	62	85
1986–1989	28	134	2010	83	1661	62	83

SL Sozialistische Länder, *NSL* Nichtsozialistische Länder
[a] Berichte des WS über Auslandsreisetätigkeit. LHASA, MD, M 66, Nr. Wissenschaftliches Sekretariat 229/1, S. 6–20 und 88–119

für Auslandreisen zusammengestellt und mit den verfügbaren Finanzmitteln abgeglichen werden. Bei der Vorbereitung der einzelnen Reisen führte das WS den Schriftverkehr mit der bearbeitenden Stelle in der Akademiezentrale in Berlin. Nach der geltenden Ordnung für den Schriftverkehr[217] konnten die Wissenschaftler ihren Schriftwechsel mit NSL nicht direkt mit den jeweiligen Partnern unterhalten, sondern mussten ihn unter Zwischenschaltung des WS und später „aus Geheimnisschutzgründen" über eine zusätzliche zentrale Kontrollstelle bei der Akademie in Berlin abwickeln. Das erschwerte die internationalen Kontakte ungemein und führte teilweise zu absurden Situationen.[218] Für Auslandsdienstreisen gab es restriktive Formalisierungen zur Vorbereitung und Auswertung. Zur Vorbereitung musste eine Reisedirektive verfasst werden, in welcher Ziele der Reise und beabsichtigte Aktivitäten darzustellen waren. Bei der Genehmigung dieser Direktive konnten darin Auflagen für das Verhalten und die Aktivitäten im Ausland erteilt werden. Die Direktive bildete die Grundlage für den obligatorischen Reisebericht, der nach der Rückkehr von dem betreffenden Wissenschaftler abzuliefern war und von verschiedenen Dienststellen ausgewertet wurde, die nicht alle offiziell bekannt waren. Selbst der anfangs recht freizügig behandelte Besuch der Leipziger Messen wurde

[217] Ordnung des ZIGuK über die Regelung des Schriftverkehrs mit dem Ausland (einschließlich Westberlin) vom 30.9.1974 mit Neufassungen vom 30.5.1980 und 7.11.1983, wobei zuletzt auf eine Regelung des Präsidenten der AdW der DDR für den Schriftverkehr mit der BRD und der besonderen politischen Einheit Westberlin vom 30.6.1983 Bezug genommen wird. LHASA Bd. 293, S. 194–197 und 157–167.

[218] Während des 3. Samenproteinsymposium 1987 war während der Exkursion in die Rübeländer Tropfsteinhöhlen dort das übliche Gruppenfoto aufgenommen worden. Die Organisatoren verschickten dann Kopien des Fotos an alle Teilnehmer. Einer davon sandte sein Foto mit einem pergamentenen Deckblatt zurück, worauf er die Personen nummeriert hatte, und bat um die zugehörigen Namen, die er nicht mehr alle den Personen zuordnen konnte. Das Foto wurde mit der erbetenen Namensliste auf dem geschilderten Dienstweg zugeschickt. Die Berliner Kontrollstelle für NSL-Post fing es ab und schickte es „wegen Geheimnisverrats" zurück nach Gatersleben. Erst nach dem Hinweis darauf, dass der betreffende Wissenschaftler aus der BRD über die Teilnehmerliste verfüge und die darauf verzeichneten Personen während der Tagung getroffen hatte, ließ man das Foto mit der Personenbenennung den Postweg passieren.

in den 1980er-Jahren streng kontrolliert, indem kleine Messedelegationen von den Instituten gebildet werden mussten, die gemäß einer Messedirektive unter Kontrolle von Vertretern der Zentrale der AdW ihre Messebesuche abzuwickeln und darüber nachfolgend Bericht zu erstatten hatten.[219] Das ganze beschämende System war von tiefem Misstrauen gegenüber den Wissenschaftlern sowie unangemessenem übertriebenem Sicherheitsbedürfnis diktiert. Es diskriminierte eine Mehrheit von Wissenschaftlern und erniedrigte vor allem jene, die nicht in NSL reisen durften, aber durch die Überwachung auch diejenigen, denen derartige Reisen erlaubt waren.

Das Kulturpflanzenweltsortiment bewirkte im Vergleich zu anderen Akademieinstituten eine gewisse Erleichterung in der Handhabung der restriktiven Maßnahmen in den internationalen Beziehungen. Sein Leiter war in die Wahrnehmung hoheitlicher Aufgaben durch Regierungsstellen der DDR eingebunden, die mit der internationalen Kooperation auf dem Gebiet der pflanzengenetischen Ressourcen zusammenhängen. Die Bestandeserweiterung der Sammlungen beruhte auf regem internationalem Austausch und Sammelreisen, worüber in Abschn. 3.1 detailliert berichtet wird. Jährlich wurde eine große Anzahl von Samenproben aus SL und NSL angefordert und dorthin kostenlos geliefert. Für diesen „kleinen Warenverkehr" verfügte der Institutsdirektor über die Möglichkeit, die Allgemeine Genehmigung Nr. 50 zur zollfreien Ein- und Ausfuhr von Warenproben zu erteilen.[220] Sie wurde auch für die Einfuhr von kleinen Mengen an Bio-, Labor- und Feinchemikalien sowie Forschungszubehör genutzt, wie sie als Geschenke von Kollegen geschickt oder als „Hosentaschenimport" von Reisenden mitgebracht wurden. Insbesondere für die Einführung rekombinanter DNA- und gentechnischer Methoden war dieser Versorgungsweg nahezu unverzichtbar, weil bestimmte Güter, z. B. die unerlässlichen Nitrozellulosemembranen, die als Sprengstoff gelten, auf der Embargoliste für die DDR standen oder aus anderen Gründen in der DDR nicht erhältlich waren.

Bis 1969 hatten nur zwei Wissenschaftler aus dem Institut langfristige postgraduale Zusatzausbildungen in der SU durchlaufen. In den 70er-Jahren stellte das Institut zunehmend auch Absolventen von Universitäten in der SU und anderen sozialistischen Ländern als Doktoranden ein und führte Absolventen aus Bulgarien, Kuba, Vietnam und dem Irak zur Promotion A. Ab 1980 war ein Wissenschaftler im WB II tätig, der vorher die Untersuchungen für seine Dissertation am international renommierten Institut für Eiweißforschung der AdW der UdSSR in Puschtschino durchgeführt hatte.

---

[219] Protokoll der DB des Direktors von 28.3.1983, TOP 7, Unterpunkt 4, Erläuterung der neuen Messebesuchsordnung der AdW durch den Leiter des Bereiches ÖTV. LHASA, MD, M 66, Nr. Direktion 137/2, S. 122 und Beispiel für einen Messereisebericht und die entsprechende Direktive vom 7.9. bzw. 5.9.1987, LHASA, MD, M66, Nr. Wissenschaftliches Sekretariat 39, S. 1–5 bzw. 6–9.

[220] Allgemeine Genehmigung Nr. 50 des Ministeriums für Außenwirtschaft der DDR, gez. vom Staatssekretär Albrecht, vom 7.1.1972 und darauf fußende Ordnung des ZIGuK vom 17.1.1972 über Ein- und Ausfuhr von Mustern und Proben. LHASA, MD, M 66, Nr. Direktion 54/1, S. 477–479 bzw. S. 480.

2.2.1.8 Wissenschaftliches, gesellschaftliches und geselliges Leben

Wissenschaftliches Leben: Die Bildung von Forschungskollektiven, die gemeinsam ein Problem bearbeiteten, förderte die wissenschaftliche Diskussion und den Informationsaustausch unter der Direktion von Helmut Böhme erheblich. Meist fanden in ein- oder zweiwöchigen Abständen regelmäßig Seminare in den FG bzw. QB statt, in denen Forschungsprobleme besprochen, über Resultate berichtet und aktuelle Publikationen referiert wurden. In einigen Gruppen geschah ein seminarähnlicher Informationsaustausch vor allem während der ausgedehnten Frühstücksrunden der Gruppenmitarbeiter. Das Vortragswesen, worüber Hans Stubbe für den Zeitraum bis 1968 in seinem Buch berichtet hat[221] (vgl. Abschn. 2.1.5.1), wurde zunächst unverändert fortgeführt. Ab 1975 erfolgte jedoch nachfolgende Strukturierung[222]: a) Die WB hielten etwa monatlich in ihren jeweiligen Konferenzzimmern **Bereichskolloquien** ab, auf denen Mitarbeiter aus dem eigenen oder Gäste aus anderen WB vor allem über Forschungsfortschritte berichteten, die über längere Zeiträume erzielt worden waren. Außerdem kamen dort auswärtige und ausländische Gäste zu Wort, deren Arbeiten sich fachspezifisch auf den betreffenden WB bezogen. b) Im Hörsaal wurden etwa in Monatsabständen von Institutsmitarbeitern, auswärtigen bzw. ausländischen Referenten die **Gaterslebener Kolloquien** gehalten. Ihre Themen sollten mit Bezug auf die Arbeitsfelder im Institut von allgemeiner Art sein oder zumindest das Interesse der Mehrzahl der Mitarbeiter aus den unterschiedlichen Struktureinheiten treffen. c) Schließlich gab es die abends im Hörsaal veranstalteten **Gaterslebener Vortragsabende** (vgl. Abschn. 4.4.2) mit Reiseberichten, allgemeinen wissenschaftlichen, kulturellen und historischen Themen. – Von großem Vorteil für die gegenseitige Beratung war und ist die naturwissenschaftliche, vor allem biologische, disziplinäre Vielfalt im Institut. Der Dialog zwischen den Spezialisten aus den unterschiedlichen Disziplinen fand und findet vor allem bilateral aus gegebenem Anlass, in speziell zusammengestellten Gruppen oder organisiert durch Einladung zu Seminaren bzw. Kolloquien statt.

Vorträge an anderen Institutionen und gedruckte Publikationen der Mitarbeiter spiegeln in starkem Maße das wissenschaftliche Leben an einem Forschungsinstitut wider. In Abschn. 4.1 wird detailliert über das Publikationswesen des Gaterslebener Institutes berichtet. Hier beschränkt sich die Darstellung auf die **Vortragsaktivitäten**, die bis 1990 jahrweise in der „Kulturpflanze" aufgelistet sind. In der Entwicklung der Vortragsstatistik werden vor allem zwei Faktoren erkennbar: a) Die Umstrukturierung und teilweise wissenschaftliche Neuorientierung der FG und QB und b) die Zunahme der Wissenschaftlerzahl, die zwischen 1965 und 1980 von 50 auf 109 anstieg und danach von 1980 bis 1990 etwa konstant blieb. So weist der Bericht für 1969 nur 21 Vorträge und danach schrittweise einen Anstieg bis auf 109 für 1978 aus. Später lagen die Zahlen über 100, mit Spitzenwerten von 145 und 162 für 1984 bzw. 1988. Im Verlaufe dieser Entwicklung gibt es wiederum zwei bemerkenswerte

[221] Stubbe H (1982) wie Fußnote Kap. 1/19, hier S. 308–326.

[222] Die Listen der in den verschiedenen Kategorien alljährlich gehaltenen Vorträge sind in der vom Institut herausgegebenen Schriftenreihe „Die Kulturpflanze" in den Bänden 24 (1976) bis 38 (1990) veröffentlicht.

Veränderungen. Während von den 21 Vorträgen von 1969 nur vier in Fremdsprachen gehalten wurden (drei in Englisch und einer in Spanisch), waren es 1975 19 (von 61), 1980 21 (von 92), 1985 bereits 51 (von 134) und schließlich im Jahre 1989 43 (von 115), wobei stets in Englisch vorgetragen wurde. Ab 1977 werden unter den Vorträgen Posterdemonstrationen aufgelistet, die jedoch gewöhnlich einen Anteil von 15 % nicht übersteigen. Formal gerechnet entfiel ab 1978 auf einen Wissenschaftler wenigstens ein Vortrag pro Jahr. Tatsächlich hielten vor allem leitende Wissenschaftler weit mehr Vorträge, während andere gar nicht als Erstautoren erscheinen. Häufige Vortragstätigkeit kann in gewissem Maße als Ausdruck der Attraktivität der Resultate aus der betreffenden Gruppe, der Vortragskunst des Redners und des Beziehungsnetzwerkes zu anderen wissenschaftlichen Institutionen gewertet werden. Oft haben die Vorträge mehrere Autoren, unter denen Kooperationspartner aus auswärtigen Instituten und weitere Institutsmitarbeiter erscheinen, die nicht als Erstautoren auftreten.

Gesellschaftliches und geselliges Leben: Nach den Grundsätzen für die sozialistische Lebensweise in der DDR sollten Arbeitsstelle bzw. Betrieb einen Lebensmittelpunkt für alle Berufstätigen bilden. Das galt auch für wissenschaftliche Institute. Dort arbeiteten die Grundorganisationen der SED als Partei und von Massenorganisationen wie der FDJ, der Gewerkschaft (FDGB) und anderen. Im Gaterslebener Institut gehörten bis 1981 nicht mehr als zehn Prozent der Mitarbeiter der SED an, bis 1984 stieg dieser Anteil auf etwa 12 %, und zwei bis vier Prozent waren Mitglieder der „Blockparteien". Mehr als 97 % aller Beschäftigten waren Mitglieder des FDGB und beinahe alle Jugendlichen gehörten zwischen ihrem 14. und 18. Lebensjahr der FDJ an, was in erster Linie auf die Lehrlinge zutraf.[223] Die SED-Grundorganisation gliederte sich in Parteigruppen, welche in den unteren Struktureinheiten bestanden und monatlich außerhalb der offiziellen Arbeitszeit in Räumen des Institutes ihre Versammlungen und Schulungen (Parteilehrjahr) abhielten. Dort wurden zentrale Beschlüsse der leitenden Organe der Partei behandelt, über ihre Durchsetzung im Institut und institutsinterne politische Probleme beraten. Von den SED-Mitgliedern wurde erwartet, dass sie sich in der Arbeit und im gesellschaftlichen Leben aktiv für die Verwirklichung der Richtlinien von Partei und Regierung und die Durchsetzung der führenden Rolle der SED einsetzten. Praktisch geschah dies in den Dienstbesprechungen, in Versammlungen der Massenorganisationen und unabhängig von derartigen Zusammenkünften auch am Arbeitsplatz. Im Jahre 1973 gehörten der SED an: von den drei Direktoren einer, von den vier Bereichsleitern zwei, von den vier QB-Leitern einer, von den elf FG-Leitern einer und von den acht Abteilungs- bzw. Referatsleitern im Bereich ÖTV zwei sowie stets der Leiter der Kaderabteilung, der über lange Zeiten zugleich Parteisekretär der SED-Grundorganisation war. Ein Abteilungsleiter des Bereiches ÖTV gehörte der Bauernpartei an.

Die monatlichen Versammlungen der Gewerkschaftsgruppen in den FG, QB, Abteilungen bzw. Referaten fanden meist in Bündelung mit Dienstberatungen während der Arbeitszeit statt. Vorsitzender der Institutsgewerkschaftsorganisation war stets ein Wissenschaftler. Er war häufig nicht parteilich gebunden. Die Gewerk-

223 Zahlen aus der Kaderstatistik des ZIGuK, LHASA, MD, M 66, Nr. Verwaltung 22/1.

schaftsmitglieder besaßen Mitspracherechte bei Anträgen auf Gehaltsänderungen und Sonderzahlungen in Gestalt von Prämien für besondere Leistungen. Da die Gewerkschaft in der DDR wichtigster Träger des Feriendienstes war, konnten die Gruppen bei der Vergabe von Ferienplätzen, Reisen etc. mitwirken, insbesondere bei der Nutzung der beiden institutseigenen Ferienheime (vgl. Abschn. 2.1.5.3), wo während der Sommerferien auch Ferienlager für die schulpflichtigen Kinder der Institutsmitarbeiter stattfanden. Von den Gewerkschaftsgruppen wurde erwartet, dass sie die Initiative für verschiedenartige Maßnahmen ergriffen, mit denen Leistungssteigerungen erzielt werden sollten, wie Wettbewerbspläne oder „Kampf" um den Titel „Kollektiv der sozialistischen Arbeit". Bei ihrer Abrechnung waren im Erfüllungsfalle Auszeichnungen in Gestalt von Geldprämien fällig. Da diese dann meist nicht einzelnen Personen, sondern der Gruppe zustanden, wurde das Geld häufig auch für Gruppenunternehmungen wie Feiern, Ausflüge oder Theaterbesuche eingesetzt. Im Jahreslauf gab es in allen Gruppen weitgehend ähnliche gemeinsame Unternehmungen und Feiern vor Weihnachten, zur Faschingszeit, am 8. März zum Internationalen Frauentag, im Zusammenhang mit dem 1. Mai, einen sommerlichen Betriebsausflug und das in Abständen von zwei Jahren für alle Mitarbeiter stattfindende Ernte- oder Institutsfest. Dies förderte den Gruppenzusammenhalt. In vielen Fällen führte man Tagebücher, worin gemeinsame Vorhaben in Fotos und schriftlichen Beiträgen dokumentiert wurden. Die Nutzung der staatlichen und gewerkschaftlichen Kulturfonds bildete eine wichtige materielle Voraussetzung für das rege kulturelle Leben im Institut (Abschn. 4.4). Die gewollte Kongruenz von Gewerkschaftsgruppen mit den unteren Struktureinheiten des Institutes hatte nicht allein die geschilderten Funktionen im sozialen und geselligen Leben, sondern wurde auch als Grundlage dafür genutzt, staatliche Direktiven und Maßnahmen durchzusetzen sowie die ideologische Indoktrination im Sinne des DDR-Sozialismus zu bewirken.[224]

2.2.1.9 Öffentlichkeitsarbeit

Allein die Präsenz des bekannten und großen Institutes strahlte örtlich in die Öffentlichkeit aus. Auf das Konzept des Institutsgründers, Hans Stubbe, zur Abstimmung zwischen Instituts- und Gemeindeentwicklung in Gatersleben ist bereits in Abschn. 2.1.4 eingegangen worden. Von der Institutsleitung wurde im Zeitraum von 1969 bis 1989 (für spätere Zeiten s. Abschn. 2.4.8) die Mitwirkung von Institutsmitarbeitern im Gemeinderat, in Kommissionen und Ausschüssen des Ortes stets gezielt weitergepflegt. Dabei galt das Interesse des Institutes vor allem der Förderung von gemeinnützigen Bauvorhaben (Kinderkrippe, Kindergarten, Schule, Sporthalle, Wohnungen), aber auch von kulturellen und sportlichen Aktivitäten. Seine zahlreichen kulturellen Veranstaltungen (Abschn. 4.4.4) standen Besuchern

[224] Zumindest in den volkseigenen Betrieben (VEB) wurden die Werktätigen zugleich als Eigentümer der Produktionsmittel und Arbeitnehmer angesehen. Deshalb galt ein Arbeitskampf als gegen die Interessen der Werktätigen gerichtet und wurde für den FDGB ausgeschlossen. In Weiterführung dieses gedanklichen Ansatzes musste sich die Einheitsgewerkschaft für die Durchsetzung der staatlichen Wirtschaftsmaßnahmen einsetzen, weil dies den Interessen der Arbeiter dienen sollte. Nur in diesen engen Grenzen war ein Einsatz der Gewerkschaften für Lohninteressen und soziale Belange der Arbeiter möglich.

aus Gatersleben selbst und aus benachbarten Städten und Gemeinden offen. Die Sportvereinigung „Wissenschaft“ des Institutes trug mit ihren Sparten wesentlich zum sportlichen Leben im Ort bei, wofür vor allem das „Heinz-Steyer-Stadion“ des Institutes in der Quedlinburger Chaussee genutzt wurde, in dessen Gebäuden es auch eine Wettkampfkegelbahn gab. Sie ermöglichte es der Frauensparte, in den oberen Ligen dieses Sports in der DDR mitzuspielen und wurde auch bei Gruppenfeiern von Institutsmitarbeitern zum Vergnügen genutzt.

Darüber hinaus war das Institut immer Ziel von Exkursionen, die vor allem von Schulen, Universitätsinstituten, landwirtschaftlichen und gärtnerischen Vereinigungen oder biologischen Gesellschaften dorthin unternommen wurden. Im Jahre 1985 fanden z. B. 66 derartige Führungen mit insgesamt 1126 Teilnehmern statt.[225] Da etwa in diesem Umfang alljährlich Führungen veranstaltet werden mussten, gab es einen fachlich kompetenten hauptamtlichen Angestellten (z. B. in den 1980er-Jahren Karl Berger), dem neben anderen Aufgaben die Führungen oblagen. Um den Besucherstrom durch die Laboratorien zu begrenzen, hing in den Gängen des Vavilov-Hauses eine Poster-Galerie mit der Darstellung der wichtigsten Einrichtungen und Arbeitsgebiete des Institutes. Daneben verbreiteten Institutsmitarbeiter durch Beiträge in populärwissenschaftlichen Zeitschriften, wie „Urania“ oder „Wissenschaft und Fortschritt“ (z. B. sechs derartige Publikationen 1985), oder populärwissenschaftliche Vorträge wissenschaftliche Kenntnisse in der Bevölkerung. In Tages- oder Wochenzeitungen wurde über wissenschaftliche und andere Ereignisse im ZIGuK berichtet oder zu wissenschaftlichen Problemen in der Öffentlichkeit Stellung genommen (z. B. 22 derartige Beiträge 1985, zumeist von Institutsmitarbeitern verfasst). Hinzu kamen Rundfunkbeiträge, Beteiligungen an Messen und Ausstellungen und gelegentlich Filme für Kino oder Fernsehen.[226]

Im Jahre 1985 beschloss die Institutsleitung zur weiteren Förderung der Öffentlichkeitsarbeit, in zweijährigen Abständen jeweils im Juni des betreffenden Jahres „Tage der offenen Tür“ im Institut durchzuführen.[227] Erstmals gab es diese Veranstaltung am 27./28.6.1986.[228] Um auch Berufstätigen den Zugang zu ermöglichen, fanden die Veranstaltungen am ersten Tag nachmittags und am zweiten Tag vormittags statt. In populärwissenschaftlichen Vorträgen sprachen Wissenschaftler über Forschungsvorhaben des Institutes und andere allgemein interessierende wissenschaftliche Themen. Außerdem wurden Führungen durch Laboratorien und Versuchsfelder angeboten. Die rege Teilnahme von Gästen, vor allem aus Oberschulen, belegte, dass das Vorhaben auf großes Interesse in der Öffentlichkeit stieß. Die Tradition der „Tage der offenen Tür“ ist über 1989 hinaus erfolgreich fortgesetzt worden (vgl. Abschn. 2.4.8.2).

---

[225] Diese und nachfolgende Zahlenangaben zur Öffentlichkeitsarbeit von 1985 findet man im Protokoll der DB des Direktors vom 20.1.1986, TOP 7, Unterpunkt 2. LHASA, MD, M 66, Nr. Direktion 137/2, S. 314.

[226] Siehe Fußnote Kap. 2/241.

[227] Protokoll der DB Direktor vom 1.4.1985, TOP 2. LHASA, MD, M 66, Nr. Direktion 137/3, S. 103.

[228] Protokoll DB Direktor vom 14.4.1986. LHASA, MD, M 66, Nr. Direktion 137/2, S. 278.

2.2.2 Das Institut unter der Direktion von Dieter Mettin (1983–1989)

Im ersten Halbjahr 1982 hatten sich bei Helmut Böhme gesundheitliche Probleme eingestellt, die es fraglich erscheinen ließen, ob er seine Aufgabe als Direktor würde weiterführen können. Der Präsident der AdW der DDR, Werner Scheler, beauftragte zur zeitweiligen Entlastung des Direktors dessen ersten Stellvertreter, Rigomar Rieger, ab Juni 1982 für ein Jahr mit der Führung der Institutsgeschäfte. Dieser erwirkte, dass Ulrich Wobus für diese Zeit zusätzlich zu einem seiner Stellvertreter ernannt wurde. Am Ende konnte Helmut Böhme allerdings seine Funktion als Direktor nicht wieder aufnehmen. Zum 1. September 1983 berief der Akademiepräsident daher Dieter Mettin (Box 2.2, Abb. 2.35) zum Nachfolger von Helmut Böhme.[229] Zur Vorbereitung des Wechsels in der Leitung des Institutes hatte der Präsident der AdW der DDR in Übereinstimmung mit der Kreisleitung der SED an der AdW für den Zeitraum vom 1.6. bis 1.9.1983 eine Arbeitsgruppe bilden lassen, welche sich mit „Fragen der Erhöhung der Leistungsfähigkeit und des Niveaus der Führungstätigkeit der staatlichen Leitung" im ZIGuK befasste.[230]

Vorstöße aus den Reihen der wissenschaftlichen Bereichsleiter des Gaterslebener Institutes, in der Nachfolge von Helmut Böhme eine aus den wissenschaftlichen Bereichsleitern bestehende kollegiale Institutsleitung einzuführen, waren angesichts der für die AdW-Institute geltenden zentralistischen Leitungsprinzipien erfolglos geblieben. Innerhalb der AdW bzw. AdL oder aus Universitätsstellen stand in der fraglichen Zeit kein Wissenschaftler von entsprechendem wissenschaftlichem Format für die Leitung des ZIGuK zur Verfügung, der alle in der DDR geltenden Anforderungen kaderpolitischer Art für die Berufung in eine derartige Funktion erfüllt hätte. Mit Dieter Mettin gelang es der Bezirksleitung Halle der SED, ihren Wunschkandidaten in die Funktion des Gaterslebener Institutsdirektors zu lancieren. Sieht man von den nachfolgend beschriebenen geringfügigen Änderungen ab, blieben wissenschaftliche Aufgaben und Struktur des Institutes so erhalten, wie sie unter Helmut Böhme geschaffen worden waren, und bedürfen deshalb keiner erneuten Darstellung. Dagegen gab es nachhaltige Veränderungen in der Besetzung führender Stellen des Institutes.

2.2.2.1 Neubesetzungen von Leitungspositionen

Martin Zacharias wurde veranlasst, von seiner Funktion als stellvertretender Institutsdirektor und Leiter des WS zurückzutreten. Er war bereits seitens der Stasi als zunehmend unzuverlässig eingestuft worden.[231] Als Mitarbeiter der Abteilung „Angewandte Genetik" setzte er seine Forschungsarbeiten mit Mutanten von Sojabohnen

[229] Laut Schreiben des Direktors des FZMM der AdW, Berlin-Buch, an das ZIGuK erfolgte die Amtseinführung von Dieter Mettin zugleich mit der Verabschiedung von Helmut Böhme aus dem Direktoramt am 9. September 1983 im Hörsaal des ZIGuK, Gatersleben.

[230] Protokoll der DB Direktor vom 1.6.1983, Unterpunkt 3. LHASA, MD, M 66, Nr. Direktion 136/2, S. 72.

[231] wie Fußnote Kap. 2/213, hier Diplomarbeit von Werner Staat, S. 36/37.

Box 2.2 Prof. Dr. Dieter Mettin (1932–2004)[232]

Abb. 2.35 Dieter Mettin

Institutsdirektor von 1983–1989.

1932	Geboren in Berlin
1950	Abitur in Eisleben
1952	Abschluss einer Landwirtschaftslehre
1955	Studienabschluss als Diplom-Landwirt an der Martin-Luther-Universität (MLU), Halle-Wittenberg
1956	Wissenschaftlicher Assistent am Institut für Kulturpflanzenforschung, Gatersleben, der DAW
1961	Promotion zum Dr. agr. an der Landwirtschaftlichen Fakultät der MLU mit einer von Hans Stubbe betreuten Dissertation
1962	Wissenschaftlicher Oberassistent am Institut für Pflanzenzüchtung der Landwirtschaftlichen Fakultät der MLU
1968	Hochschuldozent für cytogenetische Grundlagen der Pflanzenzüchtung am Institut für Pflanzenzüchtung der MLU
1969	*Facultas docendi* an der MLU
1977	Promotion B zum Dr. sc. agr. an der MLU
1977	Ordentlicher Professor für Pflanzenzüchtung am Wissenschaftsbereich Pflanzenzüchtung und Saatgutproduktion der MLU
1963–1983	Vorlesungen über cytogenetische Grundlagen der Pflanzenzüchtung bzw. Genetik und Pflanzenzüchtung
1983–1989	Direktor des Zentralinstitutes für Genetik und Kulturpflanzenforschung, Gatersleben, der AdW der DDR
1990–1991	Wissenschaftlicher Mitarbeiter am Institut für Genetik und Kulturpflanzenforschung, Gatersleben

[232] Biografie in: Röbbelen G (Hrsg) (2004) Biografisches Lexikon zur Geschichte der Pflanzenzüchtung, 2. Aufl. Bd. I, Ges. f. Pflanzenzüchtg, S. 554–555.

1972	Kandidat bzw. ab 1987 Mitglied der Akademie der Landwirtschaftswissenschaften der DDR
1974	Mitglied des Rates der MLU

Wissenschaftliche Arbeitsgebiete: Cytotaxonomie von Körnerleguminosen, ab 1961 Chromosomenmanipulation beim Weizen und Polyploidieforschung beim Roggen.

Publikationen: 105.

fort (Abschn. 3.3.1.2), bis er am 25. August 1988 plötzlich verstarb.[233] Nachdem Rigomar Rieger 1987 von seiner Funktion als erster stellvertretender Direktor zurückgetreten war, gehörte keiner von jenem Dreigestirn mehr der Institutsleitung an, das ab 1969 das Profil des Institutes maßgeblich geprägt hatte.

Anstelle von Martin Zacharias berief der AdW-Präsident Rolf Braun aus der Abteilung „Mutagenitätstestlaboratorium" ab 1. Januar 1984 zum zweiten stellvertretenden Direktor. Er rückte 1987 nach dem Rücktritt von Rigomar Rieger zum ersten Stellvertreter des Direktors auf, während zum 1. Februar 1988 die Stelle des zweiten stellvertretenden Direktors mit Peter Apel, Leiter der Abteilung „Ertragsbildung", besetzt wurde. In beiden Fällen gab es insofern Verwerfungen in der Leitungshierarchie, als die stellvertretenden Institutsdirektoren gleichzeitig Vorgesetzte der jeweiligen WB-Leiter und deren Untergebenen waren. Dieser Widerspruch löste sich für Rolf Braun erst 1988 auf (s. u.). Die Leitung des WS hatte 1984 Ralf R. Mendel aus der Abteilung „Somatische Zellgenetik" in der Nachfolge von Martin Zacharias übernommen. Nach ihm übernahm am 1.2.1986 Willi Bertling aus dem Bereich ÖTV diese Funktion und übte sie bis zum 30.4.1990 aus. Alle drei WB-Leiter-Stellen mussten während der Amtszeit von Dieter Mettin neu besetzt werden: a) Rolf Braun folgte ab 1988 auf Rigomar Rieger als Leiter des WB I, b) Rolf Schlegel, Leiter der Abteilung „Chromosomenmanipulation" (s. u.), folgte ab 1. Januar 1989 auf Friedrich Scholz als Leiter des WB III, nachdem dieser aus gesundheitlichen Gründen von seiner Funktion entbunden worden war, und c) Herrmann Bauwe, Leiter Abteilung „Photosyntheseforschung" im WB II (s. u.), folgte als Leiter des WB II ab 1. April 1989 auf Klaus Müntz, der einen Monat später als Direktor an das Institut für Biochemie der Pflanzen, Halle, der AdW der DDR ging.

[233] Nachruf Martin Zacharias. Ansprachen von Helmut Böhme und Riegomar Rieger bei der Trauerfeier am 1. September 1988. Die Kulturpflanze 36 (1988), S. 15–20.

2.2.2.2 Veränderungen auf der Ebene der Abteilungen und Arbeitsgruppen

Ohne dass sich das unter Helmut Böhme entwickelte wissenschaftliche Profil des Institutes nennenswert änderte, vollzogen sich auch auf der Ebene der Abteilungen, wie die früheren Forschungsgruppen nunmehr genannt wurden, einige Veränderungen. Mit der Übernahme der Direktion durch Dieter Mettin gründete dieser 1983 im WB III seine Abteilung „Chromosomenmanipulation". Ihre Leitung übernahm ab 1. September 1986 Rolf Schlegel, der 1983 als Mitarbeiter von Dieter Mettin aus Halle nach Gatersleben gekommen war. Im WB II wurde 1983 eine AG „Chemikalienpräparation" gegründet, für deren Leitung der Chemiker Erwin Käppler gewonnen werden konnte, der vorher eine leitende Position im VEB Brauns Farbenfabrik, Quedlinburg, innegehabt hatte. Aus der Abteilung „Ertragsbildung" des WB II gliederte sich das Arbeitsgebiet von Hermann Bauwe aus. Unter seiner Leitung bildete sich zusammen mit Wissenschaftlern aus dem QB „Isotopenlaboratorium" zum 1. Januar 1988 die neue Abteilung „Photosyntheseforschung". Der QB „Isotopenlaboratorium" verkleinerte sich in Vorbereitung auf den für 1990 zu erwartenden Eintritt seines Leiters, Otto Machold, in den Ruhestand, zu einer personengebundenen Arbeitsgruppe. Die Abteilung „Eiweißstoffwechsel", deren Aufgaben mit Klaus Müntz an das AdW-Institut für Biochemie der Pflanzen nach Halle übergehen sollten, blieb unter seiner externen wissenschaftlichen Leitung im ZIGuK bestehen (administrative Leitung: Christian Horstmann), bis der vorgesehene Institutsanbau in Halle fertiggestellt sein würde. Im WB I übernahm am 1. Januar 1987 infolge methodischer und inhaltlicher Neuorientierungen Ulrich Wobus anstelle von Reinhard Panitz die Leitung der Abteilung „Genwirkung". Der Leiter der Abteilung „Entwicklungsbiologie der Säuger", Jörg Schöneich, folgte 1988 einem Ruf auf den Lehrstuhl für Biologie und als Direktor des Institutes für Biologie der Medizinischen Fakultät der MLU, Halle-Wittenberg, und verließ das ZIGuK. Seine Nachfolger als Abteilungsleiter wurden Rolf Braun für das Mutagenitätstestlaboratorium (s. u.) und übergangsweise Klaus Becker für die Abteilung „Entwicklungsbiologie". Als zum 31. Dezember 1984 Helmut Koblitz aus Altersgründen die Leitung des QB „Zell- und Gewebezüchtung" abgab, übertrug der Direktor diese Aufgabe an Reinhard Grafe, der bisher in der FG „Somatische Zellgenetik" des WB I gearbeitet hatte. Neue Aufgabengebiete in bisherigen bzw. neu gebildeten Abteilungen bzw. Arbeitsgruppen werden in Ergänzung von Abschn. 2.2.1.4. nachfolgend dargestellt.

2.2.2.3 Neue Aufgabengebiete

Wissenschaftlicher Bereich I

Abteilung „Genwirkung": Zwei Faktoren bestimmten die Neuorientierung der Abteilung, die von Ulrich Wobus bereits in den vorhergehenden Jahren maßgeblich vorbereitet worden war: die Einführung von gentechnischen Methoden wie DNA-Klonierung und -Sequenzierung als vorherrschende Techniken bei der Analyse der Genwirkung und der Wechsel von Dipteren zu reifenden Samen als Untersuchungsobjekte. Damit trat die Analyse der Struktur von Genen für Samenproteine und der Funktion von Promotoren bei der entwicklungsabhängigen Kontrolle der Expression von Samenproteingenen ins Zentrum der Forschungsarbeiten (Kap. 3.3.7.2).

Sie grenzten mit Objekt und codierten Proteinen direkt an die biochemischen und zellbiologischen Arbeiten der Abteilung „Eiweißstoffwechsel" im WB II. Die erforderlichen Gentransferarbeiten wurden in Zusammenarbeit mit der Abteilung „Somatische Zellgenetik" durchgeführt. Die Kooperation der drei genannten Abteilungen bildete die Grundlage für die Entwicklung des unten dargestellten gentechnischen Projektes bei Pflanzen (s. u. und Abschn. 3.4.3.10).

Abteilung „Umweltmutagenese": Mit der Berufung von Jörg Schöneich an die MLU in Halle wurde 1988 Rolf Braun zum Leiter dieser neu formierten Abteilung ernannt. Sie führte einerseits Grundlagenforschung über Mechanismen der Mutationsauslösung durch spezifische Umweltnoxen durch und bearbeite andererseits die Aufgaben des bisherigen Mutagenitätstestlaboratoriums weiter, die sich aus der Zusammenarbeit mit der Industrie für populationsgenetische Untersuchungen zur Erfassung genetischer Risiken bei chemisch exponierten Personen ergeben hatten (vgl. Abschn. 3.3.2.3 bis 3.3.2.5).

Wissenschaftlicher Bereich II

Abteilung „Photosyntheseforschung": Ihr Gründer und Leiter, der Biochemiker Hermann Bauwe, hatte sein Arbeitsgebiet innerhalb der Abteilung „Ertragsbildung" unter Anleitung durch Peter Apel entwickelt. Ausgehend von den bisherigen physiologischen und biochemischen Untersuchungen über die Evolution des C_4-Photosyntheseweges am Beispiel von Vertretern der Gattungen *Moricandia* und *Flaveria* mit C_3-, C_3/C_4-intermediärem und C_4-Photosynthesewegen sollten entsprechende molekulargenetische und zellbiologische Forschungen für Schlüsselenzyme dieser Stoffwechselwege entwickelt werden. Zur experimentellen Überprüfung einzelner Evolutionsschritte sollten Gentransferversuche dienen, wozu die Techniken für *Flaveria* zu entwickeln waren. Ergänzt wurde dieses Programm durch ein von Karl-Heinz Süß entwickeltes Projekt zur biochemischen Untersuchung ausgewählter Enzyme bzw. Enzymkomplexe der Photosynthese aus Chloroplasten (Abschn. 3.4.2.6 und 3.4.2.7).

AG „Chemikalienpräparation": Die immer stärker spürbaren Auswirkungen des Mangels in der Versorgung mit Bio-, Labor- und Feinchemikalien[234] aus DDR-Produktion und der Devisenmangel für Importe hatten die AdW der DDR veranlasst, in geeigneten Instituten Gruppen zur Chemikalienproduktion zu gründen. Ihre Produktpaletten sollten sich ergänzen und wechselseitigen Austausch ermöglichen. Im Rahmen dieses AdW-Programms erfolgte zum 1. März 1983 im ZIGuK die Gründung einer entsprechenden Gruppe unter Leitung von Erwin Käppler. Sie selbst erzeugte in Räumen des Isotopenlabors, des Miescher-Hauses und in einem neu ausgebauten Labor im Gebäude „Pförtner Süd" und in Zusammenarbeit mit

[234] Protokoll DB Direktor vom 3.1.1983, TOP 5: Von den bestellten Positionen wurden 1982 an das ZIGuK geliefert: aus DDR-Produktion 62,4 %, aus dem SL 58,8 %, aus dem NSL 8 %. LHA-SA, MD, M 66, Nr. Direktion 136/2, S. 158.

anderen Abteilungen einerseits größere Mengen an Chemikalien (ca. 200 kg/Jahr) für die Acrylamid-Gelelektrophorese, HPLC, Dichtegradientenzentrifugation, Cytologie usw. und präparierte andererseits Kleinmengen kostenintensiver Reagenzien wie Enzyme, Enzymsubstrate und -inhibitoren, Alkaloide u. ä.[235] Die Gruppe war außerdem wesentlich an der Etablierung der für rekombinante DNA-Techniken unerlässlichen Oligonukleotid-Synthese beteiligt.[236] Frank Machemehl konnte damit schließlich 1990 das Gen eines Albumins der Brasilnuss (*Bertholletia excelsa*) für das Projekt Gentechnik bei Pflanzen synthetisieren (s. u. „Gentechnische Projekte" und Abschn. 3.4.3.10).

Wissenschaftlicher Bereich III

Abteilung „Chromosomenmanipulation": Aufgabengebiet und einige Mitarbeiter wurden vom Wissenschaftsbereich „Pflanzenzüchtung", Sektion „Pflanzenproduktion", der Universität Halle mitgebracht, von der der anfängliche Leiter dieser Abteilung, Dieter Mettin, kam. Ab 1986 übernahm sein Mitarbeiter Rolf Schlegel die Abteilungsleitung. Im Mittelpunkt standen züchterisch orientierte cytogenetische Untersuchungen an Weizen, Roggen und dem Weizen-Roggen-Hybrid *Triticale*. Durch gezielte Substitutionen oder Additionen von Chromosomen innerhalb der genannten Getreidearten, aber auch artübergreifend sollten phänotypische Ausprägungen (u. a. Mikronährstoffdefizienz) chromosomal zugeordnet werden. Parallel dazu wurden klassische genetische Studien insbesondere am Weizen durchgeführt. Im Focus standen dabei von dem Phytohormon Gibberellin gesteuerte Verzwergungsgene (Abschn. 3.1.6).

Gentechnische Projekte

Bereits seit 1982 waren unter Jürgen Hofemeister gentechnische Arbeiten zur Exoenzymbildung bei Bakterien ins Zentrum des Interesses der FG „Bakteriengenetik" gerückt. Sie zielten auf eine Anwendung im Verantwortungsbereich des damaligen Volkseigenen Kombinates „Sekt-Weine-Spirituosen" und in der Backwarenindustrie ab und werden genauer im Abschn. 3.3.11.1 dieses Buches dargestellt.

Im Jahresbericht für 1983 werden erstmals Aufgaben auf dem Gebiet des Gentransfers als neuer Schwerpunkt der Abteilung „Entwicklungsbiologie" unter Leitung von Jörg Schöneich genannt.[237] Dabei ging es vor allem darum, Gentransfertechniken für tierische Zellen, z. B. die Mikroinjektion, zu etablieren, die befruchtungsbiologischen Voraussetzungen dafür zu schaffen, gentechnisch modifizierte

---

[235] Der Plan für 1987 zur Herstellung von Bio-, Labor- und Feinchemikalien sah für diese Gruppe 30 verschiedene Positionen vor, die mit einem finanziellen Aufwand von 525 TM erzeugt werden und Chemikalienimporte im Werte von 95 TVM ablösen sollten. LHASA, MD, M 66 Nr. Direktion 126, S. 247/248.

[236] Protokoll DB Direktor vom 3.9.1984, TOP 1: Beratung über den Plan zum Aufbau des Labors für Oligonukleotidsynthese für 1985–1987. LHASA, MD, M 66, Nr. Direktion 136/1, S. 131.

[237] Jahresberichte der Bereiche. Molekular- und Zellgenetik (1984) Kulturpflanze 32: 279–280.

Eizellen in Empfängertiere zu übertragen und dort zur Entwicklung zu bringen. Transformierte Zellen mussten in Kultur vermehrt bzw. zu Geweben entwickelt werden, um daran Untersuchungen zur Genexpression durchführen zu können. Diese Arbeiten werden im Abschn. 3.3.9 genauer beschrieben. Zur Vorbereitung eventueller zukünftiger Anwendungen in der Tierzucht gab es eine Kooperation mit dem Institut für Tierzucht der AdL der DDR in Rostock-Dummerstorf.

Während die eingangs beschriebenen gentechnischen Arbeiten innerhalb des ZIGuK auf die Abteilungen „Bakteriengenetik" bzw. „Entwicklungsbiologie" beschränkt blieben, entwickelte sich für Pflanzen ein gentechnisches Projekt, das in Kooperation mehrerer Abteilungen und Gruppen aus unterschiedlichen WB bearbeitet werden musste. Beinahe zeitgleich hatten Ulrich Wobus und Klaus Müntz 1979/1980 wissenschaftliche Denkschriften an Helmut Böhme geschickt, worin die Einführung gentechnischer Methoden im Institut angeregt bzw. Vorschläge für gentechnische Projekte unterbreitet wurden. Darüber diskutierte im Juni 1980 der wissenschaftlichen Rat unter Beteiligung auswärtiger Wissenschaftler. Die Ergebnisse führten zu zwei wesentlichen Entscheidungen: a) Wegen des wissenschaftlichen Vorlaufs, der bereits aus Untersuchungen in der FG „Eiweißstoffwechsel" zur Verfügung stand, sollte molekulargenetische, biochemische und zellbiologische Grundlagenforschung in die gentechnische Manipulation der ernährungsphysiologischen Qualität von Samenproteinen bei Getreide und Körnerleguminosen münden. b) Beteiligte Gruppen sollten die entwicklungsabhängige Bildung von Samenspeicherproteinen bei der Ackerbohne als gemeinsamen Untersuchungsgegenstand wählen, was schließlich die oben beschriebene schrittweise Änderung in der Objektwahl bei der FG „Genwirkung" nach sich zog. Unter Leitung von Klaus Müntz konnte 1985 für den Zeitraum 1986 bis 1990 die erste Etappe des anwendungsorientierten Projektes „Gentechnische Manipulation der ernährungsphysiologischen Qualität von Pflanzensamenproteinen" konzipiert werden. Kernstück bildeten die molekulargenetischen Arbeiten der Abteilung „Genwirkung" unter Leitung von Ulrich Wobus, die biochemischen und molekular-zellbiologischen Forschungen der Abteilung „Eiweißstoffwechsel" unter Leitung von Klaus Müntz und die Entwicklung von Gentransfertechniken, die von Ralf R. Mendel aus der FG „Somatische Zellgenetik" koordiniert wurden. Außerdem arbeiteten am Projekt mit: die AG „Chemikalienpräparation" (Oligonukleotid-Synthese), die AG „Serologie" (Immunohisto- und -cytochemie), AG „Mathematische und Physikalische Methoden" (Programme für Sequenzdatenverarbeitung), die AG „Elektronenmikroskopie" (Zellstrukturanalyse und Immuncytochemie) und der QB „Zell- und Gewebezüchtung" (Gentransfertechniken für die Ackerbohne), alle aus dem ZIGuK, Gatersleben, sowie eine Gruppe aus dem benachbarten Institut für Züchtungsforschung, Quedlinburg, der AdL der DDR. Letztere entwickelte Zell- und Gewebekultur- sowie Gentransfertechniken für Getreide, vor allem Gerste. Es wurde das einzige auf Anwendung orientierte gentechnische Projekt bei Pflanzen, das es in der DDR gab. Die Leitung lag in den Händen von Klaus Müntz, mit Ulrich Wobus als Stellvertreter, der ab 1. Mai 1989 die Leitung übernahm, nachdem Klaus Müntz als Direktor an das Institut für Biochemie der Pflanzen, Halle, der AdW der DDR, gewechselt war, aber als stellvertretender Leiter weiter im Projekt mitwirkte. Dieses wurde vom Volkseigenen

Kombinat „Pflanzenzüchtung und Saatgutwirtschaft (KPS)“, früher VVB Saat- und Pflanzgut, Quedlinburg, finanziert[238] und fand großes Interesse bei den zuständigen wissenschaftsleitenden Institutionen der DDR, was sich auch in einer entsprechenden Kontrolle und in bevorzugter materiell-technischer Versorgung äußerte. Gegen Bezahlung von vielen Millionen Dollar importierte man zwischen 1985 und 1987 in die DDR jährlich rund 840.000 Tonnen Extraktionsschrote und Presskuchen, darunter hauptsächlich Sojaextraktionsschrot, welche zur Verwirklichung der ehrgeizigen Vorhaben in der Schweine- und Geflügelmast für die Fleischproduktion benötigt wurden.[239] Langfristige Pläne zielten darauf ab, mithilfe von gentechnisch verbesserten Futtergersten und einheimischen Körnerleguminosen von derartigen Importen unabhängig zu werden, indem man damit Sojaextraktionsschrot ersetzt.[240] Dabei war für unterschiedliche Bodenqualitäten an Ackerbohne, Futtererbse bzw. -lupine gedacht. Über Bearbeitungsverlauf und wissenschaftliche Ergebnisse wird in Abschn. 3.4.3.10 berichtet.

Die nicht auf das Gaterslebener Institut beschränkte Inangriffnahme gentechnischer Projekte bei Mikroorganismen, Pflanzen und Säugern setzte zwangsläufig in der DDR Diskussionen über die damit verbundenen ethischen Probleme in Gang. Mit Unterstützung des Institutes luden Anna und Ulrich Wobus damals Naturwissenschaftler, Schriftsteller, Künstler und Gesellschaftswissenschaftler für den 13.–15. November 1986 zum Gespräch über „Probleme der modernen Biologie“ ins ZIGuK ein. Mit dieser Veranstaltung wurde die Reihe der Gaterslebener Begegnungen über ethische Fragen der modernen Wissenschaften geboren, die im Institut bis in die Gegenwart hinein von Anna und Ulrich Wobus organisiert werden, worüber in Abschn. 4.3 gesondert berichtet wird.

Im selben Jahr drehte das Fernsehen der DDR unter Mitwirkung von Wissenschaftlern aus dem Gaterslebener Institut (Jürgen Hofemeister, Klaus Müntz, Jörg Schöneich) einen ersten populärwissenschaftlichen Film über Befruchtungsbiologie und Gentechnik, der 1987 erstmals ausgestrahlt und später vielfach im Biologieunterricht der Schulen eingesetzt wurde.[241]

2.2.2.4 Die „Wende“ (1989–1990)

Unter den ersten beiden Institutsdirektoren, Hans Stubbe und Helmut Böhme, hatten ganz überwiegend fachliche Leistung und persönliche Eignung die Auswahl der leitenden wissenschaftlichen Mitarbeiter bestimmt. Gemessen an den allgemeinen gesellschaftlichen Bedingungen in der DDR und den Verhältnissen an den meis-

---

[238] Leistungsvertrag mit dem KPS gültig vom 1.1.1986 bis 31.12.1990.

[239] Statistisches Jahrbuch der DDR, 1987, S. 246.

[240] Auf der DB des Direktors vom 2.5.1988 wurde unter TOP 7, Unterpunkt 1, über eine kurz zuvor in Eberswalde abgehaltene Tagung der AdL der DDR berichtet, auf der u. a. „über die nicht aufgehende Eiweißbilanz der DDR bei Futtermitteln bis zum Jahre 2000 informiert wurde, weshalb dem Gentechnikprojekt ein besonders hoher Stellenwert beigemessen wird.“ LHASA, MD, M 66, Nr. Direktion 137/1, S. 78.

[241] Laut Programmzeitung „FF-dabei“ ausgestrahlt vom 1. Programm des DDR-Fernsehens in der Reihe „Die Fernsehurania“ am 12. März 1987 um 21 Uhr unter dem Titel „Wie beeinflusst Gentechnik unser Leben?“.

ten anderen wissenschaftlichen Instituten herrschte ein liberaleres geistiges Klima, wozu nicht zuletzt von den Direktoren geförderte zahlreiche internationale Kontakte und ein vielseitiges geistig-kulturelles Leben beitrugen. Mit Dieter Mettin als Direktor hatte sich die Situation ab 1983 verändert. Von ihm gingen keine nennenswerten neuen Impulse für die Entwicklung der wissenschaftlichen Aufgaben und der Struktur des Institutes aus, und es gab keine größeren Bauvorhaben. Im wissenschaftlichen, sonstigen geistigen und kulturellen Leben war er wenig präsent. Das Institut glich einem Zug, der mehr von seiner Schwungmasse als von einem starken Motor getrieben auf früher verlegten Gleisen weiter glitt, wobei die Richtung für Weichenstellungen durch den Direktor vor allem von SED-Parteiinstanzen vorgegeben war, denen der Direktor möglichst abweichungslos folgte.[242] Unter dieser Deckschicht entwickelten die Abteilungen innerhalb ihrer wissenschaftlichen Arbeitsfelder durchaus Initiativen. Getragen von Mitarbeiteraktivitäten setzte sich auch das traditionelle geistig-kulturelle Leben fort (Kap. 4). Dennoch wuchsen, wie überall im Land, bei der Mehrzahl der Mitarbeiter Unzufriedenheit und Ohnmachtsgefühle angesichts der sinkenden internationalen Konkurrenzfähigkeit, die durch Versorgungsmängel, beschnittene internationale Verbindungen, restriktive Verfahrensordnungen und mangelnde demokratische Mitbestimmungsmöglichkeiten bedingt waren. Die Institutsleitung hatte wenig Gestaltungsspielraum, schöpfte aber den engen Rahmen der gegebenen Möglichkeiten auch nicht aus, um diese Entwicklung abzupuffern. Sie wurde eher verstärkt, auch wenn es zahlreiche Entscheidungen und Maßnahmen gab, die für einzelne Personen oder Gruppen durchaus förderlich waren. Der latente Wunsch nach Veränderung verstärkte sich zunehmend. Kritische und kreative Mitarbeiter hatten konkrete Vorstellungen davon, welche Veränderungen in den gesellschaftlichen Rahmenbedingungen und innerhalb des Institutes vorgenommen werden müssten. Nicht wenige hatten bei Tagungs- und Arbeitsaufenthalten in ausländischen wissenschaftlichen Einrichtungen Modelle erlebt, welche diese Vorstellungen mitbestimmten. Sie wurden untergründig in privaten Zirkeln diskutiert, die oft feste, aber gelegentlich auch wechselnde Zusammensetzung besaßen und nicht selten quer durch unterschiedliche politische Lager gingen. Daher rührte nicht zuletzt der jahrelange Gedankenvorlauf, aus dem viele jener Aktivitäten gespeist wurden, die ab Oktober 1989 aus eigener Kraft die Wende in der personellen Besetzung der Institutsleitung und in den Prinzipien für die Führung des Institutes herbeiführten.[243, 244]

Direktor, Leiter des Bereiches ÖTV und wissenschaftliche Bereichsleiter waren mit zunehmender politischer Gärung in der Bevölkerung der DDR immer weniger in der Lage, situationsgerechte Initiativen für einen Wandel zu ergreifen. Angesichts

[242] Im Protokoll der ersten DB von Dieter Mettin als neuem Direktor heißt es: „Grundsätzliche Entscheidungen werden immer in Abstimmung mit der Grundorganisationen der SED und der Gewerkschaft gefällt." LHASA, MD, M 66, Nr. Direktion 136/2, S. 8.

[243] Scholz G (1999) Die Wende im Institut Gatersleben, Erinnerungen eines Beteiligten. IPK-Journal 8 (3): 1–2.

[244] Wobus U (2000) 10 Jahre Deutsche Einheit. Ein persönlicher Rückblick. IPK-Journal 9 (2/3): 1–4.

dieser Tatsache trafen sich am 15. Oktober 1989 etwa 20 Wissenschaftler aus allen Bereichen des Institutes zu einer Beratung, deren Ergebnisse sie unter dem Titel „Probleme, die uns beschäftigen" niederschrieben.[245] Dieser Denkschrift ist am 24.10.1989 nachträglich von den Teilnehmern einer Wissenschaftlervollversammlung zugestimmt worden.

Denkschrift der Wissenschaftler und Forderungen des demokratisch gewählten wissenschaftlichen Rates

Die Denkschrift der Wissenschaftler vom Oktober 1989 erhob im ersten Teil politische Grundforderungen, in denen sich die Ideen der Bürgerbewegung der damaligen Zeit widerspiegeln, die auf eine Reform der DDR gerichtet waren:

> 1) Verwirklichung der sozialistischen Demokratie und Chancengleichheit aller gesellschaftlichen Kräfte bei Realisierung von Meinungs-, Presse- und Versammlungsfreiheit; 2) Herstellung eines Vertrauensverhältnisses zwischen Staatsmacht und Bürgern durch Gewährleistung von Rechtssicherheit und Rechtsgleichheit; 3) Anerkennung von Kritik als Zeichen verantwortungsvoller Teilnahme am gesellschaftlichen Leben und an der Weiterentwicklung der sozialistischen Demokratie; 4) Aufhebung jeder Zensur und Stärkung der Eigenverantwortlichkeit; 5) Reisemöglichkeiten für alle Bürger ins sozialistische und kapitalistische Ausland.

Im zweiten Teil der Denkschrift werden aus diesen Grundsätzen Schlussfolgerungen für Wissenschaft und Forschung abgeleitet:

> 1) Erhöhung der Motivation. Wissenschaftlich-fachliche Leistung muss neben persönlicher Integrität entscheidender Bewertungsmaßstab für Einstellung und Förderung sowie für die Berufung in Leitungsfunktionen sein. Echter Leistungsvergleich erfordert gleiche Chancen. Dem steht die Praxis der Kaderauswahl, insbesondere für Auslandsreisen, entgegen. Dem Wissenschaftler muss mehr Vertrauen entgegengebracht und Freiraum für Entscheidungen gewährt werden. Das erfordert u. a. auch eine grundsätzliche Änderung der Post- und Telefonordnung. 2) Steigerung der Effektivität der Forschung. Die wissenschaftliche Arbeit muss von unproduktiver Tätigkeit entlastet werden. Das erfordert a) Durchführung aller gesellschaftlichen Veranstaltungen im Institut, ausgenommen gewerkschaftlicher, außerhalb der Arbeitszeit; b) Vereinfachung des Planungs- und Berichtswesens; c) Überprüfung bzw. Aufhebung uneffektiver Tätigkeiten (z. B. sozialistischer Wettbewerb, Neuerervorgaben; Schulen der sozialistischen Arbeit, schriftliche Programme für Kollektivunternehmungen); d) Senkung des zeitlichen und personellen Aufwandes für Leitung, Verwaltung, Planung und Abrechnung der Forschung; e) Flexiblere Gestaltung des Finanzierungsmodus der Forschung, Nutzung von Grants internationaler Körperschaften, eigenverantwortliche Verfügung der Gruppen über konkrete Fonds (einschließlich Valuta), selbständige Beziehungen der Institute zu Chemikalien- und Gerätefirmen. 3) Demokratisierung des Leitungsprozesses. Als wesentliche Voraussetzungen für eine Demokratisierung der Leitungsprozesse sind Offenheit und Mitsprachemöglichkeiten bei Leitungsentscheidungen erforderlich. Zu diesem Zweck schlagen wir eine Änderung der Zusammensetzung und Funktion des Wissenschaftlichen Rates vor. Dieser sollte durch alle Wissenschaftler in geheimer Wahl auf bestimmte Zeit gewählt werden, unabhängig von der Institutsleitung sein und bei allen wissenschaftlichen Entscheidungen (z. B. Forschungspläne und wichtige Personalentscheidungen) ein Mitsprache- und Vetorecht haben. Die Einflussnahme außer-

[245] Abschrift vom 25.10.1989 in den persönlichen Akten von Ulrich Wobus.

wissenschaftlicher Gremien auf Entscheidungsprozesse, die den Wissenschaftsbetrieb betreffen, muss unterbleiben.

Man übergab das Papier nicht nur dem Institutsdirektor, von dem eine Eingangsbestätigung bereits für den 19.10.1989 vorliegt, sondern schickte es auch an den Präsidenten der AdW der DDR[246] sowie als Diskussionsanregung und zur eventuellen Veröffentlichung an die Akademiezeitschrift „Spektrum".[247] Dieter Mettin lud daraufhin die Professoren Rieger und Wobus für den 25.10.1989 (durchgeführt am 2.11.1989) zur Vorbereitung eventueller weiterer Beratungen über zwei Schwerpunkte ein: 1) „Wie können wir die Forschung am ZI Gatersleben effektivieren?" und 2) „Was müssen wir tun, um unsere Mitarbeiter stärker in die demokratische Mitverantwortung einzubeziehen?".[248] Aber diese zögerliche Reaktion des Direktors wurde rasch von den Aktivitäten der Mitarbeiter überholt. Am 6.11.1989 autorisierte eine Mitarbeitervollversammlung das in der Denkschrift geforderte Vorhaben zur basis-demokratischen Wahl eines wissenschaftlichen Rates.[249] Sie fand am 13.11. statt. Am 29.11.1989 konstituierte sich der Rat und wählte Ulrich Wobus und Rigomar Rieger zu seinem 1. bzw. 2. Sprecher. Er legte für seine Tätigkeit als vordringliche Aufgaben fest[250]: 1) Beim Akademiepräsidenten ist die Abberufung des Institutsdirektors Dieter Mettin zu erwirken; 2) zugleich ist ein neuer Institutsdirektor mit wissenschaftlicher Kompetenz, internationaler Reputation und Durchsetzungsvermögen für die Institutsinteressen zu suchen und zu verpflichten, 3) übergangsweise ist ein administrativer Direktor einzusetzen, wobei sich der Wissenschaftliche Rat maßgeblich an der Leitung des Institutes beteiligt; 4) Ersatz der Position des ökonomischen Direktors und Umgestaltung des Bereiches Ökonomie, Technik und Verwaltung; und 5) kritische Stellungnahme zu Beschlüssen der Akademie der Wissenschaften sowie Klärung des Vertrauensverhältnisses zur Akademieleitung und des sich daraus ergebenden Handlungsbedarfes. Damit übernahm der Rat faktisch zunächst die Leitung des Institutes. Bereits Anfang Dezember nahm Rigomar Rieger im Auftrage des Rates Kontakt zu dem früheren Leiter des wissenschaftlichen Bereiches II des ZIGuK, Klaus Müntz, auf. Dieser war seit 1. Mai 1989 Direktor des Institutes für Biochemie der Pflanzen, Halle, der Akademie der Wissenschaften der DDR und Wunschkandidat des Rates für die Nachfolge von Dieter Mettin. Klaus Müntz verschloss sich dem Wunsch des Gaterslebener Institutes nicht grundsätzlich. Man vereinbarte, dass er dem Wissenschaftlichen Rat

[246] Schreiben von Rigomar Rieger, einer der beiden Sprecher des Wissenschaftlichen Rates, datiert vom 26.10.1989 an den Präsidenten der AdW der DDR, Werner Scheler, in den persönlichen Akten von Ulrich Wobus.

[247] Schreiben des 1. Sprechers des Wissenschaftlichen Rates, Ulrich Wobus, an die Redaktion „Spectrum" vom 27.10.1989 in den persönlichen Akten von Ulrich Wobus.

[248] Einladungsschreiben des Direktors des ZIGuK, Dieter Mettin, vom 23.10.1989 in den persönlichen Akten von Ulrich Wobus.

[249] Aktualisierte Arbeitsrichtlinie des Wissenschaftlichen Rates des Institutes in den Akten des Instituts.

[250] Manteuffel R (1995) Verpflichtet Vergangenheit zur Verantwortung? – Zur Gründungsidee und Historie des Wissenschaftlichen Institutsrates (WIR) am IPK. IPK-Journal 4 (1): 3–4.

am 15.12.1989 seine Vorstellungen für die Umgestaltung und Leitung des Institutes vortragen sollte.[251]

Neue Grundsätze für die Leitung des Institutes

In den persönlichen Aufzeichnungen von Klaus Müntz zur Vorbereitung der Beratung finden sich folgende, weitgehend den Forderungen der Denkschrift entsprechende Grundsätze:

- Die wissenschaftliche Ausrichtung folgt weiterhin den Grundsätzen, auf denen die Gründung des früheren Institutes für Kulturpflanzenforschung beruhte.
- Auch wenn im Institut unter den auf Kulturpflanzenforschung gerichteten biologischen Disziplinen die Genetik einen Vorrang hat, sollen alle wichtigen anderen biologischen Disziplinen mitwirken und sowohl Beiträge zum disziplinären Erkenntnisfortschritt als auch auf Anwendung orientierten Erkenntnisvorlauf liefern.
- Die strukturellen Bereiche sind disziplinär ausgerichtet. Die Bereichsleiter tragen die Verantwortung für die wissenschaftliche Arbeit in ihren Institutsteilen und gehören einem Kollegium zur Leitung des Institutes an.
- Aus dem Kreis der wissenschaftlichen Kollegiumsmitglieder werden turnusmäßig wechselnd jeweils ein geschäftsführender Direktor und sein Stellvertreter bestimmt. Der Stellvertreter wird zur Wahrung einer Leitungskontinuität als nächster geschäftsführender Direktor in Aussicht genommen.
- Die wissenschaftliche und organisatorische Leitung des Institutes geschieht strikt getrennt von Parteien und gesellschaftlichen Organisationen.
- Die Leitung wird durch ein Kuratorium oder einen Beirat aus unabhängigen Fachexperten beraten und kontrolliert.
- Die Leitungsentscheidungen des Direktors beruhen einerseits auf regelmäßigen Beratungen des Direktoriums und andererseits in wesentlichen Fragen auf der Mitwirkung des Wissenschaftlichen Rates.
- Im Wissenschaftlichen Rat haben basis-demokratisch gewählte Mitglieder die Mehrheit. Zu diesem Kreis gehört auch der Sprecher des Rates. Ihm gehören jedoch zur Sicherung effektiver Leitungsprozesse *ex officio* der Direktor, die Bereichsleiter und in turnusmäßigem Wechsel aus jedem Bereich ein Abteilungsleiter an.
- Jährlich finden wenigstens zweimal Belegschaftsversammlungen statt, auf denen der Direktor die Institutsentwicklung erläutert.
- Auswahl der Wissenschaftler nach fachlicher Leistung und persönlicher Eignung, Beschäftigung eines erheblichen Teils der Wissenschaftler auf Grundlage nicht permanenter Arbeitsrechtsverhältnisse, Sicherung der erforderlichen Fluktuation im wissenschaftlichen Personal, flexible Neugründung bzw. Schließung von Arbeitsgruppen im Zusammenhang mit Projektentwicklungen.

---

[251] Siehe auch Protokoll der Sitzung des Wissenschaftlichen Rates vom 15.12.1989 in den Akten 1.8.2 des Instituts.

- Keine Kommandowissenschaft, sondern Wettbewerb um Zuschlag von Projekten und Mitteln, die von den betreffenden Gruppen eigenverantwortlich verwaltet werden.
- Gewährung der gewerkschaftlichen Mitbestimmungsrechte auf dem Gebiete der Arbeits- und Lebensbedingungen.
- Konsequente Reduktion nicht erforderlicher Stellen im wissenschaftsorganisatorischen Bereich.

Über die allermeisten dieser Grundsätze gab es rasch Einigung. Heftig diskutierte man jedoch die Vorschläge zur Zusammensetzung des Wissenschaftlichen Rates. Sie schienen nicht mit der Forderung nach Unabhängigkeit des Rates von der Institutsleitung vereinbar zu sein. Schließlich gewann die Auffassung von Klaus Müntz, wonach die Verwirklichung eines Teils seiner Vorstellung unabdingbare Voraussetzung für eine direkte Kommunikation und effektive Zusammenarbeit zwischen der Institutsleitung und dem Rat sei, Verständnis bei der Mehrheit der Ratsmitglieder. Ausgehend vom Beratungsergebnis sollten danach der Rat und Klaus Müntz unabhängig voneinander ihre Entscheidungen treffen. Der Rat, der seine Forderung nach Abberufung von Dieter Mettin am 15.12.1989 detailliert begründet hatte,[252] entschied sich am 15.12.1989 für Klaus Müntz[253] und teilte seinen Wunsch am 20.12.1989 dem Akademiepräsidenten mit.[254] Klaus Müntz wandte sich selbst mit einem Brief vom 2.1.1990 an den Präsidenten, um die Modalitäten seiner eventuellen Rückkehr nach Gatersleben zu klären.[255]

Mauerfall

In die Phase der Vorbereitungen zur Wahl des neuen Wissenschaftlichen Rates fiel am 9.11.1989 die Öffnung der Mauer, hinter der sich die DDR seit 1961 gegen den westlichen Teil Deutschlands und die übrige westliche Welt verbarrikadiert hatte. Der „Mauerfall" bildete die Voraussetzung dafür, dass der friedlichen Revolution in der DDR, die zunächst auf eine Reform ihres Gesellschaftssystems gerichtet war, unerwartet eine neue Richtung gegeben werden konnte. Aus der bisherigen Losung „Wir sind das Volk" ließ sich durch Änderung eines einzigen Wortes die neue Losung „Wir sind ein Volk" schaffen. Die damit eingeleitete Entwicklung hin zu einer Wiedervereinigung Deutschlands wurde auch für die Reformen in Wissenschaft und Forschung bestimmend. Den Tag des Mauerfalls erlebte eine kleine Gruppe Gaterslebener Wissenschaftler unter besonders denkwürdigen Umständen. Nach mehrjährigen Bemühungen war es gelungen, die Genehmigung für eine Arbeitsbe-

---

[252] Wie Fußnote Kap. 2/251.

[253] Protokoll der Sitzung des Wissenschaftlichen Rates vom 19.12.1989 in den Akten 1.8.2 des Instituts.

[254] Von den Sprechern des Wissenschaftlichen Rates des ZIGuK, Ulrich Wobus und Rigomar Rieger, unterzeichneter Brief vom 20.12.1989 an den Präsidenten der AdW der DDR, Werner Scheler. Persönliche Unterlagen von Klaus Müntz.

[255] Brief an den Präsidenten der AdW der DDR, Prof. Dr. W. Scheler, vom 2.1.1990. Persönliche Unterlagen von Klaus Müntz.

ratung über pflanzliche Molekularbiologie und Genommanipulation zu erhalten,[256] die vor allem für jüngere Wissenschaftler aus dem Kölner MPI für Züchtungsforschung, aus dem Halle'schen Akademieinstitut für Biochemie der Pflanzen und aus dem Gaterslebener Institut gedacht war. Sie fand vom 9. bis 12. November 1989 in Meisdorf im Gästehaus des damaligen Rates des Kreises Aschersleben statt. Am Anreisetag, dem 9. November, gab es einen Begrüßungsabend („Mixer"). Während man noch mit Bier und Wein bei angeregten Diskussionen saß, brachte ein Wissenschaftler aus dem Halle'schen Institut gegen 23 Uhr die Nachricht von der Öffnung der Mauer. Der Fernsehapparat wurde eingeschaltet. Emotional tief bewegt sahen die Fachkollegen aus West und Ost, die sich durch die Tagung näher kommen wollten, gemeinsam jene berühmt gewordenen Bilder darüber, wie Menschen vor allem aus dem Osten Berlins durch die Berliner Grenzübergänge jubelnd in den westlichen Teil ihrer bisher geteilten Stadt strömten.[257]

Verwirklichung der Forderungen des Wissenschaftlichen Rates

Zum 31.12.1989 bat Dieter Mettin um seine Ablösung als Institutsdirektor. Mit seiner Abberufung zu diesem Termin war nicht nur eine Hauptforderung des Wissenschaftlichen Rates erfüllt worden. Dadurch entfiel ein entscheidender Grund dafür, dass Klaus Müntz acht Monate vorher das Gaterslebener Institut verlassen und den Ruf als Direktor des Halle'schen Akademieinstitutes für Biochemie der Pflanzen angenommen hatte. Die sich vollziehenden gesellschaftlichen Veränderungen hatten es außerdem mit sich gebracht, dass eine der wichtigsten Voraussetzungen für seine Tätigkeit im dortigen Institut in absehbarer Zeit nicht mehr realisiert werden konnte. Genehmigung und Materialversorgung für den begonnenen Neubau eines Labortraktes im Halle'schen Institut waren gestoppt worden. Dort sollte seine Forschungsgruppe einziehen, die ihre gentechnischen, molekular- und zellbiologischen Arbeiten in das Institutsprofil einbringen wollte. Bislang bestand diese Gruppe unter der wissenschaftlichen Leitung von Klaus Müntz in Gatersleben weiter. So gab es außer dem Wunsch des Gaterslebener Institutes zusätzliche schwerwiegende Gründe dafür, dass er sich für eine Rückkehr dorthin entschied. In einem Gespräch mit Benno Parthier, Schüler von Kurt Mothes und langjähriger Leiter der Abteilung „Molekularbiologie" des Halle'schen Akademieinstitutes, gab dieser die Zusage, im Falle einer Rückkehr von Klaus Müntz nach Gatersleben dessen Nachfolge als Direktor in Halle anzutreten. Zu Beginn des Jahres 1990 war auch im Institut für Biochemie der Pflanzen basis-demokratisch ein Wissenschaftlicher Rat gewählt worden. Nachdem die Einwilligung des Akademiepräsidenten für den Wechsel in der Direktion sicher war, stimmte dieser Rat auf seiner Beratung vom

[256] In der Folge des Abkommens über wissenschaftlich-technische Zusammenarbeit zwischen der DDR und der BRD vom 8.9.1987 war es zu einer Kooperationsvereinbarung vom 22.12.1988 zwischen der AdW der DDR und der DFG gekommen, welche diese Arbeitsberatung ermöglichte. Scheler W (2000) wie Fußnote 161, hier S. 349, und LHASA, MD, M 66, Nr. Wissenschaftliches Sekretariat 182, S. 10–11 sowie 229/1, S. 16 und 37.

[257] Wobus (2000) wie Fußnote Kap. 2/244.

20. März 1990 der Berufung von Benno Parthier zum Institutsdirektor und seinem Konzept für die Weiterführung des Halle'schen Institutes zu.[258] Am 17. April 1990 beriet der Akademiepräsident mit Benno Parthier und Klaus Müntz die Modalitäten für den Wechsel der Direktoren in den beiden einzigen pflanzenwissenschaftlichen Instituten der Akademie.[259] Gemäß dem inzwischen geänderten Akademiestatut oblag die Berufung von Institutsdirektoren nunmehr dem Vorstand der als Dach für die Akademieinstitute neu gebildeten „Forschungsgemeinschaft". Dieser willigte in die Berufungen ein. Am 4. Mai 1990 wurden sowohl Benno Parthier als auch Klaus Müntz durch den noch amtierenden Akademiepräsidenten Werner Scheler in Halle bzw. Gatersleben in ihre Ämter eingeführt.

Zum 28.2.1990 hatte auch der bisherige Leiter des Bereiches ÖTV, Wolfgang Ullmann, die Aufhebung seines Arbeitsvertrages erwirkt. Mit einer nachfolgenden Reorganisation dieses Bereiches wurde den Forderungen des Wissenschaftlichen Rates vorerst Rechnung getragen. Damit hatte dieser seine im November 1989 gestellten Ziele weitgehend erreicht. Vom 1. Januar bis 30. April 1990 amtierte Rolf Braun als Institutsdirektor. Er war bisher Stellvertreter von Dieter Mettin gewesen. Die Interimsperiode bis zum 1. Mai 1990 glich einer Wartestellung, bis mit der Amtsübernahme durch Klaus Müntz weitere Reformen in Angriff genommen werden konnten.

Weichenstellung im Übergang zu einem wiedervereinigten Deutschland

Im gleichen Zeitraum begannen in der DDR gesellschaftliche Entwicklungen, mit denen auch der zukünftige Rahmen für Wissenschaft und Forschung gestaltet worden ist: Die erstmals frei gewählte Volkskammer beschloss den Beitritt der DDR zur Bundesrepublik Deutschland gemäß Artikel 23 des Grundgesetzes, der am 3. Oktober 1990 vollzogen wurde. Ein Einigungsvertrag wurde ausgearbeitet und zum 31. August desselben Jahres beschlossen, nach dem der Beitritt erfolgen sollte. Sein Artikel 38 bestimmt, dass der Einpassung von Wissenschaft und Forschung in die gemeinsame Forschungsstruktur der Bundesrepublik Deutschland eine Begutachtung von öffentlich getragenen Forschungseinrichtungen im Beitrittsgebiet durch den Wissenschaftsrat zugrunde zu legen ist, die bis zum 31.12.1991 abgeschlossen werden muss.[260] Bis zu Entscheidungen über ihre Zukunft, beruhend auf den Begutachtungsergebnissen, werden die Akademieinstitute vom Zeitpunkt der Auflösung der Akademie der Wissenschaften der DDR, die mit dem Einigungstag am 3. Oktober 1990 erfolgt, bis zum 31.12.1991 den Ländern unterstellt, welche auf dem Gebiet der DDR wieder gebildet werden. Die Finanzierung der Institute wird

---

[258] Pieplow S (2008) wie Fußnote Kap. 2/63, hier S. 41.

[259] Niederschrift zum Ergebnis eines Gespräches, das der Präsident der AdW am 17.4.1990 mit Klaus Müntz und Benno Parthier führte, und die von Herrn Schulenburg verfasst und vom Präsidenten unterschriftlich bestätigt wurde. Persönliche Unterlagen von Klaus Müntz.

[260] Vertrag zwischen der Bundesrepublik Deutschland und der Deutschen Demokratischen Republik über die Herstellung der Einheit Deutschlands – Einigungsvertrag. Bulletin Nr. 104 des Presse und Informationsamtes der Bundesregierung, Bonn, 6. September 1990, S. 877–1120.

bis zum 31.12.1991 durch Bund und Länder gemeinsam gesichert. Alle bestehenden Arbeitsrechtsverhältnisse von Mitarbeitern der betroffenen Institute werden bis zum selben Datum befristet. Wissenschaftlern und wissenschaftlichen Einrichtungen des Beitrittsgebietes wird der Zugang zu den laufenden Maßnahmen der Forschungsförderung im Bereich der Bundesrepublik gewährt.

2.3 Das Institut für Genetik und Kulturpflanzenforschung in der Zeit des Umbruchs (1990–1991)

Vom Zeitpunkt der Amtsübernahme durch Klaus Müntz (Abb. 2.36, Box 2.3) als Institutsdirektor bis zum 31. Dezember 1991 waren vor allem folgende Aufgaben zu bewältigen: 1) Strukturelle und personelle Reorganisation, zugleich mit der Erarbeitung eines Konzeptes für die Zukunft des Institutes; 2) Vorbereitung der Begutachtung des Institutes durch den zuständigen Ausschuss der Begutachtungskommission des Wissenschaftsrates; 3) Vorbereitung der Neugründung des Institutes im Falle eines positiven Begutachtungsergebnisses, und 4) Einpassung des Institutes in die neuen ökonomischen Gegebenheiten, wobei der Personalbestand erheblich verringert werden musste. In dieser Umbruchzeit bildeten die Mitarbeitervollversammlungen im Hörsaal ein wichtiges Instrument, mit dem die Institutsmitarbeiter über alle bedeutenden Entwicklungen und Maßnahmen informiert und zu einheitlichem Handeln bewegt werden konnten.

2.3.1 Neue Institutsstruktur und ein Konzept für die Zukunft

In einer dreitägigen Klausurberatung der Leiter der wissenschaftlichen Bereiche und Abteilungen mit dem Wissenschaftlichen Rat wurden im Juni 1990 alle wissenschaftlichen Arbeitsgebiete und Projekte einer kritischen Analyse und Bewertung unterzogen. Zugleich gab es die Möglichkeit, neue Projektvorschläge zu unterbreiten. Ausgehend von den Beratungsergebnissen wurden die wissenschaftlichen Struktureinheiten umgebildet und mit der Erarbeitung eines Konzeptes für die weitere Institutsentwicklung begonnen. Es entstanden wissenschaftliche Bereiche, die in Abteilungen untergliedert waren.[261] Der Wortteil „Zentral-“ wurde aus dem bisherigen Namen des Instituts gestrichen, das nunmehr bis zum 31.12.1991 „Institut für Genetik und Kulturpflanzenforschung“ (IGK) hieß. Am 23. Juni 1990 übernahm Ulrich Wobus das Amt des stellvertretenden Direktors, das bis dahin noch von Rolf Braun ausgeübt worden war. Anstelle von Ulrich Wobus wählte der Wissenschaftliche Rat Renate Manteuffel zu seiner Sprecherin. Anfang Juli folgte die Ernennung der neuen Bereichs- und Abteilungsleiter. Erstmals bildete sich die Institutsleitung nach dem Kollegiumsprinzip. Struktur und Aufgabenstellungen sicherten

[261] Institut für Genetik und Kulturpflanzenforschung (IGK). Institutsführer (1991), IGK (Hrsg), Gatersleben.

Box 2.3 Prof. Dr. Klaus Müntz[262]

Abb. 2.36 Klaus Müntz

Institutsdirektor von 1990–1991.

1932	Geboren in Frankfurt/Oder
1951	Abitur in Frankfurt/Oder
1951–1952	Lehramtsbewerber an der Zehnklassenschule Fürstenberg/Oder
1952–1957	Studium an der Pädagogischen Hochschule Potsdam mit Abschluss durch Staatsexamen für Oberstufenlehrer in den Fächern Biologie und Chemie
1957–1964	Wissenschaftlicher Assistent bzw. wissenschaftlicher Mitarbeiter (ab 1962) am Botanischen Institut der Pädagogischen Hochschule Potsdam
1961	Promotion zum Dr. rer. nat. an der Mathematisch-Naturwissenschaftlichen Fakultät der Pädagogischen Hochschule Potsdam mit einer von Prof. Dr. W. R. Müller-Stoll betreuten Dissertation
1964–1969	Wissenschaftlicher Oberassistent bzw. Arbeitsleiter (ab 1967) am Institut für Kulturpflanzenforschung, Gatersleben, der DAW zu Berlin
1968	Habilitation an der Mathematisch-Naturwissenschaftlichen Fakultät der Pädagogischen Hochschule, Potsdam
1967–1969	Arbeitsaufenthalt in Kuba zum Aufbau einer Abteilung für Pflanzenphysiologie am Institut für Biologie der AdW der Republik Kuba
1970–1997	Leiter der FG bzw. Abteilung „Eiweißstoffwechsel der Pflanzen“ am ZIGuK und IGK bzw. IPK

[262] Wobus U (2002) Laudatio for Klaus Müntz on occasion of his 70th birthday. J Plant Physiol 159: 1279–1280.

1972–1991	Leiter des WB II „Molekularbiologische Grundlagen der pflanzlichen Stoffproduktion“ am ZIGuK bzw. WB III „Biochemie“ am IGK
1974	Ernennung zum Professor für Biochemie an der AdW der DDR
1989–1990	Direktor des Institutes für Biochemie der Pflanzen, Halle, der AdW der DDR
1990–1991	Direktor des Institutes für Genetik und Kulturpflanzenforschung, Gatersleben
1992–1997	Leiter der Abteilung „Molekulare Zellbiologie“ des Institutes für Pflanzengenetik und Kulturpflanzenforschung (IPK), Gatersleben
1977–1981	Vorsitzender der Sektion „Biochemie und Physiologie der Pflanzen“ der Biologischen Gesellschaft der DDR, zugleich Mitglied des Vorstandes dieser Gesellschaft
1986–2000	Herausgeber der Zeitschrift „Biochemie und Physiologie der Pflanzen“, ab 1993 des *Journal of Plant Physiology*
1977–2000	Gründer und Organisator der Serie von acht, in Abständen von jeweils drei Jahren abgehaltenen Internationalen Samenproteinsymposien des Gaterslebener Institutes
1988	Wahl zum Mitglied der Deutschen Akademie der Naturforscher Leopoldina
1988	Verleihung der Walter-Friedrich-Medaille der AdW der DDR
1991–1997	Mitglied des Senats für Sonderforschungsbereiche der DFG

Wissenschaftliche Arbeitsgebiete: Stoffwechsel von Mikroalgen bei niedrigen Umwelttemperaturen; Lichtabhängigkeit des Wachstums von Jungpflanzen des Kaffeestrauchs unter subtropischen Bedingungen; Wechselbeziehungen zwischen Struktur und Funktion von Reserveproteinen bei ihrer Bildung, Deponie und Mobilisierung während der Reifung bzw. Keimung von Pflanzensamen; gentechnische Manipulation der ernährungsphysiologischen Qualität von Samenproteinen.

Publikationen: 178 als Erst- oder Co-Autor, darunter Biologielehrbücher für die Oberstufe (z. B. für die 12. Klasse 4. Aufl. 1989), ein Lehrbuch der Pflanzenphysiologie (1966) und eine Monographie über den Stickstoffmetabolismus der Pflanzen (1984).

die erforderliche inhaltliche und personelle Kontinuität für alle Arbeiten, deren Weiterführung befürwortet worden war. Der Vergleich der Organigramme des IGK (Abb. 2.37) und des ZIGuK (Abb. 2.27) zeigt, dass sich die Zahl der wissenschaftlichen Bereiche von drei auf fünf erhöhte. Dagegen gab es keine Querschnittsbe-

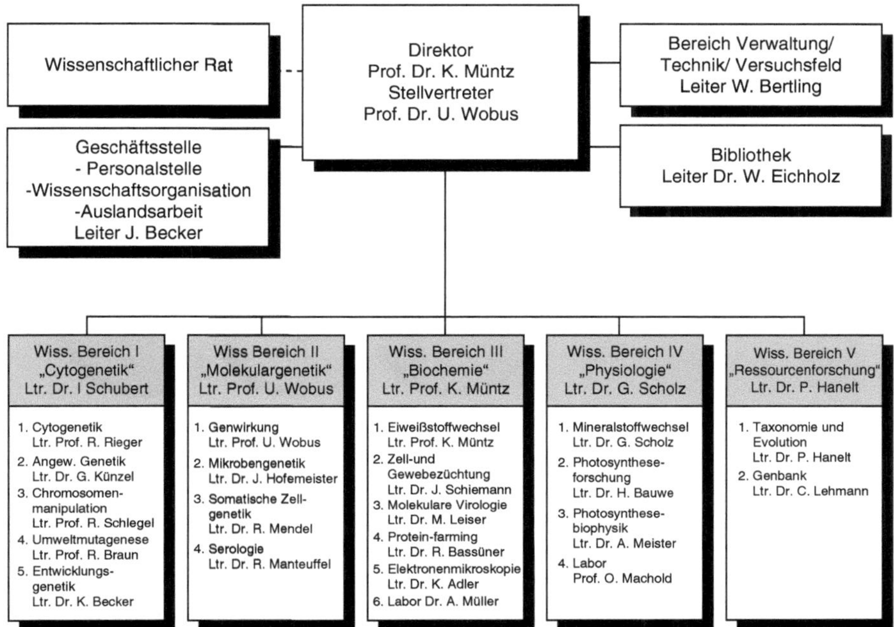

Abb. 2.37 Organigramm für die administrative Struktur des Institutes für Genetik und Kulturpflanzenforschung (IGK) von 1990/1991. (Aus Institutsführer des IGK vom Februar 1991)

reiche mehr. Die Zuordnung verschiedener Abteilungen zu den WB änderte sich, einige neue Abteilungen wurden gebildet, und es gab Veränderungen in der Leitung einer ganzen Reihe von Abteilungen. In Übereinstimmung mit der Gründungsidee des Institutes von 1943 sollte die Erhaltung, Erweiterung, Charakterisierung und Evaluierung pflanzengenetischer Ressourcen unverändert eine Kernaufgabe des Institutes bilden. Weitere Arbeitsgebiete waren die Entwicklung von Gentransfertechniken für Pflanzen, die Erforschung der Genexpression während der Entwicklung zygotischer und somatischer Embryonen von Pflanzen, Untersuchungen zur Regulation der mikrobiellen Genexpression, molekulare Pflanzenvirologie, Cytogenetik und Mutationsforschung bei Pflanzen und Tieren sowie Untersuchungen zu molekularen Mechanismen der Regulation autotropher pflanzlicher Stoffwechselprozesse. Darauf aufbauend war an einen langfristigen Wandel hin zu jenen Schwerpunkten gedacht, die in dem bis Oktober 1990 entwickelten „Konzept für die Zukunft“ des Institutes niedergeschrieben wurden (Abb. 2.38). Im Vergleich mit dem späteren Konzept, welches das zuständige Komitee für die Neugründung des Institutes am 1. Januar 1992 vorschlug (Abschn. 2.3.6), sah das Zukunftskonzept vom Oktober 1990 weiterreichende Änderungen vor.[263] Die neue Institutsleitung übergab ihr Zukunftskonzept der Regierung des Landes Sachsen-Anhalt anlässlich

[263] Konzept für die Zukunft des IGK vom Oktober 1990. Akten des IGK.

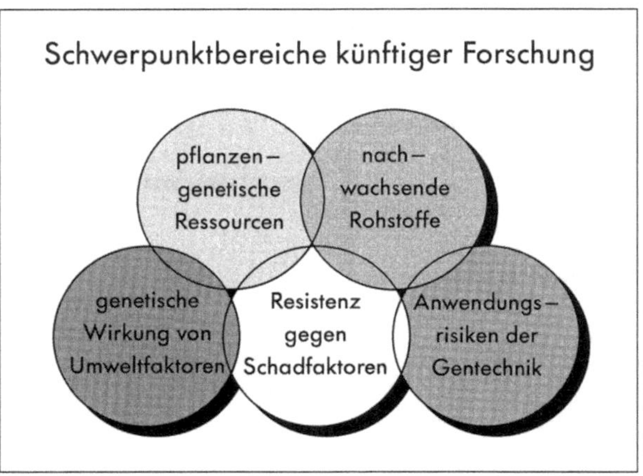

Abb. 2.38 Aufgabenschwerpunkte für die Zukunft, wie sie im Institutsführer des IGK für seine Evaluierung im Februar 1991 dargestellt waren

der konstituierenden Sitzung des Landtages am 28. Oktober 1990 und stellte es der Öffentlichkeit in einem Pressegespräch am 11. Dezember 1990 vor. Auf dem Konzept beruhen die Zukunftsaussichten, die am Ende des im Januar 1991 gedruckten neuen Institutsführers stehen. Es bestimmte auch die Vorstellungen der Institutsleitung, die sie dem Evaluierungsausschuss bei seiner Institutsbegutachtung am 5. Februar 1991 unterbreitete.

2.3.2 Das Genbankproblem

Das Leitungskollegium des IGK verfolgte konsequent das Ziel, die Einheit des Institutes zu erhalten. Im Zusammenhang damit begann vor allem das Kulturpflanzenweltsortiment, nach heutiger Terminologie „Genbank" genannt, eine besondere Rolle zu spielen. Bei den Gedankenspielen darüber, wie das Institut in das System der außeruniversitären Forschungseinrichtungen der Bundesrepublik eingeordnet werden könnte, wurde auch die Eingliederung in die Max-Planck-Gesellschaft (MPG) erwogen. Einst hatte die Sammlung und Bearbeitung pflanzengenetischer Ressourcen eine Gründungsaufgabe für das Institut für Kulturpflanzenforschung der Kaiser-Wilhelm-Gesellschaft (KWG) dargestellt. Seither hatten derartige Sammlungen agrar-, umwelt- und entwicklungspolitische Bedeutung in der Welt gewonnen und ließen sich aber offensichtlich nicht mehr mit den Grundlagenforschungskonzepten in MPG-Instituten vereinbaren. Gerade wegen dieser neuen Bedeutung hatte die „alte" Bundesrepublik ihre Pflanzengenbank 1970 in der Forschungsanstalt für Landwirtschaft (FAL) gegründet. Sie gehörte zum Bereich der Ressortforschung des Bundesministeriums für Ernährung, Landwirtschaft und Forsten (BMELF), zumal dieses Ministerium die hoheitlichen Aufgaben wahrnahm, die heute mit Pflanzengenbanken verbunden sind. Dagegen hatte die Genbank in Gatersleben zu einem Institut der Akademie der Wissenschaften und nicht zum Ressort des Landwirtschaftsministeriums der DDR gehört. So schien es im

Verantwortungsbereich des BMELF zu diesem Zeitpunkt unzweifelhaft, dass die Gaterslebener mit der FAL-Genbank in Braunschweig zu einer Deutschen Genbank vereinigt werden müsste. Im Sommer 1990 gab es wechselseitige Besuche, bei denen die betreffenden Wissenschaftler der FAL und des IGK Kontakte aufnahmen und die jeweils anderen Sammlungen kennenlernten. Die Gaterslebener Genbank zeichnete sich im Vergleich mit der Genbank der FAL durch die Kombination von Kulturpflanzensammlung mit der Ressourcenforschung aus, an welcher die im Institut vertretenen verschiedenen biologischen Disziplinen beteiligt waren. Diese Einheit hatte die Gaterslebener Genbank zu einer der bestbearbeiteten Sammlungen ihrer Art in der Welt werden lassen und machte eines der wichtigsten „Alleinstellungsmerkmale" des Institutes in der deutschen Forschungslandschaft aus, das erhalten werden musste. Eine Vereinigung der Sammlungen im Ressort des BMELF hätte ihre Trennung von der Ressourcenforschung zur Folge gehabt. Direktorium und die überwiegende Mehrheit der Wissenschaftler des IGK in Gatersleben wollten an der Einheit von Sammlung mit Ressourcenforschung unbedingt festhalten. Nur wenige Mitarbeiter hingen der Idee einer Ausgliederung der Sammlung an. Deshalb bemühte sich das Direktorium vor allem bei den zuständigen Ministerien des Bundes und des sich neu formierenden Landes Sachsen-Anhalt darum, die Einheit von Sammlung und Ressourcenforschung nach dem Gaterslebener Modell zu sichern.[264] Besonders hinderlich war für diese Bemühungen, dass bis zum Juli 1991 kein Sachverständiger aus dem Gaterslebener Institut in offizielle Beratungen über die Zukunft der Genbank einbezogen worden war.

Außerdem hatte der aus der Molekularbiologie entlehnte wenig zutreffende Begriff „Genbank" bei Nichtfachleuten auch zu abwegigen Vorstellungen über die Zukunft des Gaterslebener Kulturpflanzenweltsortimentes beigetragen. Der damals zuständige Vertreter des Bundesministeriums für Forschung und Technologie (BMFT) meinte im Frühsommer 1991 in einer Unterredung mit Klaus Müntz, dass mit der Entschlüsselung der Erbanlagen Sammlungen und deren Bearbeitung wie in Gatersleben vermutlich überflüssig würden, weil man weit billiger nur noch entsprechende DNA-Klone aufzubewahren brauchte. – Am 14. August 1991 legte das Direktorium des IGK deshalb seinen Standpunkt in einem entsprechenden Memorandum dar, das an alle zuständigen Stellen ging.[265] Darüber wurde noch im selben Monat im Kultusministerium des Landes Sachsen-Anhalt unter Gaterslebener Beteiligung beraten, was wesentlich zur Durchsetzung der Gaterslebener Absichten beitrug. Dazu haben dann vor allem die ersten Empfehlungen beigetragen, die nach Auswertung bereits vorliegender Evaluierungsergebnisse der Wissenschaftsrat am 5. Juli 1991 und der Evaluierungsausschuss für die Agrarforschung auf seiner Abschlussberatung am 29./30. Juli 1991 gaben. Darauf wird im Zusammenhang mit dem Gesamtergebnis der Evaluierung des Gaterslebener Institutes weiter eingegangen (Abschn. 2.3.4).

[264] Müntz K (1993) Schwierigkeiten mit der Einheit. IPK-Journal 2 (2): 2–5.

[265] Thesen der Leitung des IGK, Gatersleben, für die Einordnung und Finanzierung der pflanzlichen Ressourcenforschung und Genbank im zukünftigen Blaue-Liste-Institut, Gatersleben, 14.8.1991. Akten des IGK.

2.3.3 Einpassung in neue ökonomische und wissenschaftsorganisatorische Verhältnisse

Am 30. Juni 1990 verfügte das Gaterslebener Institut nach der damaligen Planungsnomenklatur der Akademie der Wissenschaften der DDR über 557 Vollbeschäftigteneinheiten (VbE), wovon 104 VbE Wissenschaftler und 174 VbE technische Mitarbeiter direkt in der Forschung tätig waren. Weil im Institut viele Teilzeitbeschäftigte arbeiteten, entsprachen die 557 VbE 623 Mitarbeitern. Die Lage eines derartig großen Institutes in einem Dorf mit etwa 3000 Einwohnern sowie die wirtschaftlichen und sozialen Prinzipien, welche in der DDR für Forschungsinstitute wie für Betriebe allgemein galten, hatten dazu geführt, dass zahlreiche wissenschaftsfremde Einrichtungen zum Institut gehörten, wie sie in anderem Zusammenhang in vorherigen Kapiteln beschrieben worden sind. Hinzu kamen die Gruppen für Chemikalien- und Laborgeräteproduktion, die überdimensionierten Kapazitäten für Lagerhaltung, an Werkstätten für Werterhaltung an Gebäuden und Geräten sowie für Transporte mit Kfz, das Heizhaus, Reinigungs- und Wachpersonal. Überall war in diesen Einrichtungen im Vergleich zu entsprechenden Forschungsinstituten der alten Bundesländer überproportional viel Personal beschäftigt. Außerdem beschäftigte das Institut eine erhebliche Zahl von Rentnern. Geeignete forschungsfremde Einrichtungen des Institutes mussten nun ausgegliedert und privatisiert werden. Die überdimensionierten Lager-, Transport- und Servicekapazitäten waren auf ein erforderliches Mindestmaß zu reduzieren. Rentner konnten sozialverträglich in den tatsächlichen Rentenstand und einige andere Mitarbeiter mit entsprechendem Alter in den vorgezogenen Ruhestand treten. Auch innerhalb des eigentlichen Forschungsbetriebes gab es Spielraum, den Personalbestand zu verringern. Im Sommer 1990 waren die Leistungen aller Wissenschaftler nach einem von Leitungskollegium und Wissenschaftlichem Rat gemeinsam beschlossenen Kriterienkatalog bewertet worden. Als Schlussfolgerung daraus erging an 20 Wissenschaftler die Empfehlung, sich spätestens nach Schließung des IGK zum 31.12.1991 um eine andere Arbeitsstelle zu bemühen. Eliminierung berufsfremder Aktivitäten für Parteien und Massenorganisationen aus der Arbeitszeit und Einsatz zeitsparender Forschungs- und -hilfsmittel erlaubten nun effizienteres Arbeiten bei geringerem Arbeitskräfteeinsatz. Mit einem Komplex unterschiedlicher Maßnahmen ließ sich die Zahl der Mitarbeiter im zweiten Halbjahr 1990 bis zum 1. Januar 1991 weitgehend sozialverträglich auf 467 verringern, die auf 406 Vollzeitstellen beschäftigt wurden. Von den Beschäftigten waren 95 Wissenschaftler und 198 technische Mitarbeiter in den wissenschaftlichen Bereichen. Im gleichen Zeitraum begann die Einwerbung von Drittmitteln für Forschungsprojekte. Die Wissenschaftler erhielten Zugang zur Einwerbung von Projektmitteln aus Programmen der zuständigen Ministerien, bei der Deutschen Forschungsgemeinschaft sowie aus Industriefonds und Stiftungen. Außerdem finanzierten die Ministerien der Bundesregierung Sonderprogramme zur Forschungsförderung und bevorzugten Forschungsgeräteausstattung für wissenschaftliche Einrichtungen in den ostdeutschen Ländern. Mithilfe von Drittmitteln konnten nun projektbezogen und zeitlich befristet vor allem Wissenschaftler, aber in beschränkten Umfang auch wissenschaftlich-technische Kräfte angestellt werden. Damit ließ sich Forschung mittels Beendigung bzw. Neustart von Projekten materiell und personell flexibel den Schwerpunkten der Institutsforschung und der internationalen Entwicklung anpassen. Es war ein entscheidender Beitrag dazu, jene Erstarrung aufzubrechen, die sich aus der fast durchgängigen permanenten Anstellung von Wissenschaftlern in den Forschungsinstituten der DDR eingestellt hatte.

2.3.4 Evaluierung

Am 12. September 1990 stellte die Geschäftsstelle des Wissenschaftsrates den betroffenen Instituten die Bewertungskriterien zu, nach denen in den außeruniversitären Forschungseinrichtungen der DDR gemäß Artikel 38, Abs. 1, des Einigungsvertrages vom 31. August 1990 eine Bestandsaufnahme erfolgen sollte.[266] Bereits vorher war Ende Juli 1990 ein 23 Punkte umfassender Fragenkatalog eingegangen, dessen institutsweise schriftliche Beantwortung die eigentliche Evaluierung vorbereitete. Diese sollte dann durch den zuständigen Ausschuss der vom Wissenschaftsrat gebildeten Evaluierungskommission bei einem Institutsbesuch vorgenommen werden. Die Beantwortung der Fragen hatte bis zum 31.8.1991 zu geschehen. Im August bildete die Ausarbeitung dieses Materials die Hauptaufgabe für das Leitungskollegium, um nach besten Kräften zur Sicherung der Zukunft des IGK beizutragen, denn der Kriterienkatalog forderte nicht nur die Darstellung des gegenwärtigen Leistungsstandes, sondern auch Empfehlungen zur weiteren Entwicklung des Institutes.[267] Mit dem Tag der Einigung hatte am 3. Oktober 1990, wie im Einigungsvertrag vorgesehen, die Akademie der Wissenschaften der DDR aufgehört zu bestehen. Das IGK gehörte bis dahin zu ihrem Forschungsbereich „Biowissenschaften und Medizin“, weshalb für seine Evaluierung der Ausschuss für Biowissenschaften und Medizin zuständig war. Er sollte das IGK am 5. Februar 1991 besuchen. Angesichts der großen Zahl zu bewertender Institute und ihrer umfangreichen schriftlichen Zuarbeiten waren die Ausschussmitglieder stark überlastet. Das Leitungskollegium des IGK ging davon aus, dass sie für eine Kurzdarstellung von Geschichte, gegenwärtigen Arbeiten und Zukunftsplänen des Institutes dankbar sein müssten. Deshalb entschloss es sich, zum Tage der Evaluierung einen kurz gefassten illustrierten Institutsführer zu erarbeiten und drucken zu lassen.[268] Sein Erfolg machte ihn zum Muster aller nach der Neugründung des Institutes später in zwangloser Folge über das Institut veröffentlichten Broschüren in deutscher und englischer Sprache. Für die Vorbereitung der Evaluierung war auch vorteilhaft, dass Klaus Müntz als Vertreter der ostdeutschen Wissenschaftler dem agrarwissenschaftlichen Evaluierungsausschuss angehörte und bei den Begutachtungen einer Reihe von Instituten der Akademie der Landwirtschaftswissenschaften der DDR

[266] Bewertungskriterien für die Bestandsaufnahme in den außeruniversitären Forschungseinrichtungen der DDR. Geschäftsstelle des Wissenschaftsrates, 12.9.1990, Köln.

[267] Informationsmaterial über das Zentralinstitut für Genetik und Kulturpflanzenforschung, Gatersleben, der AdW der DDR vom 31.8.1990.

[268] Wie Fußnote Kap. 2/261.

einschlägige Erfahrungen gesammelt hatte. Zur Evaluierung selbst wurde nicht nur mit dem Leitungskollegium über den Leistungsnachweis und die Zukunftsvorstellungen des Institutes beraten. Die jeweils dafür fachlich kompetenten Ausschussmitglieder besuchten die wissenschaftlichen Bereiche und Abteilungen, und der Ausschuss führte ohne Beisein der Leiter Gespräche mit den Mitarbeitern. Dem Evaluierungsprozess lag damit eine Begutachtungssystematik zugrunde, wie sie in den alten Bundesländern bereits langjährig angewandt worden war. Verlauf und Atmosphäre des Ausschussbesuches hinterließen bereits den Eindruck, dass die Präsentation des Institutes gelungen war und eine günstige Bewertung zu erwarten sei. Das außerordentlich positive Ergebnis wurde allerdings erst nach den auswertenden Sitzungen des Wissenschaftsrates vom 5. Juli und 27. September 1991 bekannt. In der veröffentlichten Fassung seiner Stellungnahmen zu den außeruniversitären Forschungseinrichtungen in der ehemaligen DDR auf dem Gebiet der Biowissenschaften und der Medizin (1992a) heißt es u. a.[269]:

> …Bei dem Institut für Genetik und Kulturpflanzenforschung handelt es sich um ein Institut von höchster wissenschaftlicher Qualität, das sich in seiner Leistungsfähigkeit nicht von entsprechenden Einrichtungen in den alten Ländern unterscheidet und in seinem Grundkonzept erhalten bleiben sollte. Das Institut verfügt über kompetente Mitarbeiter, die ihre Arbeit engagiert durchführen. … Der Wissenschaftsrat empfiehlt, die Gendatenbank[270] unter Beibehaltung des Standortes Gatersleben, wo günstige Voraussetzungen für die wissenschaftliche Auswertung vorhanden sind, weiterzuführen. Im Verbund mit modemen naturwissenschaftlichen, pflanzengenetisch arbeitenden Abteilungen und dem verfügbaren Methodenspektrum der Pflanzenphysiologie und Molekularbiologie besteht in Gatersleben eine einmalige Voraussetzung, eine Forschungsstruktur für die pflanzliche Ressourcenforschung zu entwickeln, wie sie nur an sehr wenigen anderen Orten gegeben ist. … Auf längere Sicht sollte angesichts dieser hervorragenden Voraussetzungen für Ressourcenforschung die Verlagerung der vom Bundesministerium für Landwirtschaft finanzierten Genbank in Braunschweig nach Gatersleben erwogen werden…Der Wissenschaftsrat unterstützt den Vorschlag des Instituts, das für den Personalumfang ca. 300 Mitarbeiter vorsieht, von denen 220 institutionell verankert sein sollen. …

Im gleichen Sinne hat der Evaluierungsausschuss für Agrarwissenschaften empfohlen, die Genbank in Einheit mit der Ressourcenforschung im Gaterslebener Institut weiterzuführen.[271] Damit wurde der Standpunkt des Institutes in der Genbankfrage umfassend bestätigt. Zugleich waren auch die Weichen dafür gestellt, dass die zukünftige Deutsche Genbank ihren Sitz in Gatersleben haben würde. Die außerordentlich positive Bewertung, welche das IGK bei der Evaluierung erfahren hatte, wurde schließlich noch durch den Besuch unterstrichen, den der damalige Bundesminister für Forschung und Technologie, Heinz Riesenhuber, dem Institut am 2. Mai 1991 abstattete (Abb. 2.39).

---

[269] Wissenschaftsrat, 1992a. Stellungnahmen zu den außeruniversitären Forschungseinrichtungen in der ehemaligen DDR auf dem Gebiet der Biowissenschaften und Medizin. Köln, S. 77–78.

[270] Der hier missverständliche Begriff „Gendatenbank" anstelle von „Genbank" hat sich leider nachfolgend über viele Jahre in ministeriellen Schreiben und Darstellungen erhalten.

[271] Wissenschaftsrat 1992b. Stellungnahmen zu den außeruniversitären Forschungseinrichtungen in der ehemaligen DDR auf dem Gebiet der Agrarwissenschaften. Köln, S. 205–206.

Abb. 2.39 Nach seinem Besuch am 2. Mai 1991 verlässt der damalige Bundesminister für Forschung und Technologie, Heinz Riesenhuber (*Mitte*), in Begleitung des Direktors, Klaus Müntz (*rechts*) und seines Stellvertreters, Ulrich Wobus (*links*) das Genetik-Gebäude des IGK

2.3.5 Überprüfung der persönlichen Integrität

Die Begutachtung durch den Wissenschaftsrat bezog sich ausschließlich auf wissenschaftlich-fachliche Fragen. Anlage I, Kap. XIX, zum Einigungsvertrag regelte die Übertragung des Bundesarbeitsrechts auf die Rechte der im öffentlichen Dienst der neuen Bundesländer stehenden Personen.[272] Mit diesen Regelungen war die Weiterbeschäftigung früherer Mitarbeiter des Ministeriums für Staatssicherheit (MfS) der DDR unvereinbar. Öffentlichkeit und Politik forderten die Umsetzung der betreffenden Regelungen des Einigungsvertrages, damit nur Mitarbeiter beschäftigt werden, welche nachweislich die erforderliche persönliche Eignung für ihre Funktion mitbringen. Seit der Auflösung der AdW der DDR führte die „Koordinierungs- und Abwicklungsstelle für die Institute und Einrichtungen der ehemaligen Akademie der Wissenschaften" (KAI-AdW) übergangsweise die erforderlichen Verwaltungsgeschäfte von Berlin aus weiter.[273] Sie forderte mit ihrem Schreiben vom 13. März 1991 von allen Mitarbeitern ihres Verantwortungsbereiches die Unterschrift unter

[272] Einigungsvertrag, s. Fußnote Kap. 2/260, hier S. 1058–1062.

[273] Brief des amtierenden Geschäftsführers der Abwicklungsstelle an die Direktoren und Leiter der Institute und Einrichtungen der ehemaligen AdW der DDR vom 10.10.1990, mit anliegender Vereinbarung vom 25.9.1990, über die Einrichtung der Stelle im Auftrage der Länder nach Artikel 1 des Einigungsvertrages. Akten des IGK Nr. 1.15.4.

einer Erklärung über die Mitarbeit beim MfS.[274] Im IGK mussten die unterzeichneten Erklärungen von allen Mitarbeitern in verschlossenen Umschlägen bis zum 11. April 1991 in einer versiegelten Urne bei einer Vertrauensperson deponiert werden. Der Direktor hatte die Erklärungen gemeinsam mit Vertretern des Wissenschaftlichen Institutsrates, des Personalrates und der Landesregierung bis zum 15. April auszuwerten. Die Ergebnisse unterlagen völliger Diskretion. Alle Schlussfolgerungen sollten in Zusammenarbeit mit der Landesregierung gezogen werden. – Aber bereits vor dieser offiziellen Überprüfungsaktion hatte sich auf Initiative des Wissenschaftlichen Institutrates vom 27.9.1990 im IGK ein Vertrauenskomitee aus drei Personen gebildet, vor dem sich belastete Mitarbeiter offenbaren und ihr Gewissen entlasten konnten.[275] Diese Bekenntnisse wurden vertraulich behandelt und bei einem Notar hinterlegt. Weder die auf diesem Wege gewonnenen Einsichten noch die Ergebnisse der Erklärungsaktion boten aber eine sicher belastbare Basis dafür, alle MfS-Mitarbeiter erfasst zu haben. Für ein endgültiges Urteil war die Überprüfung der Angaben mithilfe der Akten des MfS erforderlich. Sie geschah erst nach der Ende 1991 erfolgten Bildung einer fünfköpfigen Personalkommission, bestehend aus drei Vertretern des Institutes, einem evangelischen Pfarrer und einem Vertreter des zuständigen Landesministeriums. Diese konnte MfS-Akten einsehen und alle ab 1. Januar 1992 wieder oder neu angestellten Institutsmitarbeiter überprüfen. Die Arbeitsverträge aller Mitarbeiter waren laut Einigungsvertrag bis zum 31.12.1991 befristet. Das Leitungskollegium wollte Fehlentscheidungen im Zusammenhang mit eventueller Mitarbeit beim MfS vermeiden. Es zog bis zur Schließung des Institutes und der damit verbundenen Entlassung aller Mitarbeiter am 31.12.1991 keine arbeitsrechtlichen Schlussfolgerungen aus den Stasi-Bekenntnissen und -Erklärungen. Mit der Anstellung von Mitarbeitern im neu zu gründenden Institut war zwangsläufig eine nachfolgende Überprüfung durch die Personalkommission verknüpft.[276] Das Ergebnis verhinderte gegebenenfalls die andauernde Beschäftigung belasteter Bewerber, weil es auch noch in späteren Jahren ihre Entlassung nach sich zog. Angesichts dieser Situation zogen es die meisten belasteten Personen vor, sich nicht wieder um eine Tätigkeit im Institut zu bewerben. Ein kleiner Rest verlor seine Anstellung wenig später. Erst in den nachfolgenden Jahren haben zahlreiche Mitarbeiter bei der Einsicht in ihre persönlichen MfS-Akten oft unerwartete und erschreckende Aufklärung über ehemalige Mitarbeiter, durch die sie für das MfS bespitzelt worden waren, und über das Bespitzelungssystem gewonnen.[277]

---

[274] Schreiben des Geschäftsführers der KAI-AdW an die Direktoren und Einrichtungen der ehemaligen AdW der DDR vom 13.3.1991.

[275] Protokoll der 14. Sitzung (1991) des Wissenschaftlichen Rates vom 27.9.1991, mit Anlagen. Akten des IGK.

[276] KAI-Info Nr. 12 vom Oktober 1991 mit „Grundsätzen für die Personalauswahl bei der Neugründung von gemeinsam von Bund und Ländern geförderten Forschungseinrichtungen…" verabschiedet auf dem Treffen der Wissenschaftsminister der Neuen Länder und Berlins mit dem Bundesminister für Forschung und Technik und dem Vorsitzenden des Wissenschaftsrates am 19.9.1991 in Dresden. Akten des IGK Nr. 1.15.4.9.

[277] Wobus (2000) wie Fußnote Kap. 2/244, hier S. 1–4.

2.3.6 Vorbereitung der Neugründung des Instituts

Wie viele andere ehemalige Institute der Akademie der Wissenschaften, die als erhaltenswert beurteilt worden waren, sollte die Nachfolgeeinrichtung des IGK in den Verbund jener „Blaue-Liste-Institute“ eingeordnet werden, die nach Artikel 91b des Grundgesetzes zwar von den jeweiligen Sitzländern getragen, aber gemeinsam von Bund und Sitzland finanziert werden.[278] Ab September 1991 wurden die Gründungsaktivitäten von einem Gründungskomitee begleitet, dem Gerhard Fischbeck von der Technischen Universität München vorstand und Gerhard Röbbelen (Göttingen), Gerhard Wenzel (Grünbach), Diter von Wettstein (Carlsberg-Institut, Kopenhagen, Dänemark) sowie Vertreter der Martin-Luther-Universität Halle-Wittenberg, des Landesministeriums für Wissenschaft und Forschung sowie der Bundesministerien für Landwirtschaft sowie Forschung und Technik angehörten. Bereits am 16. August 1991 hatten Leitungskollegium und Wissenschaftlicher Institutsrat des IGK gemeinsam ihren Konzeptvorschlag für das wieder zu gründende Institut verfasst. Er wurde auf der 1. Sitzung des Gründungskomitees am 4. September in Gatersleben vorgestellt und mit dessen Vorstellungen abgeglichen. Die Ergebnisse dieser Beratung führten schließlich zu jenem maßgeblichen Konzept für die Gründung eines „Instituts für Pflanzengenetik“ in Gatersleben, das am 24. September 1991 auf der 2. Sitzung des Komitees wiederum in Gatersleben beraten worden ist. Bereits im Namen wurde ausgedrückt, dass man dem Institut die Beschränkung auf Forschungen an Pflanzen empfahl. Im Konzept heißt es: „Das Mandat des neu zu gründenden Institutes … umfasst das Gesamtgebiet der klassischen und molekularen Genetik und Zellbiologie mit Ausrichtung auf evolutionäre, pflanzenzüchterische und ökologische Aspekte…“.[279]

Es sollte Abteilungen für Geobotanik und Taxonomie, angewandte und Populationsgenetik, Chromosomenanalyse und Cytogenetik, molekulare Genetik sowie molekulare Zellbiologie haben und sich auf Ressourcenforschung, Evolutionsforschung und Ontogeneseforschung als Schwerpunkte konzentrieren. Für die Genbank war der Status einer Abteilung nicht vorgesehen. Man rechnete damit, dass im Institut etwa 310 Mitarbeiter tätig sein müssten, darunter ca. 100 Wissenschaftler. Davon sollten ca. 50 Wissenschaftler und 40 technische Mitarbeiter aus Drittmitteln finanziert werden. Ein Kollegium der Abteilungsleiter sollte das Institut führen und einer der Abteilungsleiter jeweils für zwei Jahre als Direktor amtieren. Ein externer siebenköpfiger wissenschaftlicher Beirat war vorgesehen, um die wissenschaftliche Arbeit des Institutes zukünftig zu begleiten und zu bewerten. Ein Kuratorium aus Vertretern der Zuwendungsgeber, des wissenschaftlichen Beirates, der kooperierenden Universität und gegebenenfalls aus der Wirtschaft hatte die generelle Aufsicht über die Tätigkeit des Institutes zu führen. Das Leitungskollegium des IGK wünschte dringend, dass im Institutsnamen das Wort „Kulturpflanzenforschung“ beibehalten wird. Diesem Wunsch folgte das Gründungskomitee. Die Vorstellungen

[278] Wobus U (1995) Aufbruch der Blauen Liste. IPK-Journal 4 (1): 1–3.

[279] Institut für Pflanzengenetik (IPG) Gatersleben: Konzept des Gründungskomitees, Stand: 24. September 1991. Akten des IGK.

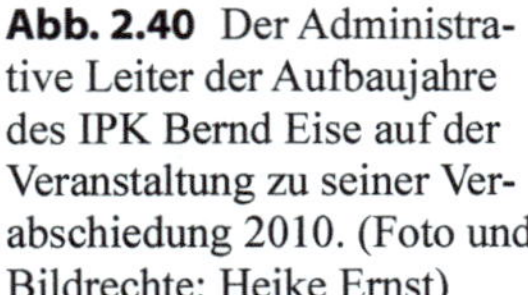

Abb. 2.40 Der Administrative Leiter der Aufbaujahre des IPK Bernd Eise auf der Veranstaltung zu seiner Verabschiedung 2010. (Foto und Bildrechte: Heike Ernst)

des Gründungskomitees gewährleisteten genügende Kontinuität mit dem wissenschaftlichen Profil und Leistungsvermögen der Vorgängerinstitute und zusätzliche Neuentwicklungen in dem zum 1. Januar 1992 als Stiftung öffentlichen Rechts zu gründenden Blaue-Liste-Institut für Pflanzengenetik und Kulturpflanzenforschung (IPK).

Bewerbungen für die Stellen mussten im Oktober 1991 eingereicht werden. Das zuständige Landesministerium hatte öffentlich die Neugründung des Institutes angekündigt, was auch externe Bewerbungen ermöglichte. Die Landesregierung wollte sichern, dass die zukünftigen Institutsmitarbeiter bis zum 1. Januar 1992 ihre Anstellungsschreiben erhalten. Landesregierung und Gründungskomitee stimmten darin überein, die Leitung der Abteilungen „Taxonomie", „Cytogenetik", „Molekulargenetik" und „Molekulare Zellbiologie" mit Peter Hanelt, Ingo Schubert, Ulrich Wobus bzw. Klaus Müntz zu besetzen, die alle bereits im Vorgängerinstitut leitende Stellen innegehabt hatten. Für die geplante Abteilung „Populationsgenetik" konnte kein geeigneter Bewerber gefunden werden. In der Nachfolge von Christian Lehmann, der 1991 das 65. Lebensjahr vollendet hatte und in den Ruhestand getreten war, sollte Karl Hammer zum Leiter der Genbank berufen werden. Insgesamt entstanden zunächst in den wissenschaftlichen Abteilungen einschließlich der Genbank 34 Arbeitsgruppen.[280] Drei davon mussten später aufgelöst werden, weil für ihre Leiter erhebliche belastende Mitarbeit beim MfS nachweisbar war. Drei der AG-Leiterstellen wurden mit Bewerbern aus den alten Bundesländern besetzt. Für die Leitung der Abteilung „Verwaltung und zentrale Dienste" konnte mit Bernd Eise (Abb. 2.40) ein erfahrener langjähriger Mitarbeiter aus dem BMFT gewonnen werden. Klaus Müntz stellte sich nicht wieder als geschäftsführender Direktor zur Verfügung und schlug der Landesregierung am 27. November 1991 dafür seinen bisherigen Stellvertreter Ulrich Wobus (Abb. 2.41, Box 2.4) vor,[281] der zum 1. Januar 1992 zum Gründungsdirektor des IPK bestellt wurde. Damit waren die leitenden Positionen weitgehend mit Wissenschaftlern aus dem IGK

[280] Jahresforschungsbericht des IPK 1992.

[281] Müntz K (1991) Schreiben vom 22.11. an das zuständige Ministerium der Regierung des Landes Sachsen-Anhalt, persönliche Unterlagen.

Box 2.4 Prof. Dr. Ulrich Wobus

Abb. 2.41 Ulrich Wobus

Institutsdirektor von 1992–2007.[282]

1942	Geboren in Niesky/Oberlausitz, dort 1960 Abitur
1960–1965	Studium der Biologie an der Ernst-Moritz-Arndt-Universität zu Greifswald und ab Herbst 1962 an der Humboldt-Universität Berlin mit Schwerpunkt Zoologie und Verhaltensbiologie
1965–1966	Wissenschaftlicher Assistent am Zoologischen Institut der HU, ab 1966 Mitarbeiter des Instituts für Kulturpflanzenforschung Gatersleben
1969	Promotion zum Dr. rer. nat. an der Humboldt-Universität zu Berlin
1982	Erlangung des akademischen Grades Dr. sc. nat.
1986	Berufung zum Professor an der Akademie der Wissenschaften der DDR
1987	Berufung zum Leiter der Abteilung (=Arbeitsgruppe) „Genwirkung“
1989	Im November Wahl zum 1. Sprecher des frei gewählten Wissenschaftlichen Rates
1990	Ab 1.8. Berufung zum Leiter des Bereiches II (Molekulargenetik) und zum Stellvertreter des Direktors
1992	Berufung zum geschäftsführender Direktor des IPK und Leiter der Abteilung „Molekulare Genetik“

[282] Siehe auch Schubert I (2007) Laudatio. IPK-Journal 16 (2. Sonderheft) 11–14 und Röbbelen G (Hrsg) Biographisches Lexikon zur Geschichte der Pflanzenzüchtung. 2. Aufl, Band II, 2009, Ges f Pflanzenzüchtg, S. 1026–1027.

1993	Erlangung der *facultas docendi* und des Grades Dr. rer. nat. habil. (auf Basis des Dr. sc. nat.) an der Martin-Luther-Universität Halle-Wittenberg
1994	Berufung zum C4-Professor für Genetik an der Martin-Luther-Universität Halle-Wittenberg (gemeinsame Berufung) unter Beibehaltung der Tätigkeit am IPK
2007	Altersbedingtes Ausscheiden als Direktor am 30.3.2007
2008	Altersbedingtes Ausscheiden als Abteilungsleiter am 31.3.2008
1981–1991	Mitglied der Kommission für Arbeiten zur *in vitro*-Rekombination von DNA beim Ministerium für Gesundheitswesen der DDR
1985–1989	Stellvertretender Leiter der Arbeitsgruppe Molekularbiologie in der Biochemischen Gesellschaft der DDR
Ab 1992	Mitglied in diversen Beiräten/Komitees von Instituten (4), Organisationen (5), Forschungsprogrammen (2) und Firmen (2)

Lehrtätigkeit an den Universitäten Braunschweig (1991–1993) und Halle (1994–2006).

1964	Johann-Gottlieb-Fichte-Preis (1. Stufe) der Humboldt-Universität Berlin
1974	Leibniz-Medaille der Akademie der Wissenschaften der DDR
1984	Walter-Friedrich-Medaille der Akademie der Wissenschaften der DDR
2007	Bundesverdienstkreuz am Bande

Mitglied der Deutschen Akademie der Naturforscher Leopoldina (seit 1993), der Berlin-Brandenburgischen Akademie der Wissenschaften (seit 1996) und der Nordrhein-Westfälischen Akademie der Wissenschaften (korrespondierendes Mitglied seit 1999).

Wissenschaftliche Arbeitsgebiete: 1964–1966 Verhaltensphysiologie/Circadianrhythmik bei Insekten, ab 1966 Molekulargenetik, speziell Genom- und Genstruktur, Genregulation, Gentechnik, bis ca.1979 an tierischen Systemen (vornehmlich Polytänchromosomen), danach zunehmend und seit 1987 ausschließlich an Pflanzen mit Schwerpunkt Genregulation in Samen, ab 1990 zunehmend molekular- und entwicklungsphysiologische Arbeiten an sich entwickelnden pflanzlichen Samen.

Publikationen: Neun Buchpublikationen [einmal Autor, neunmal (Mit-) Herausgeber und Mitautor], dazu neben frühen ornithologischen und verhaltensphysiologischen Arbeiten Buchbeiträge und ca. 125 experimentelle Originalarbeiten und Übersichten.

besetzt worden. Wenigstens zwei der Abteilungsleiter würden in den nachfolgenden fünf Jahren altersbedingt in den Ruhestand gehen. Über die Ausschreibung der betreffenden Stellen hatte das Direktorium des neuen Institutes dann die personelle Erneuerung auf der Abteilungsleiterebene in der Hand. Zeitliche Begrenzungen in der Anstellung von Arbeitsgruppenleitern und Etablierung neuer Projekte ließen erwarten, dass der Erneuerungsprozess auf dieser Ebene noch rascher vor sich gehen würde.

2.4 Das Leibniz-Institut für Pflanzengenetik und Kulturpflanzenforschung – IPK (ab 1992)[283, 284]

2.4.1 Der Neubeginn – bewahren und verändern: das IPK als Stiftung des öffentlichen Rechts und Mitglied der Leibniz-Gemeinschaft

Die Evaluierung des Instituts durch den Wissenschaftsrat im Februar 1991 hatte den Weg für den Neuanfang geebnet (s. Abschn. 2.3.4). Zum Ende des Jahres 1991 formal-juristisch geschlossen, wurde es am 1. Januar 1992 als Institut für Pflanzengenetik und Kulturpflanzenforschung (IPK) neu eröffnet. Für einen juristisch entscheidenden Moment waren damit alle Mitarbeiter aufgrund des Einigungsvertrages gekündigt, aber viele konnten mit einem neuen Arbeitsvertrag neu beginnen bzw. fortfahren, auch weil – so hatte das Gründungskomitee beschlossen – „bei Stellenbesetzungen ... Mitarbeiter aus dem ZIGuK bei gleicher Qualifikation bevorzugt berücksichtigt werden“[285] sollten. Mit dem Blick von außen auf die Institutsgeschichte stellt Altenmüller [286] fest: „Bei den Neubesetzungen konnte man bis hin zur neuen Leitung auf den Stammbestand des Instituts zurückgreifen, während viele andere ostdeutsche Wissenschaftseinrichtungen Leiter aus Westdeutschland erhielten. Es war also eines der seltenen Institute in der DDR mit personeller Kontinuität.“ Laitko[287] nennt das Gaterslebener Institut „unter den zahlreichen naturwissenschaftlichen Instituten der AdW der DDR... das einzige, das das Ende des ostdeutschen Staates als Ganzes überstand.“

Das Institut war gemäß der „Einpassung von Wissenschaft und Forschung im Beitrittsgebiet in die gemeinsame Forschungsstruktur der Bundesrepublik Deutsch-

[283] Bis einschließlich 2005 Institut für Pflanzengenetik und Kulturpflanzenforschung (IPK).

[284] Wichtige Quellen für diese Darstellung sind die Jahresforschungsberichte, Pressemitteilungen und die Internet-Seiten des IPK (www.ipk-gatersleben.de) sowie Geschäftsberichte, Wirtschaftspläne bzw. Programmbudgets und Sitzungsunterlagen des Stiftungsrates, des Wissenschaftlichen Beirates und des Genbankbeirates aus dem IPK-Archiv.

[285] Konzept des Gründungskomitees. Stand: 24. September 1991, s. Fußnote Kap. 2/279, hier S. 8.

[286] Altenmüller G (2003) Gatersleben und das Wissenschaftsverständnis der DDR. In: Altenmüller GH, Liesen K: Zwischen Wende und Flut. Georg Olms, Hildesheim, S. 96/97.

[287] Laitko H (2010) s. Fußnote Kap. 2/38, hier S. 158.

land“[288] der „Blauen Liste“[289] zugeordnet worden, jener Gruppe von Instituten der alten Bundesrepublik, die keiner der großen, außeruniversitären Forschungsorganisationen (Max-Planck-Gesellschaft, Fraunhofer-Gesellschaft und Großforschungseinrichtungen [heute Helmholtz-Gemeinschaft]) zugeordnet, aber „selbstständige Forschungseinrichtungen von überregionaler Bedeutung und gesamtstaatlichem wissenschaftspolitischen Interesse“[290] waren und der gemeinsamen Förderung von Bund und Ländern unterlagen. Da sich die Blaue Liste-Förderung „als ein Instrument erwiesen [hatte], mit dem die neue Forschungsstruktur schnell, flexibel und sachgerecht gestaltet werden konnte“[291], erfuhr sie unter den genannten Forschungsorganisationen den größten Zuwachs: Ihr wurden 34 überwiegend naturwissenschaftlich, biomedizinisch und agrarwissenschaftlich ausgerichtete ehemalige DDR-Institute zugeordnet. Unter den verschiedenen möglichen Rechtsformen wählte das Sitzland Sachsen-Anhalt für das Blaue-Liste-Institut IPK mit Wirkung vom 1. Januar 1992 die einer rechtlich selbstständigen Stiftung des öffentlichen Rechts.

Da die Institute der Blauen Liste keiner Trägerorganisation angehörten, bildeten sie Ende 1990 die „Arbeitsgemeinschaft Forschungseinrichtungen Blaue Liste (AG-BL)“, aus der dann die „Wissenschaftsgemeinschaft Blaue Liste (WBL)“[292] und 1997 schließlich, nach zum Teil heftigen Diskussionen um die Namensgebung auf zwei Jahresversammlungen, die „Wissenschaftsgemeinschaft Gottfried Wilhelm Leibniz (WGL)“ hervorging.[293] Heute wird fast ausschließlich die Kurzform „Leibniz-Gemeinschaft“ benutzt. Diese Gemeinschaft eigenständiger Institute dient neben dem Informationsaustausch und einer stärker inhaltlichen Zusammenarbeit vornehmlich der Wahrnehmung gemeinsamer Interessen im wissenschaftspolitischen und administrativen Bereich.[294]

Die ersten drei Jahre des IPK waren Jahre des Neubeginns – Aufbruchsjahre. Die Arbeitsgruppenleiter konnten vielfach Projektmittel zur Forschungsförderung einwerben. Besonders die aus dem alten Institut übernommenen Wissenschaftler nutzten die gewonnene Reisefreiheit intensiv zur Knüpfung zumeist neuer, internationaler Kontakte. Die Geräteausrüstung wurde auf internationalen Stand gebracht, eine Vielzahl von Sanierungsarbeiten in Gang gesetzt. Die vom 29.11.–1.12.1993 erstmals veranstalteten Institutstage mit Präsentationen aller Arbeitsgruppen zu laufenden Forschungsthemen schufen eine Plattform der intrainstitutionellen, wissenschaftlichen Kommunikation sowie der Rechenschaftslegung gegenüber dem Wissenschaftlichen Beirat (s. Abschn. 2.4.3.1). 1996 wurde die Konferenzreihe der *Gatersleben Research Conferences* (s. Kap. 4.2) initiiert, die die internationale Sichtbarkeit des Instituts erhöhte. Gleichzeitig begann eine intensive Öffentlich-

[288] Wissenschaftsrat. Empfehlungen zur Neuordnung der Blauen Liste. Drs. 1342/93, S. 14.

[289] So genannt aufgrund des blauen Papiers, auf dem die erste Auflistung dieser Institute erfolgte.

[290] Wissenschaftsrat. Empfehlungen zur Neuordnung der Blauen Liste. Drs. 1342/93, S. 10.

[291] Wissenschaftsrat. Empfehlungen zur Neuordnung der Blauen Liste. Drs. 1342/93, S. 21.

[292] Vgl. Wobus U (1995) Aufbruch der Blauen Liste. IPK-Journal 4 (1): 1–3.

[293] Vgl. Wobus U (1997) Als Leibniz-Institut ins Neue Jahr. IPK-Journal 6 (4): 1–2.

[294] Für weitere Informationen s. www.wgl.de.

keitsarbeit. Der „Tag der offenen Tür“ wurde wiederbelebt, eine neu gegründete, die Institutsarbeit unterstützende „Gemeinschaft zur Förderung der Kulturpflanzenforschung e. V.“ schreibt in jährlichem Wechsel einen Rudolf-Mansfeld-Preis und einen Gaterslebener Forschungspreis aus, die kulturelle Arbeit wird in der „Gesellschaft zur Förderung der Kultur in Gatersleben e. V.“ fortgesetzt. Diese und andere Entwicklungen werden in den folgenden Abschnitten näher beschrieben.

Am 9. Juni 1993 wurde, nach Etablierung zentraler Gremien und Strukturen, die am 1. Januar 1992 erfolgte Neueröffnung des Instituts mit einer Festveranstaltung gewürdigt, gefolgt am 10. Juni von einem wissenschaftlichen Symposium anlässlich der Gründung des Vorgängerinstituts vor 50 Jahren und – am 11. und 12. Juni – der V. Gaterslebener Begegnung (s. auch Abschn. 4.3). Alle drei Veranstaltungen standen unter dem gemeinsamen Leitwort „Bewahren und verändern“. Dieses Begriffspaar charakterisierte auch in den Folgejahren die allgemeine Entscheidungsgrundlage in vielen Bereichen, von der Genbankarbeit bis zur Institutssanierung.

Mitten in die Aufbauarbeit „platzte“ am 13./14. April 1994 eine Flutkatastrophe von beispiellosem Ausmaß mit erheblichen Schäden an und in Gebäuden (Abb. 2.42a–d), mit Verlusten von Forschungsmaterial und Verzögerungen in der Bearbeitung von Forschungsprojekten.[295] Zusätzliche Mittel von Land und Bund (ca. 6,4 Mio. DM[296]) erlaubten jedoch eine schnelle Behebung der Schäden und brachten dem IPK ein zusätzliches Gebäude, den „Laborcontainer“ (heute Konrad-Zuse-Haus).

Die Gestaltungsspielräume der frühen 1990er-Jahre waren besonders weit, auch weil zunächst viele Regelungen der alten Bundesrepublik noch nicht implementiert waren oder im Bedarfsfall als Vorschriften, deren Gültigkeit „im Osten“ (noch) nicht bekannt war, vorübergehend unbeachtet bleiben konnten. Doch langsam wurden von den übergeordneten Behörden die Zügel fester angezogen. In einem Bericht vor dem Wissenschaftlichen Beirat Ende August 1995 bemerkte der Direktor: „die schönen Zeiten, in denen schnell etwas bewegt werden konnte, sind vorbei“.[297] Der Jahreshaushalt war Ende August immer noch nicht genehmigt, das Fehlen eines bestätigten Bauprogramms behinderte die Institutssanierung, in Sachen Genbank gab es weiterhin keine Einigung (s. Abschn. 2.4.4). Dennoch überwogen die positiven Aspekte, die Dynamik von Aufbau und Ausbau, die Weiterentwicklung wissenschaftlicher Konzepte und die zunehmende nationale und internationale Verflechtung.

Diese Entwicklungen wurden in den WGL-Instituten in den 1990er-Jahren nochmals vom Wissenschaftsrat in Form einer externen Evaluierung bewertet. Generell unterliegen Leibniz-Einrichtungen einem besonderen System der Qualitätskontrolle durch externe Evaluierungen, die mindestens alle sieben Jahre erfolgen und

[295] Das Hochwasser im April 1994 im Gebiet von Selke und Bode gilt als das bislang größte, dokumentierte Hochwasser, bei dem auch große Teile des Institutsgeländes überschwemmt waren. Die vom Institut gegenüber den Zuwendungsgebern geltend gemachten Schäden beliefen sich auf 7,15 Mio. DM (IPK/VZD-Vermerk vom 21.4.1994; IPK-Archiv).

[296] IPK-Journal (1994) 3 (2): 16.

[297] Persönliche Unterlagen von Ulrich Wobus.

Abb. 2.42 Hochwasser auf dem IPK-Gelände, April 1994. **a** Hörsaal und Direktoriumstrakt „Genetik" im Hintergrund (Foto und Bildrechte: Armin Meister), **b** in den Versuchsfeldern am Stern (Foto und Bildrechte: Waltraud Mühlenberg), **c** Verwaltungsgebäude (Foto und Bildrechte: Bernhard Schlesier), **d** Samenkühllagerhaus (Foto und Bildrechte: Bernhard Schlesier)

seit 2003 nicht mehr vom Wissenschaftsrat, sondern vom Senat der Leibniz-Gemeinschaft, einem WGL-externen Gremium, durchgeführt werden. Auf die Evaluierungsergebnisse stützten sich in der Regel die Entscheidungen der Bund-Länder-Kommission für Bildungsplanung und Forschungsförderung (BLK)[298] zur Förderungswürdigkeit der Leibniz-Einrichtungen. Das IPK wurde 1998 (Institutsbegehung durch die Bewertungsgruppe des Wissenschaftsrates am 3./4. März 1998)[299] und 2005 (Begehung am 20./21. April 2005)[300] sehr positiv bewertet und damit gerade auch im politischen Raum erheblich gestärkt.

2.4.2 Das wissenschaftliche Konzept des IPK und seine Fortentwicklung

Basierend auf den Empfehlungen des Wissenschaftsrates, des Gründungskomitees und des Instituts war bereits vor der Neugründung ein Konzept mit fünf Abteilungen erarbeitet worden (s. Abschn. 2.3.6), das es umzusetzen galt. Dabei sollte aber „die Gestaltung des Forschungsprogramms in diesen Abteilungen … weitgehend den künftigen Leitern der Forschungsschwerpunkte überlassen bleiben“.[301]

Im ersten Forschungs- und Entwicklungs(FuE)-Plan 1992 waren vier thematische Schwerpunkte formuliert worden,[302] die nur teilweise mit den gebildeten Abteilungsstrukturen (s. Abschn. 2.4.3) einhergingen:

- Erforschung pflanzengenetischer Ressourcen sowie Verwandtschafts- und Abstammungsbeziehungen von Kulturpflanzen,
- Struktur, Funktion, Mutabilität und Evolution des Erbmaterials von Pflanzen unter Einschluss tierischer und mikrobieller Modelle,
- Molekular- und zellbiologische Grundlagen der Entwicklung, Keimung und Nutzung pflanzlicher Samen und
- Molekulare Physiologie von Photosynthese und Stoffwechselprozessen in Pflanzen.

Dieses Konzept wurde 1994 überarbeitet; als Forschungsschwerpunkte wurden drei Themenfelder benannt:

- Ressourcenforschung
- Genomforschung und
- Molekulare Pflanzenphysiologie.

[298] Ab 1.1.2008 Gemeinsame Wissenschaftskonferenz (GWK).

[299] Wissenschaftsrat. Stellungnahme zum Institut für Pflanzengenetik und Kulturpflanzenforschung (IPK) Gatersleben. Drs. 3635/sh. Köln. 10. Juli 1998. Die Kernaussage lautete: „Das IPK erfüllt seine Aufgaben kompetent und auf sehr hohem wissenschaftlichen Niveau“.

[300] Leibniz-Gemeinschaft. Der Senat. Stellungnahme zum Institut für Pflanzengenetik und Kulturpflanzenforschung (IPK). SEN 0036/06; 22.3.2006. Die Kernaussage lautete: „Das IPK ist ein Leuchtturm auf dem Gebiet der Kulturpflanzenforschung in Deutschland und gehört zu den großen, international bedeutsamen Zentren der modernen Pflanzenforschung“.

[301] Institut für Pflanzengenetik (IPG) in Gatersleben– Konzept des Gründungskomitees. Stand: 24. September 1991, S. 5.

[302] Jahresforschungsbericht 1992 des IPK, S. 10.

Die allgemeine Formulierung des Forschungskonzepts lautete: „Das IPK versteht sich als Zentrum der Ressourcenforschung im Sinne einer vorrangigen Nutzung der evolutionären Vielfalt der Kulturpflanzen für den Erkenntnisgewinn in Grundlagen- und angewandter Forschung." Für die Konzeptumsetzung sollte sowohl die Formenvielfalt insbesondere der Kulturpflanzen als auch die Vielfalt der im Institut vertretenen biologischen Disziplinen genutzt werden.[303] Anlässlich der erneuten Evaluierung des Instituts durch den Wissenschaftsrat im März 1998 hatte das IPK im Spätherbst 1997 seine Rolle wie folgt definiert:

> Im IPK werden Forschungen im Grundlagen- und Anwendungsbereich vornehmlich an Kulturpflanzen durchgeführt. Mit der Bearbeitung und züchterischen Erschließung von Kulturpflanzen, wesentlich gestützt auf eine international renommierte Sammlung pflanzengenetischer Ressourcen (Kulturpflanzen- oder Genbank), werden originäre Arbeiten zur pflanzlichen Genomforschung und molekularen Taxonomie sowie auf den Gebieten der molekularen Genetik und Cytogenetik, der Physiologie und Zellbiologie geleistet. Ihre besondere Stärke beziehen diese Arbeiten aus der Vernetzung der Disziplinen und dem breiten Einsatz moderner Methoden, gefördert durch das Pflanzengenom-Ressourcen-Centrum. Die Forschungen zielen einerseits auf grundsätzliche disziplinäre Beiträge zum Erkenntnisgewinn und andererseits auf die Lösung anwendungsorientierter züchterischer und biotechnologischer Fragen.[304]

Dieses allgemeine Konzept hat bis in die Gegenwart Bestand, während die Forschungsschwerpunkte 2003/2004 neu formuliert wurden (s. u.), um den enormen, von neuen Technologien getriebenen Wissenschaftsentwicklungen im Institut Rechnung zu tragen. Zudem hatten die Zuwendungsgeber zu diesem Zeitpunkt als Grundlage der weiteren Finanzierung Programmbudgets[305] eingefordert, die die Formulierung disziplinärer Programmthemen erforderlich machten. Die fünf benannten Programmthemen entsprachen den zentralen Arbeitsthemen der inzwischen vier Abteilungen und lauteten:

1. Management und Analyse pflanzengenetischer Ressourcen (Abteilung „Genbank")
2. Evolution von Kulturpflanzen (Abteilung „Genbank," Bereich „Taxonomie und Evolution")
3. Cytomolekulare Genomanalyse (Abteilung „Cytogenetik")
4. Molekulare Entwicklungsphysiologie (Abteilung „Molekulare Genetik")
5. Angewandte Zellbiologie (Abteilung „Molekulare Zellbiologie").

Diese Programmthemen wurden durch drei übergreifende Forschungsschwerpunkte ergänzt, welche die 1994 bis 2004 bearbeiteten Schwerpunkte Ressourcenfor-

---

303 Jahresforschungsbericht 1994 des IPK, S. 6–8.

304 Aus: Beantwortung der an das IPK gerichteten Fragen des Wissenschaftsrates. 3. November 1997, S. 15. IPK-Archiv.

305 Ein Programmbudget ist eine Zielvereinbarung zwischen Zuwendungsgeber und Einrichtung und führt Informationen über Aufgaben, Arbeitsziele und -ergebnisse mit Angaben über den Ressourceneinsatz zusammen. Im IPK wurde erstmals im Planungszeitraum 2005/2006 ein solches Programmbudget wirksam.

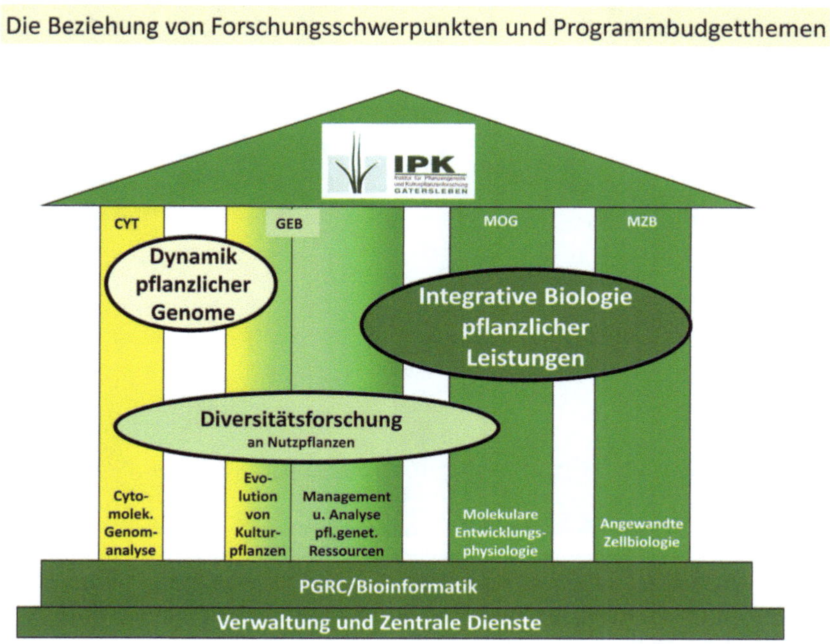

Abb. 2.43 Schema der Forschungsschwerpunkte (Ovale) und ihre Beziehung zu den abteilungsbezogenen Programmbudgetthemen (Säulen) in einer Darstellung von 2005

schung, Genomforschung und Molekulare Pflanzenphysiologie ersetzten und in veränderter Weise weiterführten (Abb. 2.43):

- Nutzpflanzendiversität
- Dynamik pflanzlicher Genome
- Integrative Biologie pflanzlicher Leistungen.

Diese interdisziplinären Themenfelder gaben den vielen, abteilungsübergreifenden Projekten starke thematische Klammern.[306] Die sich in den neuen Formulierungen spiegelnden Änderungen im Forschungsprofil[307] waren mit dem Wissenschaftlichen Beirat intensiv diskutiert und im Rahmen der dritten Evaluierung des Instituts am 20./21.4.2005 anerkannt worden.

Zusammenfassend wurden in den Jahren 1992–2007 unter dem wissenschaftlichen Direktorat von Ulrich Wobus folgende forschungspolitisch und strategisch wichtige, fortwirkende Entscheidungen getroffen: die Gründung des Pflanzengenom-Ressourcenzentrums (PGRC, vgl. Abschn. 2.4.3.2, Unterpunkt 6), die damit einhergehende Fokussierung auf die Gerste als wichtige landwirtschaftliche Nutzpflanze mit gleichzeitigem Modellcharakter (s. Abschn. 3.3.8.2), der Aufbau einer leistungsfähigen Bioinformatik (vgl. Abschn. 3.5.3), der wiederum Voraussetzung

[306] Für eine detaillierte Darstellung s. Jahresforschungsbericht 2005 des IPK, S. 6–8.

[307] Eine ausführliche Darstellung wurde im IPK-Journal (2005) 14 (1) publiziert.

Abb. 2.44 IPK-Abteilungsleiter unter dem Direktorat von Andreas Graner im Sommer 2011 (v. l. n. r.): Andreas Graner, Sybille-Andrea Lorenz, Ingo Schubert, Nicolaus von Wirén, Thomas Altmann. (2011, Foto und Bildrechte: Heike Ernst)

einer sich entwickelnden Systembiologie ist, und die enge Verknüpfung der Genbankarbeit mit den molekular und physiologisch geprägten Arbeiten der anderen Abteilungen. Begünstigt wurde die Integration der Forschungsarbeiten der Genbank durch die methodischen Entwicklungen in der Gen- und Genomanalyse, die Genbankmaterial den problemorientierten Forschungen der anderen IPK-Abteilungen umfassend zugänglich machte und gleichzeitig die Nutzungsmöglichkeiten von pflanzengenetischen Ressourcen in einer zunehmend kausal begründeten Pflanzenzüchtung erheblich erweiterte. Diese Umstände trugen wesentlich dazu bei, das Institut zu einem modernen Zentrum der Ressourcenforschung auszubauen.

Mit Andreas Graner als Direktor (Abb. 2.45, Box 2.5) seit April 2007 sind die geschilderten Entwicklungen fortgesetzt und durch neue Akzente bereichert worden. Die Initiierung und Leitung eines globalen Gerstengenom-Sequenzierungsprojektes durch das IPK hat den Forschungen an Gerste im Besonderen und an Getreide im Allgemeinen weiteres Gewicht und neue Impulse verliehen, und mit den Abteilungsleiterberufungen 2008 und 2009 (Thomas Altmann/Molekulare Genetik und Nicolaus von Wirén/Physiologie und Zellbiologie) (Abb. 2.44) werden im Institut „alte" Forschungsthemen wie Heterosis (s. Abschn. 3.3.6.1) und Mineralstoffwechsel (s. Abschn. 3.4.1) mit modernsten Methoden neu in die Zukunft geführt.

Box 2.5 Prof. Dr. Andreas Graner

Abb. 2.45 Andreas Graner

Institutsdirektor seit April 2007.[308]

1957	Geboren am 5. Oktober in Heilbronn
1978	Abitur in Gauting
1978–1984	Studium der Agrarwissenschaften an der Georg-August-Universität Göttingen (bis 1980) und der Technischen Universität München-Weihenstephan
1984–1987	Doktorand bei Prof. Wenzel am Institut für Resistenzgenetik in Grünbach
1987	Promotion zum Dr. agr. an der Technischen Universität München
1987–1990	Postdoc am Botanischen Institut der Ludwig-Maximilians-Universität München
1990–1997	Wissenschaftlicher Mitarbeiter am Institut für Resistenzgenetik der Biologischen Bundesanstalt für Land und Forstwirtschaft (BBA), später Bundesanstalt für Züchtungsforschung an Kulturpflanzen (BAZ)
1997	Habilitation an der Technischen Universität München
1997–1999	Arbeitsgruppenleiter und Koordinator des Pflanzengenom-Ressourcenzentrums (PGRC) am IPK Gatersleben
Seit 1999	Leiter der Abteilung „Genbank" des IPK und Professor für Pflanzengenetische Ressourcen an der Martin-Luther-Universität Halle-Wittenberg
Seit 2007	Geschäftsführender Direktor des IPK

308 Siehe auch IPK-Journal (2007) 16 (2. Sonderheft).

Mitglied in Kommissionen etc.:

Editorial Boards:	Molecular Breeding, Theoretical and Applied Genetics
Steering Board:	German Society of Plant Breeding (GPZ)
Scientific Advisory Boards:	Max-Planck-Institute for Breeding Research, Cologne (Chair), Julius Kuehn Institute (JKI), Quedlinburg
Executive Board:	CGIAR Generation Challenge Programme
Steering committee:	International Barley Sequencing Consortium

Lehrtätigkeit an der Universität Halle (seit 2000).
1987 Kurt von Rümker-Preis der Gesellschaft für Pflanzenzüchtung
2004 Gregor-Mendel-Preis der Gregor-Mendel-Stiftung
2006 Honorary Fellow des Scottish Crop Research Instituts (SCRI)

Mitglied der Deutschen Akademie der Naturforscher Leopoldina (seit 2001).

Wissenschaftliche Arbeitsgebiete: Genomevolution und genetische Diversität bei Gerste; molekulargenetische Analyse qualitativ und quantitativ vererbter Merkmalskomplexe; strukturelle und funktionelle Analyse ausgewählter Gene.

Publikationen: 110 begutachtete Veröffentlichungen (Originalarbeiten und Übersichten), 10 Buchkapitel.

2.4.3 Strukturen, Leiter und Aufgaben im Wandel

Die Einpassung des Instituts in die gemeinsame Forschungsstruktur der Bundesrepublik Deutschland führte zwangsläufig auch zu neuen Strukturen. Das Institut wurde Stiftung des öffentlichen Rechts mit den Stiftungsorganen Stiftungsrat, Direktorium und Wissenschaftlicher Beirat. Die wissenschaftlichen Arbeiten wurden in Abteilungen und Arbeitsgruppen organisiert.[309]

2.4.3.1 Stiftungsrat, Wissenschaftlicher Beirat und Direktorium

Als Stiftung öffentlichen Rechts ist dem Institut ein **Stiftungsrat** als oberstes Entscheidungsgremium zugeordnet.[310] Laut Satzung gehör(t)en dem Stiftungsrat an:

[309] Die Abteilungen entsprechen prinzipiell den Bereichen des ehemaligen ZIGuK, dessen Forschungsgruppen (bis 1983) bzw. Abteilungen (bis 1989/1990) den IPK-Arbeitsgruppen.

[310] „Der Stiftungsrat überwacht die Geschäftsführung des Direktoriums. Er überprüft die Wirtschaftsführung und genehmigt die Jahresrechnung. Wichtige Entscheidungen bedürfen seiner Genehmigung." (Satzung des IPK, § 8 (1), MBl. LSA Nr. 33/1993 vom 24.2.1993, hier S. 1528).

zwei Vertreter des Landes Sachsen-Anhalt, zwei Vertreter des Bundes und zwei Vertreter des wissenschaftlichen Lebens, darunter möglichst der Rektor einer benachbarten Universität.[311] Ab 1996 wurde das Gremium um den stellvertretenden Vorsitzenden des wissenschaftlichen Beirats erweitert. Da die pflanzengenetischen Ressourcen einschließlich Genbanken hoheitlich vom Bundeslandwirtschaftsministerium[312] betreut werden, nimmt als zweiter Vertreter des Bundes in der Regel ein leitender Angestellter dieses Ministeriums an den Sitzungen teil. Der Stiftungsrat tagte erstmals am 1. Dezember 1993 unter dem Vorsitz[313] von Ministerialdirigent Christof Helm von Seiten des Landes und Ministerialdirigent Knud Bauer (stellvertretend) seitens des Bundes (BMFT). In der Sitzung wurden rückwirkend für den Zeitraum 1.1.1992–31.12.1996 die Geschäftsführung mit Ulrich Wobus (Box 2.4) als geschäftsführendem Direktor und Bernd Eise als administrativem Leiter bestellt. Seit 1993 tagt der Rat routinemäßig jährlich im Spätherbst; gelegentlich waren Sondersitzungen notwendig.

Für die unmittelbare Leitung des Instituts hatte das Gründungskomitee eine kollegiale Leitungsstruktur, bestehend aus den Abteilungsleitern, vorgeschlagen, wobei jeweils einer der Abteilungsleiter im zweijährigen Wechsel die Geschäftsführung auf Grundlage einer Kollegialwahl übernehmen sollte. Dieses Modell wurde jedoch von den Zuwendungsgebern Bund und Land im Stiftungsrat verworfen. Die 1993 veröffentlichte Satzung[314] bestimmte vielmehr einen aus dem **Direktorium** (gebildet aus den Abteilungsleitern) vom Stiftungsrat für fünf Jahre zu berufenden Abteilungsleiter als geschäftsführenden Direktor mit der Möglichkeit der Wiederberufung. Ihm zur Seite gestellt wurde der administrative Leiter. Dieser hatte „eigenverantwortlich im Rahmen der Mitverantwortung des Direktoriums die laufenden Geschäfte der Verwaltung“ zu führen.[315] 1995 änderte der Stiftungsrat die Satzung und setzte als wesentlichen Entscheidungsträger seitens des Instituts die „Geschäftsführung“ ein, bestehend aus geschäftsführendem Direktor und administrativem Leiter. In einer weiteren Änderung 2005 wurde die Berufungszeit des Direktors auf zweimal drei Jahre begrenzt.[316]

Dem Stiftungsrat und dem Direktorium zur Seite gestellt wurde ein **Wissenschaftlicher Beirat** zwecks Beratung in wissenschaftlichen und technischen Fragen und zur Bewertung der Ergebnisse der wissenschaftlichen Arbeiten. Seine Mitglieder werden für maximal zwei Wahlperioden von je vier Jahren berufen. Bedingt durch die Spezifika der Genbank war dem Wissenschaftlichen Beirat ein **Genbankbeirat** als Unterausschuss zuzuordnen, dessen Vorsitzende/r Mitglied

---

311 Im Falle des IPK stets der Rektor der Martin-Luther-Universität Halle-Wittenberg.

312 Bis 1/2001 Bundesministerium für Ernährung, Landwirtschaft und Forsten (BML), von 1/2001 bis 10/2005 BM für Verbraucherschutz Ernährung und Landwirtschaft (BMVEL), ab 10/2005 BM für Ernährung, Landwirtschaft und Verbraucherschutz (BMELV).

313 Der Vorsitz wechselte satzungsgemäß zweijährlich zwischen Land und Bund bis er 1999 ganz an das Land überging.

314 Ministerialblatt LSA Nr. 33/1993 vom 24.2.1993, S. 1527–1530.

315 Entsprechend der Satzung von 1993.

316 Stiftungssatzung vom 1.12.2005, veröffentlicht im MBl. LSA 12/2006 vom 27. März 2006.

des wissenschaftlichen Beirates ist.[317] Der Wissenschaftliche Beirat tagte erstmals am 30. November 1993 und wählte Diter von Wettstein (Kopenhagen) zu seinem ersten Vorsitzenden und Lothar Willmitzer (Berlin) zu dessen Stellvertreter.[318] Die Bildung des Genbankbeirates bedurfte dagegen aufgrund der schwierigen Gesamtlage (s. Abschn. 2.4.4) einer längeren Anlaufzeit. Die konstituierende Sitzung fand erst am 29. April 1996 statt. Zum Vorsitzenden wurde Gerhard Fischbeck (Freising-Weihenstephan) gewählt.[319] Seit dieser Zeit tagen beide Beiräte in aller Regel jährlich im Zusammenhang mit dem Institutstag (s. Abschn. 2.4.7.3) und legen ihre Bewertungen und Beschlüsse in jährlichen Berichten nieder.

Erwähnung verdient noch der **Wissenschaftliche Institutsrat** (**WIR**), der bis Ende 1995 existierte. Ein frei gewählter Wissenschaftlicher Rat hatte in der Zeit der Wende eine entscheidende Rolle bei der Umgestaltung des Instituts gespielt (s. Abschn. 2.2.2.4). Auch im Institut für Genetik und Kulturpflanzenforschung 1990/1991 waren einem solchen Rat wichtige Aufgaben bei der Leitung und Gestaltung des Instituts zugefallen; er hatte die Vorbereitungsphase der Institutsneugründung mitgestaltet.[320] In dieser Tradition war auch im neugegründeten IPK ein Wissenschaftlicher Institutsrat gebildet worden, der jedoch bald an Bedeutung verlor, da die führenden Köpfe in Leitungspositionen (Arbeitsgruppen- bzw. Abteilungsleiter) gerückt waren und in neuen Strukturen die Geschicke des Instituts bestimmten. Ende des Jahres 1995 löste sich der WIR selbst auf.

2.4.3.2 Wissenschaftliche Abteilungen und Zentren

Das Gründungskomitee hatte fünf **Abteilungen** (Taxonomie, Cytogenetik, Molekulare Genetik, Molekulare Zellbiologie und Angewandte und Populationsgenetik) vorgeschlagen; der Genbank war ein spezieller Status zugeordnet worden (s. Abschn. 2.4.4). Die geplante populationsgenetische Abteilung konnte jedoch in Ermangelung geeigneter Bewerber und weil unbesetzte, haushaltsfinanzierte Stellen dafür fehlten, nicht gegründet werden. Entsprechende Arbeiten wurden in die Abteilung „Cytogenetik" integriert.

Als Arbeitseinheiten mit einem hohen Grad an Selbstständigkeit bezüglich der Einwerbung von Forschungsmitteln, der institutionellen Finanzausstattung, der Mitarbeiterführung und der Publikation der wissenschaftlichen Arbeitsergebnisse waren die **Arbeitsgruppen** (= Forschungsgruppen) vorgesehen. Durch viele Projektmittelstellen und die nur begrenzte Vergabe permanenter Positionen auch an Arbeitsgruppenleiter setzte eine hohe Dynamik ein, die sich gerade auch in der Begründung und Auflösung von Arbeitsgruppen widerspiegelt. Während ihre

[317] Der Wissenschaftliche Beirat selbst hatte sich in seiner 2. Sitzung 1994 vergeblich gegen einen separaten Genbankbeirat ausgesprochen.

[318] Den Vorsitz im Wissenschaftlichen Beirat führten Diter von Wettstein (1993–1995), Lothar Willmitzer (1996–2001), Axel Brennicke (2001–2003), Eberhard Schäfer (2003–2009) und Christian Jung (ab 2009).

[319] Den Vorsitz im Genbankbeirat führten Gerhard Fischbeck (1996–1999), Wolfgang Friedt (2000–2003), Reinhard von Brook (2004–2007) und Christiane Gebhardt (ab 2008).

[320] Siehe Manteuffel R (1995) Fußnote Kap. 2/250, hier S. 3–4.

durchschnittliche Zahl in einem gegebenen Jahr stets bei ca. 30 lag, bestanden zwischen 1992 und Ende 2010 insgesamt 64 wissenschaftliche Arbeitsgruppen (s. Abschn. 2.4.3.3). 1993 waren 34 Forschungsgruppen etabliert (Abb. 2.46), die entweder im Vorgängerinstitut bereits existiert hatten oder mit Leitern aus dem IGK neu gebildet bzw. von ins Institut berufenen Leitern neu aufgebaut worden waren. Sie waren den vier wissenschaftlichen Abteilungen „Taxonomie", „Cytogenetik", „Molekulare Genetik", „Molekulare Zellbiologie" sowie der Genbank zugeordnet. Drei 1992 gegründete Arbeitsgruppen mussten allerdings aufgrund von Entlassungen ihrer Leiter bald wieder aufgelöst werden.

Obwohl das Gründungskomitee einer Fokussierung auf pflanzliche Versuchsobjekte schon mit dem zunächst vorgeschlagenen Namen „Institut für Pflanzengenetik" Nachdruck verliehen hatte, hatte der Wissenschaftsrat aufgrund sehr guter Evaluierungsergebnisse auch die Weiterführung von Arbeiten mit nichtpflanzlichen Organismen empfohlen, u. a. in den Arbeitsgruppen „*in vitro*-Differenzierung" [von Säugerzellen] (Anna M. Wobus), „Bakteriengenetik" (Jürgen Hofemeister) und „Hefegenetik" (Gotthard Kunze) sowie für einen 5-jährigen Übergangszeitraum in den Arbeitsgruppen „DNA-Reparatur" [in Säugerzellen](Klaus Becker) und „Populationsmonitoring" [in mutagenbelasteten Industriearbeitern](Edith Hüttner).

Im Folgenden werden die Entwicklung der Abteilungen und ihre Aufgaben kurz geschildert. Eine ausführlichere Darstellung ausgewählter Forschungslinien erfolgt in Kap. 3.

Abteilung „Genbank"[321]

Zentrale Aufgaben der Genbank (vgl. Abschn. 3.1) waren und sind die Sammlung, Erhaltung, Charakterisierung und Evaluierung der genetischen Variabilität von Kulturpflanzensippen nebst verwandter Wildformen als Ausgangsmaterial für die Pflanzenzüchtung und andere Bereiche der angewandten Forschung sowie als Basismaterial für die Grundlagenforschung. Diese Anliegen hatten und haben über alle Wechselfälle der Geschichte hinweg Bestand. Zur Wahrnehmung des genannten Aufgabenspektrums wurden 1992 im IPK vier Genbank-Arbeitsgruppen gebildet. Dazu kamen die Außenstellen, praktisch kleine, auf bestimmte Fruchtarten spezialisierte Genbanken. Im IPK hatte die Arbeitsgruppe *ex situ*-Reproduktion vorrangig Aufgaben von der Übernahme der Zugänge von Sammelreisen und aus dem Samentausch über den Reproduktionsanbau auf dem Versuchsfeld und im Gewächshaus bis zur Abgabe von Saat- und Pflanzgutproben zu erfüllen.[322] Die AG Evaluierung und Reproduktionsbiologie befasste sich mit der Identifizierung

[321] Formal wurde der Abteilungsstatus seitens des Stiftungsrates erst ab 1.1.2005 gewährt. Siehe auch Abschn. 2.4.4.

[322] Die Aufnahme und Abgabe von Material ist in einer „Ordnung für die Kulturpflanzenbank Gatersleben (Genbankordnung)" geregelt; IPK, Interne Regelung vom 11.10.2007, 26 S. (letzte Fassung).

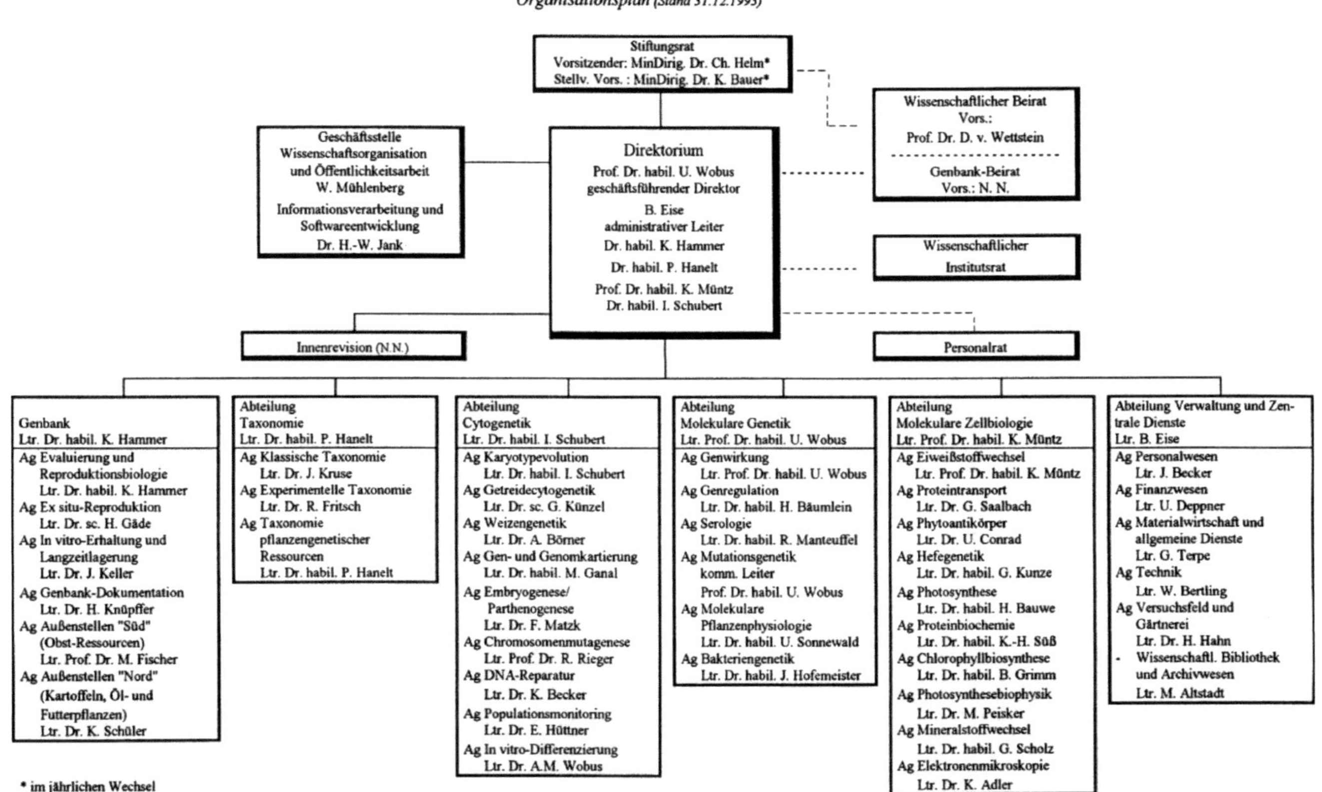

Abb. 2.46 Organisationsplan des IPK 1993

ausgewählter Akzessionen[323] und der Charakterisierung der genetischen Diversität von Teilsortimenten, führte Sammelreisen durch und optimierte durch die Laborzucht verschiedener Insektenarten die Bestäubung der in Isolationskäfigen zwecks Saatgutgewinnung angebauten Pflanzen. Ferner wurden DNA-Markertechnologien zur Muster-Identifikation aufgebaut. Der AG „*in vitro*-Erhaltung und Langzeitlagerung“ war und ist die Keimprüfung des Kühllager-Samenbestandes anvertraut. Ferner gehören zu ihrem Aufgabenbereich die Erhaltung und *in vitro*-Vermehrung von vegetativ zu erhaltenden Formen sowie die Kryokonservierung. In der AG „Genbank-Dokumentation“ stand zunächst der weitere Aufbau einer rechnergestützten Datenbank im Mittelpunkt. Ferner waren rückwirkend Passportdaten zu überprüfen, zu ergänzen und zu korrigieren, die EDV-geführte Bestandserfassung der Kollektionen fortlaufend zu aktualisieren, internationale Datenbanken zu führen bzw. zu beliefern und der Einsatz mobiler Datenerfassungsgeräte vorzubereiten. Zunehmend mussten auch die Außenstellen an die Gaterslebener Genbank-EDV-Systeme angebunden werden. Die seit Oktober 2002 für fünf Jahre der Genbank zugeordnete AG „Plant Data Warehouse“, Teil des BIC-GH (s. Abschn. 2.4.3.2), hatte den elektronischen Zugriff auf diverse Datenbestände aus unterschiedlichsten Verfahren und deren übergreifende Analyse zu ermöglichen. Die AG „Außenstelle Nord“ (s. auch Abschn. 2.4.6.3) mit den Standorten Groß Lüsewitz (Kartoffeln[324]), Malchow auf Poel (Öl- und Futterpflanzen[325]) und Gülzow (spezielle Roggen- und *Triticale*-Kollektionen[326]) widmete sich vornehmlich der Sortimentserhaltung, doch wurden in großem Umfang auch Evaluierungen durchgeführt. So konnten z. B. die Kartoffelsortimente[327] hinsichtlich ihrer Qualitätsmerkmale sowie verschiedener biotischer und abiotischer Resistenzen gemeinsam mit dem ortsansässigen BAZ-Institut für landwirtschaftliche Kulturen und anderen Partnern kontinuierlich geprüft werden. In der Außenstelle Süd (Obst, Erdbeeren) in Dresden-Pillnitz (s. auch Abschn. 2.4.6.3) kam neben der Material-Erhaltung insbesondere der Evaluierung der Resistenzeigenschaften des Apfelsortimentes herausragende Bedeutung zu. Ferner wurden Passportdaten der Erdbeersammlung (einschließlich *Fragaria*-Wildarten) erfasst und die *in vitro*-Erhaltung dieser Arten initiiert.[328]

323 Eine Akzession ist ein definiertes Genbank-Muster, also eine bestimmte Linie, Sorte etc., wörtlich ein „Zugang“.

324 Die nordostdeutsche Küstenregion gilt als die „beste Gesundlage Europas“ für den Kartoffelanbau.

325 Diese Spezialsammlungen gehen auf das als Volkseigenes Gut (VEG) geführte, 1991 aufgelöste Institut für Öl- und Futterpflanzenzüchtung Malchow zurück.

326 Diese wurden 1997 nach Gatersleben überführt und die Außenstelle wurde zum 31.12.1997 geschlossen.

327 Die Entstehung der Sammlungen geht auf das Wirken von Rudolf Schick im 1949 von ihm gegründeten Institut für Pflanzenzüchtung (später Institut für Kartoffelforschung, IfK) zurück. Unter seiner Leitung wurde ein Reservoir der genetischen Mannigfaltigkeit mittel- und südamerikanischer *Solanum*-Arten sowie ein *S. tuberosum*-Weltsortiment aufgebaut.

328 Eine Bilanz 10-jähriger Genbankarbeit für Obst in Dresden-Pillnitz haben Fischer *et al.* gezogen: Fischer M, Geibel M, Büttner R (2003) Zwischen ‚Anacuta‘ und ‚Pinova‘ – Bilanz 10-jähriger Genbankarbeit für Obst in Dresden-Pillnitz. Vortr Pflanzenzüchtg 57: 25–36. Eine Darstellung

Zum 1. Januar 1997 wurde die Leitung der Genbank geschäftsführend Prof. Konrad Bachmann, Leiter der Abteilung „Taxonomie", übertragen, nachdem der Stiftungsrat bereits in seiner 2. Sitzung am 11. November 1994 die Neubesetzung der Genbankleiterstelle im Rahmen eines gemeinsamen Berufungsverfahrens mit der Universität Halle beschlossen hatte, die erste Ausschreibung aber ergebnislos verlaufen war. Karl Hammer,[329] Genbankleiter von 1992 bis einschließlich 1996 und Leiter der AG „Evaluierung und Reproduktionsbiologie", folgte zum 1. Dezember 1998 einem Ruf an die Universität Gesamthochschule Kassel-Witzenhausen. Zum 1. November 1999 wurde Andreas Graner, vordem PGRC-Koordinator am IPK, zum Genbankleiter bei gleichzeitiger Wahrnehmung einer Professur für Ressourcengenetik an der Universität Halle berufen.[330] Er übernahm auch die Leitung der AG „Molekulare Marker", forcierte den Integrationsprozess der Genbank mit den übrigen Abteilungen und gestaltete die Formierung der Abteilung als „bundeszentrale *ex situ*-Genbank" durch die Integration der Braunschweiger Genbank-Muster in die IPK-Sammlung (s. Abschn. 2.4.4). Mit dem Leitungswechsel 1999 ging eine Umstrukturierung der Arbeitsgruppen einher. Die Betreuung der Lebendsammlung vom Eingang neuer Akzessionen über den Vermehrungsanbau bis zur Lagerung und Abgabe wurden in der AG „Ressourcengenetik und Reproduktion" vereinigt, die zusätzlich genetisch orientierte Forschungsprojekte bearbeitet und damit das Zusammenspiel insbesondere mit den Abteilungen „Cytogenetik" und „Molekulare Genetik" fördert. Eine neue AG „Molekulare Marker" hatte DNA-Markermethoden für die Routinearbeit einsetzbar zu machen.

Nach dem Scheitern der Berufungsverhandlungen für den Leiter der Abteilung „Taxonomie" (s. u.) wird diese Abteilung ab dem 1. Januar 2005 als Bereich „Taxonomie und Evolution" der Abteilung „Genbank" geführt. Durch diese Eingliederung und die gleichzeitige Strukturierung der Genbank in drei Arbeitsbereiche (neben dem genannten Bereich „Taxonomie und Evolution" noch die Bereiche „Charakterisierung und Dokumentation" sowie „Management und Evaluierung") wurde eine engere Vernetzung bei gleichzeitiger Fortführung eigenständiger kulturpflanzentaxonomischer Arbeiten angestrebt. Diese Einheit von Genbank (Sortiment) und Taxonomie bestand bereits von 1943 bis 1968 und in der Interimsperiode 1990/1991 im Institut für Genetik und Kulturpflanzenforschung.

Gegenwärtig sind die Optimierung des Erhaltungsmanagements, die molekulargenetische Analyse agronomischer Merkmale und die Untersuchung von Artbildungs- und Anpassungsprozessen bei Nutzpflanzen und mit ihnen verwandten Wildarten einschließlich deren taxonomischer Einordnung zentrale Themen der

der Gesamtentwicklung von Pillnitz als Ort gärtnerischer Lehre und Forschung legte die Sächsische Landesanstalt vor: Sächsische Landesanstalt für Landwirtschaft (1997) 75 Jahre gärtnerische Lehre und Forschung in Dresden-Pillnitz. Radeburg 1997.

329 Die Verdienste von Karl Hammer um die Kulturpflanzenforschung wurden jüngst gewürdigt in: Karl Hammer – ein Leben als Kulturpflanzenforscher. Festschrift zur Emeritierung. Schriften des Vereins zur Erhaltung der Nutzpflanzenvielfalt [VEN] 8, 2009.

330 Graner hat Vorstellungen zur künftigen Arbeit der Genbank 1999 zu Beginn seiner Tätigkeit niedergelegt: Graner A (1999) Die IPK-Genbank im Spannungsfeld zwischen Service und Forschung. IPK-Journal 8 (4): 5–9.

sammlungs- und nutzungsbezogenen Forschung der Genbank. Zwecks Qualitätssicherung der Serviceaufgaben wurden in den Jahren 2005–2006 sämtliche Kernprozesse in der Genbank dokumentiert, durch Verfahrensregelungen und Arbeitsanweisungen unterlegt und damit die Grundlagen für ein zertifiziertes Qualitätsmanagement geschaffen.[331] Damit konnte auch eine wichtige Voraussetzung für die Schaffung zukünftiger Management-Standards zur internationalen Zusammenarbeit geschaffen werden.

Abteilung „Taxonomie"

Während 1990 im Institut für Genetik und Kulturpflanzenforschung der Gründungsidee des Instituts entsprechend Genbankaufgaben und taxonomische Arbeiten wieder in einem wissenschaftlichen Bereich „Ressourcenforschung" vereinigt waren (Abb. 2.37), hatten die Gutachter des Wissenschaftsrates und die Mitglieder der Gründungskommission eine erneute Trennung empfohlen, um eine durch die praktischen Anforderungen der Genbank nicht eingeengte kulturpflanzentaxonomische Forschung zu sichern. Aufgaben der neuen Abteilung unter der Leitung von Peter Hanelt waren 1. das Studium der Mannigfaltigkeit von Kulturpflanzen und verwandter Wildarten und 2. die Ermittlung ihrer Abstammungsbeziehungen und evolutionären Differenzierung. Inhaltliche Gemeinsamkeiten mit der Genbank und eine enge Zusammenarbeit aber blieben erhalten. So betreute die AG „Taxonomie pflanzengenetischer Ressourcen" weiterhin die Archivsammlungen (Herbarbögen, Samen und Früchte) durch taxonomische Bestimmungen, Präparations-, Etikettierungs-, Einordnungs- und Dokumentationsarbeiten. Übergreifendes, bereits auf die frühen 1980er-Jahre zurückgehendes Forschungsthema war die komplexe Bearbeitung von Wild- und Kulturarten der Gattung *Allium* (Zwiebeln) mithilfe eines sehr breiten Methodenspektrums als Modellbeispiel für die Analyse taxonomisch-evolutionärer Probleme (s. Abschn. 3.2). Während die AG „Klassische Taxonomie" vornehmlich morphologisch-rasterelektronenmikroskopische Methoden nutzte, wurden in der AG „Experimentelle Taxonomie" Chromosomen- sowie verschiedene DNA- und Enzymanalyse-Methoden eingesetzt. Intensiv wurde zudem an einer erweiterten, englischen Ausgabe von Mansfelds Enzyklopädie der Kulturpflanzen gearbeitet (s. Abschn. 3.2.3 und 4.1).

Nach dem altersbedingten Ausscheiden von Peter Hanelt[332] Ende 1995 übernahm nach einer kurzen Interimsphase am 1. März 1996 Konrad Bachmann, von der Universität Amsterdam kommend, die Abteilung und leitete sie bis zu seinem altersbedingten Ausscheiden Ende 2004. Seine stärker molekular- und entwicklungsge-

[331] Externe QM-Zertifizierung im März 2007 nach DIN EN ISO 9001:2000 der Abteilung „Genbank" mit den Teilsammlungen in Groß Lüsewitz und Malchow sowie der Abteilung „Verwaltung und Zentrale Dienste" (s. auch Lohwasser U (2006) Qualitätsmanagement. IPK-Journal 15(2): 10–12).

[332] Die Leistungen von Peter Hanelt sind anlässlich seines 65. Geburtstages in einem Festkolloquium am 5. und 6.12.1995 gewürdigt worden. Die entsprechende Festschrift erschien als Bd. 4 der „Schriften zu Genetischen Ressourcen", herausgegeben von F. Begemann, ZADI, Bonn, 1996, 286 S.

netisch ausgerichteten Arbeiten beinhalteten die umfangreiche Prüfung molekularer Markersysteme zur routinemäßigen Verwandtschaftsanalyse und die Kopplung von Ergebnissen der QTL-Analyse mit computergraphischen Methoden zur Simulation von Genotyp-Phänotyp-Beziehungen im Rahmen einer Analyse der Genetik taxonomisch relevanter Merkmale. Leider scheiterte das Berufungsverfahren Nachfolge Konrad Bachmann; die Abteilungsleiterstelle Taxonomie konnte nicht wieder adäquat besetzt werden. Deshalb wurden die Arbeiten 2005 im neu gegründeten Bereich „Taxonomie und Evolution" der Abteilung „Genbank" weitergeführt (s. o.) und bezüglich des Einsatzes Molekularer Marker für die Identifikation, Charakterisierung und phylogenetische Klassifikation um die Analyse von Pflanze-Umwelt-Abhängigkeiten auf der Artebene erweitert (s. Abschn. 3.2).

Abteilung „Cytogenetik"[333]

Cytogenetische Arbeiten haben eine lange Tradition im Institut. Sie wurden ab 1992 unter der Leitung des Rigomar-Rieger-Schülers Ingo Schubert in den Arbeitsgruppen „Karyotypevolution", „Chromosomenmutagenese" und „Getreidecytogenetik" in der neuen Abteilung „Cytogenetik" weitergeführt und ausgebaut. Insgesamt jedoch bearbeiteten die in der Abteilung vereinten Arbeitsgruppen ein viel größeres, weit über die Cytogenetik hinausgehendes Aufgabenspektrum. Zum Einen waren Gruppen des Mutagenitätstestlabors und der tierischen Entwicklungsbiologie für einen Übergangszeitraum von fünf Jahren eingegliedert (mit Ausnahme der permanenten AG „*in vitro*-Differenzierung" die Gruppen „Umweltmutagenese", „DNA-Reparatur" und „Populationsmonitoring"), zum Anderen waren stärker populationsgenetisch, vornehmlich mit DNA-Markern arbeitende Gruppen (Gen- und Genomkartierung, Weizengenetik, ab 1996 bzw. 1997 auch die AGn „Molekulare Populationsgenetik" und „Molekulare Getreidegenetik") und die AG „Embryogenese/Parthogenese" zu integrieren. Nach 2000 kamen weitere Gruppen hinzu bzw. ersetzten aufgelöste (s. Abschn. 2.4.3.3). Da sich diese Vielfalt weitgehend zwei Themenfeldern zuordnen ließ, wurde die Abteilung ab 2006 in die zwei Bereiche „Cytogenetik" und „Genomanalyse" untergliedert und der Abteilungsname entsprechend erweitert (s. das Organigramm 2006, Abb. 2.47).

Die 1994 in den neun Arbeitsgruppen der Abteilung bearbeiteten Problemfelder umfassten 1. Untersuchungen von Struktur, Funktion und Evolution pflanzlicher Chromosomen und spezifischer Chromosomenbereiche wie Zentromer und Telomer, 2. die Charakterisierung, genetische und physische Kartierung, Isolierung und Übertragung von Genen für agronomisch wichtige Merkmale und 3. die Aufklärung von Mutations- und Reparaturprozessen in Genomen von Pflanzen und Säugern sowie die Differenzierung embryonaler Stammzellen.[334] Mit der Auflösung alter und der Gründung neuer Arbeitsgruppen verschob sich das Themenspektrum kontinuierlich. 2006 waren zum Beispiel zu den jetzt stark molekular orientierten ‚klassischen' Themenfeldern Fragen der Epigenetik und Genomplastizität, der apo-

[333] Ab 2006 Abteilung „Cytogenetik und Genomanalyse".

[334] Vgl. Jahresforschungsbericht 1994 des IPK, S. 46.

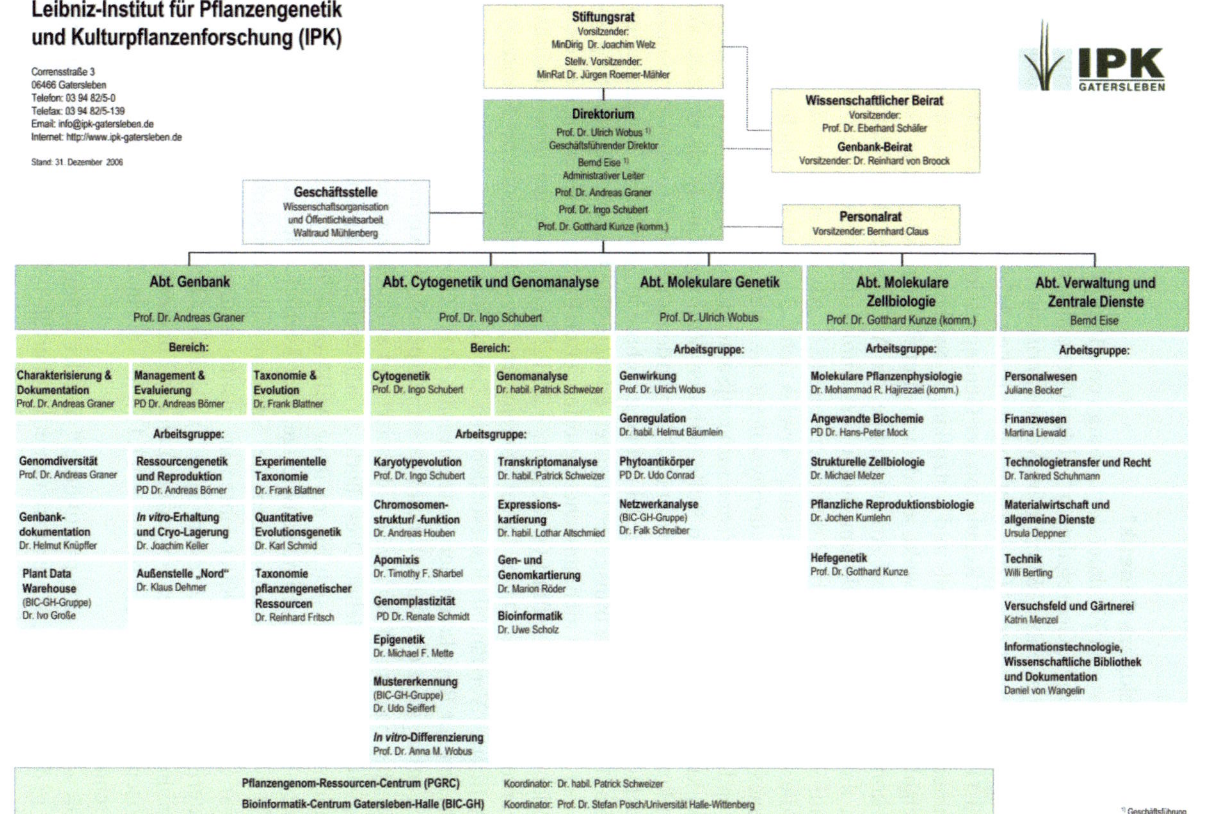

Abb. 2.47 Organisationsplan des IPK 2006

miktischen Samenbildung und der molekularen Grundlagen von Pflanze-Pathogen-Wechselwirkungen hinzugekommen. Einige der erwähnten Schwerpunkte werden in den Kap. 3.3 und 3.4 näher behandelt.

Abteilung „Molekulare Genetik"

Die Abteilung startete 1992 unter der Leitung von Ulrich Wobus mit fünf Arbeitsgruppen („Genwirkung", „Genregulation", „Mutationsgenetik", „Bakteriengenetik" und „Serologie"), die alle ihre Wurzeln im Vorgängerinstitut hatten und mit Ausnahme der AG „Bakteriengenetik" (zu bakteriengenetischen Arbeiten s. die Abschn. 3.3.1.5 und 3.3.11.1) Probleme der Regulation der Genexpression während Embryogenese und Samenreifung an Modell- und Nutzpflanzen bearbeiteten. Bereits im September 1992 etablierte Uwe Sonnewald, aus dem Institut für Genbiologische Forschung in Berlin kommend, eine sechste Arbeitsgruppe, die AG „Molekulare Pflanzenphysiologie", die das Themenspektrum durch stark molekularphysiologisch orientierte, nicht auf Samen konzentrierte Arbeiten erweiterte.[335] Als gemeinsames Thema zwischen dieser und der AG „Genwirkung" erwies sich bald die metabolische Kontrolle der Genexpression, denn molekularphysiologische Themen spielten auch in den auf *Vicia*- und später auch Erbsen-[*Pisum sativum*]Samen fokussierten Projekten der AG „Genwirkung" eine zunehmende Rolle. Mit der Wahl von Gerste als zentrale Versuchspflanze des Instituts (s. Abschn. 3.3.7) wurden auch die Arbeiten zur Samenentwicklung auf die Gerste ausgedehnt und zunehmend verbreitert. Die Erzeugung und detaillierte Analyse transgener Pflanzen erlangte eine besondere Bedeutung und wurde bei Erbse und in mehr anwendungsorientierten Parallelarbeiten an Weizen bis zu Freilandversuchen geführt (s. Abschn. 3.3.11.2). Die Fülle der über eineinhalb Jahrzehnte erarbeiteten Daten fördert gegenwärtig systembiologische Ansätze für ein detailliertes Verständnis insbesondere der Gerstenkornentwicklung.

Arbeiten zur Regulation der Genexpression (AG „Genregulation") konzentrierten sich anfangs auf die Promotoranalyse samenspezifisch exprimierter *Vicia*-Gene, wurden aber bald auf *Arabidopsis* fokussiert und auf mehrere Gene der späten Samenentwicklung ausgedehnt. Dies führte zu stärkerer Zusammenarbeit mit der AG „Mutationsgenetik", die sich bis zu ihrer Auflösung 1997 ganz auf die zu dieser Zeit noch sehr aufwendige und schwierige, aber letztlich erfolgreiche Isolation des *FUSCA 3*-Gens, eines Schlüsselgens der Samenreifung, konzentriert hatte. Dieses Gen war in den späten 1960er-Jahren im Institut entdeckt und genetisch intensiv charakterisiert worden (s. Abschn. 3.3.1.2). Die AG „Genregulation" widmete sich in abteilungsübergreifenden Projekten auch den Themen Samenprotein-Gen-Evolution, Eisenstoffwechsel (s. Abschn. 3.4.1.1) und – bis in die Gegenwart – Apomixis (s. Abschn. 3.3.6.2).

1998 wurde die AG „Phytoantikörper" aus der Abteilung „Molekulare Zellbiologie" in die Abteilung „Molekulare Genetik" überführt. Damit konnten zum Einen die Arbeiten an pflanzlichen Samen methodisch (Suppression von Proteinfunktionen

[335] Diese wurden ab September 1998 in der Abteilung Molekulare Zellbiologie, nach Übernahme deren Leitung durch Uwe Sonnewald, weitergeführt.

durch intrazellulär exprimierte Antikörper) und inhaltlich (Hormon-, insbesondere ABA-Funktionen) verbreitert und zum Anderen interessante, stärker angewandte Fragestellungen wie die Synthese von medizinisch relevanten Proteinen in Samen bzw. die pflanzliche Produktion von Spinnenseidenproteinen bearbeitet werden (vgl. Abschn. 3.3.11.2). Die AG „Serologie" war durch ihr methodisches Know-how in eine größere Zahl von AG-übergreifenden Projekten eingebunden und bearbeitete intern vornehmlich Fragen der somatischen Embryogenese, die in ein Verfahren zur automatischen Selektion embryogener Zellen aus heterogenen *in vitro*-Zellkulturen mündete. Die AG „Expressionskartierung" entwickelte vorrangig Methoden zur multiparallelen Expressionsanalyse mittels DNA-Arrays und der damit gekoppelten Datenanalyse und -bearbeitung, die über das PGRC institutsweit in vielen Projekten Anwendung fanden. 2010 gliederte sich aus der AG „Samenentwicklung" (vormals AG „Genwirkung") die AG „Stress-Genomik" aus, die dem Interdisziplinären Zentrum für Nutzpflanzenforschung (IZN) an der Universität Halle angehört.

Die der Abteilung seit 2002 zugeordneten Bioinformatikgruppen wurden bis Oktober 2007 innerhalb des BIC-GH und nachfolgend durch den wissenschaftlichen Koordinator der IPK-Bioinformatikplattform Falk Schreiber koordiniert. 2010 wurde die AG „Bildanalyse" neu gegründet.

Nach dem altersbedingten Ausscheiden von Ulrich Wobus übernahm zum 1. April 2008 Thomas Altmann die Leitung der Abteilung.[336] Thomas Altmann widmet sich in seiner AG „Heterosis" Problemen der erhöhten Biomasseproduktion von Hybriden aus *Arabidopsis*- und Mais-Inzuchtlinien und der Adaptation von Pflanzen an schnell wechselnde Umweltbedingungen.[337]

Abteilung „Molekulare Zellbiologie"[338]

Auch die 1992 unter der Leitung von Klaus Müntz begründete Abteilung „Molekulare Zellbiologie" führte in zehn Arbeitsgruppen (s. Abschn. 2.4.3.3) weitgehend bereits länger laufende Arbeiten fort, ergänzt durch die neue AG „Chlorophyllbiosynthese". Drei zum Teil überlappende Forschungsfelder prägten die erste Hälfte der 1990er-Jahre unter Klaus Müntz: Samenproteinforschung (AGn „Eiweißstoffwechsel", „Proteintransport", „Phytoantikörper" und – in Teilaspekten – „Hefegenetik"), Photosyntheseforschung (AGn „Photosynthesebiophysik", „Photosynthese", „Chlorophyllbiosynthese", „Proteinbiochemie") und Mineralstoffwechsel (AG „Mineralstoffwechsel"). Diese Forschungslinien werden in Abschn. 3.4 erläutert. Mit dem altersbedingten Ausscheiden von Klaus Müntz im Sommer 1997 übernahm nach einer knapp halbjährigen Interimsphase Uwe Sonnewald, vordem Arbeitsgruppenleiter in der Abteilung „Molekulare Genetik", die Abteilung unter gleichzeitiger Wahrnehmung einer Professur für Molekulare Pflanzenphysiologie

[336] Seit 2001 Professor für Genetik an der Universität Potsdam und Leiter einer Gast-Arbeitsgruppe am Max-Planck-Institut für Molekulare Pflanzenphysiologie Potsdam/Golm, seit 2008 Professur für Genetik (gemeinsame Berufung) an der Martin-Luther-Universität Halle-Wittenberg.

[337] Näheres s. IPK-Journal (2008) 17 (1): 2–3.

[338] Ab April 2009 Abteilung „Physiologie und Zellbiologie".

an der Universität in Halle. In der Folge wurde eine starke Molekularphysiologie mit den Arbeitsgruppen „Molekulare Pflanzenphysiologie" (daraus hervorgegangen 2002 die AGn „Molekulare Netzwerke" und „Molekulare Entwicklungsphysiologie"), „Angewandte Biochemie" und – von 2000–2002 – „Lipidstoffwechsel" aufgebaut, die AG „Chlorophyllbiosynthese" in das neue Konzept einbezogen und die AG „Mineralstoffwechsel" (ab 1998 AG „Molekulare Mineralstoffassimilation") neu ausgerichtet. Inhaltlich standen die molekulare Analyse von Stoffbildung und -verteilung, der inner- und interzelluläre Stofftransport von Metaboliten und Makromolekülen und die Regulation sowie die Vernetzung metabolischer Stoffwechselwege im Vordergrund. Diese letztlich auf Fragen der „Pflanzenproduktivität" ausgerichteten Untersuchungen fanden methodische Unterstützung in den Arbeitsgruppen „Gentransfer", „Elektronenmikroskopie" (ab 1999 „Strukturelle Zellbiologie") und „Hefegenetik".[339] Die Samenproteinforschung wurde nach Verlagerung der AG „Phytoantikörper" in die Abteilung „Molekulare Genetik" (s. oben) nicht weitergeführt.

Eine erneute Zäsur in der Abteilungsarbeit brachte der Wechsel von Sonnewald an die Universität Erlangen Ende des Jahres 2004. Über vier Jahre leitete Prof. Gotthard Kunze, Leiter der AG „Hefegenetik", die Abteilung kommissarisch, bis im April 2009 Nikolaus von Wirén, von der Universität Stuttgart-Hohenheim kommend, die Abteilung übernahm und sie unter dem geänderten Namen „Abteilung Physiologie und Zellbiologie" weiterführt. Die Arbeiten seiner AG „Molekulare Pflanzenernährung" konzentrieren sich auf die Themen Nährstoff-Sensing, Nährstoffeffizienz und Pflanzenqualität.[340]

Das Pflanzengenomressourcenzentrum (PGRC)

Während eines Besuchs in Israel im April 1994 lernte Ulrich Wobus von Robert Fluhr (Weizmann-Institut, Rehovot) Pläne zum Aufbau eines israelischen „*National Resource Center for Plant Genome Biotechnology*" kennen und regte daraufhin den Aufbau eines Pflanzengenom-Ressourcenzentrums am IPK an. Das nach vielfachen Diskussionen entwickelte Konzept sah eine integrierte Forschungs- und Dienstleistungsplattform „im Sinne der Bildung eines Kompetenzzentrums für Genomforschung am IPK, der Entwicklung einer nationalen Infrastruktur für pflanzliche Genomforschung und der weiteren Integration der IPK-Forschung"[341] vor. Das PGRC sollte Ressourcen und Technologien für die molekularbiologisch/gentechnische Forschung und für die Nutzung der Pflanze durch Wissenschaft und Wirtschaft bereitstellen und die Plattform durch Anbindung interaktiver Projekte nutzen. Da ein solches Konzept nur bei Konzentrierung auf ein oder wenige Pflanzenarten erfolgreich sein konnte, wurde nach sorgfältiger Abwägung die wichtige strategische Entscheidung getroffen, Gerste als Leitpflanze zu wählen. Vorgesehen wurde ein modularer Aufbau des Zentrums mit Modulkoordinatoren und einem auf fünf Jahre be-

[339] Zu den eigenständigen angewandt-hefegenetischen Arbeiten der Gruppe s. Abschn. 3.3.12.

[340] Näheres s. IPK-Journal (2009) 18 (1) 3–4.

[341] Jahresforschungsbericht 1996 des IPK, S. 8.

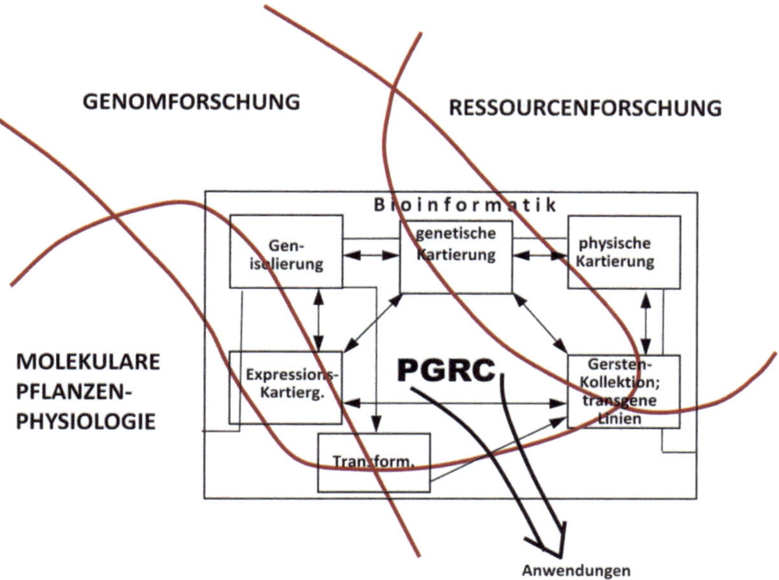

Abb. 2.48 Konzept des Pflanzengenomressourcenzentrums und seine Beziehung zu den Forschungsschwerpunkten des IPK .(Aus: Jahresforschungsbericht 1996 des IPK, S. 7)

rufenen PGRC-Koordinator, doch blieben die Module (s. Abb. 2.48) weitgehend als Arbeitsgruppen in die vorhandene Abteilungsstruktur eingebunden. Diese Module gründeten sich auf vorhandenes Know-how oder wurden in Form von drei Arbeitsgruppen („Gentransfer", „Expressionskartierung" und „Molekulare Getreidegenetik")[342] neu etabliert. Erster PGRC-Koordinator (1.4.1997–31.10.1999) war Andreas Graner, gefolgt von Patrick Schweizer (ab 1.9.2000). Letzterer reorganisierte 2005 das Zentrum,[343] um den neuen technologischen Entwicklungen und den aktuellen Forschungsschwerpunkten gerecht zu werden. Ferner stärkte er den Forschungsservice in den Bereichen DNA-Sequenzierung, Bereitstellung und *processing* von cDNA-Arrays und BACs sowie Bioinformatik. 2008 kam ein Genotyping-Service hinzu. Zudem wurde das europäische Forschungsnetzwerk BarleyGenomeNet mit initiiert und 2005 die deutsch-ungarische Forschungsplattform *PlantResource* auf den Weg gebracht, gefolgt von der COST-Aktivität[344] „TritiGen". 2009 organisierte das PGRC die Bildung von institutsinternen *task forces* zwecks Zusammenführung

[342] 2003 kam die AG „Bioinformatik" hinzu.

[343] Folgende Module wurden gebildet: Genomics Service, Bioinformatics Service, Genetic Diversity & Genome Mapping, Gene Isolation, Transcriptome Analysis, Proteome Analysis, Genetic Engineering.

[344] COST ist eine Initiative nationaler Regierungen für eine europäische Koordinierung in der wissenschaftlichen und technischen Forschung.

spezieller Expertisen.[345] In einer eigenständigen Seminarserie wird fortlaufend über die Forschungsfortschritte aus dem Arbeitsfeld des PGRC berichtet.

Das Bioinformatikzentrum Gatersleben-Halle (BIC-GH) und das Koordinationsnetzwerk Bioinformatik

Die Etablierung von Hochdurchsatz-Technologien am IPK machte den Aufbau einer leistungsfähigen Bioinformatik zwingend notwendig, doch reichten die vorhandenen personellen wie finanziellen Ressourcen nicht aus (s. auch Abschn. 3.5.3). Eine große Chance bot ein vom BMBF im Herbst 2000 ausgeschriebenes Förderprogramm zur Bildung von Bioinformatikzentren in Deutschland. Allerdings besaß das IPK keinen ausgewiesenen Bioinformatiker zur Ausarbeitung des Antrages. Dennoch gelang es insbesondere durch die Einbeziehung von Ralf Hofestädt, damals TU Magdeburg, und den Ideenreichtum von Lothar Altschmied/IPK, in intensiven Diskussionen gemeinsam mit Kollegen des Instituts für Pflanzenbiochemie in Halle, des Bereichs Informatik der Martin-Luther-Universität Halle, der Abteilung für Wissenschaftliche Visualisierung am Konrad-Zuse-Zentrum für Informationstechnik (ZIB) in Berlin und der Firma B.I.M. Consulting aus Magdeburg, einen Antrag einzureichen, der erfolgreich war. Das *Bioinformatics Center Gatersleben-Halle* (BIC-GH) wurde als eines von sechs Zentren durch das BMBF für fünf Jahre, beginnend Ende 2002/Anfang 2003, gefördert und ermöglichte über die Bearbeitung von drei an den Forschungsaufgaben des Instituts orientierten Projektschwerpunkten den Aufbau von drei Bioinformatikarbeitsgruppen im IPK: *Plant Data Warehouse* (AG „Plant Data Warehouse", geleitet von Ivo Große), *Pattern Recognition in Biological Objects* (AG „Mustererkennung", geleitet von Udo Seiffert) und *Metabolic and Regulatory Networks* (AG „Netzwerke", geleitet von Falk Schreiber). Die Entwicklung des BIC-GH verlief jedoch nicht ohne Probleme. Die Zwischenevaluierung durch eine vom BMBF eingesetzte Expertengruppe im Frühjahr 2005 war kritisch und führte u. a. zur Einsetzung eines externen Fachberaters, Ralf Hofestädt/Bielefeld, Mitglied des Wissenschaftlichen Beirats des BIC-GH. Die BIC-GH-Koordination übernahm Stefan Posch/Universität Halle. Als die BMBF-Förderung formal am 31. Oktober 2007 auslief, war die Bilanz jedoch sehr positiv.[346] Allerdings galt es, das Begonnene weiterzuführen und somit die Bioinformatik auf eine dauerhafte, breite Basis zu stellen.

Mithilfe von Mitteln des IPK, des Landes Sachsen-Anhalt und des Bundes (BMBF) konnten die Arbeiten in drei Forschungsgruppen im Kern weitergeführt werden („Bioinformatik und Informationstechnologie" [Leiter Uwe Scholz], „Pflanzenbioinformatik", vormals „Netzwerkanalyse" [Leiter Falk Schreiber], „Genbank-

[345] Im IPK-Forschungsbericht 2008/2009 (S. 147) werden *task forces* zu folgenden Themen genannt: *Association Genetics*, Phänotypisierung, Abiotischer Stress, Metabolomics, und Next Generation Sequencing.

[346] Ralf Hofestädt konstatierte mit Blick auf die Bioinformatikzentrenförderung des BMBF: „… nur in Gatersleben ist wirklich etwas aufgebaut worden" (E-Mail vom 22.12.2008 an Ulrich Wobus).

Dokumentation“ [Leiter Helmut Knüpffer]). Zwei weitere Gruppen wurden Mitte 2007 („Dateninspektion“ [Leiter Marc Strickert[347]]) und Mitte 2008 („System-Biologie“ [Leiter Björn Junker]) für einen Zeitraum von jeweils fünf Jahren etabliert. Die 2007 neu geschaffene Position eines Bioinformatik-Koordinators wurde Falk Schreiber übertragen, der diese Funktion im Rahmen einer gemeinsamen Berufung mit der Universität Halle-Wittenberg übernahm. Über inhaltliche Aspekte der IPK-Bioinformatik unterrichtet Abschn. 3.5.

2.4.3.3 Liste der Wissenschaftliche Arbeitsgruppen des IPK 1992–2010

Im Folgenden sind alle im IPK bis einschließlich 2010 etablierten und zum Teil wieder aufgelösten Arbeitsgruppen und ihre Leiter aufgelistet. Die Aufstellung vermittelt einen detaillierten Eindruck von der starken Dynamik der Entwicklung des IPK innerhalb der betrachteten Jahre.

Abteilung „**Genbank**“[348]
Leiter Prof. Dr. Karl Hammer (01.01.1992–31.12.1996)
Prof. Dr. Konrad Bachmann, Geschäftsführender Leiter (1.1.1997–31.12.1998)
PD Dr. Andreas Börner, kommissarisch (1.1.1999–31.10.1999)
Prof. Dr. Andreas Graner (ab 01.11.1999)
Arbeitsgruppe „**Evaluierung und Reproduktionsbiologie**“ (01.01.1992–31.7.1999)
Leiter Dr. habil. Karl Hammer (01.01.1992–27.11.1998)
PD Dr. Andreas Börner, kommissarisch (30.11.1998–31.07.1999)
Arbeitsgruppe „***ex situ*-Reproduktion**“ (01.01.1992–31.12.1996)
ab 01.01.1997 Ressourcengenetik und Reproduktion
Leiter Dr. sc. Helmut Gäde (01.01.1992–31.12.1996)
PD Dr. Andreas Börner (ab 01.01.1997)
Arbeitsgruppe „**Molekulare Marker**“ (ab 1.1.1997)
ab 01.01.2006 „**Genomdiversität**“
Leiter Dr. Klaus J. Dehmer (01.01.1997–31.10.1999)
Prof. Dr. Andreas Graner (ab 01.11.1999, ab 01.04.2007 gemeinsam mit Dr. Nils Stein)
Arbeitsgruppe „***in vitro*-Erhaltung und Langzeiterhaltung**“ (ab 01.01.1992)
ab 1998 „***In vitro*-Erhaltung und Kryo-Lagerung**“
Leiter Dr. Joachim Keller (ab 01.01.1992)
Arbeitsgruppe „**Genbankdokumentation**“ (ab 01.01.1992)
Leiter Dr. Helmut Knüpffer (ab 01.01.1992)
Arbeitsgruppe „**Außenstelle Süd**“ (Obstressourcen) (01.01.1992–31.12.2002)[349]
Leiter Prof. Dr. sc. Manfred Fischer (01.01.1992–31.12.2002)

[347] Seit Januar 2010 Swetlana Friedel.

[348] Bis 31.12.1998 ohne Abteilungsstatus (siehe Kapitel 4.4.4). Seit 01.02.2005 untergliedert in die Bereiche Management und Evaluierung (Leiter Andreas Börner), Charakterisierung und Dokumentation (Leiter Andreas Graner) und Taxonomie und Evolution (Leiter Frank Blattner).

[349] Ab 01.01.2003 Teil des Instituts für Obstzüchtung der Bundesanstalt für Züchtungsforschung an Kulturpflanzen (BAZ; seit 2008 Julius-Kühn-Institut [JKI]) in Dresden-Pillnitz.

Arbeitsgruppe „**Außenstelle Nord**" (Kartoffeln, Öl- und Futterpflanzen) (ab 01.01.1992)
ab 01.01.2009 Arbeitsgruppe „**Teilsammlungen Nord**"
Leiter Dr. Konrad Schüler (1.1.1992–31.10.2003)
Dr. Martin Geibel (01.01.2003–30.06.2003)
Evelin Willner, kommissarisch (01.07.2003–31.03.2004)
Dr. Klaus J. Dehmer (ab 01.04.2004)
Arbeitsgruppe „**Plant Data Warehouse**" (01.10.2002–31.10.2007)[350]
Leiter Dr. Helmut Knüpffer, kommissarisch (01.10.2002–31.01.2003)
Dr. Ivo Große (01.02.2003–31.10.2007)
Arbeitsgruppe „**Taxonomie pflanzengenetischer Ressourcen**"[351] (ab 01.01.1992)
Leiter Dr. habil Peter Hanelt (01.01.1992–28.02.1996)
Dr. Reinhard Fritsch (01.03.1996–31.01.2007)
Dr. Frank Blattner, kommissarisch (ab 01.02.2007)
Arbeitsgruppe „**Experimentelle Taxonomie**" (ab 01.01.1992)
Leiter Dr. Reinhard Fritsch (1.1.1992–29.02.1996)
Prof. Dr. Konrad Bachmann (1.3.1996–31.03.2004)
Dr. Frank Blattner (ab 01.04.2004)
Arbeitsgruppe „**Quantitative Evolutionsgenetik**" (01.10.2006–30.04.2008)
Leiter Dr. Karl Schmid (01.10.2006–30.04.2008)
Arbeitsgruppe „**Pflanzliche Baupläne**" (ab 01.01.2008)[352]
Leiter Dr. Thorsten Schnurbusch (ab 01.01.2008)
Abteilung „**Taxonomie**" (bis 31.12.2004)[353]
Leiter Dr. habil. Peter Hanelt 1.1.1992–31.12.1995)
Dr. Reinhard Fritsch, kommissarisch (01.01.1996–29.02.1996)
Prof. Dr. Konrad Bachmann (1.3.1996–31.3.2004)
Dr. Reinhard Fritsch, kommissarisch (01.04.2004–31.12.2004)
Arbeitsgruppe „**Taxonomie genetischer/pflanzengenetischer Ressourcen**"[354] (ab 01.01.1992)
Leiter Dr. habil Peter Hanelt (1.1.1992–28.02.1996)
Dr. Reinhard Fritsch (ab 1.3.1996)
Arbeitsgruppe „**Experimentelle Taxonomie**"[355] (ab 01.01.1992)
Leiter Dr. Reinhard Fritsch (1.1.1992–29.02.1996)
Prof. Dr. Konrad Bachmann (1.3.1996–31.03.2004)
Dr. Frank Blattner (ab 01.04.2004)

---

[350] AG des Bioinformatikzentrums Gatersleben-Halle (BIC-GH).

[351] Bis 31.01.2005 Abteilung Taxonomie.

[352] Nachwuchsgruppe, für fünf Jahre gefördert durch das BMBF.

[353] Ab 01.02.2005 weiter geführt als Bereich Taxonomie und Evolution in der Abteilung Genbank (siehe dort).

[354] Ab 01.02.2005 weiter geführt im Bereich Taxonomie und Evolution der Abteilung Genbank (siehe dort).

[355] Ab 01.02.2005 weiter geführt im Bereich Taxonomie und Evolution der Abteilung Genbank (siehe dort).

Arbeitsgruppe „**Klassische Taxonomie**“ (1.1.1992–31.12.1996)
Leiter Dr. Joachim Kruse (1.1.1992–31.12.1996)
Abteilung „**Cytogenetik**“
ab 2006 Abteilung „**Cytogenetik und Genomanalyse**“[356]
Leiter Prof. Dr. habil. Ingo Schubert (ab 01.01.1992)
Arbeitsgruppe „**Karyotypevolution**“
Leiter Prof. Dr. habil. Ingo Schubert (ab 01.01.1992)
Arbeitsgruppe „**Gen- und Genomkartierung**“
Leiter Dr. habil. Martin Ganal (01.01.1992–15.10.2001)
Dr. Marion Röder (ab 16.10.2001)
Arbeitsgruppe „***in vitro*-Differenzierung**“ (ab 01.01.1992)
Leiterin Prof. Dr. Anna M. Wobus (ab 01.01.1992)
Arbeitsgruppe „**Gerstencytogenetik“**, ab 1993 „**Getreidecytogenetik**“ (01.01.1992–31.05.2001)
Leiter Dr. sc. Gottfried Künzel (01.01.1992–31.05.2001)
Arbeitsgruppe „**Chromosomenmanipulation**“ (01.01.1992–31.07.1993)
Leiter Prof. Dr. Rolf Schlegel (01.01.1992–31.07.1993)
Arbeitsgruppe „**Molekulare Getreidegenetik**“ (01.04.1997–31.10.1999)[357]
Leiter Dr. habil. Andreas Graner (ab 01.04.1997)
Arbeitsgruppe „**Weizengenetik**“ (01.01.1992–31.12.1996)[358]
Leiter Dr. Andreas Börner (01.01.1992–31.12.1996)
Arbeitsgruppe „**Transkriptomanalyse**“ (ab 01.09.2000)
Leiter Dr. habil. Patrick Schweizer (ab 01.09.2000)
Arbeitsgruppe „**Embryogenese/Parthenogenese**“ (01.01.1992–31.12.2004)
Leiter Dr. Fritz Matzk (01.01.1992–31.12.2004)
Arbeitsgruppe „**Molekulare Populationsgenetik**“ (01.01.1996–31.12.1999)
Leiter Dr. Darush Struß
Arbeitsgruppe „**Chromosomenmutagenese**“ (01.01.1992–28.02.1995)
Leiter Prof. Dr. Rigomar Rieger (01.01.1992–28.02.1995)
Arbeitsgruppe „**Umweltmutagenese**“ (01.01.1992–31.07.1993)
Leiter Prof. Dr. Rolf Braun (01.01.1992–31.07.1993)
Arbeitsgruppe „**DNA-Reparatur**“ (01.01.1992–31.12.1996)
Leiter Dr. Klaus Becker (01.01.1992–31.12.1996)
Arbeitsgruppe „**Populationsmonitoring**“ (01.01.1992–31.12.1996)
Leiterin Dr. Edith Hüttner (01.01.1992–31.12.1996)
Arbeitsgruppe „**Apomixis**“ (ab 01.01.2005)
Leiter Dr. Timothy Sharbel (ab 01.01.2005)
DFG-Stipendiatengruppe „**DNA-Rekombination**“ (01.07.1995–31.07.2004)[359]

[356] Ab 2006 gegliedert in die Bereiche Cytogenetik (Leiter Prof. Dr. habil. Ingo Schubert) und Genomanalyse (Leiter PD Dr. habil. Patrick Schweizer).

[357] Ab 01.11.1999 in die AG Molekulare Marker der Abt. Genbank eingegliedert.

[358] Mit dem Wechsel von Dr. Andreas Börner in die Genbank gehen die Arbeiten in die AG Ressourcengenetik und Reproduktion ein.

[359] Ab 01.08.1997 IPK-finanziert.

Leiter Dr. Holger Puchta (01.07.1995–31.07.2004)
Arbeitsgruppe „**Chromosomenstruktur und -funktion**" (ab 01.04.2001)
Leiter Dr. Andreas Houben (ab 01.04.2001)
Arbeitsgruppe „**Mustererkennung**" (01.10.2002–29.02.2008)[360]
Leiter Dr. Udo Seiffert (01.10.2002–29.02.2008)
Arbeitsgruppe „**Pflanzenstress und Entwicklung**" (01.03.2002–31.05.2005)[361]
Leiterin Dr. Petra Bauer (01.03.2002–31.05.2005)
Arbeitsgruppe „**Epigenetik**" (ab 01.09.2003)
Leiter Dr. Michael Florian Mette (ab 01.03.2003)
Arbeitsgruppe „**Genomplastizität**" (ab 01.10.2006)
Leiterin Dr. Renate Schmidt (ab 01.10.2006)
Arbeitsgruppe „**Expressionskartierung**" (ab 01.06.1997)[362]
Leiter Dr. habil. Lothar Altschmied (ab 01.06.1997)
Arbeitsgruppe „**Bioinformatik**" (ab 01.05.2003)[363]
ab 01.07.2007 „**Bioinformatik und Informationstechnologie**"
Leiter Dr. Uwe Scholz (ab 01.05.2003)
Abteilung **Molekulare Genetik**
Leiter Prof. Dr. habil. Ulrich Wobus (01.01.1992–31.03.2008)
Prof. Dr. habil. Thomas Altmann (ab 01.04.2008)
Arbeitsgruppe „**Genwirkung**", ab 01.04.2008 AG „**Samenentwicklung**"
Leiter Prof. Dr. habil. Ulrich Wobus (01.01.1992–31.12.2007)
Leiterin Dr. Winfriede Weschke (ab 01.01.2008)
Arbeitsgruppe „**Genregulation**" (ab 01.01.1992)
Leiter Dr. habil. Helmut Bäumlein (ab 01.01.1992)
Arbeitsgruppe „**Expressionskartierung**" (ab 01.06.1997)[364]
Leiter Dr. habil. Lothar Altschmied (01.06.1997)
Arbeitsgruppe „**Serologie**" (1.1.1992–30.4.2005)
Leiterin Dr. habil. Renate Manteuffel (1.1.1992–30.4.2005)
Arbeitsgruppe „**Phytoantikörper**" (ab 01.01.1992)[365]
Leiter Dr. Udo Conrad (ab 01.01.1992)
Arbeitsgruppe „**Mutationsgenetik**" (01.01.1992–28.02.1997)
Leiter Dr. Andreas Müller (01.01.1992–10.11.1992)
Prof. Dr. Ulrich Wobus, kommissarisch (11.11.1992–31.05.1993)
Dr. Simon Miséra (01.06.1993–28.02.1997)
Arbeitsgruppe „**Molekulare Pflanzenphysiologie**" (01.09.1992–31.08.1998)[366]

[360] Bis 31.10.2007 AG des Bioinformatikzentrums Gatersleben-Halle (BIC-GH).

[361] Emmy-Noether-Nachwuchsforschergruppe der DFG.

[362] Bis 31.12.2005 und wieder ab 01.04.2008 in der Abteilung Molekulare Genetik.

[363] Bis 31.12.2005 in der Abteilung Molekulare Genetik.

[364] Vom 01.01.2006–31.03.2008 der Abteilung Cytogenetik und Genomanalyse/Bereich Genomanalyse zugeordnet, ab 01.04.2008 wieder Abteilung Molekulare Genetik.

[365] Ab 01.03.1998 in der Abteilung Molekulare Genetik, davor in der Abteilung Molekulare Zellbiologie.

[366] Ab 01.09.1998 in der Abteilung Molekulare Zellbiologie weiter geführt.

Leiter Dr. habil. Uwe Sonnewald (01.09.1992–14.12.2004)
Arbeitsgruppe „**Bakteriengenetik**“ (01.01.1992–31.08.2003)
Leiter Dozent Dr. habil. Jürgen Hofemeister (01.01.1992–31.08.2003)
Arbeitsgruppe „**Bioinformatik**“ (ab 01.05.2003)[367]
Leiter Dr. Uwe Scholz (ab 01.05.2003)
Arbeitsgruppe „**Netzwerkanalyse**“ (ab. 01.10.2002)[368]
ab 01.11.2007 „**Pflanzenbioinformatik**“
Leiter Dr. Lothar Altschmied, kommissarisch (01.10.2002–31.10.2002)
Prof. Dr. Falk Schreiber (ab 01.01.2003)
Arbeitsgruppe **„Dateninspektion**“ (ab 01.06.2007)[369]
Leiter Dr. Marc Strickert (ab 01.06.2007)
Arbeitsgruppe „**Hybridweizen“** (ab 01.08.2007)[370]
Leiter Dr. Mario Gils (ab 01.08.2007)
Arbeitsgruppe „**Heterosis**“ (ab 01.04.2008)
Leiter Prof. Dr. Thomas Altmann (ab 01.04.2008)
Arbeitsgruppe „**Bildanalyse**“ (ab 01.05.2010)
Leiter Dr. Christian Klukas (ab 01.05.2010)
Arbeitsgruppe „**Stress-Genomik**“ (ab 01.11.2010)
Leiter Dr. Nese Sreenivasulu (ab 01.11.2010)
Abteilung „**Molekulare Zellbiologie**“
ab 2009 „**Physiologie und Zellbiologie**“
Leiter Prof. Dr. Klaus Müntz (01.01.1992–31.07.1997)
Prof. Dr. Gotthard Kunze, kommissarisch (01.08.1997–15.01.1998)
Prof. Dr. Uwe Sonnewald (16.01.1998–15.12.2004)
Prof. Dr. Gotthard Kunze, kommissarisch (16.12.2004–31.03.2009)
Prof. Dr. Nicolais von Wirén (ab 01.04.2009)
Arbeitsgruppe „**Eiweißstoffwechsel**“ (01.01.1992–31.12.1998)
Leiter Prof. Dr. Klaus Müntz (01.01.1992–31.07.1997)
Dr. Christian Horstmann, kommissarisch (01.08.1997–31.12.1998)
Arbeitsgruppe „**Proteintransport**“ (01.01.1992–31.12.1997)
Leiter Dr. Gerhard Saalbach (01.01.1992–31.12.1997)
Arbeitsgruppe „**Ontogenese-Forschung**“ (01.01.1992–31.03.1993)
Leiter Dr. habil. Ronald Bassüner (01.01.1992–31.03.1993)
Arbeitsgruppe „**Phytoantikörper**“ (ab 01.01.1992)[371]
Leiter Dr. Udo Conrad (ab 01.01.1992)
Arbeitsgruppe „**Hefegenetik**“ (ab 01.01.1992)
Leiter Prof. Dr. habil G. Kunze (ab 01.01.1992)
Arbeitsgruppe „**Photosynthese**“ (01.01.1992–01.09.1995)

[367] Ab 01.01.2006 der Abteilung Cytogenetik und Genomanalyse/Bereich Genomanalyse zugeordnet.

[368] Bis 31.10.2007 AG des Bioinformatikzentrums Gatersleben-Halle (BIC-GH).

[369] Nachwuchsgruppe, für 5 Jahre gefördert durch das Land-Sachsen-Anhalt.

[370] Projektgruppe, für 5 Jahre gefördert durch das BMBF.

[371] Ab 01.03.1998 in der Abteilung Molekulare Genetik weiter geführt.

Leiter Dr. habil. Hermann Bauwe (01.01.1992–01.09.1995)
Arbeitsgruppe „**Proteinbiochemie**" (01.01.1992–31.12.1996)
Leiter Dr. habil. Karl-Heinz Süß (01.01.1992–31.12.1996)
Arbeitsgruppe „**Chlorophyllbiosynthese**" (1.1.1992–31.12.2000)
Leiter Dr. habil. Bernhard Grimm (01.01.1992–31.12.2000)
Arbeitsgruppe „**Photosynthesebiophysik**" (01.01.1992–31.03.1996)
Leiter Dr. Martin Peisker (1.1.1992–31.03.1996)
Arbeitsgruppe „**Mineralstoffwechsel**" (1.1.1992–30.06.2003),
ab 01.10.1998 AG „**Molekulare Mineralstoffassimilation**"
Leiter Dr. habil. Günter Scholz (1.1.1992–31.7.1996)
Dr. Udo W. Stephan, kommissarisch (1.8.1996–30.09.1998)
PD Dr. Rüdiger Hell (01.10.1998–30.06.2003)
Arbeitsgruppe „**Elektronenmikroskopie**" (01.01.1992–31.12.1998)
ab 01.01.1999 Teilung in die
Arbeitsgruppe „**Rasterelektronenmikroskopie**"[372] (01.01.1999–31.01.2002)
Leiter Dr. Klaus Adler (01.01.1992–31.01.2002) und die
Arbeitsgruppe „**Strukturelle Zellbiologie**" (ab 01.09.1999)
Leiter Dr. Michael Melzer (ab 01.01.1999)
Arbeitsgruppe „**Gentransfer**" (ab 01.08.1997)
ab 01.01.2003 „**Pflanzliche Reproduktionsbiologie**"
Leiter Dr. Fredy Altpeter (01.08.1997–30.11.2001)
Dr. Jochen Kumlehn (ab 01.12.2001)
Arbeitsgruppe „**Molekulare Pflanzenphysiologie**"[373] (ab 01.09.1992)
ab 01.04.2009 „**Molekulare Pflanzenernährung**"
Leiter Prof. Dr. Uwe Sonnewald (1.9.1992–14.12.2004)
Dr. Mohammad R. Hajirezaei, kommissarisch (15.12.2004–31.03.2009)
Prof. Dr. Nicolaus von Wirén (ab 01.04.2009)
Arbeitsgruppe „**Angewandte Biochemie**" (ab 15.06.1998)
Leiter Dr. Hans-Peter Mock (ab 15.06.1998)
Arbeitsgruppe „**Lipidstoffwechsel**" (01.01.2000–31.07.2002)
Leiter PD Dr. Ivo Feussner (01.01.2000–31.07.2002)
Arbeitsgruppe „**Molekulare Netzwerke**" (01.03.2002–14.12.2004)
Leiter Dr. Frederik Börnke (01.03.2002–14.12.2004)
Arbeitsgruppe „**Molekulare Entwicklungsphysiologie**" (01.08.2002–14.12.2004)
Leiterin Dr. Sophia Biemelt (01.08.2002–14.12.2004)
Arbeitsgruppe „**Systembiologie**" (ab 01.07.2008)[374]
Leiter Dr. Björn Junker (ab 01.07.2008)

[372] Ab 01.02.2002 Teil der AG Strukturelle Zellbiologie.

[373] Ab 01.09.1998 in der Abteilung Molekulare Zellbiologie, davor in der Abteilung Molekulare Genetik.

[374] BMBF-finanziert für 5 Jahre.

2.4.3.4 Abteilung „Verwaltung und Zentrale Dienste"

Anders als in der wissenschaftlichen Konzeption des IPK war in der Verwaltung ein grundsätzlicher Neuaufbau notwendig, der von Bernd Eise[375] (Abb. 2.40) als Administrativem Leiter federführend durchgeführt wurde. Bernd Eise brachte aus früherer Tätigkeit im BMBF in Bonn und in der Europäischen Weltraumorganisation sowie dem Deutschen Historischen Institut in Paris (Bundesanstalt) umfangreiche Erfahrungen in der Verwaltung wissenschaftlicher Einrichtungen mit. Das war überlebenswichtig, denn „Niemand der Alteingesessenen kannte sich im Dschungel der bundesdeutschen Gesetze und Verordnungen aus, hatte ausreichend Einblicke in die Funktionsweise bundesdeutscher Ministerien oder gar persönliche Beziehungen zu Mitarbeitern derselben".[376] Mit der Verabschiedung in den Ruhestand von Bernd Eise übernahm zum 1. Januar 2010 Sybille-Andrea Lorenz die Leitung der Abteilung.[377]

Wie die wissenschaftlichen Abteilungen wurde auch die Abteilung „Verwaltung und Zentrale Dienste", kurz VZD, in Arbeitsgruppen gegliedert. 1992 waren es die AGn „Personalwesen", „Finanzwesen", „Materialwirtschaft und allgemeine Dienste", „Technik" sowie „Versuchsfeld und Gärtnerei". Auch die wissenschaftliche Bibliothek, das Archivwesen und die Dokumentation wurden der Abteilung „VZD" zugeordnet. 2002 machte sich aufgrund der zunehmenden Patentanmeldungen und rechtswirksamer Vorgänge insbesondere in Kooperationen mit der Wirtschaft die Gründung der AG „Technologietransfer und Recht" notwendig. 2005 wurden Bibliothek, Dokumentation und Informationstechnologie in einer AG vorübergehend zusammengeführt, 2007 jedoch wieder getrennt. Während die Informationstechnologie mit der AG „Bioinformatik" (der Abteilung „Cytogenetik und Genomanalyse" zugeordnet) vereint wurde, wurde die wissenschaftliche Bibliothek nebst Dokumentation in die AG „Technologietransfer und Recht" eingegliedert.

Wie die Aufzählung der Arbeitsgruppen zeigt, reichten und reichen die Arbeitsaufgaben der Abteilung „VZD" weit über die üblichen Aufgaben einer Verwaltung hinaus. Sie besorgt als Querschnittseinrichtung das Personal-, Finanz-, Liegenschafts- und Bauwesen, die Materialwirtschaft sowie das Bibliotheks- und Dokumentationswesen, widmet sich dem Technologietransfer und den Rechtsangelegenheiten, betreut den Versuchsanbau, bewirtschaftet die Gästehäuser und trägt Verantwortung für die umfangreiche technische Infrastruktur. Für den letztgenannten Aufgabenbereich steht seit 2010 ein saniertes Gebäude, das Technische Servicezentrum (ehemals Werkstatthof), zur Verfügung.

Die **Bibliothek**, bis 2002 von der Bibliothekarin Minhild Altstadt geleitet, ist eine wissenschaftliche Spezialbibliothek, deren Bestände und Profil von den wissenschaftlichen Aufgaben des IPK geprägt werden. Ende 2009 wies sie einen Bestand von 77.454 Medieneinheiten sowie 210 laufend gehaltene Periodika auf. Be-

---

[375] Die 18-jährige Tätigkeit von Bernd Eise am IPK wurde anlässlich der Verabschiedung in den Ruhestand in einer Festveranstaltung gewürdigt, die im IPK-Journal (2010) 19 (1. Sonderheft) dokumentiert ist.

[376] Schubert I (2010) Laudatio. IPK-Journal 19 (1. Sonderheft): 9.

[377] Siehe IPK-Journal (2010) 19 (1. Sonderheft): 13–15.

sonders hervorzuheben ist die Sammlung von Florenwerken aus aller Welt. Von 1991 bis 2010 unterstützte die Deutsche Forschungsgemeinschaft (DFG) im Rahmen der „Überregionalen Literaturversorgung“ die Erwerbung von Fachliteratur zu den Gebieten „Pflanzengenetische Ressourcen“, „Taxonomie“ und „Kulturpflanzenforschung“ mit insgesamt ~ 157.000 €. Die Gesamtbestände sind seit 1996 im Gemeinsamen Bibliotheksverbund (GBV) und im Virtuellen Fachkatalog für Biologie (ViFaBio) bibliographisch nachgewiesen und somit im Online-Fernleihsystem bestellbar. Die Bibliothek steht allen Beschäftigten des IPK, den Firmen auf dem Campus und allen Interessierten als öffentliche Einrichtung zur Verfügung.

2.4.4 Genbankpolitik

Unerwarteterweise sah das Gründungskomitee zwar eine Abteilung „Geobotanik und Taxonomie“ vor, wollte die Genbank aber nur als Arbeitsgruppe gesehen wissen, die „als Basis für die Arbeit aller übrigen Abteilungen … vor allem Service-Funktionen“ erfüllen sollte.[378] Das führte zu Irritationen im Institut. Schließlich waren der Arbeitsgruppe „Genbank“ 1992 vier Außenstellen in Sachsen (Dresden-Pillnitz = Genbank Süd) und Mecklenburg-Vorpommern (Groß Lüsewitz, Malchow auf Poel und Gülzow[379] = Genbank Nord) zugeordnet worden. Auch gehörte der Leiter der Genbank satzungsgemäß dem Direktorium an.[380] Eine von Ulrich Wobus als Direktor bereits in der Sitzung des Gründungskomitees im März 1993 angemahnte Etablierung der Genbank als Abteilung wurde mit Hinweis auf eine seitens des Bundes in Auftrag gegebene „Organisations- und Systemanalyse zu pflanzengenetischen Ressourcen“ abgelehnt. Diese Studie lag im Herbst 1994 vor[381] und empfiehlt u. a. 1. die Bildung einer zentralen Serviceeinrichtung „Kulturpflanzenbank“, 2. die Überführung der FAL[382]-Sammlungen in Braunschweig nach Gatersleben und 3. die eigenständige Finanzierung als Serviceeinrichtung der Blauen Liste innerhalb des IPK mit einer Grundausstattung von 65 Stellen. Die Vorbereitung eines Antrages „Serviceeinrichtung“ bei der Bund-Länder-Kommission (BLK) hatte der Stiftungsrat bereits beschlossen. Hintergrund dieses Anliegens waren wohl vorrangig Finanzierungsfragen, da bei Serviceeinrichtungen der Finanzierungsanteil des Sitzlands geringer ist. Zudem hatte Mecklenburg-Vorpommern (MV) die Mitfinanzierung der Außenstellen Nord zunächst halbiert und zum 31.12.1994 ganz gekün-

[378] Siehe Fußnote Kap. 2/279, hier S. 5.

[379] Diese Außenstelle wurde zum 31.12.1997 geschlossen.

[380] Diese wurde allerdings vom Stiftungsrat mit Wirkung vom 11.11.1994 personengebunden in eine Mitgliedschaft „ohne Stimmrecht“ umgewandelt.

[381] Dachverband wissenschaftlicher Gesellschaften der Agrar-, Forst-, Ernährungs-, Veterinär- und Umweltforschung e. V. (Hrsg) (1994) Organisationsanalyse zu pflanzengenetischen Ressourcen im Bereich landwirtschaftlicher und gärtnerischer Kulturpflanzen. Agrarspectrum, Bd. 23, DLG-Verlag, Frankfurt (Main).

[382] Bundesforschungsanstalt für Landwirtschaft.

digt.[383] Der vom Land Sachsen-Anhalt gestellte Antrag ging erst 1997 in den BLK-Ausschuss Forschungsförderung, der wiederum den Wissenschaftsrat anlässlich der für 1998 geplanten Evaluierung des IPK zu einer Stellungnahme aufforderte. Aus unterschiedlichen, auch finanztechnischen Gründen wurde der Antrag jedoch im selben Jahr seitens des Landes in Abstimmung mit dem IPK zurückgezogen. Die Genbank erhielt jetzt auch formal den Abteilungsstatus (s. o.) und blieb somit ein integraler Bestandteil des Instituts.

Zwar bestand zwischen den Ministerien BMBF und BMVEL u. a. auf der Grundlage der Empfehlungen des Wissenschaftsrates von 1991 (s. Abschn. 2.3.4) grundsätzliche Übereinstimmung in dem Ziel, die beiden deutschen Genbanken am Standort Gatersleben zusammenzuführen, doch aufgrund unterschiedlicher Interessenlagen im Detail zogen sich die Verhandlungen über Jahre hin. Vorbereitend wurden im Institut unter intensiver Einbeziehung des Genbankbeirates Konzepte erarbeitet und mit der Bundesanstalt für Züchtungsforschung an Kulturpflanzen (BAZ)[384] abgestimmt.[385] Auch wurde eine Abgabeordnung für pflanzengenetische Ressourcen vorbereitet, die später in eine am 1.7.2001 in Kraft gesetzte Genbankordnung einging.[386] In diesem Zusammenhang wurde auch das Für und Wider einer Gebührenordnung heftig diskutiert, eine Gebührenerhebung jedoch von IPK und Genbankbeirat 1996 aus politischen, wirtschaftlichen und logistischen Gründen abgelehnt. 1996 wurde vom Genbankbeirat nach sorgfältiger Abwägung auch vorgeschlagen, eine Obergrenze für die vereinigten Sammlungen in Gatersleben und Braunschweig von 160.000 Mustern festzulegen. Auf diese Zahl wurde später die Lagerkapazität bei der Gebäudesanierung ausgerichtet; sie ist nach wie vor Richtschnur für die Genbankarbeit.

Nach langwierigen und schwierigen Verhandlungen zur Vereinigung der beiden deutschen *ex situ*-Genbanken im IPK konnten erst im Sommer 2001 Verträge zwischen den beteiligten Ministerien (BMBF und BMVEL) sowie zwischen der BAZ und dem IPK unterzeichnet werden. BAZ und IPK vereinbarten u. a. eine Aufgabenteilung im Bereich pflanzengenetische Ressourcen, wonach dem IPK die *ex situ*-Erhaltung, der BAZ hingegen die *in situ/on farm*-Erhaltung obliegen. BMBF und BMVEL stellten für das komplexe Überführungsprojekt erhebliche zusätzliche Finanzmittel in Höhe von 7,5 Mio. € zur Verfügung, die vorrangig zwei sehr anspruchsvollen Vorhaben zu Gute kamen, der notwendigen Fusion der Genbankinformationssysteme (GBIS) und dem Ressourcenmanagement bei der Übergabe und Eingliederung des Braunschweiger Materials in die Gaterslebener Sammlung

[383] Um die Außenstellen Nord und ihr wertvolles Material zu retten, übernahm Sachsen-Anhalt zunächst den Finanzierungsanteil von MV, bis es in langwierigen und zähen Verhandlungen gelang, die Mitfinanzierung durch MV und damit die verbliebenen Außenstellen Groß Lüsewitz und Malchow zu sichern (s. auch IPK-Journal (2000) 9 (2/3):16–17).

[384] Die seit 1970 an der FAL Braunschweig aufgebaute Sammlung war nach der Wende der neugegründeten BAZ mit Hauptsitz in Quedlinburg zugeordnet worden.

[385] „Zusammenführung der Genbanken des IPK Gatersleben und der BAZ Braunschweig: Sachstand und Umsetzungskonzeption" vom 25.4.2000 (Archiv IPK Gatersleben).

[386] „Ordnung für die Kulturpflanzenbank Gatersleben (Genbankordnung)" (s. auch Fußnote Kap. 2/322).

(u. a. Vermehrungsanbau und Eliminierung von Duplikaten durch Markertechnologien). Die Überführung des Pflanzenmaterials aus Braunschweig nach Gatersleben erfolgte 2003. Diese Übernahme ging vertragsgemäß mit der Überführung der IPK-Genbankaußenstelle „Süd" in Dresden-Pillnitz in das dortige BAZ-Institut für Obstzüchtung zum 1. Januar 2004 einher. Mit der Überführung des Pflanzenmaterials wurde das IPK Gatersleben der Sitz der Bundeszentralen *ex situ*-Genbank landwirtschaftlicher und gärtnerischer Kulturpflanzen.

2.4.5 Personalentwicklung und Finanzen

Mit der juristischen Neugründung des Instituts 1992 trat eine grundsätzliche Wende in der Personalpolitik in Kraft. Während zu DDR-Zeiten nahezu alle Mitarbeiter unbefristete Stellen inne hatten, wurde jetzt zumindest für Wissenschaftler die befristete, häufig projektfinanzierte Anstellung die Regel. Im Gründungskonzept wurden dem IPK 256 haushaltsfinanzierte Stellen zugewiesen. Der detailliert aufgeschlüsselte Stellenplan enthielt 61 Wissenschaftlerstellen und 133 Stellen für technische Angestellte sowie 62 Arbeiterstellen.[387] Allerdings blieben insgesamt 11 der Genbank zugeordnete Stellen gesperrt; eine „Entsperrung" ist nie erfolgt. 50 weitere haushaltsfinanzierte Stellen waren dem sog. „Verstärkerfonds"[388] zugeordnet und mussten bis Ende 1996 stufenweise abgebaut werden. Zusätzlich waren aufgrund der Haushaltslage von Bund und Ländern einige Stellen einzusparen. Auf der anderen Seite erfolgte aber eine vorübergehende Zuweisung aus dem Hochschulsonderprogramm (HSPIII) von zwei bis drei Doktoranden- und vier Post-Doktoranden-Stellen, die für den Aufbau des PGRC genutzt wurden. Einen Gesamtüberblick über die Personalentwicklung im IPK von 1992 bis 2008 vermittelt Abb. 2.49. Aus der Abbildung wird ersichtlich, dass trotz des erheblichen Abbaus von Haushalts- und Verstärkerfondsstellen in den 1990er-Jahren stets ein um 450 pendelnder Personalbestand gehalten werden konnte,[389] erreicht durch die intensive Drittmitteleinwerbung. Die Zahl der weitestgehend drittmittelfinanzierten Doktoranden pendelte zwischen einem Anfangswert von 33 im Jahre 1992 und einem Höchstwert von 59 im Jahre 1999, während die Zahl der Post-Doktoranden in den Jahren 2001–2003 aufgrund einer erhöhten Zahl eingeworbener BMBF-Förderprojekte von unter 35 auf über 60 anstieg. Werden Doktoranden und Postdoktoranden als Wissenschaftler zusammengefasst, so ergeben sich zwischen 1993 und 2008 Zahlen zwischen 141 (1996) und 169 (2000), im Durchschnitt 153.[390] Im gleichen Zeitraum lag die durchschnittliche Zahl der Beschäftigten bei 446, woraus sich ein Wissenschaftleranteil

[387] Jahresforschungsbericht 1992 des IPK, S. 7.

[388] Zeitlich befristet bereitgestellte Haushaltsmittel, die den Inhabern der betreffenden Stellen das Finden einer neuen Anstellung im Verlauf von maximal fünf Jahren ermöglichen sollten.

[389] 2009 wurde mit 540 Beschäftigten erstmals die 500-Marke übertroffen.

[390] In DDR-Zeiten lag die Zahl der Wissenschaftler bei maximal 110 (s. Tab. 2.2).

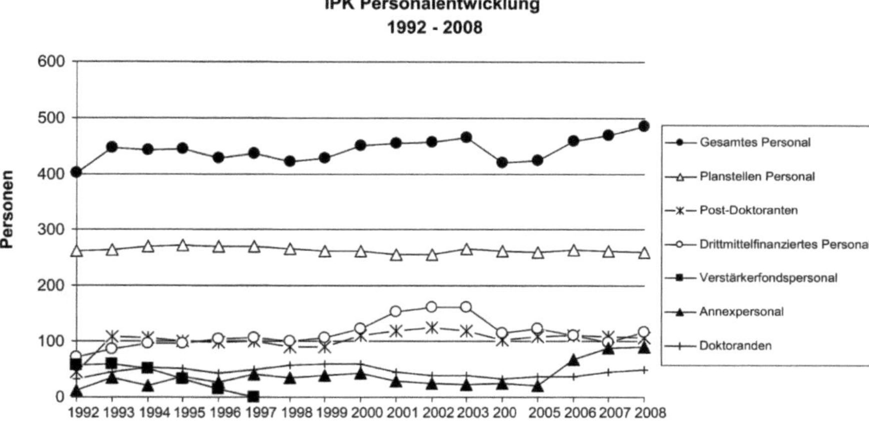

Abb. 2.49 Personalentwicklung im IPK 1992–2008. (Quelle: AG „Finanzwesen" des IPK 2010)

von 34 % errechnet.[391] Hiervon waren 70–80 % befristet angestellt. Bei den Wissenschaftler-Planstellen lag dieser Prozentsatz bei 30–35 %.

Als außerordentlich wichtig für eine dynamische Personalpolitik erwies sich der sog. „Annex Fonds", im Haushalt eingestellte Personalmittel, die ohne Stellenplanbindung vornehmlich für die Anstellung von in der Genbank arbeitenden Saisonkräften eingesetzt, aber auch vielfältig in den wissenschaftlichen Abteilungen genutzt wurden. Die enorme Dynamik im Bereich Personal mit all ihren Vor- und Nachteilen wird am besten mit folgender Zahl verdeutlicht: Im Zeitraum 1. Januar 1992 bis 31. Dezember 2008 wurden ca. 6500 Arbeits- und Gastverträge mit Beschäftigten aus 56 Nationen abgeschlossen.

Die finanzielle Ausstattung des IPK wurde und wird von zwei Säulen getragen, der institutionellen Förderung durch Land und Bund im Verhältnis 50:50[392] und den ganz wesentlich durch Drittmitteleinwerbung bestimmten direkten Einnahmen des Instituts. Abbildung 2.50 gibt anhand der Jahre 1992, 2000 und 2008 einen Einblick in die Einnahmen und Ausgaben des IPK. Insgesamt sind zwischen 1992 und 2008 in der Abteilung „VZD" ca. 500 Mio. € bewirtschaftet worden, darunter ca. 116 Mio. € Drittmittel aus mehr als 2300 eingeworbenen Projekten.

Bezüglich Drittmittelförderung war die Evaluierungsgruppe des Wissenschaftsrates bei der Neukonzipierung des Instituts 1991 davon ausgegangen, dass zu den aus dem Haushalt zu finanzierenden 50 Wissenschaftler- und 170 Technikerstellen weitere 50 Wissenschaftler- und ca. 40 Technikerstellen über im Wettbewerbsver-

[391] 1969 z. B. waren es 12 % (s. Abschn. 2.2.1.6).

[392] Der durch das Land Sachsen-Anhalt bereitgestellte Anteil enthält die jeweils hälftigen Länderanteile der Etats von Außenstellen (seit 2004 nur noch von Mecklenburg-Vorpommern) und einen relativ geringen Anteil, der nach einem komplizierten Schlüssel von allen Ländern gemeinsam aufgebracht wird.

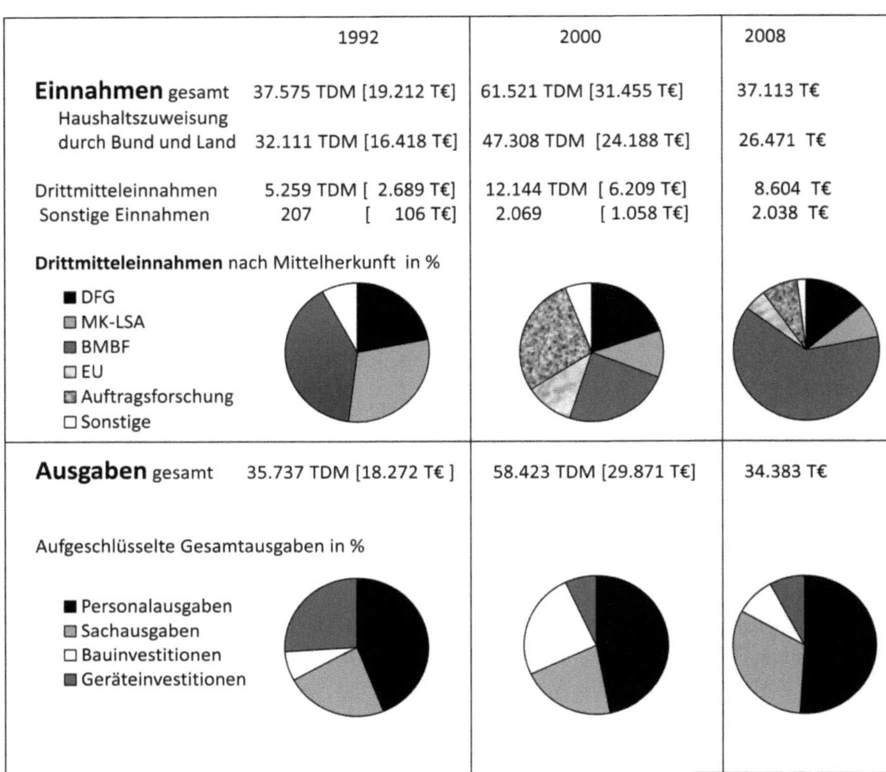

	1992	2000	2008
Einnahmen gesamt	37.575 TDM [19.212 T€]	61.521 TDM [31.455 T€]	37.113 T€
Haushaltszuweisung durch Bund und Land	32.111 TDM [16.418 T€]	47.308 TDM [24.188 T€]	26.471 T€
Drittmitteleinnahmen	5.259 TDM [2.689 T€]	12.144 TDM [6.209 T€]	8.604 T€
Sonstige Einnahmen	207 [106 T€]	2.069 [1.058 T€]	2.038 T€
Ausgaben gesamt	35.737 TDM [18.272 T€]	58.423 TDM [29.871 T€]	34.383 T€

Abb. 2.50 Finanzstatus des IPK in den Jahren 1992, 2000 und 2008. Gezeigt sind Einnahmen und Ausgaben sowie die Drittmitteleinnahmen nach Herkunft in Prozent und die aufgeschlüsselten Ausgaben in Prozent. (Quelle: AG „Finanzwesen" des IPK 2010)

fahren einzuwerbende Drittmittel zu finanzieren seien.[393] Bereits der IPK-Jahresforschungsbericht 1994 weist aus, dass es schnell gelang, erhebliche Mittel (1994 waren es ca. 7 Mio. DM) einzuwerben. Im Detail wird deutlich, dass 1994 allein die DFG 39 Einzelprojekte (dazu Arbeitsaufenthalte etc.) finanzierte. Auch das Land Sachsen-Anhalt förderte 17 Einzelprojekte, und die BMBF-Förderung bezog sich ebenfalls weitgehend auf Einzelprojekte. Sieben weitere DFG-Projekte waren in SFB integriert, aber wirkliche Verbundprojekte sind kaum zu erkennen. Dagegen zeigt die Liste der Drittmittelprojekte im Jahresforschungsbericht 2005, dass die Verbundprojekte sich zum dominierenden Förderinstrument entwickelt hatten, eine Tendenz, die eher weiter im Zunehmen begriffen ist.[394]

[393] Wissenschaftsrat. Empfehlungen zur Neuordnung der Blauen Liste. Drs. 1342/93, S. 78.

[394] Zu Problemen und Chancen der Drittmitteleinwerbung des IPK s. Wobus U (2006) Die Drittmittellandschaft ändert sich und bringt neue Herausforderungen. IPK-Journal 15 (1): 1–2.

Im Herbst 1997 beschlossen die Regierungschefs des Bundes und der Länder die Einführung der Kosten- und Leistungsrechnung (KLR) sowie von Programmbudgets in den Leibniz-Instituten. Dies stellte Verwaltung und Wissenschaft vor neue, zusätzliche und seitens der Wissenschaft als nicht wissenschaftsfördernd angesehene Aufgaben. Mit der Einführung der Kostenrechnung mit den Säulen Kostenartenrechnung, Kostenstellenrechnung und Kostenträgerrechnung war bereits im Herbst 1997 begonnen worden, die Programmbudgets wurden aber erst voll ab 2005/2006 realisiert.

2.4.6 Grundsanierung und Ausbau des Instituts

2.4.6.1 Gebäude und Infrastruktur

Mit dem politischen Umbruch und der Wiedervereinigung Deutschlands ging eine radikale Änderung der Rahmenbedingungen einher, die dem Institut in einem Zeitraum von nahezu zwanzig Jahren eine grundlegende bauliche Sanierung unter Wahrung der historischen Gebäudestrukturen, aber auch die Ausführung sensibler baulicher Ergänzungen ermöglichte. Durch Ansiedlung von Wirtschaftsunternehmen auf dem Institutsgelände entstand zudem ein bedeutender Biotechnologiecampus (vgl. Kap. 5). Einen groben Überblick über die Sanierungs- und Neubauaktivitäten vermitteln die Luftaufnahmen von 1994 (Ausgangslage; Abb. 2.51a) und 2009 (Abb. 2.51b). In der Übergangsphase 1989 bis Ende 1991, in der das Schicksal des Instituts und seine Einordnung in die Wissenschaftslandschaft der alten Bundesrepublik noch ungeklärt waren, mussten sich bauliche Maßnahmen verständlicherweise auf dringend Notwendiges beschränken. Erst die Neugründung der Forschungseinrichtung als „Institut für Pflanzengenetik und Kulturpflanzenforschung" (IPK) am 1. Januar 1992 bildete auch die Voraussetzung für eine Sanierung und teilweise Erneuerung der Bausubstanz einschließlich der gesamten Infrastruktur. Tabelle 2.6 gibt in weitgehend zeitlicher Abfolge eine Übersicht über die wichtigsten IPK-Baumaßnahmen im Zeitraum 1994–2010 und die jeweils aufgewandten Finanzmittel. Mit diesen Maßnahmen einher ging eine Modernisierung aller Arbeitsplätze. Allerdings begann die planmäßige, grundhafte Sanierung des gesamten Institutes erst 1998/1999. Ihr ging ein zähes Ringen der Institutsleitung mit den Zuwendungsgebern, dem Kultusministerium des Landes Sachsen-Anhalt, dem BMFT/BMBF[395] und dem Bundesbauministerium in Bonn um das sogenannte „Raumprogramm" voraus, das detailliert festschreibt, wie viel qm Flächen für welche Zwecke zur Verfügung zu stellen sind. Dennoch konnte in den Jahren 1992–1998 unabhängig von den Grundsatzentscheidungen des Raumplans eine Vielzahl kleinerer und größerer Baumaßnahmen ausgeführt werden, die dringend notwendige Verbesserungen der Infrastruktur und damit ein effektiveres wissenschaftliches Arbeiten ermöglichten.

[395] Zunächst Bundesministerium für Forschung und Technologie (BMFT), ab 1994 Bundesministerium für Bildung, Wissenschaft, Forschung und Technologie, ab 1998 Bundesministerium für Bildung und Forschung (BMBF).

Abb. 2.51 Luftaufnahmen des Instituts 1994 und 2010. **a** Luftaufnahme im September 1994 aus Osten (Zustand vor der Sanierung). Auffallend ist der unvollendet gebliebene Neubau eines Speisesaals („Mitarbeiterversorgung") am Wirtschaftsgebäude (Vordergrund, links unten), der 1996 abgerissen wurde. **b** Luftaufnahme des Campus Gatersleben im Sommer 2010 aus Osten. Nach 1992 neu entstanden sind folgende Gebäude: Biotech-Gründerzentrum (*1*), SunGene-Gebäude (*2*), Conrad-Zuse-Haus (Laborcontainer)(*3*), Verbindungsbau zwischen dem Miescher-Haus („Chemie") und dem ehemaligen Isotopenlabor (*4*), IPK-Heizzentrale (*5*), Energiezentrale (*6*), Gewächshaus (*7*) und Labor- und Bürogebäude (*8*) des Biotech-Parks, IPK-Genomzentrum (*9*)

Tab. 2.6 Zentrale Baumaßnahmen im IPK 1993–2010

Baumaßnahme	Zeitraum	Gesamtkosten (in Mio. EUR)
Gästehaus I	1993–1994	0,7
	1999–2001	0,7
Rekonstruktion Verwaltungsgebäude	1993–1996	0,3
	2001–2002	0,1
Neubau Genomzentrum	1999–2000	8,0
Heizzentrale mit Wärmenetz	1994–1996	2,8
LAN/TK	1994–1998	1,8
	2002–2007	2,0
Laborcontainer	1994–1995	2,0
Umbau MZB, Haus 3	1998–1999	2,1
Gewächshäuser Genbank	1997–1998	1,6
Sanierung Infrastruktur	1997–2009	6,8
Sanierung Genetik	2001–2004	13,8
Sanierung Vavilov-Haus	2003–2005	7,5
Sanierung Friedrich Miescher Haus	2003–2006	8,9
Errichtung Bibliothek	2007–2008	2,9
Kommunikationszentrum	2007–2008	4,1
Phytokammerhaus II und Gewächshauskomplex am Genomzentrum	2009–2010	6,6
Neubau/Modernisierung, Klein-Gewächshäuser	1993–1998	4,0
Sanierung Genetik G	2006–2007	0,9
Automatisiertes Gewächshaus Genetik (Phänotypisierungsanlage)	2007	0,8
Technisches Servicegebäude (Wirtschaftshof)	2009–2010	1,2

In den Jahren 1993 bis 1998 wurden vornehmlich Gewächshäuser saniert und bereits 1993 im Gewächshauskomplex des Friedrich-Miescher-Hauses das alte Phytokammerhaus durch einen Neubau ersetzt, der 1994 mit fünf begehbaren und zehn nicht-begehbaren Klimaschränken bestückt wurde. Alle Anlagen der Telekommunikation bedurften dringend der Verbesserung, und der bereits Ende 1990 begonnene Austausch der Fenster in den Laborgebäuden wurde zwecks Einsparung von Heizenergie fortgesetzt. Ebenfalls frühzeitig– 1993 –begann die Sanierung des Gästehauses I am Selkeweg (Fertigstellung in zwei Etappen; s. Tab. 2.6), wurden das Verwaltungsgebäude und 25 Laborräume modernisiert, vor dem Gebäude Genetik ein neuer Parkplatz geschaffen und Kleingewächshäuser für die Genbank errichtet.

Das große, in der Institutsgeschichte einmalige Hochwasser vom Frühjahr 1994[396] brachte neue, unerwartete Herausforderungen, denen aber durch angemessene Zusatzmittel seitens der Zuwendungsgeber begegnet werden konnte. Um in den betroffenen Gebäuden eine schnelle Sanierung zu ermöglichen, wurde 1995 westlich der Pforte Süd ein Containergebäude (der Laborcontainer) errichtet,[397] das

[396] Siehe Fußnote Kap. 2/295 und Abb. 2.42.

[397] Die Schlüsselübergabe erfolgte am 14.12.1995 (s. IPK-Journal (1995) 4 (4): 13).

Abb. 2.52 Genomzentrum im Sommer 2005. (Foto und Bildrechte: Heike Ernst)

später auch für die Generalsanierung Ausweichraum schuf und seit 2007 als „Konrad-Zuse-Haus" die Bioinformatik-Plattform des IPK beherbergt.

1995 konnte anstelle des alten, mit Braunkohle befeuerten Heizwerkes am Bahnkörper zwischen Gatersleben und Hausneindorf die neue, auf Erdgasbasis arbeitende Heizzentrale im Institutsgelände eingeweiht werden, sodass damit auch alte Anlagen, insbesondere aufwendige Außenrohrleitungen, demontierbar wurden.

Am 3. Dezember 1998 fasste der Stiftungsrat die entscheidenden Beschlüsse über das Raumprogramm und damit die mittelfristige bauliche Entwicklung des IPK. Dem Institut wurden 13.115 qm Hauptnutzfläche zugebilligt. 2002 wurde diese Fläche auf 14.710 qm erweitert.[398] In den Raumplan eingeschlossen war der Neubau des IPK-Genomzentrums (Abb. 2.52). Dieses wurde bewusst leicht versetzt am Westende der Institutshauptachse errichtet. Als Architekten zeichneten Veronika Roth, Bernd Glöckner und Axel Surowy von der Arbeitsgemeinschaft „Generalplanung Gatersleben" aus Wernigerode verantwortlich. 1999 wurde mit dem Bau begonnen, und am 8. September 2000 erfolgte mit einem Festakt in Anwesenheit des sachsen-anhaltinischen Ministerpräsidenten Reinhard Höppner und mit einem wissenschaftlichen Symposium die Einweihung des 15,5 Mio. DM teuren Hauses. Es beherbergt seitdem die 1997 gegründete Plattform „Pflanzengenom-Ressourcenzentrum (PGRC)" sowie Arbeitsgruppen bzw. Labore der Abteilungen „Genbank", „Cytogenetik und Genomanalyse" sowie „Molekulare Genetik". Der Neubau stellt eine moderne einfühlsame Ergänzung des gesamten Architekturensembles dar, be-

[398] Beschluss des Stiftungsrates vom November 2002.

sitzt eine repräsentative Eingangshalle und umschließt einen attraktiven kleinen Innenhof.[399]

Ebenfalls 2000 erfolgten die Planungen für die Sanierung der sechs Flügel des Gebäudes „Genetik". Das Vorhaben wurde in zwei Bauabschnitten ab 2001 realisiert und konnte 2003 weitgehend und 2004 vollständig abgeschlossen werden. Dabei wurde auf der Westseite ein neuer Eingang geschaffen und die Innenaufteilung in Labor- und Büroräume in weiten Teilen neuen Gegebenheiten und Anforderungen angepasst. Ausgenommen von der Sanierung blieb nur der Nordflügel von Trakt F, der bis 2003 als zentraler Mäusestall genutzt und erst 2009 zum Phytokammerhaus II umgebaut wurde. Das Gärtnerhaus als Teil der Gewächshausanlage „Genetik" war 2006 umfunktioniert und weitgehend zu einem separaten, transgenem Pflanzenmaterial vorbehaltenen Lager umgestaltet worden, um gesetzlichen Anforderungen gerecht zu werden.

Die Arbeiten zur grundhaften Erneuerung des Vavilov-Hauses (früher „Systematik") begannen 2002, die letzten Arbeiten erfolgten 2005. Die Sammlungsräume für Herbarium, Früchte und Samenbelege wurden erweitert und erhielten Kompaktanlagen sowie eine hochmoderne Feuerlöschanlage. Darüber hinaus wurden neue, mit modernster Technik ausgestattete Labor- und Kulturräume für die *in vitro*-Erhaltung und Kryokonservierung geschaffen. Eine bereits 1996 im Zuge der Berufung von Konrad Bachmann als Leiter der Abteilung „Taxonomie" erfolgte Abtrennung eines Bibliotheksraumes in der einst sehr großzügigen Eingangs- und Treppenhalle des Hauptgebäudes wurde beibehalten.

Mit der Rekonstruktion des Vavilov-Hauses wurde auch das Samenkühllagerhaus (SKL) durchgehend saniert und eine generelle Erweiterung der Lagerkapazitäten erreicht. Das SKL selbst besitzt jetzt fünf Kühlräume mit einer Grundfläche von insgesamt 260 qm, die auf −15 °C temperiert sind, sowie einen ebenfalls gekühlten (+10 °C) Vorbereitungsbereich (35 qm). Bei der gegenwärtigen Form der Samenlagerung in Gläsern beträgt die Gesamtlagerkapazität des Hauses etwa 160.000 Proben.

2003 war die Totalsanierung der Gebäude Friedrich-Miescher-Haus (früher „Chemie") und Isotopenlaboratorium (seit 1998 „MZB, Haus 3"[400]) in Angriff genommen worden. Dabei musste aufgrund großer zutage getretener Baumängel und Schäden infolge des Hochwassers von 1994 das Haus „Chemie" beinahe vollständig abgetragen und unter weitgehender Beibehaltung der äußeren Form neu aufgebaut werden. Durch eine Verlängerung des Südflügels bis zum MZB-Haus 3 wurden beide Gebäude direkt verbunden. Das ehemalige Isotopenhaus erhielt einen neuen Eingang an der Südseite, während der charakteristische, durch ein wandständiges Atommodell gezierte Westeingang (s. Abb. 2.19) verschwand.

Nach der Fertigstellung des Friedrich-Miescher-Hauses blieben nur noch Hörsaal, Bibliothek und das Gebäude „Physik" unsaniert. Nach langen, vergeblichen

[399] Eine detailliertere Beschreibung enthält der Band „Bauen für die Wissenschaft", herausgegeben vom Kultusministerium Sachsen-Anhalt, Gehring, Merseburg, 2003, S. 76–77.

[400] Das Haus verlor seine Funktion als zentrales Isotopenlaboratorium nach einer ersten Renovierung 1998/1999.

Bemühungen zur Einbeziehung eines privaten Investors und der Gemeinde in den Ausbau von Hörsaal und Bibliothek zu einem auch öffentlich nutzbaren Veranstaltungszentrum beschloss auf Initiative der Geschäftsführung der Stiftungsrat 2005, ein Kommunikationszentrum in alleiniger Verantwortung des IPK zu errichten. Die umfangreichen Bauarbeiten erfolgten zwischen 2007 und 2008. Die Einbeziehung der Bibliothek in dieses Konzept verlangte zunächst die Auslagerung der Buchbestände in das 2006 ebenfalls aus bautechnischen Gründen komplett abgetragene und unter weitgehender Beibehaltung der Außenansicht neu aufgebaute, im Inneren zu einer großzügigen Bibliothek gestaltete ehemalige Gebäude „Physik". Das alte flache Bibliotheksgebäude wurde abgerissen, gegenüber dem Altbau etwas erhöht und beherbergt heute eine durch große Glasfronten gekennzeichnete moderne Kantine, das Casino, und eine Küche, in der wochentäglich die Mitarbeiterinnen und Mitarbeiter mit frisch zubereiteten Speisen versorgt werden. Der Casinobereich ist großzügig mit dem Hörsaalgebäude verbunden und verbessert entscheidend die Möglichkeiten für die Ausrichtung von Tagungen und Ausstellungen. Der Komplex wurde am 3. Juni 2008 zum „Tag der offenen Tür" und dem „Fest der Begegnung" seiner Bestimmung übergeben. Er gibt erstmals dem großflächig angelegten, auf verschiedenste Gebäude verteilten Institut ein klares Zentrum, in dem sich in der äußeren und inneren Gestaltung Tradition und Moderne, eingebettet in eine weiträumige Parklandschaft, verbinden.

Im gesamten geschilderten Zeitraum wurden auch die technische Infrastruktur, Strom- und Wasserversorgung nebst Abwassersystem sowie die Heizungs- und insbesondere informationstechnischen Anlagen komplett erneuert und ausgebaut, ebenso das gesamte Straßen- und Wegenetz. Wie 1964 der Grundaufbau des Instituts abgeschlossen wurde und dennoch die Aus- und Umbauarbeiten weiter gingen, so ist auch 40 Jahre später mit dem Kommunikationszentrum zwar die Grundsanierung abgeschlossen, nicht aber das Ende der Investitionen in die baulichen Voraussetzungen für eine hochkarätige Forschung gekommen. So entstanden 2009/2010 für 6,6 Mio. € ein neuer Gewächshauskomplex neben dem Genomzentrum und das Phytokammerhaus II in dem Flügel des Gebäudes „Genetik", der früher den zentralen Mäusestall beherbergte. Ungeklärt ist noch das Schicksal einiger, in das neue Raumkonzept nicht eingebundener Gebäude. Das „Weiße Haus", der große, an den in den Jahren 2009 und 2010 sanierten Werkstatthof (jetzt technisches Servicegebäude) anschließende Wirtschaftshof und die Pforte „Süd" müssten entweder eine neue Nutzung finden oder – nur für das „Weiße Haus" zu wünschen – abgerissen werden.

Insgesamt wurden in den Jahren 1992 bis einschließlich 2009 77 Mio. € in die Erneuerung und Erweiterung des IPK in Gatersleben investiert (die Außenstellen werden in Abschn. 2.4.6.3 behandelt). Es ist ein völlig erneuertes und erweitertes Forschungsinstitut entstanden, obwohl das Äußere der sanierten Gebäude und der Gesamteindruck der weitläufigen Anlage weitgehend erhalten blieb. Allerdings steht an diesem Standort seit 1998 nicht nur das Institut: Durch weitere öffentliche und private Investitionen entstand auf dem großen Institutsgelände ein Biotechnologiecampus, der in Kap. 5 eine eigene Schilderung erfährt.

Abb. 2.53 Versuchsfeld westlich des Gebäudekomplexes „Genetik" 2010. („Genetik West" in Abb. 2.54; Foto und Bildrechte: Heike Ernst)

2.4.6.2 Versuchsfelder und Außenanlagen

Auch die Nutzung der Versuchsfelder und Außenanlagen änderte sich mit dem Neubeginn 1992.[401] Zunächst wurden Flächen ausgegliedert, die inzwischen privat (Einfamilienhäuser) oder öffentlich (Wege, Straßen) genutzt wurden. Eine Neuvermessung der Institutsliegenschaften 1996 ergab eine Gesamtfläche von 121,3 ha. Diese wurde in den Folgejahren weiter verkleinert, vornehmlich durch Flächenabgabe an die Firma Sungene, das Biotechnologie-Gründerzentrum und den Biotech-Park (s. Kap. 5) sowie Abgabe einer Waldfläche, der Fasanerie, an das Land Sachsen-Anhalt. 2008 betrug der Flächenumfang des IPK-Geländes 92,1 ha. Davon sind 20 ha bebaut, 12 ha werden von Wegen, Heckenstreifen und kleinen Waldflächen eingenommen und 60 ha stehen für den jährlich stark schwankenden Freilandversuchsanbau (Abb. 2.53) und als Genbank-Reproduktionsflächen zur Verfügung. Als zentrales Versuchsfeld wurde aufgrund der guten Böden und geschützten Lage die „Selkebreite" gewählt, wo in fester Fruchtfolge angebaut wird. Während die Dauerkulturen der Genbank ihrem Namen entsprechend permanent im rund drei Hektar großen Dauergarten (seit 1994 auf der derzeitigen Fläche) verbleiben, erfolgt die Reproduktion von ein- und zweijährigen Kulturen auf Flächen für das Getreide- (ca. 3 ha) und das Allgemeine Sortiment (ca. 3 ha) sowie auf kleineren Isolationsstandorten über das gesamte Gelände verteilt. Die Flächen für den Zwiebelgarten (*Allium*-Sortiment; ca. 2 ha) wechseln alle vier Jahre. Einen Überblick über die Versuchsfelder und deren Nutzung vermittelt Abb. 2.54. Tabelle 2.7 weist neben den Freiflächen auch die Gewächshausflächen aus (Stand 2004).

1996 wurde das gesamte Gelände neu eingezäunt, und auch intern wurden Wildschutzzäune errichtet sowie neue Anschlüsse für Zusatzbewässerung und Elektroversorgung zwecks Drescharbeiten direkt auf dem Feld verlegt. Das gesamte Wege-

[401] Wir danken Hellmuth Fromme und Peter Schreiber für die Bereitstellung der notwendigen Unterlagen.

Abb. 2.54 Feldanbau im Institutsgelände 2008. Gezeigt sind die Flurbezeichnungen wie „Selke Nord" und deren Fruchtanbau. Brache Novop. bzw. Brache BPS bezeichnet Brachflächen nach Anbau transgener Pflanzen 2007 durch die Firmen Novoplant bzw. BASF Plant Science/Sungene. (Nach einer Vorlage von Peter Schreiber, IPK)

netz bedurfte der Erneuerung. Hauptwege wurden ab 2001 mit einer Bitumendecke versehen. Die nicht genutzten Flächen vorbehaltlich bestimmter Isolierstreifen und -standorte wurden zunächst (1992–2000) zur landwirtschaftlichen Nutzung unter Auflagen verpachtet, doch bewährte sich dies aufgrund der speziellen, durch die Genbankarbeit diktierten Anforderungen an die Pächter und deren Feldnutzung

Tab. 2.7 Freilandversuchs- und Reproduktions- sowie Gewächshausflächen des IPK 2004. (Nach: Beantwortung des Fragenkatalogs Evaluierung 2005, S. 30)

Standort Gatersleben	Fläche
Großgewächshäuser (m^2)	3054
Kleingewächshäuser (m^2)	2595
Foliengewächshäuser (m^2)	344
Phytokammern und Phytoschränke (m^2)	142,4
Freilandversuchs- und Reproduktionsflächen (ha)	20
Sonstige Ackerflächen (ha)	40
Wegeflächen, Heckenstreifen, kleinere Waldflächen	ca. 12
Außenstellen „Nord"	
Gewächshäuser (m^2)	896
Freilandversuchs- und Reproduktionsflächen (ha)	15,5

nicht, sodass seit dem Herbst 2000 die Abteilung „Versuchsfeld und Gärtnerei" (VuG) die versuchsfreien Flächen selbst bewirtschaftet und in der Regel mit ‚Ausgleichskulturen' (Getreide, Erbsen, Raps, Zuckerrüben und Gründdüngung [*Phacelia*, Buchweizen, Klee]) bestellt.

Auch im Bereich der Schmuckanlagen gab es vielfältige Veränderungen. Im Staudengarten wurde in den Jahren nach 2000 neben den Wegen auch die Teichanlage neu gestaltet (Abb. 2.55) sowie die große Pergola für die Kletterpflanzen vollständig erneuert. In den Innenhöfen der Gebäudekomplexe „Genetik" und „Chemie" (Miescher-Haus) konnten die Wasserbecken grundsaniert und die Staudenflächen weitgehend erneuert werden. In den Jahren 2000/2001 gestaltete das Landschaftsbüro „Mitschurin" aus Wernigerode das Umfeld des neu errichteten Genomzentrums. Interessante und seltene Gehölze vermehren den bereits großen Bestand des Instituts.[402] Dem Genomzentrum gegenüber entstand eine neue Obstanlage mit alten Obstsorten, die weitgehend veredelten und aufgeschulten Reisern der bis 2002 zum IPK gehörenden Genbank-Obst (s. Abschn. 2.4.6.3) entstammen. In jüngster Zeit sind die Stauden- und Rosenbeete am Direktoriumstrakt und das Gelände um das neue Kommunikationszentrum (Hörsaal und Casino) neu gestaltet worden.

Nicht unerwähnt soll bleiben, dass seit dem Herbst 1996 Bewirtschaftung und Pflege der Anlagen teilweise in den Händen von Mitarbeitern der „Lebenshilfe e. V." aus dem nahen Hoym liegen. Dadurch wird das Personal der Abteilung „VuG" stark entlastet, und es kann sich stärker seinen Fachaufgaben widmen.

2.4.6.3 Die IPK-Außenstellen in Sachsen und Mecklenburg-Vorpommern

Die Genbankaußenstelle „Süd" in Dresden-Pillnitz

Mit der Neuorganisation der Obstforschung in Pillnitz 1990/1991 wurden aus der ehemaligen Abteilung „Züchtung" des Instituts für Obstforschung die vorhandenen

[402] Ein Gesamtverzeichnis der Gehölze findet sich in Wobus und Menzel (2008), s. Fußnote Kap. 2/123.

Abb. 2.55 Teichanlage im Staudengarten des IPK 2010. (Foto und Bildrechte: Heike Ernst)

Obstsortimente (Abb. 2.56b) ausgegliedert und zum 1. Januar 1992 als Außenstelle „Süd“ dem IPK als Arbeitsgruppe der Abteilung „Genbank“ zugeordnet. Die Unterbringung erfolgte vorerst provisorisch in angemieteten Räumen der ehemaligen „GPG Am Weinberg“ in Oberpoyritz in der Nähe der etwa zehn Hektar großen Versuchsflächen, die seitens des Sächsischen Staatsministeriums für Landwirtschaft der „Genbank Obst“ zugeordnet worden waren. Nachdem 1996 das Gebäude der ehemaligen Weinbergschule (Abb. 2.56a) in Dresden-Pillnitz frei wurde, konnte das Sächsische Staatsministerium für Landwirtschaft mit viel Mühe davon überzeugt werden, dass dies ein ideales Arbeitsgebäude für die nunmehr national und international etablierte „Genbank Obst“ darstellen würde. Mit einem Kostenaufwand von ca. 500.000 DM wurde das Gebäude renoviert und entsprechende Labor- und Arbeitsräume eingerichtet. Es bot sehr gute Arbeitsbedingungen und war für die zeitweise Beherbergung weiterer in- und ausländischer Wissenschaftler konzipiert. Nach Auflösung der AG „Genbank Obst“ Ende des Jahres 2003 (s. Abschn. 2.4.4) wurde das Gebäude von der Sächsischen Landesanstalt für Landwirtschaft übernommen.

Die Genbankaußenstelle „Nord“ mit Standorten in Groß Lüsewitz und Malchow/Poel

Bei der Neuordnung der Wissenschaft in Ostdeutschland im Zuge der deutschen Wiedervereinigung wurden die Groß Lüsewitzer Kartoffelsortimente dem IPK angegliedert und sind seit dem 1. Januar 1992 ein Standort der heutigen Teilsammlungen „Nord“ der IPK-Genbank. Büro-, Labor- und Lagerräumlichkeiten wurden zunächst im „dritten Keller“ des ehemaligen Instituts für Kartoffelforschung (IfK) eingerichtet, während zur Vermehrung des Wildkartoffelsortimentes anfangs Gewächshäuser des früheren IfK und anschließend Erdgewächshäuser einer ehemaligen Gärtnerei genutzt wurden. Jährlich wurden/werden ca. 0,5 ha Feldfläche von der damaligen Bundesanstalt für Züchtungsforschung (BAZ) bzw. dem jetzigen Julius-Kühn-Institut (JKI) zur Knollenerhaltung und -vermehrung gepachtet. Im Zuge der Standort-Sanierung wurde 2000/2001 ein neues Gewächshaus mit fast 400 qm Nutzfläche errichtet. 2008 konnte auch ein Labor- und Büroneubau bezogen werden (Abb. 2.56c), der 2010 durch eine Erweiterung komplettiert wurde (Gesamtfläche ca. 400 qm).[403]

Die Teilsammlung „Öl- und Futterpflanzen“ der Genbank wird am Standort Malchow (örtliche Leiterin Evelin Willner) auf der Ostseeinsel Poel betreut. Die für den Aufbau der Außenstelle notwendigen Liegenschaften wurden von der „abgewickelten“ Versuchsstation des AdL-Instituts für Rübenforschung Klein-Wanzleben übernommen. Ein ehemaliges Wohn- und Gärtnereihaus wurde bereits 1992 zum Verwaltungsgebäude ausgebaut (Abb. 2.56d), eine ehemalige Kartoffellagerhalle in den Jahren 2000 bis 2002 zum Wirtschaftsgebäude mit Arbeits-, Labor- und Lagerräumen sowie mit zwei Kühlzellen für die Aktivsammlungen und einer Tiefkühlzelle als Basislager und Sicherheitsmusterdepot (Abb. 2.56e). Ein altes Kabinengewächshaus wurde 2005 abgerissen, nachdem 2003/2004 ein modernes Gewächshaus mit 360 qm errichtet worden war (Abb. 2.56e). Die Freiflächen des knapp 7000 qm großen Grundstücks werden z. T. für Reproduktions-, Vergleichs- und Evaluierungsanbauten genutzt (Abb. 2.56f). Weitere knapp 16 ha Pachtland dienen der Gräservermehrung.

2.4.7 Wissenschaftliches Leben: Aus- und Weiterbildung

Das wissenschaftliche Leben macht selbstverständlich den größten Teil der Institutsarbeit aus: die Arbeit im Labor, auf dem Versuchsfeld, im Arbeitszimmer, vor dem Computer, der Besuch von Vorträgen und Diskussion. Hier sollen lediglich einige besondere Aspekte herausgegriffen werden, die in anderen Abschnitten nicht zur Sprache kommen.

2.4.7.1 Zusammenarbeit mit Universitäten

Die Zusammenarbeit mit der ca. 70 km entfernten Martin-Luther-Universität Halle-Wittenberg (MLU) ist für das IPK von besonderer Bedeutung und hat eine lange Tradition. In den ersten Gaterslebener Jahren gehörte das Institut direkt zur Universität, und Hans Stubbe als Direktor hatte den Lehrstuhl für Genetik inne (s. Abschn. 1.3). Seit dieser Zeit hat es stets vielfältige Wechselbeziehungen zwischen Institut und Halle‘scher Universität gegeben, wenn auch mit unterschiedlicher Intensität.

[403] Siehe auch IPK-Journal (2008) 17(2): 3.

Abb. 2.56 Die Genbank-Außenstellen des IPK. **a** Außenstelle Süd in Dresden Pillnitz: sog. Weinbergschule, 2001 (Foto und Bildrechte: Manfred Fischer), **b** Blick in das Kulturapfelsortiment in Dresden Pillnitz, 1998 (Foto und Bildrechte: Manfred Fischer), **c** Außenstelle Nord, Standort Groß Lüsewitz, Laborgebäude, 2009 (Foto und Bildrechte: Klaus Dehmer), **d** Außenstelle Nord, Standort Malchow: Verwaltungsgebäude, 2008 (Foto und Bildrechte: Susanne Hünmörder), **e** Wirtschaftsgebäude mit Gewächshaus in Malchow, 2010 (Foto und Bildrechte: Susanne Hünmörder), **f** Demonstrationsanbau in Malchow, 2008 (Foto und Bildrechte: Susanne Hünmörder)

Mit der Gründung des IPK und seiner Zuordnung zur „Blauen Liste"/Leibniz-Gemeinschaft ergaben sich neue Rahmenbedingungen, insbesondere durch die Schaffung gemeinsamer Professuren für leitende IPK-Wissenschaftler. Ende 1994 wurde die „Vereinbarung über die Zusammenarbeit und gemeinsame Berufungen" unterzeichnet, und die erste gemeinsame Berufung[404] trat im Oktober 1994 in Kraft. Seitdem sind fünf weitere solche Berufungen erfolgt.[405] Diese ziehen u. a. Vorlesungen und Praktika nach sich, in die weitere Wissenschaftler einbezogen sind. Habilitanden richten oft eigene Lehrveranstaltungen aus. Solche werden, den unterschiedlichen Spezialisierungen Gaterslebener Wissenschaftler entsprechend, auch an anderen Universitäten im weiteren Umfeld angeboten. Abbildung 2.57 vermittelt beispielhaft eine Übersicht aus den Jahren 2001–2004. Aus langdauernden Lehrverpflichtungen resultierten auch drei Berufungen zu Honorarprofessoren.[406]

Ein wichtiges Feld der Zusammenarbeit mit Universitäten stellen gemeinsame Forschungsverbünde dar, wie z. B. Sonderforschungsbereiche (SFB), Schwerpunktprogramme (SPP), Graduiertenkollegs, Innovationskollegs und Forschergruppen der DFG, BMBF-geförderte Verbundforschungsvorhaben, von der EU geförderte Großprojekte sowie Landes-Verbundprojekte, die vorrangig der Herausbildung von national und international konkurrenzfähigen Kompetenzzentren und letztlich auch der ökonomischen Stärkung des Landes dienen. Gerade in größeren Verbundprojekten besteht eine klare Abhängigkeit zwischen Universitäten und außeruniversitären Instituten, da auf jeweils ausgewählten Spezialgebieten die Kapazitäten und Kompetenzen nur einer Einrichtung in aller Regel zu gering sind. Die Zusammenarbeit zwischen der MLU und dem IPK im Bereich Forschung kann hier nur anhand kurzer Beispiele angedeutet werden. Bereits 1993 wurden das Graduiertenkolleg „Struktur und Funktion von Proteinen" und der Sonderforschungsbereich (SFB) 363 „Molekulare Zellbiologie pflanzlicher Systeme" etabliert, 1996 gefolgt vom Innovationskolleg „Zellspezialisierung: Gemeinsamkeiten und Unterschiede in Redoxkontrolle, Signaltransfer und Stressantwort bei Pflanze, Tier und Mensch". In allen drei Verbünden arbeiteten auch Wissenschaftler des IPK mit. Im SFB 363 waren in der ersten Förderphase (1993–1995) fünf, in der zweiten (1996–1998) acht, in der dritten (1999–2001) sechs und in der vierten (2002–2004) fünf Teilprojekte am IPK angesiedelt. In den Jahren 2004–2008 finanzierte das Kultusministerium des Landes Sachsen-Anhalt im Rahmen eines Exzellenznetzwerkes „Biowissenschaften" Forschungsprojekte und ein Graduiertenkolleg zum Thema „Strukturen und Mechanismen der biologischen Informationsverarbeitung", an dem vier Gaterslebener Forschungsgruppen beteiligt waren.

Seit Dezember 2009 fördert das Land Sachsen-Anhalt ein Interdisziplinäres Zentrum für Nutzpflanzenforschung (IZN), ein Verbund, der die in der Region entwickelten beachtlichen Ressourcen von Agrar- und molekularen Biowissenschaften

[404] Ulrich Wobus als Universitätsprofessor für Genetik.

[405] Uwe Sonnewald 1997 für Molekulare Pflanzenphysiologie, Andreas Graner 1999 für Ressourcengenetik, Falk Schreiber 2007 für Pflanzliche Bioinformatik, Thomas Altmann 2008 für Genetik und Nicolaus von Wirén 2008 für Molekulare Physiologie und Zellbiologie der Pflanzen.

[406] Anna M. Wobus (Universität Halle), Ingo Schubert (Universität Kassel), Gotthard Kunze (Hochschule Anhalt Köthen).

der Universität Halle und der drei außeruniversitären Einrichtungen JKI, IPK und IPB bündeln soll. Das IZN fördert Forschungsprojekte auf den Gebieten der abiotischen Stresstoleranz und der biotischen Stressresistenz bei Nutzpflanzen und eine entsprechende, am IPK angesiedelte Nachwuchsgruppe, die AG „Stress-Genomik".

2.4.7.2 Doktorandenbetreuung, Lehrlingsausbildung und weitere Ausbildungsprogramme

Während zu Zeiten der DDR die Akademie der Wissenschaften seit 1963 Promotionsrecht besaß (s. Abschn. 2.2.1.6), liegt dieses in der Bundesrepublik Deutschland allein bei den Universitäten. Dennoch bilden außeruniversitäre Institute, wie das IPK, in größerem Umfang Doktoranden aus. Im Zeitraum 1993[407] bis 2008 haben 150 Doktoranden (zwischen zwei und 15 pro Jahr) am IPK ihre meist experimentellen Arbeiten durchgeführt und anschließend in der Regel an der Universität in Halle, aber auch z. B. in Magdeburg oder Greifswald ihre Promotionsarbeiten erfolgreich verteidigt. Vom Beginn der Arbeit bis zur erfolgreichen Promotion vergehen in der Regel drei bis vier Jahre.[408] Im Jahr 2000 wurde zur weiteren Verbesserung der Ausbildung ein spezielles Weiterbildungsprogramm für Doktoranden entwickelt, untersetzt durch eine „Promotionsrichtlinie des IPK". 2005 gründeten die Doktoranden mit Unterstützung einiger Arbeitsgruppenleiter einen *Student Board*, der vornehmlich eigene Seminare organisiert, etablierte Wissenschaftler als Gastsprecher zu Vorträgen einlädt und seit 2005 eine jährliche *Student Conference* (zunächst *IPK Student Conference*, seit 2007 *Plant Student Conference*) organisiert; diese bezog bald auch Studenten aus themenverwandten Instituten in Halle (IPB), Potsdam/Golm (MPI-MPP) und Quedlinburg (JKI) ein und fand 2007 erstmals außerhalb von Gatersleben in Halle statt. Der *Student Board* kümmert sich zudem um die Organisation von Exkursionen, geselligen Abenden und Partys, die regen Zuspruch finden (s. auch Abschn. 2.4.9.1).

Im Zeitraum 1993–2008 wurden sieben Habilitationen mit Erfolg abgeschlossen.

Im Rahmen ihrer Lehrtätigkeit an verschiedenen Universitäten (Abb. 2.57) richteten IPK-Mitarbeiter auch mehrtägige Praktika am IPK selbst aus, z. B. seit 1995 das jährliche Komplexpraktikum „Klassische und Molekulare Cytogenetik" für Biologie-Studenten der Universität Kassel (Leiter Ingo Schubert) und ebenfalls seit 1995 jährlich den Intensivkurs „Zell- und Gewebezüchtung und Grundlagen der Stammzellforschung" für wissenschaftliche Mitarbeiter der medizinischen Fakultät der MLU Halle (Leitung Anna M. Wobus).

Wie die Doktorandenbetreuung so hat auch die Lehrlingsausbildung im Institut eine lange Tradition, die ab 1992 unter veränderten Rahmenbedingungen fortgesetzt wurde und zwar in den Ausbildungsberufen Biologielaborant (seit 1996), Bürokauffrau (seit 1992), Gärtner (seit 1992), Fachangestellte/r für Medien- und Informationsdienste (seit 1996) und Fachinformatiker (seit 2005). Die Ausbildungszahlen zeigt Abb. 2.58. Danach wurden pro Jahr bis zu 25 Lehrlinge (Azubis) am

[407] 1992 wurde keine Promotion verteidigt.

[408] Exakte Zahlen liegen nicht vor, doch vergingen in den Jahren 1992–2008 zwischen Einstellung als Doktorand und Abgabe der Promotionsarbeit durchschnittlich 3,5 bis 4 Jahre.

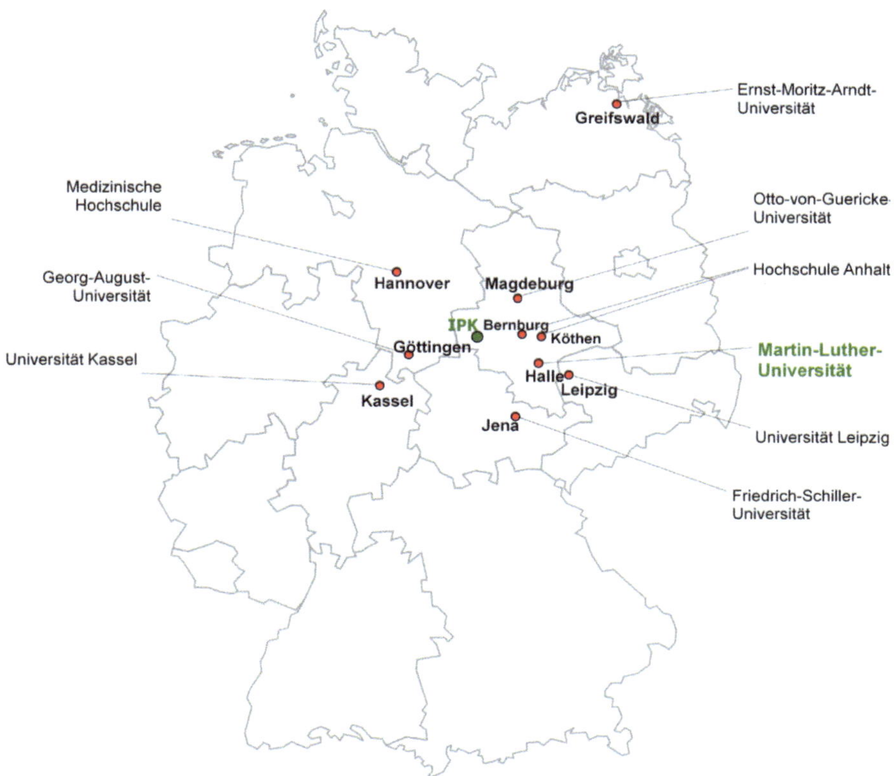

Abb. 2.57 Lehrverpflichtungen an Universitäten von Mitarbeitern des IPK in den Jahren 2001–2004

Institut ausgebildet, in der Summe 90 Personen zwischen 1992 und 2008. Die weit überwiegende Zahl waren Biologielaboranten mit im Durchschnitt 4–5 Neueinstellungen pro Jahr. Deren Ausbildung dauert 3,5 Jahre, wobei die Auszubildenden erst im 2. Lehrjahr nach Gatersleben kommen und ein Teil der theoretischen Ausbildung in einem auswärtigen Berufsschulzentrum erfolgt.

Neben der Doktoranden- und Lehrlingsausbildung hat sich das IPK auch anderen Ausbildungsaufgaben gewidmet. Vom 1. April bis zum 10. November 1995 arbeiteten erstmals acht Langzeitstipendiaten der Deutschen Stiftung für Internationale Entwicklung (DSE/später InWEnt[409]) aus Äthiopien (drei Personen), Mali, Panama, Indonesien, den Philippinen und Thailand in der IPK-Genbank. Diese Langzeitkurse wurden über viele Jahre fortgesetzt, mit dem vorrangigen Ziel, Techniken zur Er-

[409] Die 1959 gegründete Stiftung mit Hauptsitz in Bonn arbeitet im Rahmen der Aus- und Fortbildung von Fach- und Führungskräften aus Entwicklungsländern u. a. im Bereich Landwirtschaft, Ernährungssicherung und ländliche Entwicklung. Im Oktober 2002 erfolgte der Zusammenschluss der DSE mit der Carl-Duisberg-Gesellschaft (CDG) zur gemeinnützigen GmbH „Internationale Weiterbildung und Entwicklung (InWEnt)".

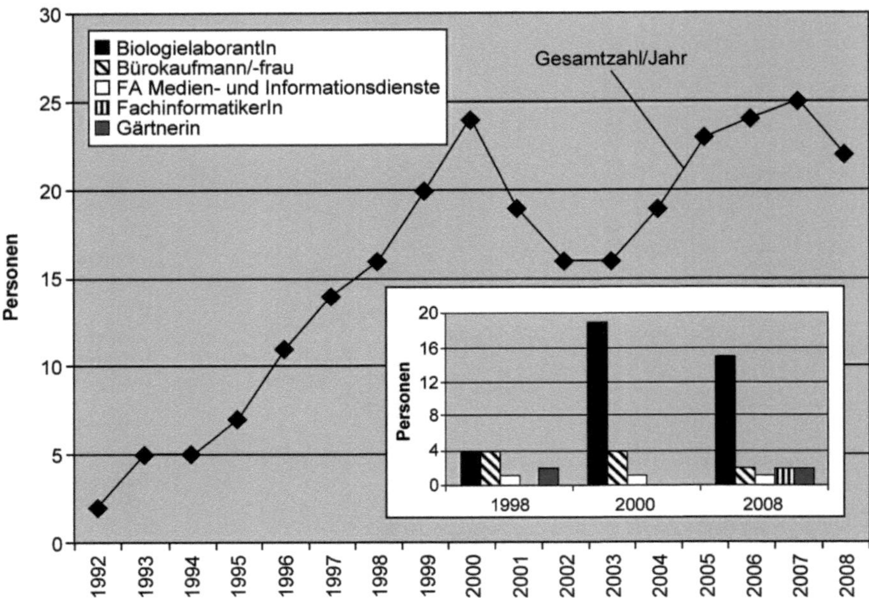

Abb. 2.58 Lehrlingsausbildung im IPK 1992–2008. (Quelle: AG „Finanzwesen" des IPK 2010)

haltung und Nutzung der genetischen Vielfalt von Kulturpflanzen zu vermitteln. Bis 2003 waren insgesamt 89 Stipendiaten aus 33 Ländern (Schwerpunkt Asien, Afrika) ausgebildet worden, wobei sie als Mitglieder einzelner Arbeitsgruppen auch eigene Projekte bearbeitet hatten.[410] 2007 weilten letztmals sieben InWEnt-Stipendiaten im Institut, doch wurde der Erfahrungsaustausch mit ehemaligen Stipendiaten fortgesetzt.[411]

2.4.7.3 Institutstage, Kolloquien, Seminare

Höhepunkte des wissenschaftlichen Lebens im Institut sind die seit 1993 jährlich im Herbst stattfindenden Institutstage. Auf der sich über zwei Tage erstreckenden Veranstaltung stellen alle Arbeitsgruppen auf Postern ihre Arbeitsergebnisse vor. Ferner präsentieren die AG-Leiter von jeweils zwei der vier wissenschaftlichen Abteilungen besonders interessante Projekte in Vorträgen ihren Kollegen und den Mitgliedern des Wissenschaftlichen wie des Genbankbeirates. Die abendlichen, intensiven Poster-Diskussionen tragen sehr zum wissenschaftlichen Austausch, aber auch zum persönlichen Kennenlernen innerhalb des Instituts bei.

Der Informationsgewinnung, Weiterbildung und Diskussion dienen auch mehrere Kolloquiums- und Seminarreihen, die von weitgehend AG-internen Gruppenseminaren, über vorwiegend abteilungsinterne Progress-Seminare und von den

[410] Pressemitteilung 6/2003 des IPK.

[411] Siehe z. B. IPK-Journal (2010) 19 (1): 9–10.

Abteilungen ausgerichtete Seminare mit meist externen Gastsprechern (Vavilov-Seminare [Genbank/Taxonomie], Genetische Seminare, Zellbiologische Seminare, Waterman-Seminare[Bioinformatik]) bis zu den übergreifenden „*Gatersleben Lectures*" reichen. Seit 2006 berichten in unregelmäßigen Abständen Vertreter von für das IPK interessanten Wirtschaftsunternehmen in der Reihe „Wissenschaft trifft Wirtschaft". Alle Vorträge sind in den IPK-Jahresforschungsberichten mit Sprecher, Titel und Vortragsdatum dokumentiert. Über weitere wissenschaftliche Veranstaltungen, insbesondere über vom Institut ausgerichtete Tagungen, ist in Abschn. 4.2 nachzulesen.

2.4.8 Öffentlichkeit und Öffentlichkeitsarbeit

Bereits in DDR-Zeiten hatte das Institut in unterschiedlichster Weise eine breite Öffentlichkeit über seine Arbeit informiert und Diskussionen angestoßen (s. Abschn. 2.2.1.9). Diese Arbeit wurde nach der Neugründung 1992 unter ganz anderen Rahmenbedingungen intensiv fortgesetzt. Als Ziel der Öffentlichkeitsarbeit wurde formuliert „in allgemein verständlicher Form wissenschaftlich fundierte Informationen über Sachfragen zu vermitteln und damit ein größeres Verständnis für die Arbeit des Instituts, die moderne Biologie/Biotechnologie und die Rolle der Wissenschaft in der Gesellschaft zu erreichen."[412] Jetzt eröffneten sich vielfältige Möglichkeiten, einen intensiven Dialog mit den verschiedenen Medien, Vertretern von Politik und Kultur sowie der breiten Öffentlichkeit zu führen. Zunächst sollten vorrangig das Aufgabenspektrum und die Leistungen des Instituts der Öffentlichkeit in Beiträgen für die Medien, aber auch während vieler Führungen von Besuchern aus Ost und West präsentiert werden. Verantwortlich für die Öffentlichkeitsarbeit war in der Geschäftsstelle des Direktors bis zu ihrem altersbedingten Ausscheiden 2006 Waltraud Mühlenberg, die sich dieser Aufgabe mit großem Engagement widmete. Ihr Nachfolger wurde Roland Schnee.

Die wichtigsten Ereignisse, Zahlen und Ergebnisse der Arbeit des Instituts wurden bis 2007 in jährlich erschienenen Jahresforschungsberichten dokumentiert,[413] seit 2002 in wesentlichen Teilen[414] in englischer Sprache. Mit der zusätzlichen Herausgabe von Institutsbroschüren, Faltblättern und Videos in deutscher und englischer Sprache konnten verschiedene Zielgruppen erreicht werden. Vielfache Kontakte wurden zu Vertretern von Bildungseinrichtungen, Verbänden, Parteien, zu Abgeordneten und Vertretern der Wirtschaft hergestellt. Höhepunkte dieser Bemühungen in den frühen 2000er-Jahren waren der Besuch von Bundesforschungsministerin Edelgard Buhlmahn in Begleitung des damaligen Ministerpräsidenten Reinhard Höppner (24. Juli 2001; Abb. 2.59a), der Besuch der Vorsitzenden der CDU Angela Merkel (24. August 2001; Abb. 2.59b) und der Besuch von Christian

[412] Aus: Beantwortung der an das IPK gerichteten Fragen des Wissenschaftsrates, 3. November 1996, S. 40; IPK-Archiv.

[413] Danach in zweijährigem Abstand.

[414] Forschungsberichte der Arbeitsgruppen, die sonstigen Teile in Deutsch und Englisch.

Abb. 2.59 Gäste im IPK. **a** Besuch des Campus Gatersleben durch Bundesforschungsministerin Edelgard Buhlmahn (*Mitte*) in Begleitung des Ministerpräsidenten von Sachsen-Anhalt Reinhard Höppner (*links*) und des Staatssekretärs im Kultusministerium des Landes Wolfgang Eichler (*2.von rechts.*) am 24. Juli 2001. Der Geschäftsführende Direktor Ulrich Wobus (*rechts*) führt die Gäste durch das Institut (Foto und Bildrechte: Birgit Schäfer). **b** Die Vorsitzende der CDU Dr. Angela Merkel (*links*) im Gespräch mit Ulrich Wobus (*Mitte*) und Anna M. Wobus anlässlich Ihres Besuchs im IPK am 24. August 2001. Frau Merkel informierte sich vorrangig bei Frau Wobus (*rechts*) über Probleme und Ergebnisse der Forschung an embryonalen Stammzellen (Foto und Bildrechte Birgit Schäfer). **c** „Tag der offenen Tür" im IPK 2006. Vor dem Hörsaal des Instituts haben sich zahlreiche Gäste versammelt (Foto und Bildrechte: Birgit Schäfer)

Patermann, Direktor „Biotechnologie" in der Generaldirektion Forschung der Europäischen Kommission (15. Oktober 2004).

Seit 1992 wird institutsintern das IPK-Journal herausgegeben. Es erschien bis 2000 viermal jährlich mit insgesamt 60 bis 80 Seiten, seit 2001 aufgrund der stärkeren Internet-/Intranet-Nutzung zweimal jährlich, zuzüglich einiger Sonderhefte, die Festveranstaltungen oder die seit 2006 zweijährlich stattfindenden „Gaterslebener Gespräche" (s. Abschn. 4.3) dokumentieren. Das Internet kann seit etwa 1996 genutzt werden.

Eine besondere Erwähnung verdient die intensive Öffentlichkeitsarbeit der Genbank-Außenstellen „Süd" (bis 2002) und „Nord". Auch hier wurden und werden Tage der offenen Tür veranstaltet, Führungen durchgeführt, Messen, Ausstellungen und politikbegleitende Veranstaltungen mit ausgestaltet. Die Genbank „Nord" war auf den großen Gartenschauen wie der Internationalen Gartenschau in Rostock (2003), der Landesgartenschau in Wismar (2008) und der Bundesgartenschau in Schwerin (2009) vertreten und engagiert sich intensiv in der Schüler- und Lehrlingsbetreuung (Standort Malchow). Höhepunkte der Pillnitzer Öffentlichkeitsarbeit waren die jährlichen „Apfeltage" (Apfelsortenschau) und die Teilnahme an den „Grünen Tagen Sachsens".

Über eine wichtige Säule der Öffentlichkeitsarbeit, die „Gaterslebener Begegnungen", wird in Abschn. 4.3 gesondert berichtet.

2.4.8.1 Pressearbeit, Führungen und Schulaktionswoche

Seit 1994 unterrichtete das Institut regelmäßig die Medien anhand von Pressemitteilungen über neueste wissenschaftliche Ergebnisse, wichtige Ereignisse am Standort, Tagungen sowie Bau- und Kooperationsvorhaben, doch meldeten die Medien häufig auch ihrerseits Interesse an bestimmten Themen an. So berichteten neben der regionalen Presse (Mitteldeutsche Zeitung und Volksstimme) u. a. die Frankfurter Allgemeine Zeitung, die Süddeutsche Zeitung, die Welt, der Spiegel und die Frankfurter Rundschau über das Institut. Fernsehbeiträge wurden mehrfach u. a. von den Sendern MDR, ARD, ZDF, RTL, SAT1, Deutsche Welle, dem österreichischen und dem niederländischen Fernsehen aufgezeichnet. Auch mit den einschlägigen Rundfunkanstalten entwickelte sich im Laufe der Jahre eine gute Zusammenarbeit. Aus leicht nachvollziehbaren Gründen galt das Interesse, insbesondere der überregionalen Medien, vorzugsweise der Arbeit der Genbank und den Diskussionen und Auseinandersetzungen um die Grüne Gentechnik (s. Abschn. 2.4.8.4).

Einen wichtigen Teil der Öffentlichkeitsarbeit stellen geführte Institutsbesichtigungen dar. Die Nachfrage nach Führungen stieg seit der Institutsneugründung ständig an. So wurden z. B. in den Jahren 2001 bis 2003 185 Besuchergruppen aus der gesamten Bundesrepublik und dem Ausland durch das Institut bzw. über den Campus geführt – eine erhebliche zeitliche Herausforderung für die beteiligten Mitarbeiter.

Unter den Besuchern widmete das IPK Schülern und Lehrern stets besondere Aufmerksamkeit. So wurden seit 1994 in Absprache mit verschiedenen Bildungsträgern regelmäßig Seminare und Weiterbildungsveranstaltungen für Lehrer durchgeführt. Die im Laufe der Jahre gesammelten guten Erfahrungen und das starke Interesse seitens der Schulen führten dazu, dass das IPK 2002 unter Federführung von

Waltraud Mühlenberg eine Schulaktionswoche gemeinsam mit dem Netzwerk Innoplanta e. V. und der Gesellschaft für Wirtschaftsförderung Aschersleben-Staßfurt initiierte. Neben thematischen Seminaren wurden insbesondere Praktika zur Analyse des pflanzlichen Genoms angeboten. Dabei konnten die Schüler und Lehrer nicht nur mehr über die Arbeit der Wissenschaftler erfahren, sondern auch eigenhändig pflanzliches Erbgut isolieren. Die Praktika wurden von Mitarbeitern des „Gläsernen Labors", Berlin/Buch, begleitet. Ferner betreuten Mitarbeiter des Instituts Schüler im Rahmen von Projekttagen und der bundesweiten Initiative „Jugend forscht". Die Schüler stellten ihre Ergebnisse dann im Rahmen von Regional-, Landes- und Bundeswettbewerben vor und belegten teilweise vordere Plätze. Nach vier Schulaktionswochen wurde die Veranstaltungsreihe 2005 in die Obhut des neu gegründeten Schülerlabors, des „Grünen Labors", gegeben (s. Abschn. 5.3).

2.4.8.2 „Tag der offenen Tür" und „Fest der Begegnung"

Seit 1993 wird, einer Tradition (s. Abschn. 2.2.1.9) und einem breiten öffentlichen Interesse folgend, jährlich im Juni ein „Tag der offenen Tür" durchgeführt. Gäste aus der näheren und weiteren Umgebung und Angehörige von Mitarbeitern erhalten Gelegenheit zur Information über die Arbeit des Instituts (Abb. 2.59c). In einer zentralen Veranstaltung wird meist von einem Gastredner ein aktuelles, die IPK-Arbeit berührendes Thema behandelt und diskutiert. Danach besteht Gelegenheit, in Präsentationen und Führungen die wichtigsten Arbeitsgebiete des Instituts kennenzulernen. Die von Mitarbeitern der Genbank gestalteten wechselnden Demonstrationen wichtiger Kulturpflanzengruppen sind stets besonders umlagert, zumal es hier neben Ratschlägen für den eigenen Garten auch Pflänzchen und Samen einiger alter Kulturpflanzensorten zum Mitnehmen gibt. Die in den späten 1990er-Jahren auf ca. 500 angestiegenen Besucherzahlen belegen, dass sich die Veranstaltung andauernder Beliebtheit erfreut.

Ausländerfeindliche Ereignisse im Ort Gatersleben im Jahr 2000 führten nicht nur zur Einrichtung des Klubs auf dem Institutsgelände (s. Abschn. 2.4.9.1), sondern auch zu der Idee eines „Festes der Begegnung" im Zusammenhang mit dem „Tag der offenen Tür". Dieses Fest wird gemeinsam von IPK, den am Standort ansässigen Firmen und Organisationen und der Gemeinde Gatersleben in zweijährigem Turnus durchgeführt. Es bietet neben vielfachen Informationen Unterhaltung und Gelegenheit zu mannigfachen Kontakten insbesondere der ausländischen Institutsmitarbeiter mit den Einwohnern aus der Gemeinde und der Region. Kostproben aus den Küchen von China, Indien und dem Iran sowie aus Osteuropa erfreuen sich großer Beliebtheit. Mit bis zu 1000 Gästen ist das „Fest der Begegnung" jeweils ein Höhepunkt der Öffentlichkeitsarbeit des Instituts und des Biotechnologiestandortes Gatersleben.

2.4.8.3 Das IPK auf Messen und Ausstellungen

Auch auf Messen und Ausstellungen ist das IPK seit 1993 immer wieder präsent. Die vielen Aktivitäten, bis 2006 unter der organisatorischen Leitung von Waltraud Mühlenberg, können nur summarisch benannt werden. Das IPK stellte ausgewählte Ergebnisse seiner Arbeit auf der „Grünen Woche" Berlin (1993, 1999), auf der Hannover-Messe (1994, 1998), auf der BIOTECHNICA Hannover (1995, 1997, 1999, 2001, 2003, 2005), auf der ANALYTICA München (2000, 2002, 2004, 2006), auf der ABIC (*Agricultural Biotechnology International Conference*) Köln (2004) und auf der BIO Chicago (2000, 2003, 2004, 2005, 2006) vor. Messeaktivitäten wurden durch die Mitgliedschaft im Arbeitskreis „Messen“ beim Kultusministerium des Landes Sachsen-Anhalt sehr gefördert, an dem sich Hochschulen und außeruniversitäre Forschungseinrichtungen des Landes beteiligten. 2001 vereinigten die Länder Sachsen, Sachsen-Anhalt und Thüringen ihre Arbeitskreise zur „Initiative Forschung für die Zukunft“, um Messeteilnahmen noch attraktiver gestalten und herausragende Forschungsergebnisse öffentlichkeitswirksamer präsentieren zu können.

Weitere Präsentationsmöglichkeiten wurden im Rahmen von Ausstellungen vielfach genutzt. Nur wenige Beispiele seien genannt. Zwischen April und Oktober 1999 gestaltete das Institut auf der 25. Bundesgartenschau in Magdeburg 12 thematisch orientierte Einzelausstellungen. Besonderen Zuspruch fand die finale Ausstellung, in der die Vielfalt von Kürbis, Mais und Kartoffeln sowie alte und neue Apfelsorten der Genbank-Außenstelle Süd/Pillnitz gezeigt wurden. Ende 2002 beteiligte sich das IPK gemeinsam mit anderen Leibniz-Instituten an der Aktionswoche zur Biodiversität „Leben ist Vielfalt“ im Naturkundemuseum Senckenberg in Frankfurt/Main. Anlässlich des Festes zum Tag der Deutschen Einheit stellte das Institut vom 2. bis 3. Oktober 2003 in Magdeburg anwendungsorientierte Forschungsergebnisse vor. Auch an der „Langen Nacht der Wissenschaften“ der Martin-Luther-Universität Halle-Wittenberg nimmt das IPK seit 2006 teil.

2.4.8.4 Das IPK und die Gentechnikdebatte

Seit der Erzeugung der ersten rekombinanten DNA-Moleküle 1972 und ihrer Nutzung zur genetischen Veränderung von Organismen werden die Chancen und Risiken dieser Technologie, der Gentechnik, in der Öffentlichkeit heftig diskutiert. Auch und besonders über die Nutzung gentechnisch veränderter Pflanzen in der Landwirtschaft entspann sich in den frühen 1980er-Jahren eine heftige, unvermindert andauernde Debatte, in der auch das Gaterslebener Institut immer wieder Stellung bezogen hat. Es ist unbestritten, dass ein vornehmlich der Kulturpflanzenforschung gewidmetes Institut ohne den umfassenden Einsatz gentechnischer Methoden keine Spitzenforschung betreiben kann. Und Spitzenforschung an Kulturpflanzen wird stets auch der Züchtung und damit der Anwendung zugutekommen müssen. Auch kann eine molekular-physiologisch orientierte Pflanzenforschung nicht grundsätzlich auf Freilandversuche mit gentechnisch veränderten (gv-)Pflanzen verzichten; eine Zusammenstellung der IPK-Freilandversuche enthält Tab. 2.8. Und gerade diese Versuche haben immer wieder zu Diskussion und Auseinandersetzungen mit Gentechnikgegnern geführt.

Der erste Freilandversuch des IPK mit gv-Tabak fand 1996 statt. In der Arbeitsgruppe Sonnewald war ein bakterielles, am Abbau von Cellulose beteiligtes hitzestabiles Enzym in Tabak zur Expression gebracht worden. Diese Pflanzen sollten nach umfänglichen Gewächshausversuchen im Freiland getestet werden, um einmal die Enzymproduktion unter natürlichen Wachstumsbedingungen zu prüfen, aber auch um aus einer großen Zahl von Pflanzen genügend Enzym für weitere biochemische Untersuchungen zu gewinnen. Gegen diese Freisetzungsversuche und solche der BAZ in Quedlinburg bildeten sich früh Protestgruppen. „Versuche soll ein Gericht

Tab. 2.8 IPK-Freilandversuche mit gentechnisch veränderten Pflanzen

Pflanzenart	Versuchsjahre	Mittels Gentechnik eingebrachte/ausgeschaltete Genkonstrukte/Gene	Zielstellung
Tabak	1996–1997	Hitzestabiles Xylanase-Gen aus *Clostridium thermocellum*/35S-Promotor	Produktion technischer Enzyme
Kartoffel	1998–1999	Fruktose-1,6-bisphosphatase(FBPase)-Antisense-Konstrukt/FBPase-Promotor; anorganisches Pyrophosphatase-Gen aus *E. coli*/35S-Promotor	Einfluss eines veränderten Kohlehydratstoffwechsels auf Wachstum und Ertrag
Erbse	2000–2001	α-Amylase-Gen aus *Bacillus licheniformes*/USP-Promotor aus Ackerbohne	Produktion technischer Enzyme in Samen
Kartoffel	2001–2002	*alcR*-Gen aus *Aspergillus nidulans*/35S-Promotor	Entwicklung eines Äthanol-induzierbaren Expressionssystems
Kartoffel	2002–2003	GA20- bzw. GA2-Oxidase-Gene aus *Arabidopsis*/35S-Promotor	Einfluss veränderter Gibberellingehalte auf Wachstum und Ertrag
Kartoffel	2002–2004	Saccharose-Isomerase-Gen aus *Erwinia rhapontici*/B33-Promotor aus Kartoffel	Produktion pflanzenfremder Kohlenhydrate (Palatinose) in Kartoffelknollen
Kartoffel	2003–2005	Spinnenseiden-Elastin-Fusionsprotein-Gen (synthetisch; Vorbilder: Spinnenseidenprotein aus *Nephila clavipes* bzw. humanes Tropoelastin-Gen) und Elastin-Gen/35S-Promotor	Produktion pflanzenfremder Proteine; Prüfung der Lagerstabilität in Kartoffelknollen
Erbse	2005–2006	Aminosäurepermease-Gen aus Ackerbohne/35S-Promotor	Erhöhung des Proteingehalts in Futtererbsen
Winterweizen	2006/2007–2007/2008	Aminosäurepermease-Gen aus Ackerbohne/1Ax1-Promotor aus Weizen; Saccharosetransporter-Gen aus Gerste/Hordein-Promotor aus Gerste	Erhöhung des Proteingehaltes im Weizenkorn

verhindern“ titelte die Mitteldeutsche Zeitung (MZ) am 24.2.1996 und berichtete über einen Besuch der Gentechnikgegner im IPK und die dortigen Diskussionen. Der Freilandanbau der gv-Tabakpflanzen 1996 und 1997 verlief ohne Störungen und erbrachte die erhofften Ergebnisse bezüglich Enzymgewinnung, aber auch Daten zu vermindertem Wachstum und reduzierter Standfestigkeit der Xylanase-produzierenden Pflanzen. Weitere Versuche mit ähnlicher Zielstellung folgten, aber auch solche zu Fragestellungen der Grundlagenforschung (s. Tab. 2.8). Leider blieb es in der Folge nicht beim Austausch von Argumenten mit den Gentechnikgegnern. Im Mai 2004 standen Demonstranten vor dem Haupteingang des IPK, die vornehmlich gegen die geplanten Freilandversuche mit gv-Erbsen der Firma Novoplant[415] (s. Abschn. 5.2 und Tab. 2.8) auf dem Institutsgelände protestierten. Während der Erbsenversuch von Novoplant im September 2007 erfolgreich abgeschlossen werden konnte, wurde der im Spätherbst 2006 begonnene, zweiteilige Versuch mit gv-

[415] Der Versuch war trotz massiver Proteste und der vom Umweltinstitut München organisierten 75.000 Einsprüche vom Bundesamt für Verbraucherschutz und Lebensmittelsicherheit genehmigt worden.

Weizen am 21. April 2008 trotz Bewachung weitgehend zerstört. Gentechnikgegner begleitet von Journalisten und Flutlichtlampen durchbrachen am frühen Morgen die Umzäunungen und zerhackten viele Pflanzen.

Der zerstörte Versuch war Teil eines von Winfriede Weschke geleiteten langfristigen und komplexen Grundlagen-Forschungsprogramms, das gleichzeitig die Möglichkeiten einer Erhöhung des Eiweißgehaltes im Korn von Futterweizen ergründen sollte (s. auch S. 363). In zwei Vegetationsperioden sollte geprüft werden, ob die im Gewächshaus nachgewiesene Erhöhung des Rohproteingehalts im Korn um 10–30 % auch unter Freilandbedingungen erzielbar sein würde. Bereits der erste Feldversuch 2006/2007 war heftig umstritten. Die Kritiker sahen vor allem die Genbank durch mögliche Auskreuzung gefährdet. Die Medien berichteten umfassend, Umweltverbände und Biologischer Landbau protestierten, die Fraktion Bündnis 90/ Die Grünen brachten im Bundestag einen Antrag auf Verbot des Versuchs ein,[416] das Umweltinstitut München sah das „Erbe der Menschheit“ (die Genbank) bedroht und reichte eine Dienstaufsichtsbeschwerde gegen das Bundesamt für Verbraucherschutz und Lebensmittelsicherheit (BVL) ein, das am 27.11.2006 den Versuch genehmigt und alle Einwendungen umfänglich zurückgewiesen hatte.[417] Auch das Bundesamt für Naturschutz (BfN), das Bundesamt für Risikobewertung (BfR), das Robert-Koch-Institut (RKI) sowie die Zentrale Kommission für die Biologische Sicherheit (ZKBS) und die Biologische Bundesanstalt für Land- und Forstwirtschaft (BBA) hatten dem BVL die Unbedenklichkeit des Versuchs bescheinigt. Die genehmigungsbedingte, sehr späte Aussaat des ersten Versuchs Ende November 2006 und die Zerstörung des zweiten Versuchs im April 2008 machten eine umfangreiche Auswertung des Gesamtversuchs unmöglich, zeigten aber an, dass der eingeschlagene Weg, die züchterisch bislang nicht erreichte Erhöhung des Eiweißgehalts im Korn ohne gleichzeitige Ertragsabsenkung mittels Gentechnik zu erzielen, erfolgversprechend scheint. Gegen die Feldzerstörer reichte das IPK Klage auf Schadenersatz von über 200.000 € ein. Eine endgültige gerichtliche Entscheidung war Ende 2010 noch nicht gefallen. Auch das entsprechende Strafverfahren war zu diesem Zeitpunkt noch nicht abgeschlossen.

2.4.9 Alte und neue Formen gesellschaftlichen und geselligen Lebens

Die in Jahrzehnten aufgebauten und erhaltenen Traditionen kulturellen und geselligen Lebens wurden auch nach der Politischen Wende im Institut auf vielfältige Weise fortgeführt. Gleiches gilt für die Öffentlichkeitsarbeit, die gesellige Elemente, wie das „Fest der Begegnung“ (s. Abschn. 2.4.8.2.), mit einschließt.

[416] Deutscher Bundestag, Drucksache 16/4904 vom 29.3.2007.

[417] BVL: Bescheid zum Antrag des Leibniz-Instituts für Pflanzengenetik und Kulturpflanzenforschung (IPK) vom 10.4.2006 auf Genehmigung zur Freisetzung (Freilandversuch) von gentechnisch verändertem Weizen in den Jahren 2006/2007 und 2007/2008 am Standort Gatersleben (Az. 6786–01-0178).

2.4.9.1 Der Klub

Im Jahre 2000 kam es zu Übergriffen von ortsansässigen Jugendlichen auf ausländische Mitarbeiter des IPK und ihre Familien, leider zu dieser Zeit keine Ausnahme im Osten Deutschlands. Zwar konnten die Pöbeleien durch entschlossenes Handeln der Polizei bald unterbunden werden, doch schlugen die Ereignisse Wellen bis in die Internationale Fachpresse[418] und hinterließen ein tiefes Gefühl der Unsicherheit bei den Betroffenen. Deshalb wurde der Wunsch nach Räumlichkeiten innerhalb des Institutsgeländes für gesellige Zusammenkünfte laut. Diesem nachkommend, wurde ein „Klub" eingerichtet, bestehend aus Aufenthaltsraum, Küche und Tischtennisraum im Bereich des Handwerkerhofes.[419] Während das IPK die Grundausstattung zur Verfügung stellte, erfolgte die Ausgestaltung durch Klubmitglieder, die sich aus allen am Institut vertretenen Nationalitäten rekrutierten. „Der Klub/*The Club*" hatte sich bald etabliert[420] und trägt bis heute durch zahlreiche Veranstaltungen zum guten Miteinander im Institut bei. Filmabende, Spieleabende, Faschings-, Grill- und Sommerfeste, Halloween- (Abb. 2.60) und Silvester-Partys, gemeinsames Kochen und das Feiern landesspezifischer, traditioneller Feste wie des chinesischen Neujahrsfestes, des iranisch/persischen Neujahrsfestes und des indischen Festes des Lichts bieten vielen, besonders auch ausländischen Institutsangehörigen und ihren Familien Gelegenheiten zum geselligen Beisammensein. Auch sportliche Großereignisse wie Europa- und Weltmeisterschaften im Fußball werden gemeinsam am Fernsehschirm verfolgt. Klubmitglieder beteiligen sich regelmäßig am „Fest der Begegnung" (Abschn. 2.4.8.2) und an den nach den fremdenfeindlichen Übergriffen initiierten jährlichen Fußballturnieren „Sportler setzen Zeichen – Fairness gegen Gewalt", bei denen Mannschaften des Ortes Gatersleben gegen Teams des Instituts antreten und anschließend gemeinsam feiern.[421]

2.4.9.2 Vereine: die Gesellschaft zur Förderung der Kultur in Gatersleben e. V. und die Gemeinschaft zur Förderung der Kulturpflanzenforschung Gatersleben e. V.

Bis 1990 war das Institut nicht nur ein Ort der wissenschaftlichen Arbeit, sondern gleichzeitig Träger verschiedenster gesellschaftlicher und kultureller Aktivitäten, die in den Kap. 2.1.5.2 und 2.2.1.8 kurz geschildert wurden (s. auch Kap. 4). Unter den neuen Rahmenbedingungen wurde die Arbeit des Instituts jedoch weitgehend auf seinen eigentlichen Zweck, die wissenschaftliche Arbeit und direkt damit zusammenhängende Tätigkeiten zurückgeführt. Deshalb organisierten sich vorwiegend interessierte Institutsmitarbeiter bereits im Mai 1991 in der Gesellschaft zur Förderung der Kultur in Gatersleben e. V. unter dem Vorsitz von Günter Scholz.[422] Vorrangiges Ziel war es, dem großen Anliegen des Institutsgründers Hans Stub-

[418] Schiermeier Q, Gitschel U (2000) German scientists pledge to fight growing xenophobia. Nature 406: 553.

[419] Eröffnet am 26.11.2000.

[420] Die Klubleitung lag lange in den Händen von Michael Melzer, ist aber in den letzten Jahren schrittweise in die Hände des *Student Board* übergegangen.

[421] 2008 fand bereits das 7. Turnier statt (IPK-Journal (2008) 17 (2): 11–13.

[422] Siehe den Kurzbericht von Günter Scholz in IPK-Journal (1999) 8 (4): 23–24.

Abb. 2.60 Halloween-Party im Klub 2009. (Foto und Bildrechte: Michael Melzer)

be nach „Schaffung einer Umwelt, in der der Strom der schöpferischen Gedanken nicht versiegt", auch in der neuen Zeit nachzukommen. „Kultur und Kunst in umfassender Form" sollte auch weiterhin „für die Mitglieder des Instituts und die Bürger unseres Ortes erlebbar" gemacht werden.[423] In den seither vergangenen nahezu 20 Jahren hat die Gesellschaft ein breit gefächertes kulturelles Angebot mit Veranstaltungen, vornehmlich im Hörsaal des Instituts, organisiert: Kammermusik, Liederabende, Schriftstellerlesungen und Vortragsabende über literarische, historische und politische Themen sowie Ausstellungen, dazu Galeriebesuche und kulturhistorische Exkursionen. Von 1991 bis Ende 2010 sind ca. 350 Veranstaltungen dokumentiert.[424]

Wünschenswerte Formen der privaten Unterstützung der Institutsarbeit verlangten ebenfalls eine spezielle Organisationsform. Deshalb wurde 1993 die Gemeinschaft zur Förderung der Kulturpflanzenforschung Gatersleben e. V. gegründet.[425] Ihr Ziel ist die ideelle und finanzielle Förderung der Kulturpflanzenforschung am IPK, insbesondere der Ressourcen- und Genomforschung sowie der Molekularen Pflanzenphysiologie. Die Gemeinschaft, seit September 1997 unter dem Vorsitz von Wilhelm Graf von der Schulenburg, fördert deutschlandweit den wissenschaftli-

[423] Aus einer Mitteilung des Vereins vom April 1992.

[424] Mitteilung von Helmut Knüpffer.

[425] Erster Vorsitzender war Dieter FR Bommer, gefolgt von Wilhelm Graf von der Schulenburg und (seit 1/2011) Reinhard von Brook.

chen Nachwuchs durch die alternierende Verleihung des Gaterslebener Forschungspreises für herausragende Promotionsarbeiten auf dem Gebiet der Kulturpflanzenforschung und des Rudolf-Mansfeld-Preises für entsprechende Diplomarbeiten, insbesondere auf dem Gebiet der pflanzengenetischen Ressourcen. Ferner werden Forschungsarbeiten, Sammelreisen, Tagungsbesuche, Gastaufenthalte und institutsbezogene Publikationsvorhaben finanziell unterstützt sowie Vavilov-Vortragsabende im IPK organisiert.

2.4.10 Das Institut im Dorf und in der Region

Bereits der Institutsgründer, Hans Stubbe, hatte neben dem Aufbau des Instituts stets auch das dörfliche Umfeld im Blick (s. Abschn. 2.1.4.2), und er wie sein Nachfolger Helmut Böhme haben in vielfacher Weise auf die Dorfgestaltung Einfluss genommen, am offensichtlichsten durch den Bau von Einzelhäusern, Wohnblöcken, der Mehrzweckhalle etc. Nach der politischen Wende erfolgte eine klare Rückorientierung des Instituts auf seine Kernaufgabe, die wissenschaftliche Arbeit. Die einst institutseigenen Wohnhäuser wurden verkauft, die Wohnblöcke an die Gemeinde übertragen, ebenso die Sportanlagen und die Mehrzweckhalle. Auch die beiden Ferienheime des Instituts in Zingst und bei Altenbrak (Windehütte) wurden durch die Treuhand veräußert.

Dennoch war eine enge Zusammenarbeit zwischen Institut und Landesministerien, insbesondere dem Kultusministerium, dem zuständigen Landkreis (Aschersleben-Staßfurt, seit Juli 2007 Salzlandkreis) und der Gemeinde Gatersleben[426] bei vielen Projekten, insbesondere bei Fragen der Infrastruktur, notwendig. Die Zusammenarbeit zwischen der Gemeinde Gatersleben und dem IPK wurde besonders durch die Tatsache befördert, dass alle Bürgermeister seit 1990 vormalige Institutsmitarbeiter waren: Arnd Michaelis von 1990–1992, Walter Baudisch von 1992–1998 und Edith Hüttner von 1998–2010. Ein großes Forschungsinstitut im ländlichen Raum ist auf ein forschungsfreundliches Klima angewiesen. Dieses wurde von den politischen Entscheidungsträgern stets gefördert. Ein besonders wichtiges Anliegen, dessen Realisierung seit der Stubbe-Ära immer wieder versucht worden war, konnte 2007 mit dem Landesverkehrsministerium und der Nahverkehrsgesellschaft Sachsen Anhalt (NASA) erreicht werden, der Halt der Regionalexpress-Züge in Gatersleben. Für Reisende von und nach Gatersleben bedeutet dies eine Verdopplung der An- und Abfahrten auf der Strecke Halle–Hannover sowie eine erhebliche Verkürzung der Fahrtzeiten.

Das IPK hat als einer der größten Arbeitgeber in der Region eine besondere Verpflichtung, zur regionalen Entwicklung beizutragen. So wurden beispielsweise in der Zeit, in der Ausbildungsplätze fehlten, jährlich bis zu 25 Lehrlinge im nichtakademischen Bereich ausgebildet. Neben der Beförderung von Infrastrukturprojekten hat das IPK Kultur, Kunst und Bildung auch materiell im Rahmen seiner rechtlich vorgegebenen Möglichkeiten gefördert.

[426] Mit dem 1. August 2010 verlor Gatersleben seine Selbstständigkeit und wurde als Ortsteil (OT) Gatersleben der „Stadt Seeland" zugeordnet.

Forschungslinien in sechs Jahrzehnten 3

3.1 Management und Analyse pflanzengenetischer Ressourcen: Genbankarbeit

Der Begriff „Genbank" ist ursprünglich in der Molekularbiologie geprägt worden, als es möglich wurde, durch DNA-Isolierung, -Fragmentierung, -Klonierung und -sequenzierung Sammlungen von vollständiger oder fragmentarischer cDNA und von genomischen DNA-Fragmenten anzulegen. Sie sind kein Lebendmaterial und die enthaltene genetische Information lässt sich nur nach Transfer in lebende Zellen reproduzieren und zur Ausbildung von Merkmalen umsetzen. Im Gegensatz dazu handelt es sich bei der Gaterslebener Genbank um komplette Genome in lebenden Zellen von Geweben und Organen, die zu generativ erzeugten Samen oder zu vegetativ vermehrbaren Pflanzenteilen gehören. Sie können jederzeit auf dem Feld oder im Gewächshaus zu ganzen Pflanzen der betreffenden Art herangezogen und auf diese Weise reproduziert werden. Es sind jene Sammlungen, die ursprünglich als Sortimente bzw. Kulturpflanzen(welt)sortimente oder im englischen Sprachraum als ‚*germplasm banks*' bezeichnet wurden; auf ihnen beruhte bis 1980 auch die Namensgebung für die Gaterslebener Sammlung. Ab 1981 taucht dafür in den Jahresberichten des Instituts, die in der Schriftenreihe „Die Kulturpflanze" veröffentlicht wurden, die Bezeichnung Genbank auf.[1] Es handelt sich um eine *ex situ*-Sammlung, d. h. die Muster der Sammlung werden nicht an ihrem natürlichen Standort sondern, wenn erforderlich, am Standort der Sammlung im Freien oder unter Glas zur Reproduktion angebaut, soweit dies unter den dortigen Umweltbedingungen möglich ist. Die Muster werden auf Expeditionen gesammelt sowie durch Tausch mit anderen entsprechenden Einrichtungen und Übernahme von bereits bestehenden Kollektionen erworben. Langfristig werden sie unter geeigneten Bedingungen gelagert bzw. bei nachlassender Keimfähigkeit oder zu geringem Probenumfang durch Anbau reproduziert und auf diese Weise vital erhalten. Alle Muster werden im Institut botanisch klassifiziert (Abschn. 3.2.2) und anderweitig phänotypisch und agronomisch charakterisiert. In besonderen Programmen werden biologische und agronomische

[1] Jahresberichte der Bereiche 1980 (1981) Kulturpflanze 29: 511–512.

K. Müntz, U. Wobus, *Das Institut Gatersleben und seine Geschichte*,
DOI 10.1007/978-3-642-28648-3_3,

Leistungsmerkmale von ausgewählten Sammlungsteilen evaluiert. Die Ergebnisse werden entweder in der Grundlagenforschung der verschiedenen im Institut vertretenen biologischen Disziplinen oder für Züchtungsforschung bzw. Pflanzenzüchtung genutzt. Proben der Muster werden auf Anforderung für die universitäre und außeruniversitäre Forschung, für die Nutzung in Züchtung und Biotechnologie sowie für die Ausbildung an Bildungseinrichtungen und an Privatpersonen abgegeben. Die vernetzte Bearbeitung aller dieser Aufgaben gehört zu den herausragenden Merkmalen der Genbank des Gaterslebener Institutes.

Während zum Anbau zugelassene Zuchtsorten von Kulturpflanzen bei den Pflanzenzüchtern gehalten werden, sammelt die Gaterslebener Genbank alte Zuchtsorten, Zuchtstämme, Landsorten, wild wachsende Vorfahren der betreffen Kulturpflanzenart und deren Verwandte sowie eine Reihe von Mutantenkollektionen. Sie konserviert weitgehend den Genpool der jeweiligen Kulturpflanzenart, der in den zugelassenen Zuchtsorten nur unvollständig enthalten ist, und wirkt dem Verlust an genetischer Variabilität (Generosion) entgegen, welcher durch die moderne Pflanzenzüchtung und Anbaupraxis bewirkt wird.[2] Die prinzipiellen Ideen, welche der Gründung von Genbanken in der ersten Hälfte des 20. Jahrhunderts zugrunde gelegt wurden, sind bereits in vorhergehenden Teilen dieses Buches behandelt worden (Abschn. 1.1, Unterpunkt 5 im Abschn. 2.1.3.1, Unterpunkt 4 im Abschn. 2.2.1.4) bzw. werden auch im nachfolgenden Abschn. 3.2 berührt und brauchen deshalb hier nicht wiederholt zu werden. Die Einbettung der Genbank in einen Kranz von Abteilungen, die wichtige biologische Disziplinen vertreten, wie Taxonomie und Evolutionsforschung, Physiologie und Biochemie, klassische und molekulare Genetik, gehört zu den unikalen Merkmalen des Gaterslebener Institutes. Seine Forschung nutzt bevorzugt Objekte aus der Genbank.

Die administrative Struktur der Genbank hat im Laufe ihrer Geschichte manchen Wandel durchlaufen. Die Intention des Institutsgründers sah die Einheit von Genbank und Taxonomie in einer Abteilung vor. Darin sollte sich die wechselseitige Abhängigkeit zwischen Sortiment mit seiner zuverlässigen Erhaltung in der Genbank einerseits und sicherer botanischer Bestimmung und taxonomischer Klassifikation der Muster andererseits, verbunden mit der Evolutionsforschung an Kulturpflanzen, verwirklichen. Dazu sollten in der Taxonomie entsprechende Referenzsammlungen unterhalten werden (Abschn. 3.2.2). Während der ersten 25 Jahre, von 1943 bis 1968, bestand diese Einheit auch in Gestalt der Abteilung „Systematik und Sortiment" unter der Leitung Rudolf Mansfelds (1949–1960) (Abb. 3.6) und seines Nachfolgers Siegfried Danert (1961–1968) (Abb. 3.10).[3] Es gab darin keine offiziellen Substrukturen. Die erforderliche traditionelle Zusammenarbeit von Genbank und Taxonomie setzte sich auch fort, nachdem im Zuge der Neustrukturierung des Instituts unter Helmut Böhme für die nachfolgenden 22 Jahre eine administrative Trennung in Genbank unter Leitung von Christian Lehmann (1969–1990)

[2] Hammer K (1992) Generosion aus Genbank-Sicht. Vortr Pflanzenzüchtg 25: 140–148.

[3] Lehmann CO (1972) Das Kulturpflanzenweltsortiment des Zentralinstituts für Genetik und Kulturpflanzenforschung in Gatersleben, ein Genreservoir für die Pflanzenzüchtung in der DDR. Arch Züchtungsforschg 2: 109–127.

Abb. 3.1 Dr. Christian O. Lehmann, von 1969–1990 Leiter des Querschnittsbereichs „Kulturpflanzenweltsortiment“ (ab 1980 „Genbank“ genannt), auf dem Versuchsfeld inmitten seiner Kollektion von Buschbohnen. (Foto und Bildrechte: Gitta Terpe)

(Abb. 3.1) und Taxonomie unter Leitung von Siegfried Danert (1969–1973) bzw. Peter Hanelt (1974–1990) (Abb. 3.8) stattfand. Diese Trennung wurde bei der Reform des Institutes unter Klaus Müntz in den zwei Wendejahren (1990–1991) wieder aufgehoben, aber die Kommission für die Neugründung stellte die Trennung ab 1992 sogleich wieder her (Abschn. 2.4.4). Nach dem Vorbild der in Braunschweig bei der Forschungsanstalt für Landwirtschaft (FAL) seit 1970 bestehenden Genbank der alten Bundesländer sah man darin wohl stärker eine Serviceeinrichtung als einen wissenschaftlichen Forschungsgegenstand. Allerdings wurde die Genbank zur gleichen Zeit unter der Leitung von Karl Hammer (1992–1996) (Abb. 3.2) in Arbeitsgruppen untergliedert (vgl. Abschn. 2.4.3.2 und Abb. 2.46). Trotz einiger Namenswandel entsprechen vier davon den bis heute durchgehenden Aufgabengebieten „Ressourcengenetik“ und „Reproduktion“, „Teilsammlung (früher Außenstelle) Nord“, „*in vitro*-Erhaltung“ und „Kryolagerung“ sowie „Genbankdokumentation“, die sich weitgehend in nachfolgenden Abschnitten der Geschichte der Genbank widerspiegeln. Etwa zeitgleich mit der Fusion der Genbank der Bundes-

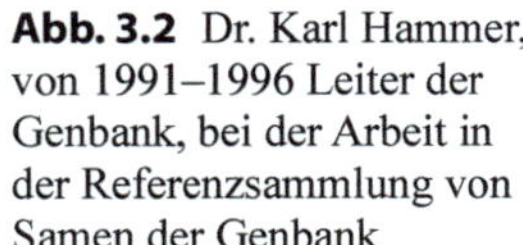

Abb. 3.2 Dr. Karl Hammer, von 1991–1996 Leiter der Genbank, bei der Arbeit in der Referenzsammlung von Samen der Genbank

anstalt für Züchtungsforschung (BAZ) in Quedlinburg (frühere Genbank der FAL in Braunschweig) mit der Genbank des IPK in Gatersleben wurden Genbank und Taxonomie 2005 wieder in einer Abteilung vereinigt (Abschn. 2.3.1, Unterpunkt 1, und Organigramme in Jahresberichten des IPK ab 2006, Abb. 2.47), die unter Leitung von Andreas Graner steht (Box 2.5). Für lange Zeitabschnitte der Genbankgeschichte gibt es bereits Zusammenfassungen in zwei Büchern, auf die nachfolgend als Quellen immer wieder zurückgegriffen werden wird.[4, 5]

3.1.1 Entwicklung von Struktur und Umfang der Genbank

Mit 149.849 Akzessionen (Muster im Sammlungsregister) zum Stichtag 30.6.2010 sowie 1.180 Kryomustern bei der Kartoffel und 373 *in vitro*-Mustern aus verschiedenen Arten gehört die Genbank des IPK zu den größten derartigen Sammlungen in der Welt. Sie wird wegen der taxonomischen Breite des Sortiments, der Qualität und des Umfangs ihrer wissenschaftlichen Bearbeitung sowie der verlässlichen Materialerhaltung besonders hoch bewertet. Tabelle 3.1 gibt eine Übersicht über Entwicklungsperioden unter den jeweiligen Leitern, Bestandsentwicklung, Erhaltungsanbau und Musterabgaben, während Tab. 3.2 über die Struktur der Sammlungen nach den Anteilen der wichtigsten Kulturpflanzengruppen und nach den Beständen an den verschiedenen Genbankstandorten Auskunft gibt. Die Kulturpflanzengruppen werden von technischen Mitarbeitern (Kuratoren) betreut, deren zuverlässige Arbeit von großer Bedeutung für die Qualität der Genbank ist.

[4] Stubbe H (1982) s. Fußnote Kap. 1/19.

[5] Gäde H (1998) Die Kulturpflanzenbank Gatersleben. Ruth Gerig, Quedlinburg. Dieses Buch bietet eine umfangreiche Datensammlung bis 1996, die wegen technischer Eigentümlichkeiten der Buchgestaltung nicht immer einfach zu erschließen ist. Wegen ungenügender Berücksichtigung einschlägiger Dokumente geht es in seinen wissenschaftspolitischen Aussagen jedoch oft fehl und konnte durch das IPK nie autorisiert werden.

Tab. 3.1 Entwicklung von Bestand, Reproduktionsanbau und Musterabgabe der Gaterslebener Genbank von 1945/1946 bis 2009.[a,b] Da aus den vorhergehenden zehn Jahren keine Zahlen verfügbar sind, ist hier die Zahl vom Jahre 1953 aufgeführt

Leiter	Zeitraum	Jahr	Bestand an Akzessionen	Reproduktionsanbau Akzessionen (%)		Abgabe an Akzessionen
Mansfeld[c]	1949–1960	1945–1946	3.500	3.359	96	(?)
		1950	12.550	6.492	52	4.958[a]
		1960	20.197	11.036	55	7.349
Danert[d]	1961–1968	1970	32.489	20.732	64	6.726
Lehmann[e]	1969–1990	1980	48.959	16.435	34	9.242
		1990	68.840	8.694	13	6.836
Hammer[f]	1991–1996	1995	105.081	16.147	15	18.959
Bachmann	1997–1998	2000	103.981	17.374	17	21.748
Graner[g]	ab 1999	2005	147.949	14.544	10	13.725

Quellen: [a] bis 1990: Hammer K, Gäde H, Knüpffer H (1994) 50 Jahre Genbank Gatersleben – eine Übersicht. Vortr Pflanzenzüchtg 27: 333–383,

[b] ab 1995: Jahresberichte des IPK Gatersleben. Die bis 2005 veröffentlichten Zahlen differenzierten nicht in den eigentlichen Reproduktionsanbau sowie Vergleichsanbau und Anbau vegetativ vermehrter Akzessionen. Die für 2009 angestellten detaillierten Analysen zeigten, dass von den 15.929 in der Tabelle aufgeführten Akzessionen 8859 dem eigentlichen Anbau zur Saatgutvermehrung dienten, was etwa 6 % des Bestandes an Akzessionen ausmacht. Analog dürften die entsprechenden %-Zahlen für den eigentlichen Reproduktionsanbau aus vorhergehenden Jahren ebenfalls niedriger als in der Tabelle angegeben liegen.

[c] Stubbe H (1962) Dem Andenken von Rudolf Mansfeld (1901–1960). Kulturpflanze Beiheft 3: 7–11 und Fußnote Kap. 2/81

[d] Böhme H (1975), s. Fußnote Kap. 2/82

[e] Hammer K, Hanelt P (1992) s. Fußnote Kap. 2/83

[f] Verein zur Erhaltung der Nutzpflanzenvielfalt (Hrsg) (2009) Karl Hammer – Ein Leben als Kulturpflanzenforscher. Festschrift zur Emeritierung. Schriften des Vereins zur Erhaltung der Nutzpflanzenvielfalt Bd. 8, Witzenhausen

[g] Biografische Informationen in: Leopoldina-Jahrbuch 2001, Leopoldina Reihe 3/47 (2002): 43–44; IPK- Journal 2007, s. Fußnote Kap. 2/308; Portrait Andreas Ganer (2007) als Presseinformation des IPK zur Amtseinführung als Direktor

In der Bestandsentwicklung gibt es zwei auffällige Sprünge (Tab. 3.1 sowie Abschn. 2.1.3.1 und 2.4.3.2). a) Im Ergebnis der Evaluierungen, die der Wissenschaftsrat 1990/1991 im Zuge der Wiedervereinigung Deutschlands an agrarwissenschaftlichen Forschungseinrichtungen der ehemaligen DDR durchgeführt hat, sind der Gaterslebener Genbank pflanzengenetische Ressourcen an Futtergräsern, Futterleguminosen und Raps aus Malchow auf der Insel Poel, an Roggen und *Triticale* aus Güstrow-Gülzow, an Kartoffeln aus Groß Lüsewitz, alles Standorte in Mecklenburg, und an Obst aus Dresden-Pillnitz in Sachsen (einschließlich Material aus Müncheberg in Brandenburg) übertragen worden. Daraus wurden die Außenstellen „Nord" (jetzt als „Teilsammlung Nord" bezeichnet) mit zunächst drei Standorten (Leitung: Konrad Schüler 1992–2002 bzw. Klaus Dehmer ab 2004) und „Süd" (Leitung: Manfred Fischer 1992–2002) der Genbank gebildet. Der Standort Gülzow ist 1996 aufgegeben worden, wobei die Bestände an Roggen- und *Triticale*-Mustern nach Gatersleben übergeführt wurden. b) Eine zweite sprunghafte Veränderung gab

Tab. 3.2 Entwicklung der Bestände an verschiedenen Kulturpflanzengruppen der Gaterslebener Genbank. Außenstelle Süd 2002 geschlossen, daher ist hier die Zahl für 2002 angegeben, ohne in die Jahressumme einbezogen zu sein[a]

Standorte	1949	1969	1989	1993	2003	2007
Gatersleben: Hauptstandort ab 1945						
Getreide & Gräser	6.761	17.037	31.840	34.543	64.050	64.318
Leguminosen	3.055	6.351	15.421	17.135	28.144	27.986
Kürbisgewächse	554	896	1.462	1.703	2.654	2.716
Gemüse & Rüben	628	4.334	8.402	9.744	16.175	15.654
Öl-,Faser-/Farbpfl.	494	2.517	3.696	3.596	8.723	8.324
Arznei-/Gewürzpfl.	223	1.319	2.121	2.573	5.965	6.364
Mutanten	–	–	2.815	2.606	2.497	2.721
Zierpflanzen/sonstige				2.487	630	–
Gesamt	*11.715*	*32.427*	*65.757*	*74.387*	*128.838*	*128.083*
Teilsammlung „Nord": ab 1992 (davon Gülzow nur bis 1996)						
Groß Lüsewitz:						
Kartoffeln				5.247	5.822	5.945
Malchow:						
Öl-/Futterpflanzen				16.742	13.451	14.085
Gülzow:						
Roggen & *Triticale*				1.976	–	–
Außenstelle „Süd": 1992–2002						
Dresden-Pillnitz:						
Obst				2.387	2.218[a)]	–
Gesamt	–	–	–	*100.739*	*148.111*	*148.113*

[a] Zahlen bis 1989 aus Hammer K, Gäde H, Knüpffer (1994), s. Tab. 3.1 Fußnote a, hier Anlage 1; für 1993–2007 aus den betreffenden Jahresberichten des IPK, wobei die Zahlen der Außenstellen für 1993 direkt aus den Berichtstexten entnommen wurden

es in den Genbankbeständen 2003 infolge der bereits 1991 vom Wissenschaftsrat empfohlenen Zusammenführung der Pflanzengenetischen Ressourcen (PGR) der Bundesanstalt für Züchtungsforschung (BAZ) Quedlinburg (vormals Genbank der FAL in den alten Bundesländern in Braunschweig) mit der IPK-Genbank am Standort Gatersleben.

Im Zuge dieser Maßnahme schloss man die Außenstelle „Süd" am Jahresende 2002, gliederte die Obst-Akzessionen aus und übertrug sie der BAZ (Abschn. 2.4.4). Außerdem wurden bei der Zusammenführung Duplikate aus den beiden Genbanken eliminiert. Deshalb und infolge der Ausgliederung der Außenstelle Süd ergab sich ein Endstand an Akzessionen, der geringer als die Summe der beiden vorherigen Genbankbestände ist. Summiert man für 2009 die Bestände an Getreiden und Gräsern des Hauptstandortes Gatersleben und die Futtergräser des Standortes Malchow der Teilsammlung „Nord", so machen diese Pflanzengruppen gegenwärtig rund 50 % aller Akzessionen aus. Fasst man die Leguminosen in analoger Weise zusammen, d. h. inklusive Rotklee und Luzerne vom Standort Malchow, dann bilden sie rund 20 % des Bestandes. Etwa 11 % gehören zu den Gemüsen (einschließlich Rüben), während alle anderen Gruppen jeweils weniger als die sechs Prozent der

Öl-, Faser- und Farbpflanzen beitragen. Von 1949 an bilden bis heute Getreide und Gräser während der Genbankgeschichte den größten Prozentsatz der Akzessionen. Dabei ragen Weizen und Gerste mit 86 % im Jahre 1949, 63 % im Jahre 1993 und heute 78 % unter Getreide und Gräsern stets weit heraus.

Eine Analyse der Zugänge an Akzessionen während der ersten 20 Jahre des Bestehens der Genbank von 1943–1962 ergibt für acht Kulturarten, welche rund zwei Drittel des Bestandes von 1962 repräsentieren, darunter drei Getreide (Weizen, Gerste, Hafer) drei Leguminosen (Bohnen, Erbsen, Wicken) sowie zwei Gemüse (Tomaten und Paprika), dass Samentausch, Sortimentsübernahmen und Sammelreisen jeweils etwa 40, 20 bzw. 40 % des Sammlungszuwachses ausgemacht haben.[6] Für die 40 Jahre von 1953–1992 ist ein jährlicher Eingang von durchschnittlich 2.431 Saatgutmustern allein aus dem Samentausch registriert worden.[7] Für 2004–2010 betrugen die jährlichen Zugänge durchschnittlich nur noch 544 Muster,[8] was weniger als 0,4 % des ungefähr konstanten Sortimentsbestandes im gleichen Zeitraum entspricht.[9] Sie haben sich im Ergebnis von Duplikataussonderungen und der Wirkung anderer Faktoren für Bestandsschwankungen nicht auf den Gesamtbestand des Sortimentes ausgewirkt. Auf die jährliche Probenabgabe (Tab. 3.1, letzte Spalte) wird im Abschn. 3.1.7 eingegangen. Neben den oben geschilderten großen Sortimentsübernahmen von 1992 sowie 2003 gab es von 1945 bis 1992 weitere 20 Übernahmen von meist kleineren Sammlungen, die von Züchtern und Forschern abgegeben wurden und insgesamt 13.654 Muster umfassten.[10] Mit Mustern aus sieben zwischen 1935 und 1950 durchgeführten Expeditionen und Sammelreisen anderer Institutionen gründete das damalige Institut für Kulturpflanzenforschung unter Leitung von Hans Stubbe seine Genbank.[11]

Für mehr als 80 % der Akzessionen im gegenwärtigen Sortimentsbestand gibt es verlässliche Angaben zur Herkunft aus den Mannigfaltigkeitsgebieten. Schlüsselt man diese nach den Mannigfaltigkeitszentren (Abschn. 3.1.2) auf, dann stammen 71 % davon aus drei Zentren: Europa/Sibirien (42 %), Mittelmeergebiet (17 %) und Vorderasien (12 %).[12] Wenigstens zwei Ursachen dürften für diese Schwerpunktbildung verantwortlich sein: a) Die Zugänglichkeit von Ländern dieser Regionen vor allem während der DDR-Zeit. Von den in Tab. 3.3 aufgeführten Sammelreisen des Gaterslebener Institutes haben 59 % in Länder dieser Region geführt. b) Die klimatischen Voraussetzungen des Standortes Gatersleben für die Reproduktion und Erhaltung von Lebendmaterial der Muster.

---

[6] Lehmann C (1963) 20 Jahre Sortiment des Institutes für Kulturpflanzenforschung. Kulturpflanze 11: 281–294, hier Tab. 8.

[7] Hammer K, Gäde H, Knüpffer H (1994), s. Tab. 3.1, Fußnote a, hier Anlage 5.

[8] Andreas Börner, statistische Auskunft vom 11.3.2011.

[9] Jahresberichte des IPK 2004–2008/2009.

[10] Hammer K, Gäde H, Knüpffer H (1994), s. Tab. 3.1, Fußnote a, hier Anlage 2.

[11] Hammer K, Gäde H, Knüpffer H (1994), s. Tab. 3.1, Fußnote a, hier Anlage 3.

[12] Berechnung nach Daten aus dem Genbankinformationssystem des IPK, zusammengestellt von Frau Barbara Schütze.

Tab. 3.3 Material aus 89 Jahren (1922–2010) Sammelreisetätigkeit, das in der Gaterslebener Genbank aufbewahrt wird[a]

Lfd. Nr.	Sammelgebiete	Zahl der Reisen		Zahl der Muster
		nur Gatersleben	*zuzüglich dtsch/ österr.*	
1	Ostasien	17	18	1.394
2	Südostasien	1	1	52
3	Australien	–	–	–
4	Zentralasien	30	39	4.066
5	Nahost	28	30	5.284
6	Mittelamerika-gebiet	35	37	7.533
7	Afrika	3	8	817
8	Europäisch-sibirische Region	20	24	3.639
9	Südamerika	1	2	112
10	Zentralamerika	10	11	2.549
11	Nordamerika	–	–	–
	Gesamt	145	170	*34.534*

[a] Listen der betreffenden Sammelreisen bis 1993: Hammer K, Gäde H, Knüpffer H (1994) s. Fußnote 6a, hier Anlage 3; für 1994–2003 in Knüpffer H, Döll S, Vorwald J (2006) 50 Jahre Gaterslebener Sammelreisen. Vergleich des gesammelten Materials mit dem jetzigen Genbankbestand. Vortr Pflanzenzüchtg 70: 54–60. Die Zahlen der vorliegenden Tabelle wurden aus Anlage 4 bzw. Tabelle 4 der beiden genannten Quellen sowie aus Zahlen für Reisen nach 2003 berechnet, die Andreas Börner, Leiter der AG „Ressourcengenetik und Reproduktion", des IPK zur Verfügung stellte

3.1.2 Sammelreisen

Die Genzentrentheorie[13] von Vavilov hat die Sammelreisen zur Erfassung und Erhaltung der genetischen Vielfalt unserer Kulturpflanzen, ihrer Vorfahren und Verwandten weltweit ab etwa 1926 außerordentlich aktiviert. Im Ergebnis der Analyse vieler dabei zusammengetragener Sammlungen ist diese Theorie teilweise infrage gestellt worden, und die Existenz von Genzentren wird heute z. T. sogar angezweifelt.[14] Jedoch hat sich das Bild gefestigt, dass es Mannigfaltigkeitszentren der genetischen Vielfalt von Kulturpflanzen gibt, auf die sich die Expeditionstätigkeit aussichtsreich konzentrieren lässt.[15] Verschiedene Autoren haben unter-

[13] Vavilov N (1928) Geographische Genzentren unserer Kulturpflanzen. Ztschr für Induktive Abstammungs- und Vererbungslehre Suppl 1: 342–369.

[14] Lehmann C (1984) Die Genzentrentheorie in heutiger Sicht. 9. Seminar „Abstammung der Kulturpflanzen und die Erhaltung des natürlichen Formenreichtums". Landwirtschaftlich-chemische Bundesversuchsanstalt, Linz/Donau, 28–36.

[15] Eine knappe und treffende Zusammenfassung über Manigfaltigkeitszentren, Sammelreisen und pflanzengenetische Ressourcen in Genbanken bieten Hammer K, Hondelmann W, Plarre W (1997) Von der Wild- (Nutzpflanze) zur Kulturpflanze. In: Odenbach W (Hrsg) Biologische Grundlagen der Pflanzenzüchtung, Parey, Berlin, 3–34.

schiedliche Listen von Mannigfaltigkeitszentren veröffentlicht. Hier wird wie bei Hammer[16] weitgehend jener Liste gefolgt, die 1982 von Zeven und DeWet[17] benutzt wurde. Zur ersten Gruppe der von Hans Stubbe als Grundstein für die Gaterslebener Sammlung genutzten Muster von Sammelreisen gehörten die Materialien der Deutschen Hindukusch-Expedition von 1935, der Himalaya-Expeditionen von 1937/1938, der Deutschen Tibet-Expeditionen 1938/1939 und von Sammelreisen nach Äthiopien und Eritrea 1937/1939. Eine zweite Gruppe ist unter Leitung von Hans Stubbe selbst durchgeführt bzw. initiiert worden, die Balkan-Expeditionen 1941/1942[18] noch vor der Institutsgründung, bereits danach die Expedition 1944 nach Südfrankreich und in die Pyrenäen sowie die von dem früheren österreichischen Institutsmitarbeiter Roland Maly in Abstimmung mit Hans Stubbe durchgeführte Süditaliensammelreise 1950. Eine dritte Gruppe bilden die vor allem 1950 bis 1956, aber auch noch später in die Gaterslebener Sammlung integrierten Muster von Sammelreisen anderer Wissenschaftler und Einrichtungen: von Hermann Kuckuck 1952/1954 in den Iran und von O. Volk nach Afghanistan etwa 1954 sowie die bereits vorher erfolgten Sammlungen der Österreichischen Landsorten in den Alpen von 1922/23, der Wildkartoffel- und Kartoffellandsortensammlung in Südamerika 1930/1931 und die 1928/1932 in Anatolien im Zusammenhang mit dem Aufbau landwirtschaftlicher Forschungseinrichtungen in der Türkei durchgeführte Sammlung. Vor allem vor 1945 haben eigene österreichische oder mit deutschen Wissenschaftlern gemeinsame Sammelreisen stattgefunden – deren Zahl sich aus der Differenz zwischen den Zahlen in den beiden betreffenden Spalten in Tab. 3.3 ergibt – aus denen Material in die Gaterslebener Genbank Eingang gefunden hat.[19] Die umfangreiche eigene Sammelreisetätigkeit des Gaterslebener Institutes begann mit der Chinesisch-Deutschen Biologischen Sammelreise durch Nord- und Nordostchina von Mai bis September 1956, die gemeinsam von der Academia Sinica, Peking, und der DAW, Berlin, auf der Grundlage eines bilateralen Akademie-Abkommens durchgeführt wurde.[20] Es folgten in dieser Zeit 1958 und 1959 noch zwei weitere kleinere Chinaexpeditionen. Auf der Grundlage derartiger Abkommen ermöglichte die DAW dem Institut in den nachfolgenden Jahren eine umfang- und erfolgreiche Sammeltätigkeit. Zahlreiche Reisen führten in Regionen Mittel-, Ost- und Südosteuropas, wo noch viele Landsorten angebaut wurden. Zu den großen Unternehmungen gehörte auch die von November 1967 bis Februar 1968 veranstaltete Kubanisch-Deutsche „Alexander-von-Humboldt-Expedition“ nach Kuba.[21]

[16] Hammer K, Gäde H, Knüpffer H (1994), s. Tab. 3.1, Fußnote a, hier Anlage 3.

[17] Zeven A C, De Wet J M J (1982) Dictionary of cultivated plants and their regions of origin. Centre of Agricultural Publishing and Documentation, Wageningen.

[18] Knüpffer H (2010) The Balkan Collections 1941–1942 of Hans Stubbe in the Gatersleben Gene Bank. Czech J Genet Plant Breed 46 (Special Issue): S 27–33.

[19] Hammer K, Gäde H, Knüpffer H (1994), s. Tab. 3.1, Fußnote a, hier Anlage 4.

[20] Stubbe H (1957) Allgemeiner Bericht über die Deutsch-Chinesische Biologische Sammelreise durch Nord- und Nordost-China im Mai bis September 1956. Kulturpflanze 5: 24–36.

[21] Rieth A (1969) Allgemeiner Bericht über die Kubanisch-Deutsche „Alexander-von-Humboldt-Expedition I 1967/68“ in der Republik Kuba. Kulturpflanze 17: 67–86.

Nicht zuletzt daraus und aus der gleichzeitig begonnenen Kooperation auf anderen Gebieten (Abschn. 2.1.3.1 und 3.4.4) ergab sich eine lang anhaltende fruchtbare Zusammenarbeit des Gaterslebener Institutes mit kubanischen Wissenschaftseinrichtungen, welche sich auch in insgesamt zehn Sammelreisen widerspiegelt (acht davon 1986–1993).[22] An der jeweiligen Anzahl von Sammelreisen (Tab. 3.3) lassen sich als Brennpunkte der Gaterslebener Sammeltätigkeit ablesen: die Mannigfaltigkeitsgebiete Ostasien, Zentralasien und Mittelasien, im Nahostgebiet Georgien, im Mittelmeergebiet Italien und Libyen sowie in der Europäisch-sibirischen Region die damalige Tschechoslowakei und Polen.

Die Sammelreisen der Standorte Groß Lüsewitz und Malchow der jetzigen Teilsammlung „Nord" (früher Außenstelle) sind in den Zahlen von Tab. 3.3 enthalten. Der Standort Malchow war bei der Sammlung von Öl- und Futterpflanzen im fraglichen Zeitraum mit zehn Expeditionen, die zum Teil mit dem Gaterslebener Hauptstandort gemeinsam durchgeführt wurden, besonders aktiv.[23] Schließlich enthielten die Sammlungen aller 1992 übernommenen Außenstandorte aus früheren Sammelreisen bereits Material, das 1992 in den Bestand der Gaterslebener Genbank übergegangen ist. Ebenso gab es in der 2003 mit der Gaterslebener Genbank vereinigten früheren Genbank der alten Bundesländer bei der FAL in Braunschweig Muster von Expeditionen aus einer Landsortensammlung im Gebiet der damaligen Bundesrepublik (1981), aus zwei Kartoffelsammelreisen nach Südamerika (1980 und später), welche zum Teil im Rahmen der Deutsch-Niederländischen Zusammenarbeit stattfanden, sowie von insgesamt neun Sammelreisen für Wildrüben in Länder der Europäisch-sibirischen Region, des Mittelmeergebietes und des Nahostgebietes, die zwischen 1988 und 1994 durchgeführt worden waren. Über die Zahl der dabei gesammelten Muster liegen allerdings keine Angaben vor.[24]

Das von 1956 bis 1990 vorherrschende Verfahren, die Sammelreisen im Rahmen der Kooperation zwischen den Wissenschaftsakademien der jeweils bereisten Länder und der DDR unter Beteiligung von Wissenschaftlern aus beiden Ländern durchzuführen, bildete die Basis dafür, dass Kopien des gesammelten Materials sowohl im Ursprungsland blieben als auch nach Gatersleben gingen. Häufig wurden anschließend sogenannte Checklisten für die Kulturpflanzen des betreffenden Landes zusammengestellt und veröffentlicht.[25, 26] Darin sind nicht nur die gesammelten, sondern auch die bereits vorher bekannten Arten erfasst, sodass ein Überblick über den Bestand an Kulturpflanzen zum betreffenden Zeitpunkt für das Land gewonnen wurde, was z. B. für Korea, Kuba und Italien geschehen ist. Schließlich ist seit 1993 ein *Material Aquisition Agreement* als offizielle Genehmigung zum Sammeln in den jeweiligen Ländern erforderlich, worin Nutzungs- und Weitergaberechte des

[22] Hammer K, Esquivel M, Knüpffer H (Hrsg) (1992–1994) Origin, Evolution and Diversity of Cuban Plant Genetic Resources. IPK, Gatersleben.

[23] Knüpffer H, Döll S, Vorwald J (2006), s. Tab. 3.3, Fußnote a, hier S 55–57.

[24] Knüpffer H, Döll S, Vorwald J (2006), s. Tab. 3.3, Fußnote a, hier S 56.

[25] Knüpffer H, Döll S, Vorwald J (2006), s. Tab. 3.3, Fußnote a, hier S 58.

[26] Hammer K (1991) Checklists and germ plasm collecting. FAO/IBPGR Plant Genetic Resources News Letter 85: 15–17.

IPK Gatersleben geregelt sind. Ein erfreulicher Nebeneffekt der Sammeltätigkeit ist, dass vom IPK mehrfach pflanzengenetische Ressourcen für die Repatriierung einer Art zur Verfügung gestellt werden konnten, die im Ursprungsland bereits verlorengegangen war. Die Anzahl der schließlich in die Genbank integrierten Akzessionen stimmt meist nicht mit der Zahl der gesammelten Muster überein. Die Muster werden nach dem Sammeln im Versuchsanbau darauf überprüft, ob vorhandene Doppelungen eliminiert werden müssen, oder Charakterisierung und taxonomische Bestimmung ergeben, dass sich hinter dem inhomogenen Muster mehrere Akzessionen verbergen, die getrennt in den Bestand übernommen werden. Insgesamt ergeben sich als Zugang weit mehr Akzessionen als gesammelte Muster, z. B. aus 141 von Gatersleben im Zeitraum 1950–2003 durchgeführten Reisen 22.081 Muster, aber 29.179 Akzessionen.[27] Der Gesamtbeitrag von gesammelten Akzessionen zum Gaterslebener Genbankbestand wird von Gäde auf ein Drittel beziffert.[28] Bezogen auf zwei Drittel des Bestandes von 1962, ergab der in Abschn. 3.1.1 beschriebene Vergleich der drei wichtigsten Zugangsquellen einen Anteil von rund 40 % Akzessionen, die aus Sammelreisen zugingen. Darin zeigt sich nochmals die zahlenmäßige Bedeutung der Sammelergebnisse.

3.1.3 Lagerung und Reproduktion von Genbankmustern

Samen, die ohne mechanische, phytopathologische oder physiologische Schäden geerntet wurden und trocken gelagert werden, halten sich bekanntlich selbst bei Raumtemperatur mehrere Jahre keimfähig. Verbürgt sind Fälle, in denen Samen unter derartigen Bedingungen noch bis zu 200 Jahre keimfähig geblieben waren.[29] Möglichst niedriger Wassergehalt der Samen und herabgesetzte Lagertemperaturen verlängern gewöhnlich die Dauer der Keimfähigkeit, welche artbedingt sehr unterschiedlich lange erhalten bleiben kann. Wenigstens 90 % der Genbankbestände werden weltweit in Form von trockenen Samen gehalten. Pflanzen mit sehr geringem Samenertrag bzw. deren Samen schlecht keimen und eine Reihe von ausdauernden Pflanzen werden vegetativ erhalten, was im Dauergarten des IPK mit etwa ca. 1.500 der Akzessionen (etwa ein Prozent des Gesamtbestandes) geschieht. Schließlich gibt es vor allem phytopathologische Gründe (z. B. Virusfreihaltung), die eine *in vitro*-Kultur von Mustern erforderlich machen, besonders bei Kartoffeln. Aber auch *Allium*-, *Brassica*-, *Dioscorea*- und *Mentha*-Arten werden in Gewebekultur gehalten, im IPK insgesamt rund 2.900 Akzessionen, wovon 2.320 auf Kartoffeln entfallen. Dabei besteht das Risiko von Verlusten durch Infektionen oder somaklonale Variation, dem durch Konservierung derartiger Kulturen bei der Temperatur von flüssigem Stickstoff (Kryokonservierung) entgegengewirkt wird. Dies betrifft im IPK bereits rund 1.000 Kartoffelakzessionen und wird experimentell für andere

[27] Knüpffer H, Döll S, Vorwald J (2006), s. Fußnote Kap. 3/23, hier Tab. 3.

[28] Gäde H (1998), s. Fußnote Kap. 3/5, hier S 132–137 und S 145.

[29] Börner A (2006) Preservation of plant genetic resources in the biotechnology era. Biotechnol J 1: 1393–1404.

Arten erprobt.[30] Einfrieren und Auftauen müssen nach besonderen, den jeweiligen Arten angepassten Verfahren geschehen, um die Lebensfähigkeit der Akzessionen zu erhalten und nach der Kryokonservierung mit Gewebekulturverfahren wieder ganze lebensfähige Pflanzen heranziehen zu können. *In vitro*-Erhaltung und Kryokonservierung bilden in der Genbank das Aufgabengebiet einer darauf spezialisierten Arbeitsgruppe, welche bereits seit Beginn der Substrukturierung der Genbank von 1992 unter Leitung von Joachim Keller steht (s. Abschn. 2.4.3.3).

Durch Reproduktionsanbau wird gewährleistet, dass von den Akzessionen der Genbank stets keimfähiges Saatgut vorrätig ist. Der zuverlässige Reproduktionsanbau gehört zu den Hauptaufgaben der Teilsammlung „Nord“ (Leitung seit 2005: Klaus Dehmer) und der seit 1999 unter Leitung von Andreas Börner bestehenden AG „Ressourcengenetik und Reproduktion“, deren Vorläufer als AG „*ex situ*-Reproduktion“ von 1992 bis 1998 durch Helmut Gäde geleitet wurde. Diese beiden AGn bilden zusammen mit der AG „*in vitro*-Lagerung und Kryokonservierung“ den Breich „Management und Evaluierung“ in der Abteilung „Genbank“.[31] Die in Tab. 3.1 enthaltenen Zahlen zeigen, dass bis 1968 jährlich wenigstens die Hälfte aller Akzessionen angebaut wurde. Mit der Zunahme des Sammlungsbestandes wuchs auch der Anbauaufwand, weswegen 1976 ein Samenkühllagerhaus (SKL) in Betrieb genommen wurde. Darin gab es ursprünglich Kammern, die bei 0° bzw. –15 °C gehalten wurden. Nach Rekonstruktion und Erweiterungsbau in den Jahren 2002–2004 (Abschn. 2.4.6.1) gibt es fünf Kammern, die seit 2009 alle mit einer Temperatur von –18 °C gefahren werden. Aus der zitierten Tabelle ist ersichtlich, dass mit der Nutzung des SKL der erwartete Rückgang im Umfang des jährlichen Reproduktionsanbaus auf die heutigen Anteile von etwa sechs Prozent einsetzte (vgl. Kommentar zu Tab. 3.1, Fußnote a). Wegen der Zunahme der gespeicherten Akzessionen entspricht diese Prozentzahl aber immer noch etwa 9.000 Akzessionen; dies ist mehr als die Zahlen von vor 1960, die 50 % entsprachen. Der Übergang von konventioneller Trockenlagerung zur Samenkühllagerung vollzog sich allmählich, da für die zulässige Lagerdauer bei den verschiedenen Arten bzw. Akzessionen zunächst Erfahrungen gesammelt werden mussten. Dies drückt sich in dem Wert von 34 % der Akzessionen im Reproduktionsanbau von 1980 aus. Um die Etablierung der Kühllagerung hat sich seit 1972 vor allem der leider bereits 1988 verstorbene Claus Tittel verdient gemacht (Abb. 3.3).[32] Die Samen werden in geschlossenen Gläsern zusammen mit einem Beutelchen Silicagel aufbewahrt, das nicht nur den Wassergehalt der Samen niedrig hält, sondern zugleich als Feuchtigkeitsindikator dient. Regelmäßige Keimteste sichern die Kontrolle der Keimfähigkeit und lassen den Zeitpunkt für einen notwendigen Reproduktionsanbau erkennen. Dieser wird auch erforderlich, wenn sich der Probenumfang infolge von Probenabgaben zu stark verringert hat oder im Falle von neu zugegangenen Mustern, die vor ihrer end-

[30] Börner A (2006), s. Fußnote Kap. 3/29, gibt eine Übersicht über die Erhaltungs- und Reproduktionsweisen in der Genbank des IPK.

[31] Organigramm im Jahresforschungsbericht des IPK für 2005, aktuelle Gruppenstruktur s. Organigramm im Jahresforschungsbericht des IPK für 2008/2009.

[32] Nachruf für Dr. agr. Claus Tittel (1988). Kulturpflanze 36: 21.

Abb. 3.3 Innenansicht einer Kühlzelle des Samenkühllagerhauses mit Dr. Claus Tittel (*rechts*) vor den Stellagen mit eingelagerten Mustern der Genbank. (1976, Foto und Bildrechte: ADN-Zentralbild)

gültigen Aufnahme in die Sammlung grundsätzlich im Rahmen eines „Erstanbaus" taxonomisch bestimmt und vermehrt werden. Für genetisch homogene Muster wird mit 4.000 Samen als normaler Probenbestand gerechnet, für heterogene Populationen mit 12.000. Diese Mengen reichen aus, um die genetische Variation abzudecken sowie Probenabgaben und Reproduktionsanbau zu ermöglichen.[33] Glücklicherweise halten sich Weizen und Gerste, welche etwa ein Drittel des Genbankbestandes ausmachen, bei 0 °C wenigstens 15 Jahre bzw. bei –15 °C sogar für unbekannte Zeit länger ohne nennenswerten Verlust an Keimfähigkeit, während diese beim Roggen bereits nach rund zehn Jahren erheblich abnimmt.

Der Reproduktionsanbau bietet nicht nur wegen der großen Probenzahlen eine logistische Herausforderung, sondern insbesondere deshalb, weil die genetische Identität der Akzession unbedingt erhalten bleiben muss (Abschn. 3.1.4). Dafür hat bereits Mansfeld ein meisterliches System ausgearbeitet, mit dem sowohl Anbau auf 2 qm kleinen Parzellen unter Berücksichtigung der sehr unterschiedlichen blütenbiologischen Erfordernisse als auch die Kontrolle der genetischen Identität und gegebenenfalls Fehlerbeseitigung nach dem Anbau möglichst fehlerfrei organisiert werden können (Abb. 3.4).[34] Die Identitätsbestimmung beruhte damals allein auf klassischen morphologisch-anatomischen Merkmalen, wozu das Vergleichsmaterial der Akzessionen aus den Herbar-, Ähren-, Früchte- bzw. Samensammlungen erforderlich war und ist (Abb. 3.12). Für den internen Genbankbetrieb gab es eine

[33] Gäde H (1998), s. Fußnote Kap. 3/5, hier Abschn. 1.3.4.

[34] Lehmann C, Mansfeld R (1957), s. Fußnote Kap. 2/84, hier S. 108–138.

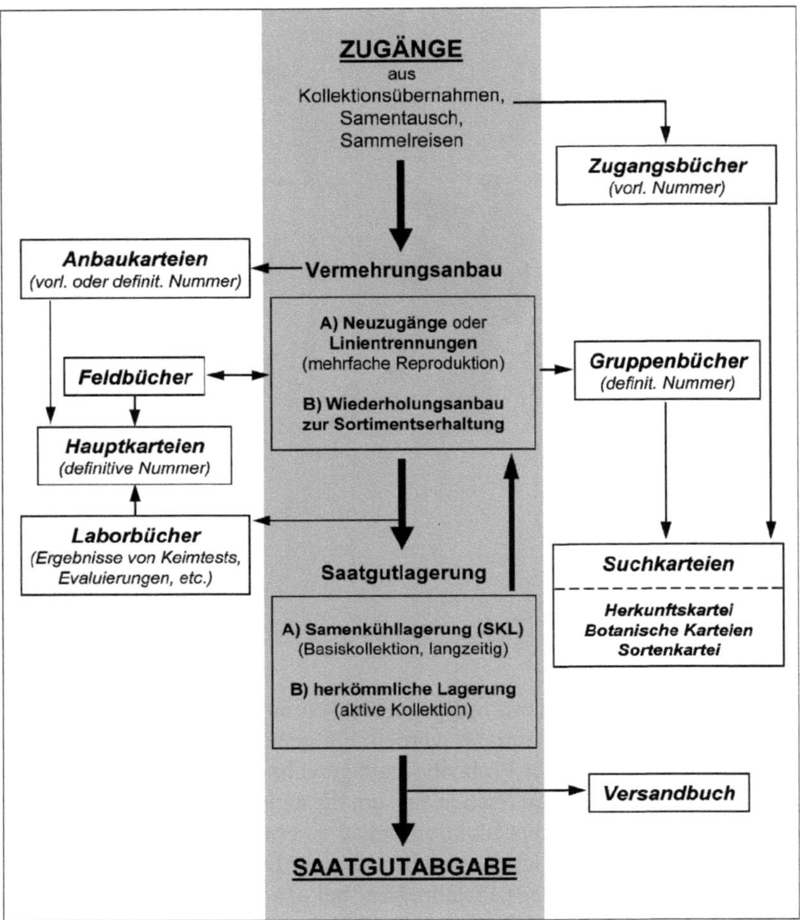

Abb. 3.4 Zusammenhänge im Material- (*dicke Pfeile* bzw. *grau* unterlegter Abbildungsteil) und Informationsdatenfluss (*dünne Pfeile* bzw. *weiße* Abbildungsteile) beim herkömmlichen Genbankmanagement nach der „Genbank-Bibel"

ausführliche Arbeitsanleitung, die sogenannte „Mansfeld- oder Genbank-Bibel", mit welcher die in der zitierten Publikation dargestellten Prinzipien in die tägliche praktische Arbeit umgesetzt wurden. Sie ist im Laufe der Genbankgeschichte mehrfach aktualisiert worden (z. B. Gäde 1984/85). Die Imkerei (Abschn. 2.1.3.2) sicherte die Versorgung mit Insekten, die zur Bestäubung bei verschiedenen Arten erforderlich waren. Um ungewollte Fremdbestäubungen zu verhindern, wurden erforderlichenfalls die betreffenden Muster auf Isolierstandorten, in Isolierkästen, oder Kleingewächshäusern angebaut. Molekularbiologische Methoden brachten eine weit größere Sicherheit in die Bestimmung der genetischen Identität, da nunmehr Markermuster, DNA-Fragmentmuster oder direkte Sequenzvergleiche eingesetzt werden konnten. In gewisser Weise umfasst und erweitert das bis 2007 eingeführte und im selben Jahr zertifizierte Qualitätsmanagement-System[35] für Genbank und Verwaltung des IPK nach DIN EN ISO 9001:2000 mit seinen zahlreichen genbankbezogenen Dokumenten für den Umgang mit und die Reproduktion von Genbankmaterial das bewährte Mansfeld-Verfahren. Dabei wurden Probleme mit transgenem Material, mit rationelleren Organisationsformen des Reproduktionsanbaus und mit den Genbankinformationssystemen berücksichtigt.

Mit Ergebnissen aus genbankbezogenen Forschungen werden Genbankhaltung und -nutzung zunehmend auf wissenschaftlichere Grundlagen gestellt. Dazu gehören z. B. blütenbiologische Forschungen, Untersuchungen über die Dauer der Erhaltung der Keimfähigkeit verschiedener Genotypen, über die Sicherheit der Erhaltung des Genotyps über lange Zeiten der Lagerung und Reproduktion oder über die Breite der Variabilität bestimmter Merkmale bzw. entsprechender Allele. Auf diese Weise ist z. B. mithilfe von Mikrosatelliten-Marker-Mustern die genetische Reinerhaltung an einer Gruppe von selbstbestäubenden Weizen bzw. fremdbestäubenden Roggen nach 2–24-facher bzw. 2–13-facher Reproduktion, die sich beim Weizen über 50 Jahre erstreckte, mit den in den Sammlungen erhaltenen „Urformen“ verglichen worden. Während sich für Weizen hochgradige Identitätserhaltung zeigte, ergaben sich für Roggen Verschiebungen in den Allelhäufigkeiten,[36] deren Ausmaß zur Zahl der Reproduktionszyklen proportional war. DNA-Marker-gestützte Duplikatsuche und Diversitätsanalyse wurden zunächst 1997–1999 an der *Lactuca*-Kollektion erprobt. Später erstreckten sich derartige Untersuchungen auch auf die Kollektionen von *Amaranthus*, *Lolium perenne* und *L. multiflorum*, *Malus sieversii*, die vermutete Ursprungsart des Kulturapfels, *Solanum tuberosum*, ausgewählte Gerstekollektionen und viele andere.

Eine neuer Beitrag zur Materialerhaltung wird von der 2008 erfolgten Eröffnung eines internationalen Langzeitlagers, des Global Crop Diversity Trust, im Permafrostboden von Spitzbergen erwartet, woran sich auch die Gaterslebener Genbank beteiligt. Inzwischen sind dort über 22.000 Sicherheitsduplikate von Mustern aus der Gaterslebener Genbank eingelagert worden (Stand 2007), ein Bestand der sukzessive vergrößert wird.

3.1.4 Genbankdokumentation

Ein zuverlässiges Dokumentationssystem bildet die Basis für die Ordnung in Lagerung, Anbau, Abgabe, Speicherung von Charakterisierungs- und Evaluierungsergebnissen sowie Management der internen genbankspezifischen Arbeitsprozesse. Ein entsprechendes System zur manuellen Datenerfassung ist unter Leitung von Rudolf Mansfeld eingeführt worden[37] und bildete die unersetzliche Voraussetzung für den späteren Aufbau der EDV-gestützten Datenerfassung und -verwaltung.

[35] IPK-Qualitätsmanagement-Handbuch Ausgabe 2009.

[36] Börner A (2006), s. Fußnote Kap. 3/29.

[37] Lehmann C, Mansfeld R (1957), s. Fußnote Kap. 2/84.

Dafür wurden erste Initiativen Ende der 1970er-Jahre ergriffen. Seine vorläufige Vollendung ist erst 30 Jahre später erreicht worden. Eine detaillierte Analyse der manuellen und rechnergestützten Phasen der Genbankdokumentation hat Gäde vorgenommen.[38] Seit 1992 gibt es innerhalb der Genbank eine AG „Genbankdokumentation", die vom Mathematiker Helmut Knüpffer geleitet wird. Er hat bereits mit seiner Dissertation von 1982[39] die Grundlagen für die Entwicklung EDV-gestützter Genbankdokumentation gelegt. Zusammen mit den AGn „Genomdiversität" und „Pflanzendatenwarenhaus" (s. u. Plant Data Warehouse, bis 2007) bildet die AG „Genbankdokumentation" heute den Bereich „Charakterisierung und Dokumentation" in der Abteilung „Genbank".[40]

Das manuelle Dokumentationssystem umfasste jeweils fünf verschiedene Arten von Datenbüchern bzw. Datenkarteien. Bücher gaben größere Sicherheit gegen Datenverluste oder Verwechslungen, erlaubten aber kaum Einfügungen neuer Daten in bestimmte Systeme oder eine Datensortierung, wofür umgekehrt Karteien besser geeignet waren. Daher gab es Zugangs-, Gruppen-, Feld-, Labor- und Versandbücher neben Herkunfts-, Anbau-, Haupt-, botanischen und Sorten-Suchkarteien (Abb. 3.4). Zunehmender Sortimentsbestand (Tab. 3.1 und 3.2) erzeugte eine wachsende Datenfülle, für deren Verarbeitung die sich entwickelnde EDV gute Voraussetzungen bot, worüber in Abschn. 3.5 einschließlich der Bezüge zur Genbank zusammenfassend für das Institut berichtet wird. EDV-gestützte Dokumentation ist in doppelter Hinsicht mit der wachsenden internationalen Verflechtung der Genbankarbeit verknüpft. Einerseits gab es Bemühungen internationaler Organisationen, wie IBPGR, UPOV oder RGW (in westlichen Ländern als Comecon bezeichnet), herkömmliche Datensammlungen nach einheitlichen Richtlinien in EDV-gestützte Dateien zu übernehmen, wobei sich die Richtlinien der verschiedenen Organisationen nicht deckten. Andererseits brachte gerade die internationale Kooperation dem IPK wichtige Hardware ein (vgl. Abschn. 3.5). Schließlich machten große Evaluierungsprogramme der Genbank, z. B. das Eiweiß-Screening (Abschn. 3.4.3.9 und 3.5), durch ihre Ergebnisfülle die Notwendigkeit deutlich, EDV zur Datenerfassung, -speicherung und -verarbeitung (z. B. statistische Bearbeitung) in der Genbank einzusetzen. Das IBPGR empfahl die Einteilung von Kulturpflanzenbankdaten in folgende drei Kategorien: 1. Passportdaten über Identität, Herkunft, Ursprung und Abstammung sowie Materialcharakterisierungsdaten einer Akzession, welche aus Zugangs- und gruppenbüchern bzw. Herkunfts-, botanischen und Sorten-Suchkarteien entnommen werden konnten. 2. Daten über das genbankinterne Managementsystem und 3. Resultatinformationen, die vor allem aus Evaluierungen resultieren.

Im Zuge der Eingliederung der Genbank der BAZ in die Gaterslebener Genbank konnte im Rahmen des von BMBF und BMVEL von 2002–2006 geförderten

[38] Gäde H (1998), s. Fußnote Kap. 3/5, hier Abschn. 7.3.

[39] Knüpffer H (1982) Nutzung der EDV zur Dokumentation in Genbanken – Aufbau eines Kleinrechner-Datenspeichers für die Gaterslebener Genbank der Kulturpflanzen. Dissertation A, AdW der DDR, Berlin.

[40] Graner A (2005) Abteilung „Genbank". Jahresforschungsbericht des IPK, 24–28

Projektes zur Genbankfusion ein neues komplexes Genbankinformationssystem (GBIS) entwickelt werden, das mehrere Teile aufweist[41]: Das interne GBIS umfasst GBIS/M und GBIS/B, was GBIS-Management bzw. -Bonitur bedeutet. Mit GBIS/M, wofür das Nutzerhandbuch bis 2009 komplettiert wurde, werden die täglichen Arbeitsabläufe in der Genbank unterstützt, wie Aufnahme von Neuzugängen, Lagerung und Erhaltung, bis zur Bereitstellung und Abgabe an externe Nutzer. GBIS/B ermöglicht die mobile Datenerfassung bei der Bonitur in Feld oder Gewächshaus. Dagegen stellt das GBIS/I ein internetgestütztes Informationsportal für externe Nutzer des Genbankmaterials dar, das zunächst vor allem die Passportdaten zugänglich macht und mit einem Online-Bestellsystem gekoppelt ist. GBIS/I ist international mit PGRDEU (Deutsches Verzeichnis pflanzengenetischer Ressourcen), mit EURISCO (European Central PGR-Suchkatalog), mit GBIF (Global Biodiversity Information Facility) und mit zahlreichen European Community PGR-Datensammlungen vernetzt. Ergänzend zu GBIS ist das IPK für den Betrieb und die Pflege von zwei internationalen Datenbanken zuständig. Dies sind die EBDB (European Barley Database)[42] und die EPDB (European *Poa*-Database) des ECPGR.[43] Die Einfügung der parallel zur letzten Auflage des Mansfeld-Verzeichnisses entwickelten Mansfeld World Database in das Berliner Modell für taxonomische Datensammlungen wurde 2009 abgeschlossen. Ein Modul für den Export von Checklisten ergänzt seit 2009 die interne Datensammlung für Checklisten kultivierter Pflanzen. Schließlich wurde im Zuge der vom BMBF finanzierten Einrichtung des GBIF/D mit der Speicherung von digitalisierten Bilddaten des Gaterslebener Herbariums der Kulturpflanzen begonnen.

Im Rahmen des vom BMBF finanzierten Bioinformatikzentrums Gatersleben-Halle (BIC-GH), bestand von 2003–2007 in der Abteilung „Genbank" eine AG „Plant Data Warehouse" unter Leitung von Ivo Große. Ihre Aufgaben und Vernetzung mit anderen Bioinformatikgruppen sind in Abschn. 3.5.3 (vgl. Abb. 3.40) beschrieben. Die geplante Verbindung mit dem GIBS, womit der Zugang zu Marker-, Sequenz- und Merkmalsinformationen sowie Evaluierungsdaten von Genbankakzessionen ermöglicht werden sollte, ist bisher nicht verwirklicht worden.

3.1.5 Nationale und internationale Vernetzung

Wegen der internationalen Vernetzung der Maßnahmen zur Erhaltung der Biodiversität von Kulturpflanzen müssen auf diesem Gebiet durch die jeweiligen Landwirtschaftsministerien hoheitliche Aufgaben wahrgenommen werden. Die Unterstellung der früheren FAL-Genbank der alten Bundesländer unter das damalige BML

[41] Oppermann M, Knüpffer H (2006) GBIS – das neue Genbankinformationssystem am IPK. Vortr Pflanzenzüchtg 70: 47–49.

[42] Funke T, Weise S, Knüpffer H, Große I (2006) Ein neues Gesicht für die Europäische Gerstendatenbank (EBDB). Vortr Pflanzenzüchtg 70: 79–80.

[43] Weise S, Harrer S, Grosse I, et al (2007) The European Poa Database (EPDB). Plant Genet Resources News Letter 150: 64–70.

bot einfache Voraussetzungen, um sich gegebenenfalls dafür der Kompetenz der Genbankwissenschaftler zu bedienen. In der ehemaligen DDR gehörte die Genbank dagegen bis 1990 in das Gaterslebener Institut der DAW zu Berlin bzw. der späteren AdW der DDR, welche keinem Ministerium, sondern direkt dem Ministerpräsidenten unterstand. Wie in Abschn. 2.1.2.1 beschrieben wurde, hat es nicht an Ansätzen der dem Landwirtschaftsministerium unterstehenden DAL bzw. AdL der DDR gemangelt, das Gaterslebener Institut in ihre administrative Verantwortung zu überführen. Gemäß der Empfehlung der Evaluierungskommission des Wissenschaftsrates von 1991 besteht die Bundeszentrale *ex-situ*-Genbank für landwirtschaftliche und gartenbauliche Kulturpflanzen heute im Leibniz-Institut für Pflanzengenetik und Kulturpflanzenforschung in Gatersleben und untersteht damit nicht dem für PGR-Politik zuständigen BMVEL. Sowohl damals in der DDR als auch heute in der Bundesrepublik Deutschland konnten bzw. können die jeweiligen Genbankleiter aber zumindest beratend an der Wahrnehmung hoheitlicher Aufgaben durch die zuständigen Ministerien mitwirken.

In der damaligen DDR bildeten das hohe internationale Ansehen der Gaterslebener Genbank und seine enge Kooperation mit den Pflanzenzüchtern (Abschn. 3.1.7) bis 1990 die Grundlage für die beträchtliche staatliche Förderung ihrer internationalen Zusammenarbeit. Davon haben damals auch die internationalen Verbindungen des Instituts insgesamt profitiert. Die internationale Verflechtung geschah einerseits im Rahmen der Wissenschaftskooperation der Länder des Rates für gegenseitige Wirtschaftshilfe (RGW = Comecon) und andererseits bereits ab 1982 in dem von FAO/UNDP geförderten Europäischen Kooperationsprogramm (ECP) für die Konservierung und den Austausch pflanzengenetischer Ressourcen (PGR).[44] Seit 1978 gab es im Gaterslebener Institut in beinahe Jahresabständen Koordinierungsberatungen der RGW-Länder zur Erarbeitung von Klassifikatoren für verschiedene Fruchtarten im Rahmen des Wissenschaftlich-Technischen Rates der Kommission „Landwirtschaft“ für die Sammlung, Untersuchung und Erhaltung von Kulturpflanzen und ihrer entsprechenden Wildarten. Dazu gehörte auch die 1987 veranstaltete Expertenberatung über die Nutzung der EDV für die Dokumentation von PGR in den RGW-Mitgliedsländern. Allerdings waren die praktischen Konsequenzen der RGW-Kooperation erheblich geringer als jene aus der ECP/GR-Zusammenarbeit. Eine Konzeption des ZIGuK Gatersleben vom Jahre 1970 zum Problem der Etablierung einer Genbank der RGW-Länder ist nie verwirklicht worden.[45] Bereits 1983 übertrug das ECP/GR dem Gaterslebener Institut die Funktion einer Leiteinrichtung für die AG „Gerste“, und es wurden bis 1985 reichende Arbeitsrichtlinien zum Aufbau eines Datenspeichers für die in Europa vorhandenen PGR von Gerste ausgearbeitet. Ein Computergeschenk des IBPGR (Abschn. 3.5.2) ermöglichte 1984 den Beginn der Erfassung entsprechender Passportdaten für Gerste-PGR. Sie fand 1987 mit einem vorläufigen Kataster „Gersteressourcen“ und einer zugehöri-

[44] Jahresberichte des ZIGuK 1977–1989. Kulturpflanze Bde. 26–38 sowie Jahresberichte des IGK 1990 und 1991und des IPK ab 1992.

[45] Akten des ZIGUk, Gatersleben, 1970. Konzeption zum Problem „Gen-Bank der Länder des RGW“.

gen Datenbank von 19 Merkmale umfassenden Passportdaten für 60.511 Muster aus 35 Kollektionen von 25 Ländern einen vorläufigen Abschluss.[46] 1991 setzte die Weiterarbeit an der ECP/GR-Gerstedatenbank zur Schaffung sogenannter *Core-Collections* ein. Daneben wird seit 1995 vom Gaterslebener Institut aus auch eine ECP/GR-Datenbank für *Poa*-Arten koordiniert, die vorher in der Genbank der FAL in Braunschweig geführt wurde. Bis 1996 waren erstmals Voraussetzungen für externen Zugriff auf Passportdaten von ca. 80.000 Akzessionen der IPK-Genbank geschaffen worden. Heute dient dazu das Genbankinformationssystem (GBIS) mit seinen im vorhergehenden Abschnitt beschriebenen Teilen.

Einen wesentlichen Beitrag zur internationalen Kooperation leistete das Institut auch durch die von 1995 bis 2003 zunächst in Zusammenarbeit mit der Deutschen Stiftung für Entwicklung (DSE) und ab 2003 mit der Internationalen Weiterbildungs- und Entwicklungs- GmbH (InWent) jährlich durchgeführten achtmonatigen Kurse zur Ausbildung von jeweils etwa 10–12 Teilnehmern aus Entwicklungsländern auf dem Gebiet der Nutzbarmachung von PGR als Beitrag zur Ernährungssicherung (vgl. Abschn. 2.4.7.2). Damit wurden Spezialisten für die Sammlung, Erhaltung und Erschließung von PGR in den betreffenden Ländern herangebildet. Im Rahmen der internationalen Zusammenarbeit bringen sich Wissenschaftler der Genbank als Vorsitzende von Arbeitsgruppen und Netzwerken in die Arbeit der ECP/GR ein.

In der nationalen Kooperation ist vor allem hervorzuheben: die Mitwirkung der Genbank im Beratungs- und Koordinierungsauschuss für Pflanzengenetische Ressourcen (BEKO). Diesem im BMELV angesiedelten Gremium obliegt die Umsetzung des nationalen Fachprogramms zur Erhaltung und nachhaltigen Nutzung pflanzengenetischer Ressourcen. Darüber hinaus sind zu nennen: die Mitwirkung von Spezialisten der Gaterslebener Genbank in den fruchtarten-spezifischen Züchtergemeinschaften, die in der DDR bestanden; die Nutzbarmachung von Genbankmaterial in der Züchtung (Abschn. 3.1.7); die Beiträge zur Entwicklung der deutschen Genbanken-Landschaft im Zuge der Deutschen Wiedervereinigung und die schließlich vollzogene Etablierung einer zentralen *ex-situ*-Genbank der Bundesrepublik Deutschland im Gaterslebener Institut (Abschn. 3.1.1 und 3.1.2).

3.1.6 Evaluierungen von Genbankmaterial

Mit den Evaluierungen werden an Lebendmaterial bestimmte Leistungsmerkmale von ausgewählten Kollektionen erfasst. Sie bilden eine Voraussetzung, um Genbankakzessionen in Züchtung oder anderen angewandten Gebieten nutzen zu können. Die Evaluierung geschieht nur zum Teil im Gaterslebener Institut. Häufig erfolgt sie in Kooperation mit oder sogar ausschließlich in anderen Einrichtungen. Evaluierungen machen gewöhnlich einen speziellen wiederholten Anbau der betreffenden Kollektion erforderlich und setzen vielfach voraus, dass Methoden

[46] Knüpffer H (1988) The European barley database of the ECP/GR. An introduction. Kulturpflanze 36: 135–162.

verfügbar sind, die hohen Probendurchsatz in angemessener Zeit zulassen. In den Evaluierungsprogrammen des Gaterslebener Institutes lassen sich zwei sukzessive, methodisch bedingte Etappen erkennen. a) Herkömmliche Evaluierungen anhand phänotypischer Merkmale bis 1996 und b) Evaluierungen mit DNA-analytischen Methoden ab 1997, wobei die Anwendung herkömmlicher Methoden mit abnehmender Häufigkeit bis in die Gegenwart hinein fortgesetzt worden ist, und seit 2008 die Anwendung automatischer Phänotypisierungsanlagen erprobt wird. Die Ergebnisse der vielfältigen Evaluierungsprogramme aus der Geschichte des Institutes werden vor allem im Kontext mit entsprechenden anderen thematischen Abschnitten von Kap. 3 dieses Buches behandelt, worauf hier jeweils Bezug genommen wird, ohne die Programme nochmals detailliert zu behandeln. Gerade in den Evaluierungen drückt sich die umfangreiche wissenschaftliche Kooperation der Genbank mit anderen Abteilungen bzw. Arbeitsgruppen im Institut aus.

Wichtige Evaluierungsprogramme bis 1996:

- Erfassung von photosynthetischen Leistungsmerkmalen bei Gerste und Weizen (Abschn. 3.4.2.9);
- Naturstoff-Screening (Abschn. 3.4.4.1);
- Eiweiß-Screening (Abschn. 3.4.3.10);
- Krankheitsresistenz-Screening (Abschn. 3.4.5.1), dessen Ergebnisse nachweislich besonders erfolgreich in der Sortenzüchtung genutzt worden sind (Abschn. 3.1.7);
- GA_3-Insensitivitäts-Screening an Weizen, worüber in anderen Abschnitten nicht berichtet wird. Unter 700 bereits vorselektierten Weizen-Akzessionen wurden 77 hexaploide und fünf tetraploide Formen gefunden, welche das Gibberellin-Insensitivitätsgen *Gai* (Verzwergungsgen) tragen und im Zusammenhang mit der Züchtung moderner kurzstrohiger und lagerungsunempfindlicher Sorten von Interesse sind.[47]

Die modernen molekulargenetischen Methoden nutzen direkt DNA-Sequenzmerkmale. Sie erlauben es nicht nur, Genotypen sicher zu unterscheiden und den Erbgang eines Locus oder Gens im Züchtungsprozess zu verfolgen, sondern auch den Zusammenhang zwischen Genort und Merkmal herzustellen. Über die Anwendung von DNA-Markern und ihre vielfältige Nutzung kann man sich in Abschn. 3.3.8.1 informieren.[48, 49]

Schwerpunkte aus den Evaluierungen ab 1997, wobei die ersten beiden Programme Weiterführungen aus der Phase bis 1996 darstellen:

- molekulare Analyse von Resistenzen gegen Pilz- und Viruskrankheiten (Abschn. 3.4.5.2);

[47] Börner A, Lehmann CO, Mettin D (1987) Preliminary results of a screening for GA_3 response in wheats of the Gatersleben gene bank. Kulturpflanze 35: 179–186.

[48] Graner A, Dehmer K, Thiel T, Börner A (2004) Plant genetic resources: benefits and implications of using molecular markers. Issues Genetic Resources 11: 26–32.

[49] Varshney RK, Graner A, Sorrells ME (2006) Genomics-assisted breeding for crop improvement. Trends Plant Sci 10: 621–630.

- molekulare Analyse von GA_3-Insensitivitätsgenen (Zwergwuchsgenen) bei Weizen (*Gai*, *Rht-B1* und *–D1*) und Gerste (*sdw3*), Kartierung durch RFLP- und Mikrosatelliten-Markermuster sowie Genklonierung (AG „Molekulare Marker"));
- molekulare Evaluierung genetischer Grundlagen für Toleranz gegenüber abiotischem Stress (Trocken-, Kälte- und Salztoleranz, Abschn. 3.4.5.3);
- Evaluierung von Mälzungseigenschaften bei Braugerste, worauf hier näher eingegangen wird, da dies an keiner anderen Stelle mehr geschieht. Das Merkmal Brauqualität setzt sich aus vielen physikalisch und biochemisch messbaren Komponenten zusammen, die allesamt einem quantitativen Erbgang folgen. Unter der Annahme, dass der Grad der Ausprägung der Merkmalskomponenten auf Unterschieden in der Transkriptabundanz der betreffenden Gene beruht, wurden mithilfe eines cDNA-Arrays die RNAs von zwölf Gerstensorten untersucht, die sich hinsichtlich ihrer Brauqualität unterschieden. Durch Vergleich der Malzqualitätsdaten mit den Expressionsdaten konnte eine Reihe von Genen identifiziert werden, deren Transkriptabundanz signifikant mit einem oder mehreren Qualitätsparametern korreliert war. Mit dem dargestellten Ansatz konnte erstmalig gezeigt werden, dass durch diese Form der funktionellen Assoziationsanalyse Kandidatengene für quantitativ vererbte Merkmalskomplexe identifiziert werden können.[50]

Auf die in Abschn. 3.3.8.4 beschriebene Methode der Assoziationskartierung werden wegen ihrer weitaus größeren Effizienz anstelle der herkömmlichen QTL-Kartierung mit Kreuzungspopulationen von jeweils zwei Eltern mit unterschiedlichen Allelen eines Gens große Hoffnungen gesetzt.[51] Seit 2005 wird das Verfahren in zunehmendem Maße vor allem für Evaluierungen von Genbankmaterial erprobt, um Loci mit Genen im Pflanzengenom zu finden, die mit der Ausprägung bestimmter phänotypischer Merkmale assoziiert sind.

Obwohl zahlreiche unterschiedliche Marker-Systeme entwickelt worden sind, hängt ihre Einsatzfähigkeit von passenden Sequenzeigenschaften ab, und es lassen sich damit keinesfalls alle interessierenden Gene bzw. Genomabschnitte erfassen. Die vollständige Kenntnis der DNA-Sequenz eines Genoms, wie sie z. B. für Reis vorliegt, bildet die optimale Voraussetzung dafür, genomweit Gene bzw. Loci mit Merkmalsunterschieden zwischen Individuen und Populationen zu korrelieren, PGR damit zu durchmustern und sie umfassend zu nutzen. Deshalb ist unter der gegenwärtigen Leitung durch die AG „Genomdiversität" des IPK damit begonnen worden, im Rahmen des 2006 gegründeten International Barley Sequencing Consortiums (IBSC), welches acht Gründerinstitutionen aus sechs Ländern von vier Kontinenten umfasst, eine physikalische Genkarte für Gerste zu konstruieren und das Gerstengenom zu sequenzieren (Abschn. 3.3.8.3).[52]

[50] Potokina E, Caspers M, Prasad M et al (2004) Functional association between malting quality trait components and cDNA array based expression patterns in barley (*Hordeum vulgare* L.) Mol Breed 14: 153–170.

[51] Weidner A, Varshney RK, Buck-Sorlin GH et al (2007) Salzstress bei Gerste. Assoziationskartierung kontra klassiche QTL-Kartierung. Vortr Pflanzenzüchtg 72: 125–130.

[52] Schulte D, Close TJ, Graner A et al (2009) The International Barley Sequencing Consortium – at the Threshhold of Efficient Access to the Barley Genome. Plant Physiol 149: 142–147.

3.1.7 Nutzung von Genbankmaterial in Züchtung, Forschung und Bildung

Bis zum Jahre 2000 konnten aus dem *Index Seminum* (Abb. 3.5), der vom Gaterslebener Institut regelmäßig veröffentlicht wurde (vgl. Unterpunkt 4 im Abschn. 2.2.1.4 und 4.1)[53] Informationen über den Bestand an Akzessionen entnommen und danach Probenbestellungen vorgenommen werden. Seit 2005 liefert das GBIS auf elektronischem Wege derartige Informationen (Abschn. 3.1.4).

Formal spiegelt sich die Nutzung von Genbankmaterial zunächst in der Anzahl der abgegebenen Muster wider, die sich für den Zeitraum von 1953 bis 2009 auf 772.584 beläuft, d. h. durchschnittlich 13.554 Muster pro Jahr. Für den 40-jährigen Zeitraum bis 1992 liegt dieser Durchschnittswert bei 12.000 Mustern pro Jahr, während er für die letzten zehn Jahre (2000–2009) 15.896 beträgt, also einen Anstieg zeigt. Getreide herrschen bei weitem unter den abgegebenen Fruchtarten vor, häufig gefolgt von Gemüse oder Heil- und Gewürzpflanzen. Unter den Bestellern von Mustern liegen Forschungseinrichtungen weit vorn, häufig gefolgt von Züchtern oder Privatpersonen. 2008/2009 gingen mehr als 50 % der abgegebenen Muster in 55 verschiedene Länder. Die Bearbeitungsdauer einer Bestellung beträgt gegenwärtig 8,5 Tage nach Eingang der Material-Transfervereinbarung (MTA). Abgabe- und Zugangszahlen sind kaum vergleichbar. Abgegebene Muster entsprechen jeweils einer Partie von einer Akzession. In ihrer Summe können Mehrfachabgaben aus derselben Akzession enthalten sein. In den Jahresberichten des IPK lassen die Bestandszahlen während der fünf Jahre von 2004–2008 keinen Zuwachs infolge von Zugängen erkennen (vgl. Abschn. 3.1.1).

Aussagkräftiger als diese einfache Statistik sind die vier Gruppen von Nutzungsarten: Forschung, Züchtung, Bildung, Natur- und Artenschutz. Die Grenze zwischen Grundlagen- und anwendungsorientierter Forschung ist vor allem bei der Züchtungsforschung fließend. Da die Musteranforderungen keine Angaben über den Verwendungszweck enthalten, kann dieser nur abgeschätzt werden. Vor allem Genetiker, Physiologen, Biochemiker, Taxonomen und Evolutionsforscher fordern Material für Grundlagenforschungen an. Pharmazeuten, Mediziner, Ernährungswissenschaftler und Phytopathologen interessieren sich daneben für Anwendungen. Bei Pflanzenzüchtern, Acker- und Pflanzenbauern, Agrikulturchemikern, Landtechnikern und Naturschützern überwiegen angewandte Arbeiten.

Bis 1996 sind etwa 15 % aller Abgaben an Botanische Gärten, Schulgärten Freilichtmuseen, historische Schaugärten (z. B. Kräutergärten) und ähnliche, der Bildung dienende Einrichtungen gegangen. Nach Gäde[54] haben bis 1996 Züchter und Züchtungseinrichtungen etwa 30 % aller direkten Abgaben erhalten, wobei mehr als die Hälfte davon für weitere Evaluierungen eingesetzt wurde. Über den Nutzen, den die Verwendung von Genbankmaterial in der Sortenzüchtung bringt, gibt eine Statistik für den Zeitraum von 1973 bis 1990 in der DDR Auskunft. Forschung, Züchtung, Saatgutvermehrung und -vertrieb waren in staatlicher Hand. Die Vereinigung Volks-

[53] Index Seminum, s. Fußnote Kap. 2/180.

[54] Gäde H (1998), s. Fußnote Kap. 3/5, hier Kap. 8.

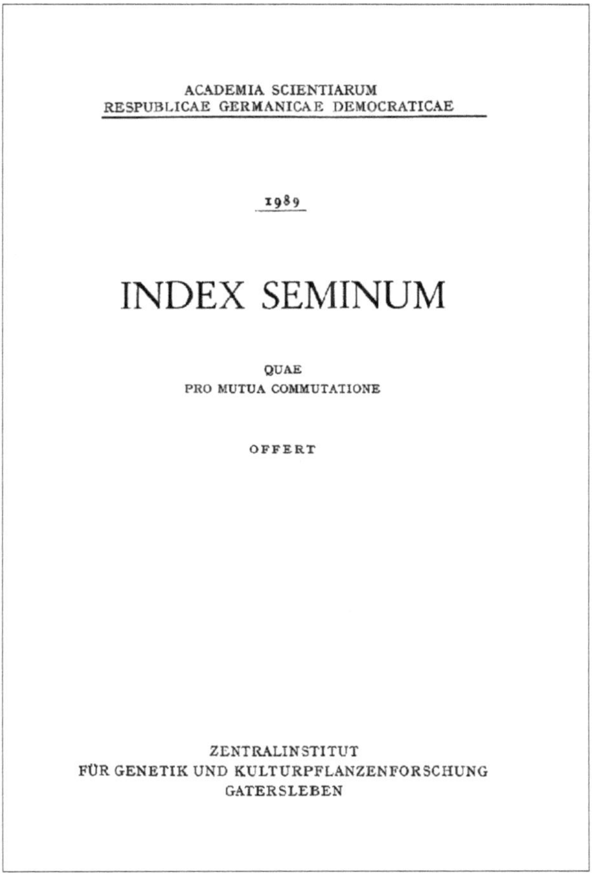

Abb. 3.5 *Index Seminum* – Titelblatt der Ausgabe von 1989 des in zweijährigen Abständen vom Institut publizierten Bestandskatalogs der Genbank

ACADEMIA SCIENTIARUM
RESPUBLICAE GERMANICAE DEMOCRATICAE

1989

INDEX SEMINUM

QUAE
PRO MUTUA COMMUTATIONE

OFFERT

ZENTRALINSTITUT
FÜR GENETIK UND KULTURPFLANZENFORSCHUNG
GATERSLEBEN

eigener Betriebe (VVB) für Saat- und Pflanzgut mit Sitz in Quedlinburg finanzierte die Genbank im ZIGuK Gatersleben und hatte direkten Zugriff auf deren Muster. In vertikal organisierten fruchtarten-spezifischen Züchtergemeinschaften befanden Wissenschaftler und Praktiker aus Forschungs- und Züchtungseinrichtungen der Akademien und Universitäten, Saatzuchtstationen, Praxisbetrieben der Landwirtschaft, des Gartenbaus und der Verarbeitungsindustrie gemeinsam über Zuchtziele, Lösungswege, Mittel- und Arbeitskräfteeinsatz. In zahlreichen derartigen Gemeinschaften arbeiteten Vertreter aus der Gaterslebener Genbank mit. Die verschlungenen Wege durch die Züchtung, auf denen Genbankmaterial schließlich in zugelassene Sorten gelangt, ließen sich allmählich verfolgen. Daher ist belegbar, dass im genannten Zeitraum Genbankmuster in wenigstens 56 zugelassene und für den Anbau genutzte Sorten Eingang gefunden haben, von denen 51 auf Sommergerste für Brau- und Futterzwecke, Winterweizen für Backwaren sowie auf Gemüse- und Speiseerbsen entfallen.[55]

[55] Hammer K, Gäde H, Knüpffer H (1994), s. Tab. 3.1, Fußnote a, hier Anlage 9.

Die Gerstensorten und ihre weiteren Kreuzungsprodukte erreichten zeitweise bis zu 70 % Anbauumfang aller europäischen Gerstenfelder, was vorrangig auf Resistenzeigenschaften aus Gaterslebener Herkünften beruhte.[56]

In der heutigen Kombination von Genbankfinanzierung durch die öffentliche Hand einerseits und in privater Hand liegende Pflanzenzüchtung andererseits gibt es keinen vergleichbaren Einblick in die gegenwärtige züchterische Nutzung von Genbankmaterial.

3.2 Herkunft und Ordnung der Vielfalt: Kulturpflanzentaxonomie

Die Bezeichnungen Taxonomie und Systematik werden meist synonym verstanden. Sie sind auch wechselnd beide zu unterschiedlichen Zeiten während der Geschichte des Gaterslebener Instituts im Namen jener Struktureinheit benutzt worden, die sich der Ordnung der Kulturpflanzen nach Ähnlichkeiten in einem System (Klassifizierung) und der Erforschung von Regeln und Gesetzmäßigkeiten, vor allem aus der stammesgeschichtlichen Entwicklung (Evolution), für eine derartige Klassifizierung widmet. Unabhängig davon, ob die Taxonomie mit dem Sortiment der Kulturpflanzen, heute Genbank genannt, in einer oder in getrennten Struktureinheiten organisiert war (vgl. Abschn. 2.1.3.1, 2.2.1.4, 2.3.1, 2.4.3.2 und 3.1), hat zum andauernden Vorteil beider Arbeitsgebiete aufgabenbedingt immer eine wechselseitige Verflechtung zwischen ihnen bestanden. Der zeitweilig getrennten Organisation lagen keine prinzipiellen wissenschaftlichen Erwägungen. sondern allein personalpolitische Absichten oder strukturelle Konzepte zugrunde.

Zwischen Taxonomie von Wildpflanzen und Kulturpflanzen gibt es keine grundsätzlichen Unterschiede. Verschiedenheiten leiten sich aus der Objekteingrenzung auf Kulturpflanzen her, bei denen es im Ergebnis der züchterischen Einwirkung durch den Menschen meist eine erheblich größere innerartliche Varietätenvielfalt gibt als bei den Wildpflanzen. Das erschwert die innerartliche systematische Ordnung erheblich. Seit der Domestikation ist die Kulturpflanzenevolution eng mit der Menschheitsgeschichte verbunden, was zur Berücksichtigung von paläo-ethnobotanischen Aspekten im Progamm der Gaterslebener Arbeiten zur Kulturpflanzentaxonomie geführt hat. Einen großen Vorteil für die kulturpflanzentaxonomischen Arbeiten bot und bietet die direkte Verfügbarkeit einer Lebendsammlung von Mustern der verschiedenen Kulturpflanzenarten im Institut, während die direkte Verfügbarkeit der taxonomischen Sammlungen mit Belegmaterial auch für die Genbankarbeiten unverzichtbar ist.

[56] Hammer K, Gäde H, Knüpffer H (1994), s. Tab. 3.1, Fußnote a, hier Tab. 5 und S 339.

Abb. 3.6 Prof. Dr. Rudolf Mansfeld (*vorn rechts*), 1949–1960 Leiter der Abteilung „Systematik und Sortiment", mit chinesischen Teilnehmern auf der Sammelexpedition in China 1956

Von Rudolf Mansfeld (Abb. 3.6),[57, 58] der 1946 in das Institut eingetreten war und von 1949 bis zu seinem Tode Ende 1960 die Abteilung „Systematik und Sortiment" nahezu 12 Jahre lang leitete, sind die Grundlagen für die erfolgreiche Entwicklung der Kulturpflanzentaxonomie im Gaterslebener Institut gelegt worden. Als dessen Mitarbeiter begannen Siegfried Danert[59, 60] und Peter Hanelt,[61, 62] die späteren

[57] Stubbe H (1982), s. Fußnote Kap. 1/19, hier S 192.

[58] Hanelt P (2003) Recollections of Rudolf Mansfeld. In: Knüpffer H, Hammer K (Hrsg) Rudolf Mansfeld & Plant Genetic Resources, Zentralstelle Agrardokumentation & -information (ZADI), Bonn, 22: 1–6.

[59] Böhme H (1975), s. Fußnote Kap. 2/82.

[60] Hanelt P (1974) Die wissenschaftlichen Arbeiten Siegfried Danerts. Kulturpflanze 22: 13–21.

[61] Wobus U (1996) Ansprache zur Eröffnung des Kollequiums und Würdigung von Dr. habil. Peter Hanelt zu seinem 65. Geburtstag. In: Fritsch R, Hammer K (Hrsg) Evolution and Taxonomie von pflanzengenetischen Ressourcen, Zentralstelle Agrardokumentation & -information (ZADI), Bonn, 4: 1–4.

[62] Fritsch R, Hammer K (1996) Peter Hanelt Die wissenschaftlichen Arbeiten des Jubilars. In: Fritsch R, Hammer K (Hrsg) Evolution and Taxonomie von pflanzengenetischen Ressourcen, Zentralstelle Agrardokumentation & -information (ZADI), Bonn, 4: 5–19.

Nachfolger in der Leitung der Taxonomie, ebenso ihre Laufbahn wie der Spezialist für Paläo-Ethnobotanik Jürgen Schultze-Motel und der anfängliche Beauftragte für das Sortiment und dessen späterer Leiter, Christian Lehmann[63] (s. Abschn. 3.1). Mit diesen Wissenschaftlern nahm nicht nur die Mansfeld'sche Schule der Kulturpflanzentaxonomie und Sortimentspflege bleibende Gestalt an, sondern sie haben bis in die 90er-Jahre des 20. Jahrhunderts hinein diese Arbeiten kontinuierlich geleitet und weiter gestaltet. Sie und ihre Mitarbeiter haben auch die von Mansfeld geprägte Kompetenz in Fragen der wissenschaftlichen Pflanzenbenennung[64] und in taxonomischen Nomenklaturfragen weiter gepflegt. In der Kontinuität von Expertenwissen liegt eine der Wurzeln für die weltweite wissenschaftliche Geltung, welche die Einheit von Gaterslebener Genbankpflege und Kulturpflanzentaxonomie auf den Gebieten der infraspezifischen Klassifizierung von Kulturpflanzenarten, Aufbau, Erweiterung und Erhaltung der Sammlungen (u. a. durch Sammelreisen und Expeditionen) und mit der Herausgabe der Mansfeld-Enzyklopädie erworben hat. Dazu haben außerdem die unter Mansfeld und Lehmann begonnenen Evaluierungen von Genbankmustern wesentlich beigetragen (Abschn. 3.1.6).[65, 66] Auf diese Weise entstand auch jene taxonomische Bastion im Gaterslebener Institut, welche für den Erhalt und die Pflege dieser klassischen botanischen Disziplin in der Ära der Überbewertung der Molekularbiologie (Abschn. 2.2.1.1) und der dadurch hervorgerufenen Zurückdrängung der Taxonomie an Universitäten und außeruniversitären Forschungseinrichtungen in beiden damaligen Teilen Deutschlands große Bedeutung gewann.[67]

Nachfolgend werden die Ergebnisse spezifisch taxonomischer Arbeiten, der Aufbau der Referenzsammlungen und die Herausgabe der Mansfeld-Enzyklopädie als herausragende Resultate aus den systematischen bzw. taxonomischen Struktureinheiten des Instituts dargestellt, während deren Beiträge zur Sammlung pflanzengenetischer Ressourcen auf Sammelreisen und Expeditionen (Abschn. 3.1.2) und zur Evaluierung von Mustern aus dieser Sammlung (Abschn. 3.1.6) schon in Abschn. 3.1 behandelt wurden. Dabei wird nicht übersehen, dass es auch spezielle, unter Gesichtspunkten von taxonomischen Aufgaben organisierte Sammelreisen gegeben hat, die aber stets zugleich Material für die Genbank beitrugen. Darauf wird im Zusammenhang mit den betreffenden taxonomischen Ergebnissen hingewiesen.

[63] Hammer K, Hanelt P (1992), s. Fußnote Kap. 2/83 bzw. 3/9 und Tab. 3.1, Fußnote a.

[64] Mansfeld R (1949) Zur Technik der wissenschaftlichen Pflanzenbenennung. Akademie-Verlag, Berlin.

[65] Danert S (1962) Die wissenschaftlichen Arbeitern Rudolf Mansfelds. Kulturpflanze Beiheft 3: 12–25.

[66] Hammer K (2003) R. Mansfeld's scientific influence on genetic resources research. In: Knüpffer H, Ochsmann J (Hrsg) Rudolf Mansfeld and Plant Genetic Resources. Zentralstelle Agrardokumentation & -information (ZADI), Bonn, 22: 7–16.

[67] Hanelt P (1994) Tradition und Fortschritt einer Forschungseinrichtung. Biol Zentralbl 113:15–23.

3.2.1 Taxonomie ausgewählter Pflanzenarten, insbesondere der innerartlichen Variabilität von Kulturpflanzen

Während der hier behandelten 67 Jahre Institutsgeschichte ist eine außerordentliche Vielzahl verschiedener Arten taxonomisch bearbeitet worden, die sich nicht allein auf Kulturpflanzen, deren Vorfahren und verwandte Wildpflanzen beschränkt, sondern sogar Algen-, Pilz- und Moosarten einschließt. Hier kann nicht auf Ergebnisse zu allen diesen Arten eingegangen werden. Für die ersten 25 Jahre der Institutsgeschichte hat Hans Stubbe in seinem Buch die bis 1968 untersuchten Arten nach Familien geordnet aufgelistet.[68] Dabei nehmen Vertreter der Gramineen, Leguminosen und Solanaceen vor Arten aus zwölf anderen Familien der höheren Pflanzen mit Abstand den größten Raum ein. Unter Leitung von Rudolf Mansfeld war bis etwa 1960 jeder seiner wissenschaftlichen Mitarbeiter vorrangig auf die Erforschung der Taxonomie eines bestimmten Verwandtschaftskreises konzentriert: Siegfried Danert auf Solanaceen (Abschn. 3.2.1.4), Peter Hanelt auf Leguminosen (Abschn. 3.2.1.3), Johannes Helm auf Gemüse,[69] Christian Lehmann vor allem auf Tomaten[70] und Leguminosen,[71, 72] Mansfeld selbst auf Getreide (Abschn. 3.2.1.3) und Jürgen Schultze-Motel auf Gräser (Abschn. 3.2.1.3). Siegfried Danert hat in der Nachfolge von Rudolf Mansfeld die Anwendung numerisch-taxonomischer Methoden (s. u.) als integrative Aufgabe für alle Wissenschaftler der Gruppe genutzt. Unter Peter Hanelts Leitung sind von 1983 bis etwa 1995 vor allem *Allium*-Arten aus der Familie der Alliaceen ins Zentrum der Forschungen der gesamten Gruppe gerückt worden. Als während der zweiten Hälfte der 1990er-Jahre die Gattung *Hordeum* mit der Kulturgerste zu einem gemeinsamen Forschungsobjekt für alle Abteilungen des Institutes gewählt wurde, rückte sie unter Peter Hanelts Nachfolger Konrad Bachmann und besonders unter der nachfolgenden Leitung von Frank Blattner in den Focus von Untersuchungen in der Arbeitsgruppe „Experimentelle Taxonomie". Forschungsergebnisse zur Taxonomie ausgewählter Pflanzengruppen sollen nachfolgend beispielhaft ausführlicher behandelt werden, nachdem vorher auf Probleme und Methoden eingegangen worden ist, die für alle Beispiele gelten.

Es gibt kein für alle wissenschaftlichen oder praktischen Anwendungen gleichermaßen optimales Klassifizierungssystem. Für die Taxonomie auf der Ebene der Arten unterscheidet Peter Hanelt zwei Systeme, von denen das eine auf taxonomisch-morphologischen Merkmalsunterschieden beruht und das andere auf biolo-

[68] Stubbe H (1982), s. Fußnote Kap. 1/19, hier Abschn. 8.5.2, S 193–207.

[69] Helm J (1963) Morphologisch-taxonomische Gliederung der Kultursippen von *Brassica oleracea*. Kulturpflanze 11: 92–210.

[70] Lehmann CO (1955) Das morphologische System der Kulturtomaten (*Lycopersicon esculentum* Mill.). Züchter 3 (Sonderheft).

[71] Lehmann CO (1954) Das morphologische System der Saaterbsen (*Pisum sativum* L. em. Gov. ssp. *sativum*). Züchter 24: 316–337.

[72] Lehmann CO (1962) Ein Beitrag zur Systematik der Sojabohnen (*Glycine max* L. Merr.). Züchter 32: 229–249.

gischen Artunterschieden, z. B. der sexuellen Kreuzbarkeit.[73] Für die innerartliche (infraspezifische) Ordnung werden von ihm ebenfalls zwei Systeme beschrieben[74]: a) das taxonomisch-formale, bei dem die Pflanzen in formalen Kategorien entsprechend dem internationalen Code der botanischen Nomenklatur gruppiert werden, was abhängig von der getroffenen Auswahl zugrunde liegender Merkmale zu unterschiedlichen künstlichen Systemen aus nicht phylogenetisch definierten Einheiten führt, und b) das taxonomisch-informale, für das keine Gruppierung in Einheiten entsprechend dem internationalen Code erfolgt, sondern z. B. nach Rassen, Formenkreisen oder Gruppen, die für züchterische Zwecke oder für die Ordnung geeignet sind, welche Kulturpflanzensortimenten zugrunde gelegt wird.

Ähnlich wie bei der Erfassung der infraspezifischen Variabilität gibt es auch bei ihrer Gruppierung kein für alle Zielvorstellungen gleichermaßen geeignetes Verfahren, so dass nur eine multiple Klassifikation allen Anforderungen gerecht werden kann. Danach ist es nicht nur legitim, sondern auch sinnvoll, ein und dieselbe Sippe unter verschiedenen Aspekten zu klassifizieren, entsprechend den unterschiedlichen Anforderungen, die ein klassischer Taxonom, ein Genbankbetreiber, ein Züchter usw. an eine Gliederung stellt.[75]

Dieser Sachverhalt ist bei der Bewertung aller jener Systeme zu berücksichtigen, die in nachfolgend behandelten Arbeiten für ausgewählte Pflanzenarten beschrieben werden.

Dem Merkmalsvergleich für die Klassifizierung liegen zwei Gruppen von Methoden zugrunde: a) die vergleichende Beschreibung und b) die experimentelle Untersuchung. Das dafür verfügbare Methodenspektrum hat in den behandelten 67 Jahren taxonomischer Forschungen im Gaterslebener Institut eine beträchtliche Erweiterung erfahren. Bis etwa 1960 standen vor allem morphologisch-anatomische, karyologische, genetische und auf niedermolekularen Verbindungen beruhende chemotaxonomische Methoden zur Verfügung, mit denen jeweils eine begrenzte Anzahl von Arten verglichen werden konnte. Mit der Verfügbarkeit von Computern bot sich um 1960 erstmals die Möglichkeit, große Artenzahlen auf der Basis von möglichst vielen unterschiedlichen Merkmalen mit numerisch-taxonomischen Verfahren zu vergleichen. Dabei ergaben sich Klassifikationsdendrogramme als grafische Darstellung von Ähnlichkeiten ohne phylogenetische Rekonstruktion. In Gatersleben sind die numerisch-taxonomischen Methoden sehr bald am Beispiel der *Triticum*-Kollektion kritisch erprobt worden (Abschn. 3.2.1.3), wofür Datenerfassung und -verarbeitung einen großen Arbeitsaufwand und entsprechende Rechnerkapazität erforderten, die nur durch Kooperation mit dem VEB Datenverarbeitungszentrum in Schwerin verfügbar gemacht werden konnten. Die anfänglich hochgeschraubten Erwartungen an diese Methoden haben sich nur in begrenztem Maße erfüllt, weshalb Peter Hanelt rund 30 Jahre später feststellte:

---

[73] Hanelt P (1988) Taxonomy as a tool for studying plant genetic ressources. Kulturpflanze 36: 169–187.

[74] Hanelt P, Linne von Berg G, Klaas M (1992) Taxonomische Untersuchungen zur infraspezifischen Variabilität bei Kulturpflanzen. Vortr Pflanzenzüchtg 25: 212–227.

[75] Hanelt P et al (1992), s. Fußnote Kap. 3/74, hier S 222.

„So anschaulich dieses Verfahren auch sein mag, so konnte doch bislang noch keine überzeugende Darstellung einer innerartlichen Variabilität vorgestellt werden, die im Umfang den diagnostischen Systemen gleichkäme.“[76]

Dennoch ist die numerische Methode als eine unter zahlreichen anderen in bestimmten Fällen auch in Gatersleben eingesetzt worden. Etwa zeitgleich mit der Einführung numerisch-taxonomischer Verfahren erfuhren die morphologisch-anatomischen Methoden mit dem Einsatz der Raster-Elektronenmikroskopie (REM) eine Ausweitung auf Mikrostrukturen, z. B. auf der Oberfläche von Samenschalen; und durch die biochemische Analyse von Isoenzymen sowie serologische Diagnoseverfahren wurde begonnen, Eiweiße in chemotaxonomische Untersuchungen einzubeziehen. Der wichtigste Methodenfortschritt ergab sich aber ab Mitte der 1980er-Jahre mit der Nutzung von DNA-Markertechniken (Abschn. 3.3.8.1) und wenig später auch durch die DNA-Sequenzierung, als vor allem mithilfe der Polymerase-Ketten-Reaktion (PCR) ausgehend von minimalen Nukleinsäuremengen die rasche Klonierung von DNA-Fragmenten möglich wurde. Nun konnten Ähnlichkeiten in genetischen Informationsbeständen unmittelbar durch Verwendung anonymer DNA-Fragmente oder ausgewählter, bereits sequenzierter DNA-Abschnitte bzw. sogar Gene miteinander verglichen werden. Die Spannweite der neuen Möglichkeiten, die sich mit den DNA-Techniken für taxonomische und evolutionsbiologische Forschungen eröffnete, ist von Konrad Bachmann (Abb. 3.7) zusammenfassend dargestellt worden,[77] als er die Leitung der Abteilung „Taxonomie“ 1996 übernahm und die Nutzung dieser Verfahren forcierte; diese waren allerdings in Gestalt der RAPD-Analysen bereits seit 1992 eingeführt worden.

3.2.1.1 Das *Allium*-Projekt

Unter Leitung von Peter Hanelt (Abb. 3.8) plante man 1980 die allseitige taxonomische Bearbeitung einer wirtschaftlich wichtige Kulturarten umfassenden Gattung unter Verwendung traditioneller und moderner Methoden bei Berücksichtigung des gesamten Formenspektrums, einschließlich der Wildsippen, mit dem Ziel der kollektiven Erarbeitung einer modellartigen Gattungsmonographie (ab 1983) mit folgender Zielsetzung:

- Erarbeitung einer taxonomischen Gliederung bei besonderer Berücksichtigung und schwerpunktmäßiger Darstellung der Kulturarten und ihrer Verwandten;
- Analyse von Evolutionsabläufen in der Gattung, insbesondere der für die Entstehung der Kultursippen verantwortlichen Prozesse;
- Ermittlung von Speziationsprozessen und damit Abgrenzung des für die Züchtungsforschung nutzbaren Gen-Pools der Kultursippen;
- Bearbeitung der infraspezifischen Variabilität ausgewählter Arten, vor allem von Kulturarten;

[76] Hanelt P et al (1992), s. Fußnote Kap. 3/74, hier S 220.

[77] Bachmann K (1996) Moleküle und was dann? Zur Zukunft der Systematik. In: Fritsch R, Hammer K (Hrsg) Evolution und Taxonomie pflanzengenetischer Ressourcen, Schriften zu Genetischen Ressourcen, Zentralstelle für Agrardokumentation und-information (ZADI), Bonn, 4: 98–108.

Abb. 3.7 Prof. Dr. Konrad Bachmann, Leiter der Abteilung „Taxonomie" 1997–2006, in seinem Arbeitszimmer

Abb. 3.8 Dr. Peter Hanelt, von 1974–1991 Leiter der FG bzw. Abteilung „Taxonomie und Evolution" und von 1992–1996 der Abteilung „Taxonomie" im IPK. (1987, Foto und Bildrechte: Gitta Terpe)

- Klärung von Morphologie und Histologie von Menschen verwendeter Organe von Nutz- und Kulturpflanzen der Gattung.[78]

Ein Jahr später fiel die Entscheidung zugunsten der Gattung *Allium,* für die es seit 1875 keine umfassende Bearbeitung mehr gegeben hatte. Sie sollte nach damaligen schwankenden Angaben zwischen 300 und 600 Arten umfassen, zu denen etwa zwölf wirtschaftlich wichtige Kulturarten und 10–20 in unmittelbarer Verwandtschaft zu Kulturarten stehende Wildsippen gehören. Nach Verlängerung der zunächst bis 1990 geplanten Laufzeit des Projektes ergab sich eine von 1985 bis 1995 dauernde Hauptbearbeitungsperiode. Der taxonomisch kritische Status der Gattung, die große Variabilität in morphologischer, cytologischer und geographisch-ökonomischer Hinsicht, ihre wirtschaftliche Bedeutung und ihr Stellenwert in der Züchtung ließen die Gattung als besonders geeignet für das Projekt erscheinen. Zum breiten Methodenspektrum für seine Bearbeitung gehörten auch genetische Experimente zur Ermittlung von Kreuzungsbarrieren und Untersuchungen des meiotischen Paarungsverhaltens der Chromosomen, numerisch-taxonomische Untersuchungen, die Erfassung palaeobotanischen Materials für die historische Entwicklung der Kulturarten und chemotaxonomische Untersuchungen über die Verbreitung typischer Inhaltsstoffe sowie von Isoenzymmustern und serologischen Verwandtschaften von Eiweißen. Ab 1992 wurden auch molekulare Marker in Gestalt von RFLP plastidärer DNA bzw. RAPD- und AFLP-Analysen der Gesamt-DNA in das Methodenspektrum einbezogen. Spezialwissen, das für verschiedene dieser Methoden erforderlich ist, bildete die Grundlage zur Kooperation mit Gruppen in anderen Bereichen bzw. Abteilungen des Instituts. Da die Samenvermehrung zahlreicher *Allium*-Arten schwierig ist und für die Untersuchungen Lebendmaterial verfügbar sein musste, wurde neben der bestehenden Sammlung der Kulturpflanzengattung in der Genbank die inzwischen größte Lebendkollektion in der Welt für die Gattung *Allium* angelegt (Abb. 3.9). Sie umfasste im Jahre 2000 insgesamt 1.865 definitiv determinierte Akzessionen aus 384 Taxa,[79] wobei in den Institutsberichten für 1998 als Höchstzahl einschließlich noch nicht determinierter Muster sogar 2.680 Akzessionen genannt wurden. Insgesamt 45 Sammelreisen und Expeditionen in 13 Länder sowie in die länderübergreifenden zentralasiatischen und die Altai-Regionen trugen den größten Anteil zu dieser Sammlung bei.[80] Passportdaten und andere wichtige Angaben zur Gaterslebener *Allium*-Kollektion sind ab 1986 im Rahmen der Mitarbeit in der *Allium*-Arbeitsgruppe des ECP/GR in deren zentrale Datenbank eingespeichert und immer weiter aktualisiert worden. Aus der Zusammenschau aller bis 1991 vorliegenden Befunde, an deren Erarbeitung alle wissenschaftlichen Mitarbeiter der Abteilung sowie einige ihrer technischen Mitarbeiter beteiligt waren, wurde ein neues infragenerisches Klassifikationsschema

[78] Thesen zu zukünftigen Forschungsvorhaben der Forschungsgruppe Taxonomie/Evolution (1980) Kopie aus den Akten des ZIGuK im Bestiz von Klaus Müntz.

[79] Fritsch R (2000) A short history of the taxonomic collection of genus *Allium* housed at the Institute of Plant Genetics and Crop Plant Research (IPK). In: Maggioni L, Keller J, Astley D (Hrsg) European collections of vegetatively propagated *Allium*. ECP/GR, S 36–43.

[80] Fritsch R (2000), s. Fußnote Kap. 3/79, hier Tab. 1, S 38.

Abb. 3.9 Lebendkollektion von *Allium*-Arten auf dem Versuchsfeld des Instituts. (2004, Foto und Bildrechte: Reinhard Fritsch, IPK)

entwickelt, das Peter Hanelt auf der 4. Arbeitsberatung der *Allium*-Arbeitsgruppe von ECP/GR vorstellte, die von der Abteilung in Gatersleben 1991 ausgerichtet wurde.[81] Die Gattung, zu der inzwischen mehr als 700 Arten gezählt werden, hat ihr größtes Diversitätszentrum in Südwest- und Zentralasien und ein kleineres in Nordamerika. Sie ist in sechs Untergattungen klassifiziert worden, die weiter in Sektionen und Subsektionen untergliedert werden konnten. Durch Vergleich von Sequenzen aus der ITS-Region (*internal transcribed sequences*) nukleärer ribosomaler DNA sind infragenerische Klassifikation und Phylogenie der Gattung *Allium* weiterentwickelt worden.[82] Danach wird der Genus *Allium* nunmehr in drei evolutionäre Linien unterteilt, zu denen drei, fünf bzw. sieben (insgesamt 15) in Sektionen (insgesamt 56) untergliederte Untergattungen gerechnet werden, für die ein neuer phylogenetischer Stammbaum aufgestellt worden ist.

[81] Hanelt P, Schultze-Motel J, Fritsch R, et al (1992) Infrageneric grouping of *Allium* – the Gatersleben approach. In: Hanelt P, Hammer K, Knüpffer H (Hrsg), The genus *Allium* – Taxonomic Problems and Genetic Resources, Proc Internat Symp 1992 at IPK Gatersleben, S 107–123.

[82] Friesen N, Fritsch RM, Blattner F (2006) Phylogeny and new intrageneric classification of *Allium* (Alliaceae) based on nuclear ribosomal DNA ITS sequences. Aliso 22: 372–395.

3.2.1.2 Poaceae (Süßgräser)

Die größten Kollektionen gab es in der Geschichte der Gaterslebener Genbank stets für die Gattungen *Triticum* und *Hordeum* (Abschn. 3.1.1). Angesichts der ökonomischen Bedeutung von Weizen und Gerste und der Wichtigkeit von Weizen- und Gerstenzüchtung verwundert es nicht, dass diese Gattungen bereits 1950/51 von Mansfeld taxonomisch bearbeitet wurden. Dabei verwendete er für *Triticum aestivum*[83] zwölf Merkmale in insgesamt 38 Merkmalsstufen, um mehr als 400 botanische Varietäten zu beschreiben, sie in einem künstlichen System taxonomisch-formal zu klassifizieren und einen Bestimmungsschlüssel dafür aufzustellen. Ausgewählte Weizenkollektionen sind später von Jürgen Schultze-Motel mit numerisch-taxonomischen Methoden bearbeitet worden.[84, 85] Sie wurden einerseits auf 1.212 verschiedene Formen aus der Weizenkollektion angewandt, die von Hermann Kuckuck 1952–1954 im Iran gesammelt worden war, sowie andererseits auf 24 der damals auf insgesamt 30 bezifferten Arten der Gattung *Triticum* und ebenfalls 24 Arten der für die Evolution von *Triticum* bedeutenden und damit eng verwandten Gattung *Aegilops*. Als Ergebnis wurden Dendrogramme erhalten, in denen die Sammlungsmuster nach Ähnlichkeiten hierarchisch gruppiert sind. Von der Anwendung der numerischen Taxonomie wurde neben der Möglichkeit, weit größere Datenmengen zu verarbeiten, vor allem eine Objektivierung der Ähnlichkeitsgruppierung gegenüber der bisherigen Arbeitsweise ohne computergestützte Datenverarbeitung erwartet. Allerdings unterliegen die genutzten Merkmale der Pflanzen, Festlegungen zu deren Wichtung und die angewandten thematischen Gruppierungsmethoden einer subjektiven Auswahl. Damit ergeben sich verschiedene Bearbeitungsmöglichkeiten, von denen eine Reihe für die ausgewählten *Triticum*-Kollektionen verglichen worden ist. Eine geringe Anzahl davon erbrachte Gruppierungen, die weitgehend mit den bereits früher auf herkömmliche Weise erarbeiteten übereinstimmten. Aber alle Herangehensweisen gehörten zu den agglomerativen Cluster-Methoden, bei denen die Ähnlichkeitsgruppierung „unten" beginnt und durch aufsteigende Zusammenfassung bereits gebildeter Gruppen hierarchisch nach oben fortschreitet. Dieses Verfahren wurde von Schultze-Motel als diametral entgegengesetzt zu der bei Biologen üblichen Herangehensweise angesehen, weshalb er die umgekehrt vorgehende divisive Cluster-Methode einsetzte, weiterentwickelte und auf die betreffenden Kollektionen anwandte. Für die Bearbeitung der *Triticum*/*Aegilops*-Artenkollektionen ist auf diese Weise mit nur 41 von den 72 für agglomerative Methoden eingesetzten Merkmalen auf ökonomischere und durchschaubarere Weise ein Dendrogramm erzielt worden, das den besten Ergebnissen aus der agglomerativen Clusterbildung entsprach. Weniger vielversprechend waren die Resultate bei der Anwendung der divisiven Cluster-Methode auf die infraspezifische Klassifizierung

[83] Mansfeld R (1951) Das morphologische System des Saatweizens, *Triticum aestivum* L. s. l. Züchter 21: 41–60.

[84] Schultze-Motel J, Meyer D (1981) Numerical taxonomic studies in genera *Triticum* and *Pisum*. Kulturpflanze 29: 241–250.

[85] Schultze-Motel J (1990) Zur Theorie der Klassifizierung von Kulturpflanzen: Numerisch-Taxonomische Studien an *Triticum* L. und *Aegilops* L. Dissertation B, AdW der DDR, Berlin.

bei den iranischen Weizen. Das führte zu den Schlussfolgerungen, dass a) es offenbar nicht möglich ist, eine bestimmte Methode mit gleichem Erfolg auf Material verschiedener Rangstufen anzuwenden, weshalb es keine überlegene Standardmethode gibt, sondern verschiedene Herangehensweisen ihre Berechtigung zu haben scheinen; b) die infraspezifische Varietätenvielfalt, wie sie vor allem bei Kulturpflanzen vorkommt, besondere Probleme bietet; und c) die numerische Taxonomie jedoch technisch bedingt die Möglichkeiten herkömmlicher Methoden erweitert und eine Optimierung der Systembildung ermöglicht.

Analog zu *Triticum* wurden von Mansfeld nach taxonomisch-formalen Gesichtspunkten ein künstliches System und Bestimmungsschlüssel für 192 *Hordeum*-Varietäten ausgearbeitet.[86] Eine phylogenetische Analyse ist später von Frank Blattner[87] für 91 Muster, welche alle 31 *Hordeum*-Arten repräsentieren, auf der Basis des Vergleichs von ITS-Sequenzen der nukleären ribosomalen DNA vorgenommen worden. Dabei ist die monophyletische Abstammung der Gattung bestätigt worden. Es wurden vier Linien (*clades*) gefunden, welche den Genomgruppen (H, I, X_a und X_u) entsprechen, die in der Gattung vorkommen. Der Gattung wird ein Alter von 12 Mio. Jahren zugeschrieben, wobei die rasche Radiation der H-Genom-Gruppe in Südamerika und Asien zuletzt vor etwa 2,5 Mio. Jahren begann. Eine Analyse der beträchtlichen Genomgrößenvariation unterschiedlicher *Hordeum*-Spezies mithilfe der durchflusscytometrischen Messung des DNA-Gehaltes bei 134 Mustern, welche alle bis auf eine *Hordeum*-Spezies repräsentieren,[88] zeigte die Beziehungen dieses Merkmals zu phylogenetischen und ökologischen Faktoren sowie zu Lebensformen und Speziationsraten. Zur Erklärung dafür, wie *Hordeum*-Spezies in Südamerika den pleistozänen eiszeitlichen Klimawandel *in situ* ohne genetische oder räumliche Restriktion überlebt haben, ist kürzlich ein wichtiger Beitrag geleistet worden.[89] Bisher wurde stets davon ausgegangen, dass angesichts der Nord-Süd-Orientierung der Anden, Arten aus Patagonien und Feuerland dem eiszeitlichen Klima nach Norden auswichen, in gemäßigten Breiten überlebten und am Ende dieser Periode wieder nach Süden einwanderten. Am Beispiel der unterschiedlichen Verbreitungsschwerpunkte von drei diploiden *Hordeum*-Spezies in Patagonien, welche sich vor ca. 1,3 Mio. Jahren von einem gemeinsamen Vorfahren entwickelten, konnte durch Kombination von molekularen Daten mit der Modellierung ökologischer Nischen gezeigt werden, dass es keine derartige longitudinale Wanderung gegeben haben kann. Dagegen müssen wenigstens zwei der drei *Hordeum*-Arten in stabi-

[86] Mansfeld R (1950) Das morphologische Sytem der Saatgerste, *Hordeum vulgare* L. s. l. Züchter 20: 8–24.

[87] Blattner FR (2004) Phylogenetic analysis of *Hordeum* (Poaceae) as inferred by nuclear rDNA IST sequences. Mol Phylogenet Evol 22: 289–299.

[88] Jakob SS, Meister A, Blattner FR (2004) The Considerable Genome Size Variation of *Hordeum* Species (Poaceae) is Linked to Phylogeny, Life Form, Ecology, and Speciation Rates. Mol Biol Evol 21: 860–869.

[89] Jakob SS, Martinez-Meyer E, Blattner FR (2009) Phylogeographic Analyses and Paleaodistribution Modelling Indicate Pleistocene in Situ Survival of *Hordeum* Species (Poaceae) in Southern Patagonia without Genetic or Spatial Restriction. Mol Biol Evol 26: 907–923.

len geographischen Verbreitungsgebieten mindestens während des Holozäns *in situ* überdauert haben.

Am Institut für Resistenzgenetik, Grünbach, der BAZ war durch Kreuzung von zwei Gerstestämmen eine Population doppelt-haploider Pflanzen experimentell erzeugt worden, die sich in einer Anzahl von morphologischen und phänologischen Merkmalen unterscheiden. Deren Segregation wurde unter Leitung von Konrad Bachmann in Gatersleben für eine Analyse von QTLs benutzt, um die Beziehungen zwischen Gen-Loci, welche für die phänotypischen Unterschiede zwischen den Elternpflanzen verantwortlich sind, und ihre Interaktion bei der Determination der phänotypischen Merkmale zu erfassen (ein überschaubarer Fall für diese Vorgehensweise wird in Abschn. 3.2.1.5 weiter unten geschildert). Als Beispiel diente die Ausbildung der Gerstenähre. Auf der Grundlage des Datenmaterials ist dafür ein geeignetes Computermodell entwickelt worden, mit dem die Morphologie von Ähren einzelner Pflanzen verschiedener Genotypen dreidimensional nachgebildet werden kann.[90] Ein derartiges Modell erlaubt die Kombination und grafische Verdeutlichung von verfügbarem Wissen über Genwirkungen und -interaktionen in komplexen multigenen Genotypen bei der Ausbildung von Phänotypen.

3.2.1.3 Leguminosae (Hülsenfrüchte)

Unter taxonomischen Gesichtspunkten ist vor allem mit Vertretern der Gattung *Vicia* im Institut gearbeitet worden. Die Ergebnisse zahlreicher einschlägiger Publikationen aus dem Institut haben Hanelt[91] sowie Hanelt und Mettin[92] bei der Abfassung ihrer Übersichten zur Systematik der Art *V. faba* bzw. der Gattung *Vicia* berücksichtigt. Die etwa 180–201 Arten der Gattung werden mit einem relativ fest etablierten System klassifiziert. Die Untergattung *Cracca* umfasst etwa drei Viertel der Artenzahl, mit etwa 60 % ausdauernden Formen und *V. cracca* als Typus-Spezies, während auf das übrige Viertel die evolutionär jüngeren und ganz überwiegend annuellen Arten in der Untergattung *Vicia,* Typus-Spezies *V. sativa,* entfallen. Zur Letzteren gehören die wichtigsten Kulturpflanzen aus der Art *V. faba*, die zu den ältesten domestizierten Kulturpflanzen zählt und vor allem direkt zur Ernährung des Menschen genutzt wird, sowie *V. sativa* mit verschiedenen Vertretern der Futterpflanzen. Wegen ihrer wirtschaftlichen Bedeutung sind die etwa 500 Genbankmuster von *V. faba* in das Eiweiß-Screening einbezogen worden (Abschn. 3.4.3.9a), das für diese Spezies von Peter Hanelt geleitet worden ist. *Vicia faba* war darüber hinaus in anderen Abteilungen wichtigstes Objekt für Untersuchungen über Chromosomenmutagenese (Abschn. 3.3.1.3), Chlorophyll-Protein-Komplexe in Chloroplasten (Abschn. 3.4.2.3) und die Sameneiweißforschung (Abschn. 3.3.6.2, 3.4.3.5–3.4.3.7 und 3.4.3.9).

[90] Buck-Sorlin GH, Bachmann K (2000) Simulating the morphology of barley spike phenotypes using genetic information. Agronomie 20: 691–702.

[91] Hanelt P (1972) Die infraspezifische Variabilität von *Vicia faba* und ihre Gliederung. Kulturpflanze 20: 209–223.

[92] Hanelt P, Mettin D (1989) Biosystematics of the genus *Vicia* L. (Leguminosae). Annu Rev Ecol Syst 20: 199–223.

Abb. 3.10 Prof. Dr. Siegfried Danert, 1961–1968 Leiter der Abteilung „Systemantik und Sortiment“ bzw. von 1969–1973 der FG „Taxonomie und Evolution“, auf der Chinesisch-Deutschen Biologischen Sammelreise durch Nord- und Nordostchina 1956. (Foto und Bildrechte: Alfred Rieth)

3.2.1.4 Solanaceae (Nachtschattengewächse)

Unter den Nachtschattengewächsen sind vor allem die Gattungen *Solanum*, *Lycopersicon* und *Nicotiana* mit der Kartoffel, der Tomate bzw. dem Tabak als wichtige Kulturpflanzen bearbeitet worden. Beispielhaft soll hier auf die taxonomische Bearbeitung der Gattung *Solanum* durch Siegfried Danert (Abb. 3.10) eingegangen werden.[93] Kernstücke der Arbeit bilden ein Bestimmungsschlüssel für die einbezogenen 46 infragenerischen Taxa (zwei Untergattungen und 44 Sektionen), ein Schema zur Charakterisierung der Verwandtschaftsbeziehungen zwischen diesen, ausführliche Hinweise zu ausgewählten Merkmalen, die im Bestimmungsschlüssel für die infragenerischen Taxa verwendet wurden, und der Versuch, in Kooperation mit den Naturstoffchemikern der damaligen Abteilung „Physiologische Chemie“ (Abschn. 3.4.4) Steroide und Saponine als chemotaxonomische Merkmale zu berücksichtigen.

[93] Danert S (1970) Infragenerische Taxa der Gattung *Solanum* L. Kulturpflanze 18: 253–297.

3.2.1.5 Modell für die Genetik der Evolution eines taxonomisch-diagnostischen Merkmals: die Mikrosporangien-Zahl innerhalb der Asteraceen-Gattung *Microseris*

Schon im Namen der damaligen FG bzw. Abteilung (Abb. 2.27 und Abschn. 2.2.1.4) wurde von 1969 bis 1991 die enge Verflechtung in der Erforschung von Taxonomie und Evolution der Kulturpflanzen in unserem Institut ausgedrückt. Mit der Nutzung markergestützter Methoden ergaben sich für die Aufklärung von Evolutionsmechanismen neue Ansätze. Ein vergleichsweise einfaches Beispiel für die genetische Evolution potenziell diagnostischer Merkmale untersuchten Bachmann und Mitarbeiter bei der Reduktion der Anzahl von Mikrosporangien von vier auf zwei innerhalb der Asteraceen-Gattung *Microseris*.[94, 95, 96]

Während die Art *M. douglasii* vier adaxiale Mikrosporangien aufweist, kommen bei *M. elegans*, *M. bigelovii* und *M. pygmaea* nur zwei vor, was evolutionär als abgeleitetes Merkmal gilt. Die Merkmalsevolution ist aus der Analyse von fertilen Kreuzungsnachkommenschaften zwischen Arten mit zwei bzw. vier Mikrosporangien abgeleitet worden. Durch markergestützte QTL-Analyse sind fünf Genloci für das betreffende Merkmal kartiert worden. Davon erwies sich 3B als Hauptlocus. Außerdem sind an der Ausprägung dieses Merkmals vier weitere Loci beteiligt, von denen 1A ein additiver Locus ist, während die Loci 3A, 4A und 7A als Modifikatoren wirken. Die Evolution von vier- zu zwei-Mikrosporangien-Arten muss in zwei Schritten erfolgt sein: a) Die Mutation im Gen 3B führte zu einem instabilem Phänotyp und wurde gefolgt von b) der Selektion der drei Modifikatoren, die den 2-Mikrosporangien-Phänotyp stabilisieren, welcher aber nur sichtbar wird, wenn alle drei homozygot vorliegen. Etwa 10 % der Angiospermen-Spezies haben nur zwei statt vier Mikrosporangien pro Anthere, ein Merkmal, das in diesen Familien unabhängig voneinander entstanden zu sein scheint. Es hat also eine parallele Evolution dieses potenziell diagnostischen Merkmals gegeben. Der Mechanismus bei *Microseris* lässt sich nicht generalisieren, denn der Vergleich mit anderen Fällen der Mikrosporangienreduktion zeigt, dass unterschiedliche Wege zum gleichen Phänotyp geführt haben müssen.

3.2.1.6 Niedere Pflanzen

Für Alfred Rieth (Abb. 3.11) wurde bei seinem Eintritt in die Abteilung „Physiologische Chemie" des Instituts 1951 eine Arbeitsgruppe gebildet, die sich vor allem mit taxonomischen und ökologischen Problemen von Algen beschäftigte. Er wurde 1961 zum stellvertretenden Institutsdirektor berufen und übte diese Funktion bis zu seinem Eintritt in den Ruhestand 1976 aus. Im Ergebnis der Neustrukturierung des Instituts, die unter Helmut Böhme 1972 abgeschlossen worden war, kam diese

[94] Gailing O, Hombergen E-J, Bachmann K (1999) Mapping reveals specific genes for the evolutionary reduction of microsporangia in *Microseris*. Plant Biol 1: 219–225.

[95] Gailing O, Bachmann K (1999) Comparative developmental study of the evolutionary reduction of adaxial microsporangia in *Microseris* (Asteraceae). Plant Biol 1: 429–434.

[96] Gailing O, Bachmann K (2000) The evolutionary reduction of microsporangia in *Microseris* (Asteraceae). Transition genotypes and phenotypes. Plant Biol 2: 455–461.

Abb. 3.11 Prof. Dr. Alfred Rieth, stellvertretender Institutsdirektor 1961–1976, Leiter des Laboratoriums für Taxonomie und Ökologie niederer Pflanzen, im Hörsaal des Instituts (*Bildmitte*) gemeinsam mit seiner technischen Assistentin Frau Vera Liebert (*rechts*) und dem früheren Hauptbuchhalter bzw. Leiter des Referates „Finanzwesen" des Instituts, Walter Kienast (*links*), 1990

AG in die Forschungsgruppe „Taxonomie und Evolution". Die bis dahin erzielten Ergebnisse wurden bereits von Stubbe in seinem Buch über die ersten 25 Jahre Institutsgeschichte zusammengefasst.[97] Nachdem die DAW zu Berlin 1959 in Jena-Lobeda eine Forschungsstelle für Limnologie errichtet hatte, übernahm Alfred Rieth dort zusätzlich die Leitung der AG „Botanik". Zwischen dieser und seiner Gaterslebener AG entwickelte sich eine enge Kooperation, weshalb dort angestellte Wissenschaftler auch z. T. langfristig ihre Arbeiten in Gatersleben durchführten. Während der gesamten Zeit ihres Bestehens war die AG von Alfred Rieth im Chemie-Gebäude untergebracht (ab 1980 Friedrich-Miescher-Haus genannt). Mikroskopie und Kultivierungsversuche dominierten sein klassisch-botanisches Methodenarsenal, mit dem er auch jene Algen bestimmte und klassifizierte, die während seiner Teilnahme an der Chinesisch-Deutschen Biologischen Sammelreise in Nord- und Nordostchina 1956 gefunden worden waren und aus der von ihm geleiteten Kubanisch-Deutschen Alexander-von-Humboldt-Sammelexpedition von 1967/1968. Am bedeutendsten sind seine Beiträge zur Taxonomie der Vaucheriaceae und zur Kenntnis algenparasitärer Pilze. Er hat darüber hinaus zahlreiche weitere Süßwasseralgen erforscht und gehörte zu den gesuchten Spezialisten für die Bestimmung und Taxonomie von Algen, weshalb er gebeten wurde, den Bd. 4/2 der Süßwasserflora Europas über Xanthophyceen abzufassen.[98] Einen besonderen Farbtupfer im Publikationsgeschehen des Instituts lieferten seine gelegentlichen Veröffentlichungen über Funde von Algen oder höheren Pflanzen im Institutsgelände.

Von 1956 bis zu seinem Tode 1983 gehörte Erich Heinz Benedix zur Abteilung „Systematik und Sortiment" bzw. späteren FG „Taxonomie/Evolution", wo er sich mit Pilzen der Ordnung Helvellales (Discomyceten) befasste. Neben der Klärung grundsätzlicher Fragen der Taxonomie dieser Pilze[99, 100] hat er viel zur Erweiterung

[97] Stubbe H (1982), s. Fußnote Kap. 1/19, hier S 156–158.

[98] Rieth A (1980) Xanthophyeae, 2. Teil. In: Ettl H, Gerloff J, Heynig H (Hrsg). Süßwasserflora von Mitteleuropa Bd. 4, VEB Fischer, Jena.

[99] Benedix EH (1962) Gattungsgrenzen bei höheren Discomyceten. Kulturpflanze 10: 389–410.

[100] Benedix EH (1966) Art- und Gattungsgrenzen bei höheren Discomyceten II. Kulturpflanze 14: 359–379.

und Popularisierung der Kenntnisse über einheimische Pilzarten und deren Bestimmung beigetragen.[101, 102]

3.2.1.7 Paläo-Ethnobotanik

Archäologische Kulturpflanzenreste werden ganz überwiegend bei Grabungen gefunden, die der Erkundung vorgeschichtlicher menschlicher Siedlungen dienen. Derartige Relikte lassen die Nutzungsgeschichte der Pflanzen und deren Evolution unter menschlichem Einfluss erkennen. Archäo-botanische und archäo-ethnobotanische Auswertung des Materials hängen deshalb im Grenzfeld von Botanik und Archäologie eng zusammen und bilden naturgemäß auch einen Gegenstand der Gaterslebener Kulturpflanzenforschung. Untersuchungsmaterial boten vor allem Funde aus archäologischen Grabungen in Deutschland, besonders aus der zu den heutigen Bundesländern Sachsen-Anhalt, Sachsen und Thüringen gehörenden Region, aber auch gelegentlich aus dem Ausland, wohin Sammelreisen der Taxonomen des Instituts durchgeführt worden waren, z. B. Georgien, mit dem es eine besonders enge Zusammenarbeit gab, oder Albanien. Vor allem Jürgen Schultze-Motel unterstützte als Mitarbeiter der taxonomischen Struktureinheiten bis zu seinem Eintritt in den Ruhestand 1995 vielfach die jeweilige regionale archäologische Forschung, was sich z. B. in einer Sammeldarstellung niederschlug, die vom Thüringischen Landesamt für Archäologische Denkmalspflege herausgegeben wurde.[103] Außerdem wurden möglichst alle einschlägigen Publikationen erfasst und ausgewertet. Dies spiegelt sich wider in den von 1968 bis 1992 von Schultze-Motel für die Jahre 1965–1992 fortlaufend (für 1968–1989 in der Institutszeitschrift „Die Kulturpflanze“) publizierten Übersichten zur Literatur über archäologische Kulturpflanzenreste. Ihre Auswertung bildete zusammen mit der direkten Bearbeitung von entsprechendem archäologischem Material die Grundlage von monografischen Arbeiten über die archäologischen Reste bestimmter Kulturpflanzenspezies und die Genese der betreffenden Art, z. B. für die Ackerbohne, *Vicia faba* L.[104] (s. Abschn. 3.2.1.3) oder den Schlafmohn, *Papaver somniferum* L.[105] Hier soll beispielhaft auf die Arbeit eingegangen werden, in welcher erstmalig alle bekannt gewordenen Ackerbohnenfunde katalogisiert und kritisch ausgewertet worden sind. Die betreffenden archäologischen Funde stammen aus 26 Ländern, davon vier aus Vorderasien bzw. Nordafrika und alle anderen aus Europa. Sie konnten in die Jungsteinzeit, die Bronze- und Eisenzeit datiert werden. Bis auf jeweils einen gesicherten Fund für eine großsamige Form von *V. faba* bzw. einen Vertreter der Art *V. narbonensis*, gehörten

[101] Benedix EH (1967) Pilze jederzeit. 11. und 12. Auflage. Forkel, Pößneck.

[102] Benedix EH (1967) Pilze überall, 39 Pilzarten verschiedener Standorte. 2. durchges. Aufl. Forkel, Pößneck.

[103] Schultze-Motel J, Gall W (1994) Archäologische Kulturpflanzenreste aus Thüringen. Konrad Theiss, Stuttgart.

[104] Schultze-Motel J (1972) Archäologische Reste der Ackerbohne *Vicia faba* L. und die Genese der Art. Kulturpflanze 19: 321–358.

[105] Schultze-Motel J (1979) Urgeschichtliche Reste des Schlafmohns und die Entwicklung der Art. Kulturpflanze 27: 207–216.

alle anderen gesicherten Funde der kleinsamigen Form der Ackerbohne an. *V. narbonensis* und *V. faba* stammen vermutlich von gemeinsamen Vorfahren ab, und *V. faba* hat keine zwei getrennten Ursprünge für klein- und großsamige Unterarten. Vieles spricht für ihre Ausbreitung von Osten in Richtung Westen an der Nordküste des Mittelmeers entlang und von dort in Richtung Nordeuropa, wo in nördlicher Richtung fortschreitend jüngere Funddaten festgestellt worden waren.

Paläobotanische Forschungen sind auch in der von 1962–1970 zum Institut gehörenden Abteilung „Ökologische Pflanzenphysiologie" in Potsdam unter Leitung von Wolfgang R. Müller-Stoll durchgeführt worden (Abschn. 2.1.3.1). Eine ausführliche Beschreibung dieser Arbeiten findet man bei Stubbe.[106] Die anatomisch-systematischen Untersuchungen erstreckten sich u. a. auf Hölzer von Leguminosen, Ebenaceen, Sapotaceen, pliozänen Pappeln und Eichen. Für das Institut für Vor- und Frühgeschichte der DAW wurden die Hölzer zahlreicher Geräte aus Grabungen in Magdeburg untersucht und bestimmt. Mit der botanischen Abteilung des Ungarischen Nationalmuseums in Budapest ist bei der Erforschung von archäologischen Holzfunden aus Ungarn lange eng zusammengearbeitet worden (Herbert Süß und Erika Mädel, Potsdam).

3.2.2 Genbankbezogene Aufgaben

Erst seit der 1992 erfolgten Neugründung des Institutes gibt es eine Arbeitsgruppe für die Taxonomie pflanzengenetischer Ressourcen (Abschn. 2.4.3.3), worin die genbankbezogenen Arbeiten der Abteilung „Taxonomie" konzentriert sind. Bis dahin waren sie immanenter Bestandteil der Aufgaben in der ursprünglichen Abteilung „Systematik und Sortiment" des Institutes für Kulturpflanzenforschung bzw. der FG „Taxonomie/Evolution" des späteren ZIGuK. Diese Aufgaben konzentrieren sich auf vier Schwerpunkte: a) taxonomische Bestimmung von Akzessionen der Genbank, vor allem von Neuzugängen, sowie gegebenenfalls auch für andere Gruppen im Institut. Diese Aufgabe war nur gemeinsam mit Wissenschaftlern der Genbank, z. B. Karl Hammer und Ulrike Lohwasser (nach deren Einstellung 2003 als Taxonomin in der AG „Ressourcengenetik und Reproduktion"), tatsächlich zu bewältigen; b) Präparations-, Etikettierungs-, Einordnungs- und Dokumentationsarbeiten an den botanischen Archivsammlungen; c) Organisation, Durchführung und Auswertung von Sammelreisen, die überwiegend zusammen mit der Genbank bzw. in speziellen Zusammenhängen auch gelegentlich von den taxonomischen Struktureinheiten selbst durchgeführt wurden und auf die in Abschn. 3.1.2 zusammenfassend eingegangen worden ist, sowie d) maßgebliche Mitwirkung an der Herausgabe des kurz als „Mansfeld-Verzeichnis" bezeichneten enzyklopädischen Standardwerks „*Mansfeld's Encyclopedia of Agricultural and Horticultural Crops*", womit sich nachfolgend der Abschn. 3.2.3 beschäftigt. Darüber hinaus sind die Mitarbeiter der AG an der Bearbeitung zentraler Forschungsaufgaben der Ab-

[106] Stubbe H (1982), s. Fußnote Kap. 1/19, hier S 181–184.

Abb. 3.12 Sammlungen mit Referenzmaterial für taxonomische und Genbankarbeiten. **a** Herbarium. **b** Fruchtstände. **c** trockene Cucurbitaceen-Früchte. **d** Flüssigkeitspräparate. (Aus Jahresforschungsbericht des IPK 2004, S 51, Fig. 17)

teilung beteiligt, in der Vergangenheit z. B. vor allem am bereits beschriebenen *Allium*-Projekt (Abschn. 3.2.1.1).

Die botanischen Archivsammlungen (Abb. 3.12) bilden das Referenzmaterial für die Genbank und alle taxonomischen Arbeiten. Es umfasst das Herbarium mit gegenwärtig mehr als 400.000 Belegen und über 150.000 Referenzmuster für Getreideähren, Samen und Früchte, darunter eine Reihe von Früchten und anderen Pflanzenorganen als Flüssigpräparate. Aus den Jahresberichten des Instituts geht hervor, dass der jährliche Sammlungszuwachs beim Herbarium sowie bei den Samen und Früchten jeweils mehrere Tausend Akzessionen beträgt (2009: mehr als 6.000 Herbariumsblätter bzw. mehr als 2.000 Proben, z. T. noch als Folge der Eingliederung der BAZ-Genbank), bei der Ährensammlung mehrere Hundert (2009: mehr als 500). Das Herbarium wird nicht nur innerhalb des Instituts, sondern auch von Gästen genutzt, und Herbarbögen werden im Rahmen des internationalen Herbarium-Austausches an wissenschaftliche Einrichtungen verliehen. Eine außerordentliche Erleichterung für die auswärtigen Nutzer der Referenzsammlungen ergibt sich dadurch, dass in Zusammenhang mit der elektronischen Datei der 3. Auflage des Mansfeld-Verzeichnisses (s. u.) begonnen worden ist, eine Abbildungsdatenbank (*Image Database* gescannter Fotos von Herbarbögen und anderem Referenzmaterial) aufzubauen (Abschn. 3.1.4). Die Sammlung von Belegmaterial entstand im Ergebnis von 67-jähriger Arbeit der ursprünglichen Abteilung „Systematik und Sortiment“ und all ihrer späteren Nachfolgerinnen, und sie ist generell, aber vor allem im Zusammenhang mit der Genbank von unersetzlichem Wert für das Erhaltungsmanagement (Abschn. 3.1.3). Erhaltung und Vergrößerung der Sammlungen erfordern kontinuierlich zuverlässige konservatorische Arbeit in großem Umfang, wofür Klaus Pistrick als Kustos seit 1989 verantwortlich ist.

3.2.3 Das Mansfeld-Verzeichnis

Als sein Hauptwerk hinterließ Rudolf Mansfeld das als Beiheft 2 der Institutszeitschrift „Die Kulturpflanze“ 1959 veröffentlichte „Vorläufige Verzeichnis landwirtschaftlich und gärtnerisch kultivierter Pflanzenarten (mit Ausschluss von Zierpflanzen)“, kurz „Mansfeld Verzeichnis“, heute „Mansfeld Encyclopedia“ (s. auch Abschn. 4.1). Darin sind von damals etwa 1.700–1.800 bekannten Kulturpflanzenarten 1.430 behandelt worden. Das Verzeichnis hatte 669 Seiten, war unter Mitwirkung von sechs Wissenschaftlern aus dem Institut entstanden, darunter vier aus der von Rudolf Mansfeld geleiteten Abteilung, und bildete zu jener Zeit die umfassendste Zusammenstellung über die im Titel benannten Kulturpflanzen (Abb. 4.2). Sein Werk wurde von seinen Schülern fortgesetzt. Jürgen Schultze-Motel edierte die 1986 gleichzeitig im Akademie-Verlag, Berlin, und im Springer Verlag, Berlin-Heidelberg-New York, erschienene 2. Auflage mit vier Bänden und insgesamt 1.998 Seiten. Sie behandelt 4.800 Arten, und an ihrer Abfassung waren zwölf Wissenschaftler aus dem Institut, davon zehn aus der FG „Taxonomie/Evolution“, beteiligt. Die 3. Auflage wurde 2001 von Peter Hanelt, der bereits im Ruhestand war, und dem IPK beim Springer Verlag herausgegeben und erschien erstmals in englischer Sprache. Zu den 21 Bearbeitern gehörten nicht nur Institutsmitarbeiter, sondern auch neun Wissenschaftler aus anderen Instituten in Deutschland und im Ausland. Das Werk war inzwischen auf 3.645 Seiten angewachsen und behandelte 6.100 von derzeit schätzungsweise 7.000 bekannten Kulturpflanzenarten. Seitdem ist sein Inhalt auch als „*Mansfeld's World Data Base of Agricultural and Horticultural Crops*“ im Internet abrufbar.[107] Unverändert bietet das Mansfeld-Verzeichnis in der Welt die bedeutendste, umfassendste und zuverlässigste Informationsquelle über landwirtschaftlich und gärtnerisch kultivierte Pflanzen. Darin sind alle Informationen über akzeptierte wissenschaftliche Namen, Synonyme, Populärnamen, natürliche Verbreitung, Anbaugebiete, Verwendungen, Kultivierungsgeschichte und Literaturquellen für die betreffenden Kulturpflanzen verfügbar.

[107] Knüpffer H, Ochsmann J, Biermann N (2001) The „Mansfeld Database“ in its national and international context. In: Knüpffer H, Hammer K (Hrsg) Rudolf Mansfeld and Plant Genetic Resources, Zentralstelle für Agrardokumentation und -information (ZADI), Bonn, 22: 32–34.

Aus der Geschichte der Herausgabe und den zugehörigen Daten[108, 109] ist erkennbar, dass die Arbeit am Mansfeld-Verzeichnis über mehr als 40 Jahre eine ständige Aufgabe für die meisten, wenn nicht alle wissenschaftlichen Mitarbeiter der „Taxonomie" war. Ergebnis der ständigen Erfassung und Auswertung von einschlägigen Literaturquellen für die 2. und 3. Auflage war auch die jährliche Veröffentlichung von bibliografischen Listen über Taxonomie und Evolution von Kulturpflanzen in der Institutszeitschrift „Die Kulturpflanze" für den Zeitraum von 1975 bis 1988 und anschließend weiter bis 1993 in anderen Zeitschriften; daran waren bis 1988 unter der Leitung von Jürgen Schultze-Motel praktisch alle wissenschaftlichen Mitarbeiter der FG beteiligt. Er hat auch in Analogie zum Mansfeld-Verzeichnis ein „Vorläufiges Verzeichnis der forstlich kultivierten Pflanzenarten" verfasst,[110] von dem es jedoch keine weiteren Auflagen gab, nachdem die Forstpflanzenforschung in Gatersleben 1968 beendet worden war (Abschn. 2.1.3.1).

3.3 Vom Gen zum Phän: die Erforschung komplexer genetischer Prozesse und ihre Nutzung

Es wird wenig verwundern, dass in einem Institut unter der Leitung des Genetikers Hans Stubbe genetische Fragestellungen und Methoden stets einen Schwerpunkt der Forschungsarbeit bildeten. Im Zentrum genetisch orientierter Forschung standen und stehen (a) die komplexen Prozesse, die sich auf vielen Ebenen zwischen Gen und Merkmal abspielen, (b) die Ermittlung der Beziehungen zwischen genetisch determinierten Orten im Genom bzw. bestimmten Genen (Genotypen) und definierten Merkmalen (Phänotypen) und (c) die vielfältigen und variierenden Einflüsse von biotischen und abiotischen Umweltfaktoren auf die Merkmalsausprägung. Beginnend mit den Mutationsversuchen von Hans Stubbe ist die Beziehung zwischen Genotyp und Phänotyp in mannigfacher Weise zwecks Aufklärung genetisch-molekularer Grundlagen und zwecks Nutzung gewonnener Erkenntnisse zur Lösung wichtiger praktischer, wirtschaftlich relevanter Probleme analysiert worden. In den folgenden Abschnitten werden die wichtigsten Forschungsstränge nebst bedeutenden Ergebnissen aufgezeigt. Viele der behandelten Themen waren in der praktischen Arbeit stärker miteinander verwoben, als die Texte das deutlich machen.

[108] Hammer K (2003), s. Fußnote Kap. 3/66.

[109] Pistrick K (2003) Mansfeld's Encyclopedia of Agricultural and Horticultural Crops and the Mansfeld phenomenon. In: Knüpffer H, Ochsmann J (Hrsg) Rudolf Mansfeld and Plant Genetic Resources, Zentralstelle für Agrardokumentation & -information (ZADI), Bonn, 22: 21–30.

[110] Schultze-Motel J (1966) Verzeichnis der forstlich kultivierten Pflanzenarten. Kulturpflanze Beiheft 4.

3.3.1 Mutationen, Mutagenese und Reparatur

Mutationsforschung und die Kulturpflanzenbank waren von Anbeginn tragende Pfeiler der wissenschaftlichen Ausrichtung des Instituts für Kulturpflanzenforschung. Während die Erforschung und Nutzung der Kulturpflanzenvielfalt durch den Einsatz neuer Technologien zunehmend größere Bedeutung erlangt, ist die Mutationsforschung als eigenständiges Forschungsgebiet heute insofern von geringerer Relevanz, als die Möglichkeiten der Mutationszüchtung prinzipiell abgeklärt sind (s. u.). Heute dienen in großem Umfang erzeugte Mutationen bzw. Mutanten vornehmlich als wichtige Werkzeuge bei der Genfunktionsanalyse und der Aufklärung von Zusammenhängen zwischen Genotyp und Phänotyp. Allerdings ermöglichen in jüngster Zeit neue, hocheffiziente Technologien die schnelle Sequenzanalyse ganzer Genome nach „spontaner" oder experimenteller Mutagenese und damit die exakte Bestimmung aller ausgelösten Mutationen auf der Nukleotidebene der DNA. Die so gewonnenen Datensätze erlauben einen ganz neuen Zugang zum Problemkreis Mutationen, Mutagenese und Reparatur.

Im Folgenden werden zentrale Linien der Gaterslebener Mutationsforschung nachgezeichnet.[111] Das Spektrum der untersuchten Arten war weitaus größer als nachfolgend dargestellt. Neben ganz unterschiedlichen krautigen Pflanzen wurden auch verschiedene Obstsorten, insbesondere Äpfel, zwischen 1955 und 1968 umfangreichen Mutationsversuchen mit Röntgenstrahlen (Abb. 3.13) unterworfen (Kurt Gröber). Hierbei traten neben genetisch interessanten Formen auch Mutanten von züchterischem Wert auf. Dieses „Material wurde den zuständigen Instituten zur weiteren Bearbeitung übergeben."[112]

3.3.1.1 Hans Stubbes Mutationsforschung an Gartenlöwenmaul (*Antirrhinum*) und Tomate (*Lycopersicon*)[113]

Die Geschichte der Mutationsforschung in Gatersleben beginnt bei Erwin Baur in Berlin bzw. auf Baurs Gut bei Müncheberg, wo Hans Stubbe im Sommer 1927 als Student der Landwirtschaftlichen Hochschule Berlin ein Praktikum absolvierte und sich von Baur für die Genetik begeistern ließ (s. Abschn. 1.1). Baur hatte zu dieser Zeit den einzigen Lehrstuhl für Vererbungswissenschaften in Deutschland inne und nutzte für seine Forschungen zu theoretischen Problemen der Genetik seit längerem vorzugsweise das Löwenmäulchen *Antirrhinum*. Entsprechend lautete das Thema der Inaugural-Dissertation von Hans Stubbe zur Erlangung der Doktorwürde an der Landwirtschaftlichen Hochschule Berlin: „Untersuchungen über experimentelle Auslösung von Mutationen bei *Antirrhinum majus*." Die Ergebnisse dieser Arbeit

---

[111] Eine knappe Übersicht zur Mutations-, Mutagenese und Reparaturforschung am Institut wurde 1994 veröffentlicht: Schubert I (1994) Mutagenese und Reparaturprozesse als Mittler von Variabilität und Konstanz des Erbmaterials. Biol. Zentralbl 11: 3–14.

[112] Stubbe (1982) s. Fußnote Kap. 1/19, hier S 105.

[113] Wesentliche Aspekte und Ergebnisse der Stubbe'schen Mutationsforschung sind von Böhme zusammengefasst worden: Böhme, H (1998) Hans Stubbe (1902–1989) – Mutationsforschung und Pflanzenzüchtung. Vortr Pflanzenzüchtg 40: 61–68.

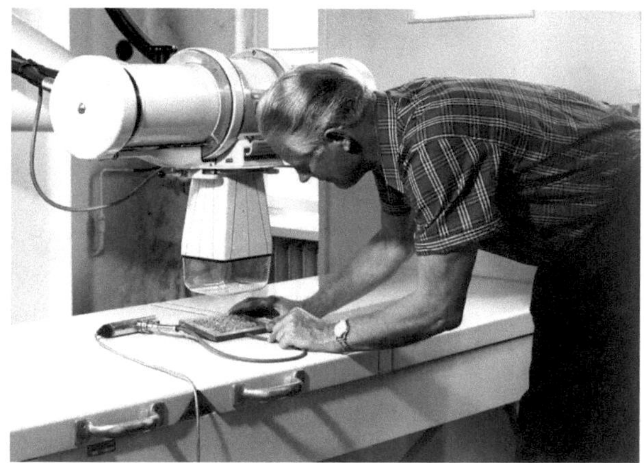

Abb. 3.13 Mutationsauslösung durch Bestrahlung von Samen in der Röntgenapparatur, die im Bestrahlungshaus des Physik-Gebäudes installiert war und dort von Erich Voigt (im Bild) bedient wurde

wurden 1930 im ersten Heft der von Baur neu begründeten und herausgegebenen Zeitschrift „Der Züchter" veröffentlicht. In den folgenden Jahren bis zur Institutsgründung 1943 publizierte Stubbe ca. 35 experimentelle Originalarbeiten, mehr als ein Dutzend Übersichtsdarstellungen und mindestens ebenso viele mehr populärwissenschaftliche Artikel, die alle der Mutationsforschung und ihrer potenziellen Anwendung gewidmet waren.[114]

Stubbe interessierte zunächst, a) wie und mit welchen Agenzien Mutationen ausgelöst werden können, b) ob sich aus der Mutationsforschung Schlüsse auf die Natur der Gene ergeben und c) welche Bedeutung insbesondere Kleinmutationen im Artbildungsprozess haben.[115] Er forderte zudem umfangreiche Mutationsversuche an Kulturpflanzen, um hierdurch in kurzer Zeit die Mannigfaltigkeit wesentlich steigern und dadurch für die Züchtung eine breitere Selektionsbasis schaffen zu können. Der Aufbau seines Instituts in Gatersleben bot ihm großzügige Möglichkeiten der Umsetzung dieser Forderung. Stubbe selbst arbeitete vorzugsweise mit Löwenmaul und Tomate. Er erweiterte das Baur'sche *Antirrhinum*-Sortiment um einige Hundert Mutanten, die in einer Monographie[116] beschrieben wurden und später in Köln[117] und Norwich[118] zur molekularen Charakterisierung von Transposons und homöotischen Genen der Blütenentwicklung wesentlich beitrugen. Die erzeugten Mutanten der Wild- (*Lycopersicon pimpinellifolium*) und der Kulturtomate (*L. esculentum*) wurden in einer Serie von Arbeiten in der „Kulturpflanze" zwischen

[114] Nach Kädings (1999, s. Fußnote Kap. 1/7) Bibliographie der publizierten Arbeiten von Hans Stubbe.

[115] Stubbe H (1934) Die Bedeutung der Mutationen für die theoretische und angewandte Genetik. Naturwissenschaften 22: 781–787.

[116] Stubbe H (1966) Genetik und Cytologie von *Antirrhinum* L. sect. *Antirrhinum*. Gustav Fischer, Jena.

[117] Max-Planck-Institut für Züchtungsforschung: Heinz Saedler und Mitarbeiter.

[118] John Innes Centre: Enrico Coen und Mitarbeiter.

Abb. 3.14 Wiederholung von Stufen der Evolution durch experimentelle Mutagenese bei der Tomate. Durch Röntgenbestrahlung von Samen der Wildtomate (*Lycopersicon pimpinellifolium*) wurden in fünf Stufen (**a–c**, Stufen 1–3, **d** Stufe 5) die Pflanzen mit den jeweils größten Früchten selektiert, deren Samen wiederum bestrahlt etc., bis in Stufe 5 die Fruchtgröße einer kleinfrüchtigen Handelssorte der Kulturtomate (*L. esculentum*) erreicht wurde; **e** Kulturtomate „Quedlinburger frühe Liebe". (Kombiniert aus den Abb. 1 und 3 in Stubbe, 1971, s. Fußnote Kap. 3/122).

1957[119] und 1972[120] beschrieben.[121] Neben Untersuchungen zur Genetik und Biochemie der Blütenfarbstoffe und der Biosynthese der Anthozyane, weitgehend in der Abteilung „Chemische Physiologie" durchgeführt, erbrachte Stubbe in eigenen Untersuchungen den evolutionsbiologisch wichtigen Nachweis, dass mittels wiederholter Mutation, ausgelöst durch Röntgenbestrahlung und Selektion, ausgehend von der Wildtomate modellhaft in nur vier bis fünf Schritten die Fruchtgröße der Kulturtomate annähernd erreicht werden konnte (Abb. 3.14) – bei gleichzeitiger Änderung der gesamten Wuchsform in Richtung *L. esculentum*. Prinzipiell ließ sich dieser Prozess auch umkehren, also aus einem Kulturmerkmal ein Wildmerkmal entwickeln.[122] Stubbe und Mitarbeitern gelang zudem der Nachweis, dass in Wild- und Kulturformen die gleichen Genvarianten/Mutationen (Allele) auftreten konnten (s. auch Abschn. 3.3.1.2).

Hans Stubbes Schüler untersuchten u. a. mit Tomatenmutanten die sog. Vegetative Bastardierung (Helmut Böhme, Martin Zacharias, s. Abschn. 2.1.2.2) und leisteten wichtige Beiträge zur genetischen Aufklärung des Phänomens der ‚Para-

[119] Stubbe H (1957) Mutanten der Kulturtomate *Lycopersicon esculentum* Miller I. Kulturpflanze 5: 190–220.

[120] Stubbe H (1957) Mutanten der Kulturtomate *Lycopersicon esculentum* Miller VI. Kulturpflanze 19: 185–230.

[121] Das gesamte Sortiment wurde wohl in den 1960er-Jahren an die 1951 gegründete Tomato Genetics Cooperative, jetzt Gainesville/USA, abgegeben.

[122] Z. B. Stubbe H (1967) On the relationships between the spontaneous and experimentally induced form diversity and some experiments on the evolution of cultivated plants. Abhandlungen Dtsch Akad Wiss Berlin, Klasse Medizin, Nr 2 (Erwin-Baur-Gedächtnisvorlesungen IV, 1966), Stubbe H (1971) Weitere evolutionsgenetische Untersuchungen in der Gattung *Lycopersicon*. Biol Zentrbl 90: 545–559.

mutation' (Rudolf Hagemann). Durch Arbeiten an der Tomatenmutante *chloronerva* wurde in breiter Kooperation die nicht-proteinogene Aminosäure Nicotianamin als wichtiger Regulator des Mineralstoffwechsels identifiziert und charakterisiert (s. Abschn. 3.4.1.1).

Der Evolutionsforscher Stubbe widmete ausführliche genetische Analysen auch solchen *Antirrhinum*-Mutanten, die Merkmale aufwiesen, die in verwandten Gattungen von taxonomischer Bedeutung sind, wie etwa radiär-symmetrische gegenüber den typischen zygomorphen Blüten des Löwenmauls. Auch auf diesem Feld der Makromutationen, wie Stubbe sie nannte, hat erst die Genetik in jüngster Zeit die molekularen Ursachen erhellen können. Die evolutionären Konsequenzen von Makromutationen im Einzelnen sind immer noch Gegenstand intensiver Forschungen.

Neben theoretischen Fragen wurden bei *Lycopersicon* auch praktisch-züchterische Probleme bearbeitet. So konnten auf Mutanten basierende und durch Kreuzungen verbesserte Stämme der Kulturtomate gefunden werden, die bei normalem Ertrag einen Vitamin-C-Gehalt von 175 % gegenüber dem Ausgangsmaterial aufwiesen.[123] Dieses Material wurde, wie in vielen anderen Fällen, an Züchtungseinrichtungen abgegeben, da sich das Institut selbst nie als Züchtungsinstitut verstand.

3.3.1.2 Arbeiten zur Mutationsauslösung an Gerste (*Hordeum*), Sojabohne (*Glycine*) und Ackerschmalwand (*Arabidopsis*)

Die Arbeiten zur Mutationsauslösung bei Gerste und Soja wurden in enger Anlehnung an die Stubbe'schen *Antirrhinum*-Versuche begonnen, waren jedoch viel stärker auf die Belange der Züchtung ausgerichtet. Von theoretischer Bedeutung war der Nachweis, dass sich eine Reihe erzeugter Mutanten als genetisch identisch mit Formen des Weltsortiments erwiesen, die zugrunde liegenden Mutationen also auch bereits „spontan“ aufgetreten waren. Aus der morphologisch-taxonomischen Analyse von mehr als 800 Gerstenmutanten im Vergleich zum Weltsortiment hatte Stubbe den Schluss gezogen, dass „alle im Weltsortiment der Gerste vorhandenen Eigenschaften und Merkmale, d. h. die volle Formenmannigfaltigkeit einschließlich der durch den Züchter hergestellten Varietäten, durch Mutationsauslösung und anschließende Kombination reproduziert werden können“.[124]

Die insbesondere durch Röntgenbestrahlung, aber auch Chemikalienbehandlung erhaltenen Gerste-Mutanten wurden bezüglich züchterisch wertvoller Merkmale (Rohproteingehalt [hierzu s. Abschn. 3.4.3.10], Mehltauresistenz, Standfestigkeit, Frühreife, Glattgrannigkeit sowie Nackt- und Großkörnigkeit) bonitiert und in umfangreiche Kreuzungsversuche einbezogen. Ausgewählte Pflanzen unterzog man dann mehrjährigen Leistungsprüfungen (Friedrich Scholz, Abb. 3.15), und wertvolles Mutantenmaterial wurde vorrangig an die Forschungsstelle für Getreidezüchtung der DAL in Hadmersleben abgegeben. Zwar weisen Stubbe und Scholz in einer

[123] Stubbe (1982) s. Fußnote Kap. 1/19, hier S 103.

[124] Böhme H (1998) s. Fußnote Kap. 3/113, hier S 66.

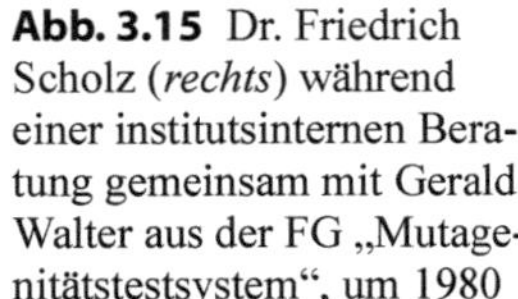

Abb. 3.15 Dr. Friedrich Scholz (*rechts*) während einer institutsinternen Beratung gemeinsam mit Gerald Walter aus der FG „Mutagenitätstestsystem", um 1980

populärwissenschaftlichen Übersicht[125] auf die Erfolge der Mutationszüchtung und insbesondere auf die außerordentlich erfolgreiche Sommergerste „Trumpf" hin, in die eine röntgeninduzierte Mutante aus der Tschechoslowakei und Landrassengene aus dem Gaterslebener Weltsortiment eingingen, doch insgesamt erfüllten sich die ursprünglich bezüglich der Mutationszüchtung von Kulturpflanzen gehegten, sehr hohen Erwartungen nicht.[126]

Im Zeitalter der Gentechnik hat ein neues Verfahren zur Erzeugung von Mutanten und zur Identifizierung mutierter Gene erhebliche Bedeutung erlangt, das sogenannte TILLING (*Targeting Induced Local Lesions IN Genomes*).[127] 2004 wurde innerhalb eines Kooperationsprojektes unter der Leitung von Nils Stein mit dem Aufbau einer TILLING-Population der Sommergerstensorte „Barke" begonnen mit dem Ziel, 10.000 Mutantenlinien zu entwickeln, deren DNA auf das Vorhandensein von Mutationen in beliebigen Gensequenzen mithilfe eines Standardverfahrens geprüft werden kann. 2007 verlief ein Screening von über 7.000 Linien auf Mutationen in fünf ausgewählten Genen erfolgreich,[128] sodass ein weiteres wichtiges Instrument für die Aufklärung von Gen-Funktionsbeziehungen durch die Analyse von TILLING-Linien mit Mutationen in bekannten Genen zur Verfügung steht.

[125] Stubbe H, Scholz F (1976) Induzierte Mutationen und Pflanzenzüchtung. Wissenschaft und Fortschritt 26: 13–17.

[126] Vgl Micke A (2008) Mutationsauslösung. In: Röbbelen G (Hrsg) Die Entwicklung der Pflanzenzüchtung in Deutschland (1908–2008). Gesellschaft Pflanzenzüchtg, Göttingen (Vortr Pflanzenzüchtg Heft 75) S 187–194.

[127] TILLING ist eine Methode, mit deren Hilfe Punktmutationen in einem bestimmten Gen gezielt identifiziert werden können. Mutagenisierung von Samen mittels EMS (Ethylmethansulfonat) wird kombiniert mit einem Screening-Verfahren, das DNA-Hybridmoleküle mit mutationsbedingten Basenfehlpaarungen, die von dem Restriktionsenzym *Cel*I erkannt werden, nachweist.

[128] IPK Jahresforschungsbericht 2007, S 34.

Während die Arbeiten an Gerste in der Stubbe-Ära vornehmlich die Erhöhung des Proteingehalts zum Ziel hatten, waren vergleichbare Arbeiten mit Soja (Martin Zacharias) auf die Entwicklung von Sorten gerichtet, die unter mitteleuropäischen Klimabedingungen ausreichende Erträge liefern würden. Auch diesen Arbeiten blieb der praktische Erfolg, die Entwicklung einer in Mitteleuropa anbau- und konkurrenzfähigen Sojasorte, versagt. Bislang wurde Soja in Deutschland nur in temperaturbegünstigten Lagen im Südwesten des Landes angebaut, doch begünstigt der Klimawandel einen verstärkten Anbau auch in weiteren Gebieten.

Mutationsforschung an *Arabidopsis thaliana* in Gatersleben ist eng an den Namen Andreas Müller gebunden. Müller war während seines Landwirtschaftsstudiums in Halle von Stubbe für die Genetik begeistert worden. Nach dem Studium arbeitete er zwei Jahre in Leningrad (jetzt St. Petersburg) u. a. mit Timofeev-Resovski und wurde mit *Drosophila*, aber auch mit *Arabidopsis* bekannt gemacht.[129] Zurückgekehrt startete er in Gatersleben 1960 ein umfangreiches Mutagenese-Forschungsprogramm mit *Arabidopsis* und wurde so zu einem der Pioniere, die diese Spezies als *das* Modellobjekt für die molekular ausgerichtete Pflanzenforschung etablierten. Noch als Doktorand entwickelte er einen Embryotest zum Nachweis rezessiver Letalfaktoren[130] (später nach ihm benannt als „Müller's *embryo lethal test*"), der zwar primär für umfangreiche Mutagenitätstestungen gedacht war, später aber intensiv für die Isolierung von Entwicklungsmutanten genutzt wurde.[131] Müller selbst beschrieb und charakterisierte einen Satz induzierter Embryoletalmutationen, die er *fusca* nannte.[132] Einige der *fusca*-Mutanten, speziell *fusca 3*, wurden und werden im IPK (Abschn. 2.4.3.2, Abt. „Molekulare Genetik") und weltweit intensiv für das Studium der Embryonal- und Samenentwicklung eingesetzt. Basierend auf seinem Embryoletaltest analysierte Müller die mutagene Wirkung einer Vielzahl von Chemikalien, untersuchte den Einfluss spezieller Vorbehandlungen und prüfte die Abhängigkeit des mutagenen Effektes von der gleichzeitigen Einwirkung von Stoffwechselinhibitoren, vom pH-Wert und von der Art der Nachbehandlung. Daneben beobachtete er detailliert Prozesse der Embryogenese und Blütenentwicklung, was sich u. a. in der sorgfältigen Beschreibung aufeinanderfolgender Stadien der Blüten- und Embryoentwicklung niederschlug.[133]

[129] 1961 erschien eine in Russisch abgefasste Arbeit über *Arabidopsis* als neues Experimentalobjekt für die Pflanzengenetik: Kvitko KV, Müller AJ (1961) *Arabidopsis thaliana* (L.) HEYNH, a new experimental plant for genetic investigations (in Russisch). Issledovanija po genetike (Leningrad) 1: 79–91.

[130] Müller AJ (1963) Embryonentest zum Nachweis rezessiver Letalfaktoren bei *Arabidopsis thaliana*. Biol Zentralbl 82: 133–163.

[131] Vgl. Müntz K, Jürgens G, Mendel RR (1994) Andreas Müller and his contributions to the development of plant genetics at Gatersleben. Biol Zentralbl 113: 35–42.

[132] Müller AJ, Heidecker U (1968) Lebensfähige und letale *fusca*-Mutanten bei *Arabidopsis thaliana*. Arabidopsis Inform Serv 5: 54–55.

[133] Eine Liste der von A. Müller publizierten Arbeiten findet sich bei Müntz et al (1994) s. Fußnote Kap. 3/131.

Abb. 3.16 Prof. Dr. Rigomar Rieger, stellvertretender Institutsdirektor von 1970–1987 und Leiter des wissenschaftlichen Bereiches „Molekulargenetik" (1970–1988) im ZIGuK, in seinem Arbeitszimmer, um 1990. (Foto und Bildrechte: Rita Schubert)

3.3.1.3 Mutationsforschung an den Chromosomen von Ackerbohne (*Vicia faba*) und Gerste (*Hordeum vulgare*)

Mutationen führen häufig auch auf chromosomaler Ebene zu lichtmikroskopisch gut analysierbaren Chromosomenaberrationen[134] und Schwesterchromatid-Austauschen (SCEs),[135] die in Gatersleben tiefschürfend insbesondere an Ackerbohnen- und Gerstenchromosomen analysiert wurden. Grundlage der auch international einzigartigen Untersuchungen zur Wirkung von Mutagenen auf pflanzliche Chromosomen waren die von Rigomar Rieger (Abb. 3.16) und Arnd Michaelis aufgebauten speziellen *Vicia faba*-Karyotypen (Abb. 3.17), die es erlaubten, „jedes Chromosomenpaar individuell zu erkennen und nahezu beliebige Positionsänderungen definierter Chromosomensegmente hinsichtlich ihres Einflusses auf die Häufigkeit und Verteilung Clastogen[136]-induzierter Chromosomenaberrationen zu untersu-

[134] Durch Mutageneinwirkung vor der DNA-Replikation entstandene Chromosomenbrüche, die mit Deletionen, Inversionen, Insertionen und symmetrischen wie asymmetrischen Austauschen einhergehen können.

[135] Austausch von gleichen Teilen der beiden Schwesterchromatiden innerhalb eines Chromosoms, der während der DNA-Replikationsphase erfolgt und durch eine spezielle Chromosomenfärbung nachweisbar ist.

[136] Als Clastogene werden Mutagene mit dem Vermögen zur Induktion chromosomaler Strukturumbauten (Aberrationen) bezeichnet.

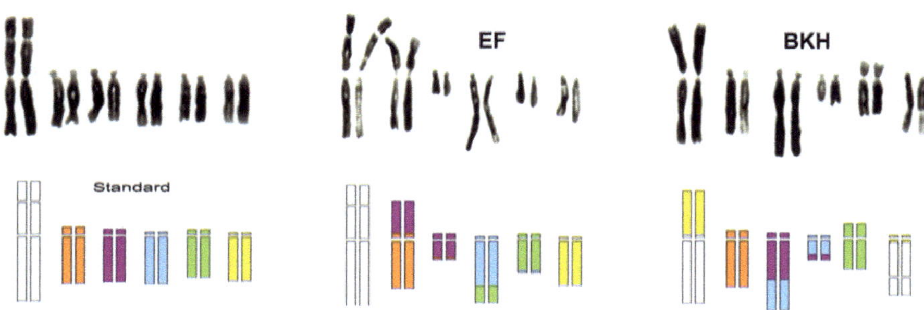

Abb. 3.17 Mitotische Chromosomen der Ackerbohne *Vicia faba* paarweise geordnet. *Obere Reihe*, *links*: der Standard-Karyotyp, *Mitte*: das 2. und das 3. sowie das 4. und das 5. Chromosomenpaar sind durch reziproke Stückaustausche (Translokationen E und F) verändert. *Rechts oben*: Veränderungen gegenüber dem Standard durch Austausche zwischen dem 1. und dem 6. Chromosom (*K*), dem 3. und dem 4. Chromosom (*H*) und eine perizentromerische Inversion im 5. Chromosom (*B*). *Untere Reihe*: *farbige* Chromosomen stellen die jeweiligen Strukturumbauten schematisch dar. Die einzelnen Chromosomenumbauten sind in der Gruppe von Rigomar Rieger und Arnd Michaelis durch Röntgenstrahlen erzeugt und durch nachfolgende Kreuzung kombiniert worden. (Original und Bildrechte: Ingo Schubert)

chen."[137] Die Behandlung der Zellen mit unterschiedlichsten Mutagenen (Chemikalien, Strahlen) ergab zunächst eine ungleichmäßige Verteilung der induzierten Aberrationen mit Häufungen in bestimmten Segmenten (*hot spots*), die vorzugsweise in heterochromatischen Regionen lokalisiert sind. Diese *hot spots* können mutagenspezifisch sein, vorzugsweise einen bestimmten Aberrationstyp enthalten und sich gegenseitig beeinflussen. Da sich die Verteilung von Aberrationen und SCEs entlang der Chromosomen nach Mutagen-Einwirkung prinzipiell unterscheidet (keine *hot-spots* für SCE im Heterochromatin), wurde auf unterschiedliche molekulare Entstehungswege dieser Mutationstypen geschlossen. Den präferentiellen Mustern der Aberrationsverteilung kommt einerseits eine Bedeutung in der Individualentwicklung zu; so sind z. B. spezielle Bruchpunkte in Säugerchromosomen mit Tumorbildung gekoppelt. Andererseits können Karyotypumbauten evolutionäre Bedeutung gewinnen, in dem sie Artbildungsprozesse einleiten oder fördern. Die Ergebnisse der cytologisch-cytogenetischen Untersuchungen der Arbeitsgruppe um Rigomar Rieger sind mehrfach zusammengefasst worden.[138,139] Sie wurden an ähnlich rekonstruierten Karyotypen der Gerste prinzipiell bestätigt und weisen pflanzentypische wie auch für Pflanzen und Tiere gleichermaßen gültige Aspekte auf. Bei Gerste wurde zudem das Phänomen der intrachromosomalen Nukleolar-

[137] Schubert I, Heindorf K, Rieger R, Michaelis A (1986) Prinzipien der chromosomalen Verteilung induzierter Chromatidenaberrationen bei *Vicia faba* und deren mögliche biologische Bedeutung. Kulturpflanze 34: 21–45, hier S 22.

[138] Schubert et al (1986) s. Fußnote Kap. 3/137.

[139] Schubert I, Pecinka A, Meister A et al (2004) DNA damage processing and aberration formation in plants. Cytogenet Genome Res 104: 104–108.

dominanz beschrieben,[140] nämlich die Tatsache, dass nur ein Nukleolusorganisator pro Chromosom zu normaler Transkriptionsaktivität, also zur Synthese ribosomaler RNA, fähig ist.

Neben der Mutationsforschung diente der Aufbau eines einmalig umfangreichen Sortiments von Linien der Gerste mit unterschiedlichsten Translokationen[141] durch Gottfried Künzel der Entwicklung der ersten physischen Karte des Gerstengenoms,[142] die Ihren Wert erst mit der vollständigen Sequenzierung des Gerstengenoms weitestgehend verlieren wird.

In den 1970er-Jahren waren erstmals „adaptive Antworten" von Bakterien- und Säugerzellen auf niedrige Mutagendosen beschrieben worden, d. h. nach Vorbehandlung mit nichttoxischen Dosen von z. B. Alkylantien antworten die Zellen auf nachfolgend toxische Dosen mit erhöhter Resistenz. Rieger und Mitarbeitern gelang es in internationaler Zusammenarbeit[143] dieses Phänomen erstmals auch an Pflanzen (Ackerbohne und Gerste) nachzuweisen. Die umfangreichen Befunde[144] zeigten: (a) Vorbehandlung mit niedrigen Dosen einer Reihe von Stressoren (Mutagene, Schwermetallsalze, Hitze) setzen die nachfolgende Aberrationsauslösung durch hohe Dosen deutlich herab, z. T. in Abhängigkeit vom Zeitintervall zwischen Vor- und Nachbehandlung, der Stressordosis in der Vorbehandlung und einer funktionierenden Proteinsynthese; (b) bei bestimmten Mutagenen (z. B. Alkylantien) ist der Schutzeffekt auf die entsprechende Substanz beschränkt, während ionisierende Strahlen und Schwermetallsalze einen generell protektiven Effekt haben; (c) die Daten weisen auf mehrere unabhängige Mechanismen hin, die Reparaturprozesse einschließen.[145]

Mit Beginn der 1990er-Jahre konnten aufgrund der veränderten Rahmenbedingungen modernste molekularbiologische Methoden in die cytogenetischen Analysen einbezogen werden. Beispielsweise gelang für die adaptive Antwort auf Behandlung mit dem alkylierenden Agens M-methyl-*N*-Nitrosoharnstoff (MNU) der Nachweis, dass die Masse der während der Vorbehandlung gesetzten DNA-Schäden durch eine Hierarchie von Prozessen korrekt repariert wird und dass nur 1 SCE pro > 40.000 bzw. 1 Chromatidenaberration pro ~ 25 Mio. alkylierter Guaninreste entstehen. Durch die von Ingo Schubert (Abb. 3.18) und Mitarbeiter erstmals für Pflanzen entwickelte Methode der spezifischen Färbung von unterschiedlichen Chromosomenbereichen (*chromosome painting*; s. Abschn. 3.3.3 und Abb. 3.19)

[140] Rieger R, Nicoloff H, Anastassova-Kristeva M (1979) „Nucleolar dominance" in interspecific hybrids and translocation lines – a review. Biol Zentralbl 98: 385–398.

[141] Translokationen sind „spontane" oder mutageninduzierte Verlagerungen von Chromsomensegmenten innerhalb eines Chromosomensatzes.

[142] Künzel G, Korzun L, Meister A (2000) Cytologically integrated physical restriction fragment length polymorphism maps for the barley genome based on translocation breakpoints. Genetics 154: 397–412.

[143] Kooperationspartner waren die Labore von C. Nicoloff/Sofia und S. Takehisa/Yokohama.

[144] zusammengefasst von Rieger R, Michaelis A, Takehisa S (1990) On adaptive responses of plant meristem cells *in vivo* – protection against induction of chromatid aberrations. In: Obe G, Natarajan AT (Hrsg) Chromosomal Aberrations: Basic and Applied Aspects. Springer, Berlin, S 163–179.

[145] Schubert (1994) s. Fußnote Kap. 3/111.

Abb. 3.18 Prof. Dr. Ingo Schubert, 1990–1991 Leiter des Bereichs „Cytogenetik" im IGK und der Abteilung „Cytogenetik" im IPK ab 1992, als Laudator für Bernd Eise 2010. (Foto und Bildrechte: Heike Ernst)

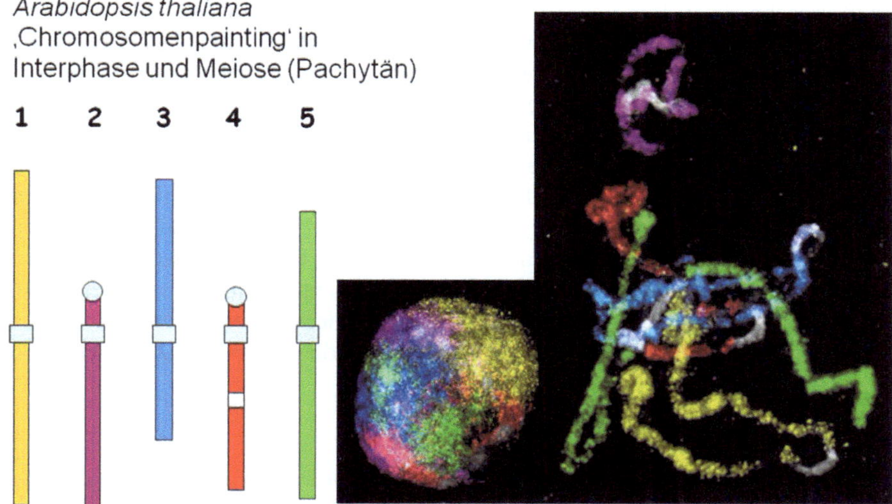

Abb. 3.19 *Chromosome painting* in *Arabidopsis thaliana* in Interphase (*Mitte*) und Meiose (Pachytän; *rechts*); *links* schematischer Chromosomensatz mit der Farbmarkierung der einzelnen Chromosomen. (Original und Bildrechte: Ingo Schubert)

konnten u. a. punktuelle Assoziationen homologer Chromosomenbereiche im Interphasekern nachgewiesen und ihre Rolle in der Ausbildung von Aberrationen diskutiert werden.[146] Insgesamt sind in jüngster Zeit die nach Mutationsinduktion

[146] Vgl. Schubert et al (2004) s. Fußnote Kap. 3/139.

ablaufenden molekularen Prozesse während der Umbau- und Reparaturprozesse zumindest teilweise erkennbar geworden.[147]

3.3.1.4 Somatische Zellgenetik mit Mutantenzelllinien des Tabaks (*Nicotiana tabacum* und *N. plumbaginifolia*)

In der aufblühenden Molekulargenetik der 1950er- und 1960er-Jahre dominierten Bakterien als Versuchsobjekte. Große und homogene Populationen konnten auf definierten Medien bei kurzer Generationszeit angezogen und Mutanten leicht isoliert werden. Das ermöglichte schnelle Erkenntniszuwächse in Genetik und Physiologie der Bakterien. Im gleichen Zeitraum hatte aber auch die *in vitro*-Kultivierung pflanzlicher Zellen und Gewebe und insbesondere die Gewinnung und Manipulation pflanzlicher Protoplasten[148] große Fortschritte gemacht und Hoffnungen geweckt, Pflanzen bald wie Mikroorganismen experimentell nutzen und manipulieren zu können. Diese Aussichten bewogen die Institutsleitung unter Helmut Böhme, einen Querschnittsbereich Zell- und Gewebezüchtung zu schaffen[149] sowie Andreas Müller aufgrund seiner großen Kompetenz in der *Arabidopsis*-Genetik (s. Abschn. 3.3.1.2) mit der Entwicklung einer somatischen Zellgenetik höherer Pflanzen im Institut zu beauftragen. Müller wählte *Nicotiana tabacum* als Versuchsobjekt,[150] weil sich aus den Blättern besonders gut intakte Protoplasten isolieren ließen und aus diesen vollständige Pflanzen regeneriert werden konnten. Thematischer Schwerpunkt war die Nitratassimilation. In diesem Prozess spielt das Enzym Nitratreduktase (NR) eine zentrale Rolle. Eine vertiefte Kenntnis der Nitratassimilation sollte auch Möglichkeiten für die Züchtung von Pflanzen mit verbesserter Ausnutzung der Stickstoffdüngung eröffnen. Zunächst gelang es Müller zusammen mit Reinhard Grafe in Zellkulturen, die aus haploiden Pflanzen gewonnen worden waren, unter Verwendung von Chlorat[151] NR-defiziente Zelllinien zu selektieren. Bei diesen insgesamt 36 Linien handelte es sich um die weltweit ersten auxotrophen Mutanten höherer Pflanzen.[152] Sie bildeten die Grundlage für eine ganze Serie von

---

[147] Vgl. Schubert et al (2004) s. Fußnote Kap. 3/139.

[148] Zellwandlose Zellen.

[149] Die Ergebnisse der Arbeiten des von Helmut Koblitz geleiteten QB „Zell- und Gewebezüchtung" sind 1982 wie folgt zusammengefasst worden: „Ein Gewebekultursortiment von verschiedenen Gersten-, Weizen-, Roggen- und Haferformen wurde angelegt und erhalten. Protoplasten aus Kalluskulturen der Gerste konnten isoliert und regenerierende Zellen unter Ausbildung neuer, potentiell unbegrenzt wachsender Kalluskulturen kultiviert werden. Es gelang die Etablierung von Systemen zur vegetativen Vermehrung von Kartoffel- sowie Tomatensorten und -arten *in vitro* unter Verwendung von Explantaten aus der Pflanze und aus ihnen hergestellten Kallusgeweben. Protoplasten aus Kalluskulturen von Tomaten sowie von Kartoffeln sind isoliert und die regenerierten Zellen mit nachfolgender Differenzierung zu intakten Pflanzen kultiviert worden." (Kulturpflanze 30: 348).

[150] Die Art ist amphidiploid (allotetraploid) und deshalb weniger geeignet als die diploide Wildart *N. plumbaginifolia*, doch standen für *plumbaginifolia* zur Zeit der Aufnahme der Arbeiten noch keine geeigneten Zellkulturtechniken zur Verfügung.

[151] Chlorat ist nach Aufnahme und Reduktion durch das Enzym Nitratreduktase (NR) zelltoxisch, sodass nur Zellen mit stark reduzierter oder fehlender NR-Aktivität die Behandlung überstehen.

[152] Müntz K et al (1994) s. Fußnote Kap. 3/131.

experimentellen Ansätzen und Publikationen.[153] Die Mutanten-Zelllinien konnten mittels eines Tests auf Xanthin-Dehydrogenase-Aktivität zwei Gruppen (*nia* und *cnx*) zugewiesen werden, in denen entweder das Apoenzym (*nia*) oder ein Molybdän-Cofaktor (*cnx*) defekt war.[154] Wurden Zellen beider Mutantentypen gemeinsam homogenisiert, konnte eine Rekonstitution der NR-Enzymaktivität gemessen werden: das inaktive NR-Apoenzym in den *cnx*-Mutanten wurde durch den intakten Cofaktor aus den *nia*-Mutanten komplementiert und die Enzymaktivität weitgehend wiederhergestellt. Damit war gezeigt, dass pflanzliche NR in Aufbau und Funktion dem Enzym der Pilze (*Neurospora* und *Aspergillus*) sehr ähnlich ist. Eine funktionelle Komplementation gelang auch mittels somatischer Zellhybridisierung, ein Verfahren, auf das die Züchtung bezüglich der Überwindung sexueller Kreuzungsbarrieren zwischen Arten große Hoffnungen setzte. Die Versuche bewiesen zudem die Eignung der Mutanten zur Selektion von Hybridzellen und die generelle Eignung der Protoplastenfusion für die genetische Analyse pflanzlicher Zellen.

Mitte der 1980er-Jahre wurden in internationaler Kooperation NR-Mutanten der diploiden Wildart *Nicotiana plumbaginifolia* in die genetisch-biochemische Charakterisierung und die somatischen Hybridisierungen einbezogen. Die über 40 detailliert analysierten Mutantenlinien[155] markierten insgesamt sieben Genorte (Loci): *nia* (Strukturgen des NR-Apoproteins), *cnxA* (für die Insertion von Molybdän in den Cofaktor verantwortliches Gen), *cnxB*, *cnxC*, *cnxD*, *cnxE* und *cnxF* (Gene, die verschiedene Schritte der Molybdo-Pterin-Synthese ermöglichen). Eine 1989 publizierte umfangreiche Übersicht[156] fasste abschließend[157] die Gaterslebener Arbeiten zur Nitratassimilation zusammen und ordnete sie in den allgemeinen Kenntnisstand ein.

Zu Pflanzen regenerierbare Protoplasten boten auch ein gutes Ausgangsmaterial für Gentransferexperimente. Sie konnten durch ein elektrisches Feld für DNA durchlässig gemacht werden. Mittels dieser Elektroporation ließen sich isolierte Gene oder konstruierte Genchimären gut auf ihre Funktionsfähigkeit testen (transiente Genexpressionsanalyse).[158] Eine Regeneration zu transgenen Pflanzen ist möglich, doch konzentrierten sich entsprechende Arbeiten in den 1980er-Jahren erfolgreich auf den *Agrobacterium*-vermittelten Gentransfer von Tabak unter Nutzung der Blattscheiben-Infektion (Abschn. 3.3.7.3).

[153] Müller AJ, Mendel RR (1989) Biochemical and somatic cell genetics of nitrate reduction in Nicotiana. In: Wray JL, Kinghorn JL (Hrsg) Molecular and genetic aspects of nitrate assimilation. Oxford University Press, Oxford, S 166–185.

[154] Da der Cofaktor auch für andere Enzymaktivitäten wie Xanthin-Dehydrogenase essentiell ist, ist dieses Enzym in den *cnx*-Linien parallel zur NR inaktiviert.

[155] Insgesamt waren 141 Nia^- und 70 Cnx^- *N. plumbaginifolia*-Linien isoliert worden.

[156] Müller AJ, Mendel RR (1989) s. Fußnote Kap. 3/153.

[157] Müller wandte sich nach der politischen Wende wieder *Arabidopsis* zu.

[158] (1987) Kulturpflanze 35: 486.

3.3.1.5 Mutationsgenetik und Reparatur bei Bakterien

Bereits früh in der Institutsentwicklung wurden auch Bakterien als Forschungsobjekte genutzt. In den 1950er-Jahren bearbeitete die Abteilung „Physikalische Physiologie" ein ganzes mikrobiologisches Themenspektrum: Fluoreszensmikroskopie der Kernäquivalente von Mikroorganismen, Einfluss von Ultraschall auf zellphysiologische Vorgänge, lichtbiologische Reaktionen nach Zugabe aus Pflanzen isolierter Farbstoffe („Lichtgifte"), Bildung von antibiotisch wirkenden Substanzen durch Bodenmikroorganismen und deren Rolle für die Lebensgemeinschaften des Ackerbodens sowie speziell die Charakterisierung von Hemm- und Förderungsstoffen aus Streptomyceten. In der Abteilung „Chemische Physiologie" wurde an Knöllchenbakterien sowie bis 1957 an der Erforschung der Nitratreduktion und -atmung autotropher Mikroorganismen gearbeitet.[159] Genetische Arbeiten gehen jedoch auf Helmut Böhme (Box 2.1) zurück, der 1957 im Neubau der Abteilung „Genetik und Cytologie" ein mikrobiologisches Labor aufbaute und in enger Kooperation mit Udo Taubeneck vom Akademieinstitut für Mikrobiologie und experimentelle Therapie in Jena mit genetischen Untersuchungen an *Proteus vulgaris* und *P. mirabilis* begann. *Proteus*-Bakterien sind wie *Escherichia coli* gramnegative, selten pathogene Enterobakterien. Zentrales Thema ist zunächst die Frage nach der Funktion der Zellwand für die Phagenadsorption und Vermehrung, später dann die Mutationsauslösung durch Vor- bzw. Nachbehandlungen der Bakterien mit mutagenen Chemikalien (z. B. $MnCl_2$, Alkylantien wie Ethylmethansulfonat etc.) vorzugsweise am Streptomycin-Locus von *P. mirabilis* durch Induktion von leicht nachweisbaren streptomycinunabhängigen Mutanten in streptomycinabhängigen Stämmen.[160] Auch in diesem System ließ sich wie an den Pflanzenchromosomen eine selektive Wirkung der verwendeten Mutagene bezüglich bestimmter Mutationstypen feststellen. Parallel untersucht wird die Mobilisierung chromosomaler DNA aus Bakterien zum einen mittels sich in die Wirts-DNA integrierender sogenannter temperenter Bakteriophagen als Vehikel zur Transduktion[161] und zum anderen mittels bestimmter Plasmide (Episome, R-Faktoren), die im Prozess der Konjugation[162] chromosomale Gene im Zell-zu-Zell-Kontakt übertragen, ein Prozess, der generell auch eine Genkartierung ermöglicht.[163] Ab 1967 wandte sich die Arbeitsgruppe, verstärkt durch neue Mitarbeiter, dem Nachweis der Reparatur von DNA-Schäden in Beziehung zur spontanen oder durch Einwirkung von Chemikalien- bzw. Strahlen (UV-, Röntgenstrahlen) induzierten Mutabilität zu. Phänotypisch differente (*uvr, exr/lex, rec*) Mutanten, die mehr oder weniger erhöhte Sensibilität nach UV- und Röntgenbestrahlung sowie Chemikalienbehandlung zeigen, werden intensiv untersucht. Als in den 1970er-Jahren Screening-Systeme zum sensiblen Nachweis potenzieller Mutagene bzw. krebsauslösender Stoffe gesucht wurden, entwickelten Helmut Böhme

[159] Angaben nach Stubbe (1982) s. Fußnote Kap. 1/19, hier S 41–142, 128, 163–173.

[160] Böhme H (1961) Über Rückmutationen und Suppressormutationen bei *Proteus mirabilis*. Z Vererbungslehre 92: 197–204.

[161] Übertragung von DNA zwischen Bakterien durch Bakteriophagen.

[162] Übertragung von DNA zwischen Bakterienzellen durch Plasmide über Plasmabrücken.

[163] Bei *Proteus* gelingt die Genkartierung allerdings erst mittels der Gentechnik (s. u.).

und Barbara Adler[164] einen doppelt reparaturdefekten *P. mirabilis*-Stamm, der im Mutagenitätstestlabor des Instituts (s. Abschn. 3.3.2) lange Zeit für die Routinetestung eingesetzt wurde. Die Analyse von bestimmten, aus einem umfangreichen Spektrum von Reparaturmutanten selektierten UV-sensiblen Mutanten mit erhöhter spontaner Mutabilität (Mutatormutanten) durch Böhme[165] und Adler erbrachte den Nachweis, dass Komponenten des DNA-Reparatursystems an der Korrektur von (potenziell letalen) DNA-Strukturveränderungen (u. a. Basenverlust, Modifikation von Basen etc.) beteiligt sind, wie sie spontan im Verlauf der chromosomalen Replikation auftreten. Diese Ergebnisse führten nach weiteren Analysen im Zusammenklang mit der internationalen Forschung zum Nachweis der DNA-*mismatch*-Reparatur, einer replikativen Korrekturfunktion, die die spontane Mutationsrate um Zehnerpotenzen auf ein Niveau von ca. 10^{-8} verringert.

Bereits um 1961 hatten Helmut Böhme und Margot Mates die Tatsache gut belegt, dass der Wildtyp von *P. mirabilis*, im Gegensatz zu *E. coli* und als Ausnahme unter den Bakterien, auf UV-Bestrahlung nicht mit erhöhter Mutabilität reagiert, also UV-mutagenstabil ist. Dieser Befund war Anlass für die Begründung eines neuen Schwerpunktes zur Erforschung von DNA-Reparatur und Mutagenese bei *P. mirabilis,* beginnend mit dem Jahr 1977, in dem Jürgen Hofemeister die Leitung der Arbeitsgruppe „Bakteriengenetik" übernommen hatte. Auf der Suche nach den Ursachen der fehlenden UV-Empfindlichkeit konzentrierten sich die Forschungsarbeiten schließlich auf (a) die Wirkungsweise des Gens recA (s. u.) und anderer Gene mit zentraler Bedeutung für induzierbare Reparaturfunktionen im komplexen Reaktionssystem der SOS-Reparatur (s. u.) und (b) die Suche nach Mutanten bei *E. coli* mit (analog zu *P. mirabilis*) geblockter UV-Mutabilität. Während sich hinsichtlich der RecA-Proteinfunktion (RecA induziert u. a. die Autoproteolyse von LexA und damit einen Satz von Reparaturgenen) keine prinzipiellen Unterschiede zwischen *P. mirabilis* und *E. coli* ergaben, konnte die *P. mirabilis* fehlende UV-Mutabilität auf den Ausfall einer bestimmten, mutagenen SOS-DNA-Polymerase-Funktion zurückgeführt werden. Zu diesem Befund führte die komplexe Analyse (a) der Gene eines bestimmten R-Faktors (R-46/pKM101), dessen Übertragung von *E. coli* in *P. mirabilis* die *E. coli*-typische UV-Mutabilität auch in *P. mirabilis* bewirkt,[166] und (b) der *uvm*-Mutanten von *E. coli*, die wie *Proteus*-Wildstämme UV-Mutagenese-resistent waren. Diese sog. *uvm*(*umuC*)-Mutanten konnte Gerhard Steinborn 1978 nach EMS-Behandlung isolieren.[167] Im Komplex führten diese Untersuchungen zu der Erkenntnis, dass SOS-Reparaturprozesse induziert werden, wenn Bakterien massiven schädigenden Einflüssen ausgesetzt sind, die auch zu einer Blockade

[164] Adler B, Braun R, Schöneich J, Böhme H (1976) Repair-defective mutants of *Proteus mirabilis* as a prescreening system for the detection of potential carcinogens. Biol Zentralbl 95: 463–469.

[165] Böhme H (1967) Genetic instability of an ultraviolet-sensitive mutant of *Proteus mirabilis.* Biochem Biophys Res Commun 2: 191–196.

[166] Hofemeister J, Köhler H, Filippov VD (1979) DNA repair in *Proteus mirabilis*. 6. Plasmid (R46-)mediated recovery and UV mutagenesis. Mol Gen Genet 176: 265–273.

[167] Steinborn G (1979) *Uvm* mutants of *Escherichia coli* K12 deficient in UV mutagenesis. II. Further evidence for a novel function in error-prone repair. Mol Gen Genet 175: 203–208.

der DNA-Replikation führen. Die SOS-„Grobreparatur" bewirkt eine stark erhöhte Mutationsrate und führt dadurch zu einigen überlebensfähigen Mutanten. Die Mutationserzeugung durch Reparatur ist in dieser Form als ein nicht auf Bakterien beschränkter genetischer Anpassungsmechanismus anzusehen, der die Überlebenschancen unter drastisch veränderten Umweltbedingungen durch Selektion „angepasster Mutanten" erhöht. Die bakterielle SOS-Funktion wird von den Proteinen RecA und LexA (ein Repressor von RecA und anderen SOS-Reparaturgenen) reguliert. Die Klonierung des *recA*-Gens von *P. mirabilis* durch Gudrun Eitner [Mönke] 1980[168] und seine Sequenzierung sowie Funktionsuntersuchungen mithilfe von gentechnisch veränderten (rekombinanten) Bakterienzellen, die RecA-Protein oder andere relevante Proteine nach Induktion in stark erhöhter Menge produzierten,[169] läuteten das Gentechnikzeitalter im Institut ein.

3.3.1.6 Mutageneseforschung an Säugerzellen

Im Jahresbericht für 1960 in der „Kulturpflanze" lesen wir: „Angesichts der Tatsache, dass in der DDR in keinem Institut genetische und cytogenetische Untersuchungen an Säugern durchgeführt werden, wurde von der Institutsleitung beschlossen, in Gatersleben eine Möglichkeit für derartige Arbeiten zu schaffen".[170] Mit diesen Arbeiten und der Einrichtung des im Herbst 1960 fertiggestellten kleinen Tierstalls am Gebäude „Genetik" wurde der gerade eingestellte Dipl.-Biol. Jörg Schöneich (Abb. 3.20) beauftragt.[171] Er beschaffte Goldhamster und drei Mäuse-Inzuchtstämme aus Jena und begann 1961 mit Untersuchungen zur radiomimetischen[172] Wirkung von Krebs-Chemotherapeutika auf die Chromosomen von Aszites-Tumorzellen, wobei der eventuellen Korrelation von kanzerogener und radiomimetischer Wirkung besondere Aufmerksamkeit galt. Geprüft wurde in den Folgejahren die Chromosomenaberrationen-induzierende Wirkung von verschiedensten Substanzen (z. B. Stickstoff-Lost, Triäthylenmelamin [beides Krebs-Chemotherapeutika], Nitrosamine, verschiedenste Basenanaloga, aber auch H_2O_2, Äthylalkohol und Coffein), z. T. unter stoffwechselphysiologisch unterschiedlichen Bedingungen. Dabei erwiesen sich Aszites-Tumoren als besonders geeignete Prüfsysteme, um Arzneimittel auf mutagene Wirkungen zun überprüfen, und sie wurden deshalb in dem 1974 eröffneten Mutagenitätstestlabor (s. Abschn. 3.3.2) neben anderen Tests in die Routineprüfung von Arzneimitteln und weiteren Chemikalien einbezogen. Rigomar

[168] Durchgeführt während eines Forschungsaufenthaltes im Institut für Mikrobiologie der sowjetischen Akademie der Wissenschaften in Pushtschino bei Moskau; s. Eitner G, Solonin AS, Tanyashin VI (1981) Cloning of a *recA*-like gene of *Proteus mirabilis*. Gene 14: 301–308.

[169] Z. B. Eitner G, Manteuffel R, Hofemeister J (1984) Functional substitution of the recE gene of *Bacillus subtilis* by the recA gene of *Proteus mirabilis*. Mol Gen Genet 195: 516–522.

[170] (1961) Kulturpflanze 9: 16.

[171] In Wirklichkeit hatte der Direktor, seiner Personalpolitik entsprechend (s. S. 18), Schöneich zwischen Maus und *Drosophila* wählen lassen und die Aufnahme von Mausarbeiten im Institut dann wie zitiert begründet (J Schöneich, pers. Mitt.).

[172] Radiomimetika sind chemische Substanzen, die die Wirkung von ionisierenden Strahlen imitieren, also Mutationen und Chromosomenbrüche erzeugen und eine cancerogene sowie cytostatische Wirkung haben.

Abb. 3.20 Dr. Jörg Schöneich (*links*), 1974–1988 Leiter des Mutagenitätstest-Laboratoriums (MTL) und der FG „Entwicklungsbiologie“ im ZIGuK, auf dem Richtfest für den Tierstall des MTL 1974 zusammen mit Bauarbeitern und dem zuständigen Architekten des ZIGuK, Erhard Teichfischer (2.v.r.). (Foto und Bildrechte: Norbert Franke)

Rieger[173] stellte in seiner Rückschau auf Forschungsleistungen 1969–1983 folgende Ergebnisse der Mutageneseforschung an Säugerzellen heraus:

- Adaptation und Weiterentwicklung der Mutagenitätsteste und Nachweis der entscheidenden Bedeutung der Pharmakokinetik für die mutagene Wirkung und Risikoeinschätzung von Chemikalien;
- Aufklärung der Wechselwirkung ausgewählter chemischer Agenzien *in vivo* und ihr Einfluß auf die Mutagenität, Charakterisierung des dem Säuger-Spot-Test[174] zugrundeliegenden Mutationstyps sowie Entwicklung eines Tests zum Nachweis von Punktmutationen in Spermien der Hausmaus.

Diese Arbeiten standen in enger Beziehung zum Forschungsprogramm „Komplexes Mutagenitätstestsystem der DDR“, das im folgenden Abschnitt näher beschrieben wird.

3.3.2 Mutagenitätstestung

Zwischen Herbst 1957 und Spätherbst 1961 wurde in der Bundesrepublik Deutschland das besonders Schwangeren empfohlene Beruhigungs- und Schlafmittel Contergan mit dem Wirkstoff Thalidomid verordnet, mit den bekannten fatalen Folgen. Allein in Deutschland wird die Zahl der mit Missbildungen Geborenen auf bis zu 4.000 geschätzt. Zwar hatte man auch in der DDR Interesse an der Herstellung des Präparates gezeigt, verfolgte den Plan aber aufgrund schwerwiegender Bedenken

[173] Rieger R (1985) Das Zentralinstitut für Genetik und Kulturpflanzenforschung Gatersleben der AdW der DDR im Zeitraum 1969–1983 – Versuch einer Rückschau auf Forschungsziele und ausgewählte Forschungsleistungen. Kulturpflanze 33: 19–31.

[174] Fellflecken-Test: Prüfung der Expression rezessiver Fellfarbenallele durch Inspektion der Fellscheckung in Mäusen, deren für mehrere Fellfarbengene heterozygote Mütter mit einem Mutagen behandelt wurden.

des Zentralen Gutachterausschusses nicht weiter.[175] Die vielen Contergan-Opfer hatten weltweit deutlich gemacht, dass die bislang üblichen, vornehmlich auf Toxizität ausgerichteten Testsysteme für die Arzneimittelzulassung durch Prüfverfahren auf teratogene und genotoxische Wirkung ergänzt werden mussten. Doch waren standardisierte Tests nicht verfügbar. Erst in den späten 1960er-Jahren entwickelte Bruce Ames den nach ihm benannten, einfachen und kostengünstigen Test, bei dem *Salmonella*- oder *E. coli*-Bakterien mit Punktmutationen in bestimmten Genen durch Mutagen-Einwirkung von Auxotrophie zu Prototrophie revertieren und dadurch auf selektiven Agarplatten wieder wachsen können. Allerdings ist die Übertragbarkeit der Testergebnisse auf den Säugerorganismus nicht gewährleistet, da stoffwechselbedingte Modifikationen besonders in der Leber eine nichtmutagene Substanz in ein Mutagen bzw. ein Mutagen in ein Nicht-Mutagen umwandeln können. Es waren also weitere Testverfahren notwendig.

3.3.2.1 Das Mutagenitätstestlaboratorium – MTL (1974–1991)

Durch die 1961 in Gatersleben begonnenen Untersuchungen zur chemischen Mutagenese an Säugerzellen (s. Abschn. 3.3.1.6) und die insgesamt großen Erfahrungen auf dem Gebiet der Mutagenitätsforschung bot sich die Hinwendung des Instituts zu dem gesellschafts- und gesundheitspolitisch wichtigen Thema der Testung von Substanzen auf ihre mögliche mutagene Wirkung an. 1967 wurde dem Akademiepräsidium seitens des Instituts ein unter Leitung von Jörg Schöneich erarbeitetes Forschungsprogramm vorgelegt, dessen Zielstellung es war „Ergebnisse der molekulargenetischen Grundlagenforschung, speziell der experimentellen Mutationsforschung im Interesse des vorbeugenden Gesundheitsschutzes für die Entwicklung von Testverfahren zur Prüfung von Umweltfaktoren auf Mutagenität nutzbar zu machen“.[176] Das Projekt „Komplexes Mutagenitätstestsystem der DDR“[177] beinhaltete zunächst die Entwicklung bzw. die Etablierung, Prüfung und Optimierung verschiedener Tests zwecks Entwicklung einer Testhierarchie zur Routineprüfung von relevanten Substanzen aus der Pharma- und chemischen Industrie auf mutagene Wirkung. In einer ersten Etappe waren ein entsprechendes Labor aufzubauen, die Routinetests einzuarbeiten und solche Tests vorübergehend für die Industrie durchzuführen. Die Routinetestung sollte jedoch anschließend möglichst zeitnah weitgehend in die Industrie überführt werden, denn es konnte „nicht die Aufgabe eines Forschungsinstituts der AdW sein ..., Routinetestungen für die chemische und pharmazeutische Industrie durchzuführen“.[178] Am 2. April 1974 wurde das Mutagenitätstest-Laboratorium (MTL) und etwas später der zugehörige neue Tierstall für 6.000–7.000 Mäuse im umgebauten Trakt F des Gebäudekomplexes „Genetik“ des ZIGuK seiner Bestimmung übergeben. Der Laboraufbau war aufgrund des no-

[175] http://de.wikipedia.org/wiki/Contergan-Skandal.

[176] Aus „Das Mutagenitätstestsystem des ZIGuK und die Testung von Umweltfaktoren auf Mutagenität“, eine von J. Schöneich unterzeichnete Darstellung für den Gesundheitsminister der DDR, Prof. L. Mecklinger, vom 9.7.1975. LHASA, MD, M 66, Nr. 13/5 ZIGuK Direktion, S 151–158.

[177] Komplexthema 2.1. der Hauptforschungsrichtung (HFR) 2 des Forschungsvorhabens MOGEVUS.

[178] s. Fußnote Kap. 3/176.

torischen Mangels an vielem Notwendigen ein Kraftakt gewesen, der nur termingerecht bewältigt werden konnte, weil die Institutsleitung (Helmut Böhme und Rigomar Rieger gemeinsam mit Jörg Schöneich) das Vorhaben mit großem Nachdruck verfolgte hatte und ihm seitens der Akademie und des Ministerrats hohe Priorität eingeräumt worden war. So bedurfte es z. B. eines Ministerratsvorstoßes, um die notwendigen Labormöbel vom VEB-Kombinat „Medizin- und Labortechnik Leipzig" trotz mehrfacher Abweisung doch noch rechtzeitig zu erhalten.[179]

Die Leitung des MTL lag bis 1988 in den Händen von Jörg Schöneich. Im September 1988 folgte er einem Ruf auf den „Lehrstuhl für Biologie" am „Institut für Biologie" an der medizinischen Fakultät der Universität in Halle.[180] Die Leitung des MTL übernahm Rolf Braun. Während die Substanzprüfungen für die Wirtschaft mit der Auflösung der großen DDR-Kombinate 1990 eingestellt wurden, liefen die Forschungsarbeiten 1990/1991 innerhalb der Arbeitsgruppe „Umweltmutagenese" des Wissenschaftlichen Bereiches I (Cytogenetik) weiter. Nach der Institutsneugründung 1992 wurden nur die Untersuchungen an Industriearbeitern in einer Arbeitsgruppe „Populationsmonitoring" (s. Abschn. 3.3.2.5) fortgesetzt und erweitert.

3.3.2.2 Die Gaterslebener Testhierarchie

Ein komplexes Mutagenitätstestsystem musste berücksichtigen, dass (a) Substanzen im Säugerorganismus durch den Stoffwechsel, aber auch durch Organismen z. B. der Darmflora in Mutagene umgewandelt werden bzw. umgekehrt ihre mutagene Wirkung verlieren können, dass (b) verschiedene Substanzen in Kombination neue oder andere Wirkungen entfalten können und dass (c) der Stoffwechsel insgesamt so modifiziert werden kann, dass Stoffwechselprodukte mit genetischem Risiko entstehen. Ferner waren die Empfehlungen der WHO zu erfüllen: Nachweis von Punkt-, Chromosomen- und Genommutationen; Analyse von Keimzellmutationen und (s. o.) Berücksichtigung der Metabolisierung der Testsubstanz. Hinzu kamen bei der Fülle der zu testenden Substanzen ökonomische Erwägungen. Der personelle, zeitliche und materiell-technische Aufwand sollte vertretbar sein. In Gatersleben entschied man sich für ein hierarchisches, dreistufiges Testsystem, das nach der Darstellung von 1975[181] folgende Tests enthielt:[182]

I. Mikrobiologische Tests
   1.1 Test zur Analyse von DNA-Schäden in *Proteus mirabilis*
   1.2 Spot-Test zur Analyse von Punktmutationen bei *Salmonella typhimurium*
   1.3 Submerstest bei S. *typhimurium* und *Serratia marcescens* zur Analyse von Punktmutationen

[179] LHASA, MD, M 66, Nr. 13/5 ZIGuK Direktion, S 75.

[180] Unter J Schöneichs Leitung erfolgte die Umbenennung in „Lehrstuhl/Institut für Humangenetik und medizinische Biologie".

[181] s. Fußnote Kap. 3/176.

[182] Die Entwicklung der mikrobiellen Tests hatte federführend in den Händen von Rolf Braun, die der cytologischen Tests in denen von Anna M. Wobus gelegen. Den Dominant-Lethal-Mutationstest und den Oocytentest etablierte Klaus Becker.

1.4 Mikrosomen-Assay mit S. *typhimurium* und Lebermikrosomen der Hausmaus zurAnalyse *in vitro* gebildeter mutagener Metabolite
1.5 *host-mediated* Assay zur Analyse von Punktmutationen unter Berücksichtigung des Säugerstoffwechsels

II. Cytologische Tests
2.1 Aszites-Tumor-*in vitro*- und -*in vivo*-Test zur Analyse von Chromosomenaberrationen nach akuter Behandlung von Tumor-Mäusen
2.2 Knochenmarktest an Hausmaus oder Ratte zur Analyse von Chromosomenaberrationen

III. Keimzellmutationsteste
3.1 Dominanter-Lethal-Mutationstest zur Analyse von Keimzellmutationen bei der Hausmaus
3.2 Oocyten-Test zur Analyse von Genommutationen in den Oocyten der Hausmaus.

Als zentral und auch von der WHO gefordert wurden die Tests 1.5 (*host-mediated* Assay), 2.2 (Knochenmarktest) und 3.1 (Dominant-Lethal-Test) eingestuft.[183] Sie waren gegebenenfalls durch andere der gelisteten Verfahren zu ergänzen. Bei positiven Ergebnissen waren für eine Extrapolation der Resultate auf den Menschen Dosis-Wirkungs-Beziehungen zu erstellen. Ferner wurde betont, dass eine endgültige Nutzen-Risiko-Abschätzung von Verbindungen mit mutagener Wirkung nur in enger Zusammenarbeit zwischen Genetikern, Toxikologen, Pharmakologen und Klinikern erfolgen könne.[184]

Als das Mutagenitätstestlabor 1974 in Betrieb genommen wurde, war es eine der ersten routinemäßig arbeitenden Einrichtungen dieser Art weltweit und das erste im Ostblock. „Mit dem … erreichten Entwicklungsstand [nahm] die DDR auf dem Gebiet der Mutagenitätstestung international eine Spitzenstellung ein".[185] Dies wurde unterstrichen durch die Ausrichtung der Jahrestagung der European Environmental Mutagen Society (EEMS) vom 26.9.1976–2.10.1976 in Gernrode/Harz, organisiert von Jörg Schöneich und Helmut Böhme.[186] Die erreichte internationale Position sollte durch die Einrichtung eines „Internationalen Zentrums für Zellgenetik, Mutationsforschung und Methodik der Mutagenitätstestung" im ZIGuK ausgebaut werden.

„Die Hauptzielstellung des Zentrums liegt in der postgradualen Weiterbildung wissenschaftlicher Kader der Akademien der Wissenschaften der sozialistischen Länder und in der Weiterentwicklung der internationalen Zusammenarbeit auf folgenden im Zentrum zu bearbeitenden Gebieten der Forschung:

[183] Schöneich J, Braun R (1975) Die Prüfung von Arzneimitteln auf Mutagenität. Zbl Pharm 114: 689–698.

[184] s. Fußnote Kap. 3/176.

[185] Zitiert aus dem Jahresabschlussbericht der HFR2 FV MOGEVUS, LHASA, MD, M66 ZIGuK Direktion 156/1, S 243/244.

[186] Die „Abstracts of papers presented at the Sixth Annual Meeting" der EEMS erschienen 1977 in Mutation Research 46: 185–244.

- Zellgenetik (Entwicklung, genetische Charakterisierung und Markierung von pflanzlichen und tierischen Zellinien, Aufbau von somatischen Hybridisierungssystemen, Gentransfer etc.)
- Mutationsforschung und Methodik der Mutagenitätstestung (Untersuchungen über Ursachen von Erbgutveränderungen sowie Entwicklung wirksamer Verfahren zur Erfassung erbgutschädigender Faktoren in der Umwelt des Menschen).“[187]

Das Zentrum sollte in einem neuen Laborgebäude untergebracht und vom Direktor des ZIGuK geleitet werden, mit einem unterstützenden wissenschaftlichen Rat aus Vertretern der teilnehmenden Akademien. Doch die gravierenden wirtschaftlichen Schwierigkeiten der DDR verhinderten die Realisierung dieses Plans. Auch gestaltete sich die Zusammenarbeit zwischen den sozialistischen Ländern bei weitem nicht so reibungslos, wie politisch erwünscht. So hatte es zwar im Oktober 1973 in Prag eine Beratung aller an Fragen der Mutagenitätstestung arbeitenden Wissenschaftler der RGW-Länder gegeben, und das ZIGuK hatte in der Folge zweiseitige Kooperationsvereinbarungen u. a. mit dem Moskauer Institut für Allgemeine Genetik der AdW der UdSSR abgeschlossen. Aber schon ein erster Versuch, drei Substanzen vergleichend in Moskau testen zu lassen, scheiterte. Es gab keine Rückinformation, obwohl aus der Literatur zu entnehmen war, dass die Substanzen getestet worden waren.[188]

3.3.2.3 Zusammenarbeit mit der Industrie

Die chemische und pharmazeutische Industrie der DDR war an zwei Formen der Mutagenitätstestung interessiert: 1. Vortestung aller noch in der Entwicklung befindlichen Verbindungen und Verbindungsgruppen und 2. Erstellung von Mutagenitätsgutachten für alle neu auf den Markt kommenden Verbindungen.[189] Das Gaterslebener Forschungsprogramm sah vor, Routinetestungen der Stufen I und II insbesondere für Vortests direkt in die Industrie zu überführen. Das bereitete allerdings Schwierigkeiten. In einem internen Bericht über die Arbeit des MTL 1977 ist zu lesen:[190] „Da das Labor Graupa[191] nicht wie geplant ins Laufen kam, mussten weitere Routine-Teste für die Industrie [in Gatersleben]... durchgeführt werden.“ Hauptursache des verzögerten Aufbaus war, wie Jörg Schöneich bei einem Besuch in Graupa im Februar 1977 feststellte,[192] die fehlende Bereitstellung der notwen-

[187] Zitiert aus einer entsprechenden Konzeption, die am 14.3.1974 an den Direktor des FZMM, Prof. Scheler, gesandt wurde (LHASA, MD, M 66, Nr 13/5 ZIGuK Direktion 13/5 S 89–91).

[188] LHASA, MD, M 66, Nr. 13/4 ZIGuK Direktion, S 56.

[189] Nach: „Einschätzung der im Zeitraum 1971–1975 erzielten und zu erzielenden Ergebnisse für Aufbau und Nutzung des „Komplexen Mutagenitäts-Testsystems der DDR“ (Komplexthema 2.1. der HFR 2). LHASA, MD, M 66, Nr. 13/5 ZIGuK Direktion, S 24–29.

[190] LHASA, MD, M 66, Nr. 13/5 ZIGuK Direktion, S 52.

[191] In Graupa bei Dresden befand sich die Außenstelle für Toxikologie des VEB Arzneimittelwerks Dresden, in dem das Mutagenitätstestlabor für die Pharmaindustrie der DDR mit wissenschaftlich-technischer und personeller Unterstützung des Gaterslebener Instituts aufgebaut wurde.

[192] LHASA, MD, M 66, Nr. 13/5 ZIGuK Direktion, S 136–137.

digen Geräte und Biochemikalien durch das zuständige, 1970 zum Kombinat erhobene Arzneimittelwerk Dresden (AWD), Zentrum der Arzneimittelforschung der DDR. Eine nach dem Besuch erfolgte „Signalmeldung“ an die Akademieleitung zeigte jedoch schnelle Wirkung, denn bereits im Sommer 1977 konnte bei einer „Plankontrolle“ die Funktionsfähigkeit des Labors festgestellt und ein Anlaufen der Routinetestung im Oktober 1977 vorgesehen werden.

Probleme gab es aber auch in einem anderen Punkt. Dem ZIGuK war staatlicherseits die Beurteilung der von der Industrie durchgeführten Mutagenitätstests, als Obergutachtertätigkeit bezeichnet, zugesprochen worden, der sich das AWD jedoch zu entziehen suchte. In einer Hausmitteilung an den Institutsdirektor Helmut Böhme vom 18. September 1979 weist Rolf Braun, Mitarbeiter von Jörg Schöneich, zunächst darauf hin, dass Graupa „die Anforderungen aus der Industrie nicht völlig abdecken“ kann und konstatiert dann: „Weiterhin erhalten wir keine Einsicht in die Testprotokolle über durchgeführte Routineprüfungen, obwohl hierüber klare Vereinbarungen abgeschlossen wurden“.[193] Die Anforderungen aus der Industrie musste vielmehr das ZIGuK abdecken, und so nahmen Routinetestungen weiterhin einen breiten Raum ein. Ein Bericht aus dem Jahre 1977[194] nennt als „Kunden“ die Betriebe Jenapharm, Fahlberg-List Magdeburg, Synthesewerk Schwarzheide, Chemiekombinat Bitterfeld, Arzneimittelwerk Dresden und das Forschungszentrum für chemische Toxikologie Leipzig. Durchschnittlich waren für jeden Betrieb drei bis zehn Substanzen in ein bis mehreren Tests geprüft worden. Für jede Substanz wurde ein separater Vertrag abgeschlossen. In einer Briefantwort auf eine Testanfrage aus der Industrie teilte Jörg Schöneich mit, „dass ein komplettes Mutagenitätsgutachten normalerweise etwa 70–75.000 Mark“ koste, ein Dominant-Lethaltest 35.000 Mark.[195]

1977 begannen in Zusammenarbeit mit dem Chemischen Kombinat Bitterfeld populationsgenetische Untersuchungen zur Bestimmung des genetischen Risikos von chemisch exponierten Personen mithilfe cytologischer Techniken, die bis über die Wende hinaus weitergeführt wurden (Edith Hüttner und Mitarbeiter). Getestet wurde das Vorliegen von Chromosomenaberrationen und Schwesterchromatid-Austauschen (SCEs)[196] in peripheren Blutzellen. Diese Untersuchungen erbrachten u. a. starke Hinweise auf (a) ein erhöhtes genetisches Risiko von Personen mit Cyclophosphamidexposition und (b) eine co-mutagene Wechselwirkung zwischen Zigarettenrauch und im Produktionsprozess freigesetzten Chemikalien, im speziellen Fall wohl 2-Acetamido-4-nitrophenol.[197] 1989 wurden zusätzliche Arbeiten zum

[193] LHASA, MD, M 66, Nr. 13/4 ZIGuK Direktion, S 4–6.

[194] LHASA, MD, M 66, Nr. 13/5 ZIGuK Direktion, S 43–44.

[195] Brief J Schöneich an VEB APOGEPHA vom 4.3.1977. LHASA, MD, M 66, Nr. 13/5 ZIGuK Direktion, S 8.

[196] s. Fußnote Kap. 3/135.

[197] Tanner B, Schöneich J, Hüttner E, Steinbicker V (1990) Cytogenetic monitoring of chemical workers in production of the drug 1-propoxy-2-acetoamino-4-nitrobenzol with reference to their smoking habits. Mutat Res 241: 291–295.

genetischen Risiko von Arbeitern der mikroelektronischen Industrie aufgenommen (Rolf Braun, Edith Hüttner).

3.3.2.4 Forschungsarbeit im Testlabor

Nach Überführung der Routinetestung in die Industrie sollten beim Institut folgende Aufgaben verbleiben:[198]

- Weiterentwicklung und Optimierung der Testsysteme,
- Beurteilung der von der Industrie durchgeführten Mutagenitätstests (Obergutachtertätigkeit),
- Testung von Umweltfaktoren, die nicht einem spezifischen Industriezweig zugeordnet werden können,
- Postgraduale Weiterbildung von Kadern der Industrie, der Akademien und anderer Institutionen der sozialistischen Länder.
- Hinzu kamen:
  Forschungen zu den Beziehungen zwischen Mutagenese, Kanzerogenese und Teratogenese, denn es hatte sich international der Trend abgezeichnet, die Mutagenitätstestung als relevanten Vortest auf Kanzerogene einzusetzen.

Den Schwerpunkt der Arbeiten bildete die Weiterentwicklung und Optimierung der Testsysteme. In der zweiten Hälfte der 1970er-Jahre wurde die Optimierung der mikrobiologischen Mutagenitätstests abgeschlossen und eine Methode zur Erfassung mutagener Luftverunreinigungen mithilfe von Mikroorganismen entwickelt,[199] ebenso wie ein Genmutationstest mit *in vitro* kultivierten Hamsterzellen unter Verwendung mikrosomaler Aktivierungsgemische und ein Sperma-Anomalietest zur Erfassung vom Umweltmutagenen. Letzterer erwies sich aber für Screening-Verfahren als ungeeignet.[200] Mithilfe des *host-mediated assay* wurde die Bildung mutagener und kanzerogener Nitrosamine *in vivo* aus Pharmaka mit tertiärer Aminstruktur und Nitrit nachgewiesen.[201] Auch gelang die Aufklärung des mutagenen Wirkmechanismus phosphoorganischer Insektizide.[202] In den frühen 1980er-Jahren wurde intensiv an der Etablierung eines Genmutationstests an Spermien der Hausmaus über den histochemischen und enzymologischen Nachweis mutativ veränderter Enzymproteine gearbeitet (LDH-X-Test). Mit diesem Test wurden für Nitrosoäthylharnstoff nichtlineare Dosis-Wirkungs-Beziehungen und deutliche Effekte von Dosisfraktionierungen nachgewiesen.

Zwei zentrale Probleme behindern immer wieder unmittelbar die genannten Forschungsarbeiten. Zum einen fehlt es – ein generelles Problem – an Biochemikalien, zum anderen an wissenschaftlicher Arbeitskraft. Da für die Routinetestung kaum

[198] s. Fußnote Kap. 3/176.

[199] Abschlussbericht für die HFR 4.04.01. LHASA, MD, M 66, Nr. 13/4 ZIGuK Direktion, S 45, 46.

[200] (1979) Kulturpflanze 27: 288/289.

[201] (1980) Kulturpflanze 28: 421/422.

[202] (1981) Kulturpflanze 29: 501.

Wissenschaftler zu gewinnen waren,[203] musste häufig das vorhandene Personal diese Aufgabe übernehmen bzw. betreuen. Zudem wurden die gleichen Wissenschaftler mehr und mehr in das neue Forschungsprogramm „Genetisch orientierte Entwicklungsbiologie der Säuger" (s. Abschn. 3.3.9) einbezogen.

Mitte der 1980er-Jahre wurde der H(G)PRT-Genmutationstest[204] an Lymphocyten der Hausmaus als „wertvolle Ergänzung des komplexen Mutagenitätstestsystems, insbesondere für eine quantitative Risikoabschätzung" etabliert[205] und bis Mitte der 1990er-Jahre weiter bearbeitet (s. u.) Das MTL beteiligte sich mit dem Knochenmarktest und dem Säuger-Spot-Test an der von der WHO organisierten Studie „*Collaborative Study on Short-term Tests for Genotoxicity and Carcinogenicity*".[206] Auch die bereits erwähnten Untersuchungen von Arbeitern der chemischen und mikroelektronischen Industrie wurden fortgesetzt.

3.3.2.5 Populationsmonitoring 1992–1996

Im Rahmen der Neuordnung der ostdeutschen Forschungslandschaft nach der politischen Wende 1989/1990 hatte die Leitung des Instituts in ihren Vorschlägen für die „Schwerpunktbereiche künftiger Forschung" nach 1991 die „genetische Wirkung von Umweltfaktoren" zwar als wichtiges Thema benannt, doch war das externe Gründungskomitee diesem Vorschlag nur insoweit gefolgt, als es im Rahmen einer nach fünf Jahren auslaufenden sogenannten Verstärkerfondstelle für Edith Hüttner die Fortführung der Arbeiten zum Populationsmonitoring befürwortete. Durch erfolgreiche Drittmitteleinwerbung konnten in den Jahren 1992–1996 genetische und cytogenetische Untersuchungen zur Bestimmung arbeitsplatzbedingter genotoxischer Risiken an Beschäftigtengruppen der mikroelektronischen, chemischen und metallverarbeitenden[207] Industrie, aber auch nach einem Chemieunfall, bei dem Vinylchlorid freigesetzt worden war, durchgeführt werden. Mittels Klonierung menschlicher T-Lymphocyten und Einsatz von Multiplex-PCR gelang u. a. die Ermittlung von Genmutationsfrequenzen und Mutationsspektren des HPRT-Gens,[208] und im Mai 1995 konnte das IPK den Europäischen HPRT-Workshop ausrichten.[209]

[203] In einem Bericht des MTL über das Jahr 1977 wird unter den Problemen an erster Stelle „die Nichterfüllung des Kaderplanes bei der Einstellung von Hochschulkadern" genannt. LHASA, MD, M 66, Nr 13/4 ZIGuK Direktion, S 53–54.

[204] Im Test wird eine Mutation des Hypoxanthin-Guanin-Phosphoribosyltransferase(HGPRT)-Gens nachgewiesen, durch welche die Zellen gegenüber 6-Thioguanin und 8-Azaguanin resistent werden. Ohne die inaktivierende Mutation können die Zellen im Medium mit 6-Thioguanin und 8-Azaguanin nicht überleben, da das aktive HGPRT-Enzym diese Substanzen zu toxischen Nukleotiden umsetzt. Der Test kann mit und ohne metabolische Aktivierung durchgeführt werden.

[205] (1986) Kulturpflanze 34: 370.

[206] (1986) Kulturpflanze 34: 370.

[207] Sekundärkupferhütten.

[208] S. z. B. Hüttner E, Holzapfel B (1996) HPRT mutant frequencies and detection of large deletions by multiplex-PCR in human lymphocytes of nivyl chloride exposed and nonexposed populations. Toxicol Lett 88: 175–183.

[209] S. (1996) Mutat Res 359: 71–76.

Mit dem Auslaufen der Arbeitsgruppe am 31.12.1996 fand ein wichtiges Kapitel der Institutsgeschichte, nämlich das der Mutagenitätstestung, seinen Abschluss.

3.3.3 Chromosomenstruktur und -evolution

Chromosomen sind die zentralen, im Kern lokalisierten Träger der Erbinformation in höheren Organismen. Sie setzen sich aus DNA und Proteinen,u. a. den basischen Histonen, zusammen; dabei bilden DNA und Histone Verpackungsstrukturen, die Nukleosomen. Die Grundlagen für Arbeiten zur Chromosomenstruktur- und funktion im Institut waren im Zuge der Mutationsforschung an Ackerbohnen- und Gerstenchromosomen erarbeitet worden (s. Abschn. 3.3.1.3). Für breit angelegte, seit Mitte der 1980er-Jahre durchgeführte Untersuchungen zur Struktur und Evolution von Chromosomen und Chromosomenbeständen (Ingo Schubert und Mitarbeiter) standen gezielt erzeugte und spontan entstandene, abgewandelte Chromosomenbestände von Ackerbohne, Gerste und Zwiebel (*Allium cepa*) zur Verfügung, d. h. Karyotypen mit einfachen bzw. kombinierten homozygoten Chromosomenumbauten. Unter Nutzung der Ackerbohnenkaryotypen wurden neue, im Evolutionsprozess bedeutsame Mechanismen zur Änderung der Chromosomzahl beschrieben und andere experimentell bestätigt.[210]

Kreuzungen von Individuen mit bestimmten, primären Chromosomenumbauten wie Translokationen und Inversionen führten über Rekombinationen in der Meiose zu gezielten sekundären Umbauten, die systematisch zur Verlängerung bzw. Verkürzung der beteiligten Chromosomen eingesetzt wurden. Aus den gewonnenen Daten konnte eine allgemeine Regel abgeleitet werden, die besagt, dass es eine Obergrenze für die Länge von Chromosomenarmen gibt, über der die mitotische Stabilität der Chromosomen und in der Folge Vitalität und Fertilität des Organismus stark gefährdet sind.[211] Darüber hinaus konnte gezeigt werden, dass in diploiden Pflanzen Chromatin-Duplikationen leicht, die entsprechenden Deletionen dagegen im Regelfall nicht toleriert werden.[212]

Über einen, für viele weitere Untersuchungen entscheidenden methodischen Durchbruch konnte die Arbeitsgruppe um Ingo Schubert 2002 berichten. Erstmals gelang bei diploiden Pflanzen das *chromosome painting*, d. h. die Markierung unterschiedlicher Chromosomenarme bzw. -abschnitte durch verschiedene Farbstoffe (Fluorochrome) mittels Fluoreszenz-*in situ*-Hybridisierung (FISH). Die Technik war für Säugerchromosomen Ende der 1980er-Jahre beschrieben worden, an pflanzlichen Chromosomen aber stets gescheitert. Mittels *painting* konnte jetzt im Interphasekern von *Arabidopsis thaliana* die räumliche Anordnung der dekonden-

[210] Vgl. Schubert I, Rieger R (1985) A new mechanism for altering chromosome number during karyotype evolution. Theor Appl Genet 70: 213–221.

[211] Schubert I, Oud JL (1997) There is an upper limit of chromosome size for normal development of an organism. Cell 88: 515–520.

[212] Schubert I, Rieger R, Michaelis A (1988) On the toleration of duplications and deletions by the *Vicia faba* genome. Theor Appl Genet 76: 64–70.

sierten, in der Standardmikroskopie nicht sichtbaren Chromosomen in sogenannten Chromosomenterritorien beschrieben werden (Abb. 3.19).[213] Auch gelangen der Nachweis einer Genom-Verdreifachung während der Evolution der Kreuzblütengewächse (*Brassicaceae*) und die Aufklärung des Mechanismus der Chromosomenzahlreduktion während der Evolution verschiedener Kreuzblütlergruppen.

3.3.3.1 Zentromere und Telomere

Große Aufmerksamkeit wurde den Zentromeren geschenkt, Einschnürungsstellen in Metaphasechromosomen, die die Schwesterchromatidentrennung während der Zellteilung ermöglichen. Zunächst gelang es, zentromerische DNA-Sequenzen der Gerste zu isolieren. Sie erwiesen sich überraschenderweise als Abkömmlinge springender DNA, nämlich als Retroelemente vom Ty3-gypsy-Typ, die zusammen mit artspezifischen Satelliten-DNA-Sequenzen die DNA-Komponente von Getreide-Zentromeren bilden.[214] Anhand von verkürzten und an das Weizengenom addierten Chromosomenarmen (Telosomen) der Gerste konnte zusammen mit japanischen Wissenschaftlern erstmals für Pflanzen eine Zentromerneubildung nachgewiesen werden.[215] Die Aufrechterhaltung der Zentromerstruktur wird bei *Arabidopsis* durch den Einbau der zentromerspezifischen Histonvariante CENH3 in die zentromerischen Nukleosomen während der späten Interphase des Zellteilungszyklus ermöglicht.[216] Dieser Mechanismus war für Eukaryoten unbekannt und ist evolutionär älter als der später für Tiere beschriebene Einbau von CENH3 nach der Trennung der Schwesterchromatiden in der Mitose.

Neben den Zentromeren bilden die Telomere wichtige Strukturelemente eukaryotischer Chromosomen. Telomere sind spezielle, an den Chromosomenenden lokalisierte Strukturen, die den Chromosomen Stabilität verleihen und DNA-Verluste bei der Replikation der Enden verhindern. Sie sind in nahezu allen Pflanzenfamilien durch kurze, hochrepetitive DNA-Sequenzen gekennzeichnet. Allerdings wiesen Schubert und Mitarbeiter deren Fehlen in Zwiebeln nach. Die Chromosomenenden der Küchenzwiebel enthalten u. a. eine 375-Basenpaare lange Satelliten-DNA, Retroelement-DNA und an einigen Chromosomenenden DNA-Einheiten, die für ribosomale RNA kodieren (rDNA). Für diese rDNA war bereits 1984 das „Springen" von einer Telomerposition zu anderen gezeigt worden. Hierfür könnte die Einbettung in Retroelement-DNA (= „springende" DNA) oder eine rekombinative Über-

---

[213] Pecinka A, Schubert V, Meister A et al (2004) Chromosome territory arrangement and homologous pairing in nuclei of *Arabidopsis thaliana* are predominantly random except for NOR-bearing chromosomes. Chromosoma 113: 258–269.

[214] Presting GG, Malysheva L, Fuchs J, Schubert I (1998) A *TY3/GYPSY* retrotransposon-like sequence localizes to the centromeric regions of cereal chromosomes. Plant J 16: 721–728.

[215] Nasuda S, Hudakova S, Schubert I et al (2005) Stable barley chromosomes without centromeric repeats. Proc Natl Acad Sci USA 102: 9842–9847.

[216] Lermontova I, Schubert V, Fuchs J et al (2006) Loading of *Arabidopsis* centromeric histone CENH3 occurs mainly during G2 and requires the presence of the histone fold domain. Plant Cell 18: 2443–2451.

tragung als Ausgleich zur replikationsbedingten Verkürzung der Chromosomenenden verantwortlich sein.[217]

3.3.3.2 B-Chromosomen

Als weiteres Untersuchungsobjekt im Rahmen der IPK-Chromosomenforschung brachte Andreas Houben die B-Chromosomen ein. B-Chromosomen treten in einigen Arten zusätzlich zum normalen Chromosomensatz auf. Interessanterweise verfügen sie über einen Mechanismus, sich „eigennützig“ in der Keimbahn anzureichern, was zu nicht mendelnder Vererbung führt. Um 2005 konnten Houben und Mitarbeiter nachweisen, dass spezifische B-Chromosom-DNA-Sequenzen in nicht kodierende RNA transkribiert werden, die eine Rolle bei der oben erwähnten bevorzugten Weitergabe der B-Chromosomen spielen könnte.[218] Zur Aufklärung des evolutionären Ursprungs dieser nicht-essentiellen Chromosomen wurde 2009 die Sequenzanalyse des B-Chromosoms des Roggens initiiert (Andreas Houben und Kollegen).

3.3.3.3 Interphasecytogenetik

Zu Beginn der 2000er-Jahre konnte durch die Kombination von durchflusscytometrischer Sortierung von Zellkernen entsprechend ihrer DNA-Gehalte mit Methoden der *in situ*-Hybridisierung, der Immunfärbung und anderer Techniken eine Untersuchungsmethodik entwickelt werden, für die die Bezeichnung „Interphasecytogenetik“ gewählt wurde. Diese Interphasecytogenetik erlaubte z. B. die Untersuchung des zeitlichen Ablaufs von Struktur-Funktions-Beziehungen spezifischer Chromosomendomänen über den Zellzyklus hinaus, also auch in der Interphase. In den 1990er-Jahren führte Andreas Houben die ersten Immunfärbungen an pflanzlichen Chromosomen zum Nachweis von Histon- und DNA-Modifikationen durch. Mit der Möglichkeit, DNA-Methylierung und Histonmodifikationen in definierten Chromatinbereichen während der Zell- und Individualentwicklung nachzuweisen und zu verfolgen, ermöglichte die Interphasecytogenetik auch einen Brückenschlag zwischen Cytogenetik und Epigenetik (zur Epigenetik s. Abschn. 3.3.5). Schuberts Gruppe gelang mittels der neuen Technologie der Nachweis, dass bestimmte Histon-H4-Acetylierungen auf chromosomaler Ebene nicht mit der Transkription, sondern mit der Replikation korrelieren und dass die DNA-Methylierung von CpG-Dinukleotiden spezifische Histon-H3-Methylierungen steuert und nicht umgekehrt, wie es für den Pilz *Neurospora crassa* postuliert worden war. Ferner fand man, dass Phosphorylierungen am Serin 10 des Histons H3 zellteilungsspezifisch durch Aurora-Kinasen[219] erfolgen. Dabei scheint die Serin-Phosphorylierung für die Zentro-

---

[217] Vgl. Pich U, Schubert I (1998) Terminal heterochromatin and alternative telomeric sequences in *Allium cepa*. Chromosome Res 6: 315–321.

[218] Carchilan M, Delgado M, Ribeiro T et al (2007) Transcriptionally active heterochromatin in rye B chromosomes. Plant Cell 19: 1738–1749.

[219] Enzyme aus der Gruppe der Serin/Threonin-Proteinkinasen, die die beiden Aminosäuren innerhalb von Proteinen phosphorylieren. Die entsprechenden Gene beim Menschen sind als Krebsgene (Onkogene) eingestuft.

merstabilität und eine Threonin-Phosphorylierung für die Kondensation der Chromosomen wichtig zu sein. Die gleichen Modifikationen üben in tierischen Zellen die jeweils umgekehrten Funktionen aus.[220]

Schließlich sei erwähnt, dass die durchflusscytometrische Analyse von Zellkernen aus pflanzlichen Samen erstmals eine praktikable genetische Untersuchung der apomiktischen Samenbildung ermöglichte (s. Abschn. 3.3.6.2).

3.3.4 Rekombinationsmechanismen

Wie bereits beschrieben, ist die Entstehung von Mutationen häufig an die Rekombination der DNA gebunden und deshalb im Rahmen der Mutationsforschung stets mit betrachtet worden (Abschn. 3.3.1). Mit der 1995 erfolgten Etablierung einer DFG-Forschergruppe (AG „DNA-Rekombination") unter Leitung von Holger Puchta konnten die genetisch-cytogenetischen Arbeiten durch molekulare Ansätze ergänzt und erweitert werden. Zentrales Anliegen der AG war es, die Mechanismen der DNA-Doppelstrangbruch-Reparatur über vornehmlich homologe Rekombination bei *Arabidopsis* aufzuklären mit der langfristigen Zielsetzung, gerichtete Veränderung pflanzlicher Genome durch *gene targeting*[221] zu erreichen. Zunächst wurde das Gen für die Hefe-Restriktionsendonuklease I-Sce-I sowie deren 18 Basenpaare lange Erkennungssequenz als Teil eines Kanamycin-Resistenz vermittelnden Reportergens in das Tabakgenom integriert. Auf diese Weise konnten an der nur einmal im Genom vorhandenen Erkennungssequenz durch das Enzym I-Sce-I DNA-Doppelstrangbrüche induziert und in der Folge die Häufigkeit von Rekombinationsereignissen während der Reparatur dieses Doppelstrangbruchs stark erhöht werden. Dabei zeigte sich, dass während dieser Rekombinationsreparatur repetitive Sequenzen unterschiedlicher Herkunft in die Bruchstellen hineinkopiert, aber auch Sequenzen durch enzymatischen Abbau der Bruchenden entfernt werden können. Beide Prozesse – Insertion und Deletion – können gleichzeitig ablaufen. Interessanterweise überwiegen in großen Genomen wie dem Tabakgenom die Insertionen, in kleinen Genomen wie dem *Arabidopsis*-Genom dagegen die Deletionen. Diese Daten lieferten erste wichtige experimentelle Hinweise auf eine Rolle der Doppelstrangbruchreparatur bei der evolutionären Herausbildung sekundär kleiner Genome wie dem von *Arabidopsis*.[222]

Ein weiterer Schwerpunkt der Forschungen in der AG „DNA-Rekombination" war die Isolierung und funktionelle Charakterisierung einer größeren Zahl von Genen, deren Homologe in anderen Eukaryoten an Rekombinations-, Replikations- und Reparaturprozessen beteiligt sind; auf diese Weise wollte man tieferen Einblick

[220] Vgl. Fuchs J, Demidov D, Houben A, Schubert I (2006) Chromosomal histone modification patterns – from conservation to diversity. Trends Plant Sci. 11: 199–208 (Erratum Trends Plant Sci 11: 212).

[221] Methode zur Manipulation definierter Gene im Genom mittels homologer Rekombination.

[222] Kirik A, Salomon S, Puchta H (2000) Species-specific double-strand repair and genome evolution in plants. EMBO J. 19: 5562–5566.

in die Enzymmaschinerie erhalten, die für DNA-Rekombination und Genomstabilität in Pflanzen verantwortlich ist. Schließlich konnten Techniken zur Eliminierung von Transgensequenzen und zum reziproken Austausch von chromosomalen Sequenzen entwickelt werden – Techniken, die für die wirtschaftliche Nutzung der Gentechnik von Wichtigkeit sind.[223] Zwar endeten diese Arbeiten am Institut mit dem Wechsel von Holger Puchta an die Universität Karlsruhe im Sommer 2004, doch wurde in deren Nachfolge in den Arbeitsgruppen von Ingo Schubert und Andreas Houben begonnen, die Voraussetzungen für *gene targeting* bei Gerste zu etablieren. Zudem sollen Minichromosomen als Gentransfervehikel entwickelt werden.

3.3.5 Epigenetik

Das noch junge Forschungsgebiet der Epigenetik ist nicht nur von akademischem Interesse, sondern spielt u. a. auch bei vielen Krankheiten von Mensch, Tier und Pflanze eine Rolle. Die Epigenetik untersucht potenziell vererbbare Merkmalsänderungen, die nicht durch Änderungen der DNA-Sequenz verursacht werden, sondern die sich durch lokale Änderungen der Chromatinstruktur[224] mit Folgen für die Transkription oder durch Abbau spezifischer mRNAs auf der Ebene der Genexpression auswirken. Chromatinstrukturänderungen werden durch DNA-Methylierung, Histon-Modifikationen (Phosphorylierung, Acetylierung) oder die Anlagerung regulatorischer, meist kleiner RNA-Moleküle (microRNAs) hervorgerufen.

2003 wurde mit der Bildung der Arbeitsgruppe „Epigenetik" (Leiter Florian Mette) auch im IPK der ständig wachsenden Bedeutung dieses Arbeitsgebietes Rechnung getragen. Epigenetische Fragestellungen hatten aber bereits auch Eingang in die Forschungspläne anderer Gruppen (z. B. Karyotypevolution: Ingo Schubert; Chromosomenstruktur und -funktion: Andreas Houben) gefunden. Kleine RNAs können an regulatorische DNA-Sequenzen binden bzw. spezifische DNA-Methylierungen bewirken und dadurch die Transkription von Genen drosseln. Diese RNA-vermittelte transkriptionelle Inaktivierung ist interessanterweise von der chromosomalen Umgebung abhängig, wie Mette und Mitarbeiter an transgenen Reportergenen in *Arabidopsis thaliana* zeigen konnten. Die Nähe zu repetitiven Sequenzen fördert die Geninaktivierung, während die Nähe zu aktiven Genen sie verringert.[225] In anderen Versuchsserien gelang der Nachweis, dass Blöcke repetitiver Sequenzen, mittels Transformation in das *Arabidopsis*-Genom inseriert, durch homologe Paarung die Chromatinstruktur und Chromosomenanordnung im Interphasekern ändern können, mit möglichen Konsequenzen für Transkription, Replikation und Reparatur. Der Effekt ist an eine Mindestzahl repetitiver Sequenzen und

[223] Eine Übersicht gibt Puchta H (2005) The repair of double-strand breaks in plants: mechanisms and consequences for genome evolution. J Exp Bot 56: 1–14.

[224] Chromatin ist der Komplex aus DNA und Proteinen, aus dem die Chromosomen aufgebaut sind.

[225] Fischer U, Kuhlmann M, Pecinka A et al (2008) Local DNA features affect RNA-directed transcriptional gene silencing and DNA methylation. Plant J 53: 1–10.

die DNA-Methylierung an Cytosinen gebunden, wenn diese als Teil der Sequenz CpG in der DNA auftreten.[226] Im Rahmen von Untersuchungen zur Heterosis-Problematik (Abschn. 3.3.6.1) wurde ferner geprüft, ob epigenetische Chromatinstrukturänderungen eine Erklärung für die Hybridwüchsigkeit von Nachkommen aus Kreuzungen von Inzuchtlinien liefern können. Solche Änderungen wurden jedoch in der F_1-Generation von entsprechenden *Arabidopsis*-Eltern nicht gefunden.[227]

3.3.6 Heterosis und Apomixis

Heterosis und Apomixis sind seit langem bekannte Phänomene, deren ursächliche Erklärung jedoch bis heute aussteht.

3.3.6.1 Heterosis

Bekanntlich zeigen Nachkommen (Hybriden) aus Kreuzungen von reinerbigen Eltern verschiedener Linien, Varietäten oder Arten in der ersten Generation (F_1-Generation) häufig bessere Leistungen, wie z. B. verstärktes Wachstum, erhöhte Fruchtausbeute und gesteigerte Stresstoleranz, im Vergleich zu ihren Eltern. In den Folgegenerationen sinkt dieser Leistungszuwachs allerdings sehr schnell wieder ab. Die Überlegenheit von heterozygoten Hybriden war bereits von Darwin systematisch untersucht worden, doch die Ausnutzung dieses „Heterosis" genannten Phänomens in der Pflanzenzüchtung und -produktion begann erst im ersten Drittel des 20. Jahrhunderts in den USA und erlangte bereits in den 1930er-Jahren durch die Einführung von Hybrid-Mais enorme wirtschaftliche Bedeutung. Bei Mais kann eine Hybridkreuzung durch mechanische Entfernung der männlichen Fortpflanzungsorgane und nachfolgende Bestäubung mit Pollen eines ausgewählten Kreuzungspartners erfolgen. Bei anderen wichtigen Kulturpflanzen ist diese Methode nicht anwendbar, da bei ihnen überwiegend eine Selbstbefruchtung bereits vor der Blütenöffnung erfolgt. Für eine gerichtete Kreuzung muss entsprechend der „weibliche Partner" durch die Verhinderung der Entwicklung befruchtungsfähiger Pollen männlich steril werden, was bei einigen Pflanzenarten durch genetische CMS-Systeme,[228] seltener durch den Einsatz spezifisch toxischer Chemikalien und neuerdings durch gentechnische Methoden gelingt.

Das Phänomen „Heterosis" fand auch in Gatersleben stets Aufmerksamkeit, und zwar sowohl hinsichtlich der Ursachenforschung als auch bezüglich weiterer Anwendungen. Igor Grebenščikov hatte bereits in den ersten Nachkriegsjahren mit genetischen und systematischen Untersuchungen an Mais und Kürbisgewächsen

[226] Jovtchev G, Watanabe K, Pecinka A et al (2008) Size and number of tandem repeat arrays can determine somatic homologous pairing of transgene loci mediated by epigenetic modifications in *Arabidopsis thaliana* nuclei. Chromosoma 117: 267–276.

[227] Banaei Moghaddam AM, Fuchs J, Czauderna T et al (2010) Intraspecific hybrids of *Arabidopsis thaliana* revealed no gross alterations in endopolyploidy, DNA methylation, histone modifications and transcript levels. Theor Appl Genet 120: 215–226.

[228] CMS = cytoplasmatisch-männliche Sterilität.

begonnen. Er widmete sich in Parallelversuchen auch dem Heterosis-Problem, und zwar sowohl den positiven Effekten in der F_1- als auch dem Leistungsabfall in der F_2-Generation. Grebenščikov zeigte, dass die Neigung zu starken Heterosiseffekten nur bestimmten Merkmalen eigen ist und fand auch Merkmale mit „negativer Heterosis“. „Das wichtigste Ergebnis der Untersuchungen bestand in der Feststellung (zuerst 1962), daß sich die Heterosiseffekte im Durchschnitt nach dem universellen Wirkungsgesetz von Mitscherlich verhalten: je höher die absoluten Erträge der Eltern, desto niedriger sind die Mehrerträge (in % ausgedrückt) der F_1-Generation“.[229]

Ende der 1960er-Jahre begannen Friedrich Scholz und Gottfried Künzel mit Untersuchungen zur Entwicklung von Hybrid-Gerste. Ziel war die Schaffung eines praktikablen Verfahrens für die Züchtung von Hybridsorten. Zwei zentrale Probleme galt es zu lösen: die genetische Etablierung von männlicher Sterilität im „weiblichen“ Kreuzungspartner und die Erstellung eines „männlichen“ Partners mit sehr guten Bestäubereigenschaften. Für die Lösung des ersten Problems wurde das von Ramage (1965)[230] vorgeschlagene BTT-System verfolgt, das *b*alancierte *t*ertiäre *T*risome[231] nutzt. Beim Aufbau der cytogenetisch und genetisch sehr komplizierten Teilsysteme[232] konnte auf die in Gatersleben umfangreich vorliegenden Erfahrungen mit Gen- und Chromosomenmutationen sowie die vielen selbst entwickelten Translokationslinien zurückgegriffen werden. Trotz vielfacher Hürden im Verlauf der Arbeiten waren bis 1989 erhebliche Fortschritte beim Aufbau von BTT-Linien mit Kopplung dreier Faktoren (Gen für Pollensterilität, Letal-Gen und Translokationsbruchpunkt) erreicht worden. Zusätzlich wurden weitere Problemkreise wie die Erhöhung der Fremdbefruchtungsrate und die Entwicklung von männlich-sterilen Analoga zu BTT-Linien bearbeitet. Mit der Wende aber endeten die Forschungs- und Entwicklungsarbeiten. Friedrich Scholz musste krankheitsbedingt in den vorzeitigen Ruhestand eintreten,[233] während sich Gottfried Künzel intensiv der physischen Markerkartierung bei der Gerste widmete.[234] International sind Hybridgerstensorten zwar entwickelt worden. Sie sind aber bis heute nicht marktfähig. Entscheidend dafür ist, dass die Ertragsheterosis für einen kommerziellen Erfolg dieser Sorten nicht ausreicht.

---

[229] Stubbe (1982) s. Fußnote Kap. 1/19, hier S. 100.

[230] Ramage, RT (1965) Balanced tertiary trisomics for use in hybrid seed production. Crop Sci 5: 177–178.

[231] Wenn bei trisomen Pflanzen (2n+1) das Extrachromosom durch Translokation aus Teilen von zwei nicht-homologen Chromosomen zusammengesetzt ist, spricht man von tertiären Trisomen. Solche Chromosomen werden in der Regel über die Eizelle, nicht jedoch über den Pollen an die Nachkommen weitergegeben.

[232] Der interessierte Leser wird auf die kurze, aber gut verständliche Darstellung des Systems bei Röbbelen verwiesen: Röbbelen G (Hrsg) (2008) Die Entwicklung der Pflanzenzüchtung in Deutschland (1908–2008). Gesellschaft Pflanzenzüchtg, Göttingen (Vortr Pflanzenzüchtg 75) hier S 203.

[233] S. auch Schubert I (2009) Zum Tode von Dr. agr. Friedrich Scholz. IPK-Kournal 18 (1): 14.

[234] Vgl. Schubert I (2001) Dr. sc. Gottfried Künzel nachträglich zum 65. Geburtstag. IPK-Journal 10(1): 18–20.

Einen ganz anderen, nämlich gentechnischen Weg zur Herstellung von Hybridweizen beschreitet seit 2007 die Projektgruppe (BMBF-finanziert) um Mario Gils in Zusammenarbeit mit der Pflanzenzuchtfirma Nordsaat GmbH im nahen Böhnshausen. Bislang existiert nur eine einzige Methode zur industriellen Produktion von Hybridsaatgut bei Weizen, nämlich die von der Nordsaat genutzte chemische Kastration des weiblichen Kreuzungspartners durch ein Gametozid, eine toxische Chemikalie. Dieses Gametozid ist schwierig in der Anwendung und zudem nur in Frankreich zugelassen. Das Verfahren produziert aber Hybridweizen mit sehr guten Anbaueigenschaften wie einer deutlich erhöhten Trockenresistenz. Aufgrund der genannten technischen Nachteile soll das Gametozid-System durch ein gentechnisches System ersetzt werden. Die Wirkungsweise des technisch komplizierten Konzepts kann hier nur angedeutet werden.[235] Zur Erzeugung von sterilen Pollen wird das bakterielle, RNA-abbauende Enzym Barnase genutzt, das – spezifisch im Nährgewebe (Tapetum) des Pollens exprimiert – die Entwicklung funktionsfähiger Pollen unterbindet. Um sowohl Pflanzen mit sterilen als auch mit fertilen Pollen zu erhalten, bedient man sich der sogenannten Splitgen-Technologie. Diese basiert auf der tapetumspezifischen Expression von zwei Teilen eines Barnase-Gens in getrennten, transgenen Linien. Durch Kreuzung dieser Linien wird erreicht, dass beide Teilgene in den Tapetumzellen einer Pflanze exprimiert und die enzymatisch inaktiven Barnaseproteinfragmente durch Intein-vermitteltes *trans-splicing*[236] zum funktionalen Protein vereinigt werden. Die Funktionalität des gesamten Systems wurde zunächst in *Arabidopsis* nachgewiesen,[237] das erfolgreiche *trans-splicing* der Barnase-Fragmente auch bereits in Weizen.[238] Das beschriebene Konzept, wenn erfolgreich in Weizen etabliert, weist eine Reihe von Vorteilen gegenüber dem kommerzialisierten Gametozid- System und einem bei Raps genutzten transgenen Hybridsystem auf. Deren wichtigste sind der Wegfall der Gametozidnutzung, die Möglichkeit der Verwendung eines nichttransgenen Pollen-Spenders/Vaters und das Potenzial, dieses System in allen wichtigen Kulturpflanzen etablieren zu können.

2008 hat mit der Übernahme der Abteilung „Molekulare Genetik" durch Thomas Altmann (s. Abschn. 2.4.3.2) die Heterosisforschung im IPK neue, wichtige Impulse erhalten. Die bearbeiteten Projekte zielen vorrangig auf die Aufklärung der molekularen Grundlagen des Phänomens, beschäftigen sich aber auch mit Fragen der

[235] Eine gut illustrierte Darstellung findet sich bei Gils M, Kempe K. Rubtsova M, Schachschneider R (2007) Der „Split Gene Approach" für Pflanzen: Mit geteilten Genen zum vollen Ertrag. GenomXPress 4/07: 7–10.

[236] Protein-*Splicing* ist eine intramolekulare Reaktion, bei der ein interner Teil eines Proteins, das Intein, herausgespalten und die beiden verbleibenden Teile des Proteins wieder zu einem Protein „zusammengeschweißt" werden. Durch Nutzung der Intein-Sequenzen können beliebige Proteinfragmente *in vivo* verkoppelt werden.

[237] Gils M, Marillonet S, Werner S, et al (2008) A novel hybrid seed system for plants. Plant Biotechnol J 6: 226–235.

[238] Kempe K, Rubtsova M, Gils M (2009) Intein-mediated protein assembly in transgenic wheat: production of active barnase and acetolactate synthase from split genes. Plant Biotechnol J 7: 283–297.

Heterosisvorhersage, eine Thematik, die für die Hybridzüchtung von erheblicher Bedeutung ist. Studienobjekte sind *Arabidopsis* und zukünftig verstärkt auch Mais.

Ausgangspunkt der Arbeiten an *Arabidopsis thaliana* war die Beobachtung einer verstärkten Wüchsigkeit von F_1-Nachkommen aus Kreuzungen zweier Akzessionen (Col-0 und C24), die der Erstellung von Kartierungspopulationen dienten. Für F_1-Hybriden dieser Kreuzung wurde nicht nur verstärkte Sprossbiomasseakkumulation (s. u.), sondern auch Heterosis bezüglich des Phosphataneignungsvermögens beobachtet. Letzteres ist vermutlich auf eine vorteilhafte Kombination von Wurzeleigenschaften der beiden Elternlinien zurückzuführen. In einer systematischen Analyse von 63 verschiedenen *Arabidopsis*-Akzessionen, die in Kreuzungen mit drei Testerlinien untersucht wurden, zeigten F_1-Hybriden gegenüber ihren Eltern häufig ein gesteigertes Wachstum.[239] Näher untersucht wurde die Kreuzung Col-0×C24. Die gemessene Sprossbiomasse-Heterosis in der F_1-Generation war abhängig vom Entwicklungsstadium der Pflanzen und den Kulturbedingungen (Lichtintensität). Das verstärkte Wachstum zeigte sich bereits im Keimlingsstadium. Weitere Untersuchungen nutzten rekombinante Inzuchtlinien (RILs) und Introgressionslinien (ILs), hervorgegangen aus Col-0/C24-Kreuzungen. Hinzu kamen Testkreuzungsnachkommen beider Elternlinien. Diese umfangreichen Populationen wurden bzgl. Sprossbiomasse und Metabolitzusammensetzung charakterisiert. Dabei ließ sich eine deutliche Beziehung zwischen dem Metabolitspektrum und der Größe der Pflanzen feststellen.[240, 241]Dieser Zusammenhang deutet auf einen bestimmten physiologischen Status schnell wachsender Pflanzen hin und erlaubt eine Vorhersage (mit mittlerer Genauigkeit) der Biomasse einer Pflanze ausschließlich anhand der Kenntnis ihrer Metabolite. Ferner konnte gezeigt werden, dass das Metabolitspektrum der Elternlinien Informationen über die Leistungen der Hybriden enthält und eine gewisse Vorhersage des Ausmaßes der Heterosis erlaubt.[242] Sowohl für die Vorhersage der Hybridleistung als auch der F_1-Heterosis erwies sich die Kombination von Metabolitdaten und Genotypdaten als vorteilhaft. Diese Beobachtungen weisen auf eine potenzielle Nutzungsmöglichkeit von Metabolitprofildaten (ggf. integriert mit genetischen Markerdaten) in der Hybridzüchtung hin, in der eine Vorhersage vorteilhafter Elternkombinationen zu einer erheblichen Effizienzsteigerung führen kann.

Unter Verwendung der Genotypisierungsdaten der Col-0/C24-RILs gelang die Kartierung von QTL-Regionen, die die Biomasseakkumulation und die Gehalte an Metaboliten beeinflussen und die für die Heterosis dieser Merkmale verantwort-

[239] Meyer, RC, Törjék, O, Becher M, Altmann T (2004) Heterosis of biomass production in *Arabidopsis*: establishment during early development. Plant Physiol 134: 1813–1823.

[240] Meyer RC, Steinfath M, Lisec J et al (2007) The metabolic signature related to high plant growth rate in *Arabidopsis thaliana*. Proc Natl Acad Sci USA 104: 4759–4764.

[241] Kooperationsprojekt mit dem MPI für molekulare Pflanzenphysiologie, Potsdam-Golm und der Universität Potsdam im Rahmen des DFG-geförderten Schwerpunktprogramms „Heterosis bei Pflanzen".

[242] Gaertner T, Steinfath M, Andorf S et al (2009) Improved heterosis prediction by combining information on DNA- and metabolic markers. PLOS One 4: e5220.

lich sind. Die Einbeziehung weiterer Daten führte zur Identifizierung von sechs Biomasse-Heterosis-QTL und nahezu 150 Metabolit-Heterosis-QTL.[243] Quantitativ-genetische Analysen desselben Materials durch die Arbeitsgruppe um Albrecht Melchinger an der Universität Hohenheim erlaubten zudem wichtige Rückschlüsse auf einige im Zusammenhang mit Heterosis diskutierte Mechanismen (Epistasie, Dominanz). In weiterführenden Arbeiten wurde eine QTL-Region für Biomasse- bzw. Biomasse-Heterosis auf ein Intervall von ca. 46 kb eingegrenzt.[244] Die hierin lokalisierten 14 Gene werden mithilfe von Mutanten und transgenen Pflanzen auf ihre Wirkung bzgl. Wachstum und Heterosis untersucht.

Die oben erwähnten Beobachtungen bei *Arabidopsis* zur Vorhersage von Biomasse (*per se*), Hybridleistung und Heterosis auf Basis von Metabolitprofildaten und genetischen Markerdaten der Elternlinien und der mögliche Vorteil, der sich daraus für die Hybridzüchtung ergeben könnte, waren der Anlass für die Initiierung ähnlicher Untersuchungen bei der Kulturpflanze Mais.[245] Genutzt wird eine an der Universität Hohenheim zusammengestellte hoch diverse Kollektion von 300 Mais-Inzuchtlinien gemeinsam mit 600 daraus erzeugten Testkreuzungen. Die Vorhersagekraft von Metabolitprofilen junger, in IPK-Gewächshäusern kultivierter Pflanzen und der erhobenen Genotypinformationen und Transkriptdaten wird derzeit (2010/2011) geprüft. Die anfallenden umfangreichen Daten erlauben auch einen neuen Zugang zur Auffindung genetischer Faktoren, die dem Phänomen Heterosis zugrunde liegen.

3.3.6.2 Apomixis

Apomixis ist eine Form der ungeschlechtlichen Fortpflanzung, eine Samenentwicklung ohne Befruchtung. Genauer betrachtet entstehen Embryonen asexuell ohne meiotische Rekombination und Reduktion, also durch Apomeiose, und ohne Befruchtung, also mittels Parthenogenese. Apomiktisch entstandene Nachkommen sind genetisch identisch mit der Mutter und demnach Klone. In der Natur ist apomiktische Fortpflanzung in vielen Pflanzengattungen sporadisch, fakultativ oder obligat ausgeprägt, leider aber nicht bei unseren wichtigsten Kulturpflanzen. Wenn aber Apomixis in diese eingeführt werden könnte, würden sich viele Züchtungsprotokolle vereinfachen und jeder vorteilhafte Genotyp ließe sich fixieren, darunter auch ein solcher der oben beschriebenen heterotischen leistungsstarken F_1-Hybriden. Die positiven wirtschaftlichen Folgen wären enorm. Deshalb wird weltweit intensiv an der Aufklärung der molekularen Grundlagen apomiktischer Embryobildung gearbeitet.

---

[243] S. Lisec J, Steinfath M, Meyer RC et al (2009) Identification of heterotic metabolite QTL in *Arabidopsis thaliana* RIL and IL populations. Plant J 59: 777–788; Meyer RC, Kusterer B, Lisec J et al (2010) QTL analysis of early stage heterosis for biomass in *Arabidopsis*. Theor Appl Genetics 120: 227–237.

[244] Meyer RC, Schmidt R, Weigelt K, unveröffentlichte Daten.

[245] Kooperationsprojekt mit der Universität Hohenheim, dem MPI für molekulare Pflanzenphysiologie, Potsdam-Golm und der Universität Potsdam im Rahmen des BMBF-Projekt GABI-ENERGY.

Gaterslebener Arbeiten zur Apomixis begannen Ende der 1960er-/Anfang der 1970er-Jahre, denn „die apomiktische Samenausbildung ist in den letzten Jahren wegen ihrer möglichen Bedeutung für züchterische Zwecke wieder intensiver untersucht und diskutiert"[246] worden. Der Schwerpunkt der Untersuchungen, geleitet von Kurt Gröber (1970er-Jahre) und nachfolgend von Fritz Matzk, lag zunächst auf Futtergräsern. Versucht wurden drei Wege zur experimentellen Entwicklung neuer apomiktischer Futtergräser: Einmal wurden sexuelle und apomiktische *Poa*-Arten gekreuzt, um neue allopolyploide Formen[247] zu erhalten. Hieraus resultierten einige apomiktische Bastarde, die jedoch wenig wüchsig und deshalb züchterisch von geringem Interesse waren. Ferner kreuzte man sexuelle *Festuca*- bzw. *Lolium*-Arten mit apomiktischen *Poa*- und tropischen Grasarten, aber ohne den erwünschten Erfolg. In einem weiteren Ansatz wurde eine große Anzahl von Art- und Gattungsbastarden in mehr als 50 Kombinationen hergestellt (zum Teil erstmalig) und diese u. a. mit Gammastrahlen oder verschiedenen Wirkstoffen behandelt, in der Hoffnung, Apomixis induzieren bzw. Teilprozesse kombinieren zu können. Auch diese Experimente führten nicht zum erwünschten Ziel.[248] Schließlich wurde versucht, über Rekombination neue apomiktische Gräserbastarde zu entwickeln. Mehr als 4.000 Bastarde aus 68 Kombinationen schwach fertiler Eltern wurden verschiedenen Selektionskriterien unterworfen und letztlich Bastarde selektiert, für die es gewisse Hinweise auf apomiktische Samenbildung bzw. auf einzelne realisierte Teilprozesse der Apomixis gab.[249] Es fehlte aber ein schneller und sicherer Nachweis von Apomixis oder entsprechender Teilprozesse. Einen ersten Durchbruch in der Nachweistechnik stellte der von Matzk entwickelte Auxintest dar, der parthenogenetische Embryonen sauber von Kastrationsfehlern und chromosomalen Instabilitäten in sexuell entstandenen Embryonen abgrenzen konnte. Mit diesem Test konnte man zeigen, dass Parthenogenese bei der Wiesenrispe *Poa pratensis* ein genetisch streng kontrolliertes, dominantes, mit Aposporie[250] gekoppeltes Merkmal ist und dass die apomiktischen Klone bezüglich ihrer Apomixis-Gene heterozygot, die sexuellen Klone bezüglich der die Sexualität determinierenden Gene aber homozygot sind.[251] Der nachfolgend entwickelte Durchflusscytometer-Test, der *Flow Cytometric Seed Screen* (FCSS), hat die internationale Apomixisforschung auf eine neue experimen-

[246] Gröber K, Matzk F, Zacharias M (1974) Untersuchungen zur Entwicklung der apomiktischen Fortpflanzungsweise bei Futtergräsern. I. Art- und Gattungskreuzungen. Kulturpflanze 22: 159–180.

[247] Pflanzen, deren Zellen zwei oder mehr Chromosomensätze unterschiedlicher Arten enthalten.

[248] Ein Zuchtstamm von *Poa pratensis* wurde jedoch später vom Bundessortenamt unter dem Namen ‚Limagi' für die Deutsche Saatveredelung Lippstadt-Bremen GmbH als Sorte zugelassen (1994, IPK-Journal 3 (4): 18).

[249] Zusammengefasst bei Matzk F (1986) Ergebnisse und Probleme beim Nachweis von Teilprozessen apomiktischer Samenbildung bei Gräserbastarden. Kulturpflanze 34: 159–175.

[250] Bei Aposporie geht der Embryosack mit diploiden Zellen, aus dem sich die Pflanze entwickelt, aus einer Nuzelluszelle hervor.

[251] Matzk F (1991) New efforts to overcome apomixis in *Poa pratensis* L. Euphytica 55: 65–72.

telle Basis gestellt[252] und ist zum Standardanalysesystem geworden. Er ermöglichte eine detaillierte genetische Analyse des *Poa*-Systems und führte zur Begründung eines Modells, in dem fünf Hauptgene die asexuelle Samenbildung der Wiesenrispe kontrollieren. Deren unterschiedliche Expressivität und Interaktion bestimmen die große Variabilität im Fortpflanzungsmodus dieses Grases.[253]

In den 1990er-Jahren wurden neben *Poa* andere Systeme zum Studium der Apomixis eingeführt und optimiert. Fritz Matzk hatte auf der Grundlage des in Japan beschriebenen Salmon-Systems des Weizens (*Triticum aestivum*)[254] drei isogene, homozygote Linien entwickelt, die sich in Abhängigkeit vom jeweiligen Cytoplasma rein sexuell (*aestivum*-Salmon) oder weitgehend (ca. 90 %) parthenogenetisch (*caudata*-Salmon und *kotschyi*-Salmon) fortpflanzen.[255] Dieses System bot erstmals gute Voraussetzungen für molekulare Analysen, die in einer Zusammenarbeit der Forschungsgruppen von Helmut Bäumlein, Lothar Altschmied und Jochen Kumlehn aufgenommen wurden. Die kontrastierenden isogenen Linien erlaubten z. B. die Isolation eizellspezifischer Gene,[256] aus deren Funktionsanalyse auch erste Rückschlüsse auf molekulare Grundlagen der Apomixis zu erwarten waren. Unter den isolierten Genen wurden Mitglieder der pflanzenspezifischen RKD-Transkriptionsfaktor-Genfamilie intensiv untersucht. Sie scheinen von zentraler Bedeutung für die Entwicklung des weiblichen Gametophyten zu sein.[257]

Ende der 1990er-Jahre wurde auch das Johanniskraut *Hypericum perforatum*, ein fakultativer Apomikt mit kleinem Genom und kurzer Generationszeit, intensiv mittels FCSS-Technik untersucht. Dabei ließen sich mehrere, z. T. bislang unbeschriebene Nachkommenschaftstypen nachweisen.[258] Molekulare Analysen in der Arbeitsgruppe von Helmut Bäumlein führten zur Identifikation eines molekularen Markers, der mit Aposporie, aber nicht mit Parthenogenese, assoziiert ist. Der Marker identifizierte eine genomische Region, den *HAPPY*-Locus (*Hypericum Apospory*), in dem sich u. a. ein Gen für das Ringfinger-Protein ARIADNE7 be-

[252] Matzk F, Meister A, Schubert I (2000) An efficient screen for reproductive pathways using mature seeds of monocots and dicots. Plant J 21: 97–108.

[253] Matzk F, Prodanovic S, Bäumlein H, Schubert I (2005) The inheritance of apomixis in Poa pratensis confirms a five locus model with differences in gene expressivity and penetrance. Plant Cell 17: 13–24.

[254] Das System besteht aus kerngenetisch identischen Linien, bei denen der Chromosomenarm 1B des Weizens durch einen entsprechenden Arm des Roggens ersetzt ist. Unterschiedlich zwischen den Linien ist nur das Cytoplasma, das entweder aus Weizen (*T. aestivum*) oder aus Arten der Wildgrasgattung *Aegilops* (*Ae. caudata* und *Ae. kotschyi*) stammt.

[255] Matzk F, Meyer HH, Bäumlein H et al (1995) A novel approach to the analysis of the initiation of embryo development in Gramineae. Sex Plant Reprod 8: 266–272.

[256] Kumlehn J, Kirik V, Czihal A et al (2001) Parthenogenetic egg cells of wheat: cellular and molecular studies. Sex Plant Reprod 14: 239–243.

[257] Köszegi D, Johnston AJ, Rutten T et al (2011) Members of the RKD transcription factor family induce an egg-cell like gene expression program. Plant J 67: 280–291.

[258] Matzk F, Meister A, Brutovska E, Schubert I (2001) Reconstruction of reproductive diversity in *Hypericum perforatum* L. opens novel strategies to manage apomixis. Plant J 26: 275–282.

findet.[259] Interessanterweise besteht das Aposporie-spezifische Allel des Locus aus einer ganzen Reihe von Pseudogenen, die in komplexer Weise durch Transposons unterbrochen sind. Ob jedoch ein ursächlicher Zusammenhang zwischen den im Aposporie-Locus gefundenen Pseudogenen und der Ausprägung der Aposporie besteht, und wenn ja welcher, muss noch geklärt werden.

2005 brachte Timothy Sharbel als weiteres Apomixis-Versuchsobjekt die *Arabidopsis* nahestehende Gattung *Boechera* (früher *Arabis*) in das Institut. Im sogenannten *B. holboellii*-Komplex sind sowohl sexuelle als auch fakultativ apomiktische Formen vereinigt, die sich unter Nutzung der für *Arabidopsis* entwickelten Technologien besonders für eine molekulare Analyse eignen. Umfassende Transkriptomanalysen von diploid-sexuellen und diploid-apomeiotischen Ovulen[260] erbrachten Hinweise, dass sowohl Hybridisierungsereignisse während der *Boechera*-Evolution als auch Genduplikationen Ursachen für das Auftreten der apomiktischen Fortpflanzung sein könnten.[261] Auf der molekularen Ebene werden DNA-Unterschiede in regulatorischen Sequenzen zwischen verschiedenen *Boechera*-Taxa in ursächlichen Zusammenhang mit dem Übergang von sexueller zu apomiktischer Fortpflanzung gebracht.[262]

3.3.7 Gene und Genexpression

Unsere Kenntnisse von Genomen, Genen und deren Expression hat sich in den vergangenen rund 50 Jahren dramatisch gewandelt, getrieben durch eine rasante Entwicklung neuer Technologien, die unvermindert anhält. Während zunächst genetische und cytologische Analysen den einzigen Erkenntniszugang ermöglichten, wurden in den 1970er-Jahren eine Vielzahl von z. T. quantitativen DNA-DNA- und DNA-RNA-Denaturierungs- und -Renaturierungs/Reassoziations-Methoden entwickelt, die relativ globale Aussagen über die Struktur der Genome (z. B. Anteile unikaler und repetitiver DNA) und deren transkribierte Anteile erlaubten. Aber erst die Anlage von cDNA- und genomischen Banken Ende der 1970er-/Anfang der 1980er-Jahre und die Klonierung und spätere Sequenzierung von Genen sowie ständig verfeinerte Analysetechniken erlaubten das Studium individueller Gene, ihrer Expression und Regulation. In der Zeit des Kalten Krieges mit seinen enormen Einschränkungen bezüglich Ressourcen und Informationen im Osten Deutschlands war ein „Schritthalten" nur sehr eingeschränkt möglich. Dennoch gelangen bemerkenswerte Leistungen, auch dank der vielfältigen, häufig offiziell „unerlaubten" Hilfe

[259] Schallau A, Arzenton F, Johnston AJ, et al (2010) Identification and analysis of the *APOSPORY* locus in *Hypericum perforatum* L. Plant J 62: 773–784.

[260] Gewebe, das sich nach der Befruchtung zum Samen entwickelt.

[261] Sharbel TF, Voigt ML, Corral JM et al (2009) Molecular signatures of apomictic and sexual ovules in the *Boechera holboelli* complex. Plant J 58: 870–882.

[262] Sharbel TF, Voigt ML, Corral JM et al (2010) Apomictic and sexual ovules of *Boechera* display heterochronic global gene expression patterns. Plant Cell 22: 655–671.

von Kollegen aus dem „nichtsozialistischen Ausland“.[263] Die Gaterslebener Arbeiten zur Thematik „Gene und Genexpression“ werden anhand von vier Themenkomplexen veranschaulicht und Genomforschungsansätze im folgenden Abschn. 3.3.8 beschrieben.

3.3.7.1 Das Modellsystem „Riesenchromosomen“

In den frühen 1950er-Jahren hatte Friedrich Mechelke in der „Abteilung Stubbe“ (s. Abschn. 2.1.3.1) nach einem geeigneten Modellobjekt zum Studium der Funktion des Interphasechromosoms gesucht und sich für die Polytän- oder Riesenchromosomen in den Speicheldrüsenzellen der Zuckmückenlarve *Acricotopus lucidus* entschieden. Riesenchromosomen waren 1933 in larvalen Geweben von *Drosophila melanogaster* (wieder-)entdeckt worden und hatten die Entwicklung der klassischen Genetik außerordentlich befördert. Sie ermöglichten einen Vergleich der genetischen Karte mit der Genlokalisation in den Riesenchromosomen und machten die Chromomeren[264] (Querscheiben) als Sitzort der Gene wahrscheinlich. Funktional sind Polytänchromosomen transkriptionsaktive Interphasechromosomen. Wolfgang Beermann konnte Anfang der 1950er-Jahre in Tübingen durch Analyse der Riesenchromosomen unterschiedlicher larvaler Gewebe einer anderen Zuckmückenart mit besonders großen Riesenchromosomen, *Chironomus tentans*, zeigen, dass die Querscheibenmuster selbst – und daraus geschlussfolgert Zahl und Anordnung der Gene – nicht gewebespezifisch, sondern konstant sind. Dagegen zeigen Strukturmodifikationen der Querscheiben, als Puff oder bei extremer Dekondensation als Balbiani-Ring (BR)[265] bezeichnete Auflockerungen der kompakten Chromomerenstrukturen, entwicklungs- und gewebespezifische Veränderungen. Aus diesen Beobachtungen leitete Beermann 1952 die These von der differenziellen Genaktivität als Grundlage von Entwicklungs- und Differenzierungsprozessen ab. Riesenchromosomen boten also einen einzigartigen Zugang, Fragen der Genexpression und Genregulation auf der Ebene individueller Gene bzw. Loci/Chromomeren zu studieren.

Während Mechelke noch gleichzeitig Pflanzenchromosomen und tierische Riesenchromosomen cytologisch untersuchte, konzentrierte sich sein Schüler Reinhard Panitz auf die experimentelle Analyse des Puff- und Balbiani-Ring-Musters der *Acricotopus*-Speicheldrüsenchromosomen. Ihm gelang der Nachweis, dass Balbiani-Ringe autonom regulierte Einheiten des Genoms darstellen, deren Transkriptionsaktivitäten z. B. durch Hormone wie das Häutungshormon Ecdyson reguliert

[263] Sehr lesenswert ist der gedrängte historische Rückblick von Robert B. Goldberg/USA: Goldberg RB (2001) From Cot curves to genomics. How gene cloning established new concepts in plant biology. Plant Physiol 125: 4–8. Goldberg gehörte zu der Gruppe von „westlichen“ Kollegen, die insbesondere die Forschung an Samenproteingenen im Institut in den 1980er-Jahren nachhaltig förderten.

[264] Durch starke DNA-Faltung verursachte dunkle Bereiche in Prophase-Chromosomen, die in den polytänen Riesenchromosomen – eindeutigen Interphasechromosomen – als Querscheiben sichtbar sind.

[265] Besonders große, 1881 von E-G Balbiani entdeckte Puffs mit hoher Transkriptionsaktivität.

werden. Eine Zusammenfassung der frühen Befunde wurde 1972 publiziert.[266] Panitz leitete nach dem Weggang von Mechelke 1961 (s. Abschn. 2.1.3.1) die Untersuchungen an Polytänchromosomen in einer eigenen Arbeitsgruppe (Forschungsgruppe bzw. Abteilung „Genwirkung"; s. Abschn. 2.2.1.4) bis 1987. Diese Arbeiten waren in das Komplexprogramm MOGEVUS/HFR2 unter dem Titel „Selektive Induktion und Repression der chromosomalen Informationsabgabe am Modellsystem Riesenchromosomen" eingeordnet.

„Die zunächst rein deskriptiven Charakter aufweisenden Untersuchungen erfuhren im Laufe der Jahre und mit dem Hinzukommen weiterer Mitarbeiter eine Wandlung zur experimentell orientierten Forschung mit zunehmend molekulargenetischer Fragestellung,...."[267] Diese Wandlung erforderte zunächst die Etablierung molekularbiologischer Methoden und häufig auch deren Umsetzung in Mikromethoden als Anpassung an das besondere Objekt „Riesenchromosomen" (Reinhard Panitz, Edgar Serfling, Ulrich Wobus). Da den Elektrophorese-, Hybridisierungs- und später auch Klonierungstechniken über das spezielle Arbeitsgebiet hinaus große Bedeutung auch für andere Forschungsfelder zukam, wurden sie durch Kurse und Publikationen[268] an andere Gruppen im und außerhalb des Instituts weitervermittelt.

Für die Transkriptionsanalyse wurden zunächst autoradiographische Untersuchungen durchgeführt, dann Mikroisolationstechniken eingesetzt. Speziell die sehr transkriptionsaktiven Balbiani-Ringe (Abb. 3.21b, c) waren vor der Entwicklung der Genklonierung das einzige Experimentalsystem, das es aufgrund der Größe der cytologischen Strukturen mithilfe von Mikrotechniken erlaubte, Kausalbeziehungen zwischen chromosomal definierten Genorten, deren DNA-Struktur, der kodierten mRNA und deren Translationsprodukten herzustellen. BR-Gene kodieren für hochmolekulare, experimentell zunächst sehr schwer handhabbare, fädige Sekretproteine, aus denen die im Wasser lebenden Larven Wohnröhren „spinnen". Ende der 1970er-Jahre konnten erste vorsichtige Schlüsse über den Informationsgehalt einzelner Balbiani-Ringe gezogen werden. Später gelang durch Isolierung von *Chironomus*-Balbiani-Ringen aus radioaktiv markierten Speicheldrüsenzellen mittels Mikromanipulation die elektrophoretische Charakterisierung einer hochmolekularen BR-mRNA (‚75S-RNA', Abb. 3.21a) und mittels einer speziellen DNA-RNA-Hybridisierungstechnik der Nachweis der intern-repetitiven Struktur der DNA eines Balbiani-Rings.[269] BR-DNA konnte durch Cäsiumchlorid-Actinomycin-D-Gleichgewichtszentrifugation angereichert werden. Die BR-DNA enthaltenden Fraktionen wurden mit radioaktiv markierter RNA lokalisiert. Diese RNA war aus ca. 10.000

[266] Panitz R (1972) Balbiani ring activities in *Acricotopus lucidus*. In: Beermann W (Hrsg) Development studies on giant chromosomes. Results Problems Cell Different 4: 209–227.

[267] Studie „Eignung und Nutzung des Modellobjekts polytäne Riesenchromosomen für die Realisierung der wissenschaftlichen Aufgabenstellung der Forschungsgruppe ‚Genwirkung' für den Zeitraum 1976/80" (Dez. 1975, 72 Seiten), S 4; LHASA, MD, M66/ZIGuK Direktion Nr 151.

[268] Wobus U (Hrsg) (1981) Isolierung, Fraktionierung und Hybridisierung von Nukleinsäuren. Akademie-Verlag, Berlin (auch Verlag Chemie Weinheim, 1980).

[269] Wobus U, Serfling E (1977) The repetition frequency of DNA in Balbiani ring 2 of *Chironomus thummi*. Chromosoma 64: 279–286.

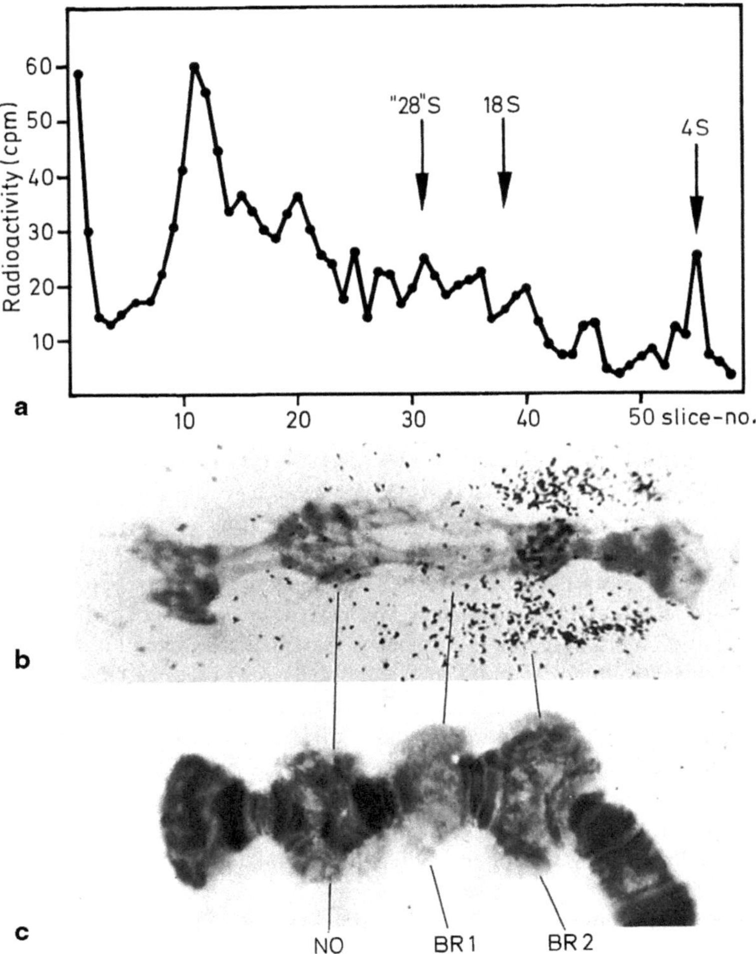

Abb. 3.21 RNA-Synthese in Balbiani-Ringen (*BR*) der Speicheldrüsen-Riesenchromosomen in Larven der Zuckmücke *Chironomus thummi*. **a** gelelektrophoretisches RNA-Profil (in Gelscheibchen gemessene Radioaktivität in Zerfällen pro Minute = cpm) aus mikroisolierten BR2 (= *BRc*). **b** autoradiographischer Nachweis der starken RNA-Synthese im BR2. **c** Quetschpräparat des Chromosoms IV von *C. thummi* mit den Balbiani-Ringen 1 und 2 und dem Nukleolusorganisator (*NO*). (Zusammenstellung: Ulrich Wobus)

Speicheldrüsen gewonnen worden und hybridisierte *in situ* ausschließlich mit den Balbiani-Ringen. Die Nutzung der angereicherten DNA in Genklonierungsexperimenten führte zur Klonierung erster kurzer Teilsequenzen in *E. coli*,[270] die während Forschungsaufenthalten in den USA weiter charakterisiert und sequenziert werden konnten. Die Daten zeigten erstmals, dass auch proteinkodierende Gene

[270] Dies waren die ersten, in der DDR klonierten eukaryotischen Gensequenzen.

zu großen Teilen wie Satelliten-DNA aufgebaut sein können.[271] Diese und weitere, international erarbeitete Ergebnisse ermöglichten die Ableitung weitreichender Hypothesen zur Evolution intern-repetitiver Gene.[272] Die erarbeiteten Befunde[273] gründeten „sich auf Adaptation und Einsatz gentechnischer Methoden, die zugleich den Grundstein für die gentechnischen Arbeiten im Institut legten und wesentlich mitbestimmt wurden durch Kooperationsmöglichkeiten mit den USA", so Rigomar Rieger 1985.[274]

Obwohl die molekularen Klonierungstechniken die Einsichten in das System *Chironomus*-Balbiani-Ringe und damit in Struktur-Funktions-Beziehungen eukaryotischer Gene wesentlich erweitern halfen, machten sie es gleichzeitig obsolet. Die DNA-Klonierung erlaubte nun die Isolierung spezifischer Gensequenzen und deren einfache Lokalisation mittels *in situ*-Hybridisierung, insbesondere auch bei der Fruchtfliege *Drosophila* mit ebenfalls gut charakterisierten Riesenchromosomen. *Drosophila* besaß aber im Gegensatz zu *Chironomus* eine hervorragend ausgearbeitete Genetik und wurde deshalb in überlegener Weise für die bearbeiteten Fragestellungen zugänglich. Statt zum Versuchsobjekt *Drosophila* zu wechseln, entschied sich die Gruppe „Genwirkung" angesichts des institutionellen Umfelds, die erlangten methodisch-gentechnischen Kenntnisse bei Pflanzen anzuwenden. Als Versuchsobjekt wurden die sich entwickelnden Samen der Ackerbohne, *Vicia faba*, und als Forschungsthema die genetischen Grundlagen der im Wissenschaftsbereich II (Abschn. 2.2.1.4) untersuchten Biologie der Samenproteinsynthese, -speicherung und -akkumulation gewählt.

3.3.7.2 Struktur und Expression von Samenproteingenen

Wie im vorangegangenen Abschnitt beschrieben, wandte sich die Arbeitsgruppe „Genwirkung" in den frühen 1980er-Jahren dem von Klaus Müntz im Institut etablierten und auf der Proteinebene hervorragend bearbeiteten System der Speicherproteinsynthesen in den sich entwickelnden Samen der Ackerbohne (*Vicia faba* var. *minor*) zu (Abschn. 3.4.3.4 und 3.4.3.5). Da während der Samenentwicklung in den Keimblättern (Kotyledonen) große Mengen an spezifischer Samenprotein-mRNA akkumuliert werden, eignete sich dieses experimentelle System besonders zur Isolierung und Charakterisierung pflanzlicher Gensequenzen mittels Gen-Klonierung. Erste solche Sequenzen, für Samenproteine kodierend, waren von einer amerikani-

[271] Wobus U, Bäumlein H, Panitz R et al (1989) Periodicities and tandem repeats in a Balbiani ring gene. Cell 22: 127–135; Bäumlein H, Wobus U, Gerbi SA, Kafatos FC (1982) Characterization of a 249 bp tandemly repetitive, satellite-like repeat in the translated portion of a Balbiani ring c of *Chironomus thummi*. EMBO J 1: 641–647.

[272] Pustell J, Kafatos FC, Wobus U, Bäumlein H (1984) Balbiani ring DNA: sequence comparisons and evolutionary history of a family of hierarchically repetitive protein-coding genes. J Mol Evol 20: 281–295.

[273] Übersichtlich zusammengefasst von Panitz R (1984) Die Balbianiringe der Chironomiden – ein Modellsystem zum Studium von Organisation und Expression proteincodierender Gene bei Eukaryoten. Dissertation zur Erlangung des akademischen Grades „Doktor der Wissenschaften" (Dr. sc. nat.) AdW der DDR Berlin, Gatersleben.

[274] Rieger R (1985) s. Fußnote Kap. 3/173, hier S 24/25.

schen und einer englischen Gruppe 1981 und 1982 gerade erst publiziert worden, ein „Einstieg“ zu dieser Zeit bot also durchaus noch die Möglichkeit, auch international beachtete Beiträge zu der noch sehr jungen pflanzlichen Molekularbiologie zu leisten. Deshalb wurden die umfangreichen methodischen Erfahrungen der Gruppe „Genwirkung“ mit DNA- und RNA-Techniken in ein zentrales Projekt eingebracht, das sowohl grundlagen- (Struktur und entwicklungsabhängige Regulation spezifischer Gene) als auch anwendungsorientierte (Verbesserung der ernährungsphysiologischen Qualität von Sameneiweiß) Aspekte umfasste (s. Abschn. 2.2.2.3 Gentechnische Projekte).

Zunächst konnte auf der Basis von poly(A)$^+$-RNA membrangebundener Polysomen, isoliert von Manfred Püchel in der FG „Eiweißstoffwechsel“ aus sich entwickelnden Ackerbohnensamen, cDNA synthetisiert und diese kloniert werden.[275] Aus der entstandenen cDNA-Bibliothek wurde eine Reihe von Klonen isoliert und durch *hybrid-selected translation*[276] als weitgehend speicherproteinspezifisch identifiziert. Die ersten Nukleotidsequenzen solcher cDNA-Klone ermittelte Ulrich Wobus (Box 2.4) 1985 während eines Aufenthaltes im Harvard-Labor von Fotis Kafatos in Cambridge/USA. Aus einer nach umfangreichen Vorarbeiten 1983 im Lambdaphagen Charon 4A hergestellten Bibliothek genomischer *Vicia faba*-DNA, partiell gespalten mit dem Restriktionsenzym *Eco*RI, gelang durch Hybridisierung mit cDNA-Klon-Sequenzen die Isolierung und partielle Charakterisierung erster genomischer Klone.[277] Bereits die cDNA-Klon-Sequenzierung hatte die Existenz von verschiedenen Typen von Samenprotein-Genen ergeben, die jeweils Genfamilien mit mehreren Mitgliedern bilden, und zwar Gene spezifisch für methioninhaltiges Präprolegumin A, methioninfreies Präprolegumin B, Prävicilin und ein 30 kD Polypeptid unbekannter Funktion (deshalb auch als unbekanntes Samenprotein = USP bezeichnet). In Kotyledonen ist zwar dessen mRNA dominant, ein Protein entsprechender Größe war jedoch nicht sicher nachweisbar (s. auch Abschn. 3.4.3.4). Ein weiterer „Schritt nach vorn“ war die Ermittlung der Nukleotidsequenz eines kompletten Gens, des Legumin B-Gens LeB4, einschließlich flankierender Sequenzen durch Helmut Bäumlein, ebenfalls im Labor von Fotis Kafatos.[278] Inzwischen war die DNA-Sequenzierung nach Maxam und Gilbert auch am IPK aufgebaut worden (Ute Heim, Winfriede Weschke), und ausgedehnte Genanalysen führten zu einer Reihe anerkannter Beiträge zur Struktur, Funktion und Evolution (Abschn. 3.4.3.7) von Samenproteingenen. Ein weiterer methodischer Fortschritt, die Etablierung

---

[275] Darüber wurde erstmals 1981 publiziert: Püchel M, Bäumlein H, Silhengst P, Wobus U (1981) Cloning of double stranded cDNA derived from polysomal poly(A)-containing RNA from developing field bean seeds. Abh Akad Wiss DDR, Abt Math-Naturwiss-Technik N5, 227.

[276] mRNA wird mit filtergebundener Klon-DNA hybridisiert, die gebundene RNA eluiert, in einem zellfreien Weizenkeimsystem translatiert und die elektrophoretisch aufgetrennten Polypeptide werden immunologisch identifiziert.

[277] Wobus U, Bäumlein H, Bassüner R et al (1986) Cloning and characterizing *Vicia faba* seed storage protein genes. Biol Zentralbl 105: 121–128.

[278] Bäumlein H, Wobus U, Pustell J, Kafatos FC (1986) The legumin gene family: structure of a B type gene of *Vicia faba* and a possible legumin gene specific regulatory element. Nucleic Acids Res 14: 2707–2720.

von Pflanzentransformationstechniken in der zweiten Hälfte der 1980er-Jahre (s. Abschn. 3.3.7.3), ermöglichte dann experimentelle Analysen der regulatorischen Eigenschaften von Promotorsequenzen des Legumin B4- und eines USP-Gens.[279] Dabei erwies sich die durch frühe Sequenzvergleiche im LeB4-Promotor gefundene „Legumin-Box“[280] als wichtiges regulatorisches Element einer samenspezifischen Genexpression. Insbesondere der USP-Promotor wurde aufgrund seiner relativ frühen Aktivität während der Samenentwicklung in Projekten innerhalb und außerhalb des Instituts zur Synthese unterschiedlichster Proteine spezifisch in Pflanzensamen vielfach eingesetzt. Diese Arbeiten konnten über die politische Wende hinweg nahtlos im IPK weitergeführt werden.

3.3.7.3 Gentransfer in Pflanzen

Im Januar 1983 berichteten auf dem Miami Wintersymposium in den USA drei unabhängige Gruppen über eine erfolgreiche genetische Transformation von Pflanzen. Alle hatten als Versuchspflanze Tabak benutzt, da Pflanzen aus transformierten Zellen leicht regenerierbar waren, und alle hatten ein Antibiotika-Resistenzgen übertragen. Von dieser Pionierleistung, dieser neuen Technologie, wurde mittel- bis langfristig eine Revolutionierung der Landwirtschaft erwartet, und für die Forschung eröffneten sich völlig neue Möglichkeiten. Die in der Forschungsgruppe „Somatische Zellgenetik“ unter Andreas Müller (Abschn. 2.2.1.4) vorhandene Expertise in der Tabak-Regeneration, das oben geschilderte Vorhandensein eines voll charakterisierten Pflanzengens mit den notwendigen Regulationssequenzen (VfLeB4) und das entsprechende gentechnische Know-how in der Forschungsgruppe „Genwirkung“ erlaubten noch 1984 die Aufnahme von Versuchen zur *Agrobacterium*-vermittelten Transformation von Tabakpflanzen mit LeB4-haltigen Ti-Plasmid-Vektoren.[281] Die schwierigen Arbeitsbedingungen aber verhinderten einen schnellen Fortgang der Experimente, sodass erste Ergebnisse erst 1987 publiziert werden konnten.[282] Die mithilfe der Blattscheibenmethode[283] erzeugten transgenen Linien enthielten ein oder mehrere LeB4-Genkopien. Diese wurden wie erhofft samenspezifisch exprimiert. Immunologische Analysen bewiesen Synthese und korrekte Prozessierung der LeB4-Polypeptide in die Legumin α- und β-Ketten. In nachfolgenden Untersuchungen ergab sich eine positive Korrelation zwischen der Zahl der Transgenkopien in einer jeweiligen Linie und der Menge an synthetisiertem rekombinantem

[279] Z. B. Bäumlein H, Nagy I, Villarroel R et al (1992) *Cis*-analysis of a seed protein gene promoter: the conservative RY repeat CATGCATG with the legumin box is essential for tissue-specific expression of a legumin gene. Plant J 2: 233–239.

[280] Bäumlein et al. (1986) s. Fußnote Kap. 3/278.

[281] (1985) Jahresbericht 1984. Kulturpflanze 33: 337.

[282] Bäumlein H, Müller AJ, Schiemann J et al (1987) A legumin B gene of *Vicia faba* is expressed in developing seeds of transgenic tobacco. Biol Zentralbl 106: 569–575.

[283] Ausgestochene Blattscheibchen werden mit *Agrobacterium* infiziert, Sprosse in Antibiotikum-Medium selektiert und anschließend bewurzelt.

Legumin. Die übertragenen Gene erwiesen sich in der Regel als meiotisch stabil.[284] Neben Versuchen zur stabilen Transformation wurde ein transientes Expressionssystem (Elektroporation von *Nicotiana plumbaginifolia*-Protoplasten) zur semiquantitativen Expressionsprüfung chimärischer Genkonstrukte aufgebaut.

Während Tabak ein ausgezeichnetes Modellsystem abgab, waren anwendungsorientierte Ziele nur durch Transformation bedeutender Kulturpflanzen wie Getreide (Gerste, Weizen), Leguminosen (Ackerbohne, Erbse) und weiterer wirtschaftlich wichtiger Arten (z. B. Zuckerrübe) erreichbar. Die Versuche zur Transformation von Gerste wurden in Kooperation mit dem Institut für Züchtungsforschung/Quedlinburg durchgeführt und von Ralf R. Mendel (Forschungsgruppe „Somatische Zellgenetik") koordiniert. 1989 wurde beschrieben,[285] dass sieben unterschiedliche Wege beschritten wurden, „worunter sich sowohl zelltechnische Ansätze befinden (DNA-Transfer in Protoplasten, in Suspensionszellen und in mikrosporenabgeleitete Embryoide) als auch pflanzentechnische Ansätze." Das Einschießen mittels eines Partikelschussgerätes (biolistisches Transformationssystem) von Fremdgenen durch die Zellwand hindurch in Gersten-Zellkulturen führte zwar zu einer stabilen Präsenz der Gene in den Zellen, doch wurde deren Expression mit zunehmender Kulturdauer unterdrückt. Weiter heißt es, dass die „Makroinjektion von DNA in unreife Ähren und der DNA-Transfer in wachsende Pollenschläuche… zu intakten fertilen Pflanzen" führen würde, doch erwies sich diese Schlussfolgerung später als falsch. Verbesserte Diagnosemethoden bewiesen, dass die hier wie in einer Reihe anderer Laboratorien erzeugten Pflanzen nicht stabil transformiert waren. Auch die Arbeiten zur Entwicklung eines Gentransfersystems für die Zuckerrübe gestalteten sich schwierig. Zwar wurde bereits 1986 über erste positive Ergebnisse (Pflanzenregeneration aus kanamycinresistenten Sprossen) berichtet,[286] doch transformierte Pflanzen lassen sich trotz eines breiten eingesetzten Methodenspektrums nicht erzeugen. Ähnlich negativ verlaufen die Versuche mit Ackerbohne und Gerste. Zwar können Zellen transformiert werden, doch eine Regeneration zu Sprossen und ganzen Pflanzen gelingt nicht.

Auch nach der politischen „Wende" 1990 wurden die Transformationsarbeiten intensiv weitergeführt und die neuen Kooperationsmöglichkeiten genutzt, z. B. mit dem Max-Planck-Institut für Züchtungsforschung in Köln bezüglich Gerste und mit der zur Firma KWS gehörigen Planta GmbH in Einbeck bezüglich Zuckerrübe. Zwar gab es in allen Bereichen beachtliche Teilerfolge, ein „Durchbruch" aber, die effiziente und stabile Transformation einer Nutzpflanze, blieb aus.

Umfangreicher Personalwechsel und die Neustrukturierung des Instituts mit der Gründung des IPK 1992 führen zu einem starken Einschnitt. Die meisten Arbeiten zum Gentransfer wurden eingestellt, nur einige *Vicia*-Experimente liefen weiter, da ein am Institut für Angewandte Genetik der Freien Universität Berlin (Otto Schieder, Thomas Pickardt) entwickeltes *Agrobacterium*-basiertes Verfahren bereits

[284] Müller AJ, Mendel RR, Schiemann J et al (1987) High meiotic stability of a foreign gene introduced into tobacco by *Agrobacterium*-mediated transformation. Mol Gen Genet 207: 171–175.

[285] (1990) Jahresbericht 1989. Kulturpflanze 38: 474.

[286] (1987) Jahresbericht 1986. Kulturpflanze 35: 486.

1991 die Übertragung des 2S-Brasilnussgens (Abschn. 3.4.3.10) in die Mauswicke (= Narbonbohne), *Vicia narbonensis,* ermöglicht hatte. In der Folgezeit wurde die Methode für *V. narbonensis* und danach auch für die Erbse am IPK etabliert (Isolde Saalbach) und eine Vielzahl transgener *V. narbonensis*-Linien hergestellt und untersucht (Abschn. 3.4.3.10). In Erbsensamen wurden zunächst bakterielle Gene für die technischen Enzyme Xylanase und α-Amylase, dann Antikörper- und Stoffwechselgene exprimiert. Transgene Erbsen wurden auch im Freiland angebaut (Abschn. 2.4.8.4).

Die Wahl von Gerste als zentrales Versuchsobjekt im IPK 1995/1996 (Abschn. 3.3.8.2) erhöhte die Notwendigkeit, ein effizientes Transformationsverfahren verfügbar zu haben. Mit Fredy Altpeter konnte 1997 ein Wissenschaftler für die Leitung der neuen AG „Gentransfer" gewonnen werden, der aufgrund umfangreicher experimenteller Erfahrungen kurzfristig regenerierbare Gewebe- bzw. Zellkultursysteme für Gerste, Weizen, Roggen und Deutsches Weidelgras (*Lolium perenne*) etablieren und routinemäßig transgene Pflanzen dieser Arten mittels Partikelbeschuss erzeugen konnte.[287] Dennoch bedurften die Systeme der weiteren Optimierung. Zudem hatte sich herausgestellt, dass entgegen ursprünglichen Annahmen auch Getreide mit *Agrobacterium* transformierbar waren. Entsprechende erfolgreiche Versuche mit Gerste konnten 2002 publiziert werden.[288] Spezielle Aufmerksamkeit wurde der Übertragung großer DNA-Fragmente bei Gerste und der Entwicklung markerfreier transgener Linien bei Roggen und Weizen geschenkt. Aufgrund des entwickelten Know-how war die Gruppe in eine ganze Reihe von grundlagen- und anwendungsorientierten Projekten eingebunden.

Als Fredy Altpeter das IPK Ende 2001 verließ, übernahm Jochen Kumlehn, aus der Gruppe von Horst Lörz/Hamburg kommend, die AG „Gentransfer". Er etablierte zunächst eine Methode zum *Agrobacterium*-vermittelten Gentransfer in unreife Gerstenpollen (Abb. 3.22). Diese Methode liefert die für weitere wissenschaftliche wie züchterische Arbeiten notwendigen homozygoten (reinerbigen) Pflanzen bereits als Primärtransformanden nach spontaner oder gegebenenfalls artifizieller Diploidisierung des haploiden Pollengenoms. Ein neues, 2004 publiziertes Protokoll zur Erzeugung transgener Gerstenpflanzen der Sorte „Golden Promise" durch Agrobakterien-vermittelten Gentransfer in unreife Embryonen erlaubte fortan die effiziente Routineproduktion transgener Gerstenlinien in verschiedensten Grundlagen- und Anwendungsprojekten. Nach geeigneten Modifikationen ließ sich die Methode auf weitere Gerstensorten sowie auf Weizen, *Triticale* und Mais und schließlich auch auf Wildgerste und die äthiopische Hirse Teff (*Eragrostis tef*) ausdehnen.[289]

[287] Z. B. Popelka JC, Xu JP, Altpeter F (2003) Generation of rye (*Secale cereale* L.) plants with low transgene copy number after biolistic gene transfer and production of instantly marker-free transgenic rye. Transgenic Res 12: 587–596.

[288] Fang YD, Akjula C, Altpeter F (2002) *Agrobacterium*-mediated barley (*Hordeum vulgare* L.) transformation using green fluorescent protein as a visual marker and sequence analysis of the T-DNA::barley genomic DNA junctions. J Plant Physiol 159: 1131–1138.

[289] Hensel G, Kumlehn J (2004) Genetic transformation of barley (*Hordeum vulgare* L.) by co-culture of immature embryos with *Agrobacterium*. In: Curtis IS (Hrsg) Transgenic crops of the world: essential protocols, Kluwer Acad. Publ., Dordrecht/Netherlands, S 34–45.

Abb. 3.22 *Agrobacterium*-vermittelte genetische Transformation von unreifen Pollen der Gerste. Gerstenpollen werden in einem Flüssigmedium kultiviert. **a,** dann mit *Agrobacterium* infiziert und die Expression eines Marker-Gens (*GFP = green fluorescent protein*) mittels Fluoreszenz in den entstehenden Mikrokalli gemessen. Untransformierte Pollen und Kalli sind durch gelbliche Eigenfluoreszenz charakterisiert **b.** Auch in den sich aus den Pollen entwickelnden Kalli lässt sich die Fremdgen(*GFP*)-Expression aufgrund der grünen Fluoreszenz nachweisen **c.** Durch Zugabe des selektiven Agens Hygromycin zum Medium wird erreicht, dass sich nur aus Zellen mit Fremd-DNA Sprosse entwickeln **d.** DNA-Analysen (*Southern blots*, **e**) erlauben Aussagen zu Anzahl und Struktur der integrierten Fremd-DNA-Kopien. Die homozygoten Pflänzchen können nach Colchicin-Behandlung diploidisiert werden. Deren Körner (**f**) und die daraus keimenden Pflanzen sind dann als sogenannte T1-Pflanzen homozygot für das Transgen. (Nach Kumlehn et al. (2006) Plant Biotechn J 4, S 253 Fig. 1 und Jochen Kumlehn, unveröffentlicht)

Diese Methode wird für die verschiedensten Anwendungsbereiche vorteilhaft ergänzt durch das speziell für die Getreide-Transformation entwickelte „IPKb-Binärvektorset".[290] Dieser Satz von Vektorplasmiden erleichtert die Herstellung bzw. Variation von Genkonstrukten für die Transformation sehr und wird national wie international häufig erfragt.

Bei der in Gerste erreichten hohen Transformationseffizienz kann in Anwendungsprojekten auf die Nutzung dort oft unerwünschter Selektionsmarkergene ganz verzichtet werden, was jedoch eine aufwendige Identifizierung der transgenen unter den vielen nichttransgenen Regeneratpflanzen erfordert; außerdem bedarf es umfangreicher weiterer Schritte bis zum Erhalt homozygoter transgener Pflanzen. Weitaus effizienter lassen sich markerfreie, unmittelbar homozygote transgene Pflanzen jedoch durch die Nutzung von Agrobakterien erzeugen, die das Marker-

[290] Himmelbach A, Zierold U, Hensel G et al (2007) A set of modular binary vectors for transformation of cereals. Plant Physiol 145: 1192–1200.

und das eigentliche Transgen auf separaten Binärvektoren tragen. Dazu werden die Pollen von resultierenden Marker- und Transgen tragenden Primärtransformanden zur Herstellung embryogener Pollenkulturen verwendet. Von den haploiden, leicht zu diploidisierenden Regeneraten (DH-Pflanzen) sind aufgrund der genetischen Segregation von Marker- und Transgen ausreichend viele Pflanzen transgen, aber markerfrei.[291]

3.3.7.4 Molekulare Entwicklungsphysiologie pflanzlicher Samen

Auch nach der Neugründung des Instituts im Januar 1992 blieb die Samenbiologie, seit den 1970er-Jahren ein zentrales Arbeitsgebiet des Instituts, ein wichtiges Thema, doch kam es zu inhaltlichen Akzentverschiebungen. Innerhalb der Abteilung „Molekulare Genetik" widmete sich Helmut Bäumlein (vormals AG „Genwirkung") in einer eigenen AG „Genregulation" zunächst weiter der Analyse von Samenproteingen-Promotoren (Abschn. 3.3.7.2) und nachfolgend zunehmend der späten Embryogenese von *Arabidopsis* (vgl. Abschn. 2.4.3.2 – Abt. „Molekulare Genetik"), während sich die weitergeführte AG „Genwirkung" unter Ulrich Wobus stärker dem Gesamtablauf der Samenentwicklung in Abhängigkeit von genetischen und vornehmlich physiologischen Faktoren zuwandte. Diese Hinwendung zur molekularen Physiologie war durch eine bereits 1990 begonnene Mitarbeit am (West-) Berliner Genzentrum (Leiter: Lothar Willmitzer) initiiert und durch Hans Weber, der 1992 in die AG „Genwirkung" kam, weiter gefördert worden. Bevorzugtes Untersuchungsobjekt blieben zunächst die Samen der Ackerbohne. Hinzu kamen die Samen der Narbonbohne/Mauswicke (*Vicia narbonensis*) und zunehmend der Erbse (*Pisum sativum*), weil für diese Arten Transformationsverfahren verfügbar wurden (s. Abschn. 3.3.7.3). Beginnend mit den späten 1990er-Jahren rückten zunehmend die Samen (Karyopsen) der Gerste ins Zentrum der Arbeiten.

Die Samen der Ackerbohne boten aufgrund ihrer Größe den Vorteil, dass neben der zeitlichen vor allem die räumliche Differenzierung von Entwicklungs- und Stoffwechselprozessen, also deren Gewebe- bzw. Zellspezifität, detailliert analysierbar war. Eine sorgfältige Beschreibung der Gewebedifferenzierung sowie der Stärke- und Proteinakkumulation im *Vicia*-Samen machte raum-zeitlich sich ändernde Gradienten bezüglich Zellteilung, Zelldifferenzierung und Speicherstoffakkumulation deutlich, und zwar sowohl zwischen als auch innerhalb der verschiedenen Gewebe des Samens.[292] Insbesondere Expressionsmuster von Genen des Zuckerstoffwechsels konnten mit diesen Gradienten korreliert und löslichen Zuckern (speziell Glucose und Saccharose) eine Signal- und Kontrollfunktion in der Samenentwicklung zugewiesen werden.[293] Die komplexen Wechselwirkungen zwischen Genaktivitäten, Zuckerkonzentrationen, Zellteilungs- und Zellstreckungsprozessen sowie dem genetisch programmierten Absterben bestimmter Gewebereiche im Entwicklungs-

[291] Kapusi E, Kumlehn J, unveröffentlicht.

[292] Borisjuk L, Weber H, Panitz R et al (1995) Embryogenesis in *Vicia faba* L.: Histodifferentiation in relation to starch and storage protein synthesis. J Plant Physiol 147: 203–218.

[293] Wobus U, Weber H (1999) Sugars as signal molecules in plant seed development. Biol Chem 380: 937–944.

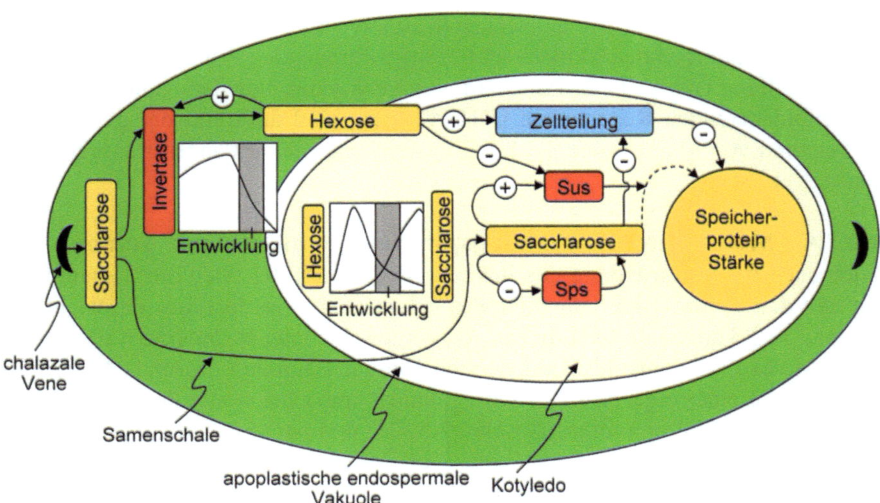

Abb. 3.23 Invertase-Kontroll-Hypothese der Samenentwicklung von Körnerleguminosen. Die Abbildung veranschaulicht den Einstrom von Saccharose in den sich entwickelnden Samen (*links*). Die Saccharose wird in der Vorspeicherphase der Entwicklung vornehmlich durch das Enzym Invertase 1 in der Samenschale gespalten (*oberer* Weg zur Hexose). Das *linke weiß-graue* Diagramm zeigt das Aktivitätsniveau während der Entwicklung. Die entstehenden hohen Hexosekonzentrationen sinken am Ende der Vorspeicherphase langsam ab und unterschreiten zwischen Vorspeicher- und Speicherphase (*graue* Zone in den Entwicklungsdiagrammen) eine kritische Grenze (zweites Diagramm). Hexosen wirken positiv (+) auf die Zellteilung und negativ (−) auf Speicherstoffsynthesen u. a. über zentrale Gene/Enzyme des Saccharosestoffwechsels wie Saccharose-Synthase (*Sus*) und Saccharosephosphat-Synthase (*Sps*). Nach dem starken Abfall der Invertaseaktivität in der Speicherphase strömt Saccharose direkt in den Kotyledo (*unterer* Weg) und hemmt die Zellteilung bzw. fördert die Speicherstoffsynthesen über den Sus-Weg. (Aus Wobus U (1997) Jb 1996 Leopoldina (R3) 42, S 302 Abb. 3)

verlauf wurde in der „Invertase[294]-Kontroll-Hypothese der Samenentwicklung" zusammengefasst (Abb. 3.23). Durch speziell entwickelte Verfahren gelang die Vermessung von Glucose- und Saccharose-Konzentrationen in Gefrierschnitten von Kotyledonen (Ljudmilla Borisjuk). Die Messwerte belegten z. T. steile Zuckerkonzentrationsgradienten, die mit zellulären Parametern korrelierten und obige Hypothese stützten. Weitere stützende Befunde erbrachte die vergleichende Analyse von *Vicia*-Genotypen mit unterschiedlich großen Samen: Große Samen zeichnen sich durch eine höhere und länger anhaltende Aktivität der Zellwand-Invertase I aus, woraus entsprechende Hexosekonzentrationen, verlängerte Zellteilungsaktivität und letztlich mehr Zellen resultieren, deren Anzahl die Samengröße weitgehend determiniert. Ein Schlüsselfaktor für das Ausmaß der Invertaseaktivität ist der entwicklungsgenetisch kontrollierte, programmierte Zelltod des Gewebes, in dem die Invertase aktiv ist: das Dünnwandparenchym der sich entwickelnden Samenschale.

[294] Das Enzym spaltet Saccharose in die Hexosen Glucose und Fructose.

Transgene *V. narbonensis*-Pflanzen, die diese Invertase mithilfe eines samenspezifischen Fremdpromotors in den Kotyledonen (in denen das Enzym normalerweise nicht gebildet wird) exprimieren, akkumulieren viel Glucose, aber wenig Stärke und machen es sehr wahrscheinlich, dass Saccharose die Differenzierung von jungen parenchymatischen Zellen zu Speicherzellen initiiert und befördert, während Glucose ein notwendiger Stimulus für die Zellteilung ist.

Neben dem Zucker- bzw. Kohlenstoff- oder C-Stoffwechsel wurde auch der Rolle des Stickstoff- oder N-Stoffwechsels in der Samenentwicklung Aufmerksamkeit geschenkt. Sich entwickelnde Samen synthetisieren und akkumulieren sowohl Stärke als C-Speicher als auch Speicherproteine als N-Speicher. Sie importieren neben Saccharose Amide (Glutamin und Asparagin) und nutzen diese u. a. für die Synthese eines breiten Spektrums von Aminosäuren. Für diese Synthesen muss neben den Amiden auch ein Teil der hauptsächlich in Form von Saccharose während der Samenreifung importierten Kohlenstoffgerüste genutzt werden. Gefragt wurde, welche Stoffwechselfaktoren die Expression von Genen beeinflussen, die zentral in diese Prozesse der Wechselwirkung zwischen C- und N-Stoffwechsel einbezogen sind. Während in isolierten, in einem künstlichen Medium inkubierten Kotyledonen erhöhte Hexose und/oder niedrige Glutamin-Konzentrationen Gene im Stärkestoffwechsel (Saccharose-Phosphat-Synthase [SPS] und ADP-Glucose-Phosphorylase [AGP]) stimulieren, erhöhen Saccharose und Amino-Stickstoff die Aktivität von Speicherproteingenen und von Phosphoenolpyruvat-Carboxylase (PEPC),[295] d. h., sowohl lösliche Zucker als auch N-Verbindungen wie Aminosäuren wirken regulierend auf wichtige Gene des C- und N-Stoffwechsels. Diese Integration der beiden Stoffwechselwege wurde auch in transgenen Samen mit stark unterdrückter AGP deutlich, die sich durch erhöhten Protein- und Gesamtstickstoff-Gehalt auszeichneten bei insgesamt komplexen Veränderungen z. B. auch im Wasserhaushalt und der Entwicklungsdauer.

Fortan wurden die Expression von Fremdgenen im Samen oder die samenspezifische Ausschaltung der Aktivität bestimmter Gene mittels Transgen-Technologien zu einem wichtigen methodischen Ansatz, um einerseits zu einem besseren Verständnis von Stoffwechselnetzen und deren Regulation im reifenden Samen zu gelangen und andererseits Ausgangsmaterial für die Züchtung von Pflanzen mit verbesserten agronomischen Merkmalen zu entwickeln. Neben AGP wurde die Expression der Gene in Leguminosen und/oder Getreiden manipuliert, die für folgende Enzyme/Proteine kodieren: PEPC, SnRK1-Kinase, Saccharosetransporter (SUT1), Aminosäurepermease (VfAAP1), Glucose-6-phosphat/Phosphat-Translokator (GPT-1) und 2-Oxoglutarat-Malat-Transporter (PsOMT1). Die Ergebnisse der umfangreichen Versuchsserien haben Weber und Mitarbeiter 2009 zusammengefasst.[296] Zum Beispiel weist das Expressionsmuster des Gens *VfAAP1*[297] in den

---

[295] Zur Rolle dieses Enzyms und seiner gentechnischen Nutzung s. Abschn. 3.4.3.10.

[296] Weber H, Radchuk R, Weigelt K, Saalbach I (2009) Changing metabolic pathways to manipulate legume seed maturation and composition. In: Krishnan HB (Hrsg) Modification of seed composition to promote health and nutrition. Agronomy Monographs 51: 55–78.

[297] *Vicia faba amino acid permease 1.*

Vicia faba-Speicherparenchymzellen auf eine wichtige Rolle als „Bausteinlieferant“ in der Speicherproteinsynthese hin. Samenspezifische Überexpression in Narbonbohne und Erbse führte zur Erhöhung des Proteingehaltes im Samen und des Samengewichts. Zweijährige Freilandversuche mit transgenen *VfAAP1*-Erbsen bestätigten erhöhte Stickstoff- und Globulin[298]-Gehalte (s. Abschn. 3.4.3.10). Eine umfangreiche Transkript- und Metabolitanalyse zeigte aber auch ein breites Spektrum von Stoffwechseländerungen, mit denen das erzeugte Ungleichgewicht im N:C-Verhältnis abgepuffert wird.[299] Die Versuche zur Erhöhung des Proteingehaltes im Weizenkorn durch samenspezifische Überexpression von *HvSUT1* bzw. *VfAAP1* sind in Abschn. 3.4.3.10 geschildert.

Eine weitere Vertiefung erfuhren die Arbeiten zur Samenphysiologie durch den Einsatz von sauerstoff(O_2)-sensitiven Mikroelektroden.[300] Mit dieser Technik ließen sich steile O_2-Gradienten in Samen nachweisen, die von der Photosyntheseaktivität chlorophyllhaltiger Samengewebe mitbestimmt werden und einen starken Einfluss auf den Energiestoffwechsel ausüben. Unterschiedliche O_2-Konzentrationen führen zu entsprechenden Anpassungen in der mitochondrialen Respiration und im Gesamtstoffwechsel, wobei die Zelle einen zellschädigenden Sauerstoffmangel (Anoxie) durch Kompensationsmechanismen möglichst vermeidet. In diesem Regulationsprozess kommt dem O_2-sensitiven Stickoxid (NO), gut bekannt aus der menschlichen Physiologie, eine entscheidende Rolle zu. Ein Wirkungsmodell von NO in Samen wurde 2009 publiziert.[301]

Die zunächst vornehmlich für den Leguminosensamen erarbeiteten Zusammenhänge[302]konnten prinzipiell auch für die Gerstenkaryopse bestätigt werden,[303, 304] trotz vieler Abweichungen im Detail schon aufgrund der Tatsache, dass in Leguminosen das Keimblatt (Kotyledo), in Gerste aber das Endosperm das Hauptspeichergewebe ist.

Mitte der 1990er-Jahre waren in den USA die ersten cDNA-Arrays entwickelt worden, die eine parallele und vergleichende Analyse der Expression vieler Gene erlaubten. Diese Technologie versprach einen viel tieferen Einblick in Genexpressions- und Genregulationsvorgänge als die Analyse weniger Schlüsselgene. Entsprechend wurden am IPK zunächst ca. 700, 1.400 und 12.000 sequenzierte Klone aus

[298] Globuline sind die Hauptspeicherproteine in Leguminosensamen (vg. Abschn. 3.4.3.4).

[299] Weigelt K, Küster H, Radchuk R et al (2008) Increasing amino acid supply in pea embryos reveals specific interactions of N and C metabolism, and highlights the importance of mitochondrial metabolism. Plant J 55: 909–926.

[300] Rolletschek H, Stangelmayer A, Borisjuk L (2009) Methodology and significance of microsensor-based oxygen mapping in plant seeds – an overview. Sensors 9: 3218–3227.

[301] Borisjuk L, Rolletschek H (2009) The oxygen status of the developing seed. New Phytologist 182: 17–30.

[302] Weber H, Borisjuk L, Wobus U (2005) Molecular physiology of legume seed development. Annu Rev Plant Biol 56: 253–279; Weber H et al (2009) s. Fußnote Kap. 3/304.

[303] Wobus U, Sreenivasulu N, Borisjuk L et al (2005) Molecular physiology and genomics of developing barley grains. Recent Res Devel Plant Mol Biol 2: 1–29.

[304] Sreenivasulu N, Borisjuk L, Junker BH et al (2010) Barley grain development: toward an integrative view. Intern Rev Cell Mol Biol 281: 49–89.

Gersten-cDNA-Banken, vorzugsweise aus sich entwickelnden Karyopsen, selektiert, die amplifizierten Gensequenzen auf Filter „gedruckt“ (Makro-Arrays) und für vielfältige Analysen eingesetzt. Parallel wurde die notwendige Bioinformatik aufgebaut (Abschn. 3.5.3). Auch für die Transkriptanalyse von Leguminosensamen konnten entsprechende Arrays entwickelt werden. Seit 2004 ist für Expressionsanalysen in Getreiden ein Oligonukleotid-basierter „Affymetrix 22 °K Barley1 GeneChip“ verfügbar, der mehr als 20.000 Gersten-Gene erfasst und internationale Datenvergleiche erlaubt. Zunächst wurden in der AG „Genwirkung“ die Genexpressionsmuster in verschiedenen Geweben der Gerstenkaryopse im Verlauf der Samenentwicklung untersucht. Sie gewährten neue Einblicke in die gewebespezifische Rolle verschiedener Hormone (Abscisinsäure [ABA], Jasmonsäure, Gibberellinsäure, Äthylen) und in regulatorische Netzwerke, die in den programmierten Zelltod (PCD) involviert sind. So ergaben sich starke Hinweise darauf, dass die Stärkeakkumulation über spezifische Signalnetzwerke ABA-kontrolliert ist und diese Kontrolle auf der Genebene über spezielle Transkriptionsfaktoren und posttranskriptional über Proteinphosphorylierungen durch die Proteinkinase SNF1 ausgeübt wird.[305] Der Einfluss von Trockenstress auf die Entwicklung des Gerstensamens und dessen Ertragspotenzial wird in Abschn. 3.4.5.3 dargelegt.

Die ständige technologische Weiterentwicklung erlaubt neuerdings auch umfangreiche Transkript- und Metabolitanalysen von kleinsten, durch Laser-Mikrodissektion gewonnenen Gewebeproben. Solche Untersuchungen wurden beispielsweise an Endosperm-Transfer-Zellen und an Zellen der nuzellaren Projektion der Gerstenkaryopse durchgeführt. Diese Gewebe sind für den Stofftransport in den Samen und damit für dessen Entwicklung von außerordentlicher Bedeutung. Weitere technologische Entwicklungen von großer Tragweite sind Verfahren zur Modellierung entwicklungsbiologischer, metabolischer und regulativer Prozesse und die erfolgreiche Anwendung nichtinvasiver Analysemethoden zur Messung und dreidimensionalen Sichtbarmachung von Stoffkonzentrationen. Die Vielzahl der erarbeiteten Datensätze erlaubt auch erste systembiologische Ansätze, nämlich die quantitative Modellierung von Teilsystemen wie dem Primärstoffwechsel und deren Verifizierung durch weiterführende Experimente. Ein stöchiometrisches Modell des Primärstoffwechsels im Gerstenendosperm hat bereits seine Voraussagekraft bewiesen.[306] Mit der Systembiologie ist die Hoffnung verbunden, einmal alle Daten in einem komplexen, voraussagenden Modell der Samenentwicklung integrieren zu können. Der Stand der Arbeiten an Gerstenkaryopsen wurde 2010 in einer Übersichtsarbeit dargestellt.[307]

---

[305] Sreenivasulu et al (2010) s. Fußnote Kap. 3/304.

[306] Grafahrend-Belau E, Schreiber F, Koschützki D, Junker BH (2009) Flux balance analysis of barley seeds: a computational approach to study systemic properties of central metabolism. Plant Physiol 149: 585–598.

[307] Sreenivasulu et al (2010) s. Fußnote Kap. 3/304.

3.3.8 Genomforschung mit Schwerpunkt „Getreide"

Hybridisierungs- und Klonierungstechnologien stehen an der Wurzel der Genomforschung. Während zunächst nur summarische Daten über die G+C-Gehalte von Genomen, über Genomgrößen sowie Anteile und Verteilung unikaler bzw. unterschiedlich repetitiver DNA-Sequenzen gewonnen werden konnten, ermöglichten Klonierungs- und Sequenzierungstechniken den Aufbau von cDNA- bzw. genomischen Bibliotheken und die Anlage von Sequenz-Datenbanken. Im Jahr 2000 legte ein internationales Konsortium eine erste Totalsequenz des Genoms von *Arabidopsis thaliana* vor. Heute ermöglichen neueste Sequenziertechnologien die Sequenzierung/Resequenzierung von Hunderten von Genomen dieser Art in kurzer Zeit. Dies stellt besonders an die Bioinformatik enorme Anforderungen. Allerdings bilden große und komplexe Genome, wie am Beispiel Gerste zu zeigen sein wird, immer noch eine große Herausforderung. Die Genomforschung im IPK hat viele Facetten; ihr kommt eine große strategische Bedeutung zu. Das spiegelt sich u. a. im Bau des Genomzentrums und einer 2006 erfolgten Umbenennung der Abteilung „Cytogenetik" in Abteilung „Cytogenetik und Genomanalyse" wider, doch ist die Genomforschung in unterschiedlichem Ausmaß in allen wissenschaftlichen Abteilungen des Instituts heimisch. Im Folgenden werden vier Aspekte gesondert beschrieben, die entscheidende Rolle der Bioinformatik ist in Abschn. 3.5 dargestellt.

3.3.8.1 DNA-Marker und ihre vielfältige Nutzung

Zur Erstellung genetischer Karten als Basis vielfältiger Genomanalysen wurden historisch zunächst nur erkennbare, äußere, also phänotypische Merkmale eingesetzt. Nachfolgend nutzte man zusätzlich auch elektrophoretisch unterscheidbare Proteinvarianten (Allozyme = allelische Enzymvarianten) als indirekte Indikatoren für Veränderungen im Erbgut. Erst die sich schnell entwickelnden DNA-Technologien ermöglichten jedoch die direkte Ermittlung von DNA-Unterschieden zwischen Genotypen und deren Nutzung u. a. zur Gen- und Genomkartierung. Seit Mitte der 1980er-Jahre wurde international eine Vielzahl unterschiedlicher DNA-Marker entwickelt, die zunächst auf Sequenzunterschieden in den Erkennungssequenzen von Restriktionsenzymen (RFLP [*restriction fragment length polymorphism*]-Marker) und dann in vielen Varianten auf dem Einsatz der Polymerase-Ketten-Reaktion beruhten (PCR-Technik). Mit der Weiterentwicklung der Sequenzierungstechniken konnten bald auch kleinere Gen- bzw. Genomabschnitte verwandter Genotypen vergleichend sequenziert und damit alle Sequenzvarianten erfasst werden. Heute werden z. B. bei Modellarten wie *Arabidopsis* bereits komplette Genomsequenzen verschiedener Akzessionen verglichen.

Für ein Institut, zu dessen zentralen Aufgaben neben der Erhaltung der Kulturpflanzendiversität deren Analyse und Nutzung für Forschung und Anwendung gehört, besitzen Markertechnologien eine herausragende Bedeutung. Sie konnten aber erst mit der politischen Wende und der damit einhergehenden grundsätzlichen Verbesserung der materiell-technischen Ausstattung des Instituts umfangreich aufgebaut und weiterentwickelt werden. 1991 sammelten Andreas Börner und Jens Plaschke aus der Abteilung „Chromosomenmanipulation" erste Erfahrungen mit der Genkartierung unter Nutzung von Isoenzym- und RFLP-Markern in Weizen und Roggen in einem gemeinsamen Projekt mit dem Cambridge Laboratory in Norwich/UK, während Ralf Kynast aus der gleichen Gruppe RFLP-Sonden auf Roggenchromosomen lokalisierte.[308] 1992 traten Martin Ganal und Marion Röder, aus dem Labor von Steven Tanksley, Ithaca/USA kommend, in das Institut ein und leisteten in den Folgejahren Pionierarbeit, insbesondere bei der Entwicklung von molekularen Markern für die Pflanzenzüchtung und der Verwendung der Marker zur Isolierung landwirtschaftlich wichtiger Gene. Besondere Bedeutung erlangte die Herstellung zahlreicher Mikrosatellitenmarker für Weizen. Diese Marker werden weltweit genutzt, und die entsprechende Publikation zählt zu den am häufigsten zitierten in der Pflanzenforschung.[309] Diese Marker erbrachten dem Institut ein Patent sowie nachfolgend nicht unerhebliche Lizenzgebühren und bildeten die Basis für die 2001 eröffnete Biotechnologiefirma Trait Genetics (s. Abschn. 5.2). 1992 begann auch der Einsatz von DNA-Sonden in Projekten der Genbank. Horst Lux entwickelte Marker auf PCR-Basis zur molekularen Charakterisierung der *Beta*-Rüben-Kollektion. Aber auch für die Bearbeitung weiterer Arten wie Gemüsekohl (*Brassica oleracea*), Süßkirschen in Zusammenarbeit mit der IPK-Außenstelle in Dresden-Pillnitz und sogar Laubbäumen wie Buche und Eibe werden in drittmittelfinanzierten Projekten DNA-Marker entwickelt und eingesetzt. Die Abteilung „Taxonomie" nutzt ab 1994 RFLP-Analysen von Plastiden- und ribosomaler DNA zur taxonomischen Charakterisierung der Gattung *Allium*. Mit der Übernahme der Abteilungsleitung durch Konrad Bachmann 1996 wurden DNA-Marker in großem Umfang eingesetzt, wobei gleichzeitig eine Prüfung der verschiedenen Markersysteme auf ihre Einsetzbarkeit zur routinemäßigen Verwandtschaftsanalyse erfolgte.[310] Eine neu entwickelte Strategie zur Detektion von SNP-Markern (Dirk Fischer, Jörg Geistlinger) führte zur Ausgründung der Firma Array-On (s. Abschn. 5.2). In der AG „Getreidecytogenetik" gelang durch die Lokalisierung von kurzen, PCR-amplifizierten, aus RFLP-Sonden abgeleiteten Sequenzen auf mikroisolierten Translokationschromosomen erstmals die Erstellung einer cytogenetisch integrierten RFLP-Karte des Gerstengenoms.[311] Zum 1. Januar 1997 wurde in der Genbank eine spezielle Arbeitsgruppe „Molekulare Marker" unter der Leitung von Klaus Dehmer gebildet, aber auch die Arbeitsgruppen „Experimentelle Taxonomie", „Getreidecytogenetik", „Gen- und Genomkartierung", „Molekulare Getreidegenetik" und „Molekulare Populationsgenetik" nutzten DNA-Marker als zentrales Werkzeug zur Bearbeitung eines breiten Problemspektrums. 1998 wurde im Institut die erste kartengestützte Klonierung eines Nutzpflanzengens abgeschlossen,[312] des Gens

[308] Das Institut für Genetik und Kulturpflanzenforschung im Jahre 1991 (Jahresbericht), S 12.

[309] Röder MS, Korzun V, Wendehake K et al (1998) A microsatellite map of wheat. Genetics 149: 2007–2023.

[310] Vgl. Bachmann K (1997) Nuclear DNA markers in plant biosystematic research. Opera Bot 132: 137–148.

[311] Künzel et al (2000) s. Fußnote Kap. 3/142.

[312] Ling HQ, Koch G, Bäumlein H, Ganal MW (1999) Map-based cloning of *chloronerva*, a gene involved in iron uptake of higher plants encoding nicotianamine synthase. Proc Natl Acad Sci USA 96: 7098–7103.

chloronerva, das im Institut eine lange Geschichte hat (s. Abschn. 3.4.1.1). Das ebenso geschichtsträchtige *fus 3*-Gen von *Arabidopsis* war auf gleiche Weise bereits 1996 isoliert worden (s. Abschn. 3.3.1.2). Die Methode blieb auch in den Folgejahren ein wichtiges Werkzeug zur Isolierung agronomisch wichtiger Gene, von denen einige in anderen Abschnitten dieses Buches erwähnt werden.

3.3.8.2 Gerste und GABI als Säulen der IPK-Genomforschung

Der Gründung des Instituts hatte die Sammlung, Erhaltung und Erforschung der Vielfalt der Kulturpflanzen zugrunde gelegen. Die rasante Entwicklung der Molekulargenetik und das Eindringen der neu entwickelten Methoden und Konzepte in nahezu alle Forschungsfelder auch der Pflanzenwissenschaften erforderten aber in der molekular- und zellbiologischen Forschung eine Konzentrierung auf wenige „Modell"-Pflanzen, da nur so ausreichend molekulare Werkzeuge entwickelt, die notwendigen Daten für umfassende Analysen erarbeitet und neue, tiefere Einsichten gewonnen werden konnten. Da *Arabidopsis* für ein Institut mit Schwerpunkt Kulturpflanzenforschung als „Leitpflanze" nicht in Frage kam, wurde im Rahmen der Etablierung des Pflanzengenom-Ressourcenzentrums (PGRC, s. Abschn. 2.4.3.2) die Gerste als zentrales Versuchsobjekt gewählt, ein diploides Getreide, das im Institut seit seiner Gründung intensiv bearbeitet worden war (s. z. B. Abschn. 3.3.1). Die Entscheidung für die Gerste als IPK-Leitpflanze hatte weitreichende Konsequenzen.

1995 hatte die Gesellschaft zur Förderung der privaten deutschen Pflanzenzüchtung (GFP) Diskussionen über eine umfassende Forschungsstrategie zum Thema „Das Biologische System Pflanze" mit dem Ziel initiiert, Handlungsempfehlungen zu entwickeln und die Bundesregierung für ein integriertes Förderprogramm in der züchtungsorientierten Pflanzengenomforschung zu gewinnen. Auch der Rat für Forschung, Technologie und Innovation beim Bundeskanzler sah in der Genomforschung bei Pflanzen „einen wesentlichen Schwerpunkt für Innovationen im Bereich Biotechnologie und Gentechnik" und in der „Verbundforschung zwischen Wissenschaft, Pflanzenzüchtung und Ernährungsindustrie" eine große Chance.[313] Im September 1998 wurde das Förderprogramm „*G*enom-*A*nalyse im *B*i̲ologischen System Pflanze", kurz GABI genannt, von der Bundesregierung veröffentlicht und zur Antragstellung beim Forschungsministerium BMBF aufgerufen.[314]

Das IPK war mit dem 1995/1996 gegründeten PGRC und der Wahl von Gerste als Leitpflanze gut vorbereitet. Diese strategischen Entscheidungen hatten 1996 dem Wissenschaftlichen Beirat und dem Stiftungsrat des IPK zur Diskussion vorgelegen, waren aber auch innerhalb der GFP sowie mit verschiedenen Firmen und dem BMBF diskutiert worden. Zudem verschaffte eine vom IPK im nahen Alterode/Harz vom 8.–9. Dezember 1997 organisierte Tagung zur Genomforschung bei Getreide einen notwendigen Überblick zur Situation in Deutschland.[315] Dabei

[313] Zitiert aus GFP-Geschäftsbericht, Bonn 1997, S 3.

[314] Die US-amerikanische National Science Foundation hatte ihr Pflanzengenomprogramm bereits 1991 gestartet.

[315] S. den Bericht von Graner A (1997) IPK-Journal 6 (4): 19–21.

wurde auch klar, wie zersplittert und unkoordiniert die Aktivitäten waren und wie überzeugend ein „Zentrum“ (PGRC) mit einer Leitart, und zwar einer Nutzpflanze (Gerste), auch auf die Wissenschaftspolitik wirken musste.

Entsprechend war im ersten GABI-Förderprogramm (2000–2003) neben dem Standardobjekt *Arabidopsis thaliana* die monokotyle Nutzpflanze Gerste als Modellpflanze ausgewiesen worden. In den zwei großen Forschungsbereichen, die sich auf jeweils Grundlagenforschung (FB 1) und anwendungsorientierte Forschung (FB 2) konzentrierten, konnte das IPK acht für drei Jahre finanzierte Teil-/Projekte mit einem Gesamtfördervolumen von rund neun Millionen DM (ca. 4,6 Mio. €) platzieren. Hinzu kamen weitere Projekte, finanziert aus unterschiedlichen Quellen; neben dem BMBF gewährten DFG, das Land Sachsen-Anhalt und IPK finanzielle Unterstützung. Die Fokussierung auf Gerste hatte eine hohe Eigendynamik entwickelt. Bereits im August 2001 konnten in einer IPK-internen Broschüre[316] (bzw. Internetseite) 28, z. T. abteilungsübergreifende Forschungsprojekte mit Gerste als Untersuchungsobjekt beschrieben werden. Die bearbeiteten Aufgaben und Probleme reichten von der Werkzeugentwicklung (DNA-Marker, cDNA/EST-Kollektionen, Transformationstechniken), über Genomstudien, Transkriptomanalysen und Untersuchungen zur Zentromer- und Chromatinstruktur bis zu phylogenetischen Studien und der Erarbeitung von Computermodellen. Auch in den zwei folgenden GABI-Programmen, GABI-II (2004–2007) und GABI-FUTURE (2007/2008–2010/2011) konnte das IPK erhebliche Forschungsgelder einwerben. Während im GABI-II-Programm ca. 3,7 Mio. € ins IPK flossen, wird das Institut am Ende des GABI-FUTURE-Programms 16,6 Mio. € an Fördermitteln verbucht haben.[317] Diese Mittel verteilten sich auf 18 Projekte und schlossen die für fünf Jahre finanzierten Arbeitsgruppen „Pflanzliche Baupläne“ und „Hybridweizen“ ein. Ein erheblicher Teil der Gelder förderte die Gerstenforschung.

3.3.8.3 Die Sequenzierung des Gerstengenoms

Während der Evaluierung des IPK im April 2005 empfahl die zuständige Kommission, „sich verstärkt an der Sequenzierung des Gerstengenoms zu beteiligen, auch um die international anerkannte Position des Instituts weiter auszubauen“.[318] Entsprechend wurde noch im Sommer 2005 eine Ad-hoc-Gruppe des IPK ins Leben gerufen, deren Aktivität zur Gründung des International Barley Genome Sequencing Consortium im Sommer 2006 führte, eine internationale, vom IPK koordinierte Initiative mit dem finalen Ziel der Gesamtsequenzierung des Gerstengenoms. Die Aufgabe ist außerordentlich anspruchsvoll, ist doch das Gerstengenom etwa zwölf-mal größer als das seit 2001 weitestgehend entschlüsselte Reisgenom. Ebenfalls 2006 begannen im Institut die von der Leibniz-Gemeinschaft und dem IPK finanzierten und von Nils Stein geleiteten Arbeiten zur „Entwicklung einer physischen Karte für das Gerstengenom“ gemeinsam mit dem Australian Centre of Plant Functional

[316] Barley Research Projects 2001. IPK Gatersleben, August 2001.

[317] Die Zahlen verdanken wir Frau Vera Bodensiek/IPK Finanzabteilung.

[318] Stellungnahme zum Institut für Pflanzengenetik und Kulturpflanzenforschung (IPK). Leibniz-Gemeinschaft, der Senat, 22.3.2006, hier S 3.

Genomics in Adelaide und dem Munich Information Centre of Protein Sequences (MIPS) als Kooperationspartner. Die erhaltene Rohfassung einer physikalischen Karte wird gegenwärtig in einem weiteren Verbundprojekt BARLEX[319] verfeinert und vervollständigt. Ein wichtiger Aspekt ist dabei die dichte Verankerung der physikalischen mit der genetischen Karte der Gerste, die die Reihenfolge von vielen Tausend einzelnen Genen widergibt. Der klassische Weg zur Entschlüsselung des Gerstengenoms würde anschließend die Sequenzierung von mehreren Zehntausend überlappenden BAC-Klonen, die insgesamt das Gerstengenom als physikalische Karte abdecken, erfordern. Dieser Ansatz wird gegenwärtig bei der Sequenzierung des Chromosoms 3H genutzt – ebenfalls ein Projekt, das durch die Leibniz-Gemeinschaft finanziert wird. Im Zuge der Einführung neuester Hochdurchsatz-Technologien werden aber auch alternative Strategien verfolgt, ein Genom wie das der Gerste in seinen wesentlichen Komponenten zu entschlüsseln. Die Eignung dieser neuen Technologien für die Sequenzierung des durch einen hohen Anteil repetitiver Sequenzen charakterisierten, sehr komplexen Gersten-Genoms konnte bereits nachgewiesen werden.[320] Ein komplementierender methodischer Ansatz ist die Hochdurchsatzsequenzierung[321] von DNA individueller Gerstenchromosomen. Mittels eines Durchflusscytophotometers können diese aus Chromosomensuspensionen von Wurzelspitzengewebe spezieller Gersten-Weizen-Additionslinien mit ca. 90 % Reinheit gewonnen werden. Nach Extraktion der DNA wird diese amplifiziert und sequenziert, und die erhaltenen Millionen von 250–400 Basenpaare langen Sequenzen werden bioinformatorisch verarbeitet. Auf diese Weise konnten ca. 5000 Gene dem Gerstenchromosom 1H zugeordnet und weitgehend gereiht werden.[322] Obwohl die vollständige, lückenlose Sequenzierung des Gerstengenoms kaum vor 2015 abgeschlossen sein wird, ist bereits im Jahr 2011 mit einer ersten Entwurfssequenz des gesamten Genoms zu rechnen, die 99 % aller Gersten-Gene beinhalten und die in hoher Auflösung an die genetisch verankerte, physikalische Karte gekoppelt vorliegen wird. Aber auch die bereits erzielten Zwischenergebnisse befördern viele Einzelstudien zur Zuordnung von Genen zu agronomisch bedeutenden Merkmalen und zur Isolierung und Charakterisierung dieser Gene. Sie fördern zudem erheblich unsere Kenntnis vom Aufbau des Gerstengenoms und seiner Evolution.

3.3.8.4 Genotyp-Phänotyp-Assoziationen

Wie bekannt, wird die Ausprägung wichtiger, insbesondere auch agronomischer Merkmale durch mehrere bis viele Gene, auch *quantitative trait loci* (QTL) genannt, bestimmt. Üblicherweise werden solche QTL in Kartierungspopulationen identifiziert, die aus Kreuzungen zweier Eltern hervorgegangenen sind. Diese müssen aber für jedes Merkmal neu etabliert werden und erfassen nur die entsprechenden Allele

---

319 Innerhalb von GABI-FUTURE mit 6 Mio Euro gefördert.

320 Wicker T, Schlagenhauf E, Graner A et al (2006) 454 sequencing put to the test using the complex genome of barley. BMC Genomics 7: e275.

321 Genutzt wird die sog. 454-Technologie der Firma Roche.

322 Mayer KFX, Taudien S, Martis M et al (2009) Gene content and virtual gene order of barley chromosome 1 H. Plant Physiol 151: 496–505.

der beiden Eltern. Dagegen kann man bei einem in der Humangenetik in den späten 1990er-Jahren entwickelten, nach dem Jahr 2000 zunehmend auch bei Pflanzen angewandten Verfahren, der Assoziationsanalyse, die genetische Diversität in natürlichen Populationen bzw. die großer Genbankkollektionen nutzen. Diese segregieren für viele Merkmale, und demzufolge können merkmalsgekoppelte DNA-Marker bzw. Kandidatengene durch Assoziationskartierung ermittelt werden. Eine Nutzung dieses Konzepts hängt jedoch vom Ausmaß der Kopplung zwischen den Loci (dem Kopplungsungleichgewicht oder *linkage disequilibrium* [*LD*]) und von der Populationsstruktur ab. Entsprechend waren erste im IPK in der Abteilung „Genbank" 2003 unter Andreas Graner initiierte Studien der LD-Ermittlung in Kulturgersten gewidmet. Weitere Voraussetzungen für den Einsatz der Methode in der Sommergerste wurden in internationaler Zusammenarbeit begründet.[323] Auch in der AG „Gen- und Genomkartierung" wurden mehr als 950 Gerste-Akzessionen genotypisiert und bezüglich Kopplungsungleichgewicht und Populationsstruktur untersucht. Letztere Studien konzentrierten sich in der Folge auf Mälzungsparameter und entsprechende Kandidatengene.[324] Vergleichbare, auf Kandidatengene und bestimmte Merkmale fokussierte Assoziationsstudien wurden ferner durchgeführt bezüglich Pflanzengröße, Zeitpunkt des Ährenschiebens, Blühzeitpunkt, 1.000-Korn-Gewicht und Stärkegehalt des Korns bei Gerste (AG „Genomdiversität") sowie bezüglich Mehltauresistenz ebenfalls bei Gerste (AG „Transkriptomanalyse").

Assoziationsstudien bieten auch eine große Chance, die umfangreichen Evaluierungsdaten von Genbankmaterial (s. Abschn. 3.1.6), die bis zur Institutsgründung zurückreichen, für die Analyse von Genotyp-Phänotyp-Beziehungen zu nutzen. Eine entsprechende genomweite, auf mehreren Anbaujahren basierende Studie an ausgewählten Weizenakzessionen hat eine Vielzahl bekannter, aber auch neuer Beziehungen zwischen Genorten und Merkmalen erbracht.[325]

Assoziationsgenetische Untersuchungen erfahren durch drei zwischen 2008 und 2010 installierte automatische Phänotypisierungsanlagen (LemnaTec-Technik) eine große Förderung. Die Fülle der anfallenden morphologischen und physiologischen Daten erfordert eine umfängliche bioinformatorische Bearbeitung, die in der 2010 neu gegründeten AG „Bildanalyse" (s. Abschn. 2.4.3.3) erfolgt.

Neben den experimentellen Arbeiten zur Assoziationsgenetik wurden die notwendigen mathematisch-bioinformatorischen Verfahren zur Datenspeicherung und -auswertung in der AG „Bioinformatik und Informationstechnologie" weiterentwickelt sowie 2009 eine Association Genetics Task Force zwecks Förderung einer gemeinsamen Wissensbasis für Methoden der Assoziationsgenetik begründet. Der Methode kommt insbesondere für die Erschließung der in der Genbank bewahrten

[323] Rostoks N, Ramsay L, MacKenzie K et al (2006) Recent history of artificial outcrossing facilitates whole-genome association mapping in elite inbred crop varieties. Proc Natl Acad Sci USA 103: 18656–18661.

[324] Z. B. Matthies IE, Weise S, Röder M (2009) Association of haplotype diversity in the α-amylase gene amy1 with malting parameters in barley. Mol Breeding 23: 139–152.

[325] Neumann K, Kobiljski B, Denčič S et al (2011) Genome-wide association mapping: a case study in bread wheat (*Triticum aestivum* L.). Mol. Breeding 27: 37–58.

Kulturpflanzendiversität für Grundlagen- und Anwendungsforschung eine große Bedeutung zu.

3.3.9 Entwicklungsbiologie der Säuger

Jörg Schöneich hatte Säuger als Versuchsobjekte der Mutagenitätsforschung in das Institut eingeführt und damit auch die Grundlagen für den Aufbau des Mutagenitätstestlabors (Abschn. 3.3.2) geschaffen. Doch hohe Testanforderungen aus der Industrie ließen Routinearbeiten überhandnehmen. Zudem hatte Mitte der 1970er-Jahre die Säugermutationsforschung an Faszination verloren, während sich in der Entwicklungsbiologie große Erkenntnisfortschritte abzeichneten. Es bot sich also an, in Gatersleben eine genetisch orientierte Entwicklungsbiologie auf gegebener Grundlage aufzubauen, zumal dieses Feld in der DDR weitgehend unbearbeitet war.

Bereits seit der Antike bekannt waren Gonadentumoren, die – gutartig (Teratome) oder bösartig (Teratokarzinome) – aus einer Vielzahl von willkürlich angeordneten Gewebetypen bestanden. Werden Stammzellen dieser Teratokarzinome (embryonale Karzinomzellen bzw. EC-Zellen) in die Bauchhöhle von Labormäusen injiziert, bilden diese wieder Teratokarzinome. Nach Injektion in Blastozysten konnten 1974 sogar erstmals chimäre Mäuse erzeugt werden, das heißt, EC-Zellen aus Teratokarzinomen repräsentieren einen pluripotenten Stammzelltyp. Hier setzten die Gaterslebener Pläne an, die allerdings einer weitgehend angewandten Zielstellung bedurften, um in das Forschungsprogramm MOGEVUS aufgenommen und damit finanziert zu werden. Bereits die Planung einer „genetisch orientierten Entwicklungsbiologie der Säuger als Vorlaufforschung für die Humangenetik und die Tierzuchtforschung“ war Teil eines Aufgabenblatts der Hauptforschungsrichtung vier des Forschungsvorhabens MOGEVUS und musste vor dem Direktorium des Forschungszentrums für Molekularbiologie und Medizin (FZMM) im September 1977 verteidigt werden. Das Vorhaben sah in der ersten Entwicklungsstufe ausgehend von der Analyse der internationalen Entwicklung, den Anforderungen aus Humangenetik, Humanmedizin und Tierzuchtforschung der DDR und „in realer Einschätzung der geplanten Möglichkeiten und… Kapazitäten“[326] drei zentrale Ziele vor:

- Entwicklung eines Verfahrens zur Übertragung von *in vitro* selektierten genetisch bedingten Merkmalen in die Keimbahn von Säugern als Methode zur Schaffung von Tiermodellen von genetisch bedingten Erkrankungen des Menschen und für neue Wege in der Tierzuchtforschung,
- Untersuchung der Entwicklung von Gen- und Chromosomenmutationen tragenden Blastomeren nach Transplantation in normale Blastocysten zur Analyse orthologischer und pathologischer Entwicklungsprozesse,

[326] Konzeption für den Aufbau der Forschungsrichtung „Genetisch orientierte Entwicklungsbiologie der Säuger als Vorlaufforschung für die Tierzuchtforschung und die Humangenetik“, August 1977, S VI, IPK-Archiv.

- Erarbeitung einer breiten methodischen Basis als wichtigste Voraussetzung für ein schnelles Reagieren auf Anforderungen aus der Anwendungsforschung oder auf internationale Entwicklungen.[327]

Die Erreichung dieser Ziele wurde aber von folgenden Voraussetzungen abhängig gemacht: a) der planmäßigen Bereitstellung der Laborkapazitäten,[328] b) der Bereitstellung entsprechenden Personals[329] und c) der Bereitstellung der notwendigen Geräte und Sicherung einer kontinuierlichen Versorgung mit Biochemikalien.[330]

Experimentell widmete man sich vornehmlich den nachfolgend beschriebenen drei Themenkomplexen.

3.3.9.1 Teratokarzinome und die Etablierung pluripotenter Stammzelllinien der Maus

Ende der 1970er-Jahre waren im Institut zunächst Teratokarzinome in Mäusen erzeugt und die neu entstandenen Tumore eingehend charakterisiert worden. Anfang der 1980er-Jahre konnten aus Teratokarzinomen gewonnene embryonale Karzinomzellen *in vitro* kultiviert und eine Zelllinie, genannt TCE, etabliert werden. Von größerer Bedeutung erwies sich eine pluripotente,[331] karyotypisch normale embryonale Stammzell(ESC)-Linie, BLC 1, die direkt aus der inneren Zellmasse von Maus-Blastozysten von Anna M. Wobus etabliert und kultiviert worden war. Zum Wachstum bedurften die BLC 1-Zellen einer „Unterlage" aus embryonalen Fibroblastenzellen, die zur Verhinderung von Zellteilungen und damit eigenem Wachstum mit Röntgenstrahlen behandelt worden waren (*feeder layer*-Technik). Die in Mäusen durch subkutane Injektion von BLC 1-Zellen erzeugten Tumore enthielten Zellabkömmlinge aller drei primären Keimblätter.[332] Zellen dieser Linie wurden sowohl für die direkte Injektion in Blastozysten[333] als auch zur genetischen Transformation mit einem Kalziumphosphat/DNA-Präparat[334] eingesetzt. Während eine Kolonisierung des Embryos und nachfolgende Chimärenbildung durch die BCL 1-Zellen nicht nachgewiesen werden konnte, erwies sich die transformierte DNA auch in den nachfolgend erzeugten Tumoren als stabil integriert. Weitere Experi-

[327] Aus: Aufgabenblatt HFR 4.04.03. LSASA, MD, M66, ZIGuK Direktion 13/4, hier S 49.

[328] Bis 1982 sollte die Pergola des Traktes E des Gebäudes „Genetik" (s. Abb. 2.16a) zu Laboratorien ausgebaut werden und bis ca 1990 ein neues Laborgebäude entstehen.

[329] Insgesamt sollten bis 1980 30 (davon 11,5 Wissenschaftler = HK) und bis 1990 sogar 90 Vollzeitstellen (VbE), davon 25 HK, für die neue Forschungsrichtung geschaffen werden.

[330] S. Fußnote Kap. 3/326, S VIII–IX.

[331] Pluripotente Zellen können sich zu verschiedensten Zelltypen aller drei Keimblätter differenzieren, aber im Gegensatz zu totipotenten Zellen allein keinen vollständigen Organismus bilden.

[332] Wobus AM, Holzhausen H, Jäkel P, Schöneich J (1984) Characterization of a pluripotent stem cell line derived from a mouse embryo. Exptl Cell Res 152: 212–219.

[333] Becker K, Wobus AM, Conrad U, Schöneich J (1984) Injection of murine embryonal carcinoma cells and embryo-derived pluripotential cells into mouse blastocysts. Cell Differentiation 15: 195–202.

[334] Wobus AM, Kiessling U, Strauss M et al (1984b) DNA transformation of a pluripotent mouse embryonal stem cell line with a dominant selective marker. Cell Differentiation 15: 93–97.

mente zeigten die Vorteile etablierter ES-Zellen zur Untersuchung der Rolle von Differenzierungsfaktoren wie Retinsäure oder Wachstumsfaktoren. Die Differenzierung in Nervenzellen und schlagende Herzzellen deutete auch auf die medizinische Relevanz dieses Zellmodells hin (s. dazu Abschn. 3.3.10).

3.3.9.2 Eingriffe in die präimplantative Embryonalentwicklung der Säuger

Um die „Übertragung genetischer Information in die Keimbahn von Säugerembryonen mit dem Ziel der Aufklärung entwicklungsbiologischer Probleme auf molekulargenetischer Ebene und [die] Entwicklung von Verfahren zur genetischen Manipulation landwirtschaftlicher Nutztiere"[335] zu ermöglichen, mussten zunächst Verfahren zur *in vitro*-Kultivierung und Retransplantation präimplantativer Mausembryonen etabliert werden. Um 1979 begannen Versuche zur Bildung von Aggregationschimären auf dem Morula[336]-Stadium. Dazu werden embryonale Zellen genetisch verschiedener Eltern vereinigt und die entstandenen Aggregate in scheinträchtige Mäuse implantiert. Durch Nutzung von Fellfarbmutanten ließ sich der chimäre Charakter der zu erwartenden Nachkommen einfach erkennen. Um 1980 wurden zur Chimärenbildung auch EC-Zellen verwandt, und 1984 wurde über die ersten Chimären, hervorgegangen aus TCE-Zellen und Zellen früher Embryonalstadien der Maus, berichtet.

Allerdings erfasste der Chimärismus nicht wie erhofft die Keimbahn. Parallel wurde an der genetischen Transformation von Mausembryonen durch direkte Injektion von DNA gearbeitet. Klaus Becker injizierte Plasmid-DNA mit dem Thymidinkinase-Gen des Herpes- Simplex-Virus in Vorkerne[337] von Zygoten, die in Wirtsmütter transplantiert wurden und in einigen Fällen zu genetisch transformierten Jungtieren führten. Interessanterweise ließen sich die Fremd-DNA-Moleküle als extrachromosomale, vererbbare Kopien nachweisen.[338] In den Folgejahren wurde an der Verbesserung der Gentransferverfahren unter Nutzung verschiedener Gene (Immunglobulin- und Polyoma-Gene sowie des Gens für das humane Wachstumshormon) in Kooperation mit Kollegen des Zentralinstituts für Molekularbiologie in Berlin-Buch gearbeitet. Da in Nutztieren die Vorkern-Injektion nicht anwendbar ist, wird DNA in Liposomen (kugelige Lipid-Membranpartikel) verpackt oder als DNA-Kernproteinkomplex in das Cytoplasma der Zygote injiziert. Auch diese Methode führt zu einer Reihe transgener Tiere.[339]

[335] (1985) Jahresbericht für 1984. Kulturpflanze 33: 339.

[336] Kugeliger Zellhaufen aus acht bis 32 nach der Befruchtung der Eizelle gebildeten Blastomer-Zellen.

[337] Haploider Kern nach der Befruchtung aber vor der Verschmelzung des mütterlichen Eizellkerns mit dem väterlichen Spermienkern.

[338] (1985) Jahresbericht für 1984. Kulturpflanze 33: 339.

[339] (1988) Jahresbericht für 1987. Kulturpflanze 36: 607.

3.3.9.3 Immunologisch-entwicklungsbiologische Aufgaben

Für die Nutzung der Embryo-Technologien in Tierproduktion und Tierzucht war die Geschlechtsbestimmung der zu transferierenden Embryonen von großer Bedeutung. Deshalb wurde Ende der 1970er-Jahre mit der Erzeugung von Antiserum gegen das HY-Antigen[340] begonnen, die Experimente jedoch im Laufe des Jahres 1982 wieder abgebrochen: „Es gelang nicht, Antiseren zu erzeugen, die eine spezifische Markierung männlicher Zellen und deren eindeutige Abgrenzung gegen (unmarkierte) weibliche Zellen zulassen.“[341] Um 1984 begannen Arbeiten zur Entwicklung monoklonaler Antikörper (mAK) für die Chimärenanalyse und wenig später die Erzeugung entsprechender Antikörper (AK) gegen Membranantigene von Maus-Oocyten, die speziell zur Reifegradbestimmung eingesetzt werden sollten (Gerald Walter). Bis zum Ende der Arbeiten 1989 konnten zwei, nur an reife Oocyten bindende mAK selektiert und ihre Nutzbarkeit auch beim Rind nachgewiesen werden.[342]

Zwecks Erzeugung monoklonaler Antikörper war die sogenannte Hybridomtechnik etabliert worden. Mit deren Verfügbarkeit schien ein weiteres Projekt realisierbar, die Erzeugung von transgenen, spezifische AK-produzierenden Tieren, um eine permanente, vererbbare Krankheitsresistenz zu schaffen. Ausgewählt wurden Immunglobulingene aus Hybridomzellen, die mAK gegen ein Antigen des Maul- und Klauenseuche-Virus produzierten. Durch RNA-Sequenzierung wurden die Sequenzen der für die variablen Regionen von leichten und schweren AK-Ketten kodierenden Gene bestimmt, die im jeweiligen Hybridom transkribiert werden. Nach Isolierung und Funktionsnachweis entsprechender Gene konnten transgene Mäuse erzeugt werden. Diese wurden in einer abschließenden Publikation[343] als ein erster Schritt zur Entwicklung eines Maus-Modells eingestuft, mit dem eine Analyse des hochkomplexen Prozesses der durch somatische Mutationen getriebenen Reifung der antiviralen Immunantwort, in dessen Verlauf hochaffine antivirale AK gebildet werden, möglich sein sollte (Udo Conrad, Gerald Walter, Klaus Becker).

Mit der krankheitsbedingten Ablösung von Helmut Böhme als Institutsdirektor 1982 und der nachfolgenden Ablösung von Rigomar Rieger als amtierenden Direktor 1983 durch Dieter Mettin verlor die Säuger-Entwicklungsbiologie im Institut entscheidenden Rückhalt. In der Folge wechselte Jörg Schöneich 1988 an die Universität Halle (vgl. Abschn. 2.2.2.2). 1990 wurden die entwicklungsbiologischen Experimente weitgehend abgeschlossen. Die politischen Ereignisse und die daraus folgende Neuorientierung des Instituts zum 1.1.1992 brachten weitere, einschneidende Änderungen (s. Abschn. 2.4.2).

---

[340] Das HY-Antigen ist ein Histokompatibilitätsantigen (= Protein) der Zellmembran und eine wichtige Komponente der männlichen Geschlechtsdifferenzierung (Hodenentwicklung). Das kodierende Gen liegt auf dem Y-Chromosom.

[341] (1983) Jahresbericht für 1982. Kulturpflanze 31: 333.

[342] (1990) Jahresbericht für 1989. Kulturpflanze 38: 476.

[343] Conrad U, Becker K, Ziegner M, Walter G (1991) Immunoglobulin VH and VK genes of the BALB/c anti-foot-and-mouse disease virus (O1) VP1 response: cloning, characterization and transgenic mice. Molec Immunol 28: 1201–1209.

3.3.10 Säuger-Stammzellforschung nach 1990

Mit der Etablierung der ersten embryonalen Maus-Stammzelllinie in Deutschland am Institut Gatersleben 1984 (s. Abschn. 3.3.9.1) und dem Nachweis, dass ES-Zellen *in vitro* in Derivate aller drei Keimblätter differenzieren können, war die Grundlage für systematische Forschungsarbeiten an pluripotenten Stammzellen gelegt. Gestützt auf das Urteil des Wissenschaftsrates[344] konnte Anna M. Wobus diese Arbeiten ab 1992 in der Arbeitsgruppe „*in vitro*-Differenzierung" in zahlreichen Drittmittelprojekten weiterführen.

Forschungsschwerpunkt der Arbeitsgruppe war die Analyse der Regulation der *in vitro*-Differenzierung embryonaler Stammzellen (ES-Zellen) der Maus. Es wurde die Rolle von Zell-Zell-Interaktionen, Signalmolekülen und Differenzierungsfaktoren sowie von extrazellulären Matrixfaktoren bei der Differenzierung von ES-Zellen in Herz-, Skelettmuskel-, Nerven-, Bauchspeicheldrüsen(Pankreas)- und Leberzellen analysiert. Darüber hinaus wurden toxische und entwicklungsspezifische Effekte chemischer Agenzien und physikalischer Faktoren auf die ES-Zell-Differenzierung und die Funktion differenzierter Zellen untersucht. Vergleichende Studien wurden auch an Vorläuferzellen des Darm-Epithels der Maus und humanen somatischen Vorläuferzellen aus Nabelschnurblut durchgeführt.

Werden ES-Zellen in dreidimensionalen Zellaggregaten, sogenannten *embryoid bodies* (EBs), im „hängenden Tropfen" kultiviert, laufen in den EBs reguläre embryonale Entwicklungsprozesse ab. Zunächst wird eine äußere Trophoblast[345]-ähnliche Zellschicht gebildet, während im Inneren des EB die Zellen in Abkömmlinge aller drei Keimblätter, des Ektoderms, Mesoderms und Entoderms, differenzieren. Eines der auffallendsten Differenzierungsereignisse von ES-Zellen *in vitro* ist die Entwicklung spontan schlagender Herzzellen. Die Arbeitsgruppe entwickelte um 1990 entsprechende Differenzierungsprotokolle und konnte nachweisen, dass die *in vitro* differenzierten Herzzellen die funktionellen Eigenschaften von *in vivo* entwickelten Herzzellen ausprägen. Während der *in vitro*-Differenzierung werden herzzellspezifische Gene exprimiert, die herzzelltypischen Proteine synthetisiert sowie Ionenkanäle und Aktionspotenziale ausgeprägt. Infolgedessen reagieren die differenzierten Zellen auch pharmakologisch auf herzaktive Pharmaka in gleicher Weise wie Herzzellen des Organismus. Damit war erstmals gezeigt worden, dass aus ES-Zellen gewonnene spezialisierte Zellen für pharmakologische Untersuchungen, aber auch ES-Zellen selbst als Testsystem zur Ermittlung embryotoxischer Effekte eingesetzt werden können; dadurch können Tierversuche in der Pharmako-Toxikologie reduziert bzw. teilweise ersetzt werden.[346]

---

[344] Siehe Fußnote Kap. 2/269, hier S 77: „Die Untersuchungen an embryonalen Stammzellen,…, sind kompetent und kompetitiv und sollten weitergeführt werden."

[345] Äußere Zellschicht der Säuger-Blastozyste.

[346] Diese Arbeiten zur *in vitro*-Differenzierung von Maus-ES-Zellen bildeten die Grundlage für die Entwicklung des embryonalen Stammzelltests (EST) durch die Zentralstelle zur Erforschung und Bewertung von Ersatz- und Ergänzungssystemen zum Tierversuch (ZEBET), der bereits eingesetzt wird. Ferner wurden die Forschungsarbeiten durch die Vergabe von drei Preisen an Anna M

In gleicher Weise wie die Herzzelldifferenzierung wurde die Entwicklung von ES-Zellen in funktionelle Skelettmuskelzellen, glatte Gefäßmuskelzellen und Nervenzellen beschrieben und deren Funktionalität charakterisiert. Auch Transkript- und Proteinanalysen zeigten, dass ES-Zellen während der *in vitro*-Differenzierung die Entwicklungsprozesse des Embryos rekapitulieren.[347]

Die internationale Entwicklung von Techniken des Gentransfers und der gezielten Genmodifikation (*gene targeting*) durch homologe Rekombination in ES-Zellen ermöglichte auch die Analyse des Einflusses von zusätzlichen (*gain-of-function*) bzw. inaktivierten (*loss-of-function*) Genfunktionen auf Differenzierungsprozesse. Untersucht wurde der Einfluss der Expression verschiedener Gene (u. a. *M-twist, IGF-II*, *Pax1* und *Pax4*) auf myogene bzw. pankreatische Differenzierungsprozesse bzw. die Auswirkung von fehlendem β1-Integrin auf die Herz-, Muskel und Nervenzell-Differenzierung.[348] Diese *in vitro*-Arbeiten erlangten auch deshalb Bedeutung, weil bestimmte *gene targeting*-Effekte an Knockout-Mäusen[349] aufgrund frühembryonaler Letalität infolge des Gendefektes *in vivo* nicht untersucht werden können. Als bedeutend erwiesen sich die innerhalb eines DFG-Schwerpunktprogramms[350] durchgeführten Arbeiten zur Differenzierung von ES-Zellen in insulinproduzierende β-ähnliche Zellen, ermöglicht durch die Überexpression des pankreatischen Entwicklungskontrollgens *Pax4*.[351] Gleichzeitig wurde ein Verfahren zur Differenzierung von ES-Zellen in ein definiertes Vorläuferzellstadium entwickelt,[352] das als *multi-lineage*-Differenzierungsprotokoll Eingang in die Literatur fand.

Ein weiterer Schwerpunkt der Stammzellforschung am IPK war die Analyse der Wirkung exogener Umweltfaktoren auf embryonale Entwicklungsprozesse von ES-Zellen *in vitro*. Bereits 1994 wurde der modulierende Effekt des Differenzierungsfaktors und Teratogens Retinsäure auf die ES-Zell-Entwicklung beschrieben: Retinsäure induziert konzentrations- und entwicklungsspezifisch die Differenzierung von ES-Zellen in Nerven- und Herzzellen sowie in Zellen der Skelett- oder glatten Muskulatur. Untersucht wurden auch embryotoxische Substanzen wie Lithiumchlo-

Wobus geehrt: „Hildegard Doerenkamp-Gerard Zbinden Award for Realistic Animal Protection in Scientific Research“, Schweiz 1991; „Tierschutz-Forschungspreis“ des Bundesministers für Gesundheit 1991; „Felix-Wankel-Tierschutz-Forschungspreis“ 2001.

[347] Eine umfängliche Diskussion und Einordnung der Daten in den internationalen Wissensstand veröffentlichten Wobus AM, Boheler KR (2005) Embryonic stem cells: prospects for developmental biology and cell therapy. Physiol Rev 85: 635–678.

[348] Wobus AM, Boheler KR (2005) s. Fußnote Kap. 3/347.

[349] Mäuse, bei denen mittels *gene targeting* an ES-Zellen, die dann in die Keimbahn eingebracht werden, gezielt ein oder mehrere Gene inaktiviert sind.

[350] DFG-Schwerpunktprogramm 1109 „Embryonale und somatische Stammzellen – Regenerative Systeme für Zell- und Gewebeersatz“ (2000–2007) koordiniert von Anna M Wobus.

[351] Blyszczuk P, Czyz J, Kania G et al (2003) Expression of Pax4 in embryonic stem cells promotes differentiation of nestin-positive progenitor and insulin-producing cells. Proc Natl Acad Sci USA 100: 998–1003. Für diese Arbeiten erhielt Anna M Wobus 2003 den Forschungspreis des Stifterverbandes für die deutsche Wissenschaft.

[352] Schroeder IS, Rolletschek A, Blyszczuk P et al (2006) Differentiation of mouse embryonic stem cells to insulin-producing cells. Nature Protocols 1: 495–505.

rid und Suramin. Die Prüfung des Einflusses elektromagnetischer Felder, wie sie z. B. von Mobiltelefonen erzeugt werden, auf die ES-Zell-Differenzierung im Rahmen eines EU-Projektes ergab, dass diese Felder zwar zu Veränderungen der Transkriptraten insbesondere von stressinduzierten Genen, aber nicht zu funktionellen Veränderungen der differenzierten Zellen führten.[353]

Zu Beginn der 2000er-Jahre ermöglichten die mit ES-Zellen entwickelten Kulturverfahren und Differenzierungstechniken auch vergleichende Untersuchungen zum Entwicklungspotenzial adulter Stamm- und Vorläuferzellen z. B. aus Nabelschnurblut des Menschen und aus Darmepithel der Maus.

Ende der 1990er-Jahre gewann die internationale Stammzellforschung durch die Etablierung humaner ES-Zellen, aber auch durch Berichte über eine hohe Plastizität adulter Stammzellen mehr und mehr an wissenschaftlicher Bedeutung und öffentlichem Interesse. Die internationale Verfügbarkeit von humanen ES-Zellen einerseits und die restriktiven Bestimmungen des deutschen Embryonenschutzgesetzes (ESchG) andererseits hatten zur Folge, dass in der Öffentlichkeit, in den großen Wissenschaftsorganisationen wie der DFG, den Akademien und im Parlament intensive Diskussionen um die Zulässigkeit der Forschung an humanen ES-Zellen in Deutschland geführt wurden. An diesen öffentlichen Diskussionen und parlamentarischen Debatten sowie an entsprechenden Stellungnahmen z. B. der DFG, der Berlin-Brandenburgischen Akademie und der Leopoldina wirkte Anna M. Wobus als Expertin für embryonale Stammzellforschung maßgeblich mit.[354]

Die Arbeiten an pluripotenten EC- und ES-Zellen am Institut Gatersleben haben wichtige Beiträge zur Entwicklung der Stammzellforschung geleistet. Sie werden in mehreren Arbeitsgruppen von Wissenschaftlern weitergeführt, die aus der IPK-AG „*in vitro*-Differenzierung“ hervorgegangen sind. Ebenso haben seit 1992 zahlreiche Gäste von der Expertise dieser Arbeitsgruppe profitiert und gemeinsam verschiedene Projekte bearbeitet. Mit dem Eintritt von Anna M. Wobus in den Ruhestand Ende 2010 wurden die Arbeiten an Säugerstammzellen am IPK eingestellt.[355] Damit endeten auch fast 50 Jahre Forschungsarbeit an Säugerzellen bzw. Säugern im Institut Gatersleben.

---

[353] Nikolova TJ, Czyz J, Rolletschek A et al (2005) Electromagnetic fields affect transcript levels of apoptosis-related genes in embryonic stem cell-derived neural progenitor cells. FASEB J 19: 1686–1688.

[354] 2002 erfolgte die Berufung von Anna M Wobus in die neu gebildete Zentrale Ethik-Kommission für Stammzellforschung, in der sie seit 2008 als stellvertretende Vorsitzende wirkt.

[355] Dank einer gemeinsamen Initiative von Bernd Fischer und Anna M Wobus konnte eine Nachwuchsgruppe „Stammzellforschung“ am Institut für Anatomie und Zellbiologie der Medizinischen Fakultät der Martin-Luther-Universität in Halle begründet werden, in der Projekte weitergeführt sowie wichtiges Forschungsmaterial aus dem IPK und wertvolle Erfahrungen weitergenutzt werden können.

3.3.11 Herstellung Rekombinanter Proteine in Bakterien und Pflanzen

1953 veröffentlichten James Watson und Francis Crick in der britischen Zeitschrift *Nature* das Strukturmodell der DNA, 1966 wurde der genetische Code entschlüsselt und 1972 konstruierte Paul Berg im Reagenzglas ein erstes rekombinantes Molekül. 1973 schlug die eigentliche Geburtsstunde der Gentechnik, als Stanley Cohen, Annie Chang und Herbert Boyer einen DNA-Ring mit zwei Antibiotika-Resistenzen kreierten, diesen Ring in die DNA des Bakteriums *Escherichia coli* einbauten und damit das erste rekombinante Lebewesen schufen. Die enorme, nicht nur erkenntnistheoretische, sondern auch wirtschaftliche Bedeutung wurde schnell erkannt, und bereits 1976 startete in den USA die erste Gentechnikfirma, die „Genentech" genannt wurde.

3.3.11.1 Enzymproduktion in Bakterien im ZIGuK

Der „Ruf des (Gentechnik-)Goldes" wurde auch in der DDR gehört, und neben der Nutzung in der Grundlagenforschung wurden angewandte Projekte entwickelt, zunächst im Bereich der technischen Mikrobiologie, die u. a. notwendige Importe aus dem Kapitalistischen Ausland ablösen sollten. Fachliche Voraussetzungen für solche Projekte am Gaterslebener Institut bestanden im Wissenschaftlichen Bereich I „Molekulargenetik" in der bakteriengenetischen Arbeitsgruppe (vgl. Abb. 2.27), die in der zweiten Hälfte der 1950er-Jahre unter der Leitung von Helmut Böhme als „Mikrobiologisch-genetisches Labor der Abteilung Genetik und Cytologie" gegründet und seit 1977 von Jürgen Hofemeister als Forschungsgruppe „Bakteriengenetik" weitergeführt wurde. Neben dem zentralen Thema Mutagenese bakterieller DNA-Reparaturprozesse, vornehmlich bearbeitet an *Proteus mirabilis* (s. Abschn. 3.3.1.5), erlangten um 1980 angewandte Fragestellungen zur Exoenzymbildung bei *Bacillus*, einem grampositiven, stäbchenförmigen, begeißelten Bodenbakterium, zunehmend an Bedeutung. Seit 1982 bildeten gentechnische Arbeiten das zentrale Thema der Arbeitsgruppe. Erste Konzeptionen gehen auf das Jahr 1979 zurück und wurden ab 1980 schrittweise an *Bacillus* umgesetzt. Wichtigster Industriepartner war der VEB Prowiko in Schönebeck an der Elbe. Ein Mitarbeiter der dortigen Enzymproduktion, Rainer Borris, wechselte 1982 in die FG „Bakteriengenetik" des Instituts. 1983 gelangen die ersten Klonierungen von α-Amylase- und β-Glukanase-Genen aus verschiedenen *Bacillus*-Stämmen und aus *Thermoactinomyces*. Später kamen Proteasegene hinzu. Ziel war zunächst die Überexpression, danach auch die gentechnische Veränderung dieser Gene. Erste „Überproduzenten", speziell selektierte *Bacillus*-Stämme mit rekombinanten, die Enzymgene tragenden Plasmidvektoren, wurden ab 1984 im VEB Prowiko und parallel im Forschungszentrum für Biotechnologie (FZB) Berlin zur Enzymproduktion für das Kombinat „Wein, Sekt und Spirituosen" zur Herstellung von Enzympräparaten für die Getränkeindustrie erprobt. Die gentechnisch optimierten Stämme (im Kombinat nannte man sie „Monster") erbrachten deutlich höhere Enzymausbeuten und verbesserte Enzympräparate. Eine wichtige Voraussetzung für diese Optimierung war eine erhöhte Kopienzahl der rekombinanten Enzymgene pro Bakterienzelle. Dazu bedurfte es spezieller Plasmide, die sich zu hoher Kopienzahl pro Zelle vermehren ließen und im Verlauf der Kultivierung der Produktionsstämme im Fermenter nicht, wie häufig beobachtet, wieder verloren gingen. Die Lösung des Problems gelang durch die Konstruktion neuer Plasmidvektoren, die die stabilitätsvermittelnden sogenannten *inverted repeats* von *Streptococcus*-Plasmiden enthielten.[356]

Die gentechnischen Arbeiten der Gruppe verliefen so erfolgreich, dass das Forscherkollektiv, so die damalige Ausdrucksweise, um Jürgen Hofemeister, Rainer Borriss und Gerhard Steinborn im Jahre 1986 gemeinsam mit den Verantwortlichen im VEB Prowiko und VEB Kombinat „Wein, Sekt und Spirituosen" „für die Entwicklung und Produktionseinführung von *Bacillus*-Hochleistungsstämmen" mit dem Nationalpreis 2. Klasse ausgezeichnet wurde.

Im Zuge der schnellen Weiterentwicklung der Gentechnik und aufgrund vom Anwender erwünschter Anpassungen der Enzymeigenschaften gelang es ab 1988 auch, durch Rekombination von Genen verschiedener Herkunft, Hybridgene für β-Glucanase und α-Amylase zu entwickeln, die sich durch eine erhöhte Temperatur- bzw. pH-Toleranz auszeichneten.

Neben bakteriellen Enzymen sollte in der DDR auch rekombinantes Kälberprochymosin in verschiedenen Wirtsorganismen, u. a. in *Bacillus*, produziert werden. Das für die Käserei so wichtige Enzym Chymosin wurde industriell mit hohem Aufwand aus dem Labmagen von Kälbern gewonnen. Dieses Verfahren war stark produktionslimitierend und stieß zudem auf große tierschützerische Bedenken. Die zu dieser Zeit schwierige Klonierung des Chymosin-Gens war der Gruppe um Sinaida Rosenthal und Hartmut Liebscher in Berlin-Buch gelungen, doch dessen Expression in *Bacillus* im Gaterslebener Labor machte Schwierigkeiten. Wie sich herausstellte, wurde das rekombinante Prochymosin zwar gebildet, aber durch spezifische Proteasen sofort abgebaut. Diese Proteasen waren selbst noch in verschiedenen als proteasenegativ definierten *Bacillus* Stämmen vorhanden.

Das war ein biologisches Problem, das heute durch Verwendung alternativer Produktionswirte technisch gelöst ist. In der DDR der 1980er-Jahre gab es aber noch zusätzliche Schwierigkeiten. Forschungsseitig war es der ständige Mangel an Hilfsmitteln für die notwendigen Experimente, in erster Linie Biochemikalien, die entweder aus dem *N*icht-*S*ozialistischen *W*ährungsbereich (NSW), importiert, selbst hergestellt[357] oder in dem als „Hosentaschenimport"[358] bezeichneten Verfahren beschafft werden mussten. Die DDR-eigene Industrie fertigte meist nur Grundchemikalien, die zudem für viele Experimente nicht hinreichend sauber waren. Industrieseitig waren die vorhandenen Produktionsanlagen, z. B. die Fermentationstechnik, auch den in der DDR gesetzlich vorgeschriebenen Sicherheitsstandards für die Verwendung rekombinanter Organismen bei weitem nicht gewachsen.

---

[356] Vorrangig entwickelt von Gerhard Steinborn.

[357] Auch das ZIGuK besaß eine eigene Produktionsgruppe, die im jetzt ungenutzten Pförtnerbereich Süd z. B. Acrylamid produzierte bzw. reinigte, s. Abschn. 2.2.3.3.

[358] Während einer Reise ins KA (kapitalistische Ausland) erhaltene oder durch Kollegen in die DDR eingeschleuste, geschenkte Biochemikalien.

Gemessen an den gegebenen Möglichkeiten in der DDR waren die geschilderten Arbeiten, befördert durch vielfache Kooperationen, sehr erfolgreich. Mehrere Patente wurden angemeldet, doch zu einer erfolgreichen wirtschaftlichen Umsetzung war die DDR-Industrie nicht mehr in der Lage. Es waren u. a. die Mängel in der Fermentationstechnik und die damit verbundene Freisetzung der rekombinanten Produktionsstämme in das Abwasser, das heißt letztlich in die Elbe bei Schönebeck, die bereits 1990 zur sofortigen Einstellung der Enzymproduktion in Schönebeck führten.[359]

Nach 1992 wurden die angewandten Projekte der Vorwendezeit in der AG „Bakteriengenetik" aufgegeben und lediglich einige Arbeiten an den durch hohe Stabilität ausgezeichneten, oben erwähnten Plasmidvektoren durch Gerhard Steinborn weitergeführt, um deren Lizensierung zu fördern.

3.3.11.2 Die Pflanze als Bioreaktor[360]

Da bereits in den 1980er-Jahren im Institut Pflanzentransformationsverfahren, zunächst für Tabak, dann für Leguminosen, entwickelt worden waren (Abschn. 3.3.7.3), sollten diese Pflanzen auch als Bioreaktoren genutzt werden. Als ein Projektziel wurde, ausgehend von den oben geschilderten Arbeiten der AG „Bakteriengenetik", die Expression einer thermotoleranten β-Glukanase in Gerstensamen anvisiert, um die Mälzung im Rahmen der Bierherstellung zu optimieren. Auf diesem Gebiet kam es noch vor der politischen Wende zu einer Zusammenarbeit mit Diter von Wettstein vom Carlsberg-Laboratorium in Kopenhagen. Während in Gatersleben die Versuche 1991 endeten, gelang später in Kopenhagen die Expression von Glukanase-Genvarianten im Gerstenkorn und die Weiterentwicklung des Projekts hin zur praktischen Nutzung.

In den frühen 1990er-Jahren begannen in mehreren Forschungsgruppen des IPK Projektarbeiten zur Produktion verschiedenster rekombinanter Proteine in Pflanzen. In der Gruppe von Uwe Sonnewald wurde die Produktion industrieller Enzyme in Tabakpflanzen am Beispiel der Synthese bakterieller Xylanase und Glukanase in Angriff genommen, mit positivem Ergebnis[361, 362] (s. auch Abschn. 3.4.2.8d). Die transgenen Xylanasepflanzen konnten auch im Freiland geprüft werden (s. Abschn. 2.4.8.4). Ähnlich erfolgreiche, bis zu Freilandtests geführte Versuche erfolgten in Kooperation mehrerer Gruppen mit α-Amylase aus *Bacillus licheniformis* in drei verschiedenen Wirtspflanzen: Narbonbohne, Erbse und Tabak.[363] In

[359] S. „Neue Zeit", Nr. 108, vom 10.5.1990, S 9.

[360] S. hierzu auch den Abschn. 3.4.3.10.

[361] Herbers K, Wilke I, Sonnewald U (1995) A thermostable Xylanbase from *Clostridium thermocellum* expressed at high levels in the apoplast of transgenic tobacco has no detrimental effects and is easily purified. Nature Biotechnology 13: 63–66.

[362] Herbers K, Flint HJ, Sonnewald U (1996) Apoplastic expression of the xylanase and *β*(1–3, 1–4) glucanase domains of the *xyn* D gene from *Ruminococcus flavefaciens* leads to functional polypeptides in transgenic tobacco plants. Molec Breeding 2: 81–87.

[363] Czihal A, Conrad B, Buchner P et al (1999) Gene farming in plants: expression of a heatstable *Bacillus* amylase in transgenic legume seeds. J Plant Physiol 155: 183–189.

Tabakpflanzen gelang auch die Synthese des nichtkariogenen Saccharose-Isomers Palatinose durch Einführung eines bakteriellen Saccharose-Isomerase-Gens, doch zeigten die Pflanzen Entwicklungsstörungen. Deshalb wurde in nachfolgenden Experimenten mit Kartoffeln die Expression durch Wahl eines geeigneten Promotors auf die Knollen beschränkt. Auf diese Weise konnten im Gewächshaus[364] und im Freiland erhebliche Mengen Palatinose ohne negativen Einfluss auf Wachstum und Knollenertrag erzeugt werden.

In der Gruppe von Udo Conrad wurde zunächst die Produktion von gentechnisch modifizierten Antikörpern in pflanzlichen *Sink*-Organen (Samen, Kartoffelknollen) vorangetrieben[365] und später auf die Impfstoffherstellung ausgedehnt.[366] Die hier entwickelten Technologien führten zur Gründung der Firma Novoplant (s. Abschn. 5.2). Nachfolgend rückte die Synthese von rekombinanten Spinnenseiden- bzw. Spinnenseiden-Fusionsproteinen in den Mittelpunkt des Interesses.[367] In Abschn. 3.4.3.10d werden die Arbeiten der Gruppe „Conrad" näher erläutert. Transgene Kartoffel- und Erbsenlinien wurden auch im Freiland getestet (s. Tab. 2.8). Vornehmlich bedingt durch die außerordentlich schwierigen gesetzlichen und gesellschaftlichen Rahmenbedingungen konnte letztlich jedoch bislang keines der in diesem Abschnitt genannten Projekte in die Praxis überführt und zu einem wirtschaftlichem Erfolg geführt werden.

3.3.12 Genetik und biotechnologische Anwendungen von Hefen

Hefen werden bevorzugt für biotechnologische Anwendungen als Expressionssysteme, Gendonoren und mikrobielle Komponenten von Biosensoren, aber auch als Modellsysteme für genetische und zellbiologische Forschungen bei Eukaryoten verwendet. Gotthard Kunze, der 1986 von der Universität Greifswald kam, legte in der damaligen Abteilung „Bakteriengenetik" (s. Abschn. 2.2.1.4) des Gaterslebener Institutes den Grundstein zur Bildung einer Gruppe für Hefegenetik, die später im IPK 1992 als selbständige Arbeitsgruppe in die Abteilung „Molekulare Zellbiologie" integriert wurde (Abschn. 2.4.3.3). Sie konzentriert ihre Arbeiten einerseits auf hefespezifische genetische und molekularbiologische Grundlagenforschungen sowie anwendungsbezogene Projekte mit Industriepartnern und trägt andererseits durch die Nutzung von experimentellen Vorteilen des Hefesystems zur Lösung von Aufgaben anderer Arbeitsgruppen im IPK bei.

---

[364] Börnke F, Hajirezaei M, Sonnewald U (2002) Potato tubers as bioreactors for palatinose production. J Biotechnol 96: 119–124.

[365] Z. B. Fiedler U, Conrad U (1995) High-level production and long-term storage of engineered antibodies in transgenic tobacco seeds. Bio/Technology 13: 1090–1093.

[366] Floss DM, Falkenburg D, Conrad U (2007) Production of vaccines and therapeutic antibodies for veterinary applications in transgenic plants: an overview. Transgenic Res. 16: 315–332.

[367] Scheller J, Gührs KH, Grosse F, Conrad U (2001) Production of spider silk proteins in tobacco and potato. Nature Biotechnol 19: 573–577.

Obwohl die Bäckerhefe, *Saccaromyces cerevisiae,* die am gründlichsten erforschte und am häufigsten biotechnologisch genutzte Hefeart ist, bieten sogenannte nichtkonventionelle Hefearten manche Vorzüge als experimentelles und biotechnologisches System; darunter ist das „Hausobjekt" der Gruppe, der Stamm LS3 der nichtpathogenen, imperfekten, haploiden, dimorphen Hefe *Arxula adeninivorans* (syn. *Blastobytris adeninivorans*), deren Genom doppelt so komplex wie das der Bäckerhefe ist.[368] Die Karyotypanalyse ergab vier Chromosomen, auf denen mit parasexuellen Methoden sowie Puls –Feld-Gelelektrophorese (PFGE) und DNA-Hybridisierung 32 Gene von induzierten Mutationen kartiert wurden; darunter waren einige Auxotrophiemutanten, die bevorzugt als Wirte für Transformationsversuche genutzt werden können. Da sich bei dieser Hefe mittels *gene disruption* gezielt Mutanten erzeugen lassen, wird sie auch zur Isolierung, Funktionsanalyse und Charakterisierung neuer, bisher nicht charakterisierter mikrobieller und pflanzlicher Gene und deren Genprodukte eingesetzt (s. u.). Die 2009 abgeschlossene, von der AG koordinierte und kooperativ durchgeführte Totalsequenzierung des *Arxula*-Genoms stellt die Forschungen mit dieser Hefe auf ein modernes molekularbiologisches Fundament. *A. adeninivorans* zeichnet sich durch seine Osmo- und Salzresistenz sowie Thermotoleranz aus und kann daher in Medien mit bis zu 20 % NaCl bzw. bei Temperaturen bis zu 48 °C kultiviert werden. Aufgrund ihres reversiblen temperaturabhängigen Dimorphismus geht sie oberhalb von 42 °C von der knospenden Form zur Mycelbildung über. Mutanten, bei denen diese schon bei 30 °C einsetzt, ließen erkennen, dass einige biotechnologisch vorteilhafte physiologische Eigenschaften des Mycels bei Genexpression und Proteinbildung (z. B. Glykosylierungsgrad) nicht temperaturabhängig, sondern durch die morphologischen Form bedingt sind.

Auf drei Gebieten hat die Kooperation der AG „Hefegenetik" mit anderen AGn des Instituts vor allem zur Lösung pflanzenspezifischer Aufgaben beigetragen:

- Aufklärung von Mechanismen der innerzellulären Sortierung von Samenproteinen und Funktionsprüfung von Genkonstrukten für das *genetic engineering* (Gentechnologie) der Samenproteinqualität in Kooperation mit den AGn „Eiweißstoffwechsel" bzw. „Proteintransport". An *S. cerevisiae*-Zellen, welche mit dem Legumin B4-Gen der Ackerbohne transformiert worden waren, wurden zunächst Mechanismen von innerzellulärem Transport und vakuolärer Zielorientierung (*targeting*) von Prolegumin aufgeklärt. Sie konnten in vergleichbaren Transformationsexperimenten für Speicherzellen von reifenden Samen höherer Pflanzen bestätigt werden (Abschn. 3.4.3.5). Im Gegensatz zu derartigen Pflanzenzellen findet aber in Hefevakuolen keine ortsspezifische proteolytische Spaltung von Prolegumin in seine α- und β-Ketten statt und (vermutlich) wird

[368] Übersicht: Böer E, Steinborn G, Florschütz C et al (2009) *Arxula adeninivorans* (*Blastobytris adenininivorans*) – A Dimorphic Yeast of Great Biotechnical Potential. In: Satyanarayana T, Kunze G, (Hrsg), Yeast Biotechnology: Diversity and Applications. Springer, Berlin Heidelberg New York Tokyo, S 615–634.

deshalb dort ein durch Einfügung von Methionin-Codons am C-Terminus verändertes Prolegumin nicht abgebaut (Abschn. 3.4.3.10b).[369]

- Suche nach Mechanismen der Enzymsekretion, die bei Hefe- und Pflanzenzellen vom klassischen sekretorischen Weg des innerzellulären Proteintransfers abweichen, in Kooperation mit der AG „Proteintransport". In Mutanten von *S. cerevisiae,* bei denen wichtige Schritte des klassischen innerzellulären sekretorischen Proteintransfers defekt sind, wird Endo-β-1,3-Glukanase trotzdem ins Kulturmedium ausgeschieden, was einen Weg zur Umgehung der Defekte voraussetzt. Analog dazu ließ sich ohne die Möglichkeit, Mutanten zu nutzen, bei Suspensionskulturzellen von Tabak für die Enzyme Mannosidase, Chitinase I und β-1,3-Glukanase I, die gewöhnlich in der Vakuole von Pflanzenzellen lokalisiert sind, eine Sekretion ins Kulturmedium nachweisen. Da die sezernierten Enzyme einem vakuolären proteolytischen „Zuschnitt" unterlegen hatten, muss der Weg zur Sekretion nach Passage durch die Vakuole eingeschlagen worden sein, was einen bislang unbekannten Proteintransportweg von der Vakuole zur Zellwand voraussetzt.[370]
- Mutantenkomplementation zur Funktionsanalyse pflanzlicher Gene in Kooperation mit der AG „Molekulare Pflanzenphysiologie". Dort waren mit dem Ziel, den Mechanismus der Neusynthese von Purinen in Pflanzen aufzuklären, die Gene für alle erforderlichen zehn Enzyme dieses Stoffwechselweges kloniert worden. Damit durchgeführte Komplementationen entsprechender Hefemutanten bieten ein Bespiel dafür, wie auf diesem Weg die erwarteten Funktionen der kodierten Enzyme erfolgreich bestätigt werden konnten.[371]

Der Einsatz vor allem von nichtkonventionellen Hefen, wie *A. adeninivorans*, für die Erzeugung von Fremdproteinen, die Aufklärung von bislang unbekannten Stoffwechselwegen und ihre Nutzung als Ganzzell-Biokatalysatoren bzw. mikrobielle Komponenten von Biosensoren setzen u. a. voraus, dass man über vielseitig verwendbare effiziente Transformationssysteme verfügt. Dazu entwickelte die Gruppe ein auf Modulen beruhendes „Breitbandvektorsystem", das zugleich die mitotisch stabile Integration von Fremd-DNA als einzelne Kopie oder in mehreren Kopien in das Hefegenom zulässt. Das als Xplor®1 bzw. Xplor®2 markenrechtlich geschützte System[372] gestattet die Transformation einer aus Selektionsmarker-, Expressions-, ARS- (autonom replizierende Sequenzen) und Chaperon-Modulen bestehenden Kassette ohne zusätzliche *E. coli*-Bestandteile in verschiedene biotechnologisch in-

369 Literaturangaben im genannten Abschnitt.

370 Kunze I, Kunze G, Bröker R, et al (1998) Evidence for secretion of vacuolar mannosidase, class I chitinase and class I β-1,3-glucanase in suspension cultures of tobacco cells. Planta 205: 92–99.

371 Van der Graaff E, Hooykaas P, Lein W et al (2004) Molecular analysis of „de novo" purine biosynthesis in solanaceous species and in *Arabidopsis thaliana*. Frontiers Biosci 9: 1803–1816.

372 Steinborn G, Kunze G, Gellissen G (2009) A wide-Range Integrative Expression Vector System (CoMed) for Yeast. In: Satyanarayana T, Kunze G (Hrsg) Springer, Berlin Heidelberg New York Tokyo, S 357–368.

teressante Hefearten und -stämme, um das für den angestrebten Zweck geeignetste Wirtssystem rasch auszuwählen. Um eine hohe Akzeptanz des Systems zu erreichen, werden bevorzugt Auxotrophiemarker als Selektionsmodul und entsprechende auxotrophe Mutanten als Wirte genutzt. Durch die Nutzung starker konstitutiver bzw. induzierbarer Promotoren lassen sich dann homologe und heterologe Gene hoch und gezielt exprimieren.

Genetisch und/oder gentechnisch optimierte Hefestämme sind von der Gruppe u. a. für die folgenden biotechnologischen Anwendungen eingesetzt worden:

- Transfer und Expression von drei bakteriellen Genen, welche gemeinsam die Bildung von Polyhydroxybutyrat (PHB) und Polyhydroxyvalerat (PHV) in Zellen von *S. cerevisiae* und *A. adeninivorans* katalysieren. PHB und PHV zählen zur Gruppe der Polyhydroxyalkanoate (PHA) und weisen als PHB-PHV-Kombination vergleichbare Eigenschaften wie Polypropylen- oder Polyäthylenkunststoffe auf. Im Gegensatz zu diesen sind sie jedoch biologisch abbaubar und umweltfreundlich. In den transgenen Hefezellen reichert sich PHB/PHV bis zu 6,7 % (*S. cerevisiae*) bzw. 2,4 % (*A. adninivorans*) der Trockenmasse an, was im Fall von *S. cerevisiae* etwa das zehn-Fache der vorher mit anderen Hefen erreichten Produktivität und einen wichtigen Schritt zu ihrer Nutzung als PHB/PHV-Produzenten darstellt.[373]
- Produktion von Enzymen, die von Hefezellen in das Kulturmedium abgegeben und daraus isoliert werden können. Insbesondere gelang es, transgene *A. adeninivorans*-Stämme als Produzenten von Tannase, Phytase, Lipase, Phosphatasen und α- bzw. β-Glukosidasen zu konstruieren. Diese Enzyme sind sowohl als Zusatzstoffe für Futtermittel oder Additive zur Steigerung der Methanausbeute in Biogasanlagen als auch für die Synthese neuer Stoffe geeignet. Andere Enzyme, die bei der Aufklärung des Purinabbauweges von *A. adeninivorans* (s. o.) gefunden wurden, lassen sich für die Herstellung purinarmer Nahrungsmittel nutzen, wie sie für Gichtkranke benötigt werden.
- Ein weiteres Anwendungsgebiet der AG stellt die Entwicklung von mikrobiellen Sensoren dar.[374] Sie beruhen auf dem Prinzip, dass durch Umweltfaktoren induzierte Reaktionen im Stoffwechsel von Hefen oder speziell konstruierten Hefetransformanden in physikalisch messbare Signale umgewandelt werden. Dazu werden die Hefen in eine poröse Matrix eingeschlossen, welche als Schicht einer semipermeablen Membran aufliegt, durch welche die zu detektierenden Substanzen aus den Messproben zu den Zellen gelangen, in denen eine physiologische Reaktion verursacht wird (z. B. Sauerstoffverbrauch). Da die Intensität dieser Reaktion zur Konzentration der zu bestimmenden Substanz proportional ist, kann diese z. B. amperometrisch quantifiziert werden. Die dafür erforderliche Messtechnik und Geräteausstattung entstand in vielfältigen Kooperationen

---

[373] Breuer U, Terentiev Y, Kunze G, Babel W (2002) Rekombinante Hefen als Produzenten von Polyhydroxyalkanoaten. BIOforum 25: 481–483.

[374] Riedel K, Kunze G, Baronian KHR (2006) Biosensors and Bioassays Based on Microorganisms. Research Signpost, Trivandrum.

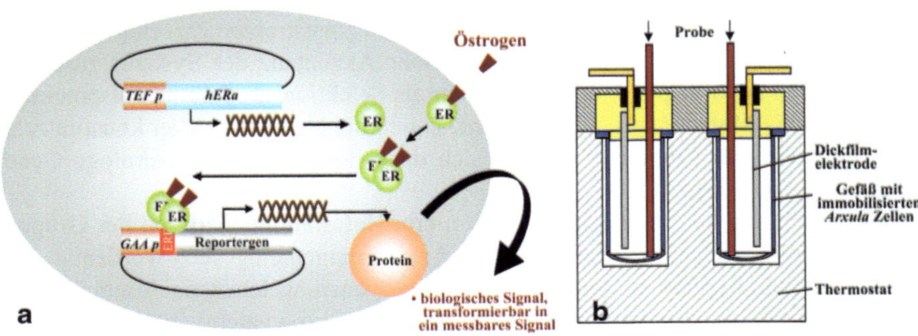

Abb. 3.24 Mikrobieller Sensor zur amperometrischen Bestimmung von Östrogen und Östrogenderivaten. **a** Messprinzip. Als mikrobieller Sensor dient ein rekombinanter Stamm von *Arxula adeninivorans*, der über zwei verschiedene heterologe Expressionskassetten verfügt, für den konstitutiv gebildeten humanen Östrogenrezeptor (*hERα*) bzw. das Reportergen (Phytase-Gen). In der Probe auftretendes Östrogen reagiert mit ER, was zur Bindung des Komplexes an das ER-sensible Element (*ERE*) im Promotor (*GAA*) vor dem Phytase-Gen führt und die Enzymbildung induziert. Die enzymkatalysierte Reaktion bildet ein physikalisch registrierbares Signal, welches der Östrogenmenge proportional ist und, **b** mit dem Östrogen-A-Monitor amperometrisch gemessen wird (Jahresforschungsbericht des IPK 2007: 139, Abb. 46 A und C). In einer Weiterentwicklung des Systems werden Mikrotiterplatten eingesetzt, um einen größeren Probendurchsatz zu ermöglichen

mit Industrieunternehmen oder Instituten der Fraunhofer-Gesellschaft. Für solche Sensoren wurde wegen ihrer Halo-, Osmo- und Thermotoleranz vor allem *A. adeninivorans* genutzt. Sie kann außerdem eine breite Palette verschiedener Stoffe als Kohlenstoff- und/oder Stickstoffquellen verwerten, wodurch sie besonders für die Messung des sog. *Biological Oxygen Demand* (BOD) eingesetzt werden kann. Am Sauerstoffverbrauch, welcher mit der Verarbeitung derartiger Stoffe einhergeht, lässt sich die Verunreinigung mit schnell assimilierbaren Substanzen in Gewässern und Abwasser in Sekundenschnelle messen. Entsprechende Sensorsysteme sind z. B. in Hong Kong für Abwasseranalysen zum Einsatz gekommen. Der Promotor des *CUP1*-Gens von *S. cerevisiae*, welcher beim Auftreten von Kupferionen aktiviert wird, bildet die Grundlage für ein Sensorsystem, mit dem Cu-Verunreinigungen in Abwässern der Leiterplattenproduktion in der Elektronikindustrie registriert werden können. Für die Registrierung von hormonwirksamen östrogen-, androgen- oder glucocorticoidartigen Stoffen in Abwässern ist ebenfalls ein Sensorsystem entwickelt worden (Abb. 3.24).Ein andersartiges, von Hefezellen unabhängiges System, stellen die in der AG entwickelten DNA-Sensoren für die Diagnostik von Mykorrhiza-Pilzen oder phytopathogenen Viren dar. Spezifische DNA-Sequenzen im Sensor hybridisieren mit komplementärer DNA aus den genannten Organismen, was sich entweder mikrogravimetrisch mit piezoelektrischen Kristallen oder mit der Oberflächen-Plasmon-Resonanz(SPR)-Technik messen lässt.

3.4 Vom Molekül zur Funktion: die Erforschung pflanzlicher Leistungen

3.4.1 Mineralstoffwechsel

Aufnahme und Assimilation von Mineralstoffen bilden einen wesentlichen Teil des autotrophen Stoffwechsels der Pflanzen. Arbeiten über die Rolle des Bors (1956–1959) und die Ernährung mit Phosphor trugen nur episodischen Charakter. In einer von Kurt Mothes vergebenen Dissertation[375] ist zwar erfolglos versucht worden, gemäß einer Literaturangabe über die Borernährung die Alkaloidbildung zu steigern, aber es ergaben sich neue Einsichten in die Funktion des Elements beim Ferntransport von Kohlenhydraten in Pflanzen. Die Phosphorversorgung wurde infolge der kurzzeitigen Leitung der Abteilung „Physiologische Chemie" durch Gerhard Michael (1959–1960) untersucht, dessen Spezialgebiet die Pflanzenernährung war. Bau des Isotopenlaboratoriums (1958–1961) und Nutzung von radioaktiven Isotopen ermöglichten damals die Einführung der Isotopenverdünnungsmethode, mit welcher in der Habilitationsarbeit von Otto Machold (1962)[376] genaue Ergebnisse über die bodenspezifische Verfügbarkeit von labilem Phosphat und seine Aufnahme in die Pflanzen erarbeitet wurden. Untersuchungen über die Assimilation von anorganischen Schwefelverbindungen, deren Resultate unten in Abschn. 3.4.1.2 genauer beschrieben werden, knüpften sich von 1998–2003 an das Bestehen der AG „Molekularer Mineralstoffwechsel" unter Leitung von Rüdiger Hell. Einzig Forschungen zum Eisenstoffwechsel (Abschn. 3.4.1.1) zogen sich seit 1959 wie ein roter Faden bis in die Gegenwart durch die Institutsgeschichte. Die am Institut durchgeführten Arbeiten zur Assimilation anorganischer Stickstoffverbindungen werden gesondert in Abschn. 3.4.3 behandelt. Mit der zum 1. April 2009 erfolgten Berufung von Nicolaus von Wirén zum Leiter der bisherigen Abteilung „Molekulare Zellbiologie", die dabei in Abteilung „Physiologie und Zellbiologie" umbenannt wurde, ist die Pflanzenernährung zu einem Forschungsschwerpunkt der Abteilung geworden (vgl. Abschn. 2.4.3.2). Im Mittelpunkt stehen die molekulare Physiologie der Nährstoffaquirierung durch Pflanzenwurzeln, die Effizienz der Nährstoffretranslokation aus vegetativen in generative Pflanzenorgane und die genetische Variabilität der Nährstoffakkumulation bei Kulturpflanzen.

3.4.1.1 Eisen

Der Ursprung der Arbeiten über den Eisenstoffwechsel liegt in der Mutationsforschung der genetischen Abteilung zwischen 1950 und 1960. Chlorophylldefekte boten bei der Selektion von Mutanten ein einfach zu handhabendes Merkmal. Damit fand man auch zwei rezessive Tomatenmutanten, mit denen die Forschungen über Eisen begannen.

---

[375] Scholz G (1960) Untersuchungen über die physiologische Wirkung des Bors in der Pflanze. Dissertation, Martin-Luther-Universität, Halle-Wittenberg.

[376] Machold O (1962) Pflanzenaufnehmbarkeit und Bindungszustand des labilen Phosphats. Habilitationsschrift, Friedrich-Schiller-Universität, Jena.

Bei der **Tomatenmutante *xantha5*** deutete das Chlorosemuster der Blätter auf eine Störung der Eisenversorgung hin. Aufnahme, Ferntransport und Verteilung von Fe unterschieden sich bei Mutante und Wildtyp aber nicht (Otto Machold). Variation des Reduktionspotenzials in der Nährlösung und fraktionierende Fe-Extraktion aus Pflanzen wiesen auf Veränderungen im Redoxzustand des Fe bei der Mutante gegenüber dem Wildtyp hin. In lebenden Blättern ließ sich der Redoxzustand des Fe mithilfe der Mößbauer-Spektrometrie analysieren (Kooperation von Otto Machold mit dem Institut für Physikalische Chemie, Berlin-Adlershof, der DAW). Mutantenblätter enthielten nahezu ausschließlich Fe^{3+}. Nach verstärktem Reduktionspotenzial waren etwa 20 % Fe^{2+} vorhanden. Mit radioaktiv markierten Präkursoren wurde die Fe-abhängige Chlorophyllbiosynthese untersucht (Otto Machold und Udo W. Stephan). In der Mutante reicherten sich markierte Zwischenverbindungen bis zum Coproporphyrin an (vgl. Abb. 3.30), während nachfolgende Zwischenverbindungen bis hin zum Chlorophyll weitgehend unmarkiert blieben. Die Störung in der Mutante musste sich also über einen Mangel an Fe^{2+} in der enzymkatalysierten Umwandlung von Coproporphyrin in Protoporphyrin auf die Chlorophyllbildung auswirken.[377, 378] Diese Untersuchungen mündeten in die späteren Arbeiten über Chlorophyll-Protein-Komplexe in Chloroplasten (Abschn. 3.4.2.3).

Die Blätter der spontan aus der Tomatensorte „Bonner Beste“ entstandenen monogen bedingten rezessiven **Tomatenmutante *chloronerva*** haben grüne Nervatur und chlorotische Zwischenrippenfelder (Intercostalchlorose), woraus sich ihr Name erklärt. Pfropfungsversuche ergaben, dass unabhängig davon, ob das Reis oder die Unterlage vom Wildtyp stammen, die Chlorose bei den Blättern der Mutante aufgehoben wird. Während die homozygote Mutante infertil ist, ergrünt sie in Pfropfungen mit dem Wildtyp, blüht und trägt keimfähige Samen, kann also über Pfropfungen vermehrt werden. Offensichtlich fehlt der Mutante ein Stoff, der aus dem Wildtypteil herantransportiert wird und einen Stoffwechseldefekt aufhebt. Derselbe Normalisierungseffekt kann auch durch Pfropfungen mit artfremden Partnern oder durch Aufsprühen von Extrakten aus dem Wildtyp auf Mutantenblätter erzielt werden. Die fragliche Substanz erhielt den Namen „Normalisierender Faktor (NF)“. Fehlt er, so weist die Mutante eine Störung im Fe-Stoffwechsel auf. Obwohl sie unter gleichen Ernährungsbedingungen sogar mehr Fe als der Wildtyp aufnimmt und in den Blättern akkumuliert, kommt es zu keiner Normalisierung ihres Phänotyps. Radioaktives Fe reichert sich in und dicht bei den Blattnerven an, wo auch das Chlorophyll in den Mutantenblättern zu finden ist. Sprüht man NF auf, so bewirkt dies parallel zum Vordringen von Fe in die Zwischenrippenfelder deren Ergrünen (Abb. 3.25). Obwohl die Mutante völlig frei von NF ist, ist beim Fehlen des Faktors der Ferntransport von Fe durch die Gefäße in die Blätter nicht beeinträchtigt, sondern seine Verlagerung in die Zwischenrippenfelder und weiter in junge wachsende Sprossteile sowie Blütenorgane. Der leicht wasserlösliche NF konnte aus

[377] Machold O, Scholz G (1969) Eisenhaushalt und Chlorophyllbildung bei höheren Pflanzen. Naturwissenschaften 56: 447–452.

[378] Stephan U (1970) Untersuchungen über die Funktion des Eisens bei der Biosynthese des Chlorophylls. Dissertation, Martin-Luther-Universität, Halle-Wittenberg.

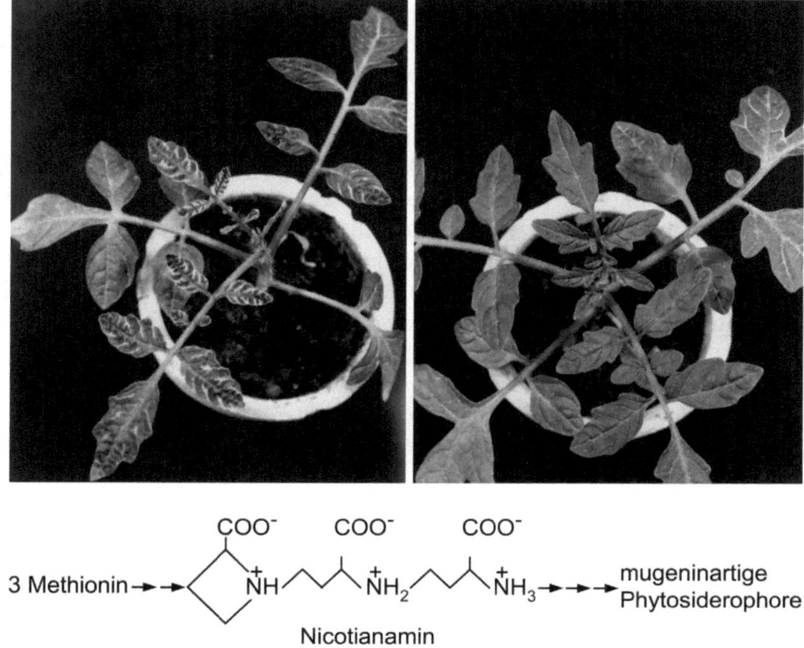

Abb. 3.25 Der „normalisierende Faktor (NF)". Die Fotos von 1960 zeigen zwei gleichaltrige Jungpflanzen der Tomatenmutante „*chloronerva*". Die *linke* wurde mit Wasser besprüht, die *rechte* dagegen mit einem wässrigen Extrakt aus Blättern des Tomatenwildtyps, was zum Ergrünen der Mutante führt. Die dafür verantwortliche, damals unbekannte Substanz wurde normalisierender Faktor (NF) genannt. Sie erwies sich später als die chemische Verbindung Nicotianamin. (Aus Scholz G, Böhme H (1961) Kulturpflanze 9: 186, Abb. 2)

der NF-reichen Luzerne isoliert und rein dargestellt werden.[379] Die Aufklärung der chemischen Struktur der niedermolekularen Aminoverbindung wurde von einigen ab 1969 mit Klaus Schreiber aus Gatersleben an das Institut für Biochemie der Pflanzen der AdW der DDR nach Halle übergesiedelten Naturstoffchemikern übernommen. Sie kooperierten dabei mit dem Institut für Organische Chemie und Biochemie, Prag, der Tschechoslowakischen Akademie der Wissenschaften und dem Institut für Organische Chemie der Universität Köln. Bis zur Strukturaufklärung ruhten in Gatersleben die NF-Forschungen für eine Dekade.

Erst 1982 wurden sie mit der Bildung einer Abteilung „Mutantenstoffwechsel" unter Leitung von Günter Scholz, der sich bereits 1969 mit seinen NF-Arbeiten habilitiert hatte, wieder aktiviert (Abschn. 2.2.1.4). NF hatte sich als Nicotianamin (NA) erwiesen,[380] das man bereits aus Tabak und Buche kannte, ohne aber etwas

[379] Machold O, Scholz G (1969), s. Fußnote Kap. 3/377.

[380] Buděšinský M, Budzikiewicz H, Procházka Ž, et al (1980) Nicotianamine, a possible phytosiderophore of general occurence. Phytochemistry 19: 2295–2297.

über seine chemotaxonomische Verbreitung oder Funktion zu wissen. Damit war „*chloronerva* der erste bekannte Fall, bei dem die Analyse der Mutante einer höheren Pflanze zur Entdeckung einer Funktion eines bisher nur naturstoffchemisch beschriebenen Stoffes führte".[381] Aufklärung der NA-Funktion und der Mutation standen im Mittelpunkt weiterer Forschungen, an denen nach 1994 außerdem die AGn „Angewandte Biochemie" (Hans-Peter Mock), „Serologie" (Renate Manteuffel), „Strukturelle Zellbiologie" (Michael Melzer, Twan Rutten) und „Genregulation" (Helmut Bäumlein) beteiligt waren. Wesentliche molekulargenetische Beiträge leistete auch die AG „Gen- und Genomkartierung" unter Martin Ganal. Von 1998 bis 2003 führte vor allem Udo W. Stephan in der AG „Molekulare Mineralstoffassimilation" (Leiter: Rüdiger Hell) die Arbeiten der früheren AG „Mutantenstoffwechsel" (ab 1992 AG „Mineralstoffwechsel") fort. In Übersichtspublikationen[382, 383] sind die bis 2002 dazu erschienenen Originalarbeiten genannt, weshalb hier nur noch später publizierte Originalarbeiten zitiert werden.

Strukturell ist NA (Abb. 3.25) eng mit den Phytosiderophoren vom Typ der Muginsäure verwandt, und es ist die erste Verbindung dieses Strukturtyps auf dem Biosyntheseweg zur Muginsäure und ihren Verwandten. Diese werden bei Eisenmangel von Wurzeln der Gräser (Poaceae) in den Boden ausgeschieden, wo sie Fe^{3+} durch Komplexbildung binden und für die Aufnahme in die Pflanze mobilisieren. Im Gegensatz dazu bildet NA vorwiegend Komplexe mit Fe^{2+} und anderen zweiwertigen Übergangsmetallen, wird bei Fe-Mangel von Wurzeln nicht in den Boden ausgeschieden und kommt nicht nur in Poaceen, sondern in allen mehrzelligen Pflanzen vor. NA normalisiert *chloronerva*. Während weder Aufnahme von Fe noch sein Transport im Xylem NA-abhängig sind, hängen seine Mobilisierung aus Blättern und sein Transport im Phloem von NA ab und sind deshalb bei der Mutante gestört. Bei Fe-Mangel und normaler Fe-Versorgung ist NA fast ausschließlich im Cytoplasma der Zellen des Wildtyps lokalisiert, während bei Fe-Überschuss und in Fe-akkumulierenden Mutanten mit defekter Regulation der Fe-Aufnahme auch NA-haltige Einschlüsse in Vakuolen vorkommen. Fe- und NA-Gehalt sind mengenmäßig korreliert, und die NA-Bildung hängt mit der Fe-Anreicherung zusammen. NA hat in der Regulation der Fe-Homöostase offensichtlich eine Doppelfunktion: komplexe Bindung von Fe^{2+} für den phloemvermittelten Fe-Transport sowie für die zeitweilige Ausgliederung (Deponie) von überschüssigem Fe aus dem Stoffwechsel. Der eigentliche Transport von Eisen geschieht jedoch im Phloem in Bindung von Fe^{3+} an ein Fe-Transportprotein (ITP). NA wird eine Funktion beim Be- und Entladen von Fe zwischen Xylem und Phloem bzw. Phloem und umgebenden Geweben zugeschrieben.

[381] Scholz G (1981) Notizen zum Nicotianamin-Seminar am 2.12.1981. LHASA MD M 66, Nr. Wissenschaftsorganisation 109/1, S 114.

[382] Scholz G, Becker R, Pich A, Stephan UW (1992) Nicotianamine – a common constituent of strategy I and II of iron acquisition by plants: a review. J Plant Nutr 15: 1647–1665.

[383] Hell R, Stephan UW (2003) Iron uptake, trafficking and homeostasis in plants. Planta 216: 541–551.

Die Aminosäuresequenz der NA-Synthase von Gerstenwurzeln wurde aus entsprechenden cDNA-Klonen abgeleitet. Mit aktivem Enzym, das in Bakterien erzeugt worden war, gelang es, im Reagenzglas aus *S*-Adenosylmethionin NA zu synthetisieren, welches die *chloronerva*-Mutante normalisiert.[384] Das NA-Synthase-Gen ist auf dem langen Arm von Chromosom 1 der Tomate lokalisiert. Es gehört zu den Glücksfällen für die Arbeit mit der *chloronerva*-Mutante, dass die Tomate nur ein NA-Synthase-Gen besitzt, während bei Gerste, Reis oder *Arabidopsis thaliana* entsprechende Multigenfamilien vorliegen.[385] Transfer eines NA-Synthase-Gens von *A. thaliana* in Tabak bewirkte erhöhten Fe-Gehalt in ausgewachsenen Blättern, verbesserte die Fe-Effizienz und verringerte die Chlorose unter Fe-Mangelbedingungen,[386] womit sich die Beweiskette für die zentrale Rolle von NA in der Fe-Homöostase der Pflanzen schloss.

Die **Tomatenmutante** ***fer*** hat die Fähigkeit zur Induktion der regulären Antwort auf Fe-Mangel völlig verloren. Das mutierte Gen codiert einen Transkriptionsfaktor der basischen Helix-Loop-Helix-Familie.[387] *A. thaliana* besitzt eine Familie von vier derartigen Transkriptionsfaktoren. Zwei davon, die bei Fe-Mangel besonders stark induziert werden, bewirkten in transgenen Tabakwurzeln die Bildung und Exkretion von Riboflavin wie bei Fe-Mangel von Wildtyppflanzen der Tomate.[388] Die Transkriptionsfaktoren spielen für die Kontrolle der pflanzlichen Fe-Homöostase eine große Rolle. Die Funktion der Riboflavinbildung blieb bisher ungeklärt (AG „Genregulation“, Helmut Bäumlein).

3.4.1.2 Schwefel

Bei Pflanzen ist der allergrößte Teil ihres Schwefels (S) in ihren Eiweißen enthalten, wo Sulfhydrylgruppen für Struktur und Funktion außerordentliche Bedeutung haben. Außerdem spielen SH-Gruppen für die Regulation des Redoxzustandes der Zellen und die Schwermetallentgiftung eine große Rolle. Schwefel wird in Form von Sulfat aus dem Boden aufgenommen. Bei S-Mangel steigt infolge stark erhöhter Transkriptionsaktivität die Menge an mRNA für die Bildung von Transportproteinen zur erhöhten Sulfataufnahme in Wurzelzellen. Eine entsprechende Transkriptionsregulation ließ sich jedoch für die Synthese der S-haltigen Aminosäure Cystein (Cys) nicht feststellen, wobei reduzierter Schwefel in eine erste organi-

[384] Schmiedeberg L, Krüger C, Stephan UW et al (2003) Synthesis and proof-of-function of a [^{14}C]-labelled form of the plant iron chelator nicotianamine using recombinant nicotianamine synthase from barley. Physiol Plant 118: 430–438.

[385] Perovic D, Tiffin P, Douchkov D et al (2007) An integrated approach for the comparative analysis of a multigene family: The nicotianamine synthase genes from barley. Funct Integr Genomics 7: 169–179.

[386] Douchkov D, Gryczka C, Stephan UW et al (2005) Ectopic expression of nicotianamine synthase genes results in improved iron accumulation and increased nickel tolerance in transgenic tobacco. Plant Cell Environm 28: 365–374.

[387] Ling H Q, Bauer P, Bereczky Z et al (2002) The tomato *fer* gene encoding a bHLH protein controls iron-uptake responses in roots. Proc Natl Acad Sci USA 99: 13938–13943.

[388] Vorwieger A, Gryczka C, Czihal A et al (2007) Iron assimilation and transcription factor controlled synthesis of riboflavin in plants. Planta 226: 147–158.

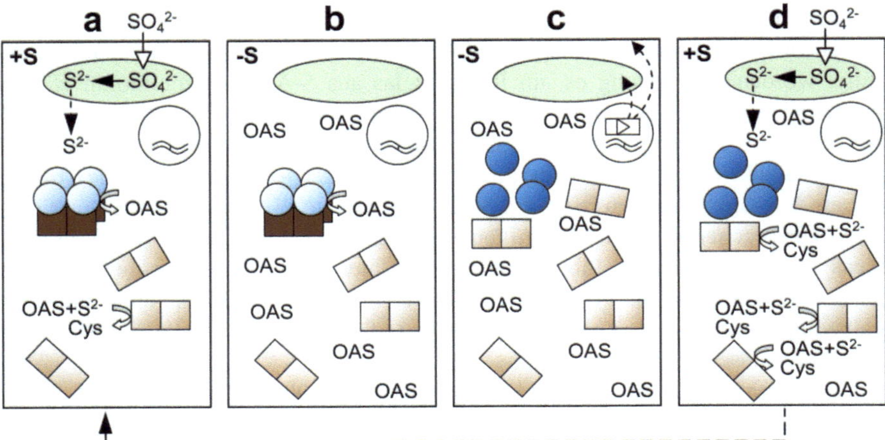

Abb. 3.26 Schema der regulatorischen Funktion des Cystein-Synthase-Komplexes bei der Schwefelassimilation in Pflanzen. **a** Aufnahme von Sulfat in die Zelle und seine Reduktion in Chloroplasten (*grünes Oval*) liefern Sulfid (S^{2+}). OAS wird von SAT (*graue Kugeln*) im Cystein-Synthase-Komplex gebildet und von freier OAS-TL (*hellbraune* Doppelrechtecke) mit Sulfid zu Cystein umgesetzt. **b** Infolge Sulfatmangels fehlt Sulfid, die Cysteinbildung hört auf. **c** OAS reichert sich im Cytoplasma an. Dissoziation des Cystein-Synthase-Komplexes inaktiviert SAT. Das angereicherte OAS induziert Genexpression im Zellkern (*Kreis* mit Chromosomensymbol), was mit *punktierten Pfeilen* angezeigt ist. **d** Infolgedessen werden Sulfataufnahme und -reduktion reaktiviert, Cysteinbildung wird wieder möglich und angereicherte OAS verbraucht. Damit werden Bedingungen wiederhergestellt (*gestrichelter Pfeil unten*), unter denen der Cystein-Synthase-Komplex reassoziiert und sich die Cysteinbildung normalisiert. (Aus Hell R (2003) s. Fußnote Kap. 3/389, hier S 27, Abb. 2)

sche Verbindung eingebaut wird. Für die andersartige Regulation dieses wichtigen Schrittes in der S-Assimilation haben Rüdiger Hell und Mitarbeiter von 1998 bis 2003, dem Jahr seiner Berufung als Professor an die Universität Heidelberg, das in Abb. 3.26 dargestellte Modell entwickelt und mit biochemischen und molekularbiologischen Untersuchungen weitgehend bestätigt.[389]

Die Biosynthese von Cys wird vom Cys-Synthase-Komplex katalysiert, der im Cytoplasma, in Plastiden sowie Mitochondrien vorkommt und aus zwei Enzymen besteht: Serinacetyl-Transferase (SAT) und *O*-Acetylserin-Thiolyase (OAS-TL). Als Produkt der SAT-Reaktion wird *O*-Acetylserin (OAS) gebildet, das dann im Zuge der in Abb. 3.26[390] dargestellten Reaktionsfolge mit Sulfid zu Cystein umgesetzt wird. Der ganze Prozess wird in Abhängigkeit von der Verfügbarkeit der beiden Ausgangsstoffe reguliert.

Vom Cys als erster bei der SO_4-Assimilation entstehender organischer S-Verbindung geht im Pflanzenstoffwechsel die Bildung nahezu aller anderen S-Verbin-

[389] Hell R (2003) Metabolic regulation of cysteine synthesis and sulfur assimilation. In: Davidian J-C et al (Hrsg) Sulfur transport and assimilation in plants. Backhuis, Leiden, 21–32.

[390] Hell R (2003), s. Fußnote Kap. 3/389, hier Fig. 2.

dungen aus. In der Abbildung ist nicht dargestellt, dass Cys-Anreicherung durch Rückkopplung drosselnd auf die Cys-Bildung wirkt. Schließlich verknüpft die Cys-Synthasereaktion über die OAS-Bildung durch die Acetylierung der Aminosäure Serin den S- mit dem N-Metabolismus und bildet einen Ansatzpunkt für die Regulation zwischen N- und S-Assimilation.

Die Cys-Synthase „spürt" Konzentrationsänderungen ihrer Substrate (Sensorfunktion) und reagiert darauf durch Änderung ihres Assoziations-Dissoziations-Zustandes, womit Aktivitätsverschiebungen in der Cys-Bildung gekoppelt sind. Zusammen mit Förderung der SO_4-Aufnahme bei OAS-Stau und Rückkopplungskontrolle bei Cys-Anreicherung wird durch diesen ganz speziellen Regulationsmechanismus wesentlich zur Abstimmung zwischen S-Verfügbarkeit und -bedarf im Stoffwechsel beigetragen.

3.4.2 Photosynthese

In der Photosynthese nutzen grüne Pflanzen Lichtenergie, um damit Kohlendioxid (CO_2) in energiereiche organische Substanz zu assimilieren. Die Bildung nahezu aller organischen Substanz auf der Erde beruht auf diesem Prozess, der auch die wichtigste Grundlage für Wachstum und Ertragsbildung der Kulturpflanzen ist. Photosyntheseforschung gehörte vor allem zu den Arbeitsgebieten der physikalisch- und chemisch-physiologischen Abteilungen (1943–1968) und ihrer Nachfolgestruktureinheiten, die im Institut vor allem ab 1969 bzw. 1990 und 1992 gebildet wurden. Die Untersuchungen beschäftigten sich sowohl mit der Licht- (Abschn. 3.4.2.1–3.4.2.5) und Dunkelreaktion (Abschn. 3.4.2.6–3.4.2.8) als auch mit den Ertragsbildungsprozessen (Abschn. 3.4.2.9) bei der Photosynthese.

3.4.2.1 Frühe Arbeiten mit Pigmentmutanten

Tomaten-, Gersten- und Löwenmaulmutanten aus den umfangreichen Kollektionen, die von Hans Stubbe und Mitarbeitern erzeugt worden waren, dienten dazu, Vorkommen und spezielle Funktionen von Photosynthesepigmenten zu analysieren. Herta Sagromsky (Abb. 3.27), von 1961–1968 Leiterin der Abteilung „Physikalische Physiologie" des Institutes (Abschn. 2.1.3.1), und einige ihrer Mitarbeiter führten ab 1953 derartige Untersuchungen durch.[391] Vor allem wurden Wildtypformen mit daraus abgeleiteten *aurea*-Mutanten und bei Tomaten außerdem die *venosa*-Mutante mit grünen Blattnerven, aber weißen Intercostalfeldern sowie die seltenen, stark grünen sogenannten „Grünkohlmutanten" genutzt. Damit wurden Wachstum, Zusammensetzung der Pigmente und ihre Lichtempfindlichkeit sowie die Abhängigkeit der Pigmentierung von der Pflanzenernährung verglichen. Durch Nutzung geeigneter Wildtyp-Mutanten-Kombinationen von Tomaten ließ sich die herausragende Rolle von Chl *a* nachweisen: a) Die Chl *a*-Menge limitiert gewöhnlich die Photosynthese nicht. Wachstum und Substanzproduktion verringern sich

[391] Sagromsky H (1975) Mutants as objects for investigations on the function of chlorophylls. In: Nasyrov Yu E, Šestak J (Hrsg) Genetic aspects of photosynthesis. Junk, Den Haag, S 247–253.

Abb. 3.27 Prof. Dr. Herta Sagromsky (*links*), 1961–1968 Leiterin der Abteilung „Physikalische Physiologie" und einer FG bzw. eines Laboratoriums für Photosynthese (1969–1974), bei der Promotionsfeier für ihren irakischen Doktoranden Abdul Chani Faraj Salman (*rechts*). (Foto und Bildrechte: Armin Meister)

erst, wenn bei normaler Tageslichtintensität die Chl *a*-Mengen von etwa 30–40 % bzw. bei Schwachlicht von 60–70 % gegenüber dem Normalzustand unterschritten werden. b) Vor allem in diesen Grenzbereichen der Chl-Gehalte sind Wachstum und Substanzproduktion positiv mit der Größe des Chl *a*/*b*-Quotienten korreliert. c) Quantitative und qualitative Pigmentausstattung hängen nicht von der Menge, sondern Intensität des einfallenden Lichtes während der Organentwicklung ab. *aurea*-Mutanten besitzen eine erhöhte Empfindlichkeit für Chl *a*-Abbau durch Strahlung. Alle diese Befunde decken sich mit den heutigen Kenntnissen über die zentrale Rolle von Chl *a* in den photosynthetischen Reaktionszentren bei der Lichtreaktion. d) Eine Prüfung verschiedener damals gängiger Hypothesen über die Bedeutung von Chl *b* führte zu Resultaten, die allein für seine Funktionen als Licht sammelndes Pigment sprachen (Sagromsky 1977).[392] Dieses Ergebnis deckt sich mit dem heutigen Wissen, wonach Chl *b* ein Antennenpigment im Licht sammelnden Komplex von Photosystem II ist. e) Während bestimmter Phasen der Blattentwicklung spielt neben der Lichtintensität die Ernährung, vor allem mit Stickstoff, eine wichtige Rolle für die spätere Pigmentausstattung von Blättern. Trotz der Möglichkeiten, welche die Nutzung von Mutanten bot, waren die Arbeiten wegen ihres vorwiegend deskriptiven Charakters und der damals verfügbaren und angewandten Methoden in ihrer Aussagekraft begrenzt.

3.4.2.2 Spektralformen von Chlorophyllen und ihre Zuordnung zu funktionellen Komponenten des Photosyntheseapparates

Extraktion und weitere Fraktionierung nach der Löslichkeit von Chl zerstören die natürlichen Wechselbeziehungen von Pigmentmolekülen untereinander und mit ihrer Umgebung. Außerdem bleibt bei derartigen Messungen unklar, ob unterschiedliche Spektralbanden demselben Pigment oder chemisch unterschiedlichen Chromophoren zuzuordnen sind. Eine Alterantive stellt die zerstörungsfreie spek-

[392] Sagromsky H (1977) Untersuchungen zur physiologischen Bedeutung von Chlorophyll *b*. Kulturpflanze 25: 279–296.

tralphotometrische Analyse an Blättern *in vivo* dar, bei der Chl-Chl- und Chl-Apoprotein-Wechselwirkungen erhalten bleiben. Solange nicht wie für Bacteriochlorophyll auch für Chl-Protein-Komplexe aus Chloroplasten der Pflanzen eine Röntgenkristallstrukturanalyse möglich war, musste man auf miteinander kombinierten anderen physikalischen und biochemischen Wegen versuchen, Auskunft über räumliche Orientierung von Chl, Abstände zwischen Pigmentmolekülen und ihre Anzahl in Chl-Apoprotein-Komplexen als Basis für Energieübertragungsprozesse bei der Photosynthese zu gewinnen: a) Mit spektralphotometrischen Messungen von Bandenmustern am intakten Blatt, an Thylakoiden, isolierten Chloroplasten oder Chl-Proteinkomplexen und Objekten, bei denen erhebliche natürliche (Mutanten, verschiedene Stadien ergrünender Blätter) oder experimentell hervorgerufene Variation in der Pigmentkomposition auftritt. b) Mit der biochemischen Analyse von Pigment-Protein-Komplexen, die über Zellfraktionierung aus Blättern hergestellt werden konnten (Abschn. 3.4.2.3).

Voraussetzung für die erfolgreiche Anwendung spektrophotometrischer Verfahren war die Verbesserung ihrer Aussagekraft bei der Analyse der oft zahlreichen überlappenden Spektralbanden durch Bandenschärfung (Verringerung der Halbwertsbreiten von überlappenden glockenförmigen Banden), Bestimmung der Zahl verschiedener Komponenten des Photosyntheseapparates, welche dem Bandenmuster zugrunde liegt, und der Zuordnung von Banden zu Komponenten. Mit der kritischen Nutzung der Derivativ- (Armin Meister)[393, 394] und der Fluoreszenz-Anregungs-Emissions-Spektrophotometrie (Eberhard Brecht)[395] gelang in Kombination mit geeigneten mathematischen Auswertungsverfahren (Berechnung bzw. direkte Messung der 2. oder 4. Ableitung für die Absorptionsbanden über der Wellenlänge, Hauptkomponentenanalyse bei der Fluoreszenzspektrophotometrie) ein großer Schritt auf dem Wege zur Beantwortung jener Fragen, die im vorigen Absatz genannt wurden. Unterstützt von den Laborwerkstätten bauten die hier als Autoren genannten Physiker im Institut entsprechende leistungsfähige Apparaturen und kamen mit ihren Arbeiten zu folgenden mit der damaligen internationalen Literatur abgeglichenen Aussagen:

- Den Spektralbanden, die auch als Chl-Formen angesprochen werden, liegen wenigstens zwei, höchstwahrscheinlich jedoch nicht mehr als drei funktionelle Komponenten zugrunde, die den photosynthetischen Reaktionszentren der Photosysteme (PS) I und II sowie den zugeordneten Licht sammelnden Komplexen (LHC, nach der englischen Bezeichnung *light harvesting complex*) entsprechen müssen.
- Den LHC sind vier Polypeptide zuzuordnen. Nur zwei davon binden alle Chl-Moleküle im LHC. Die anderen beiden sind ohne Chromophor.

[393] Meister A (1977) Messung von Aktionsspektren *in vivo*. Kulturpflanze 25: 1541–154.

[394] Meister A (1984) Formen von Chlorophyll. Nachweis und Interpretation. Dissertation B, AdW der DDR, Berlin.

[395] Brecht E (1982) Zur Energieübertragung und räumlichen Organisation der Pigmente im lichtsammelnden Chlorophyll *a*/*b*-Komplex aus *Vicia faba*. Dissertation A, AdW der DDR, Berlin.

- In einem Chl-Apoprotein (Polypeptide 24 bzw. 25 kDa) befinden sich vier miteinander in Exciton-Wechselwirkung stehende Chl *a*-Moleküle, was vier Chl *a*-Formen bewirkt. Hinzu kommen drei bis vier Chl *b*- und zwei Carotinoidmoleküle. Die Molekularmasse eines Chl *a*/*b*-Holoproteins beträgt 31–33 kDa. Es blieb ungeklärt, ob den beiden unterschiedlichen Chl *a*/*b*-Holoproteinen auch verschiedene Funktionen zukommen.
- Die Energieübertragung von Carotinoiden erfolgt im LHC vorrangig auf Chl *a*.
- Die Energieübertragung zwischen Chl *b* (Antennenpigment) und Chl *a* (Reaktionszentrum-Chlorophyll) vollzieht sich selbst in gereinigten LHC-Präparaten und Thylakoidmembranen nahezu ohne Verluste, was die Funktionsfähigkeit des LHC in den Präparaten bezeugt.

Nach heutigem Wissen ist die ermittelte Anzahl der Chl *a*- und Chl *b*-Moleküle in den LHC zu gering. Die damals vor allem in der 1972 unter Armin Meister gegründeten AG „Mathematische und Physikalische Methoden" (Abschn. 2.2.1.4) geleisteten umfangreichen apparativen und mathematischen Entwicklungsarbeiten fanden vielseitige anderweitige Anwendung im Institut: bei der Analyse von Pigmentproteinen aus Thylakoiden der Chloroplasten (Otto Machold und Mitarbeiter im QB „Isotopenlaboratorium", Abschn. 3.4.2.3), bei der Untersuchung der Rolle des Fe in Chloroplasten der Tomatenmutante *chloronerva* (Eberhard Brecht, Abschn. 3.4.1.2), bei der Analyse der SO_2-abhängigen Schädigung von Nadelbäumen (Eberhard Brecht) und von Herbizidwirkungen auf den Photosyntheseapparat (Armin Meister, Judith Schotte) sowie der Selektion kältetoleranter Genotypen von *Phaseolus vulgaris* (Eberhard Brecht, Peter Apel).

3.4.2.3 Chlorophyll-Proteine in Thylakoiden von Chloroplasten

Die Photosynthese geschieht in den Chloroplasten der Pflanzenzellen. Die Struktur der Thylakoidmembranen in den Chloroplasten bildet die Grundlage für die räumliche und zeitliche Ordnung in der Abfolge der Teilschritte der Lichtreaktion, während die Dunkelreaktionsschritte im Stroma der Chloroplasten ablaufen (vgl. Abschn. 3.4.2.6). Untersuchungen zum molekularen Aufbau der Chl-Protein-Komplexe und über ihre Zuordnung zu den einzelnen Schritten der Lichtreaktion bildeten zwischen 1970 und 1990 den Schwerpunkt der Arbeiten im QB „Isotopenlaboratorium" (Abschn. 2.2.1.4) unter Leitung von Otto Machold (Abb. 3.28). Zunächst wurden leistungsfähige Methoden für die Isolierung intakter hoch gereinigter Chloroplasten und ihrer Thylakoidmembranen, für deren Desintegration, die Gewinnung einzelner Chlorophyll-Protein-Komplexe sowie die Analyse ihrer Polypeptide mithilfe von Ultrazentrifugation und Elektrophorese etabliert. Für die Charakterisierung der Chl-Protein-Komplexe erwies sich die Nutzung der spektralanalytischen Verfahren der AG „Mathematisch-Physikalische Methoden" (Abschn. 3.4.2.2) als großer Vorteil. Die anerkannt hohe methodische Kompetenz ermöglichte wichtige internationale Kooperationen, vor allem mit dem Carlsberg-Laboratorium, Kopenhagen.

Die Mehrzahl der Proteine lässt sich von der Thylakoidmembran ablösen, bis eine stabile Basismembran übrig bleibt. Darin eingebettet gibt es fünf supermolekulare Proteinkomplexe, von denen zwei Chl-frei sind (zu letzteren s. Abschn. 3.4.2.4)

Abb. 3.28 Prof. Dr. Otto Machold (*links*), Leiter des Querschnittsbereichs Isotopenlaboratorium (1969–1988), bei einer Diskussion, im *Hintergrund* sein Mitarbeiter Dr. Karl-Heinz Süß. (Foto und Bildrechte: Otto Machold)

und drei Chl *a* enthalten.[396] Sie entsprechen den Chl-Protein-Komplexen der PS I und II sowie den LHC.[397] Allen drei ließen sich bestimmte Polypeptide zuordnen (vgl. Abschn. 3.4.2.2 und Abb. 3.29). Chl *b* kam neben Chl *a* nur im LHC vor, welcher dem PS II zugeordnet wurde, jedoch auch gelegentlich in Präparaten von PS I nachgewiesen wurde.[398,399] Das entspricht heutigen Vorstellungen darüber, dass es LHC II und I gibt, die nicht nur für PS II, sondern auch für PS I eine lichtsammelnde Funktion haben. Der Vergleich der Chl-Protein-Komplexe von Gersten-, Ackerbohnen- und Grünalgen-Chloroplasten ergab prinzipielle Übereinstimmung im Poly-

[396] Schotte J (1985) Die Thylakoidmembranen der Chloroplasten als Orte der photosynthetischen Primärreaktionen – eine Übersicht. Kulturpflanze 33: 91–120.

[397] Bassi R, Machold O, Simpson D (1985) Chlorophyll-proteins of two photosystem I preparations from maize. Carlsberg Res Commun 50: 145–162.

[398] Machold O, Simpson D, Lindberg-Møller B, Meister A (1981) Chlorophyl-proteins of *Hordeum vulgare* and *Vicia faba*. In: Akoyunoglou G (Hrsg) Photosynthesis III. Structure and Molecular Organisation of the Photosynthetic Apparatus. Balaban Intern Sci Services, Philadelphia, 357–363.

[399] Machold O (1984) Chlorophyll *a*/*b*-proteins in their relation to the light harvesting complex. In: Sybesma C (Hrsg) Advances in Photosynthesis Research. II. Martinus Nijhoff/Dr W. Junk, The Hague Boston Lancaster, II.2.107–II.2.114.

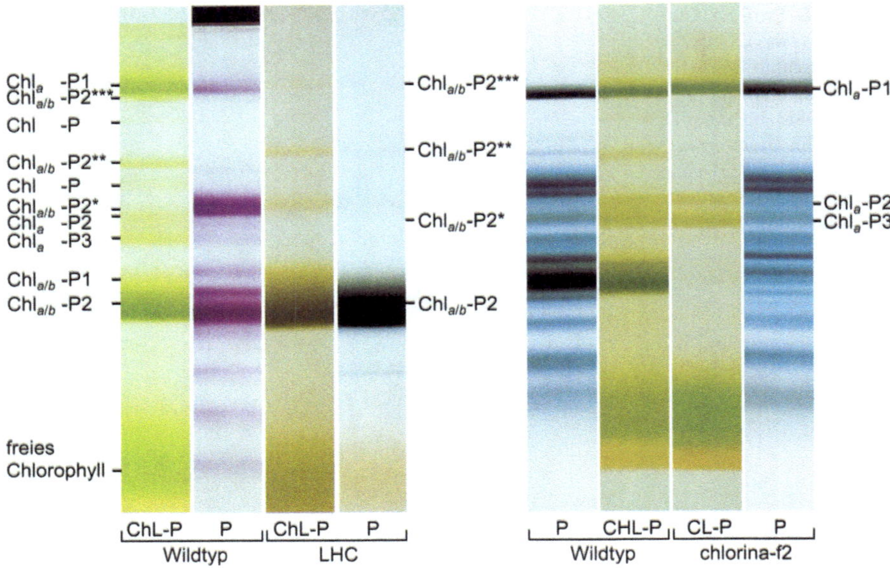

Abb. 3.29 Elektrophoretische Analyse von Chlorophyll-Protein-Komplexen der Thylakoidmembran von Chloroplasten. Von den in Thylakoiden der Chloroplasten von Wildtyp-Gerste gefundenen grünen Banden entsprechen zehn Chlorophyll-Proteinen (Chl-P), was mit der Blaufärbung der Polypeptide (P) auf entsprechenden Elektropherogrammen gezeigt wird. Der Vergleich mit entsprechenden Bildern für den aus Thylakoiden isolierten lichtsammelnden Komplex (LHC) und für die chlorophyll *b*-freie Mutante *chlorina-f* diente der Identifizierung der Chl-P. Die Chlorophylle wurden spektralanalytisch identifiziert. Von den nur Chl *a* enthaltenden Chl-P konnten die Chl *a*-P1-Banden dem Photosystem I, die Chl *a*-P2-Banden dem Photosystem II und die Chl *a*/*b*-P-Banden dem LHC zugeschrieben werden. (Zusammengestellt von Klaus Müntz aus Abbildungen der in Fußnote Kap. 3/400 zitierten Publikation)

peptidmuster. In Chl *b*-freien Gerstenmutanten fehlen zwei Polypeptide. Eines davon ist für die Granastapelbildung in Thylakoiden unbedingt erforderlich.[400]

Die Asymmetrie im Aufbau der Thylakoidmembranen spiegelt sich nach Gefrierbruchpräparation auch wider in den rasterelektronenmikroskopischen Oberflächenansichten von äußeren, zum Chloroplastenstroma, bzw. inneren, zum Thylakoidinnenraum (Lumen) orientierten, Membranoberflächen. Auf der Lumenseite sind die Chl-Protein-Komplexe der PS I und II als große, auf der Stromaseite als kleine Partikel erkennbar.[401] Wegen ihrer partiellen Einbettung in die Basismembran können die geschützten Teile der Polypeptide durch Proteasen nur partiell

400 Machold O, Simpson D, Moller BL (1979) Chlorophyll proteins of thylakoids from wild-type and mutants of barley. Carlsberg Res Commun 44: 235–254.

401 Machold O, Simpson D, Hoyer-Hansen G (1977) Correlation between the freeze fracture appearance and polypeptide composition of thylakoid membranes in barley. Carlsberg Res Commun 42: 499–516.

abgebaut werden.[402, 403] Partikelgröße und -zahlen auf den Membranoberflächen ändern sich durch Proteolyse, und die betroffenen Polypeptide sind an ihrer veränderten Mobilität in der Elektrophorese erkennbar. Verschiedene ablösbare Oberflächenproteine lassen sich differenziell mit radioaktivem Jod markieren und auf diese Weise unterscheiden. Durch Kombination der Einsichten, die mit derartig verschiedenen Methoden gewonnen worden waren, konnte eine Vorstellung über die räumliche Anordnung einer Reihe von Proteinen in der Thylakoidmembran entwickelt werden. Polypeptidabbau in Thylakoiden durch exogene Proteasen *in vitro* und bei der Seneszenz in Plastiden von Blättern *in vivo* verlaufen grundverschieden. *In vivo* bleibt selbst bei fast völligem Chl-Verlust die spezifische photochemische Aktivität des Chl in gealterten Chloroplasten gleich derjenigen in reifen. Abgesehen von gewissen quantitativen Verschiebungen gleichen sich auch die qualitativen Polypeptidmuster von gealterten und reifen Chloroplasten weitgehend. Der innerzelluläre Thylakoidabbau geht demnach so vor sich, dass die Funktionsfähigkeit der verbleibenden Thylakoide solange wie möglich erhalten bleibt.[404]

Die differenzielle Hemmung der Proteinbildung in Chloroplasten bzw. Cytoplasma mittels spezifischer Antibiotika ließ die unterschiedlichen Bildungsorte verschiedener Membranproteine erkennen.[405] Demnach werden wenigstens drei Chl *a*-Apoproteine an Chloroplastenribosomen und eine Reihe von LHC-Proteinen an cytoplasmatischen Ribosomen synthetisiert. Dies waren die Anfänge der Beschreibung des Zusammenwirkens von Plastiden und Cytoplasma bei der Bildung der Polypeptidausstattung von Chloroplasten. Erst später bekam man durch Genomsequenzierung eine vollständigere Übersicht über Arbeitsteilung und Zusammenspiel der unterschiedlichen zellulären Proteinbiosyntheseorte bei der Bildung von Polypeptiden für Chloroplasten.

3.4.2.4 Multiproteinkomplexe der Elektronentransferkette und die ATP-Synthase aus Thylakoiden

Nach anfänglicher Mitwirkung an den Untersuchungen über Chl-Protein-Komplexe wandte sich Karl-Heinz Süß, Doktorand und späterer wissenschaftlicher Mitarbeiter von Otto Machold, im QB „Isotopenlaboratorium" (Abschn. 2.2.1.4) der biochemischen Analyse der beiden Chl-freien Multiproteinkomplexe der Thylakoidmembran zu,[406] dem Cytochrom b_6/f-Komplex (Cyt b_6/f) und vor allem der ATP-Synthase.[407]

402 Machold O, Simpson D, Hoyer-Hansen G (1977), s. Fußnote Kap. 3/401.

403 Schmidt O (1981) Untersuchungen über den proteolytischen Abbau der Chloroplasten-Thylakoide von *Vicia faba* unter Modellbedingungen und während der Seneszenz der Blätter. Dissertation A, AdW der DDR, Berlin.

404 Schmidt O (1981), s. Fußnote Kap. 3/408.

405 Machold O (1983) Translational sites of thylakoid membrane proteins. Studies based on selective inhibition of cytoplasmic and chloroplast ribosomes by cycloheximid and chloramphenicol. Biochim Biophys Acta 740: 57–63.

406 Süß K-H (1978) Untersuchungen zu Struktur und Funktion von Proteinen der Thylakoidmembran der Chloroplasten. Dissertation A, Martin-Luther-Universität, Halle-Wittenberg.

407 Süß K-H (1986) Molekulare Organisation und Funktion der Kopplungsfaktoren (F_1) und Protonentransport-ATP-Synthetasen (F_1-F_O) energieumwandelnder Membranen der Bakterien, Mitochondrien und Chloroplasten. Dissertation B, AdW der DDR, Berlin.

Der aus Thylakoidmembranen isolierte Cytochrom *b6/f*-Komplex mit den CofaktorenCyt *f*, b_{559} und b_{563} wurde gelelektrophoretisch und spektralanalytisch untersucht, wodurch sich seine Polypeptide identifizieren ließen. Bei der genaueren Analyse der Ferredoxin-NADP$^+$-Reduktase, welche am Ende der photosynthetischen Elektronentransferkette die Reduktion von NADP$^+$zum NADPH katalysiert, fand Karl-Heinz Süß in Chloroplasten von *Vicia faba* eine an Thylakoidmembranen gebundene und eine im Stroma vorkommende Form dieses Enzyms.[408] Während sich die sehr ähnlichen Apoproteine beider Formen damals nicht unterscheiden ließen, enthält das Stroma-Enzym im Gegensatz zum membrangebundenen jedoch Flavinadenindinukleotid (FAD) als prosthetische Gruppe und überträgt *in vitro* als Diaphorase Elektronen auf künstliche Akzeptoren.

Die Zahl der Polypeptidketten (Untereinheiten), deren Molekularmassen und Eigenschaften, ihre räumliche Anordnung zueinander und in der Membran sowie ihr funktionelles Zusammenwirken bildeten den Gegenstand der Forschungen, mit denen Karl-Heinz Süß und andere zum Fortschritt der Erkenntnisse über die ATP-Synthase (CF_1-CF_O-Komplex) von Chloroplasten beitrugen.[409] Für die fünf Untereinheiten des enzymatisch aktiven Kopplungsfaktors (CF_1 der ATP-Synthase ergab sich ein stöchiometrisches Verhältnis von 3xα:3xβ:1xγ:1xδ:1xε, wobei α- und β-Untereinheiten an der eigentlichen Katalyse der ATP-Bildung beteiligt sind, was weitgehend mit heutigem Wissen übereinstimmt. Für die Bindung des CF_1 an die Membran bzw. den CF_O wurden die Untereinheiten α, β und γ verantwortlich gemacht. Dem CF_O wurden drei Untereinheiten I, II und III zugeschrieben, die in stöchiometrischen Verhältnissen von 1: 1: 6–14 vorkommen sollen. Davon bilden die Untereinheiten vom Typ III einen membrandurchspannenden Protonenkanal. Mit der Röntgenkleinwinkelstreuung in Lösung ließ sich dem CF1 die Gestalt eines Rotationsellipsoids zuschreiben. Die vorgeschlagenen Strukturmodelle für den CF_1–CF_O entsprachen bereits in zahlreichen Details den später gesicherten stöchiometrischen und räumlichen Verhältnissen sowie funktionellen Zusammenhängen.

3.4.2.5 Chlorophyllbiosynthese

Die Mg-haltigen Chlorophylle der photosynthetisch aktiven Organismen gehören ebenso wie die in allen Organismen vorkommenden Fe-haltigen Hämverbindungen zur großen Gruppe der Porphyrine. Die Biosynthese der Mg- und Fe-Prophyrine geschieht (mit gewissen Varianten) über den gleichen Weg, der bei Chlorophyllen vollständig in den Chloroplasten abläuft und die in Abb. 3.30 dargestellten drei Hauptetappen umfasst. Die Bildung von Porphyrinen als Cofaktoren von Enzymen oder Chromophore und der zugehörigen Trägerproteine (vgl. Abschn. 3.4.2.3 und 3.4.2.4) geschieht koordiniert. Kontrolle und Regulation des Auf- und Abbaus der Komplexe und ihrer Komponenten, Stoffwechseleinbindung, entwicklungs- und umweltabhängiger Bedarfswechsel wurden im IPK beinahe neun Jahre lang durch

[408] Süß K-H (1979) Isolation and partial characterization of membrane-bound ferrdoxin-NADP$^+$-reductase from chloroplasts. FEBS Lett 101: 305–310.

[409] Süß K-H, Schmidt O (1982) Evidence for an α_3, β_3, γ, δ, I, II, ε, III_5 subunit stoichiometry of chloroplast ATP synthetase complex (CF_1-CF_O). FEBS Lett 144, 213–218.

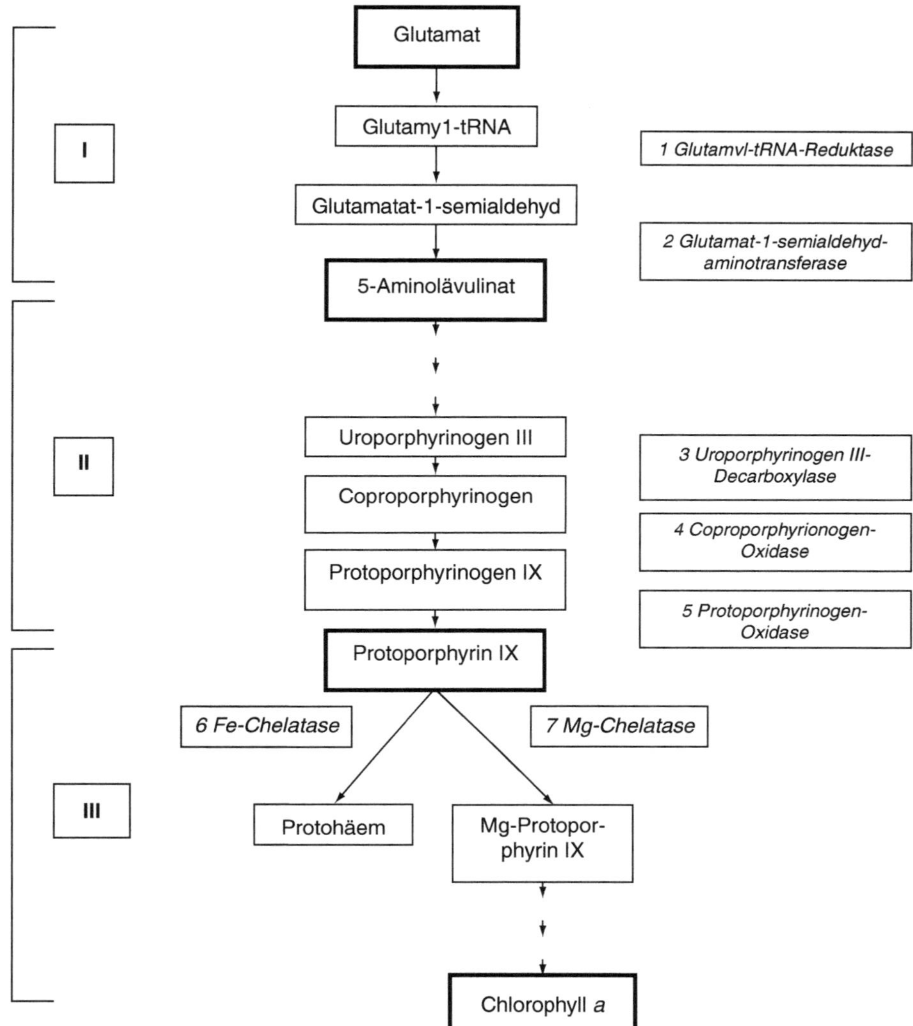

Abb. 3.30 Die drei Hauptetappen der Porphyrinbiosynthese in Chloroplasten. I – Biosynthese von 5-Aminolävulinat (ALA) aus Glutamat; II – Bildung von Protoporphyrinogen IX aus ALA; III – Bildung von Protohäm und Chlorophyll *a* aus Protoporphyrinogen IX. Enzyme (*1–7*), deren Funktion vor allem in der Gruppe „Chlorophyllbiosynthese" des Instituts untersucht wurde, sind fett gedruckt

die AG „Chlorophyllbiosynthese" (Abschn. 2.4.3.3) erforscht, bis ihr Leiter, Bernhard Grimm, zum Professor an die Humboldt-Universität Berlin berufen wurde.

Er brachte sein Arbeitsgebiet aus dem Carlsberg-Laboratorium Kopenhagen mit, wo er Untersuchungen über ein Schlüsselenzym der ersten Etappe der Chlorophyllbiosynthese, die Glutamat-1-semialdehyd-Aminotransferase (GSAT) durchgeführt hatte.[410] Die weiteren Forschungen dehnten sich auf die beiden anderen in Abb. 3.30 beschriebenen Etappen des Chlorophyllbiosyntheseweges aus. Die wichtigsten Methoden waren dabei: Klonierung und Sequenzierung entsprechender DNA, Expression der betreffenden Gene in Bakterien zur Erzeugung der Enzymproteine, Analyse ihrer Struktur (von der Primär- bis hin, in einigen Fällen, zur Röntgenkristallstruktur) und katalytischen Funktion sowie Gentransferexperimente zur *in vivo*-Modulation der Enzymwirkung. Damit gelangen erstmals Analysen und wichtige Beiträge zur Aufklärung von Genen bzw. Genfamilien sowie von Struktur und Funktionen folgender Enzyme: Glutamyl-tRNA-Reduktase, GSAT, Uroporphyrinogen-III-Decarboxylase (UROD), Coproporhyrinogen-Oxidase (CPO), Protoporphyrinogen-IX-Oxidase, Fe- bzw. Mg-Chelatase sowie Mg-Protoporphyrin-Methyltransferase. Mit diesem Instrumentarium an Methoden, Gen- und Enzymkenntnissen sind dann wichtige Einsichten in Mechanismen der Chlorophyllbiosynthese gewonnen worden:[411, 412, 413]

- Als Hauptkontrollstelle erwies sich die 5-Aminolävulinat(ALA)-Biosynthese (Abb. 3.30). Gentechnisch bewirkte Hemmung der GSAT-Bildung führte zur Chlorose und verminderte das Wachstum der Pflanze infolge von Chlorophyllmangel. Die Bildung von photosynthetischen Einheiten aus PS I, PS II und LHC ist zwar zahlenmäßig verringert, aber unter Schwachlichtbedingungen nicht unterbunden, und das Chl/Carotinoid-Mengenverhältnis bleibt gegenüber der Kontrolle unverändert. Dagegen verschiebt es sich bei Starklicht zugunsten der Carotinoide, was die gekoppelte Regulation von Carotinoid- und Chl-Biosynthese zeigte.
- Gentechnische Hemmung der UROD- und CPO-Bildung vermindert die Chl- und Häm-Biosynthese nur in geringem Maße, obwohl sich die Substrate der beiden Enzyme, Uroporphyrinogen III bzw. Coproporphyrinogen III, anreichern, was zu Blattnekrosen infolge der Bildung von reaktiven Sauerstoffspezies (ROS) führt. Gleichzeitig aktiviert die Pflanze ihre Abwehr dagegen mit verstärkter Bildung von Superoxid-Dismutase, Katalase und Glutathion-Peroxidase, ohne die Schäden völlig vermeiden zu können. Die zugrunde liegenden Mechanismen bewirken, dass die Zellen ähnlich auf die angereicherten Porphyrine reagieren wie auf eine Behandlung mit photodynamischen Herbiziden. Die Art der Blattschädigung gleicht der Hypersensitivitätsreaktion nach Befall mit Tabakmosaikvirus,

[410] Grimm B (1993) Molekularbiologische und biochemische Untersuchungen an der Glutamat-1-semialdehyd-Aminotransferase, einem Schlüsselenzym der Tetrapyrrolbiosynthese. Habilitationsschrift, Universität Hannover.

[411] Grimm B (1998) Novel insights in the control of tetrapyrrole metabolism of higher plants. Curr Opinion in Plant Biol 1: 245–250.

[412] Grimm B (1999) The metabolic pathway of tetrapyrrole biosynthesis. In: Böger P, Wakabayashi K (Hrsg) Peroxidizing Herbicides, Springer, Berlin Heidelberg S 213–244.

[413] Papenbrock J, Grimm B (2001) Regulatory network of tetrapyrrol biosynthesis – studies of intracellular signalling involved in metabolic and developmental control. Planta 213: 667–681.

und die transgenen Pflanzen entwickeln eine erhöhte Resistenz gegen Pathogene.[414]

- Gentechnische Hemmung der Mg-Chelatasebildung führt zu Chlorosen und Wachstumshemmung. Durch Rückkopplungswirkung auf die Expression von Genen für Enzyme der Anfangsetappe des Tetrapyrrolbiosyntheseweges wird die ALA-Biosynthese ebenfalls vermindert (vgl. 1. Punkt), was die Anreicherung schädlicher Zwischenprodukte der Porpyrinbildung, wie sie unter dem 2. Punkt beschrieben wurde, verhindert. Da alle Gene für Enzyme des Chl-Biosyntheseweges im Zellkern lokalisiert sind, die Chl-Biosynthese aber vollständig in Chloroplasten erfolgt, muss es einen Signaltransfer vom Chloroplasten zum Zellkern geben. Für Fe-Chelatase- und ALA-Bildung gibt es keine solche Rückkopplungsregulation. Der entdeckte Schutzmechanismus hat für die natürliche Fluktuation in Chl-Bildung und -Bedarf große Bedeutung. Bei Licht-Dunkel-Wechsel liegt das Maximum der Chl-Bildung und Mg-Chelataseaktivität in der ersten Hälfte der Lichtperiode, während es bei der Fe-Chelataseaktivität in den Übergang zur Dunkelperiode fällt. Mit dem gefundenen Rückkopplungsmechanismus werden schädliche Anreicherungen von Metaboliten beim täglichen Aktivitätswechsel im Chl-Biosyntheseweg ausgeschlossen.

3.4.2.6 Multienzymkomplex der Komponenten des Calvin-Zyklus der CO_2-Assimilation in Assoziation mit der Thylakoidmembran?

Eine Zufallsverteilung der vielen Enzyme verschiedener im Chloroplastenstroma ablaufender Stoffwechselprozesse, darunter die CO_2-assimilierenden Reaktionen des Calvin-Zyklus (=reduktiver Pentosephosphat-Weg) erschien Karl-Heinz Süß[415] sehr unwahrscheinlich. Er setzte deshalb auf die Hypothese, dass die zumeist wasserlöslichen Enzyme dieses Prozesses in einem Multienzymkomplex organisiert sein müssten. Die Assoziation dieses Komplexes mit der Thylakoidmembran sollte den weitgehend verlustlosen Transfer der Produkte der Lichtreaktion, NADPH und ATP, in die Reaktionen der CO_2-Assimilation ermöglichen. Mit dieser Hypothese stieß er weit in Neuland vor. Ihrer experimentellen Bestätigung widmete sich die AG „Proteinbiochemie" (Abschn. 2.4.3.3) unter Leitung von Karl-Heinz Süß von 1992–1996 mit Untersuchungen an Chloroplasten von Grünalgen (*Chlamydomonas reinhardii*) und höheren Pflanzen (Spinat, Hafer), wobei zum Vergleich auch Purpurbakterien (*Rhodobacter sphaeroides*) herangezogen wurden. Zunächst wurden dafür zwei Voraussetzungen erarbeitet: a) Ein Verfahren zur Isolierung und Reindarstellung des vermuteten Komplexes und b) die Präparation und Reindarstellung zahlreicher zugehöriger Enzyme,[416] die u. a. als Antigene zur Erzeugung

[414] Mock H-P, Keetman U, Grimm B (2002) Photosensitizing tetrapyrroles induce antioxidative and pathogen defense in plants. In: Inze D, van Montague M (Hrsg) Oxidative Stress in Plants, Taylor & Francis, London New York, S 155–170.

[415] Müntz K, Melzer M (2002) Nachruf für Dr. rer nat. habil. Karl-Heinz Süß. IPK-Journal 1 (2): 15–18.

[416] Teige M (1994) Charakterisierung von Calvin-Zyklusenzymen *in vivo* und *in vitro*. Dissertation, Universität Hannover.

monospezifischer Antikörper für immunbiochemische bzw. elektronenoptische Identifizierungen und subzelluläre Lokalisierungen benötigt wurden. Die Enzymassoziation im Komplex wurde auch mithilfe von partiellem proteolytischem Abbau untersucht, wobei man von der Annahme ausgeht, dass nur Oberflächenproteine angreifbar sein müssten, aber nicht solche, die im Komplex geschützt vorliegen. Für das Vorliegen eines Multienzymkomplexes mit relativer Molekülmasse von 900 bis 1000 kDa lieferten vor allem biochemische Arbeiten starke Anhaltspunkte. Dessen Membranassoziation wurde durch quantitativ ausgewertete immuno-elektronenoptische Daten belegt. Aus der chemischen Vernetzbarkeit von Komponenten aus dem Multienzymkomplex des Stromas mit solchen von der ATP-Synthase und der Ferredoxin-NADP-Reduktase der Thylakoidmembran, leitete man eine Bestätigung der Hypothese vom räumlich gesicherten und weitgehend verlustlosen Energietransfer aus der Licht- auf die Dunkelreaktion ab. Die vielversprechenden Arbeiten konnten nicht über 1996 hinaus weitergeführt und zu einem Abschluss mit unwiderlegbaren Beweisen gebracht werden.[417]

3.4.2.7 Enzyme des C_4-Weges der CO_2-Assimilation

Als erstes stabiles Produkt der von Ribulose-1,5-bisphosphat-Carboxylase/Oxygenase (Rubisco) katalysierten Carboxylierung entstehen bei allen grünen Pflanzen C_3-Verbindungen. Aber Rubisco katalysiert ebenso eine Oxygenierung, bei welcher eine C_3- und eine C_2-Verbindung entstehen. Dieser Prozess liegt der Lichtatmung (Photorespiration) zugrunde, durch welche bei allen C_3-Pflanzen bis zu 25 % des assimilierten CO_2 wieder abgegeben werden. Von dem stammesgeschichtlich älteren C_3-Typ der Photosynthese hat sich mehrfach unabhängig voneinander (polyphyletisch) die jüngere C_4-Photosynthese entwickelt (C_4-Pflanzen), bei der die Lichtatmung fast vollständig unterdrückt wird. Die primäre CO_2-Fixierung durch Phosphoenolpyruvat-Carboxylase (PEPC) im C_4-Zyklus und die endgültige CO_2-Assimilation durch Rubisco im Calvin-Zyklus sind räumlich getrennt auf Blattmesophyll und Leitbündelscheide (LBS) verteilt. Der Gaswechsel verschiedener Photosynthesetypen, seine Modellierung und Evolution waren zunächst Gegenstand von Arbeiten in der FG „Ertragsbildung" (Abschn. 3.4.2.9), darunter auch biochemische, zell- und molekularbiologische Untersuchungen, die später von 1988 bis 1995 in seiner Abteilung bzw. AG „Photosyntheseforschung" (Abschn. 2.4.3.3) von Hermann Bauwe durchgeführt wurden.[418, 419]

Untersuchungsobjekte waren Arten mit unterschiedlichen Photosynthesetypen aus den Gattungen *Moricandia* (Cruciferae) und *Flaveria* (Asteraceae). Von *Mo-*

---

[417] Süß K-H, Sainis JK (1997) Supramolecular organization of water-soluble photosynthetic enzymes in chloroplasts. In: Pessarakli M (Hrsg) Handbook of Photosynthesis. Dekker, New York, S 305–314.

[418] Bauwe H (1987) Untersuchungen zur Evolution des C_4-Weges der Photosynthese unter besonderer Berücksichtigung des Photosynthesestoffwechsels C_3-C_4-intermediärer Arten der Gattungen *Moricandia* und *Flaveria*. Dissertation B, AdW der DDR, Berlin.

[419] Rawsthorne S, Bauwe H (1998) C_3-C_4 intermediate photosynthesis. In: Raghavendra AS (Hrsg), Photosynthesis – A Comprehensive Treatise, Cambridge University Press, Cambridge, S 150–172.

ricandia sind nur Arten mit C_3- bzw. C_3-C_4-intermediärer Photosynthese bekannt, aber keine mit C_4-Typ. In der Gattung *Flaveria* gibt es mehrere Vertreter der C_3-, C_4- und unterschiedlich entwickelten C_3-C_4-intermediären Typen. Die ermittelten kinetischen Eigenschaften von Rubisco und PEPC ergaben keine Erklärung für die mit der herabgesetzten Photorespiration verbundene niedrigere O_2-Empfindlicheit und niedrigere CO_2-Kompensationskonzentration bei *Moricandia.* Die Gattung *Flaveria* erwies sich für Untersuchungen über die Evolution des C_4-Weges als geeigneter, da bei ihren C_3-C_4-intermediären Arten die Enzymkomplemente des C_4-Weges intermediäre Eigenschaften haben und intermediäre CO_2-Kompensationskonzentrationen sowie Photorespirationsraten auftreten. PEPC trägt bei diesen Arten bereits zur primären CO_2-Fixierung bei.[420] Rubisco ist bei C_3- und C_4-Arten fast ausschließlich im Mesophyll bzw. in der LBS lokalisiert, kommt aber bei intermediären Arten in beiden Geweben vor. Isoelektrische Punkte und Aminosäurezusammensetzung von kleinen Rubisco-Untereinheiten verschiedener *Moricandia*-Arten reflektieren die Evolution der intermediären Arten aus solchen mit C_3-Photosynthese. Es gibt keinen einheitlichen „Prototyp" für die Ausprägung von Merkmalen des C_4-Syndroms in intermediären C_3-C_4-Arten bei der Evolution vom C_3- zum C_4-Typ.

Mit inter- und intragenerischen Kreuzungen ließen sich bei *Moricandia* und *Flaveria* nicht nur natürlich vorkommende, sondern auch neuartige Merkmalskombinationen für das sich entwickelnde C_4-Syndrom bei C_3-C_4-intermediären Arten erzeugen. In somatischen Hybriden, die in Kooperation mit dem Institut für Züchtungsforschung, Quedlinburg, der AdL der DDR durch Fusion von Protoplasten aus Blumenkohl (*Brassica oleracea var. botrytis*) und einer intermediären *Moricandia*-Art erzeugt worden waren, überwogen Merkmale der C_3-C_4-Art von *Moricandia.* In derartigen Versuchen spiegelt sich die Hoffnung wider, auf klassischem oder molekulargenetischem Wege Merkmale des C_4-Syndroms in wichtige Kulturpflanzen mit C_3-Photosynthese einführen, die photorespiratorischen CO_2-Verluste verringern und den Ertrag steigern zu können. Die Etablierung eines Verfahrens zur Pflanzenregeneration und zum Gentransfer für *Flaveria* (Burgund Bassüner) schuf die Voraussetzung für die Realisierung derartiger gentechnischer Versuche bei diesem Modellorganismus.

Die molekularbiologischen Untersuchungen konzentrierten sich auf die Glycin-Decarboxylase (GDC). Dieses mitochondriale Enzym ist ein Komplex aus vier verschiedenen, mit H, L, P und T bezeichneten Proteinen, welche Teilschritte der Glycinspaltung bei der CO_2-Freisetzung in der Photorespiration katalysieren. Im Verlauf der Evolution verlagerte sich die histologische Lokalisierung der GDC vom Mesophyll (C_3-Pflanzen) in die LBS (C_4-Pflanzen), wo Chloroplasten (Rubisco, CO_2-Fixierung) und Mitochondrien (photorespiratorische CO_2-Freisetzung) eng assoziiert vorkommen. Die Strukturen der entsprechenden Gene wurden bestimmt und ihre organ- und gewebespezifischen Expressionsmuster ermittelt. Alternatives Spleißen (*splicing*), das organspezifisch unterschiedlich reguliert wird, trägt bei *Flaveria* zur Diversifizierung der H-Protein-mRNA bei. Aus dem Vergleich der

[420] Bassüner B (1986) Photosynthetischer C-Metabolismus C_3-C_4-intermediärer Arten der Gattungen *Moricandia* und *Flaveria.* Dissertation A. AdW der DDR, Berlin.

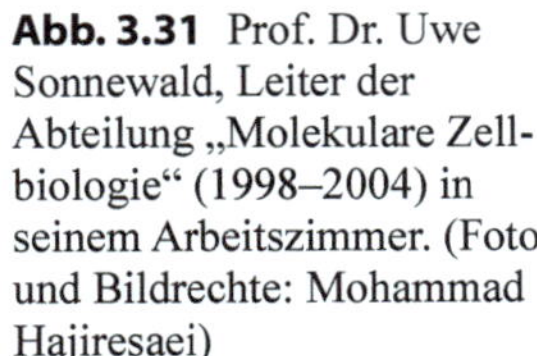

Abb. 3.31 Prof. Dr. Uwe Sonnewald, Leiter der Abteilung „Molekulare Zellbiologie“ (1998–2004) in seinem Arbeitszimmer. (Foto und Bildrechte: Mohammad Hajiresaei)

mRNA-Sequenzen von 12 verschiedenen *Flaveria*-Arten ließ sich die molekulare Evolution des H-Proteins ausgehend von C_3- über C_3-C_4-intermediäre zu C_4-Arten ableiten. Für die Glycinspaltung und damit gekoppelte CO_2-Freisetzung ist das P-Enzym verantwortlich. Die Unterdrückung seiner Aktivität in transgenen Pflanzen verringert bei gleichzeitiger starker Glycinanreicherung die photorespiratorische CO_2-Abgabe. Mit dem Wechsel von Hermann Bauwe an die Rothamsted Experimental Station in England endeten 1995 diese erfolgreich betriebenen Forschungen im IPK.

3.4.2.8 Molekulare Physiologie der Assimilatbildung und -verteilung

Im Ergebnis von Carboxylierungs- und anschließender Reduktionsphase des Calvin-Zyklus entsteht bei der CO_2-Assimilation in den Plastiden von Blattzellen Phosphoglycerinaldehyd (PGA). Von dieser aktivierten Triose gehen in Plastiden die Stärkebiosynthese und, nach PGA-Transfer dorthin, im Cytosol die Bildung von Saccharose (Sucrose) für den Assimilatferntransport aus, welcher die assimilatbildenden (*source*) mit anderen, assimilatverbrauchenden (*sink*) Organen verbindet. Ein Netzwerk von Regulationsprozessen, die an „Knotenpunkten“ des Stoffwechsels ansetzen, sichert dessen Reaktion auf wechselnde Anforderungen an Assimilatbildung und -verteilung im Verlaufe von Wachstum und Entwicklung und als Folge von Umwelteinwirkungen. Genklonierung, Studium von Struktur und Funktion der Gene sowie Gentransfer lieferten die Instrumente, mit denen in der molekularen Pflanzenphysiologie die Aufklärung derartiger Prozesse möglich wurde. Wichtige Beiträge dazu leistete im IPK vor allem die AG „Molekulare Pflanzenphysiologie“ (Abschn. 2.4.3.3) unter der Leitung Uwe Sonnewalds (Abb. 3.31) von 1992–2004. Dabei wurde durch Verminderung oder Verstärkung der Wirkung von wichtigen Enzymen der beteiligten Zellkompartimente, Gewebe oder Organe in die Assimilatbildung bzw. -verteilung und die *sink-source*-Wechselbeziehungen eingegriffen. Bevorzugte Versuchspflanzen waren Kartoffel, Tabak und Tomate, da für diese Solanaceen Gentransferverfahren verfügbar waren und die Kartoffel nicht nur zwischen Blättern und Knollen übersichtliche *sink-source*-Beziehungen bot, sondern auch von großem ökonomischem Interesse ist.

CO_2-Assimilation und Assimilatverteilung in Zellen des Blatts als *source*-Organe Durch *antisense*-Hemmung der plastidären NADP-Ferredoxin-Oxidoreduktase bzw. Aldolase und Fructose-1,6-bisphosphatase (FBPase) wurde in die Reduktions- und Regenerationsphase des Calvin-Zyklus eingegriffen. Das erstgenannte Enzym erwies sich als mitbestimmend für die Effizienz der Photosynthese von transgenen Tabakblättern.[421] Eine moderate Hemmung der Aldolase ebenso wie eine Verringerung der FBPase-Aktivität setzen Photosynthese und Wachstum herab. Maßgeblich für die Bildung der transitorischen Stärke ist die plastidäre ADP-Glucose-Pyrophosphorylase. Wird ihre Aktivität in Kartoffelpflanzen gehemmt, so drosselt dies die Stärkebildung in Plastiden und verstärkt den Trioseexport ins Cytosol von Blattzellen, ohne die Stärkebildung in den Knollen zu beeinflussen.

Angriffspunkte im Cytosol von Blattzellen waren drei Schritte der Saccharosebildung: die gegenseitige Umwandlung von Fructose-1,6-bisphosphat (FBP) und Fructose-6-phosphat (F6P), die F6P benötigende Saccharosephosphat-Synthase-(SPS) und die Saccharosephosphatase-Reaktion. SPS erwies sich als ein Schlüsselenzym der Saccharosebildung, deren Hemmung, vor allem in ausgewachsenen Blättern, zu erhöhter Bildung transitorischer Stärke in Plastiden führt. Pyrophosphat:F6P-1-Phosphotransferase (PFP) und Pyrophosphatkonzentration sind bestimmende Faktoren für das FBP/F6P-Mengenverhältnis. Durch Expression einer bakteriellen Pyrophosphatase ließ sich in Kartoffelblättern die Pyrophosphatkonzentration verringern, was das Verhältnis zwischen löslichen und unlöslichen Kohlenhydraten durch erhöhten Saccharose- und verringerten Stärkegehalt vergrößerte und die Morphologie der Pflanzen veränderte.

Ferntransport von Saccharose im Phloem Bei der Expression von Hefe-Invertase in Kartoffelpflanzen wird der Saccharosetransport dann stark vermindert, wenn die Invertase im Apoplasten lokalisiert ist, durch den der Saccharosetransport beim Transfer in die Siebröhren und bei der Entladung aus ihnen geht. Aufgrund der verringerten Sacccharoseentladung reichern sich in den Blättern lösliche Zucker und Stärke an, was den Knollenertrag reduziert.

Kohlenhydratstoffwechsel in Kartoffelknollen als *sink*-Organ Invertase katalysiert den Saccharoseabbau insbesondere in jungen wachsenden Knollen (erste *sink*-Phase). Erhöhte Invertaseaktivität im Cytosol vermindert die Stärkeakkumulation, steigert aber Längenwachstum und Zahl der Knollen, wobei der Knollenertrag aber insgesamt verringert ist. Gesteigerte Invertaseaktivität im Apoplasten bewirkt dagegen bei verringerter Knollenzahl und stark vergrößertem Einzelknollengewicht erhöhten Knollenertrag. Die *sink*-Stärke lässt sich in dieser Phase also

[421] Hajiresaei M, Peisker M, Tschiersch H et al (2002) Small changes in the activity of chloroplastic $NADP^+$-dependent ferredoxin oxidoreductase lead to impaired plant growth and restrict photosynthetic activity of transgenic tobacco plants. Plant J 29: 281–293.

über die zelluläre Invertaselokalisation in unterschiedlicher Weise manipulieren. In der Speicherphase (zweite *sink*-Phase) katalysiert vor allem Saccharose-Synthase die Saccharosespaltung. Hemmung der Expression des Saccharose-Synthasegens verringert ohne nennenswerte Änderung des Saccharosegehaltes der Knolle die Stärkebildung stark, wobei Knollentrockenmasse und -eiweißgehalt reduziert sind. Saccharose-Synthase spielt also eine wesentliche Rolle bei der Bestimmung der *sink*-Stärke der Knollen in der Speicherphase. ADP-Glucose-Pyrophosphorylase aktiviert Glucose-1-phosphat für die Stärkebildung. *Antisense*-Hemmung des Enzyms kann die Bildung von Speicherstärke völlig unterbinden, wodurch Knollenzahl und -frischmasse/Pflanze erhöht sind, aber ihre Trockenmasse zugleich reduziert ist.

Bei der Lokalisation von Hefe-Invertase außerhalb des Cytosols von transgenen Tabakzellen wurde am Zusammenhang zwischen Zuckerakkumulation und der Herabregulierung der Expression von Photosynthesegenen erkannt, dass Zucker nicht nur als Metabolite, sondern auch als Regulatoren der Genexpression eine wichtige Rolle spielen.[422]

Parallel zur den Arbeiten der AG „Molekulare Pflanzenphysiologie" bei der Erforschung des Kohlenhydratstoffwechsels in der Kartoffelknolle, die ein vegetatives *sink*-Organ ist, begann die AG „Genwirkung" unter Ulrich Wobus 1992/1993 mit ähnlichen Strategien, die Prozesse bei der Bildung von Speicherstoffen und der Regulation der Genexpression in generativen *sink*-Organen, den Samen von Leguminosen und Getreide, zu erforschen (Abschn. 3.3.7.4 und 3.4.3.10c).

Aus den Ergebnissen der Grundlagenforschung[423, 424] ergaben sich Ansatzpunkte für Eingriffe in den Kohlenhydratstoffwechsel und die *sink-source*-Wechselbeziehungen mit ökonomischen Zielstellungen bei der Kartoffel. Neben der Beeinflussung der Knollenzahl pro Pflanze, Knollenform und -größe, welche für den gesamten Knollenertrag maßgeblich sind, wurde Folgendes angestrebt: gezielte Änderungen der natürlichen stofflichen Zusammensetzung, der Lagerfähigkeit bzw. des Keimverhaltens sowie des Mechanismus, der nach Kälteeinwirkung verurrsacht, dass die Knollen süß werden. Durch Expression eines Invertaseinhibitors konnte das kälteabhängige Süßwerden der Kartoffeln eingeschränkt oder verhindert werden. Über knollenspezifische Expression einer bakteriellen Pyrophosphatase zum rechten Entwicklungszeitpunkt lässt sich die Dauer der Keimruhe über verminderte PPi-Konzentration beeinflussen und die wirtschaftlich erwünschte lang dauernde Lagerfähigkeit frischer Kartoffelknollen erreichen.[425] Schließlich ist ein Weg gezeigt worden, die als Saccharoseersatz genutzte kalorienarme und keine Zahnkaries

[422] Sonnewald U (2001a) Sugar sensing and regulation of photosynthetic carbon metabolism. In: Aro E-M, Anderson B (Hrsg) Regulation of Photosynthesis, Kluwer Academic Publ, Dordrecht, S 109–120.

[423] Frommer WB, Sonnewald U (1995) Molecular analysis of carbon partinioning in solanaceous species. J Exp Bot 46: 586–607.

[424] Lytovchenko A, Sonnewald U, Fernie AR (2007) The complex network of non-cellulosic carbohydrate metabolism. Curr Opin Plant Biol 10: 227–235.

[425] Sonnewald U (2001b) Control of potato tuber sprouting. Trends Plant Sci 6: 333–235.

hervorrufende Palatinose, ein Strukturisomer der Saccharose, durch Transfer eines Saccharose-Isomerasegens aus Bakterien in Kartoffelknollen zu erzeugen.[426]

Die Rolle von Ferredoxin (Fd) als Drehscheibe im Elektronentransfer verschiedener Stoffwechselwege zeigt sich auch darin, dass Schädigungen höherer Pflanzen durch Eisenmangel bzw. verschiedene Formen von abiotischem Stress stets mit vermindertem Fd-Gehalt einhergehen, wogegen eine Überexpression von Fd-Genen wirkungslos bleibt. Wird dagegen ein cyanobakterielles Gen für das in Pflanzen nicht vorkommende Flavodoxin plastidenspezifisch in Tabak exprimiert, dann lassen sich derartige Schäden aufheben. Damit haben die betreffenden Gentransferexperimente in Gatersleben in einer Kooperation mit dem Instituto de Biologia Molecular y Celular der Universidad Nacional de Rosario in Argentinien den Weg zu einer neuartigen Prinziplösung für das *genetic engineering* gegen verschiedene Formen von abiotischen Stress und Fe-Mangelerscheinungen zugleich eröffnet.[427] Ansatzpunkte für eventuelle neue Wege in der Phytopathologie bot die bei Zuckeranreicherung erzeugte systemisch erworbene Pathogenabwehr in den transgenen Pflanzen (vgl. Abschn. 3.4.5), z. B. gegen Kartoffelviren, bei gleichzeitiger Bildung von PR-Proteinen (*pathogen related proteins*). Die Analyse der Auswirkung einer erhöhten CO_2-Konzentration in der Luft auf die Expression von Photosynthesegenen ergab, dass deren Veränderungen vor allem Ergebnis früher einsetzender Blattseneszenz sind. Tabakpflanzen wurden genutzt, um eine für industrielle Zwecke interessante und aus Pflanzenmasse leicht isolierbare thermostabile bakterielle Xylanase zu erzeugen.[428] Während in Gewächshausversuchen keine schädlichen Nebeneffekte des in den Zellwänden angereicherten Enzyms auftraten, ergaben sich unter Feldbedingungen allerdings Beeinträchtigungen des Wachstums.

Mit transgenen Xylanase-Pflanzen aus der AG „Molekulare Pflanzenphysiologie“ führte das IPK 1996/1997 seine ersten Freisetzungsversuche durch (Abschn. 2.4.8.4). Die Aussichten auf eine in absehbarer Zeit eventuell erreichbare wirtschaftliche Nutzung gentechnisch veränderter Pflanzen veranlassten die BASF, Ludwigshafen, auf Initiative von Uwe Sonnewald 2000 auf dem Institutscampus in Gatersleben für ihre neu gegründete Firma „SunGene“ ein Forschungsgebäude mit Arbeitsplätzen für 50–60 Mitarbeiter zu errichten (Abschn. 5.1).

3.4.2.9 Gaswechsel und Ertragsbildung

Die Photosynthese liefert die energetische und stoffliche Grundlage für die Produktion der pflanzlichen Biomasse und lässt sich an der lichtabhängigen Netto-CO_2-Aufnahme messen, welche sich als Differenz aus der photosynthetischen

[426] Börnke F, Hadjirezaei M, Sonnewald U (2002) Potato tubers as bioreactors for palatinose production. J Biotechnol 96: 119–124.

[427] Zurbriggen MD, Carillio N, Hadjirezaei M (2009) Use of cyanobacterial proteins to engineer new crops. In: Kirakosyan A, Kaufmann PB (Hrsg) Recent Advances in Plant Biotechnology. Springer, Dordrecht Heidelberg London New York, S 65–88.

[428] Herbers K, Sonnewald U (1996) Xylanases. In: Owen. MRL, Pen J (Hrsg) Transgenic Plants. A Production System for Industrial and Pharmaceutical Proteins. John Wiley & Sons, Chichester, S 191–200.

CO_2-Fixierung und der CO_2-Freisetzung durch Licht- und Dunkelatmung ergibt. Zugleich sind mit dem Gaswechsel bei Photosynthese und Atmung O_2-Abgabe bzw. -Aufnahme verbunden. Der Ertrag ist eine von ökonomischen Zielen bestimmte Größe und erfasst jenen Biomasseanteil, den der Mensch bei den Kulturpflanzen, z. B. in Form von Körnern der Getreide, nutzt. Die FG „Ertragsbildung" (Abschn. 2.2.1.4) wurde 1969 mit dem Ziel gegründet, die physiologischen Grundlagen der Ertragsbildung bei Getreide zu erforschen und gegebenenfalls aus den Ergebnissen neue Ansätze zur Förderung der Getreidezüchtung abzuleiten. Mit den Arbeiten verband sich die vielseitige Nutzung von Mustern aus dem Kulturpflanzenweltsortiment (heutige Genbank) und eine enge Zusammenarbeit mit den Gersten- und Weizenzüchtern in der DDR. In den 20 Jahren von 1971 bis 1991 unter der Leitung von Peter Apel konzentrierten sich die Forschungen auf a) die Zusammenhänge zwischen Photosynthese und Bildung des Kornertrages bei Gerste und Weizen (Abb. 3.32), b) auf den Vergleich der Photosynthese bei C_3- und C_4-Pflanzen sowie auf die Evolution des C_4-Weges ausgehend vom C_3-Weg der CO_2-Assimilation (vgl. Abschn. 3.4.2.7) und c) die vor allem von Martin Peisker betriebene Darstellung und Analyse von Photosyntheseprozessen in mathematischen Modellen, die noch bis Anfang 1996 in der AG „Photosynthesebiophysik" des IPK (Abschn. 2.4.3.3) weiterentwickelt wurden. Auf diese drei Punkte soll nachfolgend näher eingegangen werden:

- Immer wieder zeigte sich, dass zwischen Photosyntheseleistung im Jungpflanzenstadium und späterem Kornertrag eine positive Korrelation besteht. Das erste nach der Keimung zunächst heterotroph ernährte Blatt wächst sich mit dem Ergrünen zu einem Assimilatexporteur aus, von dem die Entwicklung des zweiten Blattes abhängt. Das Blattlängenverhältnis (BLV) zwischen zweitem. und erstem Blatt erwies sich am 10. Tag nach Aussaat bei Anzucht unter kontrollierten Bedingungen in Klimakammern als Merkmal, das bei Sommergerstesorten statistisch gesichert mit dem späteren Kornertrag korreliert ist. Frühe genetisch bedingte Leistungsunterschiede pflanzen sich über die Entwicklung aller Organe der Pflanze auf die Ausbildung des Ertrags fort. Allerdings lassen sich die Ergebnisse derartiger Klimakammeruntersuchungen nicht einfach auf die Ertragsbildung unter Freilandbedingungen übertragen. Jene Assimilate, die später für die Kornfüllung erforderlich sind, werden vorwiegend während der Zeit des Ährenschiebens gebildet, ohne dass sie das Korn zu diesem Zeitpunkt bereits alle benötigt. Sie werden zum großen Teil in Form von Saccharose im Getreidehalm zwischengespeichert, um später das wachsende Korn damit zu „füttern". Dabei leert sich der Assimilatzwischenspeicher im Halm gewöhnlich erst allmählich, nachdem das Korn seine maximale Wachstumsrate überschritten hat, die aus einer entsprechenden mathematischen Funktion abgeleitet wurde. Photosynthetische Assimilatbildung im Blatt (*source*-Organ) und Assimilatspeicherung im Korn (*sink*-Organ) sind durch die Assimilatzwischenspeicherung im Halm entkoppelt und gegeneinander gepuffert. Damit werden nicht nur Ungleichheiten im entwicklungsabhängigen Verlauf von Assimilatbildung und -bedarf ausgeglichen. Die Kontinuität der Kornfüllung ist auch dann gewährleistet, wenn bei Wetterschwankungen oder Pathogenbefall Diskontinuitäten in der Assimilatbildung auftreten. Der Streit darüber, ob die Kornfüllung von der *source*-

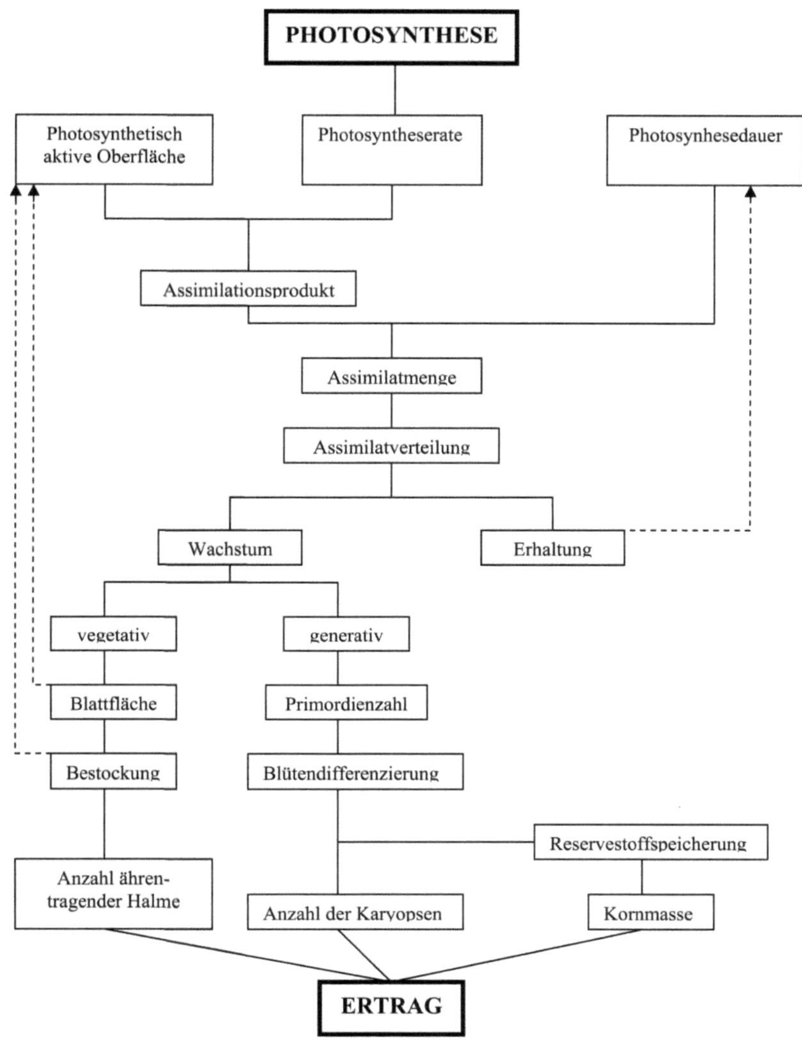

Abb. 3.32 Zusammenhänge zwischen Photosynthese und Ertragsbildung bei Getreidepflanzen. *Gestrichelte Pfeile*: Rückwirkungen von morphologischen und physiologischen Faktoren, die vom Ergebnis der Photosynthese abhängen, auf die photosynthetische Leistungsfähigkeit der Pflanze. (Nach Abb. 1 aus Frank R (1987) Kulturpflanze 35: 101)

oder *sink*-Kapazität limitiert wird, konnte durch diese Ergebnisse beendet werden. Derartige Limitationen treten als Grenzfälle des in der FG „Ertragsbildung" entwickelten generellen Modells der *sink-source*-Beziehungen in Weizen oder Gerste selten auf. Assimilatquellen für die Kornfüllung sind vor allem Fahnenblatt, letztes Halminternodium und die Ähre selbst, welche bei Gerste zwischen 30 und 60 % der gesamten erforderlichen Photosyntheseleistung der Pflanze beitragen kann. In vielen Versuchen ist durch Variation der CO_2-Konzentration, der Belichtung, der Temperatur oder anderer Faktoren der Einfluss der Größe der Netto-CO_2-Assimilationsrate während verschiedener Entwicklungsstadien, vor allem bei Blättern, auf die Ertragsbildung untersucht worden. Von besonderer Bedeutung ist dieser Faktor während der Jungpflanzenentwicklung. Verstärkte Belichtung und erhöhte CO_2-Konzentration steigern den Einzelährenertrag von Getreide vor allem über eine erhöhte Anzahl fertiler Blüten. Während der Kornfüllungsphase lässt sich der Kornertrag auf diese Weise kaum noch beeinflussen, wenngleich sich die Kornzusammensetzung durch erhöhten Kohlenhydratgehalt verändert.[429] Obwohl manche gesicherten Korrelationen zwischen Merkmalen des Photosynthesegaswechsels bzw. gut erfassbaren anatomischen Indikatoren dafür und dem Ertrag bei Getreide entdeckt worden sind, werden diese aus verschiedenen, von Peter Apel[430] zusammengefassten Gründen bisher weder hier noch anderswo in der praktischen Pflanzenzüchtung angewendet.

- Getreide der gemäßigten Klimazonen, wie Weizen oder Gerste, assimilieren CO_2 über den C_3-Weg der Photosynthese, wobei bis zu 25 % des primär assimilierten CO_2 durch die Lichtatmung wieder verloren gehen (vgl. Abschn. 3.4.2.7). Dieser Anteil sinkt oder steigt, wenn die O_2-Konzentration der Luft gegenüber dem Normalwert verringert bzw. erhöht wird. Die CO_2-Kompensationskonzentration Γ, bei der CO_2-liefernde und CO_2-verbrauchende Prozesse miteinander im Gleichgewicht stehen, ist bei Lichtsättigung der Photosynthese linear von der O_2-Konzentration der Luft abhängig. Dagegen haben Pflanzen mit dem C_4-Weg der Photosynthese nahezu keinen CO_2-Verlust durch Lichtatmung. Durch die Dunkelatmung wird bei beiden Photosynthesetypen auch am Tage CO_2 abgegeben. Aus mathematischen Modellen über die Beziehung der photosynthetischen CO_2-Fixierung zur Licht- und Dunkelatmung konnte allerdings abgleitet werden, dass die Dunkelatmung zumindest bei Fahnenblättern von Weizen (C_3-Pflanze) im Licht bis zu 70 % gehemmt wird. Die Diskriminierung der Kohlenstoffisotope ^{13}C und ^{12}C, ausgedrückt durch den $\delta^{13}C$-Wert, ist bei C_4-Pflanzen kleiner als bei C_3-Pflanzen. Arten mit intermediärem C_3-C_4-Photosyntheseweg, die in verschiedenen Pflanzengattungen vorkommen, werden als Zwischenstufen der Evolution vom erdgeschichtlich älteren C_3- zum jüngeren C_4-Weg angesehen. Bei ihnen zeigt die Kurve, welche die Abhängigkeit von Γ von der O_2-Konzentration darstellt, zwei Abschnitte mit unterschiedlichem Anstieg (biphasischer Verlauf), wofür von Martin Peisker auf der Basis entsprechender mathematischer Modelle Erklärungen gefunden wurden.[431] Die Bestimmung von Γ und $\delta^{13}C$-Wert gestattet die Zuordnung von Pflanzen zu einem der Photosynthesetypen. Mithilfe derartiger Messungen wurden in der FG „Ertragsbildung" vor allem neue

[429] Apel P (1983) Ertragsphysiologische Aspekte der Getreidezüchtung. Dissertation B. AdW der DDR, Berlin.

[430] Apel P (1994a) Chancen einer züchterischen Selektion auf Photosynthese und Biomasseleistung. Vortr Pflanzenzüchtg 29: 49–62.

[431] Peisker M (1984) Beiträge zur Modellierung photosynthetischer Prozesse bei höheren Pflanzen. Dissertation B, AdW der DDR, Berlin.

intermediäre Arten der Gattungen *Moricandia* (Cruciferae) und *Flaveria* (Asteraceae) gefunden. Ergebnisse biochemischer und molekularbiologischer Untersuchungen von C_3-, C_3-C_4-intermediären und C_4-Arten dieser Gattungen sowie zur Evolution des C_4-Syndroms wurden bereits in Abschn. 3.4.2.7 beschrieben. In der Gattung *Flaveria* kommen neben C_3- und C_4-Arten eine ganze Reihe von C_3-C_4-intermediären Arten vor, die in der Ausprägung des C_4-Syndroms unterschiedliche Evolutionsschritte widerspiegeln. Dem Erwerb der Kranzanatomie und der Ausbildung der Gas-Diffusionsbarriere an der Leitbündelscheide gegenüber den Mesophyllzellen kommt dabei besondere Bedeutung zu. Aus mathematischen Modellen mit $\mathbf{\Gamma}$- und δ^{13} C-Werten als Ausgangsgrößen leitete Martin Peisker eine Hypothese über die Schritte bei der Herausbildung des polyphyletisch entstandenen und multigen bedingten C_4-Syndroms ab. In der Gattung *Moricandia* ist keine C_4-Art gefunden worden, und detaillierte Analysen über die Ausprägung des Syndroms bei den C_3-C_4-intermediären Arten dieser Gattung legen den Gedanken nahe, dass die Evolution in dieser Gattung bei der Photosynthese einen von *Flaveria* abweichenden Weg zur Minderung der durch Lichtatmung bedingten CO_2-Verluste widerspiegelt. Unter den Nachkommenschaften eines Mutationsversuches mit der C_3-Art *Moricandia arvensis* zur Simulation dieses Evolutionsweges sind Formen mit $\mathbf{\Gamma}$-Werten selektiert worden, die gegenüber der Ausgangsart so verringert sind, dass aus verringerter Lichtatmung auf das Vorkommen eines CO_2-Konzentrierungsmechanismus geschlossen werden kann.[432]

- Durch die FG „Ertragsbildung“ wurden erstmals im Institut die systemanalytischen Möglichkeiten mathematischer Modelle in ein Forschungsgebiet integriert. Dazu wurden u. a. Modelle für den Zusammenhang zwischen Photosynthese und Ertrag bei Getreide, Modellvorstellungen für den CO_2-Austausch zwischen Außenluft und Carboxylierungsort im Blatt, für die O_2-Abhängigkeit des CO_2-Kompensationspunktes bei Pflanzenarten mit verschiedenen Photosynthesewegen, für die Isotopendiskriminierung bei der Photosynthese und für die Ableitung von Schritten in der Evolution des C_4-Syndroms entwickelt und eingesetzt.[433]

3.4.3 Stickstoff und Eiweiß

Nachdem Kurt Mothes (Abb. 3.33) 1949 zum Leiter der Abteilung „Chemische Physiologie“ (Abschn. 2.1.3.1) des Instituts für Kulturpflanzenforschung berufen worden war, initiierte und leitete er dort breit angelegte chemisch-physiologische Forschungen auf dem Gebiet des Stickstoffmetabolismus der Pflanzen. Sie knüpften an Arbeiten an, die von ihm und Mitarbeitern vor dem Zweiten Weltkrieg und bis in die Kriegszeit hinein an den Universitäten Leipzig, Halle und Königsberg durchgeführt worden waren. Im Zentrum standen einerseits die allgemeine Physiologie

[432] Apel P (1994a), s. Fußnote Kap. 3/430.

[433] Peisker M (1984), s. Fußnote Kap. 3/431.

Abb. 3.33 Prof. Dr. Kurt Mothes, Leiter der Abteilung „Chemische Physiologie" von 1949–1957, in seinem Arbeitszimmer in Trakt A des Chemie-Gebäudes in den 1950er-Jahren

der Ammoniumassimilation, der Bildung und des Transportes von N-Verbindungen in den Organen verschiedener Pflanzen und andererseits speziell der Metabolismus der Alkaloide als pharmazeutisch wichtige niedermolekulare N-Verbindungen. In den knapp neun Jahren bis zum Wechsel von Kurt Mothes nach Halle trugen die Ergebnisse dieser Forschungen der Abteilung eine internationale Spitzenposition auf ihrem engeren Arbeitsgebiet und darüber hinaus generell in der Pflanzenbiochemie ein. Dies drückte sich einerseits darin aus, dass Kurt Mothes mit der Redaktion des Bandes 8 „Der Stickstoffumsatz"[434] im damals erschienenen Handbuch der Pflanzenphysiologie betraut wurde. Andererseits begann die Deutsche Akademie der Wissenschaften zu Berlin ab 1958 unter Leitung von Kurt Mothes mit dem Aufbau einer Arbeitsstelle für Biochemie der Pflanzen in Halle, welche wenig später in den Rang eines Akademieinstitutes erhoben wurde. Schließlich bewirkte er langfristig, dass die Martin-Luther-Universität Halle-Wittenberg 1963 den ersten Lehrstuhl für Biochemie der Pflanzen in Deutschland gründete.

Die Erfolge der Abteilung beruhten nicht zuletzt auf der virtuosen Anwendung einer Kombination vielseitiger Untersuchungsmethoden und Versuchsanstellungen.

[434] Mothes K (1958a) Der Stickstoffumsatz. In: Ruhland W (Hrsg) Handbuch der Pflanzenphysiologie, Bd VIII, Springer, Berlin Göttingen Heidelberg.

Abgesehen von bewährter herkömmlicher chemischer Analytik gehörte dazu die Anwendung von Papierchromatographie und -elektrophorese sowie neuer, auf Ionenaustausch beruhender säulenchromatographischer Techniken bei der Analyse von löslichen Stickstoffverbindungen. Auch die Anfänge der Nutzung radioaktiv markierter Verbindungen fallen in die Mitte der 1950er-Jahre, wobei das nicht vorhandene, aber bereits geplante Isotopenlaboratorium einer stärkeren Verwendung dieser äußerst hilfreichen Methoden Grenzen setzte. Als besonders effizient erwiesen sich zwei physiologische Versuchsanstellungen: a) Die reziproken Pfropfungen von Unterlagen und Reisern von kompatiblen Pflanzen mit qualitativen bzw. quantitativen Unterschieden in der Zusammensetzung ihres Spektrums an transportierbaren N-Verbindungen; und b) die Kultivierung isolierter Sprosse, Blätter bzw. Wurzeln in Nährlösungen wechselnder Zusammensetzung, einschließlich der Bewurzelung oberirdischer Organe in solchen Kulturen, wobei diese, falls erforderlich, auch über Blattoberflächen ernährt wurden. Schließlich nutzte man in Kooperation mit der Abteilung „Physikalische Physiologie" die Mutationsauslösung, um die qualitative und quantitative Zusammensetzung des Spektrums löslicher N-Verbindungen, insbesondere bei Alkaloiden, experimentell zu verändern; und man untersuchte Mutantensortimente von Arbeitsgruppen der Abteilung „Genetik" mit Methoden, die in der Abteilung verfügbar waren.

3.4.3.1 Ammoniakentgiftung und niedermolekulare N-Transport- und -Speicherverbindungen

Ammoniumionen (NH_4^+) werden von Pflanzen entweder aus dem Boden aufgenommen oder entstehen bei der Reduktion von aufgenommenem Nitrat bzw. infolge symbiontischer Luftstickstoffassimilation in den Pflanzen. Ammoniak bzw. Ammonium sind oberhalb geringer Konzentrationen toxisch für die Zellen. Generell wird NH_4^+ rasch durch Einbau in organische Stickstoffverbindungen „entgiftet".[435] Bei der Untersuchung derartiger „Entgiftungsvorgänge" zeigte sich, dass in vielen Fällen durch NH_4-Assimilation die Mengen der Säureamide Glutamin und Asparagin zuerst zunehmen. Sie müssen also zu den primären Produkten der Ammoniumassimilation gehören und demnach als Ergebnis erster Schritte der „Ammoniak-Entgiftung" angesehen werden. In Blutungssäften aus Sprossachsen von krautigen oder holzigen Pflanzen herrschen unter den N-Verbindungen meist ebenfalls die genannten Amide und ihre zugehörigen Aminosäuren vor. Es wurden aber auch Pflanzenfamilien gefunden, bei denen als Produkt der „Ammoniak-Entgiftung" zuerst andere N-reiche niedermolekulare Verbindungen auftreten: a) Citrullin bei den einheimischen Betulaceen, wie Erle, Hainbuche oder Hasel, oder b) Ureide, wie bei Aceraceen-Gattungen sowie tropischen Leguminosen, z. B. bei der Gartenbohne (*Phaseolus vulgaris*). Bei den betreffenden Pflanzenarten herrschen Ureide bzw. Citrullin auch in den Blutungssäften aus Sprossachsen vor. Exogen zugesetzte Aminosäuren verändern die Zusammensetzung der Blutungssäfte nicht, weil sie zu den arttypischen N-Transportverbindungen metabolisiert werden. Unter-

[435] Mothes K (1958b) Ammoniakentgiftung und Aminogruppenvorrat. In: Ruhland W (Hrsg) Handbuch der Pflanzenphysiologie, Bd. VIII, Springer, Berlin Göttingen Heidelberg, S 716–762.

suchungen an Bäumen bewiesen, dass sowohl Citrullin als auch die genannten Ureide im Stammparenchym während des Herbstes angereichert, über den Winter gespeichert und im Frühjahr mobilisiert werden. In Blutungssäften von Bäumen und dicht über den Wurzeln abgeschnittenen Sprossen fand man bei NH_4-Ernährung kaum anorganischen Stickstoff. Nach Aufnahme in die Wurzel musste bereits dort die NH_4-Assimilation in organische N-Verbindungen erfolgt sein, und die dazu als Akzeptoren erforderlichen C-Verbindungen müssen aus Assimilaten stammen, welche aus dem Spross in die Wurzeln transportiert werden. Damit rückte die Funktion der Wurzel als „chemische Werkstatt“[436] ins Blickfeld weiterer Forschungen der Abteilung.

3.4.3.2 Spross-Wurzel-Beziehungen im N-Metabolismus

Bereits früher war beim Tabak als Hauptort der Nicotinbildung die Wurzel erkannt worden. Das Alkaloid wird von dort in den Spross transportiert, wo es sich anreichert (Abschn. 3.4.3.3). Nachdem man entdeckt hatte, dass auch Tabakblätter geringe Mengen an Nicotin bilden können, ließ sich selbst durch N-Ernährung über die Blätter der Hauptort der Nicotinsynthese nicht von der Wurzel ins Blatt verschieben. Im Stoffwechsel gibt es demnach eine Arbeitsteilung zwischen oberirdischen Organen und Wurzeln. Durch komplementären Stoffaustausch ergänzen sich die Stoffwechselleistungen der unterschiedlichen Pflanzenorgane.[437, 438] Die Wasserkultur isolierter Sprosse oder Blätter ohne Wurzeln führte zur Blattalterung, die mit einem verringerten Eiweißgehalt und dem Chlorophyllabbau einhergeht. Als Produkte des Eiweißabbaus werden lösliche N-Verbindungen aus den Interkostalfeldern in die Blattrippen und das sie begleitende Parenchym verlagert, stauen sich dann aber im Stängel oder Blattstiel. Ursache dafür ist der fehlende Abtransport der löslichen N-Verbindungen in die Wurzel. Werden die Sprosse oder isolierten Blätter aber mit NH_4NO_3-haltiger Nährlösung versorgt, so lässt sich der Alterungsprozess aufhalten, selbst wenn die Nährlösung über die Blattoberfläche zugeführt wird, oder kehrt sich sogar um, wenn sich das isolierte Organ bewurzelt. Dann ergrünen vergilbende Blätter wieder infolge von Chlorophyllbiosynthese, und ihre Eiweiß- und Nukleinsäuregehalte nehmen wieder zu. Dies kommt einer Verjüngung der Blätter gleich, deren Masse zunimmt, ohne dass mit der Verjüngung wieder Zellteilungen einsetzen. Verwendete man in derartigen Versuchen panaschierte Pelargonien-Blätter, deren eine Hälfte grün, die andere aber weiß ist, dann starb die weiße Hälfte von unbewurzelten Blättern bald ab, weil offensichtlich kein Transport von Nährstoffen aus der grünen direkt in die weiße Blatthälfte möglich ist. Nach Bewurzelung bleibt auch die weiße Blatthälfte am Leben und ihr Eiweißgehalt steigt wieder an, selbst wenn die Nährlösung über die Oberfläche der grünen Blatthälfte zugeführt wird.

[436] Mothes K (1955) Die Wurzel der Pflanzen als chemische Werkstatt der besonderen Art. Abhdlg Dtsch Akad Wissensch Kl Chemie 6: 24–36.

[437] Mothes K (1955), s. Fußnote Kap. 3/436.

[438] Mothes K (1960) Über das Altern der Blätter und die Möglichkeit ihrer Wiederverjüngung. Naturwissenschaften 47: 337–351.

Die Wurzel erwies sich als Mittler im Stoffaustausch zwischen den beiden Blatthälften.

3.4.3.3 Alkaloidmetabolismus

Die Alkaloide sind die umfangreichste Gruppe N-haltiger sekundärer Pflanzenstoffe. Sie waren deshalb und als pharmazeutisch interessante Verbindungen für die Abteilung „Chemische Physiologie" unter der Leitung von Kurt Mothes grundsätzlich für Untersuchungen über den N-Metabolismus der Pflanzen von Interesse. Einerseits sollte die Einbindung der Alkaloide in die oben geschilderten Vorgänge des N-Metabolismus geklärt werden.[439] Andererseits richteten sich die Arbeiten aus praktischen Gründen darauf, die Alkaloidgehalte in den betreffenden Pflanzen zu erhöhen bzw. Veränderungen in der Zusammensetzung der Gruppe ihrer Alkaloide zugunsten pharmazeutisch besonders interessierender Verbindungen herbeizuführen. Die Arbeiten beschäftigten sich vor allem mit Alkaloiden aus Tabak (*Nicotiana*-Arten), Tollkirsche (*Atropa*-Arten), Stechapfel (*Datura*-Arten) und Bilsenkraut (*Hyoscyamus*-Arten), die zu den Solanaceen gehören, mit Lupinen- und Mohnalkaloiden sowie mit den von Pilzen der Gattung *Claviceps* gebildeten Alkaloiden des Mutterkorns. Geschah die N-Ernährung von Tabakpflanzen ausschließlich über die Blätter, so war der Nicotingehalt dort nicht etwa geringer, sondern teilweise sogar höher als bei N-Ernährung über die Wurzel. Obwohl die Alkaloidbildung in der Wurzel erfolgt (Abschn. 3.4.3.2), ist sie dort nicht zwangsläufig und unmittelbar an die Aufnahme und Assimilation anorganischer N-Verbindungen gekoppelt. Selbst Reiser der Tollkirsche (*Atropa bella-donna*), die auf Tomatenunterlagen gepfropft worden waren, in denen keine Tropan-Alkaloide gebildet werden, enthielten geringe Mengen dieser Alkaloide. Sie ließen sich aber durch N-Ernährung über die Blätter nicht erhöhen. Auch oberirdische Organe von Alkaloidpflanzen, bei denen die Wurzel der Hauptort der Alkaloidbildung ist, können geringe Mengen dieser Stoffe bilden, was gewöhnlich schon in jungen Entwicklungsstadien von Blättern geschieht. In *Datura*-Arten wird bei N-Ernährung über die Wurzeln dort Hyoscyamin synthetisiert und weiter in die Sprosse befördert. Bereits in den Leitbündeln und im leitbündelnahen Parenchym von *Datura ferox*-Blättern wird Hyoscyamin, selbst bei Zuführung des Alkaloids über die Blätter, in Scopolamin umgewandelt; dies geschieht in hyoscyaminfrei gezogenen Sprossen sogar in Intercostal-Feldern der Blätter, wohin Hyoscyamin bei Zufuhr aus der Wurzel mit dem Transportstrom offensichtlich gar nicht gelangt. Bei ausschließlicher N-Ernährung über die Blätter enthält dicht oberhalb des Wurzelhalses gewonnener Blutungssaft zunächst nur Scopolamin, das in den Blättern gebildet worden sein muss. Allmählich steigt der Hyoscyaminanteil im Blutungssaft aber infolge der Zunahme an Alkaloiden, die in der Wurzel gebildet werden. Die Ausgangsstoffe dafür gelangen aus dem Spross in die Wurzeln. In keinem Falle wurden völlig alkaloidfreie Organe bei Alkaloidpflanzen gefunden. Auch gelang es nie, alkaloidfreie Mutanten zu erzeugen. Diese Ergebnisse waren Anlass zu Erwägungen, dass Alkaloiden eine unentbehrliche

[439] Mothes K, Romeike A (1958). Die Alkaloide. In: Ruhland W (Hrsg) Handbuch der Pflanzenphysiologie Bd. VIII, Springer Verlag, Berlin Göttingen Heidelberg, S 989–1049.

physiologische Funktion zukommen könnte. Schließlich wurde bei den reziproken Pfropfungen mit Reisern und Unterlagen verschiedener Solanaceen erkannt, dass gelegentliche Entwicklungsstörungen und Schädigungen in den Reisern nicht die Folge der überhaupt vorhandenen Alkaloide sind, sondern aus der Anreicherung derartiger Stoffe über ein erträgliches Maß hinaus resultieren. Diese Erkenntnis gewann im Zusammenhang mit den Bemühungen um die Züchtung alkaloidreicher Arzneipflanzen besondere Bedeutung. Insgesamt ist für folgende Verbindungen bzw. Stoffgruppen Wurzelbürtigkeit nachgewiesen worden: Alkaloide von Solanaceen und Leguminosen, Ureide von Aceraceen und tropischen Leguminosen, Citrullin bei Betulaceen-Bäumen und N-freie Cumarine von Leguminosen.

Die Untersuchungen über Mohnalkaloide waren vor allem auf die Züchtung von Formen mit erhöhtem bzw. spezifischem Alkaloidgehalt gerichtet, darunter evtl. ein morphinfreier Mohn, wozu u. a. ein Alkaloid-Screening an verschiedenen Genotypen aus der Gattung *Papaver* durchgeführt wurde. Wenn zu dieser Zeit auch noch keine Selektion morphinfreien Mohns gelang, so fand man doch verschiedene Formen, von denen ausgehend eine Züchtung von Sorten mit pharmazeutisch interessanten Alkaloidgehalten bzw. -zusammensetzungen aussichtsreich schien. Die vergleichsweise geringe Zahl der Publikationen aus der Abteilung über Mutterkornalkaloide spiegelt u. a. die Tatsache wider, dass diese Forschungen eng auf eine Weitergabe der Ergebnisse an die pharmazeutische Industrie der damaligen DDR ausgerichtet waren. Man durchmusterte zunächst Stämme des Mutterkornpilzes, die von Roggen und Wildgräsern aus verschiedenen Gebieten mit sehr unterschiedlichen Klimabedingungen in Europa und vor allem in Deutschland isoliert worden waren. Dann verglich man ihren Gehalt an Mutterkornalkaloiden im Vergleich zum Wildtyp (0,02 % in der entfetteten Droge) und gewann auf diese Weise Stämme mit Alkaloidgehalten zwischen 0,33 und 0,64 %. Davon ausgehend nahm man die Züchtung alkaloidreicher Mutterkornsorten für die Nutzung in der pharmazeutischen Industrie in Angriff. Durch Beimpfung mit selektierten Einzelsporen gewann man schließlich reine Ergotamin-, Ergosin-, Ergokryptin- und Ergocrystin-Stämme.

3.4.3.4 Reserveeiweiße der Ackerbohne und ihre Struktur

Samenproteine waren bereits ab 1955 bei Untersuchungen mit Mutantensortimenten von Gerste und Sojabohnen in der Abteilung „Genetik und Cytologie" des Instituts von Interesse (Abschn. 3.3.1.2), wodurch auch Mutationseffekte auf Eiweißgehalt und -zusammensetzung der Samen registriert werden sollten. Dafür etablierte die Abteilung „Chemische Physiologie" unter Kurt Mothes Methoden für die quantitative und qualitative Analyse. Die anderswo gelungene Entdeckung von Mais- und Gerstemutanten (1964 bzw. 1967) mit wesentlich erhöhtem Lysingehalt im Samenprotein gab der beabsichtigten züchterischen Verbesserung des Samenproteins bei Getreide und Körnerleguminosen einen starken neuen Impuls. Die zahlreichen Muster in den entsprechenden Sammlungen des Kulturpflanzenweltsortimentes, heutige Genbank, sollten unter diesen Gesichtspunkten für die Züchtung erschlossen werden (Abschn. 2.2.1.4 und 3.4.3.10), was eine der Aufgaben für die Anfang 1970 unter Leitung von Klaus Müntz (Box 2.3) gegründete FG „Eiweißstoffwechsel“ wurde. Parallel dazu richtete sich der größere Teil ihrer Arbeiten auf die Aufklärung biochemischer, molekular- und zellbiologischer Grundlagen der Bildung, Speicherung und des Abbaus von Reserveeiweißen in reifenden und keimenden Samen (Abschn. 3.4.3.5–3.4.3.7). Dabei diente die Ackerbohne, *Vicia faba* var. *minor*, als hauptsächliches Untersuchungsobjekt. Sie ist die ertragreichste, seit 3.800 Jahren genutzte altweltliche Körnerleguminose. Ihre Samen enthalten etwa 30 % Rohprotein in der Trockenmasse, wovon rund 85 % zu den Speicherglobulinen gehören, der am weitesten in Pflanzensamen verbreiteten Reserveproteinklasse.

Abgesehen von kleinen Mengen in anderen Samenorganen wird die Hauptmenge der enzymatisch inaktiven Reserveglobuline in den Keimblättern gespeichert, wo gewebespezifische und entwicklungsabhängige Expression der Gene von Globulinen ihre Bildung steuert, die darüber hinaus durch Nährstoffversorgung und Umweltfaktoren moduliert wird (Abschn. 3.3.7.2 und 3.3.7.4). Massenhafte Globulinbildung setzt vor allem dann ein, wenn die Zellteilungen in Speichergeweben der Keimblätter beendet sind. Ohne zu dieser Zeit einem Umsatz (*turnover*) zu unterliegen, reichern sich die Globuline kontinuierlich an, bis Austrocknung und Übergang in den Ruhezustand die Eiweißbildung in den Samen beenden. Globuline werden in Speichervakuolen vom Cytoplasma getrennt deponiert. Reindarstellung und Strukturanalyse von Globulinen der Ackerbohne bildeten unter Leitung von Günter Scholz vor allem in der Dekade von 1970 bis 1980 einen Arbeitsschwerpunkt in der FG. Etwa zur gleichen Zeit sind anderswo ähnliche Untersuchungen vor allem an Erbsen (Australien, England), Sojabohnen (Japan, USA), Gartenbohnen (Italien, USA) und Lupinen (Australien, Italien) durchgeführt worden. Aus dem Vergleich aller Resultate ergab sich allmählich ein Bild über grundsätzliche Gemeinsamkeiten und artabhängige Besonderheiten in Aufbau und Bildung von Reserveglobulinen in Samen von Körnerleguminosen.

Der Komplex der Globuline lässt sich aus entfettetem Keimblattmehl extrahieren und durch Zonenpräzipitation, Gelfiltration, Ionenaustauscherchromatographie und Elektrophorese weiter fraktionieren und reinigen. Ein- und zweidimensionale elektrophoretische Verfahren und der Einsatz spezifischer Antikörper dienten der Reinheitsprüfung und Identifizierung spezieller Globulinpolypeptide. Mithilfe der Kombination von partieller Proteolyse, Peptidkartierung und Sequenzanalyse konnten Eigenarten in der Primärstruktur herausgefunden werden. In Kooperation mit dem damaligen Zentralinstitut für Molekularbiologie, Berlin-Buch, der AdW der DDR und nach der deutschen Wiedervereinigung auch mit dem DESY in Hamburg wurden Röntgenkleinwinkelstreuungs- und Circulardichroismusmessungen bzw. Röntgenkristallstrukturanalyse mit Einsatz von Synchrotronstrahlung zur physiko-chemischen Strukturanalyse eingesetzt. Klonierung und Sequenzierung kompletter globulinspezifischer cDNA und genomischer DNA erlaubten schließlich von 1985 an die Ableitung von vollständigen Aminosäuresequenzen zahlreicher Globulinpolypeptidketten der Ackerbohne sowie die Identifizierung und Sequenzierung der entsprechenden Gene (Kooperation mit der FG „Genwirkung“, Abschn. 3.3.7.2).

Wie Samen anderer Körnerleguminosen enthalten Ackerbohnen Globuline mit den Sedimentationskonstanten 7S und 11S, die Vicilin bzw. Legumin genannt wer-

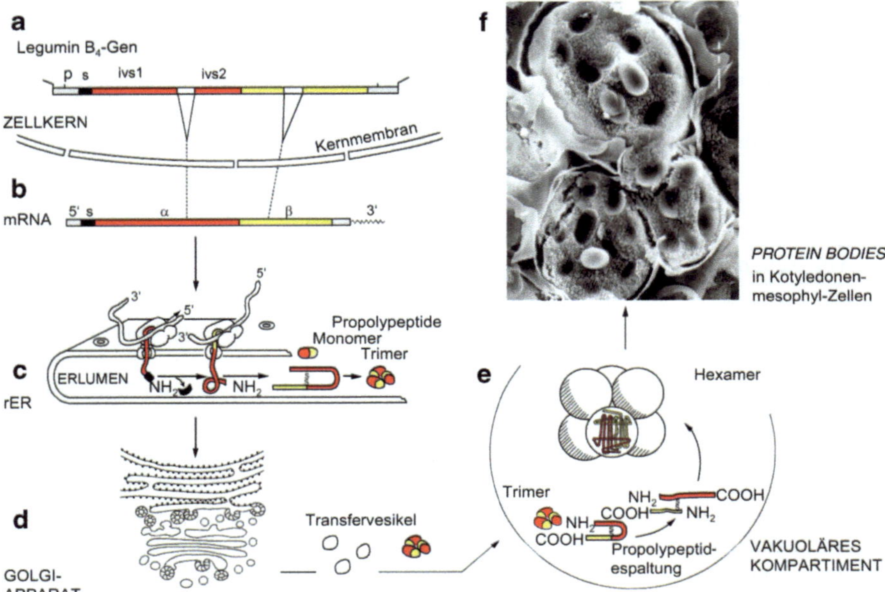

Abb. 3.34 Globulinbiosynthese und Deponie in Speicherzellen von reifenden Ackerbohnenkotyledonen. Im Zellkern wird ein Legumin B-Mosaikgen transkribiert. **a** und durch Herausschneiden der Introns (*ivs1* und *2*) die entsprechende mRNA gebildet, welche danach in das Cytoplasma gelangt. **b** Dort wird sie mit den Ribosomen zusammengefügt und an die ER-Membran gebunden, so dass das *rER* entsteht. **c** Die mRNA codiert Prolegumin mit drei wichtigen Polypeptidabschnitten: *s* – Signalsequenz, verantwortlich für den Transfer des sich bildenden Prolegumins ins ER-Lumen sowie die α- und β-Ketten (*rot* bzw. *gelb*) des späteren reifen Legumins. Noch im ER-Lumen bildet sich die Disulfidbrücke (*S–S*) zwischen den beiden Ketten und es werden Prolegumintrimere assoziiert. Diese werden durch den Golgi-Apparat **d** geschleust und dort in Transfervesikel verpackt, in denen sie zum vakuolären Kompartiment **e** gelangen. Darin wird Prolegumin in seine weiterhin über S–S verknüpften beiden Ketten gespalten, wobei sich aus dem Trimer Hexamere bilden, welche schließlich in den aus den Speichervakuolen hervorgehenden *protein bodies* **f** der reifen Samen enthalten sind. (Aus Müntz (1998) s. Fußnote Kap. 3/441, hier S 83, Fig. 3)

den.[440] Während der Hauptperiode der Reserveproteinakkumulation wird mehr Vicilin als Legumin gebildet, während später die Leguminbildung überwiegt, was zu dem ackerbohnentypischen großen Legumin-zu-Vicilin-Verhältnis in reifen Samen führt. Die Holoproteine von Vicilin bzw. Legumin bestehen aus drei bzw. sechs gleichartigen Untereinheiten (Abb. 3.34), welche Sequenzunterschiede aufweisen, also polymorph (vielgestaltig) sind. Infolge von Kombinationen aus verschiedenen dieser polymorphen Untereinheiten gibt es auch bei den Holoproteinen Polymorphismus. Jede der polymorphen Untereinheiten wird von einem entsprechenden Gen aus den Multigenfamilien für Globuline kodiert. Jede Vicilin-Untereinheit ent-

[440] Müntz K, Horstmann C, Schlesier B (1999) *Vicia* Globulins. In: Shewry PR, Casey R (Hrsg) Seed Proteins, Kluwer Academic Publ., Dordrecht, S 259–284.

spricht einer Polypeptidkette, unter denen solche mit Molekularmassen von 50 kDa gegenüber kleineren Mengen an 70 kDa-Untereinheiten (Convicilin) überwiegen. Legumin-Untereinheiten bestehen aus zwei über eine Disulfidbrücke verknüpften Polypeptidketten: α-Ketten, hauptsächlich mit 30–35 kDa oder in geringerem Anteil auch mit 50–60 kDa, und einheitliche β-Ketten mit 19–20 kDa. Im Vergleich von Legumin aus homozygoten Ackerbohnenlinien zeigte sich die genetische Variabilität im Vorkommen verschiedener Haupt- und Nebenuntereinheiten. Bei Körnerleguminosen kommen allgemein zwei Klassen von 11S-Globulinen vor, von denen eine stets methioninarm, die andere dagegen stärker methioninhaltig ist. Ackerbohnenlegumine zeichnen sich dadurch aus, dass Klasse A Methionin enthält, Klasse B dagegen völlig frei von Methionin ist (Christian Horstmann). Messungen der Röntgenkleinwinkelstreuung von Legumin in Lösung ergaben für das Holoprotein die Gestalt eines oblaten (abgeflachten) Rotationsellipsoids. Ergebnisse von Röntgenkristallstrukturanalysen in anderen Laboratorien zeigten prinzipielle Strukturgleichheit für die Untereinheiten beider Globulinklassen (Abb. 3.35). Die Implikationen für die Vorgänge bei der Biosynthese und Formung der Struktur der Holoproteine in den Zellen der Speichergewebe sowie für die Theorie der Evolution der Reserveglobuline werden weiter unten in den Abschn. 3.4.3.5 und 3.4.3.7 behandelt.

Neben den Globulinen sind das bereits früher bekannte Phytohämagglutinin und das USP (unbekanntes Samenprotein) aus Ackerbohnen sowie das Narbonin aus der Narbonbohne (*Vicia narbonensis*), die eng mit der Ackerbohne verwandt ist, untersucht worden. Das Phytohämagglutinin fördert Mitosen in Zellkulturen und war deshalb von Interesse. Narbonin und USP sind neu entdeckte Proteine. *Narbonin*, das aus einer Polypeptidkette mit 291 Aminosäureresten besteht und eine Molekularmasse von 33,1 kDa besitzt (Bernhard Schlesier), ist bisher nur in den Samen der Narbonbohne gefunden worden, obwohl Gene für homologe Proteine in anderen *Vicia*-Arten, in der Jack- und Sojabohne vorkommen. Mithilfe von Synchrotronstrahlung konnte 1995 die Röntgenkristallstruktur von Narbonin mit hoher Auflösung aufgeklärt werden. Vom USP wurde zuerst seine mRNA entdeckt, die zur Hauptzeit der Reserveglobulinbildung in Ackerbohnen selbst die Mengen an Globulin-mRNA übertrifft. Vom entsprechenden Protein sind allerdings nur sehr geringe Mengen in den Samen enthalten. Die große Diskrepanz zwischen mRNA- und Proteinmenge lässt sich am besten mit hoher Transkriptionsaktivität am Gen einerseits (Abschn. 3.3.7.2) und einem hohen *turnover* des Proteins andererseits erklären (Ronald Bassüner).

3.4.3.5 Bildung und Ablage von Globulinen in Speichergewebszellen von Ackerbohnensamen

Zur Untersuchung dieser Prozesse wurden Zellen der Keimblätter reifender Samen aufgeschlossen und in ihre Zellkompartimente fraktioniert, um *in vitro* ihre Beteiligung an der Bildung und Ablage von Eiweißreserven zu untersuchen. Ergänzend dazu sind mikroskopische und elektronenmikroskopische Techniken in Kombination mit globulinspezifischen Antikörpern für die Immunhisto- und -cytochemie genutzt worden, um Einzelschritte des Prozesses in den Geweben und Zellen zu entdecken.

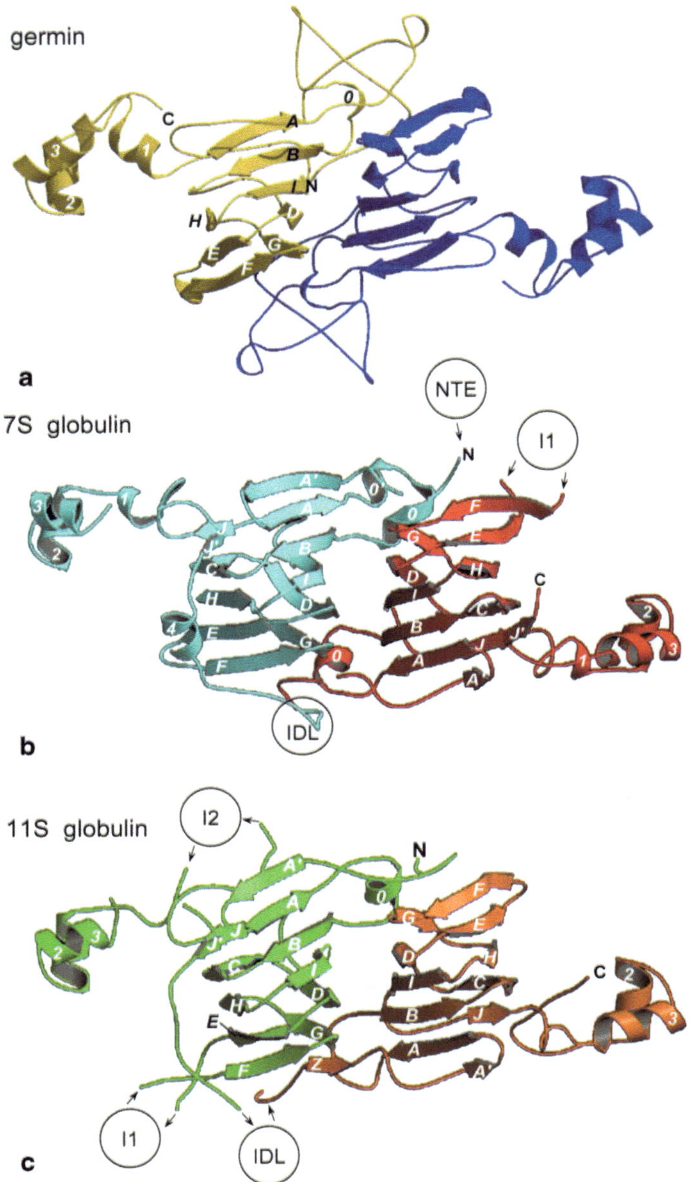

Abb. 3.35 Strukturverwandtschaft von Germin mit den Untereinheiten von 7S- und 12S- Reserveglobulinen. In allen drei Fällen ist die *β-barrel*-Struktur der beiden Molekülhälften (*A'–G*) mit den anhängenden α-Helices (*1–3*) erkennbar. Die Buchstaben N und C markieren das N- bzw. C-Ende der Polypeptidketten. NTE – Ort für die N-terminale Extension bei den großen convicilinähnlichen Untereinheiten der 7S-Globuline, *I1* und *I2* – während der Evolution „erworbene" variable Insertionen, IDL – Inter-Domänen-Linker bei Untereinheiten der 11S-Globuline. (Aus Shutov AD et al. (2003), s. Fußnote Kap. 3/444, hier S 1647, Abb. 1)

Kooperation mit dem damaligen Institut für Biochemie der Pflanzen, Halle, der Akademie der Wissenschaften der DDR trug erheblich zum Erfolg dieser Forschungen bei, die etwa ab 1985 in molekular-zellbiologische Untersuchungen mündeten. Dabei wurden in Globulingenen auch Codons für solche Aminosäurereste *in vitro* mutiert, für die man eine Schlüsselposition in den Struktur-Funktions-Beziehungen vermutete. Nach Transfer derart veränderter Gene in Tabakpflanzen ließen sich dann funktionelle Wirkungen in den Samen überprüfen, wenn die Genexpression von samenspezifischen Promotoren gesteuert wurde (Abschn. 3.3.7.2). Die Zunahme an rauem endoplasmatischem Reticulum (rER) in Speicherzellen der Keimblätter (Klaus Adler), die *in vitro*-Proteinbiosynthese von Globulinpolypeptiden an isolierten membrangebundenen(mb)-Polysomen (rER) (Manfred Püchel, Peter Schmidt, Ernst Weber) und die Bindung von globulinspezifischen Antikörpern in elektronenmikroskopischen Schnitten an das rER bewiesen, dass dort die Speicherproteinbiosynthese in den Zellen erfolgt (Abb. 3.34). Bei den immuncytochemischen Ortungsversuchen wurde außerdem erkannt (Renate Manteuffel), dass a) der Golgi-Apparat am innerzellulären Transfer der Vicilin- und Legumin-Polypeptidketten zu den Proteinspeichervakuolen (PSV) beteilig ist, und b) Vicilin und Legumin in denselben PSV deponiert werden. Bereits im isolierten rER liegen sowohl Vicilin- als auch Legumin-Untereinheiten zu Trimeren assoziiert vor. Demnach geschehen Faltung und Assemblierung der Globulin-Polypeptide bereits gleich nach Abschluss ihrer Biosynthese im rER. Die Globuline müssen infolgedessen als Trimere vom rER durch verschiedene andere Zellkompartimente in die PSV transportiert werden. Dort wird Vicilin in trimerer Form deponiert, Legumin dagegen als Hexamer. Die Umwandlung von trimerem transportierbarem Prolegumin in die hexamere deponierbare Form von reifem Legumin geschieht erst in der PSV durch Spaltung von Prolegumin in α- und β-Leguminketten (Rudolf Jung). In den Leguminuntereinheiten waren stets solche α- und β-Ketten über Disulfidbrücken verbunden, die im selben Gen codiert sind. Die Brückenbildung erfolgt also im rER vor der Spaltung von Prolegumin in die beiden Ketten (Christian Horstmann). Schließlich fand die AG „Proteintransport" (Abschn. 2.4.3.3) unter Gerhard Saalbach im IPK einen Sequenzabschnitt am C-terminalen Ende der Polypeptidkette eines 2S-Speicherproteins der Brasilnuss (*Bertholletia excelsa*), der für seine Zielführung (*targeting*) beim innerzellulären Transport in die PSV verantwortlich ist. Beim Legumin der Ackerbohne konnte dagegen keine derartige *targeting*-Sequenz eingegrenzt werden. Die Ergebnisse aller entsprechenden Untersuchungen deuten bisher darauf hin, dass nur bei ungestörter Struktur auf der Oberfläche des Prolegumin-Trimers ein internes Signal exponiert wird, das die Funktion der Zielführung übernimmt.[441]

3.4.3.6 Mobilisierung von Proteinreserven bei der Samenkeimung

Weitgehend unbekannt blieb, auf welche Weise die deponierten Reserveproteine in den PSV vor unkontrolliertem Zugriff der gleichzeitig im selben Kompartiment enthaltenen Proteasen geschützt sind, und wie bei Keimungsbeginn die Barrieren

[441] Müntz K (1998) Deposition of storage proteins. Plant Mol Biol 38: 77–99.

gegen unkontrollierten vorzeitigen Abbau überwunden werden. Deshalb wurden ab 1992 die Erfahrungen und das vielseitige methodische Instrumentarium aus der Gaterslebener Reserveproteinforschung in Kooperation mit der auf dem Gebiet der Proteasen und des Reserveproteinabbaus international renommierten moldawischen Gruppe um Iossip Vaintraub und Andrei Shutov für die Untersuchung der Reserveproteinmobilisierung bei Keimung und Keimlingswachstum eingesetzt.

Globulinreserven sind auch in Radicula und Embryoachse des Keimlings sowie in subepidermalen Zellschichten der Kotyledonen trockener Samen von *Vicia sativa, Phaseolus vulgaris* und *Brassica napus* entdeckt worden und werden dort bereits während der Keimung abgebaut (Jens Tiedemann). Die 7S-Globuline der Leguminosen dienen als Reserven für diese frühe Proteinmobilisierung, womit erstmals funktionelle Unterschiede zwischen 7S- und 11S-Globulinen erkannt wurden. Gleichzeitig werden im Parenchym der Leitbündelprimordien gespeicherte Globuline abgebaut und funktionsfähige Leitbündelverbindungen gebildet, die für den späteren Transport von niedermolekularen organischen Verbindungen aus den Keimblättern in die wachsenden Teile des Embryos erforderlich sind. In den Keimblättern schreitet der Globulinabbau von leitbündelfernen Zellschichten unterhalb der Epidermis in einer nur wenige Zellschichten breiten Front durch das Speicherparenchym hin zu den Leitbündeln fort. In Gatersleben ist dann nicht nur DNA aus *Vicia sativa* und *Phaseolus vulgaris* für die bereits aus den Arbeiten von Shutov und Vaintraub bekannte papainartige Proteinase A und legumainartige Proteinase B kloniert und sequenziert worden, sondern für jeweils vier weitere Vertreter dieser beiden Cys-Proteinaseklassen (Claudia Becker, Van Hai Nong, Vitali Senyuk). Durch Analyse isolierter PSV (Armin Schlereth) sowie durch Immunhistochemie und *in situ*-RNA-Hybridisierung (Jens Tiedemann) sind entwicklungsabhängiges und gewebespezifisches Vorkommen der Proteinasen verfolgt worden. Eine legumainartige und zwei papainartige Cys-Proteinasen kommen schon in PSV reifender Samen vor und sind weiter in ruhenden sowie keimenden Samen vorhanden. Die anderen drei, darunter die legumainartige Proteinase B, lassen sich erst nach Beginn oder, wie Proteinase A, später während des Keimlingswachstums nachweisen. Selbst wenn die Neubildung von Proteinasen unterbunden wird, werden während der Keimung Globuline abgebaut, und auch in isolierten und gereinigten PSV aus keimenden Samen findet Globulinabbau statt (Armin Schlereth). Damit erfüllen die drei „gespeicherten" Cys-Proteinasen ebenso wie die drei erst während des Keimlingswachstums auftretenden „neuen" Cys-Proteinasen die von Shutov und Vaintraub aufgestellten drei Kriterien für ihre Beteiligung an der Globulinmobilisierung. Histochemisch findet man proteinasespezifische mRNA bzw. die betreffenden Proteinasen der jeweiligen Entwicklungsphasen an den Orten, wo sich gleichzeitig der Globulinabbau nachweisen lässt (Jens Tiedemann). Aus alledem ergibt sich folgendes Bild:[442] a) Am Globulinabbau sind entwicklungsabhängig unterschiedliche Vertreter aus den Familien der papain- und legumainartigen

[442] Müntz K, Beloszersky MA, Dunaewsky YE et al (2001) Stored proteinases and the initiation of storage protein mobilization in seeds during germination and seedling growth. J Exp Bot 52: 1741–1752.

Cys-Proteinasen beteiligt. b) In PSV gespeicherte Proteinasen aus diesen Familien starten während der Keimung den Abbau von Globulinreserven, unter denen 7S-Globuline die offensichtlich „leicht" mobilisierbaren „Reserven für den Anfang" bilden. c) Der Abbau tritt lokal vor allem dort zuerst auf, wo Wachstum und Differenzierung beginnen. d) Die Mobilisierung der Hauptmenge der gespeicherten Reserveglobuline während des Keimlingswachstums wird von neu gebildeten Cys-Proteinasen katalysiert.

Erst die Beschäftigung mit Fragen der Evolution der Reserveglobuline (Abschn. 3.4.3.7) brachte eine Erklärung dafür, welche Mechanismen für den Schutz der Reserveproteine vor Abbau in reifenden Samen und die spätere Einleitung des Abbaus während der Keimung verantwortlich sein können.

3.4.3.7 Evolution von Struktur und Funktion der Samenglobuline

Etwa 1992 waren Aminosäuresequenzen der Polypeptide und Nukleotidsequenzen entsprechender Gene für eine genügend große Anzahl von Vertretern der betreffenden Proteinfamilien bekannt, um die Aufklärung von Ursprung und Evolution der Globuline versuchen zu können. Für etwa zehn Jahre war dies ein Schwerpunkt in den Arbeiten der von Helmut Bäumlein geleiteten AG „Genregulation" (Abschn. 2.4.3.3), der gemeinsam mit Andrei Shutov und Mitarbeitern vom Laboratorium für Eiweißchemie der Moldawischen Staatsuniversität, Kishinev, bearbeitet wurde.[443] Die Ergebnisse haben damals entscheidende Wissensfortschritte zur molekularen Evolution der Reserveglobuline gebracht.

Die Untereinheiten des Vicilins und Prolegumins bestehen übereinstimmend aus zwei annähernd gleich großen, strukturgleichen Segmenten, die N- und C-Domäne heißen und über ein als „*linker*" (Verbinder) bezeichnetes Oligopeptid verknüpft sind. Hauptteil jeder Domäne ist eine fassartige Struktur (engl. *β-barrel*) aus antiparallelen β-Faltblättern, an die sich drei α-Helices anschließen (Abb. 3.35). Die beiden Domänen haben im Bereich der *β-barrels* besonders ähnliche Aminosäuresequenzen, d. h. sind im Sinne der Evolution stark konserviert. Globulingene gehören zu den Mosaikgenen und bestehen aus proteinkodierenden Exons, unterbrochen von nicht kodierenden Introns (Abschn. 3.3.7.2). Die Ähnlichkeiten in den Aminosäuresequenzen der Proteine spiegeln entsprechende Übereinstimmungen in den Nukleotidsequenzen der Exons wider, und in der Zahl und Lage der Introns gibt es weitgehende Übereinstimmung zwischen Vicilin- und Legumingenen. Demnach müssen Vicilin und Legumin zur selben Proteinfamilie gehören, die heute als Superfamilie der Cupine bezeichnet wird, und einen gemeinsamen evolutionären Ursprung haben.

Die Grundstruktur einer Domäne von Vicilin bzw. Prolegumin gleicht der des Proteins Germin (Abb. 3.35), das in nahezu allen höheren Pflanzen, aber auch in Moosen vorkommt. Die Untereinheit des heutigen Germins ist ein Homodimer dieser Domäne, das in der Evolution infolge einer Verdoppelung der ursprünglichen Germindomäne entstanden sein muss. Im Holoprotein des Germins bilden drei

[443] Shutov AD, Bäumlein H (1999) Origin and Evolution of Seed Globulins. In: Shewry PR, Casey R (Hrsg) Seed Proteins, Kluwer Academic Publ, Dordrecht, S 543–561.

Homodimere ein Trimer, ähnlich der Trimerisierung von Vicilin- bzw. Legumin-Untereinheiten im rER (Abschn. 3.4.3.5). Germin und die Globuline müssen einen gemeinsamen Genvorfahren gehabt haben, der eine germinartige Domäne kodierte. Seine Duplikation wird als Ursprung für die Evolution der Globulingene angesehen, welche Polypeptide mit Zweidomänenstruktur kodieren. Strukturunterschiede von Vicilin bzw. Vicilingenen einerseits sowie Legumin und Legumingenen andererseits lassen sich derzeit am besten damit erklären, dass die Trennung in einen Vicilin- und einen Leguminzweig in der Evolution geschah, ehe beide getrennt voneinander gleichartige zusätzliche Struktureigenschaften erwarben, die mit ihrer Speicherfunktion zusammenhängen. Strukturelle Besonderheiten des Germins, die sich in den Globulinen wiederfinden, werden als Voraussetzung für seine Funktion im Austrocknungs- und Hydratationsprozess von Getreideembryonen während der Samenreifung bzw. -keimung angesehen. Speicherglobuline unterliegen den gleichen Prozessen und könnten die erforderlichen strukturellen Eigenschaften vom Germin „ererbt" haben. Wegen der Struktur- und Funktionsähnlichkeit von Germin mit dem Spherulin aus Myxomyceten, werden beiden Proteinen gemeinsame Vorfahren zugeschrieben.

Germin ist außerordentlich resistent gegen limitierte, d. h. auf einzelne vorgeformte Stellen begrenzte, und unlimitierte, d. h. vollständige Proteolyse. Beide Proteolyseformen spielen jedoch für Vicilin und Legumin im Zuge von Deponie während der Samenreifung und Mobilisierung während der Keimung und des Keimlingswachstums eine große Rolle. Die dafür erforderlichen Struktureigenschaften müssen die Speicherglobuline bei der Koevolution mit den beteiligten Proteasen erworben haben. Dazu gehören: a) Die Einfügung von sehr variablen Sequenzabschnitten in die β-*barrel*-Strukturen der N- bzw. C-Domäne von Legumin- bzw. Vicilinuntereinheiten; b) die Einfügung der von Glutamin flankierten Spaltstelle zwischen der α- und β-Kette des Prolegumins (Abschn. 3.4.3.4 und 3.4.3.5 sowie Abb. 3.34 und 3.35 und c) die Erweiterung der N-terminalen Extension beim Vicilin, die schon im Germin vorgebildet ist, und der *linker*-Region zwischen N- und C-Domänen. Die damit erworbene Angreifbarkeit durch Proteasen ist mit einer geschützten Struktur der anderen Teile gegen unkontrollierte Spaltungen kombiniert. So können in den PSV vorhandene Proteinasen während der Globulinbildung in reifenden Samen zwar die ortsspezifische Spaltung in α- und β-Kette des Legumins und die partielle Abtrennung von Peptiden der N–terminalen Verlängerung der großen Vicilinuntereinheiten vollziehen, aber den übrigen Großteil des Proteins nicht angreifen. An den dort vorgezeichneten Stellen geschehen bei der Keimung bzw. beim Keimlingswachstum limitierte Spaltungen. Dadurch wird die restliche Struktur der Globuline derart „geöffnet", dass sie von Endo- und Exoproteasen gemeinsam völlig abgebaut werden können. Unerklärt bleibt bisher, wodurch jene Strukturänderungen bewirkt werden, welche die limitierten Spaltungen am Anfang der Reserveglobulinmobilisierung ermöglichen.[444]

[444] Shutov AD, Bäumlein H, Blattner FR, Müntz K (2003) Storage and mobilization as antagonistic functional constraints on seed storage globulin evolution. J Exp Bot 54: 1645–1654.

3.4.3.8 Mobilisierung von Lipidreserven bei der Samenkeimung

Beim Lipidabbau in Chloroplasten werden Polyenfettsäuren durch Lipoxygenasen (LOXs) oxygeniert. Von den gebildeten Hydroperoxiden gehen verschiedene Stoffwechselwege aus, darunter solche, die zu wirkstoffaktiven Verbindungen führen, wie etwa Jasmonate als Phytohormone. Durch Beteiligung an derartigen Forschungen im Leibniz-Institut für Pflanzenbiochemie in Halle war Ivo Feussner darauf gestoßen,[445] dass es neben den Typ-2-LOXs, welche eine Plastiden-*targeting*-Sequenz tragen, auch die Typ-1-LOXs ohne eine solche Zielführungssequenz gibt. Zweieinhalb Jahre (2000–2002) arbeitete im IPK seine AG „Lipidstoffwechsel" in der Abteilung „Molekulare Zellbiologie" (Abschn. 2.4.3.2, Unterpunkt 5) an der Aufklärung der Funktion dieser und anderer Enzyme des Lipidstoffwechsels von keimenden Ölsamen, ehe er als Professor für Pflanzenbiochemie an die Universität Göttingen berufen wurde. Es stellte sich heraus, dass Typ-1-LOXs eine bislang unbekannte Alternative zum klassischen, mit dem lipasekatalysierten Schritt der Triacylglycerid-Spaltung beginnenden Weg für den Abbau von Speicherlipiden einleiten. LOXs lagern sich in Gurken-, Sonnenblumen oder Leinsamen mit beginnendem Lipidabbau an die Membranen der Lipidkörper an, dringen infolge der Öffnung dieser Membran in die Lipidkörper ein und oxygenieren darin die Speicherlipide, ehe diese der Triacylglyceridspaltung durch spezielle Lipasen unterliegen. Die dabei frei werdenden oxygenierten Fettsäuren können über die bekannte β-Oxidation von Fettsäuren abgebaut und in den Stoffwechsel einbezogen werden.[446] Offensichtlich hängt es von der Pflanzenart ab, ob der klassische oder der neu entdeckte Mechanismus zur Einleitung des Speicherlipidabbaus in den Ölsamen vorherrscht. Triacylglyceride mit ausschließlich gesättigten Fettsäuren sind dem Abbau über den LOX-Weg nicht ohne Weiteres zugänglich. Mit biochemischen, zell- und molekularbiologischen bzw. chemisch-analytischen Methoden sowie durch Gentransferversuche untersuchte die Gruppe außer LOXs auch andere Enzyme des Lipidabbaus (z. B. Phospholipasen und zur CYP74-Familie gehörende Cytochrom-P450-Enzyme der Hydroperoxidmetabolisierung) und Zwischenprodukte der Abbauwege. Arbeiten über Acyl-Lipid-Desaturasen dienten dazu, neue Wege zur biotechnologischen Erzeugung von Samenölen mit mehrfach ungesättigten Fettsäuren zu erschließen.[447]

3.4.3.9 Funktionen der Hülsenschale für die Reservestoffspeicherung in reifenden Samen

Die Gewebsschichten der dicken fleischigen Hülsenschale (Perikarp) von unreifen Früchten der Ackerbohne ähneln in Bau und Funktionen weitgehend denen eines Blattes. Ein Strang der Forschungen der FG „Eiweißstoffwechsel" sollte von 1970

[445] Feussner I (2000) Oxidation von Polyenfettsäuren durch Lipoxygenasen. Habilitationsschrift, Martin-Luther-Universität, Halle-Wittenberg.

[446] Feussner I, Kühn H, Wasternack C (2001) Lipoxygenase-dependent degradation of storage lipids. Trends in Plant Sci 6: 268–273.

[447] Feussner I in den Jahresberichten des IPK 2000–2002, S 92, 91 bzw. 106.

bis 1978 erkunden, auf welche Weise und in welchem Umfang die Hülsenschalen von Leguminosen zur Versorgung der Samen beitragen.

Hülsenschalen, Samenschalen und Keimblätter von unreifen Früchten besitzen bei drei untersuchten Vertretern der Familie Vicieae mit der Höhe der NO_3-Versorgung korrelierte Nitrat-Reduktase-Aktivität (NRA), bei drei Vertretern der Phaseoleae aber nur die Hülsenschalen. Familienabhängige Unterschiede wurden auch in Aktivitätsgradienten längs der Hülsen und im entwicklungsabhängigen Verlauf der NRA gemessen, deren Maximum in Hülsen- und Samenschale von *Vicia faba* mit der Hauptphase von Wachstum und Reservestoffspeicherung in den Keimblättern zusammenfällt. Der Gesamtbeitrag der NO_3-Reduktion in der Hülseschale zur N-Akkumulation in den umschlossenen Samen übersteigt aber nicht 10 % des Bedarfs (Gisela Schlesier). Bei ungenügender Versorgung einer Frucht mit organischen N-Verbindungen und Assimilaten aus vegetativen Organen verdoppelt bis vervierfacht sich die NRA und erhöht sich die NO_3-Aufnahme von Hülsenschalen zur Zeit der Samenfüllung von Ackerbohne und Erbsen (Vicieae) oder Sojabohne (Phaseoleae).

Zwischenzeitlich in den Hülsenschalen von Ackerbohnen angelegte Stärkevorräte werden unter normalen Wachstumsbedingungen parallel zur Akkumulation von Reservestoffen in den Samen allmählich abgebaut. Verminderte oder unterbrochene Assimilatversorgung einer Frucht induziert in den Hülsenschalen einen rascheren Verbrauch der Stärkevorräte und verstärkte Aktivität von stärkeabbauenden α-Amylasen, wobei ein α-Amylase-Isoenzym neu gebildet wird. In Früchten, deren Samen entfernt oder abgetötet worden sind, unterbleiben beschleunigter Stärkeabbau und Steigerung der Amylaseaktivtät. Also kontrollieren die Samen (Assimilat-*sink*) die Mobilisierung der Stärke in der Hülsenschale (Assimilat-*source*).

Offensichtlich stellt die Hülsenschale für den Embryo im Samen nicht nur einen mechanischen Schutz und die leitende Verbindung für die Nährstoffversorgung aus dem Spross dar. Sie kann, ähnlich dem Halm beim Getreide (Abschn. 3.4.2.9a), auch zeitliche Asynchronizität in den *source-sink*-Wechselbeziehungen oder zeitweilige Schwankungen in der N- und Assimilatversorgung ausgleichen und dadurch zur Sicherung der Kontinuität der Entwicklung des Embryos im reifenden Samen beitragen.[448]

3.4.3.10 Eiweiß-*screening*, Eiweiß-*engineering* und Protein-*farming*

Eiweiß-*Screening* Für die menschliche Ernährung sind Pflanzensamen Hauptenergie- (Stärke, fette Öle) und -eiweißlieferanten. Erträge und Qualität von Getreide und Körnerleguminosen sind weltweit erstrangige wirtschaftliche Faktoren, und ihre Steigerung wird über Sortenzüchtung, ackerbauliche Maßnahmen und Minderung von Ernteverlusten erreicht. Mit dem Kornertrag wächst zwar auch der Ertrag an Sameneiweiß, aber in geringerem Maße, weil Eiweißgehalt und Kornmasse gewöhnlich negativ korreliert sind. Außerdem besteht zumeist eine negative Korrelation zwischen Eiweißgehalt und darin enthaltenen essentiellen (ernährungsnotwendigen) limitierenden Aminosäuren. Wegen dieser Korrelationen gelang es in

[448] Müntz K, Rudolph A, Schlesier G, Silhengst P (1978) The function of the pericarp in fruits of crop legumes. Kulturpflanze 26: 37–70.

der Sortenzüchtung nur ganz allmählich, Kornertrag, Eiweißgehalt und ernährungsphysiologische Qualität des Sameneiweißes zu verbessern. Für die Tiermast kommt es u. a. auf hohen Gehalt an Eiweiß und limitierenden essentiellen Aminosäuren in Futtergetreide und Körnerleguminosen an. In einer Reihe von Ländern unternahm man große Anstrengungen, um die Variabilität dieser Merkmale in ihren Getreide- und Körnerleguminosensammlungen zu bestimmen oder sogar Genotypen zu finden, bei denen die oben erwähnten negativen Korrelationen gelockert oder durchbrochen sind. Als 1964 bei Mais (*opaque*) und 1967 bei Gerste (*hiproly*) Genotypen mit stark erhöhtem Lysingehalt im Sameneiweiß bekannt wurden, gab die Hoffnung auf eine raschere züchterische Lösung des Eiweißproblems bei Getreide solchen Durchmusterungsprogrammen großen Auftrieb.

1969 begann im Gaterslebener Institut die Durchmusterung (Screening) der Kollektionen von Getreide- und Körnerleguminosen-Akzessionen nach Gehalten an Rohprotein, Lysin- bzw. Methionin/Cystein. An dem bereichsübergreifenden Programm waren anfangs der damalige QB „Kulturpflanzenweltsortiment" (Christian Lehmann, Koordinierung und Anbau von Getreide), die FG „Taxonomie und Evolution" (Peter Hanelt, Koordinierung und Anbau von Körnerleguminosen), die FG „Eiweißstoffwechsel der Pflanzen" (Klaus Müntz) mit ihrer AG „Analysenlabor" (Armin Rudolph, Aminosäureanalysen) und die FG „Angewandte Genetik" (Friedrich Scholz, Rohproteinbestimmungen, später vom Analysenlabor übernommen) beteiligt. Die 1972 gegründete AG „Mathematisch-Physikalische Methoden" (Arnim Meister) übernahm die rechnergestützte Datenauswertung und statistische Analyse (Abschn. 3.5.2). Die Ergebnisse aus dem Screening von annähernd 10.000 Weizen-, fast 6.000 Gersten- und rund 500 *Vicia*-Mustern sind 1978 publiziert worden.[449, 450, 451] Die Resultate des Roggen-, Hafer- und Erbsen-Screenings blieben unveröffentlicht.

Eine Hauptschwierigkeit des Vorhabens bestand in der Unterscheidung von umweltbedingten Modifikationen und erblicher Variabilität der interessierenden Merkmale. Der Hauptanbau von Weizen und Gersten geschah 1969/1970 mit regelmäßig eingefügten Standardmustern auf einer zusammenhängenden Versuchsfläche, und 1971 folgte der Hauptanbau von *Vicia*-Mustern mit einer Standardsorte. Bei Getreiden und *Vicia* gab es bis 1973 den Anbau einer geringeren Anzahl zusätzlicher Muster. Die außerordentlich vielen Getreidemuster erlaubten keinen gleichzeitigen Anbau der Sortimente an mehreren Orten, wie er zur genaueren Bestimmung der umweltbedingten Modifikabilität wünschenswert gewesen wäre. Für *Vicia*-Arten gab es dagegen mehrortigen Anbau und zusätzlich eine modellhafte Analyse

[449] Lehmann CO, Rudolph A, Hammer K et al (1978a) Eiweißuntersuchungen am Getreide- und Leguminosen-Sortiment Gatersleben. Teil 1: Gehalt an Rohprotein und Lysin von Weizen sowie Weizen-Art- und Gattungsbastarden. Kulturpflanze 26: 133–162.

[450] Lehmann CO, Rudolph A, Hammer K et al (1978b) Eiweißuntersuchungen am Getreide- und Leguminosen-Sortiment Gatersleben. Teil 2: Gehalt an Rohprotein und Lysin von Gersten (*Hordeum vulgare* L. s. l.). Kulturpflanze 26: 163–182.

[451] Hanelt P, Rudolph A, Hammer K et al (1978) Eiweißuntersuchungen am Getreide- und Leguminosen- Sortiment Gatersleben. Teil 3: Gehalt an Rohprotein und schwefelhaltigen Aminosäuren der Ackerbnohne (*Vicia faba* L.). Kulturpflanze 26: 183–212.

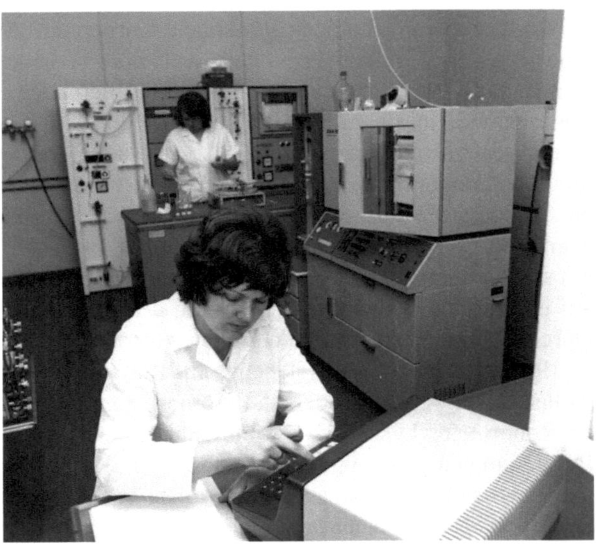

Abb. 3.36 Blick in den Aminosäureanalysatorenraum der FG „Eiweißstoffwechsel". An den im Zweischichtsystem von morgens 6 bis abends 22 Uhr betriebenen Geräten arbeiten die schichtleitende Chemieingenieurin, Wally Postler (*vorn*), und die Laborantin, Gerda Mendel (*hinten*). (1976, Foto und Bildrechte: ADN-Zentralbild)

von Einzelpflanzen. Für jedes Muster sind 1.000-Korn-Masse, Rohprotein- (Kjeldahl-Verfahren) und Aminosäureanalysen (Ionenaustauscher-Chromatographie mit Automaten im zweischichtigen Betrieb, Abb. 3.36) durchgeführt worden, wobei Analysen von Standards sowie von Doppel- oder Dreifachproben eines Musters die Kontrolle der Verlässlichkeit der Ergebnisse erlaubten.

Auf der Grundlage der Analysenergebnisse vom ersten Anbau konnten bis 1974 Grenzen für die Auswahl von „Plus-Abweicher"-Kollektionen festgelegt werden. Bei diesen lagen die Gehalte an Protein und der betreffenden limitierenden essentiellen Aminosäure (absoluter Aminosäuregehalt) in der Trockenmasse bzw. der Gehalt der betreffenden Aminosäure im Protein (relativer Aminosäuregehalt) soweit oberhalb der Streuungsgrenzen der jeweiligen Durchschnittswerte, dass unter ihnen züchterisch interessante Formen zu vermuten waren. 1974/1975 erfolgte nach bewährtem Muster der Nachbau der Plus-Abweicher, wobei die Körnerzahl pro Muster bei der Getreideaussaat allerdings verdoppelt wurde. Auf den Ergebnissen der Analysen aus dem Wiederholungsanbau der Plus-Abweicher fußte dann die Selektion der Formen, deren Werte vielversprechend für eine züchterische Nutzung waren.

Abgesehen von ihrem speziellen Wert für die „Eiweißzüchtung" bedeutet die Kombination der Eiweißmerkmale mit anderen, bereits bekannten Merkmalen für die betreffenden Kollektionen eine generelle Aufwertung der züchterischen Auswahlmöglichkeiten. Während in den USA bereits in ähnlicher Weise Weizensortimente durchgemustert worden waren, ist dies für derart große Gersten- und *Vicia*-Kollektionen erstmals in Gatersleben geschehen. Dabei haben sich die eingangs dargestellten, für die Züchtung hinderlichen Korrelationen fast durchgängig bestätigt. In keinem Falle wurden Korrelationsbrecher für die Beziehung zwischen Eiweißgehalt und darin enthaltener limitierender essentieller Aminosäure gefunden.

Eine „Lockerung" dieser Korrelation zeigte sich allerdings bei einigen Plus-Abweichern an, wenn der Aminosäuregehalt zum besseren Vergleich der Muster auf einheitliche Proteingehaltswerte umgerechnet wurde. In allen Getreidesortimenten gab es Plus-Abweicher für die einzelnen Merkmale sowie für die Kombination von erhöhtem Eiweißgehalt und relativer Aminosäuremenge. Bezogen auf die Gesamtzahl der jeweiligen Weizen-Plus-Abweicher, die nach allen Eiweißmerkmalen ausgewählt worden waren, trat unter den *Triticale*-Gattungsbastarden der größte Anteil derartiger Kombinationsformen auf, gefolgt von den tetraploiden Hartweizen und mit geringstem Anteil, den hexaploiden Saatweizen (*Triticum aestivum*). Bei Gerste entfielen mehr als 95 % der selektierten Kombinationsformen auf bespelzte Sommergersten. An der *Vicia*-Kollektion, in der sich außer Vertretern der Art *V. faba* auch 25 Muster von *V. narbonensis* befanden, manifestierte sich der hohe Anteil umweltbedingter Modifikationen. Es wurden keine „Kombinationsformen" gefunden, es gab aber sechs *V. faba*-Akzessionen mit kombiniertem hohem Eiweiß- und absolutem Methionin- und/oder Cysteingehalt.

Trotz erheblichen generellen Nutzens der Sortimentscharakterisierung für die Züchtung sind keine Formen gefunden worden, die eine rasche Lösung der Probleme bei der Züchtung auf höheren Eiweißertrag, Eiweißgehalt und/oder Gehalt an limitierenden essentiellen Aminosäuren versprachen. Die größte Hürde bilden die eingangs dargestellten negativen Korrelationen. Die Gründe dafür sind in Gatersleben von Friedrich Scholz (FG „Angewandte Genetik") bei genetischen Untersuchungen an Gerstenmutanten[452, 453] und bei der grundlegenden Analyse von Reserveeiweißbildung und -speicherung in reifenden Samen (Abschn. 3.4.3.4 und 3.4.3.5) sichtbar geworden (FG „Eiweißstoffwechsel").

***Engineering* der Eiweißqualität** Der entwicklungsabhängige Verlauf der Expression der Reserveproteingene wird von deren Promotoren gesteuert (Abschn. 3.3.7.2) und bildet die Hauptursache dafür, dass zur Zeit der stärksten Eiweißakkumulation in den Samen gerade die ernährungsphysiologisch ungünstig zusammengesetzten Speichereiweiße gebildet werden. Das bedingt die ernährungsphysiologisch ungünstige Aminosäurezusammensetzung der Sameneiweiße und die negative Korrelation zwischen Eiweißgehalt und essentiellen Aminosäuren wie Lysin (Lys) bzw. Methionin (Met). Würden dieselben Promotoren die Expression von Eiweißen steuern, die reich an limitierenden essentiellen Aminosäuren sind, dann müsste der negativen Korrelation entgegengewirkt und eine bessere Eiweißqualität erreicht werden. Fortschritte im molekularbiologischen Wissen um die Reserveproteinbildung und bei Methoden des *genetic engineering* sowie des Gentransfers (Abschn. 3.3.7.3)

[452] Scholz F (1984) Possibilities and limiting conditions for the genetic improvement of protein yield in cereals with particular reference to nitrogen balance and requirements. In: Cereal Grain Protein Improvement. Proceedings of the Final Research Coordination Meeting, Vienna 1982. International Atomic Energy Agency, Vienna, S 269–277.

[453] Scholz F (1984) Some problems and implications in improving cereal grain protein by plant breeding. Kulturpflanze 32: 193–203.

versprachen die Möglichkeit, die hinderliche negative Korrelation mithilfe der Gentechnik zu durchbrechen.

Das Met-freie Legumin B und das Met- und Cys-freie Hauptvicilin herrschen unter den Globulinen vor und bestimmen deshalb die geringe biologische Wertigkeit des Ackerbohnen-Samenproteins. Zwei Möglichkeiten wurden für die gentechnische Behebung dieses Mangels gesehen: a) die Einfügung von Met-Codons in die Gene für Met-freie Globuline und b) die zusätzliche Einfügung von Fremdgenen für Met-reiche Proteine in das *Vicia faba*-Genom. Während der Gentransfer in Tabak und die Regeneration von transgenen Tabakpflanzen beherrscht wurden, mussten entsprechende Verfahren für Körnerleguminosen und Gerste erst entwickelt werden (Abschn. 3.3.7.3). Ab 1986 nahmen mehrere Gruppen des Gaterslebener Institutes und aus dem Institut für Züchtungsforschung, Quedlinburg, der AdL der DDR gemeinsam unter der Leitung von Klaus Müntz die gentechnische Manipulation der Eiweißqualität von Gerste und Ackerbohne in Angriff (Abschn. 2.2.2.3): Abteilung „Genwirkung" (Ulrich Wobus, Helmut Bäumlein) Genfamilie für Globuline und Promotorfunktionen (Abschn. 3.3.6.2); Abteilung „Eiweißstoffwechsel" (Klaus Müntz) Konstruktion von Genen mit erhöhter Zahl von Met-Codons bzw. in Zusammenarbeit mit der AG „Chemikalienproduktion" Vollsynthese des Gens für ein Met-reiches Albumin-Eiweiß (BNA) aus der Paranuss (Frank Machemehl), sowie Erprobung der konstruierten Gene in Modellorganismen und in transgenen Pflanzen; AG „Somatische Zellgenetik" (Andreas Müller, Ralf R. Mendel) Entwicklung und Einsatz von Gentransferverfahren. Am Projekt arbeitete darüber hinaus eine Reihe weiterer bereits in Abschn. 2.2.2.3 genannter Abteilungen bzw. Arbeitsgruppen mit.

Ein zuerst konstruiertes mit Me-Codons angereichertes Legumin B4-Gen (Gerhard Saalbach, Rudolf Jung) sowie ein aus geeigneten Abschnitten dieses mutierten Gens und des homologen 11S-Globulingens für Soja-Glycinin geschaffenes „Glycigumin"-Fusionsgen mit insgesamt zehn Methion-Codons erwiesen sich als ungeeignet. Die mutierten Proteine waren in transgenen Tabaksamen instabil, obwohl sie sich bei Modellversuchen in transgenen Hefezellen oder in Oozyten des Krallenfrosches (*Xenopus laevis*) anreicherten. Die Mutationen hatten offensichtlich Strukturänderung in den Proteinen bewirkt, welche den innerzellulären Proteintransport störten und deshalb den Abbau der Proteine zur Folge hatten.[454] Erst mit einem Vicilin-Gen, in das nach dem Vorbild des homologen Phaseolins der Gartenbohne Me-Codons eingefügt worden waren, ohne die eigentliche Struktur des Vicilins zu beeinträchtigen, gelang später die Erzeugung kleiner Mengen des entsprechenden Eiweißes in transgenen Tabaksamen (Veselin Christov) – ohne einen merklichen Effekt auf deren gesamten Met-Gehalt auszuüben.[455] Wie man

[454] Saalbach G, Jung R, Kunze G et al (1990) Expression of modified legume storage protein genes in different systems and studies on intracellular targeting of *Vicia faba* legumin in yeast. In: Lycett GW, Grieson D (Hrsg) Genetic Engineering of Crop Plants, Butterworth, London, S 1151–1158.

[455] Saalbach G, Christov V, Jung R et al (1995) Stable expression of vicilin from *Vicia faba* with eight additional single methionine residues but failure of accumulation of legumin with an attached peptide segment in tobacco seeds. Mol Breed 1: 245–258.

inzwischen wusste, werden Globuline von Multigenfamilien kodiert, weshalb die Expression eines einzigen solchen Gens nur geringen Einfluss auf die gesamte Aminosäurezusammensetzung haben konnte. Daher wurde das Gen für das Met- und Cys-reiche Brasilnussalbumin (BNA), ein Reserveeiweiß aus der Brasilnuss (*Bertholletia excelsa*), auch als Paranuss bekannt, für die gentechnische Veränderung der Reserveeiweiße von Körnerleguminosen eingesetzt. Zum Ende der ersten Bearbeitungsperiode des Projektes war 1990 das anders in der DDR nicht verfügbare BNA-Gen synthetisiert und unter Kontrolle des Legumin B4-Gen-Promotors gebracht worden, der sich als besonders geeignet für die entwicklungsabhängige Expression von Fremdgenen während der Samenfüllungsperiode erwiesen hatte. In der Quedlinburger Gruppe schienen die ersten Gentransferversuche mit Gerste zu gelingen (vgl. Abschn. 3.3.7.3), während sich die Ackerbohne bis dahin in Gatersleben allen Gentransferversuchen widersetzte.

Mit der Wiedervereinigung Deutschlands änderten sich die Rahmenbedingungen für das Projekt grundlegend. Das DDR-spezifische ökonomische Interesse an der Förderung eines gentechnischen Projektes zur Verbesserung der Futterqualität von Getreide und Körnerleguminosen entfiel. Im Rahmen von Grundlagenforschungsprojekten, die von Bundesregierung, Regierung des Landes Sachsen-Anhalt und DFG gefördert wurden, konnten allerdings einige Probleme weiter bearbeitet werden. Neue Kooperationsmöglichkeiten mit wissenschaftlichen Instituten in den bisherigen westlichen Teilen Deutschlands erwiesen sich dafür als vorteilhaft.

Am Institut für Angewandte Genetik der Freien Universität Berlin war zu dieser Zeit eine Transformationstechnik für die mit der Ackerbohne (*Vicia faba*) eng verwandte Narbonbohne (*V. narbonensis*) entwickelt worden. Das Genkonstrukt aus Legumin B4-Promotor und Strukturgen für das BNA konnte damit in die Narbonbohne übertragen und in deren Samen exprimiert werden (Thomas Pickardt, Berlin, und Isolde Saalbach, Gatersleben). Der Promotor steuerte während der Samenfüllungsphase erwartungsgemäß die Bildung von BNA, das ohne abgebaut zu werden in die Vakuole der Speichergewebszellen gelangte und sich dort anreicherte, was den Met-/Cys-Gehalt der reifen Samen bis auf Werte wie bei der Sojabohne erhöhte.[456] Bei der Züchtungsfirma Pioneer Hibred hatte man in den USA das BNA-Gen zur gleichen Zeit eingesetzt, um über gentechnische Verfahren die Futterqualität von Sojabohnen zu steigern. Bei Prüfungen, denen man das gentechnisch veränderte Saatgut dort unterzog, wurde erkannt, dass BNA das Hauptallergen der Brasilnuss (= Paranuss) ist. Das BNA-Gen kam danach nur noch für Modellversuche, aber nicht mehr für eine Nutzung in der Tierfütterung infrage, weil eine zufällige Vermischung von Sojabohnen, die für die Tierfütterung bzw. menschliche Ernährung bestimmt sind, nicht ausgeschlossen werden kann.

In Israel hatten Gad Galili und Mitarbeiter nachgewiesen, dass auch durch Transfer eines bakteriellen Gens für Aspartat-Kinase (AK) mit veränderter Stoffwechselregulation über den Biosyntheseweg eine gesteigerte Bildung von Met

[456] Müntz K, Christov V, Jung R et al (1997) Genetic engineering of high methionine proteins in grain legumes. In: Cram WJ, De Kok LJ, Stulen I et al (Hrsg) Sulphur metabolism in higher plants. Buckhuis Publ, Leiden, S 71–86.

in transgenen Tabaksamen erreicht wird. In Gatersleben entstand der Plan, diese Strategie in einem von der Deutsch-Israelischen Stiftung für Wissenschaftliche Zusammenarbeit (GIF) geförderten Projekt mit dem bisher hier verfolgten Weg zu kombinieren, woran neben dem Weizmann-Institut in Rehovot (Gad Galili) und der Gaterslebener AG „Eiweißstoffwechsel" (Dmitri Demidov, Isolde Saalbach) auch das Institut für Angewandte Genetik der Freien Universität Berlin mitarbeitete (Martin Meixner, Thomas Pickardt). Die Samen der hergestellten homozygoten Doppeltransformanden der Narbonbohne exprimierten sowohl das BNA- als auch das AK-Gen, und deren Effekte addierten sich zu einem BNA-Gehalt der Samen, durch den ihre Met- und Cys-Gehalte dem FAO-Standard für ein ernährungsphysiologisch vollwertiges Futterprotein glichen. Gleichzeitig wurden an den transgenen Bohnen Rückwirkungen studiert, die der erhöhte Bedarf an schwefelhaltigen Aminosäuren für die Biosynthese von BNA auf den Haushalt der niedermolekularen Schwefelverbindungen ausübt.[457, 458]

***Engineering* des Eiweißgehaltes** Bei den breit angelegten, detaillierten und gründlichen Untersuchungen der AG „Genwirkung" (Ulrich Wobus) darüber, wie die Reservestoffbildung und -speicherung während der Samenentwicklung durch verschiedene Stoffwechselwege und -schritte kontrolliert wird (Abschn. 3.3.7.2 und 3.3.7.4), ergaben sich Ansatzpunkte für Wege zur Beeinflussung des Sameneiweißgehaltes durch *genetic engineering*. Von den anfänglichen Arbeiten mit Körnerleguminosen wurden später analoge Strategien für Weizen abgeleitet.

Aus dem Vergleich von *Vicia faba*-Formen mit niedrigem und hohem Sameneiweißgehalt, die beim Eiweiß-Screening gefunden worden waren (Abschn. 3.4.3.10a), ergab sich, dass das Enzym Phosphoenolpyruvat-Carboxylase (PEPC) und die Glutaminversorgung im Stoffwechsel reifender Samen Ansatzpunkte für die Steigerung des Sameneiweißgehaltes bieten könnten.[459] PEPC katalysiert in reifenden Kotyledonen vor allem die Reassimilation von Atmungs-CO_2, wobei Oxalacetat als Glied des Citronensäure-Zyklus gebildet wird, von dem die Biosynthese verschiedener Aminosäuren ausgeht. Der Ersatz der dafür entnommenen Zwischenverbindungen sichert die fortdauernde Funktion des Zyklus. Das Säureamid Glutamin spielt als Aminogruppendonator für die Bildung von Aminosäuren eine zentrale Rolle und wird aus dem Transportstrom, der in die Samen gelangt, in die Kotyledonen aufgenommen. Deren Aufnahmekapazität ist von besonderer Bedeutung für die Samenproteinbildung. Deshalb boten sich PEPC und Aminosäuretransporter in Kotyledonen als Angriffspunkte für eine gentechnische Steigerung des Samenproteingehaltes an. Objekte für derartige Versuche wurden Narbonbohne (*V. narbonensis*,

---

457 Müntz K, Christov V, Jung R et al (1997), s. Fußnote Kap. 3/456.

458 Demidov D, Horstmann C, Meixner M et al (2003) Additive effects of the feed-back insensitive bacterial aspartate kinase and the Brazil nut 2S albumin on the methionine content in transgenic narbon bean (*Vicia narbonensis* L.). Mol Breed 11: 187–201.

459 Golombeck S, Rolletschek H, Wobus U, Weber H (2001) Control of storage protein accumulation during legume seed development. J Plant Physiol 158: 457–464.

Abschn. 3.4.3.10b) und Erbse (*Pisum sativum*), für die Isolde Saalbach ebenfalls ein Transformationssystem aufgebaut hatte.

Das verwendete bakterielle PEPC-Gen kodiert ein Enzym, das wegen der Regulation seiner Aktivität im Stoffwechsel für die Versuche besonders geeignet ist. Für die Beeinflussung der Aminosäureaufnahmekapazität wurde das Gen für eine Aminosäurepermease aus Ackerbohnen (*Vicia faba*) gewählt, das sich in Voruntersuchungen als geeignet für Eingriffe in den Stoffwechsel von Kotyledonen erwiesen hatte (VfAAP1). Die Gene wurden zur Steuerung der Genexpression auf die Phase der Reservestoffakkumulation jeweils unter Kontrolle des Legumin B4-Genpromotors gebracht. Tatsächlich besitzen die in Gewächshäusern aufgezogenen homozygoten transgenen Narbonbohnen und Erbsen mit dem Permease-Gen 10–25 % höhere Proteingehalte in der Trockenmasse als der Wildtyp[460] und sind außerdem um etwa 20–30 % größer als Wildtypsamen, ohne dass die Zahl der Samen pro Pflanze nennenswert verändert ist. Feldversuche mit den transgenen Erbsen haben die Auswirkungen der Übertragung des Permease-Gens auf Proteingehalt und Größe der Samen unter Freilandbedingungen bestätigt.[461] Homozygote transgene Narbonbohnenlinien mit dem PEPC-Gen zeigten bei Gewächshausversuchen ebenfalls bis zu 20 % erhöhten Samenproteingehalt und 20–30 % größere Trockenmasse/Samen[462]

Eigene und in anderen Laboratorien durchgeführte Untersuchungen hatten gezeigt, dass die *sink*-Stärke der Körner den Ertrag beim Weizen stark mitbestimmt (über *sink-source*-Wechselbeziehungen bei Getreide vgl. Abschn. 3.4.2.9), weshalb eine gentechnische Modulation des *sink-source*-Gleichgewichtes zugunsten des *sinks* als aussichtsreich für eine Ertragssteigerung angesehen wurde. Mit Kornreifung und -füllung geht ein auffälliger Anstieg im Saccharosegehalt einher, der mit den Saccharosetransportern in Transfergeweben zum Endosperm zusammenhängen musste. Deshalb erzeugte Nicola Weichert gemeinsam mit anderen Mitarbeitern aus der AG Genwirkung und anderen AGn des IPK[463] transgenen Weizen, der zusätzlich zu den eigenen Saccharosetransportern im Korn das Gen für den HvSUT1-Saccharosetransporter der Gerste unter Kontrolle eines endosperm- und kornfüllungsspezifischen Prolamin-Promotors exprimiert, was stadienspezifisch zu erhöhter Saccharoseaufnahme *in vitro* und gesteigertem Saccharoseflux in den reifenden Körnern führt. Der Stärkegehalt von transgenen Weizenkörnern, die unter Klimakammer-, Gewächshaus- oder Freilandbedingungen wuchsen, bleibt nahezu

[460] Rolletschek H, Hosein F, Miranda M et al (2005) Ectopic expression of an amino acid transporter (VfAAP1) in seeds of *Vicia narbonensis* and pea increases storage proteins. Plant Physiol 137: 1236–1249.

[461] Weigelt K, Küster R, Radchuk R et al (2008) Increasing amino acid supply in pea embryos reveals specific interactions of N- and C-metabolism and high lights the importance of mitochondral metabolism. Plant J 55: 909–926.

[462] Rolletschek H, Borisjuk L, Radchuk R et al (2004) Seed-specific expression of bacterial phosphoenolpyruvate carboxylase in *Vicia narbonensis* increases protein content and improves carbon economy. Plant Biotechnol J 2: 211–219.

[463] Weichert N, Saalbach I, Weichert H et al (2010) Increasing sucrose uptake capacity of wheat grains stimulates storage protein synthesis. Plant Physiol 152: 698–710.

unverändert, während ihr Proteingehalt erhöht ist, was auf gesteigerter Prolamin-Gentranskription und Biosynthese dieser typischen Reverveeiweiße des Weizens beruht. Tausendkornmasse sowie Korn- und Proteinertrag pro Einzelpflanze waren unter Gewächshausbedingungen statistisch gesichert erhöht, aber da die Freilandversuche weitgehend zerstört wurden (s. S. 197), konnten Ertragssteigerungen für diese Bedingungen noch nicht gesichert werden. Das Ergebnis zeigt jedenfalls, dass sich mit dem gewählten Ansatz die negative Korrelation zwischen Ertrag und Kornproteingehalt beim Weizen offenbar durchbrechen lässt.

Phytoantikörper und Protein-*farming* Im Gaterslebener Institut schlug die Geburtsstunde des Protein-*farmings*, als 1990 Udo Conrad aus der Abteilung „Entwicklungsbiologie der Säuger" zur Abteilung „Eiweißstoffwechsel" wechselte und 1992 für ihn die AG „Phytoantikörper" gebildet wurde (Abschn. 2.4.3.3). Aus seinen immunbiologischen Erfahrungen und dem Wissen um die Mechanismen der Speicherproteinbildung wurde ein risikoreiches, aber schließlich von Erfolg gekröntes Projekt geboren. Mithilfe der Expression von Genen für phytohormonspezifische Antikörper sollten hormonelle Regulationsvorgänge in transgenen Pflanzen untersucht werden.[464] Damit betrat das Institut gleichzeitig den Weg zum Protein-*farming*: die Erzeugung von pflanzenfremden Proteinen in pflanzlichen Organen für Zwecke des Pflanzenschutzes oder zur Erzeugung von Vakzinen sowie technisch interessanten Eiweißen (vgl. Abschn. 3.3.11.2). Gegenüber einer Produktion in Bakterien oder Tieren erlauben Pflanzen die kostengünstige Erzeugung von Fremdproteinen auf autotrophem Wege durch Anbau auf Feldern, die sich rasch und leicht den wechselnden Anforderungen des Marktes anpassen lässt und z. B. bei Akkumulation in Samen eine billige Langzeitlagerung des Ausgangsmaterials für die Gewinnung des betreffenden Proteins ermöglicht.[465]

Die Rolle der Abscisinsäure (ABA) bei der Kontrolle von Samenreifung und -keimung sowie bei der Stressreaktion von vegetativen Organen war bekannt. Mit einem von Elmar Weiler (Bochum) zur Verfügung gestellten monoklonalen Antikörper gegen ABA sollte die Rolle dieses Phytohormons in reifenden Samen und in Blättern erforscht werden. Die Kombination von drei wichtigen methodischen Faktoren schuf Voraussetzungen für den Erfolg: a) Verwendung von geeigneten entwicklungsregulierten und organspezifischen Promotoren für die Kontrolle der Genexpression, b) Einfügen von Abschnitten (*targeting*-Sequenzen) in den kodierenden Teil der Genkonstrukte, mit denen der Antikörper in bestimmte Zellkompartimente dirigiert werden kann, und c) die Nutzung von Genkonstrukten für Einketten-Fragment-Antikörper (***single chain Fv***, scFv). Da scFv nur aus einer Proteinkette bestehen, können sie praktisch in jedem Zellkompartiment exprimiert wer-

[464] Artsaenko O, Phillips J, Fiedler U et al (1999) Intracellular immunmodulation in plants – a new tool for the investigation of phytohormones. In: Harper K, Ziegler A (Hrsg) Recombinant antibodies: applications in plant science and plant pathology, Taylor & Francis, London, S 145–156.

[465] Fiedler U, Artsaenko O, Phillips J, Conrad U (1999) Transgenic plants – a low cost production system for recombinant antibodies. In: Harper K, Ziegler A (Hrsg) Recombinant antibodies: applications in plant science and plant pathology, Taylor & Francis, London, S 129–143.

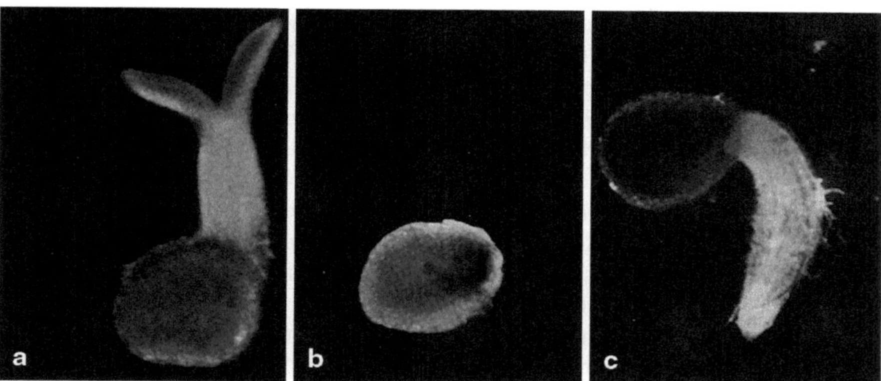

Abb. 3.37 Durch gentechnische Manipulation bewirkte Bildung von Antikörpern gegen das Phytohormon Abscisinsäure (ABA) im rER bindet ABA dort und simuliert Hormonmangel, was die Samenentwicklung umsteuert: Vivipare Keimung und Beginn der Keimung mit dem Erscheinen des Keimsprosses **a**, während im Gegensatz dazu bei normaler Keimung zuerst die Keimwurzel heraustritt **c** und reifende Samen von Kontrollpflanzen noch nicht keimfähig sind **b**. (Aus Phillips J, et al. (1997) EMBO J 16, hier S 4494, Abb. 9)

den. Werden die ABA-spezifischen scFv-Antikörper während eines mittelfrühen Stadiums der Embryogenese in transgenen Tabaksamen gebildet und reichern sie sich im ER an, dann wird dadurch die normale Reifung unterbrochen und die vorzeitige Keimfähigkeit der Samen eingeleitet. Es kommt nicht zur reifungstypischen massenweisen Bildung und Anreicherung von Speicherglobulinen. Samen, die im Stadium dieser Umschaltung isoliert werden, keimen auf Kulturmedium, was beim Wildtyp nicht erreicht werden kann. Bei genügend hoher Luftfeuchtigkeit tritt sogar, wie bei ABA-freien Mutanten, Viviparie auf, d. h. die Samen keimen schon auf den Mutterpflanzen (Abb. 3.37). Dabei enthalten die transgenen Samen sogar ein Vielfaches der ABA-Menge im Vergleich zum Wildtyp, jedoch kaum oder gar keine freie ABA. Das Fehlen von freiem aktivem Hormon wirkt offensichtlich als ABA-Mangelsignal und veranlasst die Pflanzen zur anhaltenden Hormonbildung, obwohl im ER große Mengen unwirksamer ABA gebunden an den Antikörper vorliegen, wo dieser offensichtlich als „Hormonfalle" wirkt. Vergleichbare Effekte treten auch bei der *in vitro*-Embryogenese aus Tabakzellkulturen auf, z. B. nahezu keine Bildung von Speicherglobulinen, und können dort durch Zugabe von exogenem ABA aufgehoben werden. Parallele Versuche mit der Expression von Antikörpern gegen ein pflanzenfremdes Hapten zeigten keine der beschriebenen Effekte und bewiesen, dass nicht die Bildung des Antikörpers an sich, sondern seine Wirkung auf den Hormonstoffwechsel Ursache der beobachteten Wirkungen ist. Die herabgesetzte Globulinbildung in den reifenden transgenen Tabaksamen beruht auf einer verringerten Bildung der entsprechenden mRNA durch Transkription der Globulingene, woran erkennbar ist, dass der Eingriff in den ABA-Haushalt eine Umschaltung im Genexpressionsprogramm bewirkt haben muss.

Bei Verwendung eines konstitutiven Promotors werden die ABA-spezifischen Antikörper in der ganzen Pflanze gebildet. Sie beeinflussen dann auch die Hormonwirkung auf die Spaltöffnungen. Die transgenen Tabakpflanzen welken und können nur bei mehr als 95 % relativer Luftfeuchtigkeit gehalten werden. Die Struktur der Stomata ist verändert, ihre Öffnungen sind vergrößert, ihr Diffusionswiderstand herabgesetzt und ihre Reaktion auf Änderungen in der Lichtintensität und im CO_2-Gehalt der Luft beeinträchtigt. Diese Effekte treten nicht auf, wenn die Bildung des ABA-Antikörpers nur auf die Schließzellen beschränkt bleibt, lassen sich aber durch Expression des entsprechenden Gens in den umgebenden Mesophyllzellen während der Blattentwicklung erzeugen. Die Expression der ABA-Antikörper während der ersten vier Wochen der Blattentwicklung ist entscheidend für ihre Wirkungen, die später zurückgehen bzw. sich durch langzeitige ABA-Behandlung aufheben lassen.

Mit der gleichen Strategie wie für ABA ist in Kooperation mit dem Institut für Pflanzenbiochemie, Halle, auch in die Funktion von Jasmonat (JA) bei der Wundreaktion von Tabakpflanzen und von den damals als Phytohormone neu gefundenen Brassinosteroiden eingegriffen worden. Die Menge an physiologisch aktivem JA im Cytosol von Blattzellen wird durch die Expression eines Gens für Anti-Jasmonat-scFv verringert, und die Induktion verwundungsspezifischer Gene unterbleibt weitgehend oder ganz. Allerdings genügt die alleinige Präsenz der Antikörper im ER nicht, um wie bei ABA eine gesteigerte Hormonbildung zu induzieren, sondern dies geschieht erst in Reaktion auf Verwundung. Durch Expression von Genen für Anti-Brassinosteroid-scFv in transgenen *Arabidospis thaliana-* und Tabakpflanzen sind erstmals verschiedene Funktionen dieses Phytohormons entdeckt worden. Die Inaktivierung von 24-Epibrassinolid bewirkt Zwergwuchs, und bei samenspezifischer Bildung derartiger Antikörper mit Akkumulation im ER kommt es zu Änderungen in der Genexpression für das 11-S-Globulin Cruciferin sowie zur Verzögerung der Keimung und nachfolgenden Keimlingsentwicklung. In Zusammenarbeit mit dem Department of Applied Biological Chemistry, The University of Tokyo, in Japan wurde in analoger Weise wie bei ABA und JA an transgenen *Arabidopsis thaliana*-Pflanzen in die Wirkung des Gibberellins (GA) eingegriffen. Antikörper gegen GA_{24}, eine Vorstufe auf dem Biosyntheseweg zum aktiven GA_4, erzeugten den typischen GA-Mangelphänotyp, der durch gestauchte Pflanzen, reduzierte Bildung von Rosettenblättern und verzögerte Blühinduktion gekennzeichnet ist. Die Bindung von GA_{24} durch den Antikörper im ER hemmt deutlich die Bildung von aktivem GA_4.

Bei der Immunmodulation der Phytohormonwirkungen, wie sie Conrad und Manteuffel zusammenfassend beschrieben,[466] wurden Antikörper gegen regulatorische niedermolekulare Pflanzenstoffe eingesetzt. Eingriffe in die Hitzestress-Anwort sind dagegen durch Expression von scFv-Genen für einen Antikörper gegen ein kleines pflanzliches Hitzeschockprotein (sHSP) gelungen. Bei Wärmebehandlung mit sublethalen Temperaturen werden in Pflanzenzellen Hitzeschock-

[466] Conrad U, Manteuffel R (2001) Immunomodulation of phytohormones and functional proteins in plant cells. Trends Plant Sci 6: 399–402.

Granulae (HSG) gebildet, woran sHSP beteiligt ist. Bei transgenen Tabakpflanzen, welche den sHSP-Antikörper bilden, vergilben nach Wärmebehandlung zunächst die Blätter und sterben später ab. Unter normalen Temperaturbedingungen gibt es dagegen keine derartigen Folgen in den immunmodulierten Tabakpflanzen, die dann den Kontrollpflanzen gleichen. Damit wurde bewiesen, dass der Einbau von sHSP eine Voraussetzung für die Bildung von HSG ist, welche wiederum zum Überleben der Pflanzen bei Temperaturstress nötig sind.[467] Mit einem ähnlichen Ansatz konnte mit der Expression von Antikörpern gegen Transkriptionsfaktoren zur Analyse der Kontrolle der Genexpression in reifenden Pflanzensamen beigetragen werden.

Eine Stärkung von pflanzlicher Virusresistenz ließ sich durch die Expression von Phytoantikörpern auf folgende Weise erreichen. Im Vermehrungszyklus phytopathogener RNA-Viren spielt die RNA-abhängige RNA-Polymerase eine Schlüsselrolle. Bei einer Reihe derartiger Viren gibt es in diesen Polymerasen einen hochkonservierten Sequenzabschnitt. Exprimiert man scFv-Gene für Antikörper, die gegen diese konservierte Peptidregion erzeugt wurden, dann hemmen diese in infizierten transgenen Pflanzen die Virusvermehrung und bewirken auf diese Weise erhöhte erblich stabile Resistenz gegen gleich mehrere derartige Virusarten. Der Antikörper reagiert darüber hinaus auch mit dem humanpathogenen Hepatitis C-Virus.

Mit den bisher beschriebenen Immunmodulationsversuchen waren reiche Erfahrungen über Wege zur erblich stabilen kontrollierten Bildung von erheblichen Mengen an Fremdprotein in transgenen Pflanzen gewonnen worden. Etwa zehn Jahre nach dem Beginn der Arbeiten ging man zum Protein-*farming* von pharmazeutisch interessanten Antikörpern und tierischen Faserproteinen über.[468] Seitdem sind bisher in Blättern bzw. Samen von transgenen Pflanzen unter Einsatz von konstitutiven oder samenspezifischen Promotoren erfolgreich bindungsaktive Antikörper gegen HIV-Protein, gegen Tumornekrosefaktor α, gegen Antigene des Tuberkuloseerregers und des H5N1-Vogelgrippevirus erzeugt worden, ohne dass dafür bereits Wege zur Erzeugung und Anwendung der für die Praxis erforderlichen Mengen ausgearbeitet werden konnten. In dieser Richtung sind Forschungen zur Erzeugung von Spinnenseidenprotein weit vorangetrieben worden (vgl. Abschn. 3.3.11.2). Wegen ihrer hohen Reißfestigkeit und Elastizität sind sie für medizinische und technische Zwecke von großem Interesse. Außerdem besitzen sie Eigenschaften, welche ihre Abtrennung von Pflanzenproteinen mit einfachen physikalischen Mitteln gestatten. Durch die Expression von Genen für Fusionen der erstrebten Fremdproteine mit elastinartigen Polypeptiden (ELP) sind nicht nur die Mengen an gebildetem Fremdprotein weiter gesteigert, sondern auch die Techniken zu ihrer Isolierung aus Pflanzen noch effektiver gestaltet worden.[469] In mehreren Jahren ist rekombinantes

[467] Conrad U, Manteuffel R (2001) s. Fußnote Kap. 3/466.

[468] Floss DM, Conrad U (2010) Expression of complete antibodies in transgenic plants. In: Kontermann R, Dübel S (Hrsg) Antibody engineering. 2nd Edition, Springer, Berlin Heidelberg, S 490–502.

[469] Floss DM, Schallau K, Rose-John S et al (2009) Elastin-like polypeptides revolutionize recombinant protein expression. Trends Biotechnol 28: 37–45.

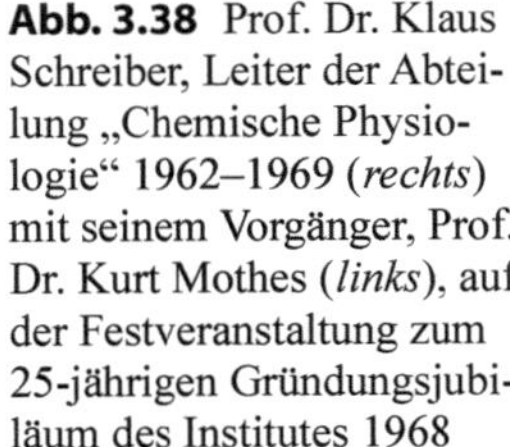

Abb. 3.38 Prof. Dr. Klaus Schreiber, Leiter der Abteilung „Chemische Physiologie" 1962–1969 (*rechts*) mit seinem Vorgänger, Prof. Dr. Kurt Mothes (*links*), auf der Festveranstaltung zum 25-jährigen Gründungsjubiläum des Institutes 1968

Spinnenseidenprotein in Feldversuchen erzeugt worden. Dabei erwies sich, dass sich Spinnenseidenproteine in Tabakblättern stabil anreichern, während sie dagegen in Kartoffelknollen abgebaut werden. Die Produktion in Tabakblättern ermöglichte Versuche zur Isolierung, Verspinnung und Nutzung der gewonnenen rekombinanten Proteine. Bei der Kultur tierischer bzw. humaner Zellen auf Filmen aus dem rekombinanten Protein erwiesen sich diese als gleichwertig mit sonst dafür verwendeten herkömmlichen Materialien. Bereits 1999 war auf Initiative von Udo Conrad im Biotechnologie- und Gründerzentrum Gatersleben (Abschn. 5.1) die Firma Novoplant gegründet worden, welche aussichtsreiche Ergebnisse der beschriebenen Grundlagenforschung bis zur Produktionsreife weiterentwickeln sollte. Die Firma musste bedauerlicherweise, noch bevor dieses Ziel erreicht worden war, 2008 geschlossen werden – unter anderem, weil sich infolge von Protestaktionen gegen „Grüne Gentechnik" kein Kapitalgeber mehr finden ließ.

3.4.4 Pflanzliche Naturstoffe und Wachstumsregulatoren

Im Jahre 1961 fiel die Wahl zum neuen Leiter der Abteilung „Chemische Physiologie" auf den jungen Naturstoffchemiker Klaus Schreiber (Abschn. 2.1.3.1, Abb. 3.38).[470] Er setzte die Forschung auf dem Gebiet der Alkaloide fort, das bereits unter Kurt Mothes am Institut eine Rolle gespielt hatte. Während Mothes jedoch die Alkaloidchemie als Teil seiner biochemischen Forschungen zum Stickstoffmetabolismus der Pflanzen begriff und sie außerdem aus pharmazeutischem Interesse verfolgte (Abschn. 3.4.3.3), trat nunmehr die chemische Erforschung von Alkaloiden und anderen pflanzlichen Naturstoffen in den Vordergrund. Damit begann am 1. Dezember 1961 im Institut die Entwicklung der Abteilung zu einem anerkannten Zentrum der pflanzlichen Naturstoffchemie. Diese sehr erfolgreiche Periode dauer-

[470] Steglich W (2007) Deutsche Akademie der Naturforscher Leopoldina, Jahrbuch 2002, S 271–273.

te sieben Jahre, bis Klaus Schreiber 1968 als Nachfolger von Kurt Mothes Direktor des Institutes für Biochemie der Pflanzen der DAW wurde und nach Halle wechselte. Bereits in dem Buch von Hans Stubbe über die ersten 25 Jahre der Institutsgeschichte gibt es eine zusammenfassende Darstellung der naturstoffchemischen Arbeiten in der damaligen Abteilung „Chemische Physiologie".[471]

Vor seiner Berufung nach Gatersleben hatte Klaus Schreiber in der Forschungsstelle für Kartoffelkäferbekämpfung, Mühlhausen (Thüringen), der Biologischen Zentralanstalt der DAL zu Berlin gearbeitet. Dort ging es vor allem um einen eventuellen ursächlichen Zusammenhang zwischen *Solanum*-Alkaloiden bzw. verwandten Naturstoffen und der Resistenz der Kartoffel gegen den Kartoffelkäfer. Darüber hinaus war man an chemischen Verfahren für die Umwandlung von Steroidalkaloiden der Solanaceen in Steroidhormone für pharmazeutische Zwecke interessiert. Schließlich hatten Untersuchungen über den Befall von Kartoffelwurzeln durch Nematoden eine chemische Verwandtschaft zwischen den Schlüpfstoffen für Nematodenlarven und den gerade als Phytohormone entdeckten Gibberellinen wahrscheinlich gemacht. In Gatersleben sind die Arbeiten über die genannten Stoffgruppen verstärkt worden, haben sich aber von ihren ursprünglichen Wurzeln gelöst.

Mit Klaus Schreiber kamen bereits Wissenschaftler aus Mühlhausen nach Gatersleben, die sich hier zu führenden Mitarbeitern in den Arbeitsgruppen für Steroidchemie (Günter Adam) und für Phytohormonforschung (Günther Sembdner) entwickelten. Von den etwa 20 Wissenschaftlern, die durchschnittlich zwischen 1962 und 1968 in der Abteilung arbeiteten, beschäftigten sich stets zehn bis 13 mit den nachfolgend beschriebenen Untersuchungen über pflanzliche Naturstoffe (zu anderen in der Abteilung arbeitenden Gruppen und Wissenschaftlern vgl. Abschn. 2.1.3.1).

Die Hauptlinien der naturstoffchemischen Untersuchungen von 1962–1968 waren a) Naturstoff-Screening; b) Struktur und Chemie der Steroidalkaloide als stickstoffhaltige Basen unter den Steroidverbindungen; c) Chemie der Sterine und weiterer Triterpenoide als stickstofffreie Vertreter der Gruppe der Steroidverbindungen, und d) Chemie und Physiologie der Gibberelline. Mit wenigen Ausnahmen handelt es sich um sekundäre Pflanzenstoffe, deren Funktionen in den Pflanzen damals noch weitgehend unbekannt waren. Alle genannten Stoffgruppen gehören zu den Terpenen (Abb. 3.39) und haben nicht nur Gemeinsamkeiten in der chemischen Struktur, sondern auch bezüglich der Biogenese in den Pflanzen. Die Gibberelline werden zu den Diterpenen, die Steroide dagegen zu den Triterpenen gezählt. Den Steroiden ist das Sterangerüst in typischer oder abgewandelter Form gemeinsam. Die stickstoffhaltigen Steroidalkaloide sind zumindest für Menschen giftig und üben zum Teil sehr spezifische Wirkungen auf das Nervensystem aus.[472] Unter den stickstofffreien Sterinen finden sich Bausteine der Zellmembranen wie Cholesterin bei Tieren, Ergosterol bei Pilzen oder Sitosterol bei Pflanzen. Zu den Steroiden gehören auch die weit später entdeckten Brassinosteroide, von denen die Brassinolide heute zu den Phytohormonen gerechnet werden. Sie haben ebenso wie hormonell

[471] Stubbe H (1982) s. Fußnote Kap. 1/19, hier S 143–152.

[472] Schreiber K (1968a) Toxische Inhaltsstoffe von Nahrungspflanzen. Kulturpflanze 16: 255–276.

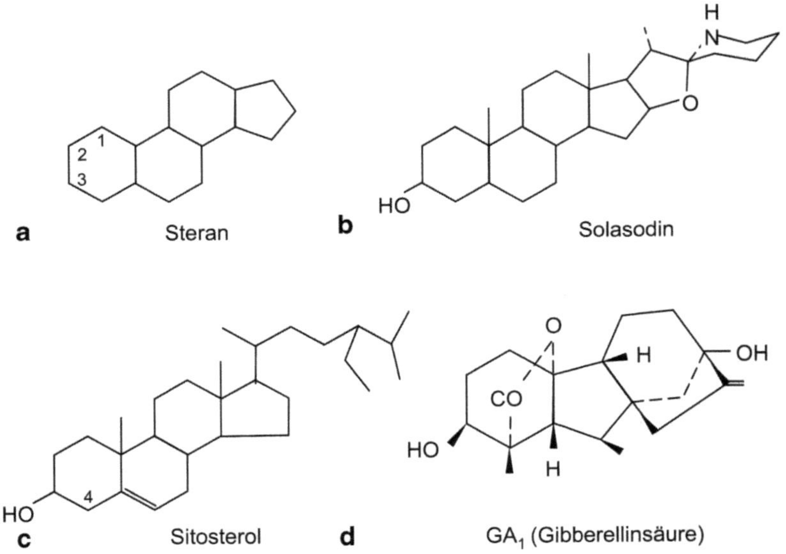

Abb. 3.39 Strukturformeln von Vertretern der wichtigsten von 1961–1969 in der Abteilung „Chemische Physiologie" naturstoffchemisch bearbeiteten Stoffgruppen. **a** Sterangerüst. **b** Solasodin, ein stickstoffhaltiges Steroidalkaloid. **c** Sitosterol, ein stickstofffreies Sterin. **d** Gibberellinsäure (GA_1), ein Phytohormon

aktive Gibberelline bei den Gaterslebener Versuchen zur Immunmodulation von Phytohormonwirkungen eine Rolle gespielt (Abschn. 3.4.3.10, Unterpunkt 4). Saponine werden als Glykoside in den Vakuolen der Pflanzenzellen gespeichert. Ihre Aglykone entfalten bei Zellschädigung, z. B. infolge Pathogenbefalls, Detergenzwirkungen, zerstören auf diese Weise die Struktur von Zellmembranen und wirken bei der Pathogenabwehr mit.

Bei den naturstoffchemischen Arbeiten in Gatersleben setzte man klassische chemische Verfahren der Strukturanalyse durch Abbau oder Synthese in Kombination mit modernen physikalischen Methoden, wie UV- und IR-Spektroskopie, Messung der Optischen Rotationsdispersion (ORD) und des Circulardichroismus (CD-Spetroskopie[473]) ein, wofür das Gaterslebener Institut die erforderlichen kostspieligen Geräte anschaffte. Sie wurden später beim Wechsel der Gruppe nach Halle dorthin übergeführt. Die Röntgenstrukturanalyse, Molekül-Massen- und kernmagnetische Resonanzspektroskopie (NMR) konnten durch Kooperationen mit dem Institut für Strukturforschung der DAW in Berlin-Adlershof, dem Institut Manfred von Ardenne, Dresden, bzw. dem Physikalischen Institut der Universität Leipzig genutzt werden. Für die Anwendung der Elektronenstoß-Massenspektrometrie be-

[473] Ripperger H (1966) Optische Rotationsdispersion und Circulardichroismus sowie ihre Anwendung in der organischen Chemie. Z Chem 6: 161–171.

stand eine Zusammenarbeit mit Carl Djerassi, Pionier der Nutzung spektroskopischer Methoden für die Strukturaufklärung chemischer Verbindungen und „Vater der Antibabypille“, damals an der Stanford-Universität, USA, und Herbert Budzikiewicz (zunächst bei Carl Djerassi in Stanford und später damalige Technische Hochschule Braunschweig).

3.4.4.1 Naturstoff-*screening*

Mit Extraktions- und Diagnoseverfahren, welche einen hohen Probendurchsatz ermöglichten, sind 1964–1966 zahlreiche Pflanzen aus der heimischen Flora, aus den Sammlungen im Kulturpflanzenweltsortiment des Institutes und schließlich von 1967–1969 auch aus der Flora von Kuba durchgemustert worden. Trockensubstanzproben davon unterwarf man einer fraktionierenden Extraktion mit organischen Lösungsmitteln. Sterine und Triterpenoide, Alkaloide sowie Saponine kamen dabei jeweils in eine bestimmte Fraktion und konnten danach mit Dünnschicht- und bei Alkaloiden auch Papierchromatographie weiter aufgetrennt und schließlich mit stoffklassenspezifischen Reagenzien diagnostiziert werden. Die Ergebnisse erschienen mit Otto Aurich als jeweiligem Erstautor in umfangreichen Mitteilungen in den Bänden 13–15 (1965–1967) der Institutszeitschrift „Die Kulturpflanze“. In den Mitteilungen I und II wurde über die Resultate von Untersuchungen an 317 Arten aus 73 Familien bzw. 104 Arten aus 24 Familien berichtet, wobei man nach allen vier oben genannten Stoffklassen suchte. In Teil III wurden Ergebnisse über 148 Arten aus 20 Familien mitgeteilt, die nur nach Alkaloiden und Saponinen durchgemustert worden waren. Insgesamt erfasste dieses Screening-Programm 569 verschiedene Pflanzenarten.

Otto Aurich und Christian Horstmann, die an dem Naturstoff-Screening in Gatersleben maßgeblich beteiligt waren, gehörten von 1967 bis 1969 zu jener Wissenschaftlergruppe, die in Havanna (Kuba) am Institut für Biologie der AdW Kubas arbeitete (Abschn. 2.1.3.1). Sie haben zusammen mit kubanischen Kollegen mit einem abgewandelten und vereinfachten System von Mikromethoden unter Einsatz von sehr kleinen Trockensubstanzmengen 1.165 Arten aus 149 Pflanzenfamilien aus fünf kubanischen Provinzen und der Isla de Pinos auf Alkaloide bzw. Saponine geprüft. Die Ergebnisse wurden mit dem Kubaner Emilio Aleman Frias als Erstautor in Bd. 19 (1972) der „Kulturpflanze“ publiziert.

Zum Naturstoff-Screening sind auch jene Vorhaben zu rechnen, bei denen kleinere Zahlen von Vertretern aus einer bestimmten Pflanzengruppe nach speziell interessierenden Stoffen durchgemustert wurden (vgl. Abschn. 3.4.3.3), und worauf an passender Stelle in nachfolgenden Abschnitten noch eingegangen wird.

3.4.4.2 Steroid- und Tropanalkaloide

Die Ergebnisse der Forschungen aus der Gaterslebener Zeit über Steroidalkaloide sind in einer Mitteilungsreihe unter dem Serientitel „Solanum-Alkaloide“ mit den Nummern IX bis LXXXIV und zahlreichen einschlägigen Publikationen in anders benannten Mitteilungsreihen oder als Einzelartikel erschienen. Die große Zahl dieser Veröffentlichungen zeigt im Vergleich zur Anzahl der Publikationen über die anderen bearbeiteten Stoffgruppen, dass der Schwerpunkt der naturstoffchemischen Arbeiten bei den Steroidalkaloiden lag.[474, 475]

Von den vier Pflanzenfamilien (Solanaceae, Liliaceae, Apocynaceae, Buxaceae), bei denen Steroidalkaloide vor allem vorkommen, sind vorrangig Solanaceenarten bearbeitet worden. In Zusammenarbeit mit dem Institut für Chemie der Slowakischen Akademie der Wissenschaften, Bratislava, untersuchte man darüber hinaus Steroidalkaloide aus der Liliaceen-Gattung *Veratrum*, wobei mit den Alkaloiden Veralkamin, Veramin und Veralinin aus *V. album* Vertreter mit völlig neuartigem Grundskelett entdeckt wurden. Zahlreiche weitere Steroidalkaloide wurden isoliert und strukturell aufgeklärt. Viele bereits bekannte Vertreter konnten in anderen Pflanzenarten nachgewiesen werden, wodurch die Kenntnisse über verschiedene Haupt- und Nebenalkaloide in den „Schwärmen" ähnlicher Verbindungen bei einer Reihe von Arten erheblich erweitert wurden. Isolierung und Reindarstellung bildeten die Voraussetzung für die Aufklärung von Konstitution und Raumstruktur der neuen oder bisher unvollständig beschriebenen Stoffe. Beispiele dafür sind: die Gewinnung von Solanocapsin, ein neues Alkaloid aus *Solanum pseudocapsicum*, von γ_1- und δ-Solamarin aus *S. dulcamara*, von Neochlorogenin, Paniculogenin und 3-Aminospirostan aus *S. paniculatum*, Jurubin aus *S. torvum*, verschiedener Steroidalkaloidglykoside aus oberirdischen Organen bzw. Wurzeln von *S. dulcamara*, des Solasodinglykosids aus *S. armatum,* von Nebenalkaloiden *aus S. pimpinellifolium* oder β-Tomatidin als Hauptalkaloid aus Tomatenmutanten. Mit den eingangs genannten physikalischen Methoden ließen sich bereits mit sehr geringen Mengen des jeweiligen reinen Stoffes Beiträge zur Aufklärung seiner Struktur leisten. Chemische Synthesen[476, 477] bzw. chemischer Abbau dienten der Vervollständigung und Sicherung der mit spektroskopischen Methoden ermittelten Strukturen. Mit der Synthese von Tomatidin, Tomatidenol, Soladulcidin, Demissin und Solanidin aus Pregnanderivaten gelang erstmalig die formale Totalsynthese dieser wichtigen Solanum-Alkaloide. Die Untersuchungen zur Gewinnung pharmazeutisch wichtiger Corticoid-Vorstufen aus natürlich vorkommenden Solanum-Steroidalkaloiden gingen vor allem von den Spirosolan-Vertretern Solasodin und Tomatidenol aus. Daneben wurden Methoden gesucht, um Pregnanderivate für die Corticoidherstellung aus dem leicht und in großen Mengen in Kartoffelkeimen vorkommenden Solanidin zu gewinnen.[478] Sowohl für Fragmentierungs- als auch spezifische Ringschlussreaktionen wurden von Günter Adam neuartige photochemische Verfahren

[474] Schreiber K (1966) Über die Biochemie der Steroidalkaloide. Abhdlg Dtsch Akad der Wissensch zu Berlin, Klasse Chemie, Geologie, Biologie, S 65–91.

[475] Schreiber K (1968b) Steroid Alkaloids: The Solanum Group. In: Manske RHF (Hrsg) The Alkaloids: Chemistry and Physiology, Bd. 10, Academic Press, New York London, S 1–192.

[476] Adam G (1963a) Wege zur Totalsynthese pflanzlicher Steroide. Teil I. Z Chem 3: 379–384.

[477] Adam G (1963b) Wege zur Totalsynthese pflanzlicher Steroide. Teil II. Z Chem 3: 403–415.

[478] Schreiber K, Adam G, Aurich O et al (1967) Recent advances in the preparation of hormonal steroids from *Solanum* alkaloids. In: Excerpta Medica Foundation (Hrsg) Proc 2nd Internat Congr Hormonal Steroids, Milan, May 23–28, 1966 Internat Congr Series: Excerpta Medica Foundation 132, Amsterdam, S 344–353.

entwickelt.[479] So führte die Fragmentierung von N-Chlor-22,26-iminocholestanen zu 16-substituierten 20-Chlor-pregnanen und ermöglichte in nur drei Reaktionsschritten einen originären Abbau der Spirosolan-Alkaloide zu neuen pharmakologisch interessanten Verbindungen. Die Verfahren wurden zum Patent angemeldet. Die erhaltenen Produkte fanden international und beim VEB Jenapharm, Jena, Interesse, wo die Stoffe einer pharmazeutischen Testung unterzogen wurden. Nicht zuletzt gab es intensive Bemühungen, Solanaceenarten und Mutanten mit besonders hohem Gehalt an pharmazeutisch interessanten Alkaloiden zu finden, z. B. *S. dulcamara* für die Gewinnung von Tomatidenol als Ausgangsstoff für die Corticoidsynthese.

Von den Alkaloidforschern, die schon unter Kurt Mothes in der Abteilung gearbeitet hatten, war Anneliese Romeike[480] in Gatersleben geblieben. Sie setzte ihre Arbeiten über Spross-Wurzel-Beziehungen bei Bildung und Akkumulation von Tropanalkaloiden fort, erzeugte durch Kreuzungen verschiedener *Datura*-Arten kombiniert mit Polyploidisierungen pharmazeutisch interessante scopolaminreiche Alkaloidlieferanten und führte an einem Beispiel den Nachweis dafür, wie bei Pflanzen chemische Rassen entstehen können.

3.4.4.3 Sterine und Triterpenoide

Die Zahl der 1962–1968 erschienen Mitteilungen aus der Reihe über N-freie Sterine und Triterpenoide ist weitaus kleiner als jene über Steroidalkaloide. Sie überlappt teilweise mit einer Reihe zur Anwendung der Molekül-Massenspektrometrie bei der Identifizierung und Strukturaufklärung von Naturstoffen, denn diese in Kooperation mit dem Institut Manfred von Ardenne in Dresden-Weißer Hirsch genutzte Methode ist vor allem bei den Arbeiten über Sterine und Triterpenoide eingesetzt worden. Untersuchungsobjekte waren Blätter von verschiedenen Kartoffelarten, wie unserer Kulturkartoffel, *S. tuberosum,* und von Wildkartoffeln, wie *S. demissum* und *S. polyadenium*, aber auch Wurzeln von *S. torvum* und *S. paniculatum.* Aus den paraffinartigen Blattwachsen von *Solanum*-Arten und des kubanischen Zuckerrohrs wurden zahlreiche aliphatische Alkohole und Ketone beschrieben, die dort in unterschiedlicher qualitativer und quantitativer Zusammensetzung vorkommen. Aus Kartoffelblättern ist das Triterpen Cycloartenol in größeren Mengen isoliert und dann als potenzielles Ausgangsmaterial zur Umwandlung in Pregnanderivate für die Corticoidsynthese benutzt worden. In den untersuchten Wurzeln gibt es das nativ als Glykosid vorkommende Steroidsapogenin Jurubin, dessen Aglykon Jurubidin heißt. Blätter und Früchte sind jurubinfrei. Dagegen sind in Blättern von *S. paniculatum* zwei Saponine mit neuartiger Struktur entdeckt worden, die sich in drei wesentlichen chemischen Merkmalen von den bisher bekannten Saponinen unterscheidet. Unter den zahlreichen Haupt- und Nebensterinen (Cycloartenol, β-Sitosterin, Stigmasterin bzw. Campesterin und Lophenol) wurde auch Cholesterin

[479] Adam G (1968) Neue Entwicklungen der präparativen und organischen Photochemie. Z Chem 8: 441–453.

[480] Meister A, Müntz K (2010) Zum Tode von Frau Dr. rer. nat. habil. Annelies Romeike. IPK-Journal 19 (1): 20–21.

gefunden und in weiteren Pflanzenarten nachgewiesen, das bis dahin als ausschließliches Zoosterin galt. Auch Sterole und andere Triterpenoide aus Kartoffelkäfern (*Leptinotarsa decemlintata*) wurden untersucht.

In der zweiten Hälfte der 60er-Jahre begann man mit Untersuchungen zur Biogenese und zum Stoffwechsel pflanzlicher Triterpenoide, wofür in der Gruppe synthetisierte und spezifisch mit ^{14}C radioaktiv markierte Verbindungen eingesetzt wurden. Dabei ist die Bedeutung von Cycloartenol als Zwischenprodukt bei der Biosynthese von C_{27}-Steroidalkoholen und -sapogeninen erkannt worden.

3.4.4.4 Gibberelline

Gibberellinsäure (GA), nach heutiger Nomenklatur GA_3, ist ursprünglich 1935 aus dem phytopathogenen Pilz *Gibberella fujikuroi* isoliert worden. Unter den mehr als 130 zu den Gibberellinen gezählten Naturstoffen sind nur die Gibberelline A_1, A_3, A_4 und A_7 als Phytohormone biologisch aktiv. Die Arbeitsgruppe Gibberelline der Abteilung „Chemische Physiologie" hat unmittelbar nach der 1960 bekannt gewordenen Strukturaufklärung von GA mit ihren naturstoffchemischen und physiologischen Arbeiten auf diesem Gebiet begonnen. Zur Publikation der Resultate gab es eine eigene Mitteilungsreihe. Außerdem erschien eine Reihe von Artikeln zur Bibliografie von Gibberellinpublikationen und eine tabellarische Übersicht aller bis dahin bekannten Gibberelline, ihrer Derivate und Abbauprodukte mit den jeweiligen Strukturformeln, Gewinnungswegen, physikalischen Konstanten sowie spektroskopischen Daten.

In Kooperation mit Ingeborg Focke vom Institut für Pflanzenzüchtung, Bernburg, der DAL ist der aus Mais isolierte Pilz *Fusarium moniliforme* für Untersuchungen über die Metabolisierung von endogenen und exogen zugeführten Gibberellinen sowie von deren chemisch hergestellten Abbauprodukten genutzt worden. Bei Versuchen, die Bedingungen für die Gibberellinproduktion des Pilzes zu optimieren, entdeckte man einen in Lupinen natürlich vorkommenden Inhibitor seiner Gibberellinbiosynthese.

Im Mittelpunkt der Forschungen standen aber Gibberellin-Screening bei höheren Pflanzen, Isolierung, Reindarstellung und Strukturaufklärung ausgewählter Gibberelline sowie deren chemische Synthese. Zunächst wurden vor allem dünnschichtchromatographische Trennungs- und Identifizierungsverfahren sowie mikropräparative Isolierungstechniken entwickelt, um Vertreter der Gibberelline zu identifizieren und biologisch testen zu können. Für Biotests sind Zwergformen der Erbse genutzt worden, da aktive Gibberelline vor allem die Sprossstreckung fördern und GA-Mangel diese hemmt, was z. B. die Ursache für die landwirtschaftlich sehr bedeutende Kurzstrohigkeit bei Getreiden bildet. Aus *Phaseolus coccineus, Nicotiana tabacum und Lycopersicon esculentum* sind dann zahlreiche Gibberelline identifiziert und präparativ dargestellt worden. Dabei gelang z. B. die Reindarstellung und Strukturaufklärung von GA_8-O(2)-β-glucopyranosid aus 4.000 kg unreifen *Ph. coccineus*-Früchten. Es erwies sich als inaktive Endstufe des Gibberellinstoffwechsels während der Fruchtreifung, kann bei der Keimung der Samen wieder mobilisiert werden und fungiert offensichtlich als ein Depot für inaktiviertes

Gibberellin. Bei der Durchmusterung einer ganzen Reihe anderer Pflanzen zeigte sich, dass die Gibberelline vielfach an Zucker oder auch Aminosäuren gebunden vorkommen und derartige Konjugate offensichtlich generell inaktive Deponieformen für Gibberelline darstellen.

3.4.4.5 Pflanzliche Phenolverbindungen

In der damals von ihm übernommen Abteilung „Molekulare Zellbiologie" gründete Uwe Sonnewald 1998 eine AG „Angewandte Biochemie" unter Leitung von Hans-Peter Mock (Abschn. 2.4.3.2, Unterpunkt 5, und 2.4.3.3), der vorher in Bernhard Grimms AG über Chlorophyllbiosynthese (Abschn. 3.4.2.5) gearbeitet hatte. Ziel der neuen AG war die Identifizierung regulatorischer Faktoren der Sekundärstoffbiosynthese. Dazu sollten die semiautomatische Analyse pflanzlicher Inhaltsstoffe sowie moderne Verfahren mit großem Probendurchsatz auf der Basis massenspektrographischer Methoden in Kopplung mit chromatographischen Fraktionierungstechniken für Naturstoffe und Proteine eingesetzt werden, um u. a. wichtige regulatorische Enzyme der betreffenden Stoffwechselwege finden und analysieren zu können. Der Gruppe kam eine Querschnittsfunktion zu, mit der die methodischen Möglichkeiten der Abteilung insgesamt gestärkt werden sollten. Damit wollte sich das IPK an institutsübergreifenden Projekten zur funktionellen Genomanalyse beteiligen.

Im Zentrum der Untersuchungen standen zunächst der Phenylpropanstoffwechsel und seine Beeinflussung durch erhöhte CO_2-Konzentrationen der Luft. Daran adaptierte Tabakpflanzen zeigen gesteigerte Aktivität der Phenylalanin-Ammonium-Lyase (PAL), eines Schlüsselenzyms der Biosynthese von Phenylpropanverbindungen, und akkumulieren erhebliche Mengen an phenolischen Inhaltsstoffen (z. B. Chlorogensäure sowie die Cumarine Scopolin und Scopoletin), was mit einer erhöhten Virusresistenz korreliert.[481] Die anthropogene Erhöhung der CO_2-Konzentration in der Luft kann also Veränderungen in derartigen interorganismischen Beziehungen zur Folge haben. Scopoletin gehört zu den Cumarinverbindungen, die häufig glucosyliert sind, wobei UDPG als Glucosyldonator dient. Aus Tabaksuspensionskulturen isolierte UDP-Glucose:Scopoletin-Glucosyltransferase und entsprechende klonierte cDNA dienten als Ausgangspunkt für Gentransferversuche zur Überexpression des Enzyms. Auf diesem Wege ist der antivirale Effekt erhöhter Mengen an phenolischen Inhaltsstoffen bestätigt worden.[482]

Trichomen auf Epidermiszellen werden Funktionen in der Stressreaktion von Pflanzen zugeschrieben. Sie bilden deshalb ein einfaches Modell zur Untersuchung der zugrunde liegenden Mechanismen. Differenzielle Sekundärstoffmuster von Ta-

[481] Matros A, Amme S, Kettig B et al (2006) Growth at elevated CO_2 concentrations leads to modified profiles of secondary metabolites in tobacco cv. Samsun NN and to increased resistance against infection with potato virus Y. Plant Cell Environ 29: 126–137.

[482] Matros A, Mock H-P (2004) Extopic expression of a UDP-glucose:phenylpropanoid glucosyltransferase leads to increased resistance of trangenic tobacco plants against infection with potato virus Y. Plant Cell Physiol 45: 1185–1193.

bakblattdrüsenhaaren und Blattzellen ergaben deutlich höhere Gehalte an bestimmten Phenylpropanen in den Haaren, insbesondere an Nicotin, Rutin und anderen zunächst unidentifizierten Verbindungen. Bei der Proteomanalyse von Trichomen sind mehr als 30 Peptidflecken aus der 2D-Elektrophorese gefunden worden, die wenigstens die doppelte Konzentration gegenüber Blattzellextrakten aufweisen, darunter stressinduzierbare Proteine wie Superoxidismutase, Glutathion-Peroxidase und Chitinase I.[483] Die Identifizierung trichomspezifischer Proteine konzentrierte sich in weitergehenden Untersuchungen auf das stressinduzierbare STINT, dessen Genpromotor isoliert und für die Expression von Indikatorenzymen in transgenen Pflanzen benutzt wurde. STINT wird spezifisch in Cytosol und Nukleus von Trichomen, nicht aber in Blattzellen exprimiert. RNAi-Pflanzen mit vermindertem STINT-Niveau erleiden unter Kälte- und Trockenstressbedingungen Wachstumsstörungen, was auf die Funktion des Proteins in der Reaktion auf abiotische Stressfaktoren hinweist.

Gegenwärtig ist die Gruppe verstärkt mit Proteomanalysen in Kooperation mit anderen Gruppen an folgenden Projekten beteiligt:

- Analyse der Auswirkung ektopischer Expression von Transkriptionsfaktoren auf den Phenylpropanstoffwechsel transgener Pflanzen sowie auf die Anthocyanproduktion im Zusammenhang mit ernährungsgesundheitlichen Fragen bei Tomatenfrüchten (EU-Flora-Projekt);[484]
- Untersuchung entwicklungsabhängiger Änderungen in der Genexpression reifender Gerstekörnern (AG „Samenentwicklung“);[485, 486]
- Erforschung der Funktion epidermaler Gersteblattzellen für die Mehltauresistenz (AG „Transkriptomanalyse“);
- Proteom-Analysen zu Erfassung von QTL für Salz-Stresstoleranz bei Gerste-Kartierungspopulationen (AG „Ressourcengenetik und Reproduktion“).

3.4.5 Krankheitsresistenz und Stresstoleranz

Bereits 1934 stellte Hans Stubbe in einer Übersichtsarbeit zur Mutationsforschung die Resistenzzüchtung als wichtigsten Zweig der Züchtung heraus,[487] und zur Erforschung der Grundlagen von Pflanzenkrankheiten und der pflanzlichen Reaktion auf Pathogene plante er im Rahmen des Institutsaufbaus nach dem Kriege eine Abteilung „Phytopathologie“. 1953 ist zu lesen, dass „für die geplante Phytopatho-

[483] Amme S, Rutten T, Melzer M et al (2005) A proteoma approach defines protective functions of tobacco leaf trichomes. Proteomics 5: 2508–2518.

[484] Butelli E, Titta L, Giorgio M et al (2008) Enrichment of tomato fruit with health-promoting anthocyanins by expression of selected transcription factors. Nature Biotechnol 26: 1301–1308.

[485] Weschke W, Mock H-P, Pietsch C, Radschuk (2007) „Genetical Genomics“ der Gerstenkornentwicklung – von der Genexpression zu landwirtschaftlich bedeutsamen Merkmalen. GenomXPress 1: 12–16.

[486] Sreenivasulu et al (2010) s. Fußnote Kap. 3/304.

[487] Stubbe H (1934) s. Fußnote Kap. 3/115, hier S 787.

logische Abteilung … schon die Insektenfauna der Umgebung erfasst“ und entsprechende Sammlungen angelegt werden.[488] Auch wenn eine solche Abteilung nie gegründet wurde (s. Kap. 2.1.4.1), so wurde doch dem Thema „Resistenz“ stets große Aufmerksamkeit gewidmet, insbesondere bei der umfangreichen Prüfung von Genbankmaterial.

3.4.5.1 Resistenzprüfungen des Genbankmaterials und ihre Bedeutung für die Resistenzzüchtung[489]

Der Wert des Genbankmaterials für die Pflanzenzüchtung ist stark vom Ausmaß seiner Evaluierung abhängig. Deshalb gehörte neben der Erhaltung der Sammlungen die Prüfung des Materials hinsichtlich spezifischer Merkmale stets zu den zentralen Aufgaben der Genbank. Hierzu wurden häufig Kooperationspartner herangezogen. Besonders eingehend wurde das Gerstensortiment geprüft, auch weil Rudolf Mansfeld aufgrund gründlicher morphologischer Untersuchungen der Gerstenkollektion bereits 1950 ein klares Ordnungssystem für die Gerste vorgelegt hatte. Wichtigster Kooperationspartner war zunächst über viele Jahre Ilse Nover[490] vom damaligen Phytopathologischen Institut der Landwirtschaftlichen Fakultät in Halle. Die langfristig angelegten Arbeiten wurden regelmäßig unter dem Sammeltitel „Resistenzeigenschaften im Gersten- und Weizensortiment Gatersleben“ veröffentlicht und umfassten bis zum Tode von Ilse Nover 1985 21 Publikationen. Sie waren überwiegend gemeinsam mit Christian Lehman in der „Kulturpflanze“, der Hauszeitschrift des Instituts, publiziert worden. Geprüft wurde die Resistenz gegenüber Mehltau (*Erysiphe graminis*), Zwerg-, Braun- und Gelbrost (*Puccinia*) sowie Flugbrand (*Ustilago nuda*). Nachfolgende Resistenzprüfungen erfolgten gemeinsam mit den AdL-Instituten in Aschersleben, Bernburg, Hadmersleben und Quedlinburg sowie spezialisierten Saatzuchtstationen. In die Untersuchungen wurden zusätzlich Netzfleckenkrankheit (*Drechslera teres*), Halmbruchkrankheit (*Cercosporella herpotrichoides*), Spelzenbräune (*Septoria nodorum*) und Virosen (speziell Gerstengelbmosaikvirus) sowie Blattläuse einbezogen. Die letzten beiden Publikationen dieser Reihe, die Beiträge 28 und 29, erschienen im vorletzten Band der Kulturpflanze 1989. Die ausgedehnten Untersuchungen trugen sowohl der Tatsache Rechnung, dass einerseits immer wieder neue Erregerpopulationen auftauchten und andererseits das Genbankmaterial ständig Zuwachs durch Sammelexpeditionen und Tausch

[488] Ohne Autor (1953) s. Fußnote Kap. 2/3, hier S 28.

[489] Zusammenfassungen zur Thematik haben Hammer [Hammer K (1991) Die Nutzung der Gaterslebener Genbank für die Resistenzzüchtung – eine Übersicht. Vortr Pflanzenzüchtg 19: 197–206] und Börner [Börner A, Freytag U, Sperling U (2006) Analysis of wheat resistance data originating from screenings of Gatersleben genebank accessions during 1933 and 1992. Gen Ressour Crop Evol 53: 453–465] vorgelegt. Ferner hat Gäde (1998), s. Fußnote Kap. 3/5, hier Kap. 8, eine umfassende Liste aller Arbeiten zur Evaluierung des Gaterslebener Sortiments getrennt nach Fruchtarten(gruppen) publiziert.

[490] Einen kurzen Nachruf mit einem Verzeichnis der Publikationen (viele gemeinsam mit Christian Lehmann vom Gaterslebener Sortiment) veröffentlichten Lehmann CO und Frauenstein K (1986) Zum Gedenken an Ilse Nover (1915–1985). Kulturpflanze 34: 13–18.

erfuhr. Das selektierte Material wurde unmittelbar den Züchtern zur Verfügung gestellt (s. Abschn. 3.1.6).

Neben Gerste wurde Weizen (Gattungen *Triticum* und *Aegilops*) ausführlich auf Resistenz gegen die oben genannten Erreger getestet. Eine jüngste Auswertung aller inzwischen auch elektronisch gespeicherter Daten verzeichnet über 10.000 in die Untersuchungen einbezogene *Triticum*- und nahezu 500 *Aegilops*-Muster, die mehr als 150.000 Krankheitsbewertungen lieferten. Resistenzen konnten am ehesten in den diploiden Arten gefunden werden.[491]

Neben Getreiden wurden Leguminosen (Ackerbohne, Buschbohne und Erbse), aber auch verschiedene Gemüse insbesondere auf Virusresistenz geprüft.[492] Den Prüfumfang verdeutlicht die Anzahl von allein 119.000 Ackerbohnenpflanzen, die zwischen 1971 und 1989 im Gewächshaus angebaut und künstlich mit fünf verschiedenen Viren infiziert und anschließend evaluiert wurden.[493] Über die Resistenztestung verschiedener Gemüse (Gurke, Paprika, Tomate, Salat, Spinat) ist nicht ausführlich berichtet worden, doch sind auch hier selektierte Genotypen in die Züchtungsinstitute der DDR gegangen. Begünstigt durch die organisatorische Einbindung der Genbank in die fruchtartenspezifischen Züchtergemeinschaften konnte für insgesamt 56 zwischen 1973 und 1990 in der DDR und als Lizenzsorten in anderen europäischen Ländern zugelassene neue Sorten (davon allein 30 Sommergerstensorten) der sichere Nachweis erbracht werden, dass Genbankmaterial Eingang gefunden hatte.[494] Die Dauer des gesamten Prozesses vom Beginn der Evaluierungen bis zu einer neuen Sorte mit eingekreuzter Resistenz aus Genbankmaterial wurde mit etwa 20 Jahren angegeben.[495]

Auch nach der Neubildung des Instituts 1992 stellten die Evaluierungen des Genbankmaterials einen Schwerpunkt der Genbankarbeit dar. Hauptpartner der mit verschiedenen Einrichtungen gemeinsam durchgeführten Programme waren und sind die Institute der BAZ, des heutigen JKI. Neben verschiedenen Getreiden wurden Beta-Rüben, Kohl-Arten (*Brassica* spec.), Zwiebeln und Möhren auf Resistenz gegenüber verschiedensten Schaderregern von Viren, Bakterien, Pilzen bis zu Nematoden und Blattläusen geprüft. Auch die Genbankaußenstellen prüfen regelmäßig ihr Material. In Dresden-Pillnitz sind während der Zugehörigkeit der Obstsammlungen zur Genbank des IPK (s. Abschn. 2.4.3.3) umfangreiche Evaluierungen von Resistenzeigenschaften des Apfelsortiments (insbesondere Schorf- und Mehltauresistenz), von Birnen, Süß- und Sauerkirschsorten sowie zahlreicher Erd-

---

[491] Börner A, Freytag U, Sperling U (2006) Analysis of wheat disease resistance data originating from screenings of Gatersleben genebank accessions during 1933 and 1992. Genet Resour Crop Evol 53: 453–465.

[492] Diese Arbeiten wurden von Schmidt und Lehmann zusammengefasst: Schmidt HE und Lehmann C (1990) Untersuchungen zur Virusresistenz in den Gaterslebener Kollektionen von Ackerbohnen (*Vicia faba* L.), Erbsen (*Pisum sativum* L.) und Buschbohnen (*Phaseolus vulgaris* L.). In: Dambroth M und Lehmann C (Hrsg.) Gemeinsames Kolloquium. Sicherung und Nutzbarmachung pflanzengenetischer Ressourcen. Braunschweig Gatersleben, S 109–125.

[493] Schmidt und Lehmann (1990) s. Fußnote Kap. 3/492.

[494] Jahresbericht 1990 des Instituts für Genetik und Kulturpflanzenforschung, S 1/2.

[495] Hammer (1991) s. Fußnote Kap. 3/489.

beersorten und -wildarten durchgeführt worden (Manfred Fischer, Rolf Büttner). In Groß-Lüsewitz wurden Kartoffelakzessionen auf Braunfäule- und Nematodenresistenz (Konrad Schüler gemeinsam mit der BAZ) und in Malchow Deutsches Weidelgras (*Lolium perenne*) auf Resistenz gegenüber *Puccinia coronata* (Kronenrost) geprüft (Evelin Willner).

3.4.5.2 Molekulare Analyse von Pilz- und Virusresistenzen

Während die beschriebenen Arbeiten reinen Evaluierungscharakter trugen, sind beginnend in den 1990er-Jahren Projekte zur molekularen Analyse von Resistenzgenen und Resistenzmechanismen begonnen worden, die auf ein vertieftes Verständnis der sehr komplexen Mechanismen pflanzlicher Krankheitsresistenz und Stresstoleranz und deren Nutzung in der modernen Pflanzenzüchtung zielen.

- **Pilzresistenzen.** Während biotische Resistenzen auch gegen Pilzbefall oft durch einzelne Hauptgene gesteuert und demzufolge von den Pathogenen auch immer wieder gebrochen werden, wird die quantitative Basal- oder Nichtwirtsresistenz polygen durch QTLs (*quantitative trait loci*) determiniert. Sie ist demzufolge züchterisch viel schwieriger zu nutzen. Eine dauerhafte Resistenz gegen Pilzpathogene aber bedeutet hohe Ertragssicherheit ohne den Einsatz chemischer Fungizide, die als Kostenfaktor für die Landwirte und als Qualitätsfaktor für die Konsumenten (Rückstände) besonders relevant sind. Eine gezielte Verbesserung der quantitativen Resistenz bedarf eines besseren Verständnisses der zugrundeliegenden molekularen Mechanismen. Diesen Fragen widmet sich seit Herbst 2000 die Arbeitsgruppe „Transkriptomanalyse" unter der Leitung von Patrick Schweizer. Zunächst wurden in der Gerste mittels eines neuen, TIGS (*transient-induced gene-silencing*) genannten Verfahrens Gene ermittelt, die in die Resistenzreaktion involviert sind. TIGS beruht auf der transienten Inaktivierung von ausgewählten Genen durch *gene silencing* in pilzinfizierten Blatt-Epidermiszellen. Bis Ende 2009 sind auf diese Weise über tausend Gene funktionell getestet worden. Von den zehn identifizierten *RNR (required for non-host resistance)*-Genen werden zwei (*RNR 5* und *6*) detaillierten funktionellen Tests unterzogen. Kürzlich wurde dieser Forschungsansatz auf zwei wichtige Weizenkrankheiten, die Ährenfusariose (*Fusarium graminearum, F. culmorum*) und die Septoria-Blattwelke (*Septoria tritici*), ausgedehnt. Ferner wird das als „Rückwärtsgenetik" (*reversed genetics*)[496] bezeichnete TIGS-Verfahren mit der „Vorwärtsgenetik" (*forward genetics*)[497] verknüpft. Ein weiteres methodisches Werkzeug zur Erfassung von Genen bzw. Genvarianten (Allelen), die an der Ausprägung eines Merkmals – hier der Pilzresistenz – beteiligt sind, ist die Assoziationsgenetik oder Assoziationskartierung (s. Abschn. 3.3.8.4). Mit deren Hilfe konnten potenziell wertvolle Allele von Kandidatengenen bezüglich Pilzresistenz in einer weltweiten Gerstenkollektion identifiziert werden. Ausgangspunkt für die Auswahl interessanter Gerstenakzessionen der IPK-Genbank waren die

[496] Ein bekanntes Gen wird durch Ausschaltung oder Mutation auf seine Funktion getestet

[497] Bei der „Vorwärtsgenetik" wird zunächst die Mutante und aus dieser dann das Gen isoliert und charakterisiert.

im Abschn. 3.4.5.1 geschilderten Pionierarbeiten von Mansfeld, Lehmann und Nover. Mehrere signifikante Allel-Resistenz-Assoziationen bilden nun den Ausgangspunkt für Feinkartierungs- und transgene Ansätze, um Daten mit Beweiskraft zu erlangen und nachfolgend die Pilzresistenz weiter zu erhöhen.
Mit seinem 1997 erfolgten Eintritt in das Institut hatte Andreas Graner auch die Thematik Kartierung und kartenbasierte Klonierung von Rost- und Virus-Resistenzgenen von Getreiden eingebracht. Zunächst waren Resistenzgene gegen den Getreiderostpilz *Puccinia hordei* (Zwergrost) identifiziert und charakterisiert worden. Von den damals bekannten Resistenzgenen konnte das Gen *rPh7*, das als einziges Resistenzgen gegen die europäischen Rassen des Pilzes aktiv war, kartiert und ein selektierbarer Marker entwickelt werden. Weitere hocheffektive Resistenzgene fanden sich in Wildformen der Gerste (*H. vulgare* ssp. *spontaneum*). In Zusammenarbeit mit dem Quedlinburger BAZ-Institut für Epidemiologie und Resistenz erfolgte die Feinkartierung des *Rph16*-Locus. Dieser trägt ein Gen, welches gegen alle um das Jahr 2000 bekannten Rassen des Schadpilzes Resistenz vermittelte und welches nun mithilfe markergestützter Selektion rasch in aktuelles Zuchtmaterial eingelagert werden konnte. Die Isolierung des Gens steht noch aus.

- **Virusresistenzen.** Virusbefall von Nutzpflanzen kann zu erheblichen Ernteausfällen führen, auch, weil häufig chemischer Pflanzenschutz weder ökonomisch noch praktikabel ist. Die Aufklärung von Resistenzmechanismen und Resistenzzüchtung sind deshalb von herausragender Bedeutung. In europäischen Wintergerstenbeständen richten das Gersten-Gelbmosaikvirus (BYMV) und das Gersten-Mildmosaikvirus (BaMMV) große Schäden an. Resistenz gegen diese Viren vermitteln in europäischen Gerstensorten die Gene *rym 4* und *rym 5*. Um diese Gene zu isolieren, wurde die Strategie der kartenbasierten Klonierung (*map-based cloning*) angewandt. *Rym 4/5* liegen in der Telomerregion des Chromosoms 3HL der Gerste und vermitteln eine rezessive Resistenz gegen verschiedene Stämme des BYMV.[498] Mehrere Jahre andauernde Experimente wurden 2004 durch die Isolierung des Gens gekrönt. *Rym 4* und *5* erwiesen sich als Allele eines Gens, das für den Translations-Initiationsfaktor eIF4E kodiert.[499] Das Protein eIF4E ist Teil eines RNA-Translationskomplexes, der in anfälligen Genotypen die Virustranslation fördert. Die Kenntnis der Resistenzgensequenz erlaubte nachfolgend eine systematische Analyse bekannter und die Identifikation neuer Allele im Genpool[500] der Gerste.[501]

[498] Pellio B, Streng S, Bauer E et al (1998) High-resolution mapping of the *Rym4/Rym5* locus conferring resistance to the barley yellow mosaic virus complex (BaMMV, BaYMV, BaYMV-2) in barley (*Hordeum vulgare* ssp. *vulgare* L.). Theor Appl Genet 110: 283–293.

[499] Stein N, Perovic D, Kumlehn J et al (2005) The eukaryotic translation initiation factor 4E confers multiallelic recessive Bymovirus resistance in *Hordeum vulgare* (L.). Plant J 42: 912–922.

[500] Gesamtheit aller Genvarianten (Allele) in einer definierten Population.

[501] IPK-Jahresbericht 2005, S 30.

3.4.5.3 Toleranz gegen abiotischen Stress

Neben den biotischen Resistenzen ist die Toleranz von Kulturpflanzen gegenüber abiotischen Stressfaktoren wie z. B. Hitze, Kälte, Trockenheit und Schwermetallbelastung ein wichtiges Ziel gegenwärtiger Züchtungsprogramme. Trockentoleranz von Gerste und Weizen ist seit längerem Inhalt vornehmlich genetischer Forschungen. Zudem begann 2007 die Analyse der molekulargenetischen Hintergründe der Trockenstressreaktion.

- **Trockentoleranz.** Wie für die biotische Basalresistenz gegen Pilzbefall geschildert, ist auch die abiotische Toleranz gegenüber Trockenstress ein sehr komplexes Merkmal, dem eine quantitative Vererbung zugrunde liegt. Insbesondere die Entwicklung molekularer Markertechnologien in den 1980/1990er-Jahren ermöglichte es, auch solche Erbgänge zu entschlüsseln (s. Abschn. 3.3.8.1). Initiiert durch ein 2005 gestartetes deutsch-ungarisches Projekt – *PlantResource* – wurden zunächst in der AG „Transkriptomanalyse" segregationsgenetische Analysen in verschiedenen Entwicklungsstadien der Gerste (Keimling, Jungpflanze, ausgewachsene Pflanze) durchgeführt. Die Ergebnisse bestätigten die Komplexität des Merkmals, da eine Vielzahl QTL, spezifisch für verschiedene Entwicklungsstadien, gefunden wurden. Seit 2007 erfolgte eine Erweiterung der Arbeiten durch assoziationsgenetische Analysen[502] sowie durch den Einsatz des unter 3.4.5.2 (1. Unterpunkt) erwähnten TIGS-Verfahrens zur Identifikation weiterer Kandidatengene.[503] Beruhend auf umfangreichen Erkenntnissen zweier zwischen 2000 und 2007 geförderter GABI-Projekte[504] und weiterer, langjähriger Untersuchungen der Arbeitsgruppe „Genwirkung" zur Kornentwicklung bei Gerste (vgl. Abschn. 3.3.6.2) werden seit 2007 die molekularen Ursachen von Trockenstresstoleranz während der Kornfüllungsphase mit dem Ziel untersucht, Linien zu entwickeln, die trotz Stress unverminderte Leistung und Kornqualität zeigen. Genutzt wird die genetische Variabilität von zwei Populationen von Introgressionslinien mit Wildgerste als Einkreuzungselter und von voruntersuchtem Genbank- und Zuchtmaterial. In sorgfältig selektierten Linien konnten im sich entwickelnden Samen exprimierte vorteilhafte Gene bzw. Allele identifiziert werden. Von besonderer Bedeutung scheint die genaue Menge des Hormons ABA zu sein. Aufbauend auf den gewonnenen Erkenntnissen werden auch transgene Linien mit unverminderter Leistung unter Trockenstress entwickelt.[505]

[502] Neumann K, Varshney RK, Börner A (2007) Assoziationskartierung – ein neuer Ansatz zur Lokalisation von QTLs für die Trockentoleranz in Gerste (*Hordeum vulgare* L.). Vortr Pflanzenzücht 72: 119–124.

[503] Marzin S, Mihaly R, Pauk J, Schweizer P (2008) A transient assay system for the assessment of cell-autonomous gene function in dehydration-stressed barley. J Exp Bot 59: 3359–3369.

[504] BMBF-geförderte Projekte im Förderprogramm „*G*enom-*A*nalyse im *Bi*ologischen System Pflanze".

[505] Seiler C, Harshardhan VT, Rajesh K et al (2011) ABA biosynthesis and degradation contributing to ABA homeostasis during barley seed development under control and terminal drought-stress condisions. J Exp Biol 62: 2615–2632.

- **Kältetoleranz.** Kältestressantworten wurden weniger systematisch untersucht. Die Gruppe „Angewandte Biochemie" führte zwischen 2004 und 2006 Untersuchungen zum Proteom von *Arabidopsis*-Pflanzen durch, die längere Zeit niedrigen Temperaturen (6 bzw. 10 °C) ausgesetzt waren.[506] Parallel dazu wurde der Phenylpropanoidstoffwechsel untersucht. Ein neuer Ansatz zum Verständnis quantitativer Merkmale wie z. B. der Kältetoleranz wurde in jüngster Zeit in der AG „Genomdiversität" (A. Graner, N. Stein) beschritten, nämlich die Korrelationsanalyse zwischen der Merkmalsausprägung in einer größeren Zahl von Linien (hier von jeweils Gerste, Weizen und Roggen) und der Konzentration ausgewählter Transkripte, gemessen in cDNA-Array-Experimenten.[507]
- **Salztoleranz.** Nach 2000 etablierte die Abteilung „Molekulare Zellbiologie" eine arbeitsgruppenübergreifende Plattform zur molekularen Analyse der Salztoleranz von Gersten-Akzessionen. Gerstenlinien mit kontrastierender Salztoleranz wurden auf genotypische und salzstressinduzierte Proteinexpression untersucht und gleichzeitig Protein-QTL-Analysen durchgeführt (AG „Angewandte Biochemie"). Parallel wurde in salzempfindlichen Hefemutanten (*Saccharomyces cerevisiae*) mittels Transformation von Gersten-cDNA-Banken Gersten-Sequenzen selektiert, die in Hefe Salztoleranz induzieren. Bei der extrem salztoleranten Hefe *Arxula adeninivorans* konnten für die Toleranz verantwortliche, hefeeigene Gene und Signalwege weitgehend charakterisiert werden (AG „Hefegenetik", s. Abschn. 3.3.12).

3.4.5.4 Weitere Ansätze und neue Konzepte zur Erhöhung der Stresstoleranz

Abschließend seien noch drei weitere Projekte zur Thematik „Krankheitsresistenz und Stresstoleranz" erwähnt. a) Ab 1990 musste sich die Arbeitsgruppe „Bakteriengenetik" neu orientieren, da die angewandten Projekte der DDR-Zeit keine Zukunft hatten. Sie wandte sich einem neuen Thema zu, dem Schutz von Pflanzen gegen bakterielle und pilzliche Krankheitserreger durch das antibiotische Potenzial bestimmter *Bacillus subtilis*-Stämme. Die Arbeiten zur Nutzung antibiotischer Potenzen von *Bacillus* wurden gemeinsam mit der Bayer AG projektiert und begonnen, doch wurde die AG mit dem altersbedingten Ausscheiden ihres Leiters, Jürgen Hofemeister, bereits 2003 geschlossen. Am Ausklang von 45 Jahren angewandt-bakteriengenetischer Arbeiten im Gaterslebener Institut standen Tabak- und Bohnenpflanzen mit bakteriellen (Enzym-)Genen und die erstmalig umfassende genetische und phänomenologische Beschreibung der etwa acht verschiedenen ribosomal und nichtribosomal kodierten Antibiotika eines aus der gärtnerischen Praxis im Ascherslebener Institut für Phytopathologie isolierten *Bacillus subtilis*-Wildtypstammes A1/3. b) Grundlegende Untersuchungen von Karin Herbers und Uwe Sonnewald zeigten erstmals durch Analyse transgener, Invertase exprimierender Tabakpflan-

---

[506] Amme S, Matros A, Schlesier B, Mock HP (2006) Proteome analysis of cold stress response in *Arabidopsis thaliana* using DIGE-technology. J Exp Bot 57: 1537–1546.

[507] IPK Forschungsbericht 2008/2009, S 30.

zen, dass erhöhte Hexose-Konzentrationen systemische Resistenz induzieren können. Damit war eine Verknüpfung des Zuckerstoffwechsels mit Abwehrreaktionen der Pflanze nachgewiesen, die in der Folge vielfach bestätigt wurde.[508] 3) Schließlich versuchte Mohammad-Reza Hajirezaei in der AG „Molekulare Pflanzenphysiologie" in einem internationalen Kooperationsprojekt durch Expression eines cyanobakteriellen Flavodoxin-Gens im Modellsystem „Tabak" die generelle Toleranz von Pflanzen gegenüber biotischen und abiotischen Stressoren zu erhöhen (s. auch Abschn. 3.4.2.8).[509]

3.5 Die Bewältigung der Datenflut: Rechentechnik und Bioinformatik

Bereits der Gründervater der Genetik, Gregor Mendel, führte die Mathematik in die Genetik ein; ohne die saubere mathematische Analyse seiner vielen Daten hätte er die später als Mendel'sche Regeln benannten Prinzipien der Vererbung niemals erkannt. Entsprechend wurden in der Stubbe-Ära statistische Analysen vornehmlich in der Abteilung „Genetik und Cytologie" durchgeführt, insbesondere durch Igor Grebenščikov.[510] Gerechnet wurde allerdings zunächst nur mit Kopf, Zettel und Bleistift; dann erleichterten einfache mechanische oder elektromechanische Rechenmaschinen die Arbeit. Dieser technische Fortschritt beschleunigte auf der einen Seite die Analysen, führte aber auf der anderen Seite dazu, dass technische Mitarbeiter, die in der Vegetationsperiode mit Feldexperimenten und im Winter üblicherweise mit der statistischen Auswertung befasst waren, nun in der kalten Jahreszeit andere Beschäftigungen brauchten.

3.5.1 Frühe Rechentechnik[511]

Mitte der 1960er-Jahre wurde im VEB Robotron Dresden der Rechner R300 entwickelt und damit einer schnellen internationalen Entwicklung mit Verzögerung

[508] Herbers K, Meuwly P, Frommer WB et al (1996) Systemic aquired resistance mediated by the ectopic expression of invertase: Possible hexose sensing in the secretory pathway. Plant Cell 8: 793–803.

[509] Zum Konzept dieser Arbeiten s. Zurbriggen MD, Tognetti VB, Fillat MF et al (2008) Combating stress with flavodoxin: a promising route for crop improvement. Trends Biotechnol. 26: 531–537.

[510] Zu Leben und Werk s. Scholz F (1987) Zum Gedenken an Igor Grebenščikov (1912–1986). Kulturpflanze 35: 15–21.

[511] Die Ausführungen in den Kap. 3.5.1 und 3.5.2 basieren im Wesentlichen auf einem nur in Kurzform veröffentlichten Manuskript vom November 2009: Meister A (2009) Die Entwicklung der zentralen Rechentechnik im Gaterslebener Institut bis zum Ende der DDR. IPK-Journal 18 (2): 6–8.

Rechnung getragen. Diese Entwicklung erfasste auch zunehmend die biologisch-medizinische Forschung. Im Zuge der Gründung des Forschungszentrums für Molekularbiologie und Medizin (FZMM; s. Abschn. 2.2.1.1) wurde über eine verstärkte theoretisch-mathematische Durchdringung der Lebenswissenschaften nachgedacht und der Biomathematiker und spätere Bürgerrechtler Jens Reich zum Verantwortlichen für Fragen der Mathematisierung im FZMM ernannt. Am Gaterslebener Institut hatten sich die Mitarbeiter der Forschungsgruppe „Taxonomie und Evolution" der numerischen Taxonomie zugewandt (s. Abschn. 3.2.1). Die Vielzahl der erfassten und quantifizierten morphologischen Merkmale erforderte stark erhöhte Rechenleistungen, die ab etwa 1970 in Kooperation mit dem VEB Maschinelles Rechnen auf Großrechnern in Zeuthen bei Berlin, z. B. dem sowjetischen Typ BESM6, bzw. in dem VEB Datenverarbeitungszentrum Schwerin erbracht wurden (vgl. Abschn. 3.2.1). Auch für die detaillierte Analyse von Absorptionsspektren der Chlorophylle und ihrer Vorstufen wurde Rechnerkapazität benötigt, die im Akademieinstitut für Isotopen- und Strahlenforschung in Leipzig gefunden wurde. Diese Situation veranlasste den Physiker Armin Meister 1971 das „Fehlen einer Möglichkeit zur Durchführung aufwendiger Rechnungen im Institut" zu beklagen. Im April 1972 wurde unter seiner Leitung die AG „Anwendung mathematischer und physikalischer Methoden in der Molekularbiologie", kurz „AG mathematisch-physikalische Methoden (MPM)" gegründet.[512] Sie blieb aber anfangs noch ohne eigene Rechentechnik, war also weiterhin auf externe Rechner (z. B. den programmierbaren Kleinrechner Cellatron C8205 im Institut für Züchtungsforschung Quedlinburg bzw. im VEB Fleischkombinat ebendort) angewiesen. Ein eigener Rechner dieses Typs (ein gebrauchtes Exemplar aus Jena) stand erst ab 1976 zur Verfügung.

3.5.2 Elektronische Rechner und Computerprogramme in der Vorwendezeit

Ende 1972 konnte endlich der programmierbare Tischrechner 9810A von Hewlett-Packard mit Magnetkarten als Datenträger importiert werden. Mit diesem Rechner, der in der Grundausstattung einen Programmspeicher von gerade einmal 1,5 kByte hatte, wurden verschiedenste Aufgaben in Angriff genommen und die geringe Rechenkapazität u. a. durch überlange Laufzeiten kompensiert.[513] 1975/1976 stand die Arbeitsgruppe „MPM" vor der Aufgabe, die immensen Datenbestände aufzuarbeiten, die sich beim Screening Tausender Genbankakzessionen hinsichtlich der Eiweißzusammensetzung ihrer Samen ergeben hatten (Abschn. 3.4.3.10).[514] Nachdem

[512] Eine Würdigung der Arbeit von Armin Meister erschien im IPK-Journal (2004) 13 (2): 12–13.

[513] So lief ein aus den USA erhaltenes und von Wolfgang Jank angepasstes Programm zur Analyse von DNA-Reassoziationskurven acht Tage und Nächte ununterbrochen! Die Ergebnisse wurden von U Wobus 1975 [European J Biochem. 59: 287–293] veröffentlicht.

[514] Welche Rolle Computer weltweit in Genbanken Anfang der 1980er-Jahre bereits spielten, hatte Knüpffer kenntnisreich zusammengestellt: Knüpffer H (1983) Computer in Genbanken. Kulturpflanze 31: 77–143.

umfangreiche Programme für die Erfassung, Prüfung und Auswertung der Daten geschrieben worden waren,[515] hatte der eingesetzte C8205 Lochbänder von ca. 2,5 km Länge zu verarbeiten, ein am internationalen Stand der Technik gemessenes sehr umständliches, aber letztendlich doch erfolgreiches Verfahren.

Im Jahre 1978 wurde ein neuer leistungsfähigerer Kleinrechner (klein von der Leistungsfähigkeit, aber groß bezüglich Platzbedarf und Stromverbrauch), KRS4201, vom VEB ROBOTRON zum Preis von ca. 1 Mio. DDR-Mark gekauft, der den alten C8205 ersetzte. Die Rechengeschwindigkeit des KRS lag im µs-Bereich. Er hatte 64 kByte internen Speicher, zusätzlich Magnetbandgeräte mit 1 MByte Speicherkapazität und erlaubte die Programmierung in höheren Programmiersprachen, z. B. in DIWA (ähnlich BASIC) und in FORTRAN (bzw. einem speziellen FORTRAN „Dialekt"). Das erleichterte die Nutzung bestehender Programmbibliotheken. Die Magnetbandgeräte ermöglichten erstmals die Speicherung größerer Datenmengen, allerdings mit sehr langsamem Zugriff. Immerhin konnten nun auch rechentechnisch sehr anspruchsvolle Aufgaben gelöst werden wie z. B. die automatische Auswertung von Chromosomenbildern und die Analyse von DNA-Sequenzen.[516] Der für den KRS4201 notwendige Funktionsraum (das frühere Zimmer des Leiters der Physikalisch-Physiologischen Abteilung im jetzigen Bibliotheksgebäude) wurde aufgrund der „Anweisung 7/77 der AdW der DDR über die Gewährleistung von Sicherheit, Ordnung und Geheimnisschutz bei der Anwendung der elektronischen Rechentechnik im Bereich der AdW der DDR" zur Sicherheitszone erklärt, für die es Zutrittsbeschränkungen und -nachweise gab. Der Raum musste jeden Tag nach Arbeitsschluss mit Petschaft und Siegellack versiegelt werden, auch wenn dort keinerlei Daten lagerten, die diesen Aufwand gerechtfertigt hätten.

Technisch blieb das Problem der doch zu geringen Speicherkapazität. Die Versuche, externe Speicher z. B. in Berlin-Adlershof über die maroden Telefonleitungen zu speisen, schlugen fehl. Da half 1984/1985 ein Geschenk des International Board for Plant Genetic Resources (IBPGR) und der Nordischen Genbank an die Gaterslebener Genbank in Form zweier Personalcomputer NGB IRS-83, davon einer mit 32 MByte Festplatte. Dieses Geschenk stand im Zusammenhang mit der Übernahme der Aufgabe, für das ECP/GR[517] die Europäische Gerstendatenbank zu entwickeln. Das ZIGuK hatte zuvor im Rahmen des ECP/GR die Funktion eines „Leitinstituts für Gerste" übernommen. Diese Computer, die zugehörige Software und Hunderte von Disketten durften allerdings erst nach vielen Diskussionen und Mühen als Geschenk überhaupt angenommen werden.[518]

---

[515] Da die damals in der DDR vorhandenen Computer in der Regel nicht untereinander kompatibel waren, mussten in großem Umfang eigene Programme geschrieben oder Programme von anderen Rechnern angepasst werden.

[516] Ein entsprechendes an der Harvard University von Jim Pustell erarbeitetes Programmpaket war per „Hosentaschenimport" (s. S. 308) anlässlich einer Tagung im Oktober 1983 in der Windenhütte ins Institut gelangt und von Wolfgang Jank adaptiert worden.

[517] *European Cooperative Programme for the Conservation and Exchange of Crop Genetic Resources.*

[518] Diese Angaben verdanken wir Herrn Dr. Helmut Knüpffer.

1986 hatte das ZK der SED die flächendeckende Einführung der CAD/CAM[519]-Technik verbunden mit der Einführung von Personalcomputern beschlossen, und entsprechend war die Produktion des PC1715 intensiviert worden. Das Institut erhielt zunächst sechs solche PCs[520] mit Nadeldruckern und jeweils zwei (!) 5¼-Zoll Disketten. Immerhin konnten sich jetzt viele Institutsangehörige mit der neuen Technologie vertraut machen.[521] 1989, zur Zeit des Mauerfalls, besaß das ZIGuK sechs PC1715, drei A7100 (16-Bit-Rechner) und drei IBM-PCs, die wahrscheinlich seitens der DDR unter Umgehung der Embargobestimmungen aus dem kapitalistischen Ausland importiert worden waren. Zu diesem Zeitpunkt wurde von Experten der Rückstand der Rechentechnik in der DDR auf ca. 15 Jahre geschätzt.

3.5.3 Die Computerisierung nach der Wende und der Aufbau einer leistungsfähigen Bioinformatik

Angesichts der geschilderten Umstände ist es nicht verwunderlich, dass zu den ersten Anschaffungen des Instituts nach der Währungsunion 13 IBM-kompatible 16-Bit-Rechner der Firma ESCOM gehörten. In den Folgejahren wurde neben einer umfassenden Ausstattung aller Arbeitsplätze mit PCs[522] eine LAN/TK[523] -Infrastruktur in drei Ausbaustufen mit einem Kostenaufwand von insgesamt 1,5 Mio. Euro aufgebaut. 2002–2007 wurden nochmals nahezu 2 Mio. € in die IT-Infrastruktur investiert.[524] 2004 konnte auch für das im Aufbau befindliche Bioinformatik-Zentrum (s. Abschn. 2.4.3.2) ein „Supercomputer", d. h. ein IBM-Parallelcomputer bestehend aus 75 Netzwerk-Computern, installiert werden, der erstmals die Bearbeitung umfangreicher Projekte der vergleichenden Genomik ermöglichte und auch sechs Jahre später noch im Einsatz ist. In den Folgejahren wurde die Rechentechnik regelmäßig den aktuellen technischen Entwicklungen und dem steigenden Bedarf an Datenspeicherung und Datenauswertung angepasst und durch Spezialtechnik wie z. B. eine 3D-Visualisierungsstation zur stereoskopischen Darstellung räumlicher Daten ergänzt.

Besonders im Rahmen der raschen Weiterentwicklung der Genomforschung wurde bald klar, dass diese ohne eine leistungsfähige Bioinformatik nicht auskommen würde. Entsprechend war in der Konzeption für das Pflanzengenomressourcenzentrum (PGRC) auch ein Modul „Bioinformatik" vorgesehen

---

[519] *Computer Aided Design* bzw. *Manufacturing.*

[520] Stückpreis ca. 20.000 DDR-Mark.

[521] An entsprechenden Lehrgängen nahmen ca. 250 Personen, etwa die Hälfte der Belegschaft, teil

[522] 2004 waren es ca. 600 PCs (Quelle: „Beantwortung des Fragenkatalogs für die Evaluierung des IPK durch den Senatsausschuss Evaluierung der Leibniz-Gemeinschaft", Januar 2005, S 40; IPK-Archiv).

[523] *Local Area Network/*Telekommunikation.

[524] Quelle s. Fußnote Kap. 3/522, hier S 41.

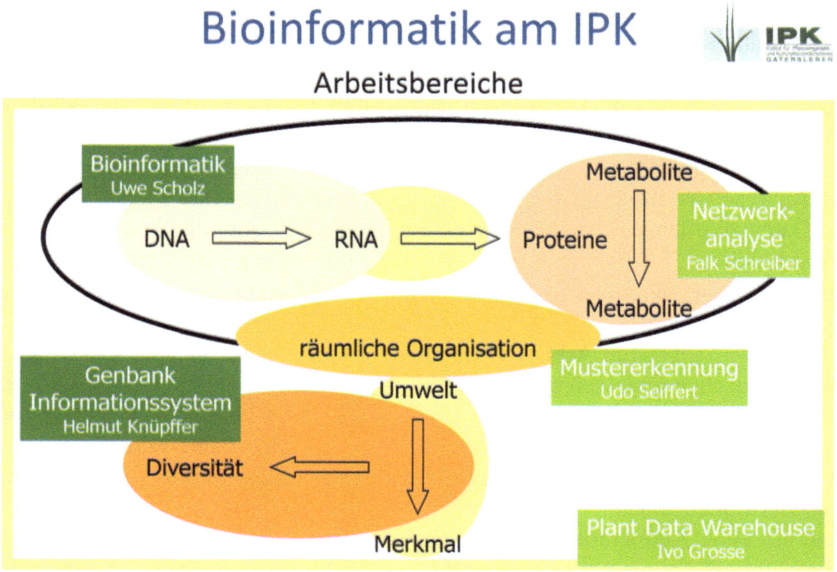

Abb. 3.40 Schematische Darstellung der Bioinformatik-Arbeitsgruppen am IPK 2005 und der von den Gruppen bearbeiteten Themenfelder. (Aus IPK-Journal (2005) 14(1): 5)

(s. Abschn. 2.4.3.2), doch konnte zunächst (ab 1.10.1998) nur ein Wissenschaftler mit entsprechender Erfahrung (Klaus-Peter Pleißner) eingestellt werden. Den Schlüssel zum entscheidenden Ausbau der Bioinformatik bildete das für fünf Jahre vom BMBF geförderte Bioinformatics Center Gatersleben-Halle (BIC-GH). Dieses Potenzial[525] konnte ab 2002 durch ein im Rahmen der InnoRegio-Initiative des BMBF bis 2007 gefördertes InnoPlanta-Projekt (zu InnoPlanta s. Abschn. 5.3) und ab 2003 durch die IPK-finanzierte AG „Bioinformatik" (ein Modul des PGRC) ergänzt werden (s. Abschn. 2.4.3.2). Die Arbeitsfelder der Gruppen und ihr Ineinandergreifen mit Stand 2005 zeigt Abb. 3.40.[526] Integriert sind die Arbeiten am Genbankinformationssystem (GBIS), die im Zusammenhang mit der Genbankfusion (Abschn. 2.4.4) von BMBF und BMELV gemeinsam zwischen 2002 und 2006 finanziert wurden. Die in der AG „Genbank-Dokumentation" angesiedelten Arbeiten zerfielen in drei Teile: (I) GBIS/M – Entwicklung eines Genbank-internen Managementsystems zur Unterstützung der täglichen Arbeitsabläufe, GBIS/I – Etablierung eines Internet-Portals für externe Nutzer zwecks Datenrecherche, Datenaustausch und Materialbestellung, GBIS/B – die Weiterentwicklung einer Software zur mobilen Datenerfassung bei der Bonitur im Feld und im Gewächs-

[525] Am IPK wurden aus dem Projekt 16 Stellen finanziert, darunter 14 für Wissenschaftler.

[526] S. auch Altschmied L (2003) IPK-Journal 12 (1): 5.

haus.[527] Während der Arbeiten ergaben sich viele Berührungspunkte mit der AG „Plant Data Warehouse“. Diese entwickelte in den fünf Jahren ihres Bestehens gemeinsam mit anderen Gruppen (AG „Netzwerkanalyse“, AG „Bioinformatik“, B.I.M.-Consulting mbH) mithilfe der Data Warehouse-Technologie eine Software-Plattform, das „Plant Bioinformatics Portal“ (heute unter www.bioinformatics.ipk-gatersleben.de, Bioinformatics @ IPK Gatersleben abrufbar) „zur Integration und Analyse von molekularen, phänotypischen und taxonomischen Daten sowie von Daten zu pflanzengenetischen Ressourcen aus IPK-internen und weltweit verteilten Quellen“.[528] Über das Portal sind eine ganze Reihe neu entwickelter bioinformatorischer Werkzeuge zur Datenanalyse und Datenrepräsentation allgemein zugänglich gemacht worden. Diese stärker Genbank- und Genomics-orientierten Arbeiten wurden durch Arbeiten zur Mustererkennung in und zur Modellierung von biologischen Objekten ergänzt.

In enger Zusammenarbeit der AG „Mustererkennung“ mit den AGn „Transkriptom-Analyse“ und „Genwirkung“ wurden ein Hochdurchsatz-Screening-System für die automatisierte Analyse von Pflanze-Pathogen-Interaktionen[529] sowie drei- bzw. vier-dimensionale[530] Modelle der Gerstenkaryopse[531] entwickelt. Ferner entstand aus einer Kooperation der Arbeitsgruppen „Netzwerkanalyse“ und „Genwirkung“ ein Ansatz zur Analyse des pflanzlichen Stoffwechsels. Die weiterführenden intensiven, multidisziplinären Untersuchungen an Gerste, gekoppelt mit den verschiedenen bioinformatischen Ansätzen sowie die Etablierung einer eigenständigen, BMBF-geförderten AG „Systembiologie“ förderten auch neue, systembiologische Projektansätze. Ein erstes prädiktives Modell zum Primärstoffwechsel in Gerstenkaryopsen wurde veröffentlicht.[532] Insgesamt decken nach Auslaufen der BIC-GH-Förderung 2007 ab Mitte 2008 fünf Arbeitsgruppen „ein breites Spektrum bioinformatorischer und systembiologischer Forschung ab, das von Datenbanken und Informationssystemen über Datenanalyse, Modellierung und Simulation bis zur Visualisierung reicht.“[533] Die intensive Zusammenarbeit zwischen Bioinformatikern und Experimentatoren im Institut lässt sich am sichtbarsten an einer Vielzahl gemeinsamer Publikationen ablesen.[534] Die Ausrichtung des „International Symposium on Integrative Bioinformatics (IB 2008)“ vom 20.–22. August 2008 in Witten-

[527] Oppermann M, Knüpffer H (2006) s. Fußnote Kap. 3/41, hier S 47–49.

[528] Große I, Funke T, Kuenne C, Neumann S, Stephanik A, Thiel T, Weise S (2006) Integrative Datenanalyse mit dem Plant Data Warehouse. Vortr Pflanzenzüchtg 70: 50–53; Stephanik A, Bachmann H, Funke T et al (2006) Das Plant Bioinformatics Portal. Vortr Pflanzenzüchtg 70: 81–83.

[529] Seiffert U, Schweizer P (2005) A pattern recognition tool for quantitative analysis of in planta hyphal growth of powdery mildew fungi. Mol Plant-Microbe Interactions 18: 906–912; Schweizer P, Ihlow A, Seiffert U (2006) Hochdurchsatz-Phänom-Analyse in Getreide: Auf der Jagd nach der Funktion pflanzlicher Gene bei Pathogenbefall. GenomXpress 2006: 1–9.

[530] Die 4. Dimension ist die Zeit.

[531] Zusammengefasst in Sreenivasulu et al (2010) s. Fußnote Kap. 3/304.

[532] Grafahrend-Belau A, s. Fußnote Kap. 3/306.

[533] Jahresforschungsbericht 2008/2009 des IPK, hier S 148.

[534] Siehe Abb. 44/S 131 im Jahresforschungsbericht 2006 des IPK.

berg und der „German Conference on Bioinformatics (GCB 2009)“ vom 28.–30. September 2009 in Halle durch die Bioinformatiker des IPK und der Universität Halle markierte auch international das IPK als Standort einer leistungsstarken, vornehmlich den Pflanzen gewidmeten Bioinformatik.[535]

[535] Dokumentiert in Hofestädt R, Köhler J, Lange M et al (2008) Integrative Bioinformatics: Proceedings of the 5th International Symposium on Integrative Bioinformatics 2008. IMBio, pp 1–345 (Special Issue of Journal of Integrative Bioinformatics 5/2).

4 Wissenschaftliches und kulturelles Leben

4.1 Publikationswesen

Die Hauptaufgabe des Gaterslebener Instituts lag stets auf dem Gebiet der Grundlagenforschung. Seine Wissenschaftler sahen deshalb die Veröffentlichung ihrer Ergebnisse als wichtigstes Produkt ihrer Tätigkeit an.[1] Damit machten sie ihre Resultate international frei zugänglich und setzten sie der kritischen Bewertung durch andere Forscher aus. Gegen Ende des Zweiten Weltkrieges, als das Institut gegründet wurde, und beim Beginn seines Wiederaufbaus in den ersten Nachkriegsjahren waren jedoch die Voraussetzungen für die Veröffentlichung wissenschaftlicher Resultate außerordentlich schlecht, weil die Infrastruktur des Verlagswesens und die Herausgebertätigkeit zusammengebrochen waren. So nimmt es nicht wunder, dass es für die Jahre 1943 bis 1945 keine Veröffentlichungen aus dem Institut gibt. Erst in den nachfolgenden zehn Jahren stieg die Publikationsaktivität allmählich auf Werte, die an jene aus späterer Zeit bis in die Gegenwart heranreichen (Tab. 4.1).[2]

Zu den gar nicht zu überschätzenden Aufbauleistungen Hans Stubbes gehört, dass er es in Verhandlungen mit den Militäradministrationen, sich aktivierenden Verlagen und renommierten Fachkollegen bis etwa 1950 schaffte, die Herausgabe wichtiger wissenschaftlicher Zeitschriften vor allem auf den Gebieten Genetik und Züchtung wieder in Gang zu bringen.[3] Er selbst übernahm die Herausgeberschaft

[1] Im Zeitraum 1946–2008 sind von Wissenschaftlern des Institutes in Erstautorenschaft insgesamt 6877 Artikel veröffentlicht worden.

[2] Alle Zahlenangaben in diesem Kapitel beruhen auf der Auswertung der jährlichen Publikationslisten des Instituts in der Schriftenreihe „Die Kulturpflanze" und in den Jahresberichten von 1990 und 1991 sowie der von Barbara Fritsch und Catrin Kaydamov dankenswerterweise für die Verfasser zusammengestellten Veröffentlichungsliste für die Jahre 1992 bis 2008.

[3] Stubbe H (1982), s. Fußnote Kap. 1/19, hier S 295–296.

K. Müntz, U. Wobus, *Das Institut Gatersleben und seine Geschichte,*
DOI 10.1007/978-3-642-28648-3_4, © Springer-Verlag Berlin Heidelberg 2013

von vier Zeitschriften[4,5,6,7]und gründete die unter dem Namen „Die Kulturpflanze" ab 1953 jährlich erscheinende Schriftenreihe mit Jahresberichten und Publikationen aus dem Institut,[8] deren erster Schriftleiter Rudolf Mansfeld war (s. u.). Auf die Bedeutung, welche den Buchrezensionen in zwei der von Hans Stubbe redigierten Zeitschriften für die Wissenschaftler des Institutes und seine Bibliothek hatten, ist bereits in Abschn. 2.1.3.3 hingewiesen worden. Er wurde bei der Herausgebertätigkeit von einem Redaktionsbüro unterstützt, das auch nach seinem Übergang in den Ruhestand weiter bestand, und in dem zunächst Elisabeth Williges und später Ilse Neumann als zuverlässige Mitarbeiterinnen tätig waren. Alle damals reaktivierten Zeitschriften und die „Kulturpflanze" haben für die Veröffentlichungsaktivitäten der Wissenschaftler des Instituts eine große Rolle gespielt. Sie bestehen heute noch unter anderen Namen (Fußnoten 4–7) und gehören zum Teil immer noch zu den Journalen, in denen Wissenschaftler des IPK am häufigsten publizieren.[9] Auch Kurt Mothes[10,11] und Rudolf Mansfeld[12] gehörten zu den Aktivisten der ersten Stunden, die zu Beginn der 1950er-Jahre Herausgeberschaften übernahmen.[13] Von den 1946–1952 in neun verschiedenen Journalen veröffentlichten 63 Arbeiten erschienen 50 % in Zeitschriften, deren Herausgeber damals im Gaterslebener Institut tätig waren. Manche der von Stubbe geführten Zeitschriften sind später, seinem Vorbild folgend, für einige Zeit von seinen Schülern weitergeführt worden.[14] An-

[4] Biologisches Zentralblatt, bis 1996, ab 1997 Fortsetzung in Theory in Bioscience, VEB Fischer, Jena, später Fischer, Stuttgart.

[5] Der Züchter, bis 1967, ab 1968 Fortsetzung in Theoretical and Applied Genetics (TAG), Springer, Berlin Göttingen Heidelberg.

[6] Zeitschrift für induktive Abstammungs- und Vererbungslehre, bis 1957, 1958–1966 Fortsetzung in der Zeitschrift für Vererbungslehre, danach als Molecular and General Genetics (MGG), ab 2001 Molecular Genetics and Genomics, Springer, Berlin Heidelberg New York.

[7] Zeitschrift für Pflanzenzüchtung, bis 1986, Fortsetzung als Plant Breeding, Paul Parey, Berlin Hamburg, ab 1995 Wiley-Blackwell, Berlin.

[8] Die Kulturpflanze, 1953–1990, Schriftenreihe herausgegeben vom Institut für Kulturpflanzenforschung, Akademie Verlag, Berlin, ab 1992 Fortsetzung in Genetic Resources and Crop Evolution (s. Fußnote Kap. 4/21).

[9] Im Durchschnitt der Jahre 1997–2000 war die Zeitschrift „Theoretical and Applied Genetics" (s. Fußnote Kap. 4/5), das Journal mit *peer reviewing*, in welchem Wissenschaftler des Institutes am häufigsten publizierten.

[10] Flora and Flora/A (Biochemie und Physiologie), bis 1964 bzw. von 1965–1969, ab 1970 Fortsetzung als„ Biochemie und Physiologie der Pflanzen" (BPP), Fischer, Jena.

[11] Die Pharmazie, bis 1991 VEB Verlag Volk und Gesundheit, Berlin, ab 1992–1994 Govi, Frankfurt/Main, ab 1995 Govi, Eschborn.

[12] Feddes Repertorium specierum regni vegetabilis, bis 1997 Akademie Verlag, Berlin, 1998–2007 Wiley-VCH, Weinheim, ab 2008 Wiley-Blackwell, Weinheim.

[13] Verzeichnis der am Institut redigierten Zeitschriften und Periodica, 1953. Kulturpflanze 1: 52. Die von Mothes damals redigierte Zeitschrift „Flora" besteht heute im „Journal of Plant Physiology" weiter und wird, gemäß der für Fußnote Kap. 4/2 zitierten Analyse von IPK-Mitarbeitern vielfach zur Publikation genutzt.

[14] Helmut Böhme 1968–1980: Mol Gen Genet (MGG), vormals Z indukt Abstammungs- und Vererbungslehre bzw. später Z Vererbungslehre, Helmut Böhme und Riegomar Rieger 1977–1996: Biol Zbl.

Tab. 4.1 Übersicht über die Publikationsaktivitäten des Instituts in ausgewählten Zeiträumen seiner Entwicklungsetappen

Zeitraum	Anzahl Wiss./ Jahr[a]	Anzahl Publ./ Jahr	Publikat./Wiss. u. Jahr	Zahl der Ztschr.[b]
Institut für Kulturpflanzenforschung 1943–1968				
1946–1952	14	9	0,64	9
1953–1955	36	48,3	1,34	17
1956–1959	41,5	58,3	1,4	25
1966–1969	62,3	90,8	1,46	37
1946–1968			*1,30*	
Zentralinstitut für Genetik u. Kulturpflanzenforschung (1969–1989) und Institut für Genetik u. Kulturpflanzenforschung (1990–1991)				
1976–1979	90,3	95,8	1,06	28
1987–1990	97,3	118,0	1,21	50
1969–1991			*1,00*[c]	
Institut für Pflanzengenetik und Kulturpflanzenforschung (1992–2008)				
1997–2000	153,3	220	1,44	121
1992–2008			*1,43*	

[a] Zahlen der Wissenschaftler für 1943–1979 aus einer Publikationstatistik des ZIGuK vom 28.10.1980, für 1980–1991 aus einzelnen Berichten und Akten des ZIGuK, für 1992–2008 aus der Statistik der Personalstelle des IPK vom 31.05.2009

[b] genutzte Ztschr. mit *peer reviewing*

[c] Der gegenüber 1946–1968 geringere Wert hat als wichtigste Ursache den von 1973–1976 erfolgten Rückgang der durchschnittlichen Publikationsaktivität auf 0,78 Publikationen/Wissenschaftler × Jahr, worin sich die erheblichen Umprofilierungen nach 1969 widerspiegeln

dere leitende Wissenschaftler des Institutes wurden Herausgeber[15] bzw. vielfach Mitherausgeber anderer Zeitschriften.[16] Tabelle 4.1 zeigt, wie die Zahl der von Institutsmitarbeitern für ihre Veröffentlichungen genutzten Journale mit vollständigem System der Begutachtung von Artikeln durch unabhängige Wissenschaftler (*peer reviewing*) im Verlaufe der Institutsgeschichte anstieg.

Die Akademieleitung in der DDR legte durchaus Wert darauf, dass vor allem in Zeitschriften des Inlands und der sozialistischen Länder publiziert wurde. Die Leitung des Gaterslebener Institutes hat jedoch vorrangig die Nutzung renommierter internationaler Journale gefördert. Dies spiegelt sich besonders im Anstieg fremdsprachlich publizierter Artikel wider, wobei Englisch bei weitem vorherrscht. Erst ab 1960 gab es jährlich einige englischsprachige Veröffentlichungen. Um 1970 betrug ihr Anteil 10–15 %, 1980 bereits 47 % und 1985–1990 rund 50 %. Nach der Wiedervereinigung Deutschlands und Gründung des IPK schnellte dieser Anteil auf 80–90 % hoch. Mit weit geringerem Anteil als im Englischen ragen bis 1990 unter den Artikeln in anderen Fremdsprachen solche in Spanisch und Russisch heraus,

[15] Klaus Müntz (1986–1999) Biochem Physiol Pflanzen (BPP), ab 1993 zusammen mit J Plant Physiol (JPP).

[16] In den Jahren 2006 und 2007 waren laut Jahresberichten des IPK 22 bzw. 24 Wissenschaftler des Institutes in Herausgebergremien verschiedener Zeitschriften tätig.

was bestimmte zeitweilige Schwerpunkte in der internationalen Kooperation reflektiert. Die nach 1992 erfolgte Internationalisierung der wissenschaftlichen Arbeit des Institutes spiegelt sich auch im Anstieg der Zahl der ausländischen Koautoren wider. Im Zeitraum 1998–2002 sind ca. 50 % aller Artikel in Zeitschriften mit *peer reviewing* publiziert worden, und der Anteil von Journalen mit hohen Impaktfaktoren[17,18] hatte sich gegenüber früher deutlich erhöht.[19] Die Nutzung elektronischer Medien bildet ein besonderes Merkmal veränderter Publikationstechniken und -strategien während der letzten 15 Jahre. Sie äußerten sich zunächst im Online-Verkehr mit Manuskripten zwischen Autoren, Gutachtern und Verlagen sowie der Vorabverfügbarkeit später auch gedruckt erscheinender Artikel über das Internet. Ab 1999 begann die Online-Publikation von wissenschaftlichen Ergebnissen und Datenbanken,[20] z. B. sind seit 2001 das Mansfeld-Verzeichnis (s. u.) und der Jahresbericht des IPK sowie seit 2005 das Genbankinformationssystem (GBIS) des IPK im Internet verfügbar. Letzteres hat auch die Herausgabe des *Index Seminum* des Institutes überflüssig gemacht, ohne dass sich damit für Besteller ein erleichterter Zugriff zu Informationen über Samenproben ergab. Inzwischen gibt es reine Online-Journale, die auch für Publikationen genutzt werden. In gedruckter Form gibt die Institutsleitung seit 1992 das IPK-Journal heraus, worin über aktuelle Ereignisse aus dem Institutsleben informiert wird (Abschn. 2.4.8).

„Die Kulturpflanze“ (Abb. 4.1) spielte von 1953 bis 1990 eine besondere Rolle im Publikationswesen des Instituts. Sie wurde von den Abteilungs- bzw. Bereichsleitern herausgegeben, von denen einer stets die Schriftleitung innehatte. In der „Kulturpflanze“ durften nur Institutsmitarbeiter publizieren. Ausnahmen davon gab es bei Publikationen mit Kooperationspartnern aus anderen Instituten oder Fortschrittsberichten von Symposien. Im zuletzt genannten Falle war auch englischsprachige Veröffentlichung möglich. Mit einer einzigen Ausnahme im Bd. 27 (1979) erschienen sonst alle Beiträge in deutscher Sprache. Ab Bd. 8 (1960) besaßen alle wissenschaftlichen Artikel neben deutsch- auch englisch- und russischsprachige Zusammenfassungen, und ab Bd. 15 kamen Inhaltsverzeichnisse in diesen beiden Fremdsprachen hinzu. Dennoch blieb die Wirkung der Publikationen in der „Kulturpflanze“ international begrenzt. Bis 1975 erschienen darin etwa 20 bis 30 % der jährlichen Institutsveröffentlichungen, dagegen waren es 1980 und 1990 nur noch 12 bzw. 14 %. Auch die inhaltlichen Schwerpunkte der Beiträge verschoben sich. Von 1960 bis 1964 waren alle Abteilungen proportional zur jeweiligen Wissenschaftlerzahl etwa gleichmäßig mit Beiträgen vertreten. Kulturpflanzensortiment und Taxonomie/Evolution trugen zusammen zu 33 % der Artikel bei. Dieser Anteil lag zwischen 1970 und 1974 bereits bei 48,7 % und stieg für 1986 bis 1990 auf

[17] Schubert I (1996) Seine Herrlichkeit der ‚*impact factor*‘. IPK-Journal 5 (4): 5–6.

[18] Fritsch B (1996) Liste der Zeitschriften mit ‚*impact factor*‘, in denen seit 1990 von Mitarbeitern des IPK veröffentlicht wurde. IPK-Journal 5(4): 5–7.

[19] Bericht des IPK zur Evaluierung 2005 für den Zeitraum 1998–2002 (vgl. auch Fußnote Kap. 3/522).

[20] 1999 gab es fünf elektronische unter insgesamt 192 Publikationen aus dem IPK, zehn Jahre später waren es 13 von 242.

Abb. 4.1 Die Hauszeitschrift des Gaterslebener Instituts (1953–1990) „Die Kulturpflanze". Einbandgestaltung von 1984

durchschnittlich 73,6 %. Um die inhaltliche Präsenz der anderen Fachgebiete anzuheben, wurde ab Bd. 26 (1978) eine Rubrik mit Übersichtsdarstellungen eingeführt. Heute machen die Jahresberichte über das Institut „Die Kulturpflanze" besonders wertvoll. Schmerzlich ist, dass ab 1969 gar keine oder keine auf Struktureinheiten und Personen bezogenen Berichtsteile mehr enthalten sein durften (vgl. S. 76). Mit der Schließung der AdW der DDR stellte „Die Kulturpflanze" 1990 ihr Erscheinen ein. In Fortführung ihrer vorherigen inhaltlichen Profilierung erscheint seit 1992 die internationale *peer reviewed* Zeitschrift „Genetic Ressources and Crop Evolution" (GRACE),[21] deren Herausgeber aus dem IPK kommen: Peter Hanelt und Karl Hammer bis 1999, Karl Hammer und Klaus Pistrick ab 2000. Der Forschungsschwerpunkt „Kulturpflanzenforschung" des Instituts spiegelt sich darin wider, dass GRACE heute zu den von IPK-Mitarbeitern bevorzugten Publikationsorganen gehört.

Neben den Originalarbeiten, Übersichtsartikeln und Buchbeiträgen sind drei Gebiete zu nennen, auf denen Mitarbeiter Besonderes im Publikationswesen geleistet

[21] Hammer K, Hanelt P (1992) Das erste Heft der Zeitschrift „Genetic Resources and Crop Plant Evolution" ist erschienen. IPK-Jounral 1 (3): 16.

haben: a) Monografien und Buchreihen, b) anspruchsvolle populärwissenschaftliche Bücher und c) während der DDR-Zeit auch Schulbücher. Mit den Beiträgen aus den beiden letztgenannten Gruppen wirkte das ZIGuK weit in die damalige DDR-Gesellschaft hinein. In der ersten Gruppe ragt die zuletzt von Peter Hanelt redigierte, seit 2001 erschienene englische Ausgabe von „Mansfeld's Encyclopedia of Agricultural and Horticultural Crops (except Ornamentals)“ heraus[22], die seitdem auch im Internet verfügbar ist (Abb. 4.2). Sie hat ihren Ursprung in dem von Rudolf Mansfeld 1959 publizierten „Vorläufigen Verzeichnis landwirtschaftlich und gärtnerisch kultivierter Pflanzenarten“ (kurz: Mansfeld-Verzeichnis, vgl. Abschn. 3.2.3)[23], welches 1986 von Jürgen Schultze-Motel in einer vierbändigen 2. Auflage erneut herausgegeben worden war.[24] Sie bildet auf ihrem Gebiet das international führende Standardwerk. Für die Förderung von Erhaltung und Nutzung vernachlässigter Kultur- und Nutzpflanzen hat die Veröffentlichung einer 24-bändigen Buchserie zwischen 1996 und 1998 herausragende Bedeutung.[25] Daneben ist die von Hans Stubbe herausgegebene Buchreihe „Genetik – Grundlagen, Ergebnisse und Probleme in Einzeldarstellungen“ hervorzuheben, von der ab 1963 unter Mitwirkung mehrerer Institutsmitarbeiter sechs Bände erschienen.[26] Zu den besonders erfolgreichen Büchern gehört auch das 1954 erstmals von Rigomar Rieger und Arndt Michaelis publizierte „Genetische und Cytogenetische Wörterbuch“, von dem weitere vier immer wieder verbesserte und erweiterte Auflagen erschienen, und das in zahlreiche Fremdsprachen übersetzt wurde.[27] Als Beispiel für die zweite Gruppe ist vor allem das ursprünglich dreibändige „Urania Pflanzenreich“ zu nennen, dessen Herausgabe von Siegfried Danert 1971 begonnen wurde.[28] In seinen zwei Bänden über höhere Pflanzen wurden bis auf eine Ausnahme alle Beiträge von Gaterslebener Wissenschaftlern verfasst. Der Erfolg dieses Buches, das inzwischen modernisiert und auf vier Bände erweitert wurde, hält bis heute an. Zur dritten Gruppe gehören Beiträge von Klaus Müntz (Pflanzenphysiologie) und Martin Zacharias (Genetik) in Lehrbüchern für die Klassen 9–12 der Erweiterten

[22] Hanelt P (Hrsg) (ab 2001) Mansfeld's Encyclopedia of Agricultural and Horticultural Plants (except Ornamentals) 6 Bde. Springer, Berlin Heidelberg New York, http://mansfeld.ipk-gatersleben.de/mansfeld.

[23] Mansfeld R (1957) Vorläufiges Verzeichnis der landwirtschaftlich und gärtnerisch kultivierten Pflanzenarten (mit Ausschluss von Zierpflanzen). Kulturpflanze Beiheft 2, Akademie Verlag, Berlin und Springer, Berlin Heidelberg New York.

[24] Schultze-Motel J (Hrsg) (1986) Rudolf Mansfeld's Verzeichnis landwirtschaftlich und gärtnerisch kultivierter Pflanzenarten (mit Ausschluss von Zierpflanzen) 4 Bde. VEB Fischer, Jena.

[25] Heller J, Engels J, Hammer K (Hrsg) (1996–1998) Promoting the conservation and use of underutilized and neglected crops, 24 volumes. Internat Board of Plant Genetic Resources, Rom.

[26] Stubbe H (Hrsg) (ab 1963) Genetik – Grundlagen, Ergebnisse und Probleme in Einzeldarstellungen 6 Bde, VEB Fischer, Jena.

[27] Rieger R, Michaelis A (1954) Genetisches und cytogenetisches Wörterbuch, ab 3. Aufl. mit Green M M (1968) A glossary of Genetics and Cytogenetics. Classical and Molecular. 5. Aufl. (1991), 1.–3. und 5. Aufl. Springer, Berlin, 4. Aufl. VEB Fischer, Jena.

[28] Danert S (Hrsg) (ab 1971) Urania Pflanzenreich Bd. 2.1, Hanelt P (1973) Bd. 2.2, Benedix EH (1974) Bd. 1, ab 1991 auf 4 Bde erweiterte Auflage, Urania, Leipzig.

Abb. 4.2 Die drei Ausgaben des „Mansfeld-Verzeichnisses". Erstveröffentlichung im Beiheft 2 (1959) der „Kulturpflanze", die von Jürgen Schultze-Motel edierte vierbändige 2. Auflage von 1986, die von Peter Hanelt und dem IPK in englischer Sprache edierte sechsbändige Ausgabe von 2001 und das entsprechende Internet-Portal von 2001

Oberschulen in der DDR, vor allem im 1981 erstmals im Volk und Wissen Volkseigner Verlag, Berlin, erschienenen und bis 1989 wiederholt nachgedruckten Biologielehrbuch für die Klassen 11/12. Außerdem verfasste Klaus Müntz ein Lehrbuch über den „Stoffwechsel der Pflanzen" für die Oberschullehrerausbildung (1966), von dem 1973 in der DDR eine überarbeitete Auflage erschien, die 1976 auch in der damaligen Bundesrepublik Deutschland nachgedruckt wurde.[29]

Von der Gründung des Instituts an bis 1991 beruhte die Dokumentation von Arbeitsergebnissen in Gestalt von Pflanzenabbildungen und Graphiken für Publikationen auf der Arbeit von wissenschaftlichen Fotografen und Zeichnern. Fotolaboratorien gab es in allen wissenschaftlichen Abteilungen bzw. Bereichen. Ihre Zentralisierung geschah erst nach der Gründung des IPK ab 1992. Wegen seiner besonderen Bedeutung für die Arbeiten im Kulturpflanzenweltsortiment und auf dem Gebiet der Taxonomie/Evolution (z. B. für die Herausgabe des Mansfeld-Verzeichnisses) gehörte die Zeichenstube zu dieser Abteilung. Von ihren verschiedenen Mitarbeitern sind vor allem Ruth Kilian,[30] wegen ihrer ausgezeichneten kunstvollen Pflanzendarstellungen, ihr Bruder Wolfgang Kilian und dessen Nachfolger Rolf Pertak hervorzuheben. Ab 1992 traten computergestütztes Design und wissenschaftliche Fotografie anstelle der früheren Arbeit des Zeichenbüros.

4.2 Wissenschaftliche Tagungen

Vor Beginn des Zeitalters der elektronischen Publikationen, das im Gaterslebener Institut 1999 begann (Abschn. 4.1), erlaubten Vorträge auf Tagungen im Vergleich zu gedruckten Artikeln eine raschere Verbreitung wissenschaftlicher Ergebnisse und dies noch dazu im Kontakt, häufig sogar in direkter Diskussion, mit den Adressaten im Auditorium. Da auch im Jahre 2008 erst rund fünf Prozent der Veröffentlichungen aus dem IPK elektronisch erschienen, gilt dieser Vorzug von Tagungen im Wesentlichen auch heute noch, wenngleich die Autoren jetzt zurückhaltender mit dem Vortragen unveröffentlichter Ergebnisse sind. Deshalb spielte in der Geschichte des Instituts nicht allein die Teilnahme an Tagungen von anderen wissenschaftlichen Einrichtungen, sondern vor allem auch die Veranstaltung von Tagungen durch das Institut eine große Rolle.

Bis zum Jahr 1952 sind in den Jahresberichten des Instituts keine Tagungen verzeichnet.[31] Während seiner nachfolgenden 56-jährigen Geschichte hielt das Institut 153 Tagungen ab, wobei Veranstaltungen wie der zu DDR-Zeiten übliche „Tag des jungen Wissenschaftlers" oder die „Tage der Offenen Tür" und die Institutstage des IPK nach 1992 nicht mitgezählt wurden. Auf den Zeitraum 1953–1968 kommt jährlich durchschnittlich eine Tagung, in den nachfolgenden 22 Jahren bis 1991 verdoppelte sich diese Zahl auf durchschnittlich zwei Tagungen pro Jahr, und nach 1992

[29] Müntz K (1966) Stoffwechsel der Pflanzen. (1973) 2. überarb. Aufl. Volk und Wissen, Volkseigener Verlag, Berlin, (1976) Aulis Deubner, Köln.

[30] Hanelt P, Pistrick K (2009) Zum Tode von Ruth Kilian. IPK-Journal 18 (1): 14–15.

[31] Stubbe H (1982), s. Fußnote Kap. 1/19, hier S 304–307.

Abb. 4.3 Tagung mit internationaler Beteiligung zum Thema „Langzeitlagerung des Saatgutes der Kulturpflanzenressourcen" anlässlich der Inbetriebnahme des Samenkühllagerhauses der Genbank 1976, verbunden mit der Namensgebung als Vavilov-Haus für das Gebäude des Querschnittsbereichs „Kulturpflanzenweltsortiment" und der Abteilung „Taxonomie". **a** Namenszug am Gebäudeeingang, **b** Gruppenbild der Tagungsteilnehmer und **c** Blick in den Hörsaal während der Tagung. 1. Reihe: Claus Tittel (*links*) und Reinhard Fritsch (*rechts*), 4. Reihe. Karl Hammer (*links außen*)

gab es im nunmehrigen IPK einen sprunghaften Anstieg auf einen Durchschnitt von jährlich 5,4 Tagungen, was nicht nur mit der stark gestiegenen Anzahl wissenschaftlicher Mitarbeiter, sondern auch mit der Reisefreiheit und den insgesamt verbesserten wissenschaftlichen Arbeitsbedingungen, z. B. für Kooperationsbeziehungen, zusammenhängt. Die Art der Tagungen ist sehr vielfältig und reicht von „Minisymposien" kleiner nationaler Spezialistengruppen bis zu internationalen Konferenzen (Abb. 4.3). Mit einer groben Klassifizierung in fünf Kategorien wird nachfolgend versucht, anhand von Beispielen eine Übersicht über die Tagungen während der Geschichte des Institutes zu gewinnen. Die aus der Vielzahl derartiger Aktivitäten[32] getroffene Auswahl bedeutet keinerlei Abwertung nicht erwähnter anderer Tagungen. Nicht in jedem Falle wurden die vom Institut organisierten Tagungen auch in Gatersleben abgehalten, worauf im Einzelfall hingewiesen wird.

Alle drei großen Entwicklungsperioden des Instituts sind von besonderen Tagungsreihen gekennzeichnet: 1) Im Zeitraum 1959–1966 durch Tagungen, welche der Erinnerung an Erwin Baur gewidmet waren, 2) ab 1977 bis in die Zeit nach 1991 hinein von Symposien zum Problem der Sameneiweiße und Samenentwicklung und 3) nach der 1992 erfolgten Wiedergründung des Instituts ab 1996 von den Gatersleben Research Conferences (GRC). Die vier unter Leitung von Hans Stubbe organisierten „Erwin-Baur-Gedächtnis-Vorlesungen", welche 1959, 1961, 1963 und 1966 im Gaterslebener Institut veranstaltet wurden, beschäftigten sich mit der Mutationsauslösung, der Struktur des genetischen Materials und der Nutzung induzierter Mutationen.[33] Der Erfolg der Tagungen ist u. a. daran erkennbar, dass die Teilnehmerzahl von 59 im Jahre 1961 auf 123 im Jahre 1966 anwuchs, wobei zuletzt 93 Teilnehmer aus 17 eurasischen und transozeanischen Ländern kamen (darunter sieben damalige sozialistische Staaten).[34]

Von der FG „Eiweißstoffwechsel der Pflanzen" wurde 1977 unter Leitung von Klaus Müntz das 1. Symposium über Samenproteine der Pflanzen abgehalten. Es war vor allem als Kompensation für die damals ungenügenden Möglichkeiten für internationale Kontakte gedacht. Sein Erfolg zeitigte eine Reihe von insgesamt neun internationalen Tagungen, die im Abstand von etwa jeweils drei Jahren abgehalten wurden. Sie nannten sich bis zur siebten Tagung (1997) „Internationale Samenprotein-Symposien (*Seed Protein Symposia*)" und später weiter bis 2004 „*Symposia on Plant Seeds*" und wurden ab der siebten (1997) im Rahmen der GRC (s. u.) veranstaltet. Ihre Teilnehmerzahlen schwankten zwischen 60 und 125. Ausländische Gäste reisten zwischen 1977 und 1990 überwiegend aus nichtsozialistischen Ländern an. Mit Ausnahme des 5. und des 9. Symposiums wurden Tagungsberichte veröffentlicht.[35] Sowohl die Erwin-Baur-Gedächtnis-Vorlesungen als auch die Samenproteinsymposien fanden im Gaterslebener Institut selbst statt, wo der Hörsaal, die sonstigen technischen Bedingungen und der organisatorische Service günstige Voraussetzungen boten. Allerdings mussten auswärtige Teilnehmer in Quedlinburg bzw. Aschersleben untergebracht werden, was Transporte zwischen Quartier- und Tagungsort bedingte.

[32] Alle von Institut veranstalteten Tagungen sind in den Jahresberichten des Institutes enthalten, die von 1953 bis 1989 in den 38 Bänden der „Kulturpflanze" veröffentlicht und ab 1990 und 1992 vom IGK bzw. IPK herausgegeben wurden.

[33] Alle auf diesen Tagungen vorgetragenen Beiträge wurden in den Abhdlg Dtsch Akad Wiss, Klasse Medizin, 1960, 1962, 1964 und 1967 von Hans Stubbe herausgegeben.

[34] Stubbe H (1982) s. Fußnote 1/19, hier S 304–307.

[35] 1. und 2. Symposium, 1978 bzw. 1981. Abhdlg AdW der DDR, Abtlg Mathematik, Naturwissenschaften, Technik, N4 bzw. N5; 3. Symposium, 1984, Kulturpflanze 32: S 1–S 268, ab 4. Symposium nur Hauptvorträge, 1988 Biochem Physiol Pflanzen 183: 99–250, bzw. 6., 7. und 8. Symposium, 1995, 1998 bzw. 2001. J Plant Physiol 145: 586–681, 152: 594–711, bzw. 158: 403–522.

Die GRC waren als Reihe von Tagungen mit wechselnden Themen und Organisatoren zu Forschungsschwerpunkten aller Abteilungen des Instituts gedacht. Sie wurden fast alle im Schlosshotel Meisdorf abgehalten, wo Quartiere und Tagungsräume an einem landschaftlich besonders reizvollen Ort in einer Einrichtung vereint waren. Die Reihe begann 1996 mit einer Tagung über „*Molecular Markers in Plant Genome Analysis and Crop Plant Improvement*"[36] und hat mit ein- bzw. zweijährigen Abständen in der „*3rd International Conference on Apomixis*" in Wernigerode 2007 ihre 9. Wiederholung erfahren. Neben diesen beiden Themen und den drei Samen(protein)symposien bildete Genomforschung mehrfach in Verbindung mit Fragen der genetischen Diversität von Pflanzen den Schwerpunkt der Tagungen, zu denen zuletzt wiederholt 140 Teilnehmer kamen. Regelmäßige Publikationen der Tagungsberichte gibt es zu den GRC nicht.

Die beschriebenen Tagungsreihen waren die „Flaggschiffe" unter den wissenschaftlichen Konferenzen, die vom Institut abgehalten wurden. Daneben bildete es stets auch einen Ort für zahlreiche andere Tagungsformen, die sich in vier weiteren Kategorien zusammenfassen lassen: a) Internationale Spezialtagungen, die von entsprechend profilierten Wissenschaftlern des Instituts, z. T. als Glied in internationalen Tagungsfolgen auf dem betreffenden Gebiet, organisiert wurden; b) Tagungen im Rahmen bestimmter internationaler oder nationaler Kooperationen; c) Tagungen von wissenschaftlichen Gesellschaften, in denen Wissenschaftler des Instituts zeitweilig den Vorsitz führten, oder d) wissenschaftliche Tagungen, die zur Ehrung herausragender Wissenschaftlerpersönlichkeiten oder zu Jubiläen abgehalten wurden.

- **Internationale Spezialtagungen**: 1955: Internationale Arbeitstagung „Probleme der Biochemie der Kulturpflanzen" (Organisator: Kurt Mothes), 1965: International Symposium „*Chemistry and Structure of Steroid- and Indolalkaloids*" (Organisator: Klaus Schreiber) abgehalten in Smolenice (damalige ČSSR), 1982: „*International Symposium on Nitrate Assimilation – Molecular and Genetic Aspects*" (Organisator: Andreas Müller), 1993: International Symposium on „*Plant Genetic Resources in Europe*", veranstaltet vom IPK zusammen mit dem British Council zum Thema „*Integration of Conservation Strategies of Plant Genetic Resources in Europe*" (Organisatoren: Frank Begemann, Karl Hammer), 2003: Workshop „Harnessing *Genetic Diversity: Genomics and Allele Mining*" (gemeinsam mit der Gesellschaft für Pflanzenzüchtung, Organisator: Andreas Graner).
- **Kooperationstagungen**: Im Rahmen der Forschungskooperation zwischen den im Rat für Gegenseitige Wirtschaftshilfe (RGW, auch „Comecon" genannt) zusammengeschlossenen sozialistischen Staaten bzw. der Kooperation zwischen den Wissenschaftsakademien dieser Länder sind hier zwei Beispiele aus der Zeit bis 1991 zu nennen: 1979 das 17. Symposium zum RGW-Thema I-18.2 „*Structure and Function of the Photosynthetic Apparatus*" (abgehalten in Reinhardsbrunn) und die 1989 abgehaltene 17. Tagung des Wissenschaftlich-technischen Rates zum Problem II.5 „Sammlung, Untersuchung, Erhaltung und Nutzung pflanzengenetischer Ressourcen von Kulturpflanzen und ihren wild wachsen-

[36] Ganal M (1996) IPK-Journal 5 (2): 1–2.

den verwandten Arten“. Bereits 1983 wurde das erste von bisher fünf bis 1997 durchgeführten Meetings im Rahmen des European Cooperative Programme for Conservation and Exchange of Crop Genetic Resources (ECP/GR), Barley Working Group, veranstaltet. Darin spiegelt sich die bereits seit 1983 ausgeübte Leitfunktion des Gaterslebener Instituts für den Aufbau von Datenbanken auf dem Gebiet pflanzengenetischer Ressourcen für Gerste in Europa wider.

- **Tagungen wissenschaftlicher Gesellschaften**: Wissenschaftler, die leitende Funktionen in wissenschaftlichen Gesellschaften ausübten, nutzten das Gaterslebener Institut häufig zur Durchführung von Tagungen ihrer Organisation, wofür nur die nachfolgenden Beispiele genannt werden sollen. Unter internationalen Tagungen ragt die 1976 ausgerichtete Jahrestagung der European Environmental Mutagen Society (EEMS) heraus, die von Jörg Schöneich und Helmut Böhme organisiert worden ist (vgl. Abschn. 3.3.2.2). Im Zeitraum bis 1991 hat vor allem die Sektion „Genetik“ der Biologischen Gesellschaft der DDR in Gatersleben Tagungen über Mutationsforschung (1972), Mikrobengenetik (1983) und Umweltmutagenese (1987) abgehalten. Mehrfach tagte die Arbeitsgruppe „Pflanzeneiweiße“ der Sektion Biochemie und Physiologie der Pflanzen der Biologischen Gesellschaft der DDR im Gaterslebener Institut. Diese Sektion beteiligte sich auch an der Ausrichtung der Samenproteinsymposien (s. o.). Schließlich veranstaltete die Gesellschaft für Zell- und Gewebezüchtung der DDR 1977 ein internationales Symposium über „Genetik der *in vitro*-kultivierten Zelle“ in Gatersleben. Nach der 1992 erfolgten Gründung des IPK ist vor allem die Zusammenarbeit mit der Gesellschaft für Pflanzenzüchtung (GPZ) hervorzuheben. Ihre Sektion „Cytogenetik“ hielt bereits 1992 eine Jahrestagung zum Thema „Cytogenetische Verfahren zur Charakterisierung, Lokalisierung sowie zur züchterischen Nutzung von Genen und Markern“ im Gaterslebener Institut ab. Eine Gemeinschaftstagung mit der Gesellschaft für Pflanzenzüchtung (GPZ) wurde bereits oben unter dem ersten Punkt erwähnt.
- **Ehrentagungen**: Mit Tagungen anlässlich eines 100. Geburtstags hat das Institut vor allem drei Wissenschaftler geehrt:
  - den berühmten sowjetischen Genetiker, Vater der Lehre über die geografischen Entstehungszentren unserer Kulturpflanzen und Initiator für die Bildung einer der weltgrößten Sammlungen pflanzengenetischer Ressourcen im damaligen Leningrad, **Nikolai I. Vavilov** (1987);
  - den ersten Leiter der Abteilung „Taxonomie und Sortiment“ des damaligen Instituts für Kulturpflanzenforschung der DAW, Verfasser des Mansfeld-Verzeichnisses und prägenden Vater der Sammlung pflanzengenetischer Ressourcen im Gaterslebener Institut, **Rudolf Mansfeld**, mit einer Tagung zum Thema „*Mansfeld and Plant Genetic Resources*“ (2001);
  - den großen deutschen Mutationsgenetiker, Gründer und langjährigen ersten Direktor des Gaterslebener Instituts und ersten Präsidenten der Deutschen Akademie der Landwirtschaftswissenschaften (DAL) zu Berlin, **Hans Stubbe** (Festveranstaltung 2002).

Eine besondere Stellung in der Geschichte der Gaterslebener Tagungen nehmen die von Anna und Ulrich Wobus organisierten Gaterslebener Begegnungen ein, auf die im nachfolgenden Abschn. 4.3 gesondert eingegangen wird.

4.3 Gaterslebener Begegnungen

Die Diskussionen und Auseinandersetzungen um die „proletarische Biologie" Lyssenkos und die „formale Genetik" (s. Abschn. 2.1.2.2) hatten auch den jungen Mitarbeitern im Institut deutlich gemacht, wie stark Politik in die Wissenschaft hineinwirken und Wissenschaft Teil einer Ideologie werden kann. Auch die unsagbaren, im Namen einer „Rassenhygiene" verübten Verbrechen in den Jahren des Nationalsozialismus waren sehr gegenwärtig, als die sich rasch entwickelnde Genetik zu neuen Spekulationen und zu heftigen Diskussionen über positive Eugenik und Menschenzüchtung Anlass gab. Beispielhaft hierfür waren das CIBA-Symposium *Man and his Future* von 1962 und die entsprechende Buchveröffentlichung.[37] Die Entwicklung der Gentechnik in den 1970er-Jahren gab der Diskussion nochmals neue Nahrung und machte sie konkreter. In der DDR war die Problematisierung der neuen wissenschaftlichen Durchbrüche von den Schriftstellern öffentlich gemacht worden, da „bei uns[38] die Literatur in Ermangelung anderer Gelegenheiten häufig als Vehikel für öffentliche Auseinandersetzungen benutzt werden muß",[39] so Christa Wolf. Während die Wissenschaftler die kritischen Fragen von Schriftstellern, Publizisten und Laien „wohl hörten, aber zu Beschwichtigungen neigten, weil [sie] die Sorgen für übertrieben und das zu Gewinnende für außerordentlich hielten", spitzte sich in den 1980er-Jahren die Konfrontation zu. Bereits 1979 hatte Juri Brêzan in der Literaturzeitschrift „Sinn und Form" von seiner „Angst vor den Biologen" gesprochen, und er war nicht allein mit dieser Angst. Die zum Teil scharfzüngigen Diskussionen forderten auch die Wissenschaftler zu einem erweiterten Problembewusstsein heraus und lehrten sie, dass Wissenschaft und noch mehr ihre Umsetzung der gesellschaftlichen Akzeptanz bedarf. Einen zusammenfassenden Eindruck über den Stand der DDR-Diskussion der späten 1980er-Jahre vermittelt das vom Urania-Verlag angeregte Buch „Genetik zwischen Furcht und Hoffnung".[40] Eine Reaktion des Gaterslebener Instituts auf die „Angst vor den Biologen" war 1986 die erste „Gaterslebener Begegnung", initiiert von Anna M. und Ulrich Wobus. Diese erste Veranstaltung einer langen Reihe stand „in einer guten Tradition, die u. a. mit den

[37] Wolstenholme G (Hrsg) Man and his Future. A Ciba Foundation Volume. London 1963.

[38] Das heißt in der DDR.

[39] Zitiert nach Wobus AM, Wobus U (Hrsg) (1991) Genetik zwischen Furcht und Hoffnung. Urania, Leipzig, Jena Berlin, S 8.

[40] Siehe Wobus und Wobus (1991) Fußnote Kap. 4/39. Infolge der schnellen Verlags-Privatisierung nach der Wende sind nur Teile der geplanten Auflage gedruckt und wohl nur einige Hundert Exemplare ausgeliefert worden.

Namen des Institutsgründers Hans Stubbe, danach mit Helmut Böhme und Martin Zacharias verbunden war."[41]

Tragende Idee der Gaterslebener Begegnungen war die Information über und die Diskussion von aus der Wissenschaftsentwicklung erwachsenen gesellschaftlichen Problemen, der gleichberechtigte Meinungsaustausch zwischen Natur- und Geisteswissenschaftlern, Schriftstellern, Künstlern, interessierten Laien sowie Journalisten und (seit 1990) Politikern. Die erste, vom 13.–15.11.1986 veranstaltete Begegnung trug den allgemeinen Titel „Probleme der modernen Biologie" und lud die Teilnehmer nicht nur zu Vorträgen und Diskussionen, sondern auch zu Laborbesichtigungen ein, um zu zeigen, welcher Art die im Institut betriebene Forschung war und dass weder die Herstellung von Monsterorganismen noch sonstige, menschenverachtende Ziele verfolgt wurden.

> Damals, in einer Zeit offener und verdeckter Repression, waren die Gaterslebener Begegnungen für uns[42] auch eine Möglichkeit, Verbündete für ein gemeinsames Anliegen zu gewinnen und im freien Gedankenaustausch zu vereinen. Wir versuchten, indem wir unsere Forschungsprojekte offen zur Diskussion stellten, unbegründete Befürchtungen und Ängste der Öffentlichkeit abzubauen. Andererseits wollten wir uns offen kritischen Anfragen stellen. Dabei erfuhren wir, wie tief die Furcht vor unserer Arbeit, der Arbeit der Genetiker und Gentechniker, war. Bei manchem naturwissenschaftlichen Teilnehmer setzte vielleicht erst jetzt ein tieferes Nachdenken über die Folgen wissenschaftlicher Arbeit und damit verbundener Wertvorstellungen ein.[43]

Da Schriftsteller und Künstler in der öffentlichen Diskussion eine so prominente Rolle spielten, waren sie nicht nur als Diskutanten, sondern auch als Vorsteller und Interpreten ihrer eigenen Werke eingeladen (s. auch Abschn. 4.4.1.1). Am Beginn des Veranstaltungsprogramms der ersten „Begegnung" formulierte der Schriftsteller Manfred Wolter in „Anfragen an Wissenschaftler" sehr konkret sein „Unbehagen an den modernen Methoden der Humangenetik, insbesondere der pränatalen Diagnose, weil er befürchtete, dass die immer weitere Verbreitung dieser Techniken unser Bild vom Menschen als auch die Gesellschaft langfristig verändern würde."[44] Diesen ersten „Anfragen" sind weitere gefolgt. Sie waren nicht selten unbequem, manchmal sehr emotional formuliert, stets aber von Sorge und tiefem Ernst getragen und natürlich immer der spezifischen Sicht des jeweils Fragenden verhaftet. Der Lyriker Richard Pietrass begründete 2001 seine Skepsis und Ohnmacht etwa angesichts der Möglichkeiten von reproduktivem und „therapeutischem" Klonen durch seine Überzeugung, dass es „nicht an Wissenschaftlern mangeln [würde], deren Ehrgeiz und Ruhmsucht größer ist als ihr Verantwortungsgefühl".[45] Eine andere

[41] Wobus AM (2004) Einführung. In: Gaterslebener Begegnung 2003. Nova Acta Leopoldina NF 90: 13–19.

[42] Mitarbeiter des Gaterslebener Instituts.

[43] Wobus AM (1996) Nachwort. In: Gaterslebener Begegnung 1995. Nova Acta Leopoldina NF 74: 213–215.

[44] Wobus AM (2004) s. Fußnote 43, hier S 14.

[45] Pietrass R (2002) Dollys Wolle. In: Gaterslebener Begegnung 2001. Nova Acta Leopoldina N.F. 86: 19–26, hier S 24.

Tab. 4.2 Themen und Termine der Gaterslebener Begegnungen (GB) 1986–2009

GB I	Probleme der modernen Biologie	13.–15.11.1986
GB II	Der Mensch als biologisches und soziales Wesen	21.10.1988
GB III	Individualität im Spannungsfeld zwischen Genetik und Kultur	22.–24.3.1990
GB IV	Neue Dimensionen unserer Verantwortung – Wissenschaftsentwicklung und Zukunftsperspektiven in einer veränderten Welt	15.–17.5.1992
GB V	Bewahren und Verändern – Der Mensch in seinem Verhältnis zur Natur	11.–12.6.1993
GB VI	Stellenwert von Wissenschaft und Forschung in der modernen Gesellschaft – Handeln im Spannungsfeld von Chancen und Risiken	12.–13.5.1995
GB VII	Vom Einfachen zur Ganzheitlichkeit. Das Problem der Komplexität auf organismischer und soziokultureller Ebene	23.–24.5.1997
GB VIII	Die Verfügbarkeit des Lebendigen	28.–29.5. 1999
GB IX	Freiheit und Programm in Natur und Gesellschaft	15.–16.6.2001
GB X	Bewahren und Verändern im Kontext biologischer und kultureller Evolution	22.–24.5.2003
GB XI	Der Begriff der Natur. Wandlungen unseres Naturverständnisses und seine Folgen	07.–9.5.2009

Ohnmacht benannte der Schriftsteller Joochen Laabs, nämlich die Schwierigkeit, sich ein fundiertes, eigenes Urteil angesichts der Komplexität der Materie bilden zu können. „Was kann ich mehr tun, als mich auf andere verlassen, kompetentere?“[46] Durch die persönliche Konfrontation mit nicht selten schwer nachvollziehbaren Denk- und Sichtweisen sollten gerade auch die Naturwissenschaftler erleben und lernen, wie Andere denken, wie Nichtwissenschaftler wissenschaftliches Tun hinterfragen, kritisch zu den möglichen Auswirkungen der Forschungsergebnisse Stellung nehmen und wissen möchten, welche Motivationen die Forscher bezüglich ihrer Arbeit treiben.

Die Spanne der in den Gaterslebener Begegnungen behandelten Problemfelder reichte von Themen wie „Individualität im Spannungsfeld zwischen Genetik und Kultur“ (1990) über „Neue Dimensionen unserer Verantwortung“ (1992) und „Die Verfügbarkeit des Lebendigen“ (1999) bis zu „Bewahren und Verändern“ (1993 und 2003), dem Verhältnis von „Freiheit und Programm in Natur und Gesellschaft“ (2001) und dem „Begriff der Natur“ (2009) (s. Tab. 4.2). Den Abschluss der Themenprogramme bildete in der Regel eine Podiumsdiskussion, die häufig ethische Aspekte in den Mittelpunkt stellte, aber auch unterschiedlichste Anfragen und Meinungen des Publikums einbezog. An den Abenden kamen Schriftsteller mit Lesungen aus ihren Werken zu Wort, und bildende Künstler stellten in ihren Ausstellungen indirekte Bezüge zu den behandelten Themen her (s. Tab. 4.3).

Mit der Einbeziehung der Deutschen Akademie der Naturforscher Leopoldina in die Veranstaltungsorganisation wurde ab der Gaterslebener Begegnung VI im Jahre 1995 auch eine repräsentative Dokumentation der Veranstaltungen in Form

[46] Laabs J (1997) Hallo, Dolly! Fragen an Wissenschaftler. In: Gaterslebener Begegnung 1997. Nova Acta Leopoldina N.F. 77: 15–20, hier S 17.

Tab. 4.3 Schriftstellerlesungen und Kunstausstellungen während der „Gaterslebener Begegnungen" (GB)/Gespräche 1986–2010

Gaterslebener Begegnung (GB)/Gespräch	Lesung/Vortrag	Ausstellung von
GB I 1986	Werner Creuziger, Peter Gosse, Helga Königsdorf, Richard Pietrass, Manfred Wolter	Wolfgang Biedermann, Peter Sylvester, Fotis Zaprasis
GB II 1988	Uwe Grüning, Helga Schütz	keine Ausstellung
GB III 1990	Werner Creutziger, Christoph Hein, Helga Königsdorf, Christa und Gerhard Wolf, Manfred Wolter	Günter Huniat, Wolfram Schmiedel
GB IV 1992	Horst Drescher, Prinz Rudolf zur Lippe, Richard Pietrass, Jens Reich, Manfred Wolter	Manfred Butzmann, Jörg-Tilman Hinz, Klaus-Dieter Ullrich, Olaf Wegewitz
GB V 1993	Werner Creutziger, Uwe Grüning, Christoph Kuhn, Joochen Laabs, Richard Pietrass, Helga Schütz	Hans-Hermann Richter, Johann-Peter Hinz
GB VI 1995	Wilhelm Bartsch, Thomas Böhme, Volker Braun, Manfred Wolter, Helga Königsdorf (im Podium)	Wolfgang Dreysse, Ingo Kraft, Rosemarie Ullrich, Klaus-Dieter Ullrich
GB VII 1997	Friedrich Cramer, Horst Drescher, Manfred Jendryschik, Christoph Kuhn, Richard Pietrass, Werner Creutziger (Moderation)	Fritz Schade, Peter Sylvester
GB VIII 1999	Peter Gosse, Werner Heiduczek, Joochen Laabs, Richard Pietrass, Konrad Weiss, Manfred Jedryschik	Günther Huniat, Tai Nuh, Tobias Rost
GB IX 2001	Volker Braun, Christoph Dieckmann, Peter Gosse, Werner Heiduczek, Richard Pietrass	Rosemarie Fret, Ulrich Hachulla, Karl-Georg Hirsch
GB X 2003	Christoph Hein, Manfred Jendryschik, Rainer Kirsch, Richard Pietrass, Thomas Rosenlöcher, Helga Schütz	Hal Jos (Harald Jokusch), Fritz Schade, Peter Sylvester, Olaf Wegewitz und Künstler des Röderhofs (Hagen Bäcker, Johanna Bartl, Iris Kettner)
1. Gaterslebener Gespräch 2006	Peter Gosse, Manfred Jendryschek, Gerald Wolf	Frieder Heinze, Dietrich Oltmanns, Olaf Wegewitz
2. Gaterslebener Gespräch 2008	Axel Brennicke, Wilhelm Bartsch	Friedemann Knappe, Tatjana Skalko-Karlovski, Katja Zahradnik
GB XI 2009	Wulf Kirsten, Richard Pietrass, André Schinkel, Helga Schütz	Susanne Berner, Margit Jäschke, Jürgen Ludwig
3. Gaterslebener Gespräch 2010	Gerald Wolf, Klaus Hahlbrock	Max Baumann, Roswitha Bühler, Martin Straka, Anna Weihe

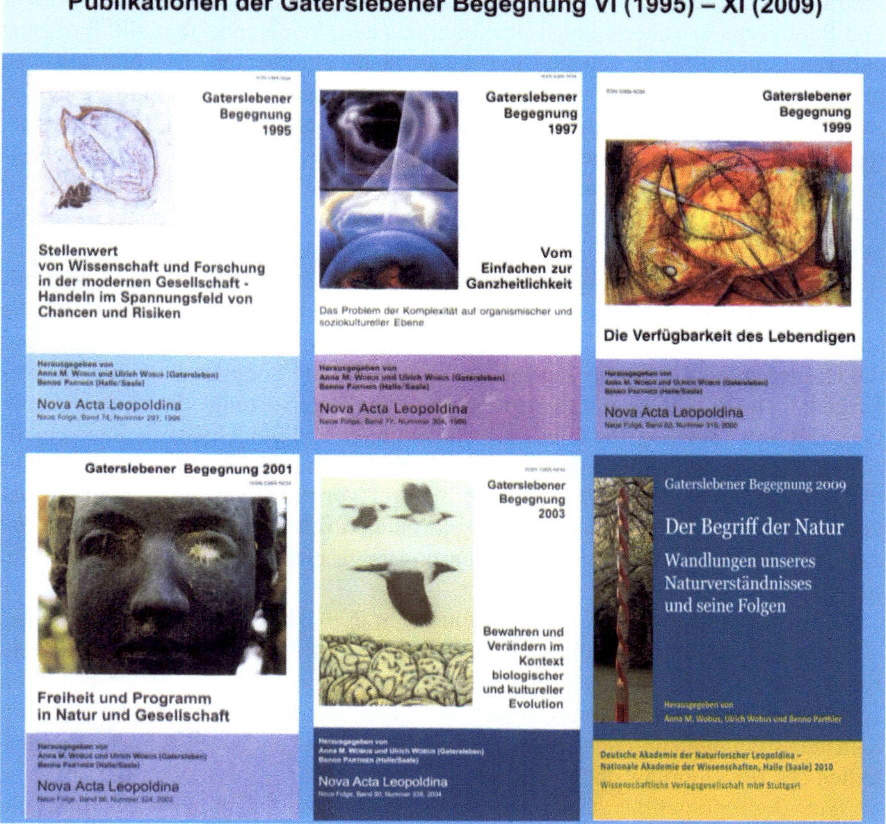

Abb. 4.4 Publikationen zu den „Gaterslebener Begegnungen" VI (1995) bis XI (2009) in der Nova Acta Leopoldina NF

von Tagungsbänden innerhalb der Reihe „Nova Acta Leopoldina Neue Folge" möglich (Abb. 4.4). Die Bücher strahlen durch die Einbeziehung von Abbildungen einzelner Kunstwerke und den Abdruck von Gedichten auch in der Druckform etwas von dem besonderen Reiz dieser Veranstaltungsreihe aus. Der Künstler Olaf Wegewitz, mehrfacher Teilnehmer der Gaterslebener Begegnungen, hat deren zehn erste Themen 2004 in zehn Schieferplatten gemeißelt, Original-Fußbodenplatten aus der Eingangshalle des Gebäudes „Genetik", die während der Sanierung 2003 anfielen. Diese Schieferplatten stehen auf Blöcken Freyburger Muschelkalks im Innenhof zwischen Hörsaal und „Genetik".

Obwohl die Gaterslebener Begegnungen unter den spezifischen Bedingungen der DDR ins Leben gerufen worden waren, blieb das Grundanliegen, die Diskussion von gesellschaftlichen Folgen wissenschaftlicher und technologischer Entwicklungen, auch unter den gänzlich geänderten Rahmenbedingungen der Bundesrepublik weitgehend unverändert, nur dass sich der Diskussionskreis um Politiker und Publizisten erweiterte und Teilnehmer aus der alten Bundesrepublik ihre ganz anderen Lebenserfahrungen und Lebensumstände einbrachten. Die dramatischen gesellschaftspolitischen Umwälzungen bestimmten denn auch während der ersten zehn Jahre nach der „Wende" die Diskussionen insbesondere nach den Lesungen, die häufig DDR-spezifische Lebenserfahrungen spiegelten. So förderten die Gaterslebener Begegnungen sicher nicht nur die gegenseitige Achtung von zum Teil sehr gegensätzlichen Standpunkten, sondern leisteten auch ihren eigenen Beitrag zur Deutschen Einheit.

Nach der 10. Begegnung 2003 wurden zunächst in zwei kleineren Veranstaltungen 2006 und 2008, den „Gaterslebener Gesprächen", neue Formen und die stärkere Einbeziehung von Studenten gesucht. Partner dieser Veranstaltungen war die Evangelische Akademie Sachsen-Anhalt, die in ihre Sommerakademie „Grenz-Fragen – Bioethik in der interdisziplinären Auseinandersetzung" das Gaterslebener Gespräch mit einbezog und mit ca. 30 Studentinnen und Studenten mit unterschiedlichem fachlichem Hintergrund – von Medizin bis Theologie – an der jeweils eintägigen Tagung teilnahm. Neben zwei bis drei Vorträgen und einer Podiumsdiskussion bildeten Laborbesuche und Diskussionen mit Wissenschaftlern an deren Arbeitsplatz einen von den Studenten besonders geschätzten Teil ihres Besuchs im Institut.

Die Themen der beiden Veranstaltungen waren 2006 „Risikokommunikation – Wahrnehmung und Bewältigung von Risiken" und 2008 „Programmierung und Reprogrammierung". Ein drittes „Gaterslebener Gespräch" fand 2010 zum Thema „Globale Aspekte der Grünen Gentechnik" statt. Auch die „Gespräche" waren von Kunstausstellungen und Schriftstellerlesungen begleitet und wurden in drei Sonderheften des IPK-Journals dokumentiert.[47]

Trotz des Erfolges der „Gaterslebener Gespräche" wurde immer wieder auch die Fortführung der „Gaterslebener Begegnungen" gewünscht, sodass das IPK (Anna M. und Ulrich Wobus) und die Deutsche Akademie der Naturforscher Leopoldina (B. Parthier), im Februar 2008 zur Nationalen Akademie der Wissenschaften ernannt, vom 7.–9. Mai 2009 die 11. „Gaterslebener Begegnung" zum Thema „Der Begriff der Natur" organisierte. Mit über 100 auswärtigen Gästen und einem wissenschaftlich wie künstlerisch anspruchsvollem Programm bewies die Veranstaltung erneut die Attraktivität des Konzeptes und die Notwendigkeit der Betrachtung einer gesellschaftlich relevanten Thematik aus den unterschiedlichsten Blickwinkeln. Im Mai 2011 hat die 12. Begegnung zum Thema „Wachstum und Reifung in Natur und Gesellschaft" stattgefunden.

[47] IPK-Journal (2007) 16 (Sonderheft Mai), IPK-Journal (2009) 18 (Sonderheft April) und IPK-Journal (2011) 20 (Sonderheft S 1).

4.4 Kunst, Kultur und Sport

> ...Wissenschaft und Kunst haben gewiß verschiedene Ausgangspunkte und Ziele – die eine ist bemüht um Erkenntnis durch Experiment am Vorhandenen, die andere lebt vom Erlebnis und schafft Bilder des so noch nicht Dagewesenen ... Eine der kräftigsten Tangenten, die Forschung und Kunst verbinden, zeigt sich, so glaube ich, in der Kraft Fragen zu stellen und Erreichtes und Gesichertes zu überprüfen ... und das gelingt nur einer Forschung und einer Kunst, die schöpferisch ist, also tiefer in Unbekanntes einzudringen sucht... (Wieland Förster)[48]

Die abgeschiedene Lage des Dorfes Gatersleben mit seinen fehlenden kulturellen Angeboten wurde stets als Problem gesehen, zumal Privatautos für Ausflüge in die weitere Kulturlandschaft über lange Zeit die Ausnahme waren und auch das Fernsehen seine heutige Rolle erst langsam gewann. „Maßnahmen zur Verbesserung des kulturellen Lebens auf dem Lande..."[49] waren deshalb stets auch ein Anliegen der Institutsleitung, ebenso wie die Förderung des Sports. Hans Stubbe schrieb rückblickend: „Die ländliche Lage des Instituts zwischen Aschersleben und Quedlinburg und die damit verbundene Abgeschlossenheit von größeren kulturellen Zentren machte es erforderlich, so schnell wie möglich dafür zu sorgen, den „Inselkomplex" der meist aus Groß- und Mittelstädten stammenden Mitarbeiter und ihrer Familien durch kulturelle Veranstaltungen im Institut und durch Teilnahme an auswärtigen Theater- und Konzertaufführungen zu überwinden."[50] Das Positive der Situation war sicher, dass Kultur jeglicher Art, wollte man sie nicht entbehren, überwiegend selbst organisiert werden musste. Immer wieder fanden sich Interessierte, die Schriftsteller und Dichter einluden, Ausstellungen organisierten, Musiker gewannen, Spezialisten veranlassten, zu unterschiedlichsten Themen zu sprechen, Regisseure mit ihren Filmen gewinnen konnten oder selbst Musik machten, Zirkel organisierten und auf Exkursionen Geschichte, Kunst und Natur der Region den Beteiligten nahebrachten. Da die eingeladenen Gäste aufgrund der Lage des Ortes in aller Regel im Gästehaus des Instituts übernachteten[51], ergaben sich viel mehr Gelegenheiten auch zum persönlichen Gespräch und Austausch, als sie die Großstadt zu bieten vermag. 1992 formulierten die Gründer der Gesellschaft zur Förderung der Kultur in Gatersleben e. V. (s. Abschn. 2.4.9.2) im Rückblick auf die damals vergangenen fast 50 Jahre Kulturarbeit im Institut: Die oben geschilderten „kulturellen Ereignisse waren ... oft Höhepunkte des täglichen Lebens zwischen Laborplatz oder Versuchsfeld, Schreibtisch und Familie. Sie halfen, die provinzielle

[48] Brief Wieland Försters an Martin Zacharias anlässlich der Ausstellung seiner Werke 1976 im Gaterslebener Institut, veröffentlicht in: Wieland F (1979) „Drei Briefe". Sinn und Form 1979 (5): 1013–1016.

[49] Aus der Überschrift des Kapitels 21 der Institutsgeschichte von Stubbe H (1982) s. Fußnote Kap. 1/19.

[50] Stubbe (1982) s. Fußnote Kap. 1/19, hier S 372.

[51] Zumindest galt dies bis zur Wende 1989/1990.

Abgeschiedenheit und ideologische Enge, in der wir manchmal zu ersticken drohten, zu überwinden oder wenigstens erträglich zu gestalten".[52]

Die folgende Darstellung kann nur einen gedrängten Überblick zu dieser besonders liebenswerten Seite der Institutsgeschichte vermitteln (s. auch Abschnitte 2.1.5 und 2.2.1.8/2.2.1.9).[53]

4.4.1 Schriftsteller, Künstler und Kunst im Institut

4.4.1.1 Schriftstellerlesungen

> … die Sonne sieht sehr schön aus in den Trauerweiden
> Dahlien haben sich aufgeblättert Staub rieselt sacht in sie
> wenn Trecker die bleichen Rüben fabrikwärts fahren
> ich schlafe sehr gut dort am Rande der Welt
> nachdem ich sie gierig machte auf Schiffe und Meere.[54]

Die Tradition, Schriftsteller zu Lesungen an das Institut einzuladen, geht auf Helmut Böhme zurück. Der von ihm organisierte Auftakt 1966 war fulminant: fünf Große der DDR-Literatur lasen im Institut. Am 4. März kam Stephan Hermlin, drei Wochen später, am 23. März, Hermann Kant und bereits am 7. April Erik Neutsch, gefolgt von Christa und Gerhard Wolf am 25. Juni. Christa Wolf war von der Persönlichkeit Hans Stubbe fasziniert und porträtierte ihn in ihrem Essay „Ein Besuch".[55] In den Folgejahren fehlen Angaben in den in der „Kulturpflanze" veröffentlichten Instituts-Jahresberichten, weshalb die Darstellung sicher lückenhaft ist. Im August 1967 kam Erwin Strittmatter zu einer Lesung, gefolgt von Karl Mickel und Sarah Kirsch im Jahr 1968.[56] 1969 las Günter de Bruyn aus seinem damals viel diskutierten Roman „Buridans Esel". Ein gutes Jahr später, am 15. Dezember 1970, war Volker Braun im Institut, und im Februar 1973 las nochmals an zwei aufeinanderfolgenden Tagen das Ehepaar Wolf, das eine Freundschaft mit Helmut und Helga Böhme verband. Mit einer Lesung von Johanna und Günter Braun im Juni

[52] Aus der Gründungsmitteilung des Vereins vom April 1992 (Unterlagen des Vereins).

[53] Eine Zusammenfassung zum Thema „Kunst in wissenschaftlichen Instituten der DDR" (das Gaterslebener Institut eingeschlossen) hat Gäbler veröffentlicht: Gäbler E (1996) „Kulturarbeit" als Selbstbehauptung. Kunst in den wissenschaftlichen Instituten der DDR. In: Feist G, Gillen E, Vierneisel B (Hrsg) Kunstdokumentation SBZ/DDR, 1945–1990. Aufsätze, Berichte, Materialien, DuMont, S 604–615.

[54] Aus Sarah Kirschs Gedicht „Rückkunft". In: Sarah Kirsch (1967) Landaufenthalt. Gedichte. Aufbau-Verlag Berlin Weimar. Das Gedicht entstand nach einem Besuch in Gatersleben zur Zeit der Zuckerrübenernte.

[55] Erstpublikation in „Sinn und Form" Nr. 5, S 1091–1113, 1969. Nachdruck im Band Christa Wolf: „Lesen und Schreiben" (Aufbau-Verlag, Berlin Weimar, 1972, S 137–175), in dem auch Hans Stubbe über seine „Begegnung mit Christa Wolf" berichtet (S 225–235), sowie in Selbmann F (Hrsg) (1974) DDR-Porträts. Reclam, Leipzig, S 451–482.

[56] Persönliche Mitteilung von Peter Hanelt.

1976 kamen jedoch die Lesungen vorläufig zum Erliegen; die Arbeitsbelastung von Helmut Böhme war zu hoch.

1982 wurde die Reihe wiederbelebt; Anna und Ulrich Wobus luden Manfred Wolter (15.01.), Heinz Knobloch (15.06.) und Helga Schütz (19.10.) ein. In den Jahren 1984 bis 1989 organisierte Klaus Müntz die Lesungen von Helga Schubert (1984), John Erpenbeck (1985), Rainer Kirsch (1986), Gisela Steineckert (1987), Joochen Laabs (1987), Richard Pietrass (1987), Walter Kaufmann (1988) und Reinhart Heinrich (1989). 1988 lasen zudem im Rahmen der 2. Gaterslebener Begegnung im Oktober Helga Schütz und Uwe Grüning und während der 3. Begegnung im März 1990 wiederum Christa Wolf gemeinsam mit ihrem Mann Gerhard Wolf. Christa Wolf kam anlässlich der 100. Wiederkehr des Geburtstages von Hans Stubbe, am 6. März 2002, noch einmal zu einer Lesung in das ihr vertraute Institut in Gatersleben.

Nach den Wendejahren 1989/1990 fanden Schriftstellerlesungen meist im Rahmen der „Gaterslebener Begegnungen" und „Gaterslebener Gespräche" statt (s. Abschn. 4.3). In der Liste der Lesenden finden sich aus früheren Besuchen bekannte Namen, wenigstens im Osten Deutschlands gut etablierte Schriftsteller, sowie jüngere Autoren (s. Tab. 4.3). Und mehrfach kamen auch Wissenschaftler zu Wort, die sich „nebenbei" als Schriftsteller betätigen, wie Axel Brennicke, Friedrich Cramer und Gerald Wolf. Aber auch die 1991 gegründete Gesellschaft zur Förderung der Kultur in Gatersleben (s. Abschn. 2.4.9.2) lud gelegentlich zu Lesungen ein. Erwähnt seien die Veranstaltungen mit Monika Maron (1992), Helga Schubert (1992), Friedrich Schorlemmer (1992, 2000, 2010) und Sabine Klamroth (2007).

4.4.1.2 Kunstausstellungen und Kunstankauf

Ein so ausgedehntes Gebäudeensemble, wie es das Institut darstellt, verlangt innen wie außen nach schmückender Kunst. Nach einer Inventar-Notiz[57] wurden bereits 1947 zwei Aquarell-Stillleben für je 268 Mark angekauft. Das „Verzeichnis der Kunstwerke am IPK" nennt als älteste Erwerbungen 1951 angekaufte Bilder des Dresdener Malers Richard Birnstengel: ein Ölgemälde (Sonnenblumen) und zwei Aquarelle (Strandmotive). Kurt Mothes hatte den Künstler noch in der NS-Zeit in Nidden auf der Kurischen Nehrung kennengelernt und ihn im Oktober 1951 für drei Wochen an das Institut geholt. Hier entstanden zwei Ölgemälde mit Frauen auf dem Versuchsfeld.[58] 1952 wurden drei sehr qualitätsvolle Porträtbüsten von Gustav Seitz (Justus von Liebig, Erich Correns und Wilhelm Pfeffer) angekauft, ergänzt 1953 durch die Bronzebüste von Theodor Römer der Hallenser Bildhauerin Grete Budde und – erst 1966 – diejenige von Erwin Baur, ein Abguss aus der Bronzebildgießerei Noack in Leipzig.[59] 1972 hatte Gerhard Lichtenfeld/Halle die Büste von Hans Stubbe vollendet. Ihre endgültige Aufstellung erfolgte allerdings erst nach Hans Stubbes Tod, anlässlich seines 89. Geburtstages am 7. März 1991 am Haupt-

[57] Hausmitteilung IPK vom 26.11.1996.

[58] Näheres und Abbildungen der Gaterslebener Bilder enthält die Broschüre von Andreas Albert (2011) Richard Birnstengel, Husum, Husum.

[59] Unterlagen im IPK-Archiv. Näheres zum Schöpfer der Büste konnte nicht ermittelt werden.

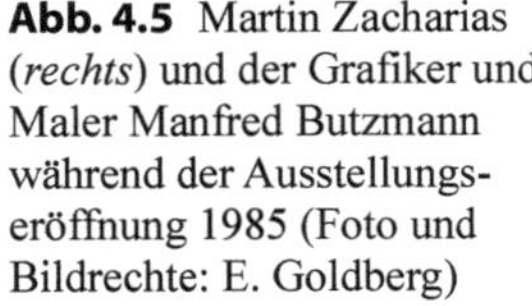

Abb. 4.5 Martin Zacharias (*rechts*) und der Grafiker und Maler Manfred Butzmann während der Ausstellungseröffnung 1985 (Foto und Bildrechte: E. Goldberg)

eingang des Gebäudes „Genetik" mit einer Bronzetafel am Sockel von Wolfgang Dreysse/Quedlinburg.

1968 stellte Martin Zacharias (Abb. 4.5) im Institut erstmals „Halle'sche Kunst" aus. Damit begann ein neuer Abschnitt in den Beziehungen des Instituts zur bildenden Kunst. Nach der Eröffnung der Serie 1968 mit Plastiken von Gerhard Lichtenfeld und Bernd Göbel, Professoren an der Hochschule für industrielle Formgestaltung Burg Giebichenstein (kurz die „Burg"),[60] folgten noch neun weitere mit den großen Namen der Halle'schen Kunstszene (s. Tab. 4.4). Die regelmäßigen Ausstellungen, jeweils mit einer Vernissage eröffnet, wurden nicht nur gern besucht, sie regten auch im Rahmen der Möglichkeiten zu Kunstkäufen seitens des Instituts und der Mitarbeiter an. Auf Malerei von Benno Schulz 1969[61] folgte Malerei und Grafik des Meisters der naiven Malerei Albert Ebert 1970, und 1972 eröffnete Gerhard Lichtenfeld eine Ausstellung mit Plastiken seines Lehrers Gustav Weidanz. 1976 stellte mit Wieland Förster erstmals ein Nicht-Hallenser Künstler im Gaterslebener Institut aus. In der Folge wurde die Plastik „Große Badende" angekauft, die in besonderer Weise den Raum zwischen „Genetik" und Hörsaal belebt.[62] Eine weitere Plastik, die „Metamorphose der Pflanzen" von Günter Huniat (Ausstellung 1977; Ankauf 1978) steht ein wenig abseits im Innenhof nördlich der „Genetik" und wird deshalb zu selten gewürdigt. 1976 wurde dem Gebäude der Taxonomie und der Genbank der Name „Nikolai Vavilov" verliehen, sichtbar verdeutlicht durch ein Bronzerelief von Christoph Weihe/Halle am Haupteingang. Bemerkenswert ist die Breite der gezeigten Kunstauffassungen, die in vielen Fällen mit dem staatsoffiziellen „sozialistischen Realismus" wenig oder nichts gemein hatten.

[60] Heute Kunsthochschule Halle.

[61] Das Institut erwirbt ein Ölgemälde „Landschaft".

[62] Näheres hierzu berichtete Fromme H (1995) Kunstwerke im Institut. IPK-Journal 4 (3): 16.

Tab. 4.4 Kunstausstellungen im Institut Gatersleben 1968 bis 1989. (Bis 1988 organisiert von Martin Zacharias)

Gerhard Lichtenfeld/Bernd Göbel (Plastik)	1968[a]
Benno Schulz (Malerei, Grafik)	21.11.–02.12.1969
Albert Ebert (Malerei, Grafik)	19.6.–3.7.1970
Gustav Weidanz (Plastik)	14.4.–30.4.1972
Benno Schulz, Martin Hadelich (Malerei, Grafik, Plastik)	21.9.–5.10.1973
Karl Erich Müller (Malerei, Grafik)	1974[b]
Rosemarie und Werner Rataiczyk (Malerei, Grafik)	7.11.1974
Fotis Zaprasis, Claus Lutz Gaedicke (Malerei, Grafik, Plastik)	11.4.–24.4.1975
Fritz Müller (Malerei, Grafik)	28.11.–11.12.1975
Hochschule für industrielle Formgestaltung Halle: Kunsthandwerk	9.4.–21.4.1976
Wieland Förster/Berlin (Plastik, Zeichnungen)	24.9.–10.10.1976
Günther Huniat/Leipzig (Malerei, Grafik, Plastik)	15.4.–30.4.1977
Hartmut Bonk/Dresden (Plastik, Grafik)	28.10.–10.11.1977
Rolf Händler/Berlin (Malerei, Grafik)	13.10–27.10.1978
Frieder Heinze/Börtewitz (Malerei, Grafik, Plastik)	12.10.–26.10.1979
Heidi Manthey/Halle (Keramik)	10.10.–24.10.1980
Bernd Göbel/Halle (Plastik, Grafik)	8.5.–22.5.1981
Frieder Heinze/Börtewitz, Olaf Wegewitz/Huy-Neinstedt, Günter Huniat/Leipzig (Malerei, Plastik, Grafik)	3.9.–17.9.1982
Sabine Lessig/Leipzig (Malerei, Grafik)	16.9.–30.9.1983
Wolfgang Mattheuer/Leipzig (Malerei, Grafik)	12.4.–26.4.1985
Manfred Butzmann/Berlin (Malerei, Grafik)	4.10.–18.10.1985
Wolfgang Biedermann/Leipzig, Peter Sylvester/Leipzig, (Malerei, Grafik)	13.11.–23.11.1986
Johann-Peter Hinz/Halberstadt (Plastik), Hans-Hermann Richter/Huy-Neinstedt (Malerei, Grafik)	15.9.–29.9.1989

[a] Nach Fromme H (briefl vom 5.2.1996) Nr. I der Serie „Hallesche Kunst“, die bis Nr. X/1976 (Kunsthandwerk) reichte

[b] Nach Gäbler (1996) s. Fußnote Kap. 4/55

Im Rahmen der Institutsrekonstruktion und -erweiterung boten sich auch nach 1992 Gelegenheiten zur weiteren Gestaltung von Innen- und Außenräumen durch Kunstwerke. In den Außenanlagen tritt besonders die Metallskulptur „Higtechfruit“ des Hallenser Metallkünstlers Thomas Leu hervor, die 2005 erworben und im Südhof des Gebäudekomplexes Genetik aufgestellt wurde. Weniger stark ins Auge fallend ist das „Paar“ aus Stahl und Aluminium des gleichen Künstlers (Entstehungsjahr 1995) gegenüber dem Westeingang der „Genetik“, ebenfalls 2005 aufgestellt. Noch neueren Datums ist die prominente, vor dem Hörsaalgebäude aufstrebende Spirale „DNA nach Dr. Watson und S. Holmes“ des Dessauer Holzkünstlers Jürgen Ludwig, die anlässlich der elften „Gaterslebener Begegnung“ 2009 über Spendengelder erworben und aufgestellt wurde. In den Innenräumen verdient der Zyklus „Jährlich“ des Leipzigers Gerhard Hoffmann mit vier großformatigen Ölbildern zu den vier Jahreszeiten im Obergeschoss-Foyer des Genomzentrums besondere Erwähnung (erworben 2000).

Weitere Kunstwerke in den Gebäuden und im Außengelände benennt eine 2008 erschienene Broschüre.[63] Die beigegebene CD enthält zudem ein Verzeichnis aller Kunstwerke des IPK mit Stand 31.12.2007.

4.4.1.3 Konzert- und Theaterabende[64]

Die Jahresberichte des Instituts in der „Kulturpflanze" verzeichnen seit 1957 Konzertabende, zunächst noch unregelmäßig und nicht in jedem Jahr. Da der Hörsaal erst im Herbst 1964 seiner Bestimmung übergeben wurde, fanden die Konzerte vorher noch im nahen Nachterstedt oder in der „Schwarzen Halle" des Genetik-Gebäudes statt. Anfang Juli 1967 war im Innenhof der Genetik ein Serenadenkonzert zu erleben. Dem Institut standen zwei Bechstein-Flügel zur Verfügung, doch wurde 1973 der Kauf eines neuen Konzertflügels angeregt, der 1974 für 7200 Mark erworben wurde.[65] Von 1965 bis 1989 wurden jährlich fünf bis acht Veranstaltungen organisiert: Klavierabende, Kammermusiken unterschiedlichster Art, Lieder- und Chansonabende, Chorkonzerte. Die meisten Abende sind Teil der Reihe „Stunde der Musik" mit sechs Konzerten pro Saison, über viele Jahre bis zum Auslaufen der Reihe 1990 von Barbara Hildebrandt organisiert. Finanziert wurden die Abende u. a. aus dem Sozialfond des FDGB (Zulage 600 Mark/Konzert).[66] Die „Stunde der Musik" brachte namhafte Künstler nach Gatersleben, von denen einige genannt seien: die Pianisten Günter Kootz (1969), Peter Rösel (1968, 1971), Annerose Schmidt (1967, 1976), Siegfried Stöckigt (1979, 1984), Amadeus Webersinke (1976) und Dieter Zechlin (1968), die Cellisten Kerstin Felz (1981, 1986) und Hans-Joachim Scheitzbach (1986), die Sopranistin Adele Stolte (1968) und die Sängerinnen Lin Jaldati (1969, 1972) und Jalda Rebling (1987), das Gewandhaus-Bläserquintett (1969), das Berliner Streichquartett (1970), Streichquartett und Kammerorchester der Komischen Oper Berlin (beide 1975), das Kammertrio „aulos" (1971, 1975, 1977), das Flötenquartett der Dresdner Philharmonie (1976), das Orchestre de Chambre Nationale de Toulouse im Rahmen der 28. Händelfestspiele 1979, der Kammerchor des Gewandhauses Leipzig (1982) und das Telemann-Trio (1986). Aber auch junge Künstler, die sich auf Wettbewerbe vorbereiteten oder solche gewonnen hatten sowie Studenten der Hochschulen für Musik in Dresden (Schüler von Amadeus Webersinke) und Leipzig (Schüler von Gerhard Erber) gastierten im Institut.

Theater- und Unterhaltungsabende waren eher selten. 1978 unterhielt zum Beispiel der Satiriker und Kabarettist Hans-Georg Stengel das Gaterslebener Publikum, und 1980 brillierte Traute Richter mit dem Peter Hacks-Stück „Ein Gespräch im Hause Stein über den abwesenden Herrn von Goethe". Aber immer wieder einmal fuhr der institutseigene Bus zu Theatervorstellungen, Opernaufführungen oder be-

[63] Wobus U, Menzel K (2008) s. Fußnote Kap. 2/123.

[64] Nach von der Gesellschaft zur Förderung der Kultur in Gatersleben aufbewahrten Unterlagen.

[65] Ein Förster-Flügel, Baujahr 1956. 1989 wurde zusätzlich ein Cembalo der Firma Lindholm angekauft.

[66] Die Angaben verdanken wir Frau Barbara Hildebrandt, Gatersleben.

sonderen Konzerten ins benachbarte Quedlinburg, in das Harzer Bergtheater, nach Halberstadt oder bis nach Halle, Leipzig, Magdeburg oder Dessau.

Wie bereits erwähnt, übernahm im Mai 1991 die Gesellschaft zur Förderung der Kultur in Gatersleben die Organisation kultureller Veranstaltungen am Institut. Eine Veranstaltungsliste der Gesellschaft[67] zählt bis Ende 2009 allein über 100 Konzerte und Liederabende auf, gestaltet von Künstlern, die Gatersleben bereits kannten wie Kerstin Felz (1993), Annerose Schmidt (2002), das aulos-Trio (1997) oder Schüler von Gerhard Erber aus der Leipziger Musikhochschule (1992, 1998), aber auch von neu gewonnenen Künstlern und Ensembles. Nur beispielhaft genannt seien Liederabende mit Jörg Gottschick/Bariton und Christiane Krocker/Klavier (1995, 1998, 1999), Klavierkonzerte mit Vadim Chaimovich (2004, 2007, 2010), István Fülöp (2004, 2008), Cordula Heiland (1995, 1997, 1999, 2010), Christiane Klonz (2005), Janka Simowitsch (2006), Ragnar Schirmer (2009) und Eduard Schulkin (2000, 2010), Konzertabende mit dem Telemannorchester Michaelstein (1992, 1993, 1994, 2000), dem Barockensemble Transylvania (2000, 2003, 2005, 2007, 2010), der Camerate Instrumentale Berlin (2000) und dem Leipziger Barockorchester (1993) sowie Konzert-, Theater- und Lesungsabende des Theatrum Hohenerxleben.

4.4.1.4 Filmklub und Filmforen

Bereits in der von Hans Stubbe verfassten Geschichte des Instituts 1943–1968 wird berichtet, dass neben allgemeinbildenden Vorträgen gelegentlich auch neue Dokumentar- und Kurzfilme gezeigt wurden.[68] Ende der 1960er-/Anfang der 1970er-Jahre entstand der Wunsch, einen Filmklub zu gründen, dessen Leitung Klaus Adler übernahm. Mancherlei technischen (Projektionstechnik) und politischen Widrigkeiten zum Trotz konnten große Filme (z. B. „Die Brücke“ und „Wilde Erdbeeren“), z. T. aus dem Filmarchiv der DDR, gezeigt werden, bis die Einflussnahme der Institutsparteileitung auf die Programmgestaltung so stark wurde, dass der Clubleiter sich zurückzog.[69] Später wurde der Faden wieder aufgenommen. In der DDR der 1970er- und 1980er-Jahre waren viele hervorragende Kurz- und Dokumentarfilme gedreht worden, die das normale Kinopublikum in aller Regel aber nicht zu sehen bekam. Deshalb organisierte Anna M. Wobus beginnend 1982, unterstützt von Hans-Jürgen Furcht/Quedlinburg, eine Reihe von Filmforen, auf denen im Hörsaal Regisseure und Filmemacher ihre Werke zeigten und zur Diskussion stellten. Die Reihe wurde 1982 durch Christel und Roland Gräf mit ihrem Film „Märkische Forschungen“ eröffnet, der eine Erzählung von Günter de Bruyn zum Inhalt hatte und die ethisch-sozialen Dimensionen (literatur-)wissenschaftlicher Arbeit in der DDR thematisierte. Dokumentarfilme zum Natur- und Umweltschutz (z. B. Siegfried Bergmanns „Augen der Landschaft“) und zu Problemen des Arbeitsalltags (z. B. der Film „Rangierer“ des prägenden DDR-Dokumentarfilmers Jürgen Böttcher) waren Höhepunkte dieser Reihe.

---

[67] Zur Verfügung gestellt von Helmut Knüpffer, IPK.

[68] Stubbe (1982) s. Fußnote Kap. 1/19, hier S 372.

[69] Nach einer schriftlichen Auskunft von Klaus Adler, Gatersleben.

In den Jahren 1991 bis 2000 veranstaltete die Gesellschaft zur Förderung der Kultur in Gatersleben allein 43 Filmabende mit Streifen wie „Rainman“, „Der mit dem Wolf tanzt“, „Kafka“, „Chaplin“, „Schindlers Liste“, „Comedian Harmonists“ und „Mario und der Zauberer“. Auch DEFA-Dokumentarfilme über Goethe, Mozart und Linné von Werner Kohlert/Dresden kamen zur Aufführung.

4.4.2 Vortragsabende

Vorträge von Mitarbeitern und Gästen zu Themen, die nicht in unmittelbarer Beziehung zu der wissenschaftlichen Arbeit des Instituts standen, gehörten seit den frühen Aufbaujahren zum Institutsleben (s. Abschn. 2.1.5.1). In den Jahren 1955 bis 1968 verzeichnen die Jahresberichte in der „Kulturpflanze“ ein (1957, 1961, 1968) bis acht (1960) solcher allgemeinen Vorträge pro Jahr. Im Mittelpunkt standen Reiseberichte und literarische Themen, die von Schiller und Goethe über Thomas Mann bis zu Brecht und Hemingway reichten. 1960 wird auch über vorgeschichtliche Funde im Institut berichtet. 1969 tut sich dann eine Lücke auf; bis 1971 sind keine Vortragsabende verzeichnet. Dann setzt in der Verantwortung von Ulrich Wobus wieder eine regere Vortragstätigkeit ein, die bis in die Wendezeit anhält und verschiedenste Themenfelder beinhaltet. Historische und kunstgeschichtliche Themen nehmen jetzt einen breiteren Raum ein, aber auch in der DDR der 1970er- und 1980er-Jahre intensiv diskutierte Probleme, wie die Sicherung der Energie- und Rohstoffversorgung, Fragen des Natur- und Umweltschutzes und damit im Zusammenhang stehend die Gestaltung des Agrarraumes, das Thema Erbe und Tradition (von Luther bis Bismarck) und Ergebnisse der modernen Verhaltensforschung an Tier und Mensch. Viele der Vortragsabende endeten mit Diskussionen im kleineren Kreis, in dem die Gesprächspartner stets auch Bezüge zur Gegenwartssituation herstellten und politische Haltungen vorsichtig gegenseitig ausgelotet wurden. Nur einmal musste in die Reihe ein offiziell-politischer Abendvortrag integriert werden: 1974 berichtete der stellvertretende Vorsitzende des Rates des Kreises Aschersleben über den VIII. Parteitag der SED.

Nicht alles kulturell und allgemein bildend Gebotene der DDR-Jahre ist der Erwähnung wert, aber das Berichtete belegt, dass in Gatersleben Niemand „versauern“ musste. Gar mancher Gast aus einer Großstadt gestand, dass er zwar viele Gelegenheiten zum kulturellen Genuss gehabt, diese aber kaum genutzt hatte, im Gegensatz zu seinen Gaterslebener Gastgebern. Nach der Wende nahm der „Kulturverein“ immer wieder auch Vorträge zu unterschiedlichsten Themen in sein Programm auf.

4.4.3 Künstlerische Betätigung der Mitarbeiter

4.4.3.1 Keramikzirkel und Zirkel für Kindermalerei und textiles Gestalten

1972 initiierte der damalige Leiter des wissenschaftlichen Sekretariats, Martin Zacharias, eine Ausstellung von Laienkünstlern, auf der auch ein im Vorjahr gegründeter Mal- und Plastikzirkel erstmals ausstellte.[70] Dieser Zeichen- und Plastik-(später Keramik-)Zirkel wurde in den ersten fünf Jahren von dem Ascherslebener Volkskünstler und Autodidakten Fritz Dally geleitet. Unterstützung kam auch von der Burg Giebichenstein/Halle durch Prof. Gerhard Lichtenfeld und von dem Dessauer Bildhauer Martin Hadelich. Mit dem Jahr 1977 übernahm Hellmuth Fromme den Keramikzirkel, der unter seiner Leitung allen Zeitumständen trotzend ununterbrochen noch heute arbeitet und über die Jahre vielen Interessierten verschiedenster Altersklassen und Nationen eine eigene kreative Tätigkeit ermöglicht hat. Die Ergebnisse der Zirkelarbeiten konnten in jährlichen Ausstellungen (gemeinsam mit anderen Zirkeln) dem zahlreichen Publikum vorgestellt werden[71], regionale und sogar überregionale Ausstellungen wurden beschickt und öffentliche Räume geschmückt. Im Juni 2002 widmete sich eine große Jubiläumsausstellung im Hörsaalgebäude des Instituts der erfolgreichen Arbeit des Zirkels, der insbesondere nach der Wende immer auch ein Ort der Integration war, in dem viele ausländische Mitarbeiter bzw. deren Partner „ihre deutschen Sprachkenntnisse vertiefen [konnten] und durch die Zusammenarbeit, außerhalb von Schreibtisch und Labor, ein bisschen Heimatgefühl und Geborgenheit“ erfuhren.[72]

Neben dem erwähnten Malzirkel für Erwachsene war Anfang der 1970er-Jahre auch ein Kindermalzirkel entstanden, der von Rolf Pertak, im Institut als Zeichner tätig, geleitet wurde. Während der Erwachsenen-Malzirkel nach fünf Jahren mit dem Weggang von Fritz Dally seine Tätigkeit einstellte, arbeitete der Kindermalzirkel bis zur Wende weiter und präsentierte seine Arbeiten in der alljährlichen Ausstellung der Laienkünstler im Institut.

Auch der Zirkel „Textiles Gestalten“, geleitet von der wissenschaftlichen Zeichnerin Ruth Kilian[73] und der technischen Assistentin Dorothea Noack, trug von 1974 bis 1989 zu der jedes Jahr im Juni/Juli stattfindenden Ausstellung bei. Dieser wie die anderen Zirkel „volkskünstlerischen Schaffens“ wurden von der Abteilung „Kultur des Rates des Kreises Aschersleben“ finanziell unterstützt. Nur Keramikzirkel und Hausmusikkreis (s. u.) überlebten die politische Wende.

4.4.3.2 Hausmusik und Blaskapelle

Stets waren unter den Mitarbeitern des Instituts auch solche, die ein Instrument spielten, und so bildeten sich mehrere musizierende Gruppen. Die Gründung des Hausmusikkreises ging von Günter Scholz aus, der selbst Piano spielte. Alljährlich stellten sich die Laienmusiker zum mittsommerlichen Hausmusikabend, der üblicherweise mit der Eröffnung der Laienkunstausstellung einherging, ihrem Publikum. An diesen Konzerten beteiligten sich auch Kinder und Erwachsene, die nicht in einer festen Gruppe musizierten. Ein Höhepunkt für die Laienmusiker

[70] Teichfischer E (1989) s. Fußnote Kap. 2/128, hier S 80.

[71] Eine Fotodokumentation aller in den Jahren 1972–1985 ausgestellten Arbeiten befindet sich im IPK-Archiv.

[72] Fromme H (2002) 30 Jahre Keramikzirkel. IPK-Journal 11 (1): 14–16.

[73] Deren herausragende Arbeit als wissenschaftliche Zeichnerin wurde 2009 gewürdigt, s. Fußnote Kap. 4/30.

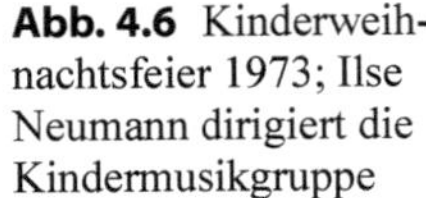

Abb. 4.6 Kinderweihnachtsfeier 1973; Ilse Neumann dirigiert die Kindermusikgruppe

war sicherlich das gemeinsame Konzert mit dem Streichquartett der Komischen Oper Berlin am 21. Juni 1978, in dem unter anderem der vierte Satz der Brandenburgischen Konzerte von Johann Sebastian Bach einem begeisterten Publikum zu Gehör gebracht wurde. Mitte der 1970er-Jahre gastierte der Hausmusikkreis auch im Kreuzgang des ehemaligen Klosters (genutzt als Schulhof) im nahen Hedersleben. In den 1960er-Jahren hatte sich auch eine Kindermusikgruppe unter Leitung von Ilse Neumann gebildet (Abb. 4.6). Die langjährige Assistentin von Hans Stubbe unterrichtete in ihrer Freizeit mit viel Engagement bis zu ihrem frühen Tod 1996 Kinder im Blockflötenspiel. Diese bildeten den Kern eines kleinen Kinderorchesters, in dem auch eine Reihe von Gaterslebener Schülern der Quedlinburger Musikschule, ausgebildet an verschiedenen Instrumenten, mitspielten. Der Auftritt der jungen Musikanten im Rahmen des Hausmusikabends war stets eine besondere Freude, vor allem auch für die „betroffenen" Eltern und nahen Verwandten. Auch der Hausmusikkreis hat in stets wechselnder Besetzung die Wende überlebt und erfreut nach wie vor jährlich einen größeren Hörerkreis beim Hausmusikabend.

Unbedingt zu erwähnen ist die vom langjährigen Leiter der Finanzabteilung, Walter Kienast, begründete und geleitete Blaskapelle, die auch eine Mittlerrolle zwischen Dorf und Institut spielte, denn ihr gehörten auch Bläser aus Gatersleben und den umliegenden Orten an. Der erste offizielle Auftritt erfolgte wohl zum Erntefest 1956.[74] Danach hat die Kienast'sche Blaskapelle noch häufig Viele erfreut, insbesondere auf den Erntefesten im Institut und den Feiern zum 1. Mai im Dorf (s. auch Abschn. 2.1.5.2).

[74] Nach Angaben von Marlene Scholz, Gatersleben.

4.4.4 Exkursionen ins Umland[75]

Gelegentliche Exkursionen ins Umland gehörten schon immer zum „Kulturprogramm" des Instituts, das interessierten Mitarbeitern geboten wurde. Ende der 1960er-Jahre führte Wolfgang Kilian, wissenschaftlicher Zeichner im Institut, mehrere Exkursionen. Seit Beginn der 1970er-Jahre organisierte und leitete Peter Stephan, Mitarbeiter im Wissenschaftlichen Sekretariat (s. Fußnote Kap. 2/172), bis 1981 jährliche kunstgeschichtliche Tages-Exkursionen, für die der institutseigene Bus zur Verfügung stand. Diese Fahrten führten, der speziellen Expertise von Peter Stephan folgend, meist zu romanischen Bauwerken, zu Kirchen (u. a. in Frose, Jerichow, Leitzkau, Pretzin), aber auch zu Burgen (wie Falkenstein, Querfurt, Wendelstein), Klöstern (wie Huysburg, Michaelstein, Drübeck), alten Stadtkernen (wie Halle, Magdeburg, Merseburg, Sangerhausen), Stadtbefestigungen (Tangermünde) und Schlössern (Ballenstedt, Leitzkau, Mansfeld, Merseburg). 1982 übernahm der Biochemiker und Laien-Historiker, Udo W. Stephan, bis zum Oktober 2001 in der AG „Molekulare Mineralstoffassimilation" des IPK tätig, die Vorbereitung und Leitung von zunächst drei Exkursionen 1982, 1984 und 1989. Letztere berührte Sehenswürdigkeiten im Tal der Bode zwischen Hohenerxleben und Hadmersleben. Zwischen 1986 und 1990 veranstaltete die Institutsgruppe der Gesellschaft für Natur und Umwelt im Kulturbund unter der Leitung von Peter Hanelt nicht nur Gehölzpflanzeinsätze im Dorf und seiner Umgebung, sondern auch mehrere Exkursionen u. a. in das Saale-Unstrut-Tal, in die Havelniederung/Gülper See und in die südharzer Karstlandschaft um Breitungen und Morungen. Nach der Wende nahm Udo W. Stephan die gute Tradition 1993 im Rahmen der Arbeit des Kulturvereins (Abschn. 2.4.9.2) mit einer Fahrt nach Ilsenburg, Stapelburg, Lüttgenrode, Osterwieck und Zilly wieder auf. In 13 weiteren jährlichen Tagesexkursionen konnten die Teilnehmer viele historisch und architektonisch interessante Sehenswürdigkeiten der näheren und weiteren Umgebung wiedererleben oder neu bewundern. Diese kulturhistorischen Exkursionen werden unter wechselnder Leitung fortgesetzt.

4.4.5 Sport: von Aerobic bis Volleyball

Auch dem Sport galt bereits in den frühen 1950er-Jahren die Aufmerksamkeit der Institutsleitung. 1953 wurde mit dem Institut, dem VEB Baumaschinen und der VEB Zuckerfabrik als Trägerbetriebe die Betriebssportgemeinschaft (BSG) „Wissenschaft" gegründet, wobei das Institut ca. 3/4 der finanziellen Unterstützung leistete. Es stellte auch mit dem Verwaltungsleiter den Vorsitzenden der BSG. Mit einem Baukostenzuschuss aus Lottomitteln und 8000 freiwilligen Arbeitsstunden der BSG-Mitglieder wurde beginnend 1960 das „Heinz-Steyer-Stadion" geschaffen

[75] Wichtige Angaben verdanken wir den Herren Peter Stephan, Udo W. Stephan und Peter Hanelt sowie Helmut Knüpffer für die Gesellschaft zur Förderung der Kultur in Gatersleben.

(s. auch Abschn. 2.1.4.2) und am 31. Mai 1967 eröffnet.[76] Platzwart und Pflege finanzierte das Institut. Im Stadion wurden regelmäßig auch Institutssportfeste veranstaltet. Neben den im Stadion ausgeübten Sportarten Fußball, Leichtathletik, Volleyball und Kegeln auf der Kegelbahn im Sportplatzgebäude (s. auch Abschn. 2.2.1.9) erfreute sich auch der Reitsport größerer Beliebtheit. Er wurde in der schon in den ersten Jahren nach Kriegsende gegründeten Reitsparte z. T. mit Pferden aus der Abteilung „Landwirtschaft" gepflegt.[77] Der bereits 1955 konzipierte Reitplatz direkt am Bahnkörper am nördlichen Ortsrand mit Reitweg bis zur Hühnerbrücke wurde allerdings nicht realisiert, ebenso wie das bereits erwähnte (S. 56) Schwimmbad[78] und ein immer wieder diskutierter Tennisplatz.

Im November 1972 erfolgte die Grundsteinlegung für eine Mehrzweckhalle an der Quedlinburger Chaussee. Nach etwa zwei Jahren Bauzeit konnte die Halle am 6. Oktober 1974 eingeweiht werden. Sie wurde von der Gemeinde, dem Institut und den Betrieben des Ortes finanziert und „dient den Einwohnern der Gemeinde, jungen wie alten, zu kulturellen, sportlichen und anderen gesellschaftlichen Zwecken".[79] 1991 ging die Halle in Gemeindebesitz über. Sie spielte für den Instituts-, Gemeinde- und Schulsport eine tragende Rolle, da sie Sportarten ermöglichte, die im Freien nicht oder nur im Sommer durchführbar waren, wie z. B. Gymnastik, Fechten und Tischtennis. Eine Kindersportgruppe, die sich vornehmlich dem Turnen widmete, war bereits in den 1960er-Jahren gegründet worden. Sie wurde zunächst von Peter Apel, dann von Gudrun Eitner/Mönke geleitet. Ende der 1970er-Jahre kam eine Kleinkindersportgruppe hinzu. Das Erwachsenenturnen leitete Fritz Matzk. 1970 gründete Ingo Schubert eine Fecht-Gruppe, die zunächst in der Schwarzen Halle im Gebäude „Genetik", dann in der Mehrzweckhalle übte (Abb. 4.7) und auch Wettkämpfe im Nachwuchsbereich bestritt. Turner und Fechter wurden nach der Wende vereinigt und trainieren bis heute. Um 1975 gründete man die Sektion „Tischtennis" geleitet von Wolfgang Ullmann, dem damaligen Verwaltungsleiter des Instituts, während Armin Meister die Nachwuchsarbeit aufbaute und mit der Jugendgruppe sehr erfolgreich an Bezirkswettbewerben teilnahm. Noch erfolgreicher war die Arbeit des Pförtners Paul Becherer mit Kindern im Schachspiel. 1980 wurde sogar ein DDR-Meister-Titel errungen. Die Fußballer der BSG „Wissenschaft" standen Ende der 1960er-Jahre kurz vor dem Aufstieg in die Bezirksliga – sehr zur Begeisterung vieler Fans –, ohne ihn jedoch zu erreichen. Dagegen wurden die Keglerinnen 1976 Bezirksmeister.[80] Der Anteil an Institutsangehörigen in allen genannten Sportgruppen war mehr oder weniger groß, ganz unter sich waren sie aber nur selten.

Auch nach 1992 war und ist das Institut um die Förderung der sportlichen Betätigung seiner Mitarbeiter in vielfacher Weise bemüht, wenn es auch als Stiftung des

---

[76] Eine ausführliche Bau- und Nutzungsgeschichte ist bei Teichfischer E (1989, s. Fußnote Kap. 2/128) zu finden.

[77] Alle vorstehenden Angaben nach Stubbe (1982) s. Fußnote Kap. 1/19, hier S 372–373.

[78] Vgl. Wobus U, Menzel K (2008) s. Fußnote Kap. 2/123, hier S 10.

[79] Teichfischer E (1989) s. Fußnote Kap. 2/128, hier S 84.

[80] Über die Erfolge berichtet Teichfischer E (1989) in seiner Ortschronik; s. Fußnote Kap. 2/128.

Abb. 4.7 Schülergruppe der Sektion „Fechten“ beim Übungsgefecht 1974

öffentlichen Rechts für Zwecke des Betriebssports keine regelmäßigen Ausgaben leisten darf. Einige Gruppen, wie Tischtennis sowie Turnen und Fechten (ab 1992 vereinigt), blieben erhalten, andere wie Karate und Aerobic kamen, dem Zeitgeist entsprechend, hinzu. Die seit 2000[81] alljährlich stattfindenden Fußballturniere sind bereits erwähnt worden (Abschn. 2.4.9.1).

Im Jahre 2001 leitete die Gemeinde Bemühungen zur Eröffnung eines Fitness-studios in der Mehrzweckhalle ein, die vom Institut sehr unterstützt wurden. Doch erst im Juni 2004 wurde die Eröffnung durch einen privaten Betreiber möglich. Zunächst wurde das Angebot besonders von Institutsmitarbeitern gut angenommen, doch im Sommer 2009 schloss das Studio. Ein im Oktober desselben Jahres gegründeter Verein „Power Pflanzen“ unterzeichnete mit der Gemeinde Gatersleben einen Nutzungsvertrag und ermöglichte so die weitere Nutzung des ehemaligen Fitness-Studios in der Mehrzweckhalle Gatersleben als Trainingsstätte.[82] Ein Sportprogramm aus dem Jahre 2010 weist folgende Sportarten auf: Akrobatik, verschiedene Gymnastikformen, Fußball, Volleyball, Karate, Fechten, Aerobic, Basketball, Badminton und Tischtennis.

[81] Siehe IPK-Journal (2000) 9 (1): 13.

[82] Siehe IPK-Journal (2009) 18(2): 15, (2010) 19(1): 17–18

Campus Gatersleben

5

5.1 Firmenausgründungen und der Aufbau des „Campus Gatersleben"

Die politischen Umwälzungen nach 1990 führten auch zu ganz neuen Entwicklungen auf dem Gelände des Instituts. Seit Gründung des IPK 1992 hatte dessen Geschäftsführung der anwendungsorientierten Forschung, auch im Bewusstsein der entsprechenden Institutstradition, stets große Aufmerksamkeit gewidmet. Eine Vision war der Ausbau des Standorts Gatersleben zu einem Campus, auf dem neben dem Institut themenverwandte Biotechnologiefirmen eine Heimat haben. 1996 wurde unter Leitung des administrativen Leiters, Bernd Eise, eine „Ausgründungsfibel des IPK" erarbeitet, um diese Vision aus dem Institut heraus zu verwirklichen. Durch die großen in die Biotechnologie gesetzten staatlichen und unternehmerischen Hoffnungen und entsprechend vielfache Fördermaßnahmen von Bund und Land war ein gründerfreundliches Klima geschaffen worden, das in drei Arbeitsgruppen des IPK in der zweiten Hälfte der 1990er Jahre zu konkreten Ausgründungsplänen führte; es entstanden die Firmen SunGene, Novoplant und TraitGenetics (s. u.). Ermutigt durch das große Engagement des Chemie-Giganten BASF für die Biotechnologiefirma SunGene am Standort errichtete der Landkreis Aschersleben-Staßfurt in Zusammenarbeit mit der Kreissparkasse Aschersleben-Staßfurt auf Initiative des damaligen Landrates, Thomas Leimbach, am Ostrand des Institutsgeländes an der Quedlinburger Chaussee (Am Schwabeplan 1) ein Biotechnologie-Gründerzentrum. Der Ende März 2000 begonnene Bau konnte bereits am 30.10.2000 eingeweiht werden. Der die neue Einrichtung verwaltenden Biotech-Gründerzentrum Gatersleben GmbH wurde auch das angrenzende Instituts-Wirtschaftsgebäude übereignet, das überwiegend Büroräume, aber auch vornehmlich durch das IPK genutzte Gästewohnungen und bis 2007 die einzige Kantine des Standorts beherbergte.[1] Erste Nutzer des Gründerzentrums waren die Firmen Novoplant und Trait Genetics (s. u.). Bereits im Mai 2000 war auch ein Labor- und

[1] Nach Verlegung der Kantine zog 2009 eine Bäckereiverkaufsstelle mit Öffnung zur Quedlinburger Chaussee in die frei gewordenen Räume

K. Müntz, U. Wobus, *Das Institut Gatersleben und seine Geschichte*,
DOI 10.1007/978-3-642-28648-3_5, © Springer-Verlag Berlin Heidelberg 2013

Bürogebäude für die Firma SunGene mit anliegendem Gewächshaus zwischen dem erwähnten Wirtschaftsgebäude und dem „Weißen Haus“ fertiggestellt worden.

Im Jahre 2003 wurde mit den Planungen für einen Biopark eine weitere Großinvestition am Standort in Angriff genommen. Sie ging zurück auf die im November 2002 von der Landesregierung beschlossene und vom damaligen Wirtschaftsminister, Horst Rehberger, besonders geförderte Biotechnologieoffensive. In dieser Konzeption stellte die Pflanzenbiotechnologie eine tragende Säule dar. Sie sollte durch eine Großinvestition in den Biopark Gatersleben besonders gestärkt werden. Der erste Spatenstich erfolgte am 13. Juli 2004. Das Finanzierungskonzept schloss eine *Public-Private-Partnership* ein, in der sich auch ein dem katholischen Bistum Magdeburg gehörendes Unternehmen engagierte. Das sorgte für viel Medieninteresse unter dem Motto: „Katholische Kirche investiert in Grüne Gentechnik“.[2] Das 1300 qm umschließende Gewächshaus des Bioparks wurde im September 2006 eingeweiht, eine eigene Energiezentrale noch im selben Jahr in Betrieb genommen. Die beiden Biopark-Gebäude mit Labor-, Büro- und Kommunikationsräumen wurden Anfang 2007 fertiggestellt. Dem Biopark stehen zudem zehn Hektar Ackerfläche (ehemaliges Institutsgelände) zur Verfügung. Der Komplex wird permanent von den Firmen Greenhouse Service, Saaten-Union Resistenzlabor und SunGene (s. u.) genutzt.

5.2 Die Firmen am Standort[3]

Im August 1998 gründete die BASF gemeinsam mit den IPK-Wissenschaftlern Uwe Sonnewald und Karin Herbers die Pflanzenbiotechnologiefirma **SunGene** GmbH & Co. KGaA (www.sungene.de). Frau Herbers wechselte in die Firma, die anfangs im Laborcontainer des IPK und im alten Wirtschaftsgebäude Räume anmietete und 1999/2000 das bereits erwähnte eigene Firmengebäude auf dem Gelände errichtete. Mit diesem Bau und dem zeitgleichen Bau des IPK-Genomzentrums (siehe Abschn. 2.4.6) und des Biotech-Gründerzentrums (s. o.) wurde seitens des IPK die Hoffnung verbunden, den Standort Gatersleben „zu einem Zentrum der ‚grünen’ Biotechnologie mit einer Bandbreite für Forschung und Entwicklung von der Grundlagenforschung über Technologienetwicklung bis zum marktfähigen Produkt“ zu entwickeln.[4] Als allgemeine Aufgabe der neuen Firma SunGene waren „Forschungs- und Entwicklungsarbeiten auf dem Gebiet der Pflanzenbiotechnologie“ mit dem Ziel der Entwicklung von „Kulturpflanzen, die in ihren Eigenschaften

[2] Siehe u. a. Transkript 13 (4) 2007: 22–25

[3] Die Angaben zu den Tätigkeitsfeldern der Firmen sind weitgehend der Broschüre „Die Zukunft braucht Ideen“, 2008 herausgegeben von ‚Green Gate Gatersleben‘, entnommen und von den Firmenleitern 2010 ergänzt worden

[4] IPK-Journal (1998) 7(4): 2

verbessert sind“ formuliert worden.[5] Bereits 2001 waren ca. 60 Mitarbeiter in der Firma tätig. Seit 2005 ist SunGene ein Tochterunternehmen im Forschungsverbund der BASF Plant Science Company GmbH. Die Firma besitzt besondere Kompetenzen in den Bereichen „Grundlagentechnologien (*enabling technologies*)“, „Pflanzentransformation“, „Qualitätskontrolle“ und „Bioinformatik“. Das Unternehmen hat sich seit seiner Gründung von einem projektorientierten Unternehmen mit Fokus auf wertvolle Pflanzeninhaltstoffe hin zu einem reinen Service-Anbieter mit einem breiten Spektrum an Dienstleistungen in der Auftragsforschung entwickelt.

Ebenfalls im Sommer 1998 wurde auf Initiative des IPK-Arbeitsgruppenleiters, Udo Conrad, die Firma **Novoplant** GmbH gegründet, die zunächst Räume im IPK anmietete und im Februar 2001 in das neu errichtete Biotech-Gründerzentrum umzog. 2002 beschäftigte Novoplant bereits ca. 20 Mitarbeiter. Zentrales Ziel der Firma war die Entwicklung und Produktion von veterinärmedizinisch wirksamen Antikörpern in Pflanzen. In Erbsensamen produzierte Einzelkettenantikörper hatten in ersten Tierversuchen ihre Wirksamkeit gegen Durchfall erregende *E. coli*-Bakterien von Schweinen erwiesen. Ebenso konnten wirksame Antikörper gegen Protozoen der Gattung *Eimeria*, Erreger der Hühner-Coccidiose, entwickelt werden. Leider schlugen 2007/2008 Bemühungen zur Weiterfinanzierung der vielversprechenden Arbeiten fehl, sodass Novoplant im Frühjahr 2008 Insolvenz anmelden und nachfolgend schließen musste.

TraitGenetics GmbH (www.traitgenetics.de), gegründet und geführt vom ehemaligen Leiter der AG „Gen- und Genomkartierung“ des IPK, Martin Ganal, wurde im November 2001 mit Sitz im Biotech-Gründerzentrum eröffnet und ist im Bereich der Forschung und Entwicklung für Pflanzenzüchtungsfirmen tätig. Das Hauptarbeitsgebiet der Firma ist die Entwicklung von molekularen Markern und die Analyse von Nutzpflanzen mit diesen Markern. Die Markerentwicklung konzentriert sich auf *single nucleotide polymorphisms*(SNPs), die vornehmlich in Mais, *Brassica* (Raps etc.), Sonnenblume, Paprika und Tomate identifiziert wurden. SNP- und Mikrosatellitenmarker werden zur genetischen Kartierung, zur Untersuchung der Haplotypenstruktur von Genen und zur Assoziation von Markern mit landwirtschaftlich wichtigen Merkmalen eingesetzt. Die Zahl der Mitarbeiter stieg von 20 im Jahre 2002 auf 25 im Jahre 2008.

Die **Array-On GmbH** (www.array-on.com) wurde im Juli 2003 von Mitarbeitern der Abteilung „Taxonomie“ (Dirk Fischer, Jörg Geistlinger) gegründet. Ihre Kernkompetenz bestand in SNP- und Mutationsanalysen mit unterschiedlichen Methoden,u. a. mit einer eigenen *multi individual array*-SNP-Technologie. Im Pflanzenbereich wurden hauptsächlich GvO-Nachweis-Kits für die Analyse von Nahrungs- und Futtermitteln aus Raps und Mais vertrieben. Die harte Konkurrenz auf dem Gebiet der DNA-Analyse zwang die Firma im Sommer 2010 zur Aufgabe.

Die **Saaten-Union Resistenzlabor GmbH** (www.saaten-union-labor.de) ist ein kleines mittelständisches Unternehmen mit Hauptsitz im nordrhein-westfälischen Leopoldshöhe, das im Dezember 2006 auf dem Gaterslebener Campus im Bio-

[5] Seulberger H (1998) SunGene – erste Pflanzenbiotechnologiefirma in Gatersleben. IPK-Journal 7 (2): 1–2

techpark eine zweite Betriebsstätte eröffnete. Die Firma bietet Dienstleistungen, Auftragsforschung und die Entwicklung innovativer Verfahren im Bereich der biotechnologisch unterstützen Pflanzenzüchtung an. Schlüsseltechnologie ist die Produktion doppelhaploider Linien von Gerste, Weizen, *Triticale* und Raps, mit einer jährlichen Produktion von ca. 15.000 Pflänzchen.

Die **Greenhouse Service GmbH** (www.greenhouse-service.de) wurde 2005 am Standort Gatersleben als Dienstleister rund um Pflanzenaufzucht und Pflanzenbetreuung gegründet. Die Firma bewirtschaftet 500 qm Nettostellfläche im Gewächshauskomplex des Biotechparks (Stand 2010). Diese Häuser erfüllen auch Anforderungen der Sicherheitsstufe S 1 nach dem Gentechnikgesetz.

Das jüngste Unternehmen am Standort Gatersleben ist die Firma **IT-Breeding GmbH** (www.it-breeding.de) mit Sitz im Biotech-Gründerzentrum. Das Unternehmen wurde im November 2009 von Frau Lyudmyla Malysheva-Otto gegründet, die zuvor in der AG „Gen- und Genomkartierung" des IPK tätig war. IT-Breeding sammelt alle weltweit verfügbaren molekularen und genetischen Informationen von erwünschten Pflanzenmerkmalen und entwickelt eine „integrierte Informationsquelle" (*integrated information resource)*. Die Daten werden in einer für den Kunden verwertbaren Form zu Verfügung gestellt.

5.3 Management und Bildung

Gründerzentrum und Biopark[6] werden von der **Biotech-Gründerzentrum Gatersleben GmbH** (www.startupbiotech.de) bzw. der **BGI Biotechpark Gatersleben Infrastrukturgesellschaft mbH** (www.bgi-gatersleben.de) bewirtschaftet, die Büros auf dem Campusgelände unterhalten.

Ebenfalls auf dem Campus beheimatet ist der **InnoPlanta** e. V. (www.innoplanta.com). Im Rahmen des vom Bundesforschungsministerium aufgelegten Förderprogramms „InnoRegio" gründete sich im Jahre 2000 der Verein InnoPlanta Nordharz/Börde zur Ausarbeitung eines Projektpakets, in dem 32 experimentelle Einzelprojekte in vier Themengruppen zusammengefasst waren: neue molekularbiologische Verfahren, Resistenzzüchtung, Kulturpflanzen mit neuen Inhaltsstoffen und Optimierung von Sonderkulturen. Hinzu kamen Querschnittsthemen u. a. zur Bildung und Ausbildung, zur Öffentlichkeitsarbeit und zur Akzeptanzforschung. Dieses Programmpaket erhielt im Oktober 2000 neben einem weiteren Antrag die höchste Fördersumme zugesprochen. Zwischen 2000 und 2006 standen dem Verein insgesamt mehr als 30 Millionen Euro zur Verfügung, um die Pflanzenbiotechnologie in der Region weiterzuentwickeln. In InnoPlanta-Projekten arbeiteten 30 Partner aus Wissenschaft, Wirtschaft, Politik und Verwaltung erfolgreich zusammen.[7] Nach Auslaufen der Projektförderung widmet sich

[6] Seit März 2010 Biotechpark

[7] Siehe InnoPlanta e. V. Pflanzenbiotechnologie (Hrsg) (2002) Ein Netzwerk schlägt Wurzeln, InnoPlanta, Nordharz/Börde

Abb. 5.1. Schüler beim Experimentieren im Grünen Labor Gatersleben. (2006, Foto und Bildrechte: Grünes Labor)

das inzwischen auf die gesamte Bundesrepublik ausgedehnte InnoPlanta-Netzwerk intensiv der Förderung der landwirtschaftlichen Biotechnologie u. a. durch Präsentationen auf Messen und Ausstellungen, das jährlich veranstaltete zentrale InnoPlanta-Forum und die seit 2007 ebenfalls jährlich erfolgende Verleihung des InnoPlanta-Preises für Journalisten und Wissenschaftler, die in herausragender Weise allgemeinverständlich und objektiv über die Grüne Gentechnik berichtet haben. 2006 wurde unter dem Dach des InnoPlanta e. V. die Arbeitsgemeinschaft „Innovative Landwirte" (**InnoPlanta AGIL**) gegründet, die Landwirte bei der Nutzung von gentechnisch veränderten (gv-)Pflanzen (aus Gründen der stark eingeschränkten Zulassung von gv-Pflanzen in Deutschland bislang fast ausschließlich Bt-Mais) berät und unterstützt. InnoPlanta-AGIL bringt sich zudem aktiv in die Auseinandersetzungen um die Grüne Gentechnik ein und gibt auch rechtliche Unterstützung. Eine weitere von InnoPlanta ausgegangene Initiative ist das ebenfalls am Standort angesiedelte **Forum Grüne Vernunft** e. V. (www.gruenevernunft.de). Es wurde nach eigenen Angaben gegründet, um offensiv und sachlich über die Grüne Gentechnik aufzuklären und möglichst Viele als Fürsprecher und Unterstützer zu mobilisieren.

Eine im Bereich Bildung auf dem Campus tätige Einrichtung ist das **Grüne Labor Gatersleben** (www.gruenes-labor.de), das einzige auf Pflanzenbiotechnologie spezialisierte Schülerlabor in Deutschland. Es geht auf Schülerbildungsaktivitäten des IPK zurück (siehe Abschn. 2.4.8.1) und wurde nach einer fast zweijährigen Vorbereitungszeit am 1. November 2006 durch den Kultusminister des Landes im Biotech-Gründerzentrum eröffnet. Unter dem Motto „Wissenschaft erleben" wird speziell durch Experimentieren das Interesse von Schülerinnen und Schülern an biologischen und biotechnologischen Problemen geweckt (Abb. 5.1) und Unterstützung bei der beruflichen Orientierung gegeben. Das Labor widmet sich aber auch der Lehrerweiterbildung und bietet für die interessierte Öffentlichkeit „im Rahmen von Kursen und Veranstaltungen sachliche Information und Aufklärung über die

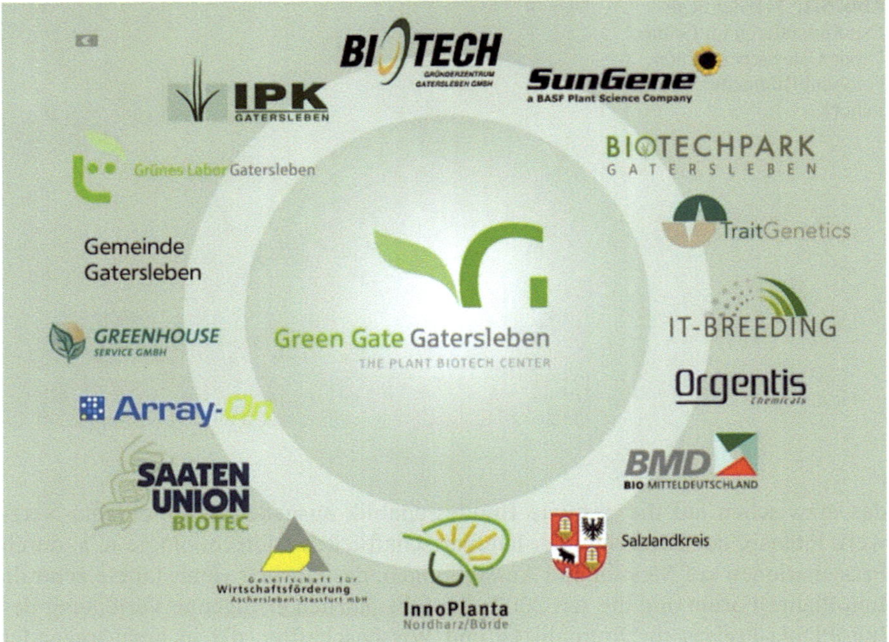

Abb. 5.2. Mitglieder der Standortinitiative *„Green Gate Gatersleben – The Plant Biotech Center“* (Stand Anfang 2010). Die Firma Orgentis Chemicals (www.orgentis.com) ist nicht auf dem Institutsgelände, sondern in der ehemaligen Zuckerfabrik (bzw. im Futtertrocknungswerk) in Nähe des Bahnhofs Gatersleben angesiedelt und vertreibt Spezialchemikalien und Dienstleistungen auf dem Gebiet der Organischen (speziell der Naturstoff-) Chemie (Bildrechte: Green Gate Gatersleben)

zukunftsweisenden Biowissenschaften“ an.[8] Der zur organisatorischen und inhaltlichen Unterstützung gegründete Verein zur Förderung des Schülerlabors „Grünes Labor Gatersleben e.V“ bemüht sich insbesondere um die Finanzierung, die zu nahezu 90 % aus Projektmitteln, Spenden und Zuwendungen erfolgt. Die Zahl der Besucher im Schülerlabor ist von 550 im Jahre 2006 auf 3260 im Jahre 2009 ständig gestiegen, ebenso die Zahl der Veranstaltungen von 88 (2007) auf 170 (2009). Durch 20 Kooperationsvereinbarungen (2009), auch mit dem IPK, wird die Arbeit des Grünen Labors mittel- und langfristig unterstützt und gestärkt. Der Wirkungsradius des Labors reicht weit über die unmittelbare Umgebung, den Salzlandkreis, hinaus.

[8] Aus: „Wissenschaft erleben. Das Jahr 2007. Grünes Labor Gatersleben“, Verein zur Förderung des Schülerlabors „Grünes Labor Gatersleben“ e. V. (Hrsg) (2007) S 5

5.4 *Green Gate Gatersleben*, ein Zusammenschluss der Standortakteure

Mit dem Bau des Bioparks Gatersleben hatte die Campusentwicklung einen Stand erreicht, der ein gemeinsames Handeln in Fragen der Außendarstellung und Vermarktung notwendig machte – dem Standort sollte weiteres Gewicht verliehen werden. Deshalb wurde 2004 die Interessengemeinschaft „Green Gate Gatersleben – The Biotech Center" (www.green-gate-gatersleben.de) ins Leben gerufen. GGG – so die Abkürzung – „ist eine Initiative aller am Standort in Gatersleben ansässigen Firmen und Einrichtungen der Pflanzenbiotechnologie sowie der öffentlichen Hand (Abb. 5.2) mit dem Ziel, den Standort Gatersleben und die Kompetenzen & Dienstleistungen der Partner gemeinsam zu vermarkten und nach außen zu präsentieren". [9] Green Gate Gatersleben präsentiert den Standort auf Messen und Ausstellungen und organisiert spezielle Fachvorträge und Veranstaltungen im Biopark. Die Initiative wurde 2006 als „Ort-im-Land-der-Ideen" ausgezeichnet.[10]

Mit der Ansiedlung von Firmen und dem Ausbau des ca. 100 Hektar großen Institutsgeländes zum „Campus Gatersleben" hat sich die Bebauungsdichte des Geländes erheblich erhöht. Die Zahl der Beschäftigten ist von knapp 350 im Jahre 1992 auf über 600 im Jahre 2009 angestiegen. Dennoch ist der parkähnliche, gepflegte Charakter des Geländes erhalten geblieben.

[9] Die 2008 veröffentlichte 42-seitige Broschüre „Die Zukunft braucht Ideen" stellt die Initiative und ihre Mitglieder detaillierter vor

[10] Die von Bundesregierung und deutscher Wirtschaft 2005 ins Leben gerufene Standortinitiative „Deutschland – Land der Ideen" zeichnet in ihrem von der Deutschen Bank getragenen Wettbewerb „365 Orte im Land der Ideen" u. a. Forschungszentren, Initiativen und Unternehmen aus

Ausblick

6

Beim Rückblick auf die Geschichte des Gaterslebener Instituts drängt sich der Vergleich mit der Entwicklung eines Menschen auf, der durch genetische Mitgift und starke Prägung zu einer Persönlichkeit heranwuchs, die aus den großen Stürmen der Zeit zwar mit Blessuren, aber stets innerlich ungebrochen und mit neuer Kraft und weiterweisenden Visionen hervorging. Die „genetische Mitgift" im übertragenen Sinne waren das wissenschaftliche Konzept, die Institutsidee, die noch vor der Institutsgründung in den Grundzügen entwickelt wurde; die „starke Prägung" war ihre Umsetzung durch Hans Stubbe, der dem Institut eine Struktur und eine Richtung gab, die sich allen nicht nur wissenschaftlichen, sondern gerade auch politischen Anfechtungen gewachsen zeigte. Hubert Laitko hat drei wesentliche Charakteristika herausgestellt, welche die von Stubbe fundierte und von seinen Nachfolgern im Amt stets weiter berücksichtigte Gaterslebener Institutsidee ausmachen:[1] (1) Integration von Grundlagen- und Anwendungsorientierung, (2) Traditionsstärke und Erneuerungsfähigkeit sowie (3) Interdisziplinarität und Komplexität. Der Leser dieses Buches wird für alle drei Punkte ausreichend Belege gefunden haben. Die **Integration von Grundlagen- und Anwendungsorientierung** lag und liegt bei Kulturpflanzen als zentralem Untersuchungsobjekt nahe. Hier ist es anders als bei Modellobjekten der Forschung, wie *E. coli*, Hefe, *Drosophila* oder *Arabidopsis,* die Grundlagenforschung, die besonderer Fürsorge bedarf, auch wenn heute die Grenzen zur Anwendungsforschung fließender und schneller zu überbrücken sind. Der Druck von staatlichen und privaten Geldgebern geht vorwiegend in Richtung der unmittelbaren Anwendung, und dennoch kommen nur aus der erkenntnisorientierten Grundlagenforschung die wirklichen Impulse für ganz neue Entwicklungen, auch in der Wirtschaft. **Traditionsstärke und Erneuerungsfähigkeit** sind ebenfalls Gegensätze, die fortwährend der Ausbalancierung bedürfen. Das betrifft Forschungsfelder ebenso wie Wissenschaftsstrukturen und personelle Erneuerung, reicht aber bis hin zu den kulturellen Traditionen, die stets ein Markenzeichen eines Instituts waren,

[1] Laitko H (2010) Hans Stubbe und das politische System der DDR. In: Jahn I, Wessel A (Hrsg) Für eine Philosophie der Biologie. Festschrift zum 75. Geburtstag von Rolf Löther, Kleine, München, S 127–168

K. Müntz, U. Wobus, *Das Institut Gatersleben und seine Geschichte,*
DOI 10.1007/978-3-642-28648-3_6, © Springer-Verlag Berlin Heidelberg 2013

das sich nicht nur als Forschungsstätte, sondern stets auch als eine kulturelle Einrichtung im weiteren Sinne verstand. Auf **Interdisziplinarität und Komplexität** hatte Hans Stubbe von Anfang an großen Wert gelegt, also zu einer Zeit, als dieser Ansatz noch kaum irgendwo realisiert war. Sie fanden ihren Ausdruck in der Abteilungsstruktur des Instituts und in einer Vielfalt von Forschungsthemen sowie in den ständigen Bemühungen, diese zu vernetzen. Eine solche Integrationsleistung ist gerade heute in Zeiten der immer stärker werdenden methodischen wie inhaltlichen Spezialisierung einerseits und großer Verbundprojekte andererseits von erhöhter Dringlichkeit. Unter Helmut Böhme erfolgte die Formierung des Instituts als Zentralinstitut für **Genetik** und Kulturpflanzenforschung, das durch die Etablierung des Mutagenitätstestlabors und einer genetisch orientierten Entwicklungsbiologie der Säuger diesen Anspruch untermauerte. Mit der Empfehlung des Wissenschaftsrates von 1990 (Abschn. 2.4.1) wurde das Themenfeld wieder eingeengt, was sich auch im Namen „Institut für **Pflanzengenetik** und Kulturpflanzenforschung" ausdrückt und was, wie in den Abschn. 3.3.10 und 3.3.11.1 beschrieben, schrittweise verwirklicht wurde. Im Kontext mit der Neugestaltung der deutschen Forschungslandschaft nach der Wiedervereinigung 1990, mit den immer stärkeren methodischen Anforderungen und der damit notwendigerweise einhergehenden Erhöhung der an einer Problematik arbeitenden Wissenschaftlerzahl, war dies sinnvoll. Allerdings verlangt der Standort Gatersleben auch weiterhin **Komplexität** in seiner Wissenschaftlerausstattung und seinen Forschungsaufgaben, die wiederum Voraussetzung für eine starke und erfolgreiche **Interdisziplinarität** ist.

In der Vergangenheit war das Zusammenwirken der drei genannten Faktorenkomplexe nach Laitko der Grund dafür, „dass nach dem Beitritt der DDR zur Bundesrepublik… das Gaterslebener Institut in seiner Grundstruktur erhalten blieb und lediglich seine Rechtsform änderte".

Es spricht viel dafür, dass die Gründungsidee auch über den 70. Jahrestag des Instituts am 1. April 2013 hinaus ihre Tragfähigkeit behält. Die Chancen für weitere Jahrzehnte einer erfolgreichen Institutsarbeit sind groß. Wissenschaftlich bieten die schnellen methodisch-technischen Entwicklungen enorme Möglichkeiten einer umfassenden Analyse der biologischen Vielfalt, wie sie u. a. die Genbank bewahrt, von den molekulargenetischen Wurzeln bis hin zu den komplexen Beziehungen zwischen Genotyp und Phänotyp – vielfältig modifiziert durch eine ständig wechselnde Umwelt. Gleichzeitig wächst der gesellschaftliche Bedarf, die aus der Analyse gewonnenen Erkenntnisse angesichts eines schnell steigenden Bedarfs an Nahrungsmitteln, pflanzlichen Rohstoffen und Bioenergie umfassend zu nutzen. In diesem Spannungsfeld hat sich das Institut auch zukünftig zu bewähren.

Zeittafel

1943 Gründung des Instituts für Kulturpflanzenforschung der Kaiser-Wilhelm-Gesellschaft zur Förderung der Wissenschaften in Tuttenhof bei Wien und Berufung von Dr. Hans Stubbe zum Direktor am 1. April.

1945 Januar bis April: Verlagerung der Sammlungen von Wien in das Dorf Stecklenberg/Harz. Oktober: Die Domäne Gatersleben (damals Kreis Quedlinburg) in Sachsen-Anhalt wird für die Ansiedlung des Instituts zur Verfügung gestellt.

1946 Angliederung des Instituts an die Universität Halle-Wittenberg unter Beibehaltung des Namens „Kaiser-Wilhelm-Institut für Kulturpflanzenforschung".

1948 Eingliederung in den Kreis der Forschungsinstitute der Deutschen Akademie der Wissenschaften zu Berlin (DAW; Nachfolgerin der Preußischen Akademie der Wissenschaften) als Institut für Kulturpflanzenforschung Gatersleben der DAW.

1948–1964 Aufbau der wichtigsten Institutsgebäude nach einem Generalbebauungsplan.

1969 Am 21. Januar gibt Prof. Dr. hc. mult. Hans Stubbe die Leitung des Instituts an seinen Schüler, Prof. Dr. Helmut Böhme, ab.

1969–1972 Reform der Institutsstruktur; Bildung von wissenschaftlichen Bereichen und Querschnittsbereichen.

1970 Ab dem 1. Januar firmiert das Institut als „Zentralinstitut für Genetik und Kulturpflanzenforschung (ZIGuK)" der DAW bzw. ab 1972 der AdW der DDR.

1982–1983 Prof. Dr. Rigomar Rieger übernimmt stellvertretend für den erkrankten Direktor die Leitung des Instituts.

1983 Zum 1. September wird Prof. Dr. Dieter Mettin (vormals Universität Halle-Wittenberg) zum Direktor des Instituts berufen.

1989 Bildung eines demokratisch gewählten Wissenschaftlichen Rates, der den Rücktritt der Institutsleitung unter Dieter Mettin zum 31. Dezember durchsetzt.

1990 Berufung von Prof. Dr. Klaus Müntz zum Direktor ab 1. Mai. Umbenennung des Instituts in

K. Müntz, U. Wobus, *Das Institut Gatersleben und seine Geschichte*,
DOI 10.1007/978-3-642-28648-3, © Springer-Verlag Berlin Heidelberg 2013

„Institut für Genetik und Kulturpflanzenforschung (IGK)".

1991 Im Februar Vorort-Begutachtung durch den Wissenschaftsrat. Dem Institut wird höchste wissenschaftliche Qualität bescheinigt. Es wird zudem als Standort der gesamtdeutschen *ex situ*-Genbank empfohlen. Schließung des Instituts zum 31. Dezember gemäß Artikel 38 des Einigungsvertrages.

1992 Neugründung am 1. Januar als „Institut für Pflanzengenetik und Kulturpflanzenforschung" (IPK; ein Institut der „Blauen Liste") gemäß Empfehlung des Wissenschaftsrates. Zum Gründungs- und Geschäftsführenden Direktor wird Prof. Dr. Ulrich Wobus, zum Administrativen Leiter Bernd Eise berufen. Es werden fünf Abteilungen mit insgesamt mehr als 30 Arbeitsgruppen gebildet.

1993 Im Herbst treten erstmals die Gremien Stiftungsrat und Wissenschaftlicher Beirat zusammen. Der Genbankbeirat konstituiert sich erst im April 1996.

1994 Eine Flutkatastrophe am 13./14. April führt zu erheblichen Schäden an und in den Gebäuden und zu Verlusten von Forschungsmaterial.

1998 Im März sehr positive Begutachtung des IPK durch den Wissenschaftsrat; im Juli Ausgründung der ersten Biotech-Firma (Sun-Gene) mit Sitz am Institutsstandort.

1998–2010 Nach einer Vielzahl kleinerer Baumaßnahmen erfolgt auf Grundlage eines im Dezember 1998 beschlossenen Raumprogramms die umfassende Sanierung von Gebäuden und der gesamten Infrastruktur des Instituts.

2003 Nach Überführung des Materials der BAZ-Genbank in Braunschweig ist das IPK alleiniger Sitz der Bundeszentralen *ex situ*-Genbank landwirtschaftlicher und gärtnerischer Kulturpflanzen.

2005 Erneute sehr positive Begutachtung des IPK, jetzt durch den Senat der Leibniz-Gemeinschaft.

2006 Seit 1. Januar trägt das Institut den Namen „Leibniz-Institut für Pflanzengenetik und Kulturpflanzenforschung".

2007 Am 1. April wird Prof. Dr. Andreas Graner zum Geschäftsführenden Direkter berufen. Er löst Prof. Dr. Ulrich Wobus ab.

Verzeichnis der Struktureinheiten des Gaterslebener Instituts

Abteilungen/Wissenschaftliche Bereiche

Querschnittsbereiche, Forschungs- bzw. Arbeitsgruppen

Organigramme bzw. Organisationspläne geben Übersichten über die Struktureinheiten der jeweiligen Entwicklungsperiode des Institutes. Für das ZIGuK (1973–1989, S. 71) bzw. IGK (1991, S. 127) wurden die Namen der Struktureinheiten aus den betreffenden Organigrammen im Verzeichnis erfasst. Für das IPK enthält das Buch zwei Organisationspläne (1993 und 2006) sowie eine detaillierte Liste (S. 163–168). Im Verzeichnis erfasste Struktureinheiten des IPK sind dieser Liste entnommen, während es keine nochmalige Erfassung aus den beiden Organisationsplänen gibt. Außerdem sind die Namen der Struktureinheiten aus dem Text mit den zugehörigen Seitenzahlen im Verzeichnis enthalten.

K. Müntz, U. Wobus, *Das Institut Gatersleben und seine Geschichte*,
DOI 10.1007/978-3-642-28648-3, © Springer-Verlag Berlin Heidelberg 2013

Personenverzeichnis

Das Register erfasst alle in Text, Fußnoten, Abbildungen, Abbildungslegenden und Tabellen erwähnten Personen. Die den Namen beigefügten Titel Prof. bzw. Dr. entsprechen dem Kenntnisstand der Autoren 2010. Spezielle Titel wie z. B. Dr. habil. bleiben ebenso wie zusätzliche Ehrendoktortitel ungenannt. Historischen Personen mit Geburtsjahr vor 1900 wurden keine Titel zugeordnet. Nur in Literaturzitaten genannte Namen sind nicht erfasst. Fettdruckzahlen verweisen auf Seiten mit Abbildungen der entsprechenden Person.

K. Müntz, U. Wobus, *Das Institut Gatersleben und seine Geschichte,*
DOI 10.1007/978-3-642-28648-3, © Springer-Verlag Berlin Heidelberg 2013

T

U

Sachverzeichnis

Die Stichworte des Sachverzeichnisses sind in Haupttext und Fußnoten in ihrer Originalform, aber auch in ihren grammatikalischen Schreibformen, als Teil von zusammengesetzten Wörtern (z. B. „Methylierung“ in „DNA-Methylierung“ oder „Seneszenz“ in „Blattseneszenz“), sofern diese nicht einen eigenen Begriff darstellen, erfasst. Nicht berücksichtigt sind die Seiten I–XXVI, Literaturzitate und Archivnachweise, sowie der Begriff als Teil einer Struktureinheit (siehe aber Verzeichnis der Struktureinheiten).

K. Müntz, U. Wobus, *Das Institut Gatersleben und seine Geschichte,*
DOI 10.1007/978-3-642-28648-3, © Springer-Verlag Berlin Heidelberg 2013

H

I

K

N

O

T

MIX
Papier aus verantwortungsvollen Quellen
Paper from responsible sources
FSC® C105338

If you have any concerns about our products,
you can contact us on
ProductSafety@springernature.com

In case Publisher is established outside the EU,
the EU authorized representative is:
Springer Nature Customer Service Center GmbH
Europaplatz 3, 69115 Heidelberg, Germany

Printed by Libri Plureos GmbH
in Hamburg, Germany